射电天体测量学基础

钱志瀚　舒逢春　张　波　黄　勇　童锋贤　编著

科学出版社

北京

内 容 简 介

射电天体测量学是射电天文学的一门重要的、新兴的分支学科，它不仅在天文研究中发挥了重大作用，并且在地球科学研究、时空基准建立和航天工程中有重要应用。本书系统地阐述了射电天体测量学的诞生与发展，它的基础理论与技术方法，给出了它在国家重大工程中应用的实例，以及国内外的最新成果和今后发展方向。

本书可供相关专业的高等院校学生和研究生学习，也可供从事相关专业的科研人员和管理人员阅读。

审图号：京审字(2025)G 第 0911 号

图书在版编目(CIP)数据

射电天体测量学基础 / 钱志瀚等编著. -- 北京：科学出版社，2025.6. -- ISBN 978-7-03-080949-0

Ⅰ．P161

中国国家版本馆 CIP 数据核字第 2024RK7480 号

责任编辑：胡庆家　郭学雯 / 责任校对：高辰雷
责任印制：张　伟 / 封面设计：无极书装

科学出版社 出版
北京东黄城根北街 16 号
邮政编码：100717
http://www.sciencep.com

北京中石油彩色印刷有限责任公司印刷
科学出版社发行　各地新华书店经销
*

2025 年 6 月第 一 版　开本：720×1000　1/16
2025 年 6 月第一次印刷　印张：29 1/4
字数：587 000
定价：198.00 元
（如有印装质量问题，我社负责调换）

序

射电天体测量学是一门新兴学科，诞生于20世纪60年代，它是射电天文学与天体测量学的交叉学科，是天体测量学的重要分支学科。半个多世纪以来，由于它在天文学研究及其他有关学科，比如，地球科学和空间科学等研究中发挥了重要作用，所以得到了巨大发展。射电天体测量对于天文学的突出贡献之一是建立了以河外致密射电源为基础的高精度国际天球参考系，这是天文学研究的一项重大基础工作。另外，它在时空基准建立和航天器精确测轨等方面是不可或缺的高精度测量手段。

我国自20世纪70年代起，开始建设射电天体测量设施与开展射电天体测量观测与研究工作。至今，全国已经建成了多个具有国际先进水平的射电天体测量观测网及数据处理中心，其中包括专用的航天器测轨射电干涉测量网，它在我国的系列探月工程和首次火星探测工程中发挥了重要保障作用；现在，我国还正在建设与计划建设更多射电天体测量设施；同时，开创性地正在探索"地-月"空间射电天体测量的可行性。未来5~10年，我国的射电天体测量事业的发展将达到一个新台阶，在国际上将具有更重要的地位。

《射电天体测量学基础》一书是我国的系统阐述射电天体测量基本原理与方法的书籍，做到了理论结合实际，不仅阐述基本原理，还阐述测量系统的设计与数据处理方法；书中还阐述了射电天体测量观测量的相关性问题，这是射电天体测量数据处理中的一个基础理论问题，值得关注与进一步研究。该书的第一作者是我国射电天体测量学的奠基人与开拓者之一，自20世纪70年代起，一直从事射电天体测量的设施建设与观测研究，学术造诣高，实践经验丰富；其他四位作者都是博士研究生学历，长期从事射电天体测量工作，做出了突出成绩，具有良好的理论基础与实际经验。所以该书对于促进该学科的发展将会发挥很好的作用，值得从事该专业工作的科研人员与高等学校在读学生和研究生阅读。

叶叔华

2024年6月28日

前　言

　　射电天体测量学是天体测量学的一门新兴分支学科，它诞生于 20 世纪 60 年代。20 世纪 50～60 年代，得益于当时无线电技术的新发展，射电天文学得到了快速发展。在那时期，为了满足对于致密射电天体的高分辨率研究的需求，射电天文的射电干涉测量技术，特别是甚长基线干涉测量技术得以创建与发展。将射电干涉测量技术应用于天体测量，就产生了射电天体测量学这门新学科，所以说，射电天体测量学是天体测量学与射电天文学的交叉学科。

　　射电天体测量学的诞生与发展，使得天体测量的测量对象与测量精度有很大扩展与提高，它可以对光学天文无法观测的射电天体进行精确定位，绝对测量精度达到了 0.001″～0.0001″，相对测量精度达到了微角秒量级，相较于地面光学天体测量精度提高 1～2 个数量级，从而开拓了天体测量的新领域，对于天文学研究做出了重要的新贡献。比如，建立了以致密射电源为参考的亚毫角秒精度的国际天球参考架；精确测量地球定向参数(地球自转变化、极移及章动常数改正)；精确测量银河系脉泽源的三维精确位置，对于银河结构研究取得了重大新进展；将宇宙尺度的直接测量从银河系扩展到了河外星系，对于宇宙学研究有重要意义。我国的射电天体测量事业起步于 20 世纪 70 年代初，半个世纪以来取得了巨大进展，比如，建设了一批具有国际先进水平的射电天体测量设施，开展了国际重大前沿课题的观测研究，是有关国际合作组织中的重要成员；同时，也将射电天体测量应用于国家重大工程，比如，在国家时空基准建设工程与航天工程的航天器精确定位定轨等方面，都做出了重要贡献。

　　本书定名为《射电天体测量学基础》(*Basics of Radio Astrometry*)，主要目的是给高等院校有关专业的学生与研究生、从事相关工作的在职科技人员与管理人员，提供关于射电天体测量学的较系统、全面的知识。本书共 10 章，各章的名称及主要内容如下。

　　(1) 绪论(射电天体测量学的研究内容、意义及发展简史)；

　　(2) 射电干涉测量几何原理(几何时延定义与计算公式、射电干涉测量定位测量灵敏度及射电干涉测量分辨率)；

　　(3) 射电干涉测量系统方案设计(测量系统总体方案设计要点及新一代大地测量/天体测量 VLBI 系统(VGOS)简介)；

(4) 射电干涉测量信号分析和数据处理(互相关函数、观测数据相关处理与相关后处理及精度估算);

(5) 射电干涉测量理论模型(参考坐标系、时间系统、广义相对论时延模型、引力时延、测站位置运动、传播介质时延、天线形变时延及射电源结构时延等);

(6) 天体测量与大地测量参数解算(函数模型与误差方程式的建立、法方程式的建立与参数解算、相时延应用、综合解算及射电干涉测量观测值的相关性);

(7) 相对射电天体测量(基本方法、影响精度的因素与提高精度的方法及相对天体测量的应用);

(8) 射电天体测量应用于航天工程(一)(航天器射电干涉测量的特点、双差分单向测距(差分 DOR)技术及航天器射电干涉测量定位技术);

(9) 射电天体测量应用于航天工程(二)(航天器定轨理论、VLBI 在"嫦娥三号"月球探测器与"天问一号"火星探测器定轨中的应用);

(10) 射电天体测量的发展前景(SKA 时代的射电天体测量、空间射电天体测量、VGOS 的现状与发展前景)。

本书由 5 位作者合作编写。第 1~4 章、6 章、8 章由钱志瀚负责编写,舒逢春参加第 1 章、4 章、6 章部分内容的编写,第 5 章由舒逢春与童锋贤共同负责编写,第 7 章由张波负责编写,第 9 章由黄勇负责编写,第 10 章由张波和钱志瀚共同负责编写,舒逢春参加部分内容编写,钱志瀚负责全书的统稿。另外,由吴芳负责全书格式方面的检查与整理、部分图表的制作或修改,以及部分辅页的编写。

本书的编写得到了中国科学院上海天文台同事们的大力支持。郑为民、刘庆会、王广利、李金岭、张秀忠、张娟、陈中、郭丽、宋淑丽、周伟莉和马茂莉等提供了有关研究论文或研究工作报告,并进行了有益的讨论;李斌、朱人杰、赵融冰、王玲玲、王锦清、孙云霞和蔡勇等提供了有关仪器设备方面的技术资料及图片;芮萍、王逸旦与何旋等协助观测数据分析处理及相关图表的制作;贺姝祎协助参考文献资料的搜索与下载。同时,也得到了上海天文台外同仁的大力支持,杜兰与刘泽军提供了研究论文,罗近涛提供了台站图片与最新观测成果。对于同事与同仁们的大力支持,表示衷心的感谢。

由于射电天体测量学涉及的专业知识较广,编者对于有些专业知识理解不深,书中可能存在阐述不清或不妥的地方;另外,射电天体测量的发展很快,本书可能未能反映国际上所有的最新发展、最新成就。本书存在的缺点和问题,诚请读者批评指正,提出宝贵意见。

作者

2023 年 11 月 15 日

目 录

序
前言
第1章 绪论 ·· 1
  1.1 射电天体测量学的研究内容和意义 ······································ 1
    1.1.1 射电天体测量学的研究内容 ··· 1
    1.1.2 射电天体测量的意义和应用 ··· 1
    1.1.3 射电天体测量的主要观测设备——射电干涉仪 ························· 6
  1.2 射电天体测量发展历史简介 ·· 6
    1.2.1 射电干涉仪的诞生及早期射电巡天观测 ································ 7
    1.2.2 连线射电干涉仪(CEI)天体测量 ····································· 10
    1.2.3 甚长基线干涉仪(VLBI)天体测量 ··································· 16
  1.3 我国射电天体测量发展历史简介 ······································ 32
    1.3.1 初创时期 ··· 32
    1.3.2 我国 VLBI 测量网、站的建设 ····································· 33
    1.3.3 开展的几项射电天体测量工作 ····································· 40
  附录 A1.1 宇宙射电与射电源 ·· 44
    A1.1.1 电磁波与射电波段 ·· 44
    A1.1.2 电磁波的大气窗口 ·· 45
    A1.1.3 射电源特性 ·· 46
    A1.1.4 射电源表及射电源的名称与编号 ··································· 49
    A1.1.5 射电源历元 B1950-J2000 转换 ···································· 50
    A1.1.6 射电天体测量观测的射电源 ······································ 52
第2章 射电干涉测量几何原理 ·· 55
  2.1 几何时延定义 ·· 55
  2.2 几何时延和时延率计算公式 ·· 56
  2.3 滞后基线 ·· 59
  2.4 射电干涉测量观测量的灵敏度 ·· 61
    2.4.1 射电干涉测量观测量 ··· 61
    2.4.2 射电干涉测量定位测量的灵敏度 ··································· 62

2.5 射电干涉测量的分辨率 ··64
2.6 参数解算最少观测量 ··68
附录 A2.1 射电波的相时延与群时延·····································70
 A2.1.1 波的相时延与群时延概念······································70
 A2.1.2 相速度··70
 A2.1.3 群速度··71

第 3 章 射电干涉测量系统方案设计

3.1 总体方案设计要点 ··73
 3.1.1 射电干涉测量系统的组成··73
 3.1.2 射电干涉测量系统的方案设计···································76
3.2 新一代大地测量/天体测量 VLBI 系统(VGOS)简介·················97
 3.2.1 VGOS 的提出和主要科学目标····································97
 3.2.2 VGOS 方案设计与论证··99
 3.2.3 VGOS 系统主要设备的设计······································102
 3.2.4 VGOS 的验证观测···104
3.3 中国科学院上海天文台 VGOS 系统简介······························105
 3.3.1 综述···105
 3.3.2 高转速、超宽带天线系统···106
 3.3.3 致冷低噪声接收机··107
 3.3.4 上下变频器··108
 3.3.5 高速数据采集系统···108
 3.3.6 高速数据记录设备···109
 3.3.7 高稳定度时频系统···110
 3.3.8 标校设备···111
 3.3.9 管控系统···112
附录 A3.1 射电波的偏振··113
 A3.1.1 射电波偏振的概念···113
 A3.1.2 线偏振··114
 A3.1.3 圆偏振··115
 A3.1.4 椭圆偏振···116
 A3.1.5 随机偏振···117
 A3.1.6 斯托克斯参数··117
附录 A3.2 抛物面天线有关参数···118
 A3.2.1 天线功率方向图···118
 A3.2.2 主瓣宽度、主瓣效率与天线效率······························119

附录 A3.3 射电望远镜灵敏度有关计算公式 ………………………… 121
  A3.3.1 射电望远镜系统灵敏度 …………………………………… 121
  A3.3.2 射电望远镜天线增益计算公式 ……………………………… 122

第4章 射电干涉测量信号分析和数据处理 ………………………… 124
4.1 射电干涉测量的互相关函数 ……………………………………… 124
  4.1.1 互相关与互功率谱原理 ……………………………………… 124
  4.1.2 CEI 的相关函数 ……………………………………………… 125
  4.1.3 VLBI 的相关函数 …………………………………………… 130
  4.1.4 带宽效应 ……………………………………………………… 133
  4.1.5 归一化相关函数与相关系数 ………………………………… 134
  4.1.6 互相关函数和互功率谱的复数表示 ………………………… 138
4.2 射电干涉测量观测数据的相关处理 ……………………………… 140
  4.2.1 数据采集与量化 ……………………………………………… 140
  4.2.2 相关处理机类型 ……………………………………………… 141
  4.2.3 XF 型相关处理机的数据处理流程 ………………………… 143
  4.2.4 FX 型相关处理机的数据处理流程 ………………………… 146
  4.2.5 中国 VLBI 网的软件相关处理机简介 ……………………… 148
  4.2.6 干涉条纹搜索 ………………………………………………… 154
4.3 相关后处理 ………………………………………………………… 157
  4.3.1 CVN 软件处理机的输出文件的内容和格式 ………………… 157
  4.3.2 单通道相关后处理 …………………………………………… 158
  4.3.3 多通道相关后处理 …………………………………………… 166
4.4 观测值精度的估算 ………………………………………………… 170
  4.4.1 干涉条纹相关系数的理论值计算 …………………………… 170
  4.4.2 信噪比理论值的计算 ………………………………………… 170
  4.4.3 射电干涉测量观测值的误差估算 …………………………… 171
4.5 VGOS 观测数据处理 ……………………………………………… 173
  4.5.1 概述 …………………………………………………………… 173
  4.5.2 相关处理 ……………………………………………………… 174
  4.5.3 通道残余时延与时延率精调 ………………………………… 175
  4.5.4 频段内各通道的相位校正 …………………………………… 176
  4.5.5 频道综合 ……………………………………………………… 176
  4.5.6 偏振合成 ……………………………………………………… 177
  4.5.7 残余时延与 dTEC 同时解算 ………………………………… 178
  4.5.8 数据文件的生成 ……………………………………………… 180

第 5 章 射电干涉测量理论模型 ········ 181

5.1 参考坐标系 ········ 182
5.1.1 国际天球参考系 ········ 182
5.1.2 国际地球参考系 ········ 183
5.1.3 IAU2000、IAU2006 决议 ········ 184
5.1.4 IAU 2000/2006 参考系的实施 ········ 187
5.1.5 GCRS 与 ITRS 间的转换 ········ 192

5.2 时间系统 ········ 194
5.2.1 时间系统的种类 ········ 194
5.2.2 时间系统间的转换关系 ········ 197

5.3 广义相对论时延模型 ········ 200
5.3.1 平面波时延 ········ 202
5.3.2 球面波时延 ········ 206

5.4 引力时延 ········ 208

5.5 测站位置运动 ········ 209
5.5.1 板块运动 ········ 210
5.5.2 固体潮 ········ 212
5.5.3 海潮载荷的测站位移 ········ 222
5.5.4 极潮 ········ 224
5.5.5 海洋极潮 ········ 226
5.5.6 S1-S2 大气潮 ········ 227

5.6 传播介质时延 ········ 228
5.6.1 中性大气时延 ········ 228
5.6.2 电离层时延 ········ 231

5.7 观测设备时延模型 ········ 234
5.7.1 天线重力形变 ········ 234
5.7.2 天线热形变 ········ 237

5.8 射电源结构时延模型 ········ 238
5.8.1 射电源结构时延理论模型 ········ 239
5.8.2 射电源结构时延的计算实例 ········ 240

附录 A5.1 坐标系绕坐标轴旋转 θ 角的旋转矩阵 ········ 241
附录 A5.2 儒略历法 ········ 242
附录 A5.3 尼尔映射函数(NMF) ········ 242
A5.3.1 大气干成分映射函数 M_{dry} ········ 243
A5.3.2 大气湿成分映射函数 M_{wet} ········ 244

第 6 章 天体测量与大地测量参数解算 245
6.1 概述 245
6.2 函数模型的建立 248
6.2.1 几何时延模型 248
6.2.2 钟差时延模型 252
6.2.3 中性大气湿成分时延模型 253
6.3 函数模型线性化与偏导数计算公式 255
6.3.1 函数模型线性化 255
6.3.2 时延观测值对射电源赤经、赤纬的偏导数 256
6.3.3 时延观测值对测站坐标的偏导数 256
6.3.4 时延观测值对 EOP 参数的偏导数 257
6.3.5 时延观测值对于钟差模型参数的偏导数 259
6.3.6 时延观测值对于大气湿时延与大气梯度模型参数的偏导数 260
6.4 误差方程式的建立 261
6.4.1 起始数据的准备 261
6.4.2 "$O-C$" 的计算 261
6.4.3 误差方程式的组成 263
6.5 法方程式的建立与参数解算 273
6.5.1 法方程式的建立 273
6.5.2 参数先验值改正数的解算及精度评估 274
6.5.3 参数约束最小二乘法的应用 275
6.6 相时延的应用 277
6.7 综合解算 283
6.7.1 综合解算的原理 283
6.7.2 综合解算过程 285
6.8 射电干涉测量观测值的相关性 288
6.8.1 概述 288
6.8.2 射电干涉测量观测数据相关性的检测方法 290
6.8.3 相关观测值的参数解算方法 292
6.8.4 相关观测值参数解算实例 293

第 7 章 相对射电天体测量 295
7.1 相对射电天体测量的基本方法 295
7.1.1 相时延拟合与相位参考 296
7.1.2 相位参考的基本原理 297
7.1.3 差分相位的时间与空间相干性 299

7.1.4 相位参考误差的时间项与空间项 ……………………………………… 301
7.2 影响相对天体测量精度的因素 …………………………………………… 302
　　7.2.1 几何时延和钟 ……………………………………………………… 303
　　7.2.2 传播介质 …………………………………………………………… 303
7.3 提高相对天体测量精度的方法 …………………………………………… 305
　　7.3.1 类测地 VLBI 观测方法 …………………………………………… 305
　　7.3.2 相位拟合法 ………………………………………………………… 306
　　7.3.3 多参考源方法 ……………………………………………………… 307
　　7.3.4 其他观测方法 ……………………………………………………… 308
7.4 相对天体测量的应用 ……………………………………………………… 309
　　7.4.1 天体物理学 ………………………………………………………… 309
　　7.4.2 深空探测的应用 …………………………………………………… 313
7.5 展望 ………………………………………………………………………… 314
附录 A7.1　VLBI 周年视差测量基本原理 ……………………………………… 314
　　A7.1.1 周年视差的定义 …………………………………………………… 314
　　A7.1.2 视差的观测效应 …………………………………………………… 315
　　A7.1.3 视差拟合的思路 …………………………………………………… 316
　　A7.1.4 最小二乘求解视差时的加权 ……………………………………… 317

第 8 章　射电天体测量应用于航天工程(一) ………………………………… 319
8.1 概述 ………………………………………………………………………… 319
8.2 航天器射电干涉测量的特点 ……………………………………………… 320
　　8.2.1 实时性要求 ………………………………………………………… 320
　　8.2.2 有限距离 …………………………………………………………… 321
　　8.2.3 信号特点 …………………………………………………………… 322
　　8.2.4 飞行轨道 …………………………………………………………… 324
　　8.2.5 介质时延改正 ……………………………………………………… 325
8.3 差分 DOR 技术 …………………………………………………………… 327
　　8.3.1 观测模式 …………………………………………………………… 327
　　8.3.2 DOR 信号结构 ……………………………………………………… 329
　　8.3.3 ΔDOR 观测值的计算方法 ………………………………………… 330
　　8.3.4 误差来源 …………………………………………………………… 334
8.4 伪码 ΔDOR 技术 ………………………………………………………… 342
8.5 Ka 波段 ΔDOR 技术 ……………………………………………………… 344
8.6 航天器射电干涉测量定位技术 …………………………………………… 346
　　8.6.1 几何法绝对定位原理 ……………………………………………… 346

        8.6.2 几何绝对定位应用举例 ·· 353
        8.6.3 同波束月面相对定位举例 ·· 356
        8.6.4 相位参考成图法相对定位 ·· 359
第 9 章 射电天体测量应用于航天工程(二) ··· 362
    9.1 航天器定轨理论概述 ··· 362
        9.1.1 运动方程 ··· 363
        9.1.2 状态方程 ··· 364
        9.1.3 观测方程 ··· 365
        9.1.4 估值方法 ··· 365
        9.1.5 VLBI 测量模型建立 ·· 367
    9.2 定轨中涉及的时间和坐标系统 ·· 370
        9.2.1 时间系统 ··· 370
        9.2.2 坐标系统 ··· 372
    9.3 VLBI 在"嫦娥三号"月球探测器定轨中的应用 ······························· 379
        9.3.1 CE-3 工程测轨概况 ·· 380
        9.3.2 轨道计算基本策略 ·· 382
        9.3.3 数据分析和讨论 ··· 383
    9.4 VLBI 在"嫦娥三号"月球着陆器/巡视器定位中的应用 ······················· 388
        9.4.1 着陆器定位原理和方法 ··· 389
        9.4.2 "嫦娥三号"着陆器定位计算 ·· 390
    9.5 VLBI 在"天问一号"火星探测器定轨中的应用 ································ 393
第 10 章 射电天体测量的发展前景 ··· 400
    10.1 SKA 时代的射电天体测量 ·· 400
        10.1.1 脉冲星 ··· 403
        10.1.2 系外行星 ··· 403
        10.1.3 银河系星际和星周脉泽 ·· 403
        10.1.4 快速射电暴 ··· 404
        10.1.5 恒星形成区中的连续谱源 ··· 404
        10.1.6 大小麦哲伦云 ·· 404
    10.2 空间射电天体测量 ··· 405
        10.2.1 地月 VLBI ··· 406
        10.2.2 月基射电干涉仪 ·· 406
        10.2.3 地球轨道 VLBI ··· 406
        10.2.4 空间射电天体测量的关键技术 ······································ 407
    10.3 VGOS 的现状与发展前景 ··· 411

  10.3.1 VGOS 测站建设的现状…………………………………411
  10.3.2 IVS 提出的 VGOS 测量精度指标……………………414
  10.3.3 国际 VGOS dUT1 测量…………………………………415
  10.3.4 国际 VGOS 测站坐标测量……………………………419
  10.3.5 我国 VGOS 观测结果…………………………………422
  10.3.6 VGOS 的改进与完善……………………………………424

参考文献………………………………………………………………428
缩略语中英文对照表…………………………………………………446

第1章 绪　　论

1.1 射电天体测量学的研究内容和意义

1.1.1 射电天体测量学的研究内容

天体测量学是天文学最古老的一门分支学科，早期的天体测量观测主要是在光学波段进行的。20世纪30年代初，美国无线电工程师卡尔·央斯基(Karl Jansky)发现了来自银河系中心的宇宙射电辐射后，从而诞生了射电天文学。特别是20世纪50年代以来，由于射电干涉仪技术的发展，测定射电天体(专业名词为射电源)的精度逐步提高，目前已经达到了亚毫角秒级，开创了射电天体测量学的新时代。射电天体测量学是天体测量学的一个分支学科，也是天体测量学与射电天文学的交叉学科。所以非射电天文专业的读者阅读本书时，需要了解一些射电天文学有关基础知识，关于宇宙射电和射电源的基础知识参见本书的附录A1.1。

自20世纪40年代中期起，英国、澳大利亚等国开展了射电巡天观测，射电天体测量是其中的重要工作之一。当时天体定位测量的精度较低，位置精度一般为"角度"至"角分"级。直到20世纪70年代，由于射电干涉测量技术的发展和改进，射电天体测量的射电源定位精度提高到了0.01″级，这时才在出版的刊物上出现了"射电天体测量"一词(Elsmore, 1974；CounselmanⅢ, 1976)。

射电天体测量学的主要研究内容如下所述。

(1) 银河系外致密射电源的位置测量，以及射电天球参考系建立的理论与方法；

(2) 银河系内致密射电源的位置、自行、距离测量，以及银河系动力学基本参数测量的理论与方法；

(3) 太阳系射电天体的位置与运动轨道测量的理论与方法；

(4) 地球的全球整体运动与区域性运动测量的理论与方法；

(5) 人造天体，如地球卫星、探月卫星及深空探测器等航天器的位置和轨道测量的理论与方法。

1.1.2 射电天体测量的意义和应用

天体测量对于天文学研究是一项十分重要的工作，它提供了天文学研究的基础；同时，它也是应用性很强的一门学科。射电天体测量的出现，使得各种分立射电源的位置和运动可以被精确测定。特别是甚长基线干涉测量(Very Long Baseline Interferometry, VLBI[①])技术的诞生和发展，使得射电源的绝对位置测量精度达到了亚毫角秒级，小角距相对位置测量精度达到微角秒级，为天文学研究做出了许多突破性贡献；同时，还对于大地测量、深空探测以及广义相对论检验等做出了重要贡献。

射电天体测量取得的突出成就如下所述。

(1) 建立和维持以河外致密射电源为基础的准惯性天球参考架。

天球参考架是天文学研究的基础，与人类生产与生活也密切相关。早期的天球参考架通常使用银河系的光学恒星作为基准，称为光学参考架。由于银河系恒星距离地球相对较近，最远为数万光年，所以它的自行较大，有数百颗恒星的自行达到约 1(″)/年，最大达到约 10(″)/年。虽然大多数恒星的自行小于 0.1(″)/年，但是要维持精度好于 0.01(″)的参考架，就必须采用自行很小的恒星作为参考架基准；同时，还需要经常检测它们的自行，然后加以改正。随着天文学研究发展的需要，要求天球参考架的精度要求达到 1mas，甚至更高。随着射电干涉测量的 VLBI 技术的发展，于 20 世纪 90 年代，河外致密射电源的定位测量精度达到了毫角秒。河外致密射电源，比如类星体、射电星系核等，大多距离地球 1 亿光年以远，其自行极小，所以可以认为它们在天球上为"不动点"，是惯性天球参考架的理想基准点。国际天文学联合会(IAU)于 1997 年做出决议，确定以河外致密射电源的位置定义天球参考架，经过全球射电天体测量界的合作努力，共推出了三代国际天球参考架(ICRF)。第一代国际天球参考架(ICRF1)于 1998 年 1 月开始使用；第二代国际天球参考架(ICRF2)于 2010 年 1 月开始使用；2018 年，在奥地利维也纳召开的 IAU 大会做出决议，于 2019 年 1 月开始使用第 3 代国际天球参考架(ICRF3)，代替 ICRF2(Charlot et al., 2020)。ICRF3 相较于前期的 ICRF，不但增加了 S/X 波段观测的射电源的数量与精度，还增加了 K 与 X/Ka 波段的参考架的测量结果。ICRF3 的简要情况如下所述。

● 射电源数量：S/X 波段——4536 颗，近 40 年数据；K 波段——824 颗，X/Ka——678 颗，超过 15 年数据。

● 定义源：303 颗。

● 新模型：首次考虑了太阳系的银河系加速效应(0.0058 毫角秒/年)。

● 射电源坐标的噪声底值：0.03mas。

(2) 测量地球定向参数。

地球定向参数(Earth Orientation Parameters, EOP)是连接天球参考架与地球参

[①] VLBI 也是甚长基线干涉仪(verg long baseline interferometer)的缩写。

考架的重要参数；它是国家经济和国防建设的重要基础数据。EOP 包括 5 个参数：地球自转变化(dUT1)、极移(X_p, Y_p)和章动常数改正(dPsi, dEpsilon)或 CIP 天极的岁差与章动常数改正数 dX、dY(见第 5 章)。当今，由国际 VLBI 大地测量与天体测量服务(International VLBI Service for Geodesy and Astrometry, IVS)机构负责组织全球的天体测量/大地测量合作观测，获得 VLBI 测量的 EOP 序列，提供给国际地球自转和参考系服务(International Earth Rotation and Reference Systems Service, IERS)机构。最后由 IERS 负责将 VLBI、卫星激光测距(SLR)及全球导航卫星系统(GNSS)等的测量数据进行综合计算，得到 IERS 的 EOP 综合测量数据，提供使用。IERS 提供 EOP 数据的刊物有：快报和预报(Bulletin A)、月报(Bulletin B)、长期 EOP 序列(最新的为 EOP 20 C04)、跳秒数据(Bulletin C)及 dUT1 的测量值(Bulletin D，文件中用 DUT1 表示)。VLBI 是唯一可以测量全部 5 个 EOP 数据的技术，表 1.1.1 列出了各种技术测量 EOP 参数的能力，表 1.1.2 给出了 IVS 测量 EOP、地球参考架(TRF)和天球参考架(CRF)的精度(Schuh and Behrend, 2012)。

表 1.1.1　VLBI 对于 ICRF、ITRF 和 EOP 测量的贡献

项目	VLBI	SLR	GNSS	DORIS
ICRF(射电源位置)	√			
极移(X_p, Y_p)	√	√	√	√
dUT1	√			
天极(dX,dY)或章动常数改正	√	(推算)	(推算)	
日长	(推算)	√	√	√
ITRF(测站位置)	√	√	√	√

注：√——具有测量能力；dUT1——UT1-UTC，它们的定义详见 5.2 节。
DORIS(Doppler Orbitography and Radiopositioning Integrated System by Satellite，星基多普勒轨道和无线电定位组合系统)。

表 1.1.2　IVS 产品 EOP、TRF 和 CRF 的精度

	极移(X_p, Y_p)	dUT1 24h 观测	dUT1 1h 加密观测	天极(dX, dY)	TRF(x,y,z)	CRF(α, δ)
精度	50~80μas	3~5μs	15~20μs	50μas	5mm	40~250μas
提供时间	8~10 天	8~10 天	1 天	8~10 天	—	3 月
分辨率	1 天	1 天	1 天	1 天	—	—
解算频度	约 3 天/周	约 3 天/周	每天	约 3 天/周	—	1 年

注：表中所列产品的精度都是使用 S/X 双频系统于 21 世纪初期的测量结果。

(3) 对于国际地球参考架建立和维持的贡献。

国际地球参考架(ITRF)由 VLBI、SLR、GNSS 及 DORIS 等多种技术来建立和

维持，由 IERS 综合处理各种技术的地球参考架测量结果，然后发布统一坐标框架与尺度的 ITRF。自 1989 年以来，已经了提供 13 期 ITRF，即 ITRF89、ITRF90、ITRF91、ITRF92、ITRF93、ITRF94、ITRF96、ITRF97、ITRF2000、ITRF2005、ITRF2008、ITRF2014 及 ITRF2020 等。最新的 ITRF2020 已于 2021 年发布了。在 ITRF 的建立与维持中，VLBI 技术具有重要贡献，对于 ITRF2020，IVS 提供了自 1980～2020 年 41 年期间约 6178 个 24h 的观测数据，11 个数据处理中心的综合处理结果，包括全球 154 个 VLBI 测站(在 117 个站址)的位置与速度，其中包括新建成的 6 个 VGOS 站的测量结果。对于观测数据的取得、相关处理及参数解算等工作，IVS 提供 ITRF2020 数据所花费的工作量至少一百人年(Altamimi et al., 2022；Gipson, 2020)。根据 IVS 提供 ITRF2014 的 1979～2014 年期间近 5800 个 24h 的观测数据计算得到，全球 158 个 VLBI 测站的本地坐标的北、东及高程的重复性分别为 3.3mm、4.3mm、7.5mm，最小为 1.5mm、2.1mm、2.9mm(Bachmann et al., 2016)。

(4) 射电参考架与盖亚(GAIA)光学参考架的连接。

欧洲空间局(ESA)的空间天体测量卫星(Global Astrometric Interferometer for Astrophysics, GAIA)盖亚于 2013 年 12 月发射，运行在日地平衡点 L2 点，预期工作寿命为 6 年，预期可以观测到的各种天体的数量如下面所列(Perryman, 2005)：

- 恒星——10 亿颗；
- 太阳系天体——10^5～10^6 颗；
- 系外行星——10～30000 颗；
- 盘状白矮星——200000 颗；
- 分解的双星——10^7 颗(250pc 以内)；
- 河外超新星遗迹——10^5 颗；
- 类星体——500000 颗。

到 2019 年，由于卫星仍工作正常，所以决定进行延伸运行。盖亚项目对于天文界是一件大事，它对于天体测量方面将产生重大影响；同时，它的研究领域不限于天体测量，涉及星系和恒星天体物理、太阳系和系外行星科学等广泛的研究课题。它于 2016 年 9 月公布第一批数据 DR1，2018 年 4 月公布第二批数据 DR2。随着盖亚观测任务的完成，将产生一个高精度、高密度的盖亚光学参考架。对于射电天体测量来说，VLBI 射电参考架与盖亚参考架的连接是一件非常重要的任务。射电与光学参考架的连接，需要用射电天体测量方法，精确测定盖亚星表中已有的具有较高射电流量密度的河外致密射电源的位置，估计需要测量几千颗在两个参考架中公共的致密射电源的坐标，才能使连接精度达到 10μas，现在这项任务正在实施中(Liu et al., 2018)。

(5) 银河系结构的研究。

射电天体测量对于研究银河系的旋臂结构做出了重要贡献。著名的有"银河系棒和旋臂结构的巡天计划"(BeSSeL Project)(Brunthaler et al., 2010)，它是有中国天文学家参加的一项国际合作计划，它使用 VLBI 技术来测量银河系恒星形成区的大质量年轻恒星与 HⅡ区成协的脉泽源的位置、距离和自行。在2010~2015年期间，测量银河中 400 个大质量恒星形成区的甲醇和水分子脉泽源的三角视差和自行，以此来测定地球至银河系中心的距离、银河系的旋转速率及旋转曲线等银河系动力学参数等。关于该计划的测量方法以及获得的成果详见本书第 7 章。

(6) 航天器的定位定轨测量。

射电天体测量为航天器(探月卫星和深空探测器)的定位、定轨测量做出了重要贡献，它的主要贡献如下所述。

(A) 以导航为目的的航天器器的定位、定轨测量；

(B) 通过对于环绕大行星飞行的探测器和着陆器的定位、定轨测量，精确测定大行星的位置与轨道；

(C) 射电参考架与行星历表参考架的连接。

这里简要介绍利用 VLBI 技术测量欧洲空间局的惠更斯(Huygens)探测器脱离美国国家航空航天局(NASA)"卡西尼号"(Cassini)宇宙飞船后降落土卫六泰坦(Titan)的过程，其是迄今为止 VLBI 测定轨最远的航天器。

2005 年 1 月 14 日，惠更斯探测器到达泰坦上空，实施降落飞行，图 1.1.1 为惠更斯探测器进入泰坦大气层后降落过程的效果图(Gurvits，2008)。VLBI 测量的频率为 2040MHz，采用相位参考测量方法，参考射电源为 J0744+2120，它与泰坦的角距为 30 角分，流量密度为 45mJy。组织了全球十余台射电望远镜对惠更斯探测器进入泰坦大气层后的降落过程进行了测量，最后测量得到惠更斯探测器在泰坦表面着陆位置的精度为 0.5~2.0km。另外，还计算得到泰坦上层大气在

图 1.1.1　欧洲空间局惠更斯探测器于 2005 年 1 月 14 日进入土卫六泰坦大气层后着陆过程的效果图

子午方向的风速为(3.5±0.5)m/s(Pogrebenko et al., 2009)。我国上海佘山 VLBI 站也参加了观测。

1.1.3 射电天体测量的主要观测设备——射电干涉仪

高精度的射电天体测量主要采用射电干涉测量方法，使用的观测设备是射电干涉仪。用于射电天体测量观测的射电干涉仪主要分为两大类：连接单元射电干涉仪或连线射电干涉仪(Connected-Element Interferometer, CEI[①])与甚长基线干涉仪(VLBI)。最简单的两单元干涉仪，每个观测单元由天线、接收机、数据采集、数据记录或数据传输设备组成；每个干涉仪都有一个数据相关处理设备。CEI 各单元的接收机的本振系统采用一个公共频率源，标准频率信号通过电缆或光纤传送至各接收机的本振系统，生成本振信号，所以 CEI 也可以称为"公共本振射电干涉仪"。由于 CEI 的观测单元离开数据处理中心的相关处理设备的距离一般为数千米至数十千米，所以各单元的观测数据通常都是实时传送至数据处理中心。VLBI 与 CEI 的不同之处主要是：各个观测单元(VLBI 测站)的接收机本振采用高稳定度的氢原子钟作为频率源，所以 VLBI 也可以称为"独立本振射电干涉仪"。由于采用了独立本振技术，所以在地球上的 VLBI 各个观测单元的间距(基线)可以达到数千千米至一万千米，对于空间 VLBI 来说，VLBI 基线可以达到数万千米，甚至更长。由于 VLBI 测站离数据处理中心也很遥远，所以早期的 VLBI 观测，各个测站的观测数据都首先存储在磁带或磁盘上，然后将它们运送至数据处理中心进行相关处理及随后的数据分析，所以早期的 VLBI 观测的数据处理的滞后时间一般都要达到 10 天以上。随着高速数据网络传输技术的发展，现在的 VLBI 观测大多是将观测数据通过高速数据网络实时(或事后)传送至数据处理中心，大大缩短了 VLBI 观测数据处理滞后时间，这称为"e-VLBI"(electronic-VLBI)。

射电干涉仪的射电源位置和 EOP 测量的精度与基线长度成正比，也就是说，基线长度越长，则测量精度就越高，VLBI 在地球上可以达到上万千米的基线长度，所以当今的最高精度的射电源定位和 EOP 测量是使用 VLBI 测量的。但是，CEI 可以利用相时延观测值，而 VLBI 通常只能利用群时延观测值，观测数据在同样的信噪比情况下，相时延的精度比群时延的精度高 1~2 个数量级，所以这是 CEI 的优势，也是对于 CEI 基线短的一种弥补。比如，如果要求快速测量 EOP，而测量精度只要求达到中等精度(约 0.01″)，则 CEI 技术将是一个可选的方案。

1.2 射电天体测量发展历史简介

射电天体的测量主要是使用射电干涉测量方法，因此，它的发展与射电干涉

[①] CEI 也是连线射电干涉测量(connected-element inerferometry)的缩写。

仪的发展是紧密相关的。在 20 世纪 50 年代至 60 年代前期，首先研制成功了 CEI，对于射电天体测量做了开创性的工作；在 60 年代中后期，研制成功了 VLBI，由于 VLBI 具有更高的测量精度，所以高精度的射电天体测量工作主要由 VLBI 来完成。但是，由于 CEI 具有实时性好、相位测量精度高、天线阵 CEI 灵敏度高等优点，所以在中等精度的射电天体测量方面，CEI 仍发挥了重要的作用。下面分别按 CEI 和 VLBI 天体测量两个方面来简述射电天体测量的发展。

1.2.1 射电干涉仪的诞生及早期射电巡天观测

射电天文自 20 世纪 30 年代初诞生以来，初期的射电天文观测使用的都是单口径天线，当时观测频率也比较低，所以射电波束很宽，只能概略地测定射电源的位置。直到第二次世界大战(简称二战)后，即 40 年代后期，开始创新发明了射电干涉技术。1946 年，澳大利亚射电天文学家首先提出了海岸悬崖射电干涉仪的概念，他们将澳大利亚多佛高地(Dover Heights)的一处海岸悬崖上二战留下的 100MHz 八木天线阵，改造为射电天文观测设备，首次利用海面对射电波二次反射的方法，实现了直射射电波与二次反射射电波的干涉，创造了著名的海岸悬崖射电干涉仪(Sea-cliff Interferometer)(Bolston, 1982)，首次观测到了太阳黑子、天鹅座 A 及金牛座 A 等的射电干涉图和它们的位置，图 1.2.1 为海岸悬崖射电干涉仪原理图。随后，澳大利亚射电天文学家米尔斯(B.Y.Mills)于 1954 年首创研制了十字型射电干涉仪，称为米尔斯十字射电望远镜(Mills Cross Telescope)。以后，

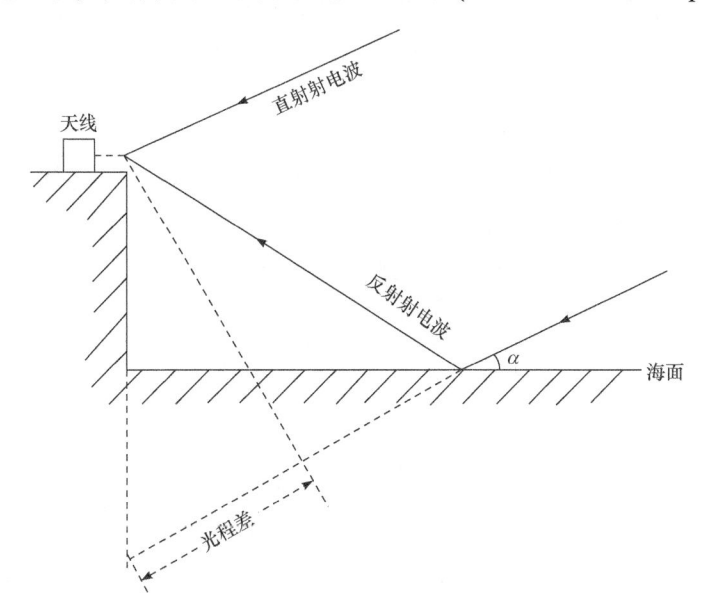

图 1.2.1 海岸悬崖射电干涉仪原理图

澳大利亚又发展了多种型式、更先进的十字型射电望远镜，比如，肖恩十字(Shain Cross)、克里斯十字(Chris Cross)及莫朗格洛十字(Molonglo Cross)。

在1946年，英国剑桥大学卡文迪什(Cavendish)实验室及1957年建立的穆拉德射电天文台(Mullard Radio Astronomy Observatory, MRAO)在马丁·赖尔(M.Ryle)的领导下，也开始研发射电干涉仪，首先研制了迈克耳孙(Michelson)型射电干涉仪，成功用来测量太阳黑子和强致密射电源天鹅座A(Cyg A)、仙后座A(Cas A)等的角径。随后，他们又研发了多种射电干涉仪，并发展了综合孔径成图技术。

在发展射电干涉技术的同时，英国剑桥大学卡文迪什实验室和澳大利亚联邦科学与工业研究组织(Commonwealth Scientific and Industrial Research Organization, CSIRO)的无线电物理部(Radiophysics Division)开展了对于分立射电源的巡天工作。射电巡天工作内容主要包括：分立射电源的搜寻和定位、流量密度的测量及源角径测量等。1950年，剑桥发表了1C巡天射电源表，使用固定式子午干涉仪，观测波长3.7m，检测到北天约50颗射电源。1953年，卡文迪什实验室又建成新的4单元射电干涉仪(Ryle and Hewish 1955)，它的4台天线设置在一个矩形的4个角上，该矩形的东西方向为1900英尺(ft, 1ft=0.3048m)，南北方向为168英尺。每台天线的反射面为圆柱型抛物面，长320英尺，宽40英尺，使用新建的4单元射电干涉仪在频率81MHz进行观测，于1955年发表的2C巡天射电源表，共1936颗射电源(Norris, 2017)，在事后使用2C巡天射电源表时，发现有很多虚假源，这是由于强射电源信号被干涉仪的旁瓣接收到，产生了混淆；随后，仍使用4单元射电干涉仪进行观测，但是观测频率改为158MHz，观测的天区范围为赤纬−22°~+71°，流量密度大于8Jy，于1959年发表了著名的3C巡天射电源表，共471颗射电源，得到了比较可靠的观测结果(Edge et al., 1959)；随后于1962年，在178MHz波段完成了3C表的修订版3CR，天区范围为赤纬>−5°(Bennett, 1962)。1960年，MRAO建成新的圆柱抛物面射电干涉仪，见图1.2.2。它的主体

图1.2.2 剑桥4C巡天观测使用的圆柱抛物面射电干涉仪[①]

---

① https://flic.kr/P/Sfmkds。

部分为固定式,按东西方向铺设,长1450英尺,宽65英尺;另外在固定天线的西面2590英尺处,设置一个可以移动的圆柱抛物面天线,长190英尺,宽65英尺,它在南北方向上可以在铁轨上移动1000英尺。这些圆柱抛物面天线可以在俯仰方向转动,观测的赤纬范围为$-07°$~$+90°$,观测频率为178MHz。使用它进行了巡天观测,观测的天区范围为赤纬$-07°$~$+80°$,检测到流量密度大于2Jy共4843颗射电源,发表了4C巡天射电源表(Pilkington and Scott 1965;Gower et al., 1967)。

3C和4C巡天射电源表是比较可靠的,其位置精度为角分级,得到普遍应用。例如,3C84、3C273、3C279、3C454.3及4C39.25等著名强致密射电源,在现代射电天体测量中还经常用到。

在1954~1957年期间,澳大利亚射电天文学家米尔斯等,利用建成的米尔斯十字射电望远镜,进行了首次南天的射电巡天观测。该射电望远镜由东西和南北两个天线阵组成,各个天线阵的长度约450m,每个天线阵由两排250个半波振子组成,各个振子都是东西向,它们的背面为网状反射面,见图1.2.3。天线是固定不动的,是"中星仪"式的观测设备;南北天线阵可以用调整相位方法实现对于不同赤纬射电源的观测。观测波长为3.5m(85.5MHz),其波束宽度为49角分。观测天区为赤经00^h~08^h、赤纬$+10°$~$-20°$,检测到约1700颗分立射电源。这是米尔斯十字望远镜的首次巡天观测,观测结果准确可靠,所以是早期的一次重要巡天观测(Mills, 1959)。

图1.2.3 澳大利亚米尔斯十字射电望远镜[①]

射电巡天是射电天文的一项十分重要的基础工作,也是一项射电天体测量工作。虽然由于观测设备的限制,其定位测量的精度不很高,一般为角分级,甚至

---

① https://www.atnf.csiro.au/。

更低一些，但是它们为高精度射电天体测量打下了基础，高精度射电天体测量大多是从上述的巡天射电源表中选出候选源，供进一步高精度定位观测用。

1.2.2 连线射电干涉仪(CEI)天体测量

前述的射电巡天观测，都是采用"中星仪"或"子午仪"式射电干涉仪，即它们的波束在东西方向是不能跟踪目标的，只能利用地球自转效应，等待射电源经过干涉仪的中天时，才能观测到。虽然波束在俯仰方向可以调整，但是只解决了能够观测不同赤纬的射电源；另外，观测频率都较低，一般为100MHz左右，电离层影响很大。因此，上述射电干涉仪无法进行高精度射电天体测量。本节简介自20世纪60年代以来世界上陆续建设的著名CEI设备。

1. 英国剑桥MRAO射电干涉仪

20世纪60年代和70年代初，射电干涉仪又有了新发展，无论是在灵敏度、测量精度还是在观测频率等方面都有很大的提高，而且普遍采用全天区可观测的抛物面天线作为干涉仪各个单元。1964年和1972年，英国剑桥大学MRAO建成了1英里(mi, 1mi=1.609344km)射电望远镜(Elsmore et al., 1966)和5km射电望远镜(Ryle, 1972)。1英里射电望远镜由3台60英尺的赤道式射电望远镜组成，由东西方向排列，其中2台天线为固定式，相距2464英尺，另外一台可以在铁轨上移动，离开固定天线的最大间距为2618英尺，它可以同时工作在408MHz和1407MHz波段，它是世界上首台全天区可观测的综合孔径射电望远镜，见图1.2.4。该射电望远镜完成了5C射电源表，射电源的位置测量精度提高到了角秒级(Elsmore et al., 1966)。

图1.2.4 英国剑桥1英里3单元射电望远镜①

5km射电望远镜由8台13m射电望远镜组成，也是东西方向排列，最大间距近5km(4.6km)，其中西面4台固定，相邻两台的间距为1.2km；东面4台安放在总长1.2km的铁轨上，它们可以移动，相邻两台天线的最小间距为18m，以达到不同长度的基线组合，实现孔径综合。图1.2.5的上图为现场实物照片(Ryle，1972)，前景为4台可移动天线；下图为8台天线设置的示意图。它的天线设计的可以工作波段为3～21cm，建成初期的工作波段为6cm(5GHz)，5km射电干涉仪在射电天体测量方面做出了出色的工作，

---

① https://physicsworld.com/a/martin-ryle-an-energy-visionary/。

射电源位置精度达到了百分之几角秒(Ryle and Elsmore, 1973)。

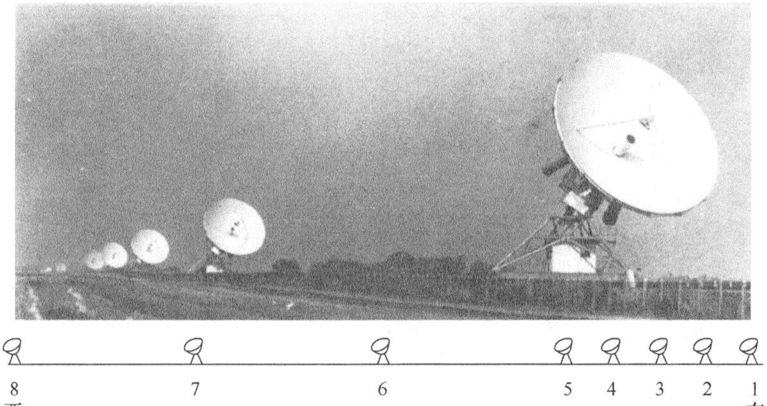

图 1.2.5　英国剑桥 5km 射电望远镜的现场照片与天线设置示意图

MRAO 台长马丁·赖尔领导建设了上述射电干涉仪，由于他创立了综合孔径射电望远镜的理论和方法，并且在上述射电干涉仪上得到了实现，因此他获得了 1974 年诺贝尔物理学奖，5km 射电望远镜被命名为赖尔望远镜(Ryle Telescope)。马丁·赖尔也是射电天体测量的主要开创者。

赖尔望远镜于 2004 年进行了改造，将西面的 3 台天线移到了东面 5 台天线的一侧，8 台天线组成了一个 2 维致密天线阵。

2. 英国皇家雷达站双单元射电干涉仪

英国皇家雷达站的双单元连线干涉仪建成于 1969 年，它进行射电天体测量工作。该干涉仪各个单元均为 25m 口径抛物面天线，天线安装在车台上，可以沿铁轨移动，最大基线距离为 700m。观测频率为 2695MHz，共观测了 159 颗射电源，精度达到 0.4″(Adgie et al., 1972)。

3. 美国 NRAO 3 单元射电干涉仪

1967 年，美国国家射电天文台(NRAO)根据综合孔径射电望远镜的原理，建成了 3 单元射电干涉仪(Hogg et al., 1969)，其主要用途为射电源的综合成图观测，同时也开展射电天体测量工作，见图 1.2.6。它由 3 台口径 85 英尺(26m)的射电望远镜组成，3 台天线按一条直线排列，方位角为 242°，其中一台固定，其余两台安放在铁轨可以移动，最大长度为 2.7km，工作波段为：3.7cm、11cm 及 21cm。使用该射电干涉仪，在 2695MHz(波长 11cm)，获得了好于 1as 的天体测量成果(Wade, 1970；Brosche et al., 1973)。

图 1.2.6 美国国家射电天文台绿岸(Green Bank)3 单元射电干涉仪[①]

图中：Tatel Tel.为该射电干涉仪的第 1 台射电望远镜的名称，它的编号为(85-1)，其他两台射电望远镜编号为(85-2)与(85-3)；Control Bldg 是指该射电干涉仪的控制室

4. 20 世纪 70 年代早期 CEI 天体测量主要结果

20 世纪 70 年代前期，CEI 天体测量的测量技术已经比较成熟，射电源位置测量最高达到了 0.02″的精度，表 1.2.1。列出主要结果(Elsmore, 1974)。

表 1.2.1　20 世纪 70 年代早期 CEI 天体测量精度

干涉仪名称	参考文献	射电源位置精度/(″)
美国国家射电天文台绿岸 3 单元射电干涉仪 (NRAO Green Bank Interferometer)	Wade C M, 1970. Asrophys.J., 162, 381.	0.6
英国剑桥 1 英里 3 单元射电望远镜 (Cambridge One-Mile Telescope)	Smith J W, 1971. Nature Phys.Sci., 232, 150.	0.2
RRE Malvern 英国皇家雷达站双单元射电干涉仪	Adgie R L et al., 1972. MNRAS, 159,233.	0.4
美国国家射电天文台绿岸 3 单元射电干涉仪 (NRAO Green Bank Interferometer)	Brosche P, et al., 1973. Astrophys.J., 183, 805.	0.1
英国剑桥 5km 射电望远镜 (Cambridge 5 km Telescope)	Ryle M, Elsmore B, 1973. MNRAS, 164, 223.	0.02

5. 美国 NRAO 的 35km 微波连接干涉仪

在 20 世纪 70 年代，NRAO 3 单元干涉仪为了配合甚大阵(Very Large Array,

---

① https://science.nrao.edu/facilities/。

VLA)建设的需要,进行30km距离的连线干涉试验,为此在距离该干涉仪西南方向约35km处,方位角为204°,建设了一台口径45英尺(14m)的射电望远镜,利用微波连接方法,组成了35km射电干涉仪,除了进行VLA建设有关的试验工作外,还利用它进行射电天体测量。于1974年12月、1975年2~5月、1976年1月,对于36颗射电源进行射电干涉观测,观测频率为2695MHz,射电源赤经、赤纬定位测量精度均达到了百分之几角秒(Wade and Johnston, 1977)。

于1979年4~5月,美国海军天文台(USNO)和海军研究实验室(NRL)合作,利用该35km射电干涉仪,进行近50天的连续观测,进行测量地球自转参数UT0-UT1的试验,最后获得二天平均值的形式误差为2ms(相当0.03″),这是世界上首次用CEI进行长时间连续观测来测量地球自转参数(Klepczynski et al., 1980)。

6. 美国VLA

20世纪70年代,NRAO开始建设甚大阵(VLA),它是一台综合孔径射电望远镜,位于美国的新墨西哥州,于1980年末建成(Thompson et al., 1980)。VLA为一个Y形天线阵,由27台25m射电望远镜组成,Y形的每臂上安放9台射电望远镜,它们可以在铁轨上移动,最远可以达到离Y形中心21km处,可以组成4种不同尺度的天线组阵,总的尺度范围为35:1,以满足不同分辨率观测的需要。原设计工作波段范围为21~1.3cm,经过改进后,现在已经工作到了7mm(部分天线可以工作到3.6mm)。图1.2.7为VLA的全景照片。

图1.2.7 美国NRAO的VLA(致密阵设置)[①]

VLA在射电天体测量方面也做出了出色的工作,特别是由于它的高灵敏度,它可以检测到流量密度仅几个毫央斯基(mJy)的弱射电源,如银河系内连续谱源、射电星和脉冲星等,得到了高精度的天体测量结果(Gomez et al., 2008;

---

① https://regmedia.co.uk/2011/10/17/vla_large.jpg。

Backer and Sramek, 1999; Boboltz et al., 2007; McGary et al., 2001; Brisken et al., 2003)。另外，利用它可以开展太阳系外行星的搜寻工作(Bower et al., 2009)。文献(McGary et al., 2001; Brisken et al., 2003)报道了用 VLA 测量 28 颗弱脉冲星(大多数为几毫央斯基)自行的结果，从 1992~1999 年共观测了 5 个历元，观测波段为 20cm(1452MHz)，自行测量精度达到了几毫角秒每年。

7. 英国 MERLIN

英国 MERLIN 的全称为 the Multi Elements Radio Link Interferometer Network，它是英国焦德雷·班克(Jodrell Bank)天文台建设的。1976 年起，英国焦德雷·班克天文台(JBO)开始建设微波连接射电干涉阵，1980 年建成了由 6 台射电望远镜组成的阵列，包括：焦德雷·班克的射电望远镜 MK Ⅰ A(76m)或 MK Ⅱ (25×37m)，外地射电望远镜 Defford(25m)、Wardle(25×37m)和 3 台 25m 天线(类 VLA 天线)，它的最长基线为 134km，控制中心在 JBO。该干涉仪命名为 MTRLI(Multi-Telescope-Radio-Linked-Interferometer)，在 20 世纪 80 年代末，更名为 MERLIN[①]。20 世纪 90 年代初，剑桥 MRAO 天文台建成了 32m 天线，它加入了 MERLIN。目前，MERLIN 由 7 台射电望远镜组成，除了在焦德雷·班克的 MK Ⅰ A 与 MK Ⅱ 两台射电望远镜外，还有 5 个远地观测站，包括：皮克米尔(Pickmere)(25m)、达恩霍尔(Darnhall)(25m)、诺克金(Knockin)(25m)、迪福德(Defford)(25m)及剑桥(Cambridge)(32m)，使得基线长度增加到了 217km，进一步提高了分辨率和灵敏度[①]。MERLIN 的观测频段为：L 波段(1.23~1.74GHz)、C 波段(4.3~7.5GHz)及 K 波段(19~25GHz)。除了焦德雷·班克 MK Ⅰ A 与迪福德只能观测 L 与 C 波段外，其他射电望远镜均可以进行 L、C 及 K 波段观测。图 1.2.8 为 MERLIN 的 7 台射电望远镜的地理分布图。

于 2010 年，MERLIN 完成了升级改造，使用光纤连接替代了原来的微波连接，从 JBO 的 MERLIN 控制中心至各个观测站均铺设光纤。时间与频率信号使用 L 波段的连接线路，JBO 氢原子钟的参考频率和时间信号传送至各个观测站，所以成为一个连线干涉仪，射电源位置测量精度达到了亚毫角秒，成为一个高精度射电干涉测量系统，这是当今世界上规模最大的时频与数据信号光纤连接射电干涉仪，称为 e-MERLIN,它的接收带宽从原来的微波连接的 2×15MHz 提高到了 2×2GHz，最高数据传输速率可以达到 30Gbit/s，这就把 MERLIN 在 5GHz 波段的灵敏度提高了约 30 倍(包括接收机的改造)。MERLIN 由曼彻斯特(Manchester)

[①] MERLIN/VLBI National Facility, Biennial Report, 2003—2004, Jodrell Bank Observatory. http://www.merlin.ac.uk/archive/archive_form.html。

图 1.2.8　MERLIN 射电望远镜地理分布图

大学代表英国的粒子物理和天文学研究委员会(Particle Physics & Astronomy Research Council, PPARC)负责运行。表 1.2.2 列出了 MERLIN 的主要技术性能(Argo, 2015)。

表 1.2.2　MERLIN 的主要技术性能

	1.5GHz(L 波段)	5GHz(C 波段)	22GHz[8](K 波段)
分辨率 [1]/mas	150	40	12
视场 [2]/弧分	30	7	2
频率范围/GHz	1.3~1.7	4~8	22~24
带宽 [3]/GHz	0.4	2	2
灵敏度 [4]/(微央斯基/波束)	5~6	1.8~2.3	约 15
测量射电源亮度的灵敏度 [4]/K	约 90	约 70	约 530
天体测量性能 [5]/mas(相对于 ICRF)	约 2	约 1	约 2

	1.5GHz(L 波段)	5GHz(C 波段)	22GHz[8](K 波段)
天体测量性能 [6]/mas(天-天)	约 0.5	约 0.2	约 1
幅度校准 [7]/%	2	1	10

注：1. 使用均匀加权；2. 25m 天线的半峰全宽(FWHM)；3. 每极化的最大带宽；4. 使用 Jodrell Bank Lovell 76m 天线时；5. 使用 VLBA 标校源的角距为 3°；6. 天-天的重复性(假设使用全部射电望远镜时)；7. 天-天的重复性；8. 76m 天线没有 22GHz。

从表 1.2.2 中可以看到，MERLIN 具有很好的天体测量能力，也可以说在全球所有的 CEI 中，它的测量精度最高。MERLIN 主要用于天体物理观测研究，但是也进行少量的天体测量观测，主要是脉冲星、射电星及甲醇脉泽源等，获得了很好的结果。例如，2001 年，观测了 11 颗射电星，测定它们的 ICRF 中的位置，精度达到 0.25mas，为射电参考系与光学参考系的连接做出了贡献(Fey et al., 2006)。

1.2.3 甚长基线干涉仪(VLBI)天体测量

为了追求比 CEI 具有更高分辨率的目标，以研究 CEI 不能分解的致密射电源的更精细的射电结构，在发展 CEI 的同时，各国很多射电天文学家们都在思考着以及共同商讨如何突破 CEI 的各单元必须有电连接的约束的问题，提出采用"独立本振、磁带记录"技术，使得干涉仪各单位之间不需要电连接，干涉仪各单元之间的基线距离因此可以增长至数千、上万千米，如果干涉仪的一个或几个单元放到太空中，基线距离还可以更长，这就大大提高了分辨率。在 20 世纪 60 年代中期，苏联科学院列比捷夫物理研究所的射电天文学家们首次正式发表了关于"独立本振、磁带记录"长基线射电干涉仪的概念(Matveenko et al., 1965)，但是文中关于"天线之间的距离越远，频率稳定度的要求就越低"的结论是错误的(Kellermann and Cohen, 1988)。在 1965～1967 年期间，美国和加拿大分别成功地进行了 VLBI 的试验。美国建成的第一代 VLBI 系统(MK I VLBI System)用计算机磁带机记录数据，数据速率为 720kbit/s，带宽 360MHz，为窄带系统。加拿大的 VLBI 系统为宽带模拟系统。VLBI 的起源和发展的比较详细的论述见文献(Moran, 1998)。

1. 早期 VLBI 天体测量

(1) NASA 的喷气推进实验室(NASA/JPL)由于深空探测任务的需要，使用 VLBI 技术测定河外致密射电源的位置，用于建立以河外致密射电源为基础的天球参考架，用于深空探测器 VLBI 测轨。一个典型的例子为：在 1969 年 6 月，使用美国深空网(DSN)的加利福尼亚州 64m 天线和澳大利亚 26m 天线(基线长 10590km)，在 2296MHz 波段进行了一系列 VLBI 观测，56 颗射电源获得了干涉条纹(Cohen and Shaffer, 1971)。由于使用的是 MK I VLBI 记录系统，其带宽仅为 360kHz；并且，用铷钟作为本振频率源，稳定性较差，所以 VLBI 时延的测量精度为 200~500ns，射电源的定位精度为角秒级，甚至低于 CEI 天体测量的精度。但是从该次 VLBI 天体测量的试验中可以看到 VLBI 有很大的潜力，经过改进和提高后，预期可以达到毫角秒的定位测量精度。自此，JPL 一直使用 NASA 的 DSN 进行以建立射电参考架为目的的 VLBI 观测。1984 年，发表了在 1971~1980 年期间，DSN 对 117 颗射电源用 VLBI 观测的结果。射电源均匀分布在赤纬−40°以北天区，观测大部分使用 S/X(2.3GHz/8.4GHz)双频同时观测，以消除电离层时延误差。S 和 X 频段的带宽均为 40MHz，每个频段各选用 4 个通道，每通道的数据记录速率为 4Mbit/s，按带宽综合方法(Rogers, 1970)计算 VLBI 观测时延。最后获得的射电源的位置测量的形式误差为 1~5mas(Fanselow et al., 1984)。

(2) 美国的海斯台克(Haystack)天文台、麻省理工学院(MIT)及 NASA 的戈达德航天飞行中心(NASA/GSFC)于 20 世纪 60 年代末至 70 年代初，也开始进行射电源 VLBI 精确定位的观测研究。其中一期重要的 VLBI 射电源定位测量观测为 GFSC 与 MIT、Haystack 天文台及瑞典的昂萨拉(Onsala)空间天文台合作进行的。于 1972 年 4 月~1975 年 1 月期间，共进行了 18 组 VLBI 射电源定位观测，涉及的天线共 5 台，包括：Haystack 天文台的 37m、JPL 的金石(Goldstone)64m、NRAO 的 Green Bank 43m、美国国家海洋和大气管理局(NOAA)的 Gilmore Creek, Alaska 26m 及瑞典 Onsala 26m。每组观测使用其中的 2~4 台，观测 1~4 天。7850MHz(波长 3.8cm)左圆极化单频观测，使用 VLBI Mark I 型数据记录终端，每单次观测历时 3min，每个测站均使用氢原子钟，共观测了 18 颗致密射电源。观测和数据处理采用带宽综合技术，射电源位置测量精度达到 0.05″，个别低赤纬射电源的赤纬误差为 0.15″，与 JPL 同时期的测量精度相当(Clark et al., 1976)。

(3) 美国国家海洋和大气管理局大地测量服务(NGS/NOAA)与 DSN/NASA 的 EOP 测量。早期使用 VLBI 技术系统地测量地球自转参数(EOP)，美国的 NGS/NOAA 发挥了重要作用，他们在 1977 年，开始建设一个 3 测站的 VLBI 网，3 个测站分别在得克萨斯州的 Ft. Davis、佛罗里达州的 Richmond 与马萨诸塞州(或麻萨诸塞州，简称麻省)的 Westford，该计划的名称为 Project POLar-motion Analysis by Radio Interferometric Surveying(POLARIS)，主要用于 EOP 测量。自 1981 年 6 月起，每星期观测 1 组(24h)，有时，欧洲瑞典的 Onsala 空间天文台也参加观测。根据 1982.0~1983.4 的 68 组观测数据计算，UT1 测量的形式误差为 0.05~0.63ms(Eubanks et al., 1984)。后来，NOAA 与 NASA、USNO 联合建立了美国国立地球定向服务(National Earth Orientation Service, NEOS)。POLARIS

网与国际上其他 VLBI 站合作，扩展为 IRIS 网(International Radio Interferometry Survey)，它分为 IRIS-A(跨大西洋)和 IRIS-P(跨太平洋)(Yoshino et al., 1989)。

(4) NASA 由于深空探测导航的需要，JPL/NASA 实施了一项名为"时间与地球运动精密观测"(Time and Earth Motion Precision Observation, TEMPO) 计划，进行 EOP 测量。早期每星期进行 2 次 VLBI 观测(后来调整为每月 2 次)，每次观测 3h，使用 DSN 西班牙站-加州站(S-C)基线或澳大利亚站-加州站(A-C)基线，进行单基线观测。基线横向与垂直分量测量的误差椭圆长短轴分别为 1.5cm 与 5.1cm(Oliveau and Freedman, 1997)，对 UT1 的测量精度相当于数十微秒。

(5) NASA/GSFC 的地壳动力学计划(Crustal Dynamics Project, CDP)。NASA/GSFC 于 1979~1991 年，实施了一项国际性的 CDP，该项目的主要目的是应用 VLBI、SLR(卫星激光测距)及 LLR(月球激光测距)技术，后期还使用了 GPS(全球定位系统)技术，以测量全球现代板块运动(Coates, 1988)。该项目由 GFSC/NASA 主持运行，全球共有 96 个 VLBI 测站(固定站和流动站)参加该项目的观测。虽然该项目的主要科学目的为研究现代地壳运动，但是在数据处理时，通常需要解算所观测的射电源的精确坐标、地面 VLBI 测站的坐标和地球定向参数，所以它对于射电天体测量也做出了重要贡献。观测采用 S(2.3GHz)/X(8.4GHz)双频观测，S 波段带宽 85MHz，分为 6 个通道；X 波段带宽 360MHz，分为 8 个通道，共 14 个通道，各通道带宽均为 2MHz，使用美国 Haystack 天文台研发的 VLBI Mark Ⅲ 数据采集系统，各个 VLBI 测站均使用氢原子钟作为频率标准，每个射电源每次跟踪观测的时间一般为 90~800s。上述观测模式是 CDP 的标准观测模式，常作为国际上其他各国测地 VLBI 观测的标准模式。数据处理采用 GSFC 研发的 CALC/SOLVE 和 GLOBL 软件系统，该软件系统不断地改进和更新，被世界上很多单位采用。1993 年，使用全部 CDP 的 VLBI 观测数据，还收纳了全球其他 VLBI 测地观测的数据，共计 1904 个 24h 观测(Session)，1013906 个时延观测值，进行整体解算(Global Solution)，共解得全球 110 个 VLBI 测站(包括流动站)的坐标，其中 62 个测站解算得它们的运动速度，测量了 190 颗河外致密射电源的位置以及 1979~1992 年的 EOP 序列，并获得了全球现代板块运动实际测量值(Ma et al., 1994)。图 1.2.9 显示了 CDP(1979~1992)测量太平洋区域 VLBI 测站的运动速率。

2. 当代应用于射电天体测量的主要 VLBI 网(阵)

(1) 国际 VLBI 大地测量与天体测量服务(IVS)。

IVS 的英文全名为：International VLBI Service for Geodesy and Astrometry，它建立于 20 世纪末，于 1999 年和 2000 年，国际大地测量协会(IAG)和国际天文学联合会(IAU)分别批准了 IVS 作为一个服务机构(Schlüter and Behrend, 2007)。IVS 是一个国际合作组织，国际上主要的 VLBI 天体测量/大地测量(简写为天测/

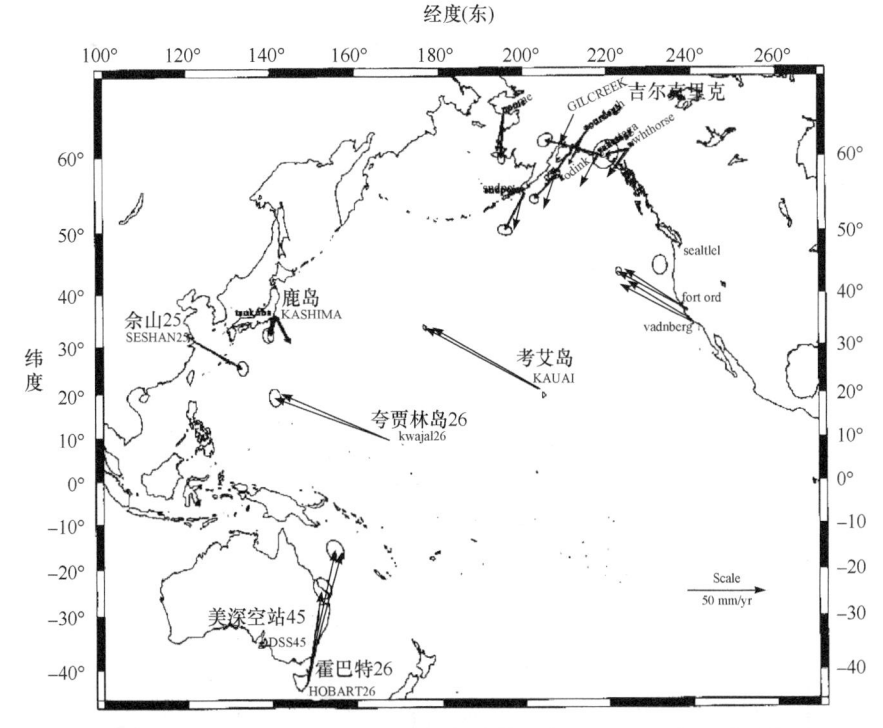

图 1.2.9 CDP(1979~1992)测量的太平洋区域 VLBI 测站的运动速率

图中：加注中文名称的为长期观测的固定站；显示了各个测站运动速率测量的 3σ 误差椭圆

测地)观测站都参加了该组织，中国上海佘山和乌鲁木齐南山 VLBI 站都是 IVS 正式成员，它的主要任务为：组织全球 IVS 的 VLBI 测站的观测运行及观测数据的处理；促进 VLBI 大地测量与天体测量的技术发展和应用研究，支持关于大地测量、地球物理和天体测量的研究和观测活动；组织 IVS 的 VLBI 产品(ICRF、ITRF 及 EOP)的用户单位之间的交流和将 VLBI 整合到"全球大地测量观测系统"(Global Geodetic Observing System, GGOS)(Pearlman, 2017)中去。目前，IVS 正式成员的测站有 38 个(不包括拟建的及合作观测的测站)，涉及 17 个国家，IVS 测站信息见表 1.2.3。

表 1.2.3 IVS 测站信息表

所在国家或地区	IVS 名称(8 字母)	代码	天线口径/m	所属单位(中文)	所属单位(外文)
南极洲	OHIGGINS	Oh	9	德国联邦制图与大地测量局	Bundesamt für Kartographie und Geodäsie (BKG), Germany
	SYOWA	Sy	11	日本国立极地研究所	National Institute of Polar Research(NIPR), Japan

续表

所在国家或地区	IVS 名称(8 字母)	代码	天线口径/m	所属单位(中文)	所属单位(外文)
阿根廷	AGGO	Ag	6	阿根廷国家科学技术研究委员会，德国联邦制图和大地测量局	Consejo Nacional de Investigaciones Científicas y Técnicas(CONICET) Bundesamt für Kartographie und Geodäsie (BKG), Germany
澳大利亚	HOBART12	Hb	12	澳大利亚塔斯马尼亚大学	Tasmania University Australia
	HOBART26	Ho	26		
	KATH12M	Ke	12		
	YARRA12M	Yg	12		
	PARKES	Pa	64	澳大利亚联邦科学与工业研究组织	Commonwealth Scientific and Industrial Research Organization (CSIRO), Australia
巴西	FORTLEZA	Ft	14.2	巴西射电天文与空间应用中心	Centro de Radio Astronomia e Aplicacoes Espaciais
中国	URUMQI	Ur	26	中国科学院新疆天文台	Xinjiang Astronomical Observatory, Chinese Academy of Sciences(CAS)
	SESHAN25	Sh	25	射电天文联合实验室，中国科学院上海天文台	Joint Laboratory for Radio Astronomy (JLRA), Shanghai Astronomical Observatory, CAS
芬兰	METSAHOV	Mh	13.7	芬兰，阿尔托大学，大地测量研究所	Aalto University, Finnish Geodetic Institute, Finland
德国	EFLSBERG	Eb	100	德国，马克斯·普朗克科学促进协会	Max-Planck-Gesellschaft zur Förderung der Wissenschaften
	WETTZELL	Wz	20 13.2	德国联邦制图与大地测量局和慕尼黑工业大学卫星大地测量研究机构	Bundesamt für Kartographie und Geodäsie (BKG) and Forschungseinrichtung Satellitengeodäsie der Technischen Universität München (FESG)
意大利	MEDICINA	Mc	32	意大利射电天文研究所	Istituto di Radioastronomia
	NOTO	Nt	32		
	MATERA	Ma	20	意大利航天局(ASI)	Agenzia Spaziale Italiana (ASI)
日本	KASHIM34	Kb	34	日本国立信息与通信技术研究所(NICT)	National Institute of Information and Communications Technology (NICT)
	KASHIM11	K1	11		
	KOGANEI	Kg	11		
	TSUKUB32	Ts	32	国土地理院(GSI)	Geospatial Information Authority of Japan (GSI)
	ISHIOKA	Is	13.2		
	MIZNAO10	Mn	10	日本国立天文台	National Astronomical Observatory of Japan (NAOJ)

续表

所在国家或地区	IVS 名称(8 字母)	代码	天线口径/m	所属单位(中文)	所属单位(外文)
新西兰	WARK12M	Ww	12	新西兰奥克兰理工大学	Auckland University of Technology
挪威	NYALES20	Ny	20	挪威测绘局	Norwegian Mapping Authority
俄罗斯	BADARY	Bd	32	俄罗斯科学院应用天文研究所	Institute of Applied Astronomy RAS
	SVETLOE	Sv	32		
	ZELENCHK	Zc	32		
西班牙	YEBES	Yb	40	国家地理研究所	Instituto Geográfico Nacional
南非	HARTRAO	Hh	26	南非国家研究基金会，南非射电天文台	South Africa Radio Astronomical Observatory, National Research Foundation
	HART15M	Ht	15		
韩国	SEJONG	Kv	22	韩国国家地理信息研究所(NGII)	National Geographic Information Institute(NGII)
瑞典	ONSALA60	On	60	瑞典查尔姆斯理工大学	Chalmers University of Technology
乌克兰	CRIMEA	Sm	22	乌克兰克里米亚天体物理天文台射电天文学实验室	Laboratory of Radioastronomy of Crimean Astrophysical Observatory
美国	GGAO12M	Gs	12	NASA 戈达德航天飞行中心	NASA Goddard Space Flight Center
	GGAO7108	Gg	5		
	MACGO12M	Mg	12	NASA 戈达德航天飞行中心与得克萨斯大学空间研究中心	NASA Goddard Space Flight Center and The University of Texas Center for Space Research
	WESTFORD	Wf	18.3	NASA 戈达德航天飞行中心	NASA Goddard Space Flight Center
	KOKEE	Kk	20/12	美国国家地球定向服务机构	National Earth Orientation Service(NEOS)

IVS 每年组织各类天测/测地 VLBI 观测，据 2021 年一年统计，共进行了 800 多组观测。所谓 1 组观测指有一个完整的观测计划(英文常用 Session 一词)，包括：科学目的、参加测站、观测的射电源、每颗射电源一次跟踪观测时间长度(Scan Duration)、观测时序及总的观测时间，以及观测设备有关参数的设置，比如观测频率、极化、通道数目及带宽等。1 组观测主要的观测模式是 24h，其观测目的为测量测站坐标、EOP 及射电源位置等；也有一种观测模式为 1h，用 2 个测站参加的东西方向基线进行 dUT1 的加密观测。

实施观测后，观测数据互相关处理是一项繁重的工作。目前，IVS 有 7 个相关处理中心，如表 1.2.4 所列。数据经过相关处理后生成数据文件，供 IVS 的数据分析中心及其他用户的数据分析使用。

表 1.2.4　IVS 的观测数据相关处理中心

国家	IVS 部门名称	资助单位
奥地利	维也纳相关处理机 (Vienna Correlator)	维也纳 VLBI 中心 (Vienna Center for VLBI)
中国	上海相关处理机 (Shanghai Correlator)	中国科学院上海天文台 (Shanghai Astronomical Observatory, CAS)
德国	马普射电天文研究所天文/测地相关处理机 (Astro/Geo Correlator at MPIfR)	马普射电天文研究所，应用大地测量研究所，赖歇特有限公司 (MPIfR, BKG, Reichert GmbH)
日本	筑波 VLBI 中心 (Tsukuba VLBI Center)	日本国土地理院 (Geospatial Information Authority of Japan)
俄罗斯	应用天文研究所 (Institute of Applied Astronomy)	应用天文研究所 (Institute of Applied Astronomy)
美国	华盛顿相关处理机 (Washington Correlator)	国家地球定向服务机构 (NEOS)
美国	麻省理工学院海斯台克相关处理机 (MIT Haystack Correlator)	NASA 戈达德航天飞行中心 (NASA GSFC)

IVS 现在正在发展新一代大地测量/天体测量 VLBI 系统，即 VLBI 全球观测系统，英文名称为 "VLBI Global Observing System"，缩写为 VGOS。VGOS 的测量精度将比现在使用的 S/X 测量系统提高一个数量级，详情将在本书第 4 章阐述。

(2) 欧洲 VLBI 网(European VLBI Network, EVN)。

欧洲 VLBI 网成立于 1980 年，当时由欧洲 5 个射电天文研究单位组成(MPIfR、ASTRON、INAF、OSO 及 UMAN)。随后，欧洲其他的射电天文单位及中国、南非、韩国等射电天文单位陆续加入，现今的 EVN 的 13 个正式成员与 5 个协联成员如表 1.2.5 所列。EVN 现有 25 台射电望远镜如表 1.2.6 所列。由于 Arecibo 305m 口径的固定式球面射电望远镜于 2020 年 12 月垮塌了，所以现在实际为 24 台射电望远镜。EVN 现在实际上是一个全球性的 VLBI 网，关于 EVN 的详细情况见其官方网站[①]。

表 1.2.5　EVN 正式成员与协联成员

单位简称	单位英/中文全称	国家
正式成员(Full Members)		
ASTRON	Netherlands Institute for Radio Astronomy 荷兰射电天文研究所	荷兰
IAA	Institute of Applied Astronomy 应用天文研究所	俄罗斯

---

① https://www.evlbi.org/。

续表

单位简称	单位英/中文全称	国家
正式成员(Full Members)		
IGN	Instituto Geográfico Nacional 国家地理研究所	西班牙
INAF	National Institute for Astrophysics 国立天体物理研究所	意大利
JIVE	Joint Institute for VLBI ERIC (ERIC——European Research Infrastructure Consortium) VLBI欧洲基础研究联盟联合研究所	荷兰
MPIfR	Max Planck Institute for Radio Astronomy 马普射电天文研究所	德国
NCU	Nicolaus Copernicus University 尼古拉·哥白尼大学	波兰
OSO	Onsala Space Observatory 昂萨拉空间天文台	瑞典
SARAO	South Africa Radio Astronomy Observatory 南非射电天文台	南非
ShAO	Shanghai Astronomical Observatory 上海天文台	中国
UMAN	The University of Manchester 曼彻斯特大学	英国
VIRAC	Ventspils International Radio Astronomy Centre 文茨皮尔斯国际射电天文中心	拉脱维亚
XAO	Xinjiang Astronomical Observatory 新疆天文台	中国
协联成员(Associated Members)		
AALTO	Aalto University, Metsähovi Radio Observatory 阿尔托大学, 梅察霍维射电天文台	芬兰
BKG	Bundesamt für Kartographie und Geodäsie 制图与大地测量局	德国
KASI	Korea Astronomy and Space Science Institute 韩国天文与空间科学研究所	韩国
NAIC	National Astronomy and Ionosphere Center 国立天文与电离层中心	美国, 波多黎各
YNAO	Yunnan Observatories 云南天文台	中国

注: 按单位简称英文字母排序。

表 1.2.6 EVN 射电望远镜

名称及代码	地点	所属单位	天线口径/m	波段/cm
Arecibo(Ar)	美国, 波多黎各	NAIC	305	已于2020年12月垮塌
Badary(Bd)	俄罗斯, 东西伯利亚, 巴达瑞	IAA	32	21,18,13,6,3.6,1.3

续表

名称及代码	地点	所属单位	天线口径/m	波段/cm
Cambridge(Cm)	英国，剑桥	UMAN	32	21/18,6,5,1.3
Effelsberg(Ef/Eb)	德国，波恩	MPIfR	100	92,49,30,21,18,13,6,5,3.6,1.3,0.7
Hartebeesthoek(Hh, Ht)	南非，豪登省	SARAO	26 15	18,13,6,5,3.6,1.3 13,3.6
Irbene(Ir, Ib)	拉脱维亚，文茨皮尔斯	VIRAC	32 16	18,6,5,3.6 6,5,3.6
Jodrell Bank(Jb-1, Jb-2)	英国，曼彻斯特	UMAN	76 38×25	92,49,21,18,6,5 21,18,6,5,1.3
Kunming(Km)	中国，昆明	YNAO	40	13,6,5,3.6
Medicina(Mc)	意大利，博洛尼亚	INAF	32	21,18,13,6,5,3.6,1.3
Metsähovi(Mh)	芬兰，梅塔萨霍维	AALTO	14	3.6,1.3,0.7
Noto(Nt)	意大利，西西里岛	INAF	32	21,18,6,5,3.6,1.3,0.7
Onsala(On-85, On-60)	瑞典，昂萨拉	OSO	25 20	30,21,18,6,5 13,3.6,0.7
Sardinia(Sr)	意大利，撒丁岛	INAF	64	92,21,18,5,1.3
Sheshan(Sh)	中国，上海	ShAO	25	18,13,6,5,3.6
Svetloe(Sv)	俄罗斯，斯维特洛伊	IAA	32	21,18,6,3.6,1.3
Tamna(Kt)	韩国，济州岛	KASI	21	1.3,0.7
Tianma(Tm65 或 T6)	中国，上海	ShAO	65	21,18,13,6,5,3.6,1.3,0.7
Torun(Tr)	波兰，托伦	NCU	32	30,21,18,6,5,1.3
Ulsan(Ku)	韩国，蔚山	KASI	21	1.3,0.7
Urumuqi(Ur)	中国，乌鲁木齐	XAO	26	21,18,13,6,3.6,1.3
Westerbork(Wb)	荷兰，韦斯特博克	ASTRON	25	92,30,21,18,6,5,3.6
Wettzell(Wz)	德国，巴特克茨廷	BKG	20	13,3.6
Yebes(Ys)	西班牙，耶布斯	IGN	40	13,6,5,3.6,1.3,0.7
Yonsei(Ky)	韩国，首尔	KASI	21	1.3,0.7
Zelenchukskaya(Zc)	俄罗斯，北高加索，泽列钦克斯卡亚	IAA	32	21,18,13,6,3.6,1.3

注：按天线英文名称字母排序。

关于 EVN 的组织。EVN 设立一个 EVN 台长联合理事会(EVN Consortium Board of Directors)，负责 EVN 重大问题的研究与决策。另外设有：EVN 技术与运行工作组、EVN 观测项目评审委员会(EVN Programme Committee)及 EVN 观测计划编制者(EVN Scheduler)。EVN 对全球开放使用，天文学家提出观测申请后，经过评审如果获得批准，则 EVN 承担观测组织与观测数据的相关处理。EVN 每年实施 3 期观测，每期 3 星期。EVN 虽然主要应用于天体物理学的研究，但是它在天体测量方面也发挥了重要作用。比如，2012 年欧洲天体测量卫星 GAIA 发射上天后，一个重大任务是 GAIA 光学参考架与 VLBI 射电参考架的连接(Bourda et al., 2012)。GAIA 观测的河外致密射电源的射电流量密度是比较低的，另外观测的射电星的流量密度也是比较低的。由于 EVN 的高灵敏度，所以它有利于对上述流量密度低的目标进行观测。另外，利用在欧洲地区 EVN 射电望远镜，每年进行二次 24h 的 VLBI 测地观测，主要科学目的为测量欧洲地区的现代地壳运动。

(3) 中国 VLBI 网。

关于中国应用于射电天体测量 VLBI 网的有关情况，将在下面 1.3.2 节阐述。

(4) 美国 NRAO 甚长基线干涉阵(Very Long Baseline Array, VLBA)。[①]

美国国家射电天文台于 1993 年建成了 VLBA，它由 10 个 25m 天线 VLBI 测站组成，它们的地理位置如图 1.2.10 所示。10 个测站组成了一个 VLBI 干涉阵，最短基线为 200km，最长基线为从夏威夷至美属维尔京群岛，距离 8600km。10 个测站的所在地点、经纬度、高程及编号列于表 1.2.7。由坐落在美国新墨西哥州索科罗(Socorro)的 VLBA 科学与操控中心遥控 10 个测站的运行。为了满足天文学研究各种 VLBI 观测的需要，VLBA 接收机有很多的波段，从米波至长毫米波，关于各个接收机的频率范围与性能列于表 1.2.8[②]。VLBA 主要应用于致密射

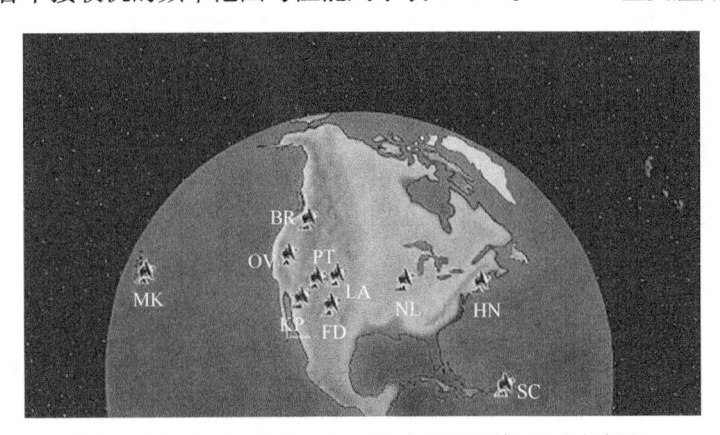

图 1.2.10　VLBA 测站的地理分布图(原图加注测站编号)

[①] https://science.nrao.edu/facilities/vlba/introduction-to-vlba/。

[②] https://science.nrao.edu/facilities/vlba/docs/manuals/oss/bands-perf。

电源精细结构的成图观测研究，同时，它的射电天体测量方面也取得了很大成绩，射电源相对位置测量精度达到了 10μas。比如前面提及的 BeSSeL 计划 (Brunthaler et al., 2010)，它主要是使用 VLBA 进行银河系脉泽源的视差与自行测量，从而研究银河系的结构；VLBA 的另一个重大课题为 PSRπ，它是使用 VLBA 来测量银河系脉冲星的位置、距离及自行，以研究脉冲星在银河系的分布 (Deller et al., 2011；Deller et al., 2019)；VLBA 为 ICRF 的建立提供了大量的观测数据，比如，对于 ICRF3 的建立，VLBA 提供了 S/X 波段 26% 的观测数据、K 波段 99% 的观测数据(Charlot, 2018)。

表 1.2.7　VLBA 测站的地点、经纬度、高程及编号

所在地	纬度(北)/(° ′ ″)	经度(西)/(° ′ ″)	高程/m	编号
美属维尔京群岛，圣克罗伊岛 (Saint Croix, VI*)	17:45:23.68	64:35:01.07	15	SC
新罕布什尔州，汉考克 (Hancock, NH)	42:56:00.99	71:59:11.69	296	HN
艾奥瓦州，北利伯蒂 (North Liberty, IA)	41:46:17.13	91:34:26.88	222	NL
得克萨斯州，戴维斯堡 (Fort Davis, TX)	30:38:06.11	103:56:41.34	1606	FD
新墨西哥州，洛斯阿拉莫斯 (Los Alamos, NM)	35:46:30.45	106:14:44.15	1962	LA
新墨西哥州，派镇 (Pie Town, NM)	34:18:03.61	108:07:09.06	2365	PT
亚利桑那州，基特峰 (Kitt Peak, AZ)	31:57:22.70	111:36:44.72	1902	KP
加利福尼亚州，欧文斯谷 (Owens Valley, CA)	37:13:53.95	118:16:37.37	1196	OV
华盛顿州，布鲁斯特 (Brewster, WA)	48:07:52.42	119:40:59.80	250	BR
夏威夷，莫纳克亚山 (Mauna Kea, HI)	19:48:04.97	155:27:19.81	3763	MK

注：*VI——Virgin Islands。

表 1.2.8　VLBA 接收机的频率范围与性能(2020, 06)

接收机波段(*)	频率范围/GHz	天顶 SEFD(**)/Jy	中心频率/GHz	峰值增益/(K/Jy)	基线灵敏度 $\Delta S^{512,1m}$/mJy
90cm(a)	0.312~0.342	2742	0.326	0.077	111
50cm(a,b)	0.596~0.626	2744	0.611	0.078	443
21cm(c)	1.35~1.75	289	1.438	0.110	2.9

续表

接收机波段(*)	频率范围/GHz	天顶SEFD(**)/Jy	中心频率/GHz	峰值增益/(K/Jy)	基线灵敏度 $\Delta S^{512,1m}$/mJy
18cm(c)	1.35~1.75	314	1.658	0.112	3.2
13cm	2.2~2.4	347	2.269	0.087	3.5
13cm(d)	2.2~2.4	359	2.269	0.085	3.6
6cm(e)	3.9~7.9	210	4.993	0.119	2.1
7(GHz)(e)	3.9~7.9	278	6.660	0.103	2.8
4cm	8.0~8.8	327	8.419	0.118	3.3
4cm(d)	8.0~8.8	439	8.419	0.105	4.4
2cm	12.0~15.4	543	15.363	0.111	5.5
1cm(f)	21.7~24.1	640	22.236	0.110	6.5
24(GHz)(f)	21.7~24.1	534	23.801	0.118	5.4
0.7cm	41.0~45.0	1181	43.124	0.090	12
0.3cm(g)	80.0~90.0	4236	86.2	0.033	60(h)

注：*接收机波段名称与 SCHED 软件波段参数及标校文件是一致的；

**SEFD 表示系统等效流量密度；

(a) 该两个波段为同一接收机，都使用相同的中频(IF)；

(b) 用户可以选用滤波器来限制频率 608.2~613.8MHz；

(c) 在 20cm 接收机内的不同频率范围；

(d) 使用了 13cm/4cm 双色系统；

(e) 在 3.9~7.9GHz 接收机内，有两个本振(LO)可以使用，以提供双极化 4 个中频；

(f) 在 1cm 接收机内的不同频率，连续谱性能在 23.8GHz 是比较好的，避开了水分子谱线；

(g) 对于 VLBA 各个测站的性能是不同的，8 个测站具有 3mm 观测能力[①]；

(h) 积分时间为 30s。

(5) 俄罗斯 Quasar VLBI 网。

俄罗斯科学院应用天文研究所(IAA)于 21 世纪初，建成了 Quasar VLBI 网，它由 3 个观测站和 1 个数据处理中心组成。观测站分别位于俄罗斯列宁格勒州的斯维特洛伊(Svetloe)(东经 29°47′，北纬 60°32′)、北高加索的泽列钦克斯卡亚(Zelenchukskaya)(东经 41°34′，北纬 43°47′)及东西伯利亚的巴达瑞(Badary)(东经 102°14′，北纬 51°46′)，数据处理中心在圣彼得堡(St. Petersburg)的 IAA 本部(Ipatov et al., 2012)。

Quasar 网的 3 个测站均装备有：VLBI 的 32m 天线、SLR 及 GNSS，其中 Zelenchukskaya 测站还装备有 DORIS。其中 32m 的主要技术指标列于表 1.2.9

---

① https://science.nrao.edu/facilities/vlba/docs/manuals/oss/bands-perf。

(Finkelstein et al., 2008)。

表 1.2.9 Quasar VLBI 网 32m 射电望远镜主要技术参数

波长/cm	频带/GHz	接收机噪声温度/K	系统噪声温度/K	SEFD/Jy
21/18	1.38~1.72	8	43	240
13	2.15~2.50	10	48	330
6	4.60~5.10	8	27	140
3.5	8.18~9.08	11	34	200
1.35	22.02~22.52	20	80	710

近 10 年来，IAA 在 3 个 Quasar 站的园区内建设符合国际 VGOS 标准的 13m 天线，于 2020 年全部完成后，进行了 3 频段(S/X/Ka)的 VLBI 观测。接着又发展 3~16GHz 超宽带接收系统，已经在 3 个 13m 天线上安装完成，目前正进行调试工作，完成后将参加国际 VGOS 观测。于 2018 年，原乌苏里斯克(双城子)天体物理天文台归入 IAA，IAA 在那里正在建设符合 VGOS 要求的观测站，这样将建成俄罗斯的新一代测地 VLBI 网，如图 1.2.11 所示(Ivanov et al., 2022)。

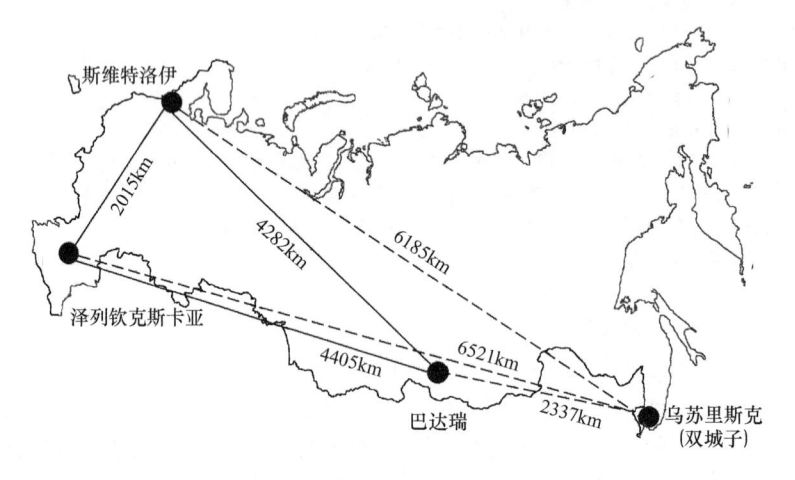

图 1.2.11 俄罗斯新一代测地 VLBI 网测站地理位置

IAA 是 IVS 与 EVN 的成员国，Quasar 32m 站均参加 IVS 与 EVN 观测。除此以外，Quasar 网独立地进行 EOP 测量、地球参考架测量，以及天体物理方面的 VLBI 观测(Shuygina et al., 2019)。Quasar 网测量的 EOP 与 IERS 提供的 EOP 的比较列于表 1.2.10(Ipatov et al., 2012)。

表 1.2.10　Quasar 网测量 EOP 结果(2010～2015)与 IERS(08 C4)的差值的均方根(RMS)值

	观测数目 N	RMS
UTI-UTC(1h 观测)	87	73μs
e-VLBI	65	61μs
X_p	42	0.93mas
Y_p	42	1.16mas
UT1-UTC	42	35μs
X_c	42	0.37mas
Y_c	42	0.49mas

IAA 还计划与古巴合作，在古巴建设一个 VLBI 观测站。这样，Quasar 网的测量能力及 EOP 的测量精度将有很大提高。

(6) 日本国立天文台(NAOJ)水泽天文地球动力学天文台 VERA 网。

VERA 为"射电天体测量的 VLBI 观测研究"的英文缩写，它的英文全称为 VLBI Exploration of Radio Astrometry。VERA 的 VLBI 网由 4 台 20m 口径的射电望远镜组成，分别位于水泽(Mizusawa)、入来(Iriki)、石垣岛(Ishigaki)及小笠原岛(Ogasawara)，最长基线为 2300km，图 1.2.12 为 VERA 测站的地理分布图。主要工作频率为 22 GHz 与 43 GHz，用于测量银河系的水脉泽(H_2O Maser)与一氧化硅脉泽(SiO Maser)的精确位置、距离与速度，研究它们在银河系的三维空间分

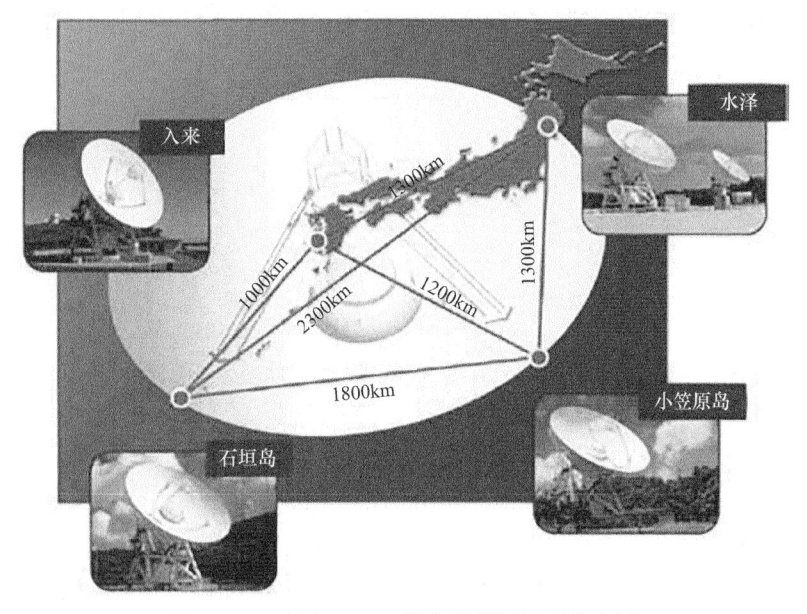

图 1.2.12　日本 VERA 计划的测站地理分布图

布，进而研究银河系的结构与速度场，以及银河系的物质分布。VERA 于 2002 年建成，2003 年秋开始正式运行(Kobayashi, 2004；Omodaka, 2009)。

VERA 计划用 10～15 年时间，观测约 1000 颗水脉泽源和约 1000 颗 SiO 脉泽源。为了要达到 10μas 的位置测量精度，采用相位参考技术，参考源离开目标源的角距不超过 2°。为了能够同时观测参考源与目标源，以减小大气扰动产生的相位误差，每台天线均采用双波束技术，这样做到了两个目标的同时观测。两个波束的角距是可以调整的，以适应不同目标的观测，可以调整的最大角距为 2.2°，这也是 VERA 20m 天线的一个特点。

于 2018 年，利用 VERA 对于 86 颗脉泽源的视差测量结果，结合 VLBA/BeSSeL 提供的 159 颗脉泽源的测量数据，新计算得到：至银河系中心的距离 R_0 = (8.16±0.26)kpc 和银河系圆旋转速度 Θ_0 = (237±8)km/s，进一步改进了银河系的旋转曲线(Honma et al., 2018)。于 2020 年，发布了 VERA 首个天体测量星表(Hirota et al., 2020)，共 99 颗脉泽源的三角视差与自行测量结果，进而更新了银河系的基本数据，得到：R_0 = (7.92±0.16(随机) ± 0.3(系统))kpc；银河系圆旋转的太阳角速度 $\Omega_\odot$ = (30.17±0.27(随机)±0.3(系统))km/(s·kpc)相应的 $\Theta_0 = R_0 \times \Omega_\odot$ = 238.94km/s。

(7) 澳大利亚、新西兰、南非 AUSTRAL VLBI 网。

2012 年，澳大利亚、新西兰及南非合作组成一个 5 测站的测地 VLBI 网 (AUSTRAL)，该 VLBI 网由澳大利亚大地测量 VLBI 网的 3 个 VLBI 测站、新西兰与南非各 1 个 VLBI 站组成(Plank et al., 2016)，图 1.2.13 为它们的地理位置分布图。

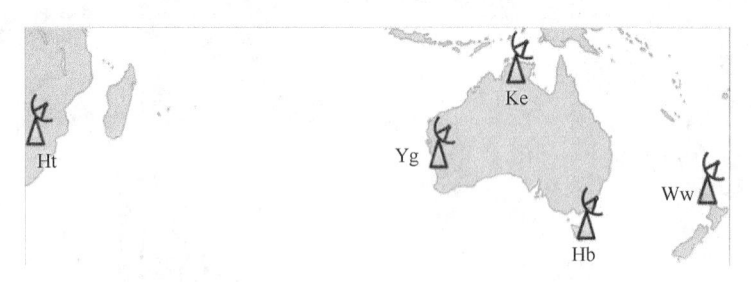

图 1.2.13　AUSTRAL VLBI 网测站地理分布图
图中测站名称为 IVS 代码，见表 1.2.3

澳大利亚大地测量 VLBI 阵的英文名称为：AuScope Geodetic VLBI Array (AuScope)(Lovell et al., 2013)，它于 2011 年建成并开始运行。它的 3 个观测站分别在澳大利亚塔斯马尼亚岛的霍巴特(Hobart)、北澳的凯瑟琳(Katherine)及西澳的亚拉加迪(Yarragadee)，测站的概略经纬度与高程如表 1.2.11 所列；数据相关处理中心在珀斯(Perth)。每个测站有一台 12m 天线，S/X 双频馈源，双极化，频率范围分别为 2.2~2.4GHz 与 8.1~9.1GHz，使用氢原子钟作为时间与频率基准。天线的主面精度为 0.38 mm RMS，天线效率约 60%，它的方位与俯仰的转速分别为 5(°)/s 与 1.5(°)/s。使用常温接收机，S 与 X 波段的系统噪声温度分别为 85K 与 90K，系统等效流量密度(SEFD)分别为 3500Jy 与 3400Jy。数据采集与记录设备的性能符合国际 S/X 模式 VLBI 观测的要求，所以可以与 IVS 网联网观测。VLBI 观测数据使用在西澳珀斯科廷大学的 DiFX 软件相关处理机。

表 1.2.11　AUSTRAL 测站的所在地、经纬度与高程

测站所在地	8 字代码	经度 /(° ′ ″)	纬度 /(° ′ ″)	高程 /m
澳大利亚塔斯马尼亚岛 霍巴特	HOBART12	147 26 17	–42 48 20	41
澳大利亚北澳 凯瑟琳	KATH12M	132 09 09	–14 22 32	189
澳大利亚西澳 亚拉加迪	YARRA12M	115 20 44	–29 02 50	248
新西兰北岛 沃克沃思	WARK12M	174 39 46	–36 26 04	128
南非 哈特比斯多克	HART15M	27 41 03	–25 53 23	1408

于 2008 年，新西兰沃克沃思(Warkworth)射电天文台在原 30m 天线不远处，建设了一个 12m 天线射电观测站(WARK12M)，采用的天线与 AuScope 天线是同一生产厂家，所以天线性能是一致的(Gulyaev and Natusch, 2008)。它在卡焦安装有 S/X 双频接收机，SEFD 等于 3800 Jy。WARK12M 的位置信息也列于表 1.2.11.

南非哈特比斯多克(Hartebeesthoek)射电天文台(HARTRAO)于 2006 年，建设了一台 15m 天线(HART15M)，安装了 L 波段和 Ku 波段接收机，作为平方千米阵(SKA)中频天线的一种样机。后来 SKA 最终没有选中该型 15m 天线，所以于 2012 年，HARTRAO 将该天线改为主要应用于天测/测地观测，安装了致冷 S/X 双频接收机，S 与 X 波段的 SEFD 分别为 1050Jy 与 1400Jy，参加 AUSTRAL 合作计划。HART15M 的地理位置信息同样也列于表 1.2.11.

表 1.2.12 列出了 AUSTRAL 项目自 2012~2016 年(中)测量基线变化率的结果(Liu, 2016)。为了比较，同时列出了 ITRF2014-VLBI 与 IVS 2016 综合解的结果。从表 1.2.12 给出的数据可以看到，多数基线是比较符合的，但是少数基线，比如与 WARK12M 有关基线的不一致就比较大一些，有待进行更多的观测来改进测量结果的精度。

表 1.2.12　ITRF2014-VLBI、IVS 综合解及及 AUSTRAL 项目对于基线变化率测量结果

基线	ITRF2014-VLBI(2012~2014) /(mm/yr)	IVS2016 综合解/(mm/yr)	AUSTRAL(2012~2016) /(mm/yr)
Hb-Ww	−0.8±0.8	5.1±1.8	−5.7±2.3
Hb-Ke	4.0±0.3	0.7±1.1	2.3±1.9

续表

基线	ITRF2014-VLBI(2012~2014)/(mm/yr)	IVS2016综合解/(mm/yr)	AUSTRAL(2012~2016)/(mm/yr)
Hb-Yg	0.2±0.4	1.3±0.6	0.4±2.8
Hb-Ht	33.0±0.1	35.1±2.6	25.5±3.3
Ww-Ke	4.3±1.0	6.7±2.4	−3.8±2.0
Ww-Ht	25.9±0.8	35.4±7.8	14.5±3.3
Ww-Yg	0.5±1.1	19.4±3.6	−4.9±3.0
Ke-Yg	0.3±0.6	2.8±0.6	1.0±2.6
Ke-Ht	34.0±0.3	40.2±2.1	32.4±3.0
Ht-Yg	43.1±0.4	44.9±1.4	42.9±3.7

注：Hb——HOBART12；Ke——KATH12M；Yg——YARRA12M；Ww——WARK12M；Ht——HRAT15M。

近年，AuScope测站正在升级改造，使用VGOS标准的2~14GHz超宽带接收系统，达到VGOS观测要求。但是，AuScope测站的天线旋转速度尚未达到VGOS的要求，目前的天线旋转速度为：方位5(°)/s、俯仰1.5(°)/s，而VGOS的要求为：方位12(°)/s、俯仰6(°)/s，所以有待进一步改造提高。

1.3 我国射电天体测量发展历史简介

1.3.1 初创时期

20世纪70年代初，中国科学院上海天文台首先提出了在我国建设VLBI测量系统，开展射电天体测量工作，以及VLBI应用与天体物理、大地测量及空间科学的研究的建议。为了取得关于VLBI系统建设与观测技术的实际经验，研制了一个实验VLBI系统。于1981年11月，利用该实验VLBI系统的一台6m射电望远镜与德国100m射电望远镜成功进行我国首次国际VLBI联测。观测实施使用L波段(1430MHz)，VLBI MKⅡ数据采集记录系统，带宽2MHz，数据记录速率4Mbit/s，共进行了54h观测。图1.3.1(a)为上海6m射电望远镜，(b)为用射电源3C273B进行干涉条纹检测时，得到的在VLBI MKⅡ相关处理机上显示的干涉条纹，54h观测全部成功地获得VLBI观测数据。由于采用的是L波段，所以电离层误差影响较大，并且由于使用的是2MHz带宽，所以时延测量的精度较低，8000km的基线测量精度为±(2~3)m，射电源1739+52和1928+73的位置精度为±(0.05″~0.08″)(Wan et al., 1983)。

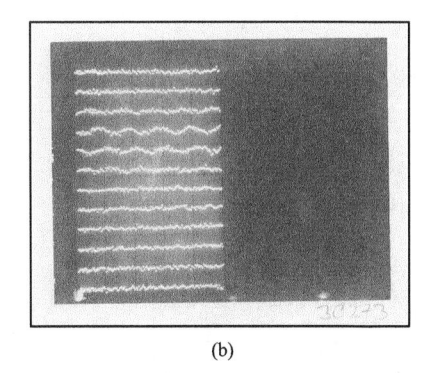

图 1.3.1 上海 6m 射电望远镜(a); 上海 6m 与德国 100m 射电望远镜 VLBI 联测获得的干涉条纹(b)

1985 年 9 月, 使用上海 6m 射电望远镜与原日本电波研究所(现为日本国立信息与通信技术研究所, NICT)在日本鹿岛的 26m 射电望远镜进行两次 24h 观测, 观测频率为(8390±170)MHz, 使用 7 个通道, 每个通道带宽 2MHz, 时延测量精度达到 0.23~0.26ns, 上海-鹿岛 1852km 基线距离测量精度为 4cm(Wan, 1987; Kawaguchi et al., 1987)。

在此期间, 还进行建设我国 VLBI 测量系统的技术方案研究, 于 20 世纪 70 年代末提出了建立"沪-昆-乌" 3 测站的 VLBI 测量系统的建议(Wan and Qian, 1988)。

1.3.2 我国 VLBI 测量网、站的建设

1981 年, "沪-昆-乌" VLBI 测量系统开始建设, 分别于 1987 年与 1994 年建成了上海佘山 25m 米天线 VLBI 观测站和新疆乌鲁木齐南山 25m 天线 VLBI 观测站(2014 年改造为 26m 天线), 是当时国内口径最大的天文射电望远镜, 如图 1.3.2 所示。由于某些原因, 当时昆明站暂缓建设。

图 1.3.2 上海佘山 25m 射电望远镜(左); 乌鲁木齐南山 26m 射电望远镜图片(右)

21世纪初，我国开始实施探月工程，根据探月工程的需要，建设了北京密云50m天线与昆明凤凰山40m天线，用于月球卫星科学数据的接收，同时兼做探月卫星的VLBI测轨观测，从而组成了我国的"上海佘山-乌鲁木齐南山-北京密云-昆明凤凰山"4测站VLBI测量系统，作为我国探月工程测控系统的VLBI测轨分系统(Qian and Ping, 2006)。

为了满足我国今后深空探测发展的需要，提高对数亿千米以远目标的VLBI测轨能力，于2012年在上海松江建成了65m口径的天马射电望远镜，进一步提高了VLBI测轨分系统的灵敏度与测量精度。在国内，65m射电望远镜首次采用先进的主动面控制技术，可以实时调整天线主面，大大减小了重力形变的影响，从而使65m口径的主面精度达到了0.3mm，可以工作到长毫米波段(9mm和7mm波长)(Shen, 2014)。图1.3.3为上海天马65m射电望远镜全景照片，图1.3.4为我国已经实施的深空探测与探月工程的测控系统VLBI测轨分系统的测站地理分布图。

图1.3.3 上海天马65m射电望远镜
(刘庆会供稿)

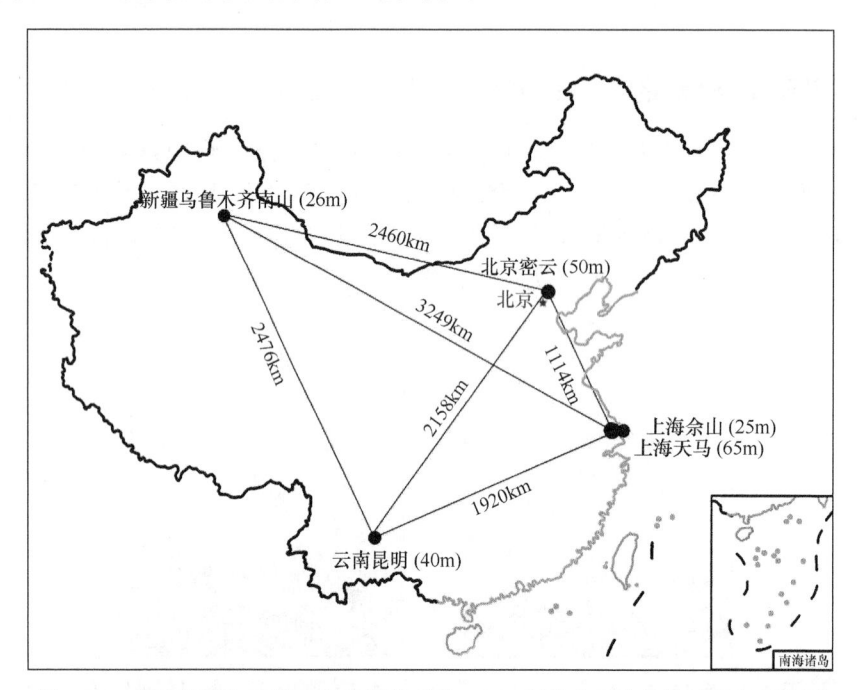

图1.3.4 深空探测与探月工程的测控系统VLBI测轨分系统的测站地理分布图

近 10 多年，国内还开始建设 VGOS 测量系统，已经建成的有上海天马、上海佘山和乌鲁木齐南山等 VGOS 测站，以及上海 VGOS 数据相关处理中心。关于 VGOS 系统建设技术将在第 3、4 章中进一步阐述。图 1.3.5 为佘山与南山 VGOS 测站的全景图片。

图 1.3.5 上海佘山 VGOS 测站(左)；乌鲁木齐南山 VGOS 测站(右)(李金岭供稿)

于 2014 年，中国科学院国家授时中心(NTSC)的陕西洛南昊平观测站建设完成，该观测站的 40m 射电望远镜主要用于脉冲星计时观测，于 2018 年开始了毫秒脉冲星的计时观测(Luo et al., 2020)。近年，昊平观测站还发展 VLBI 技术，于 2022 年 6 月，昊平 40m 射电望远镜成功参加了国内的 L 波段 VLBI 观测，获得干涉条纹。图 1.3.6 为昊平 40m 射电望远镜的全景照片及 L 波段 VLBI 试观测的条纹检测结果。

(a)

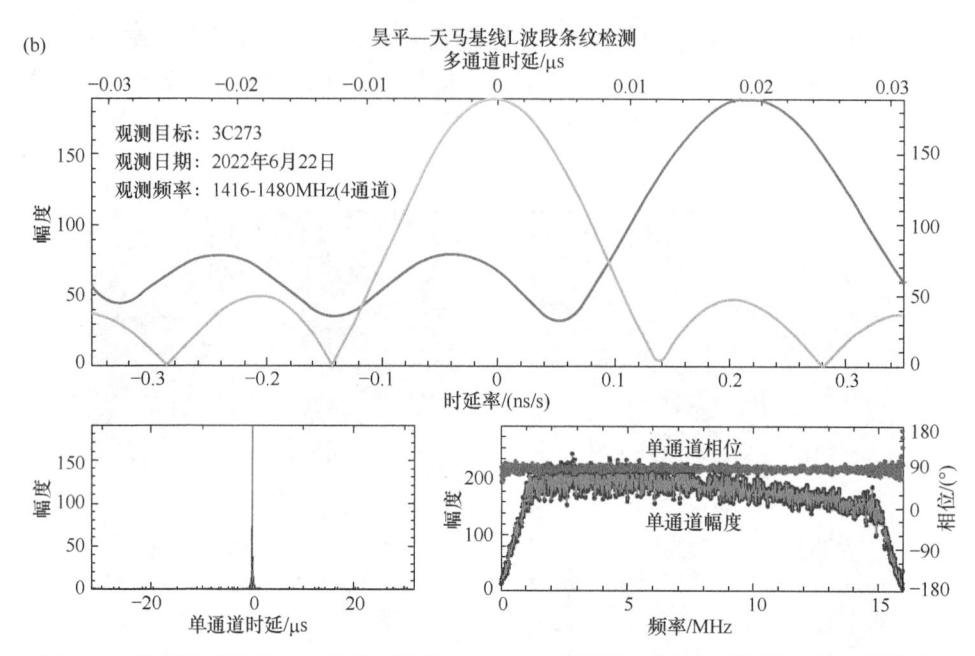

图 1.3.6 陕西洛南昊平 40m 天线观测站(a)；VLBI 观测干涉条纹检测结果(b)(罗近涛供稿)

于 2016 年，由中国科学院国家授时中心主持的 3 台站 VLBI 网建设完成，它由分别位于吉林、喀什和三亚的 3 台 13m 天线 VLBI 观测站与西安 VLBI 数据处理中心组成，成为卫星测角 VLBI 网。它的天线性能符合 VGOS 标准，观测频率为 1.2～9.0GHz，与 VGOS 有所差别，频带的 2.0～9.0GHz 部分与 VGOS 是相同的，所以可以称为"准 VGOS"，它现在的主要用途为地球卫星测轨与 EOP 测量等(Yao et al., 2020)。图 1.3.7 为该 VLBI 网的吉林站的 13m 天线照片。

于 2022 年，中国人民解放军信息工程大学在郑州登封建设了大地测量专用的 9m 天线 VLBI 观测站，它采用 C/Ku 双波段观测模式，与标准的 VGOS 测站有 2 个频段兼容，所以可以与 VGOS 测站实施联合观测，它具有升级为标准 VGOS 观测模式的潜力。它还具有 L 波段 VLBI 观测能力，可以进行导航卫星的 VLBI 测轨观测。图 1.3.8 为登封 VLBI 观测站 9m 天线的照片。

根据我国探月工程和深空探测任务的需要，航天测控部门建设了我国的深空跟踪网，在国内建成了佳木斯与喀什深空站，天线口径分别为 66m 与 35m，它们的主要工作模式为对深空探测器的测距测速及遥测遥控，它们也具有 VLBI 测量功能(董光亮等，2018)。

国内拟建的天文射电望远镜有新疆奇台的 110m 射电望远镜和云南景东的 120m 射电望远镜，它们都是全天可转动观测，并具有 VLBI 观测功能。前者拟采用主动面控制技术，最高工作频率为 115GHz，具有中、长毫米波段(3mm、

图 1.3.7　NTSC VLBI 网吉林站 13m 天线　　　图 1.3.8　登封 VLBI 观测站 9m 天线

7mm、9mm 波长)观测能力，它将是一台国际一流的高精度、综合应用的大型射电望远镜(王娜，2014)；后者主要用于脉冲星，所以以分米波、米波为主要工作频率，最高工作频率为 10GHz(3cm 波长)，它将是全球口径最大的单口径全天区可观测的厘米至米波段射电望远镜(汪敏等，2020)。

根据我国未来航天事业发展规划和航天器 VLBI 测轨的需要，正在西藏日喀则与吉林长白山各建设一台 40m 口径的射电望远镜，它们具有优良的 VLBI 观测能力，将大大增强我国的深空探测 VLBI 测轨能力，可以实现双目标同时跟踪观测，同时也将在天文学及其他有关学科的 VLBI 观测研究方面发挥重要作用(洪晓瑜等，2020)。

上述国内已建成与在建的具有 VLBI 观测功能的射电观测站的有关参数列于表 1.3.1，关于口径大于 60m 以上的射电观测站以及深空探测与探月工程 VLBI 测轨网的观测站的地理分布见图 1.3.9。该 VLBI 测轨网是原 VLBI 测轨网的升级，它具有双目标同时跟踪测量的能力。

表 1.3.1　我国国内现有的与拟建的具有 VLBI 观测功能的射电观测站

观测站名称	天线口径/m	所在地区	经度(东)	纬度(北)	波段	备注
现有综合应用射电观测站							
天马	65	上海市松江区	121°08′	31°06′	L,S/X,C,X/Ka,Ku,K,Q	
佘山	25	上海市松江区	121°12′	31°06′	L,S/X,C,K	
南山	25	新疆维吾尔自治区乌鲁木齐市乌鲁木齐县	87°11′	43°17′	L,S/X,C,K	2014 年改造为 26m

续表

观测站名称	天线口径/m	所在地区	经度(东)	纬度(北)	波段	备注
现有综合应用射电观测站						
密云	50	北京市密云区	116° 59′	40° 34′	S/X	
昆明	40	云南省昆明市	102° 48′	25° 02′	S/X,C	
昊平	40	陕西省洛南县	109° 56′	34° 10′	L,S,C,X	
500m 口径球面射电望远镜 (FAST)	500 有效 300m	贵州省平塘县	106° 51′	25° 39′	70 MHz～3.0 GHz	
现有 VLBI 专用观测站						
天马 VGOS	13	上海市松江区	121° 08′	31° 06′	3～14 GHz	
佘山 VGOS	13	上海市松江区	121° 12′	31° 06′	3～14 GHz	
南山 VGOS	13	新疆乌鲁木齐市乌鲁木齐县	87° 11′	43° 17′	2～14 GHz	
吉林	13	吉林省吉林市	126° 20′	43° 49′	1.2～9.0 GHz	
喀什	13	新疆维吾尔自治区喀什市	76° 02′	39° 27′	1.2～5.0 GHz	
三亚	13	海南省三亚市	109° 15′	18° 18′	1.2～9.0 GHz	
登封	9	河南省郑州市	113° 05′	34° 31′	L，C/Ku	
现有深空测控专用观测站						
佳木斯深空站	66	黑龙江省佳木斯市	130° 46′	46° 30′	S/X	
喀什深空站	35	新疆维吾尔自治区喀什市	76° 44′	38° 27′	S/X/Ka	
拟建综合应用射电观测站						
奇台	110	新疆维吾尔自治区奇台县	89° 41′	43° 36′	0.15～115 GHz	
景东	120	云南省景东县	101.1°	24.5°	0.1～10 GHz	
日喀则	40	西藏自治区日喀则市桑孜区	88° 39′	29° 13′	1.0～50 GHz	
长白山	40	吉林省抚松县	127° 46′	42° 07′	1.0～50 GHz	

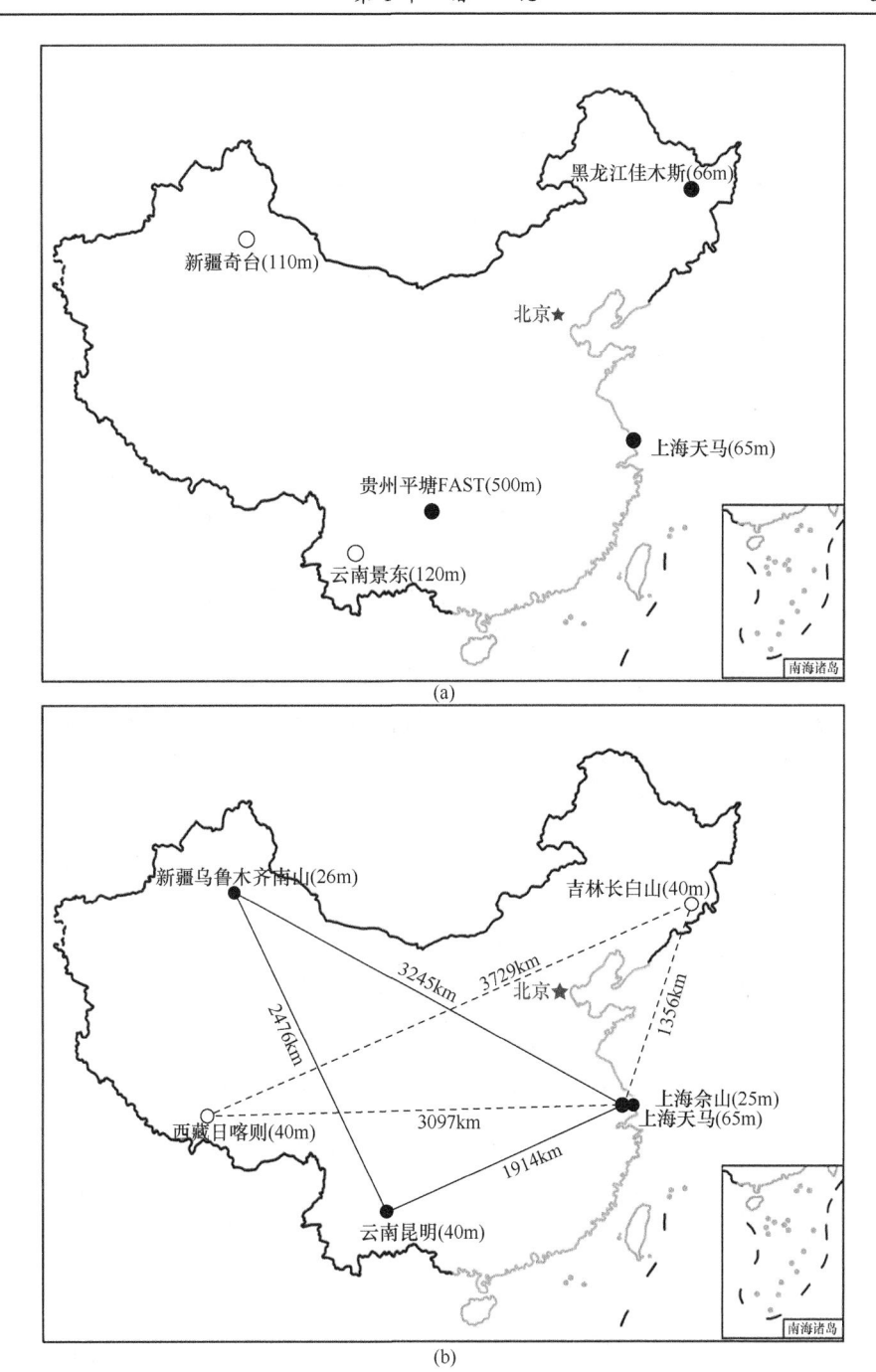

图 1.3.9 (a)我国已建成与在建的口径 60m 以上、具有 VLBI 观测功能的射电观测站地理分布图；(b)升级的我国深空探测与探月工程 VLBI 测轨网的观测站地理分布图

●——现有的射电观测站；○——在建的射电观测站

1.3.3 开展的几项射电天体测量工作

1. 对于建立 ICRF、ITRF 及 EOP 测量的贡献

国际天球参考架(ICRF)与国际地球参考架(ITRF)的建立,以及长序列的地球定向参数(EOP)的测量是通过全球国际合作来完成的,由 IERS 负责全球多种技术测量数据的汇总与综合分析,得到最终的 ICRF、ITRF 及 EOP 产品,提供全球使用。关于 ICRF 的建立,主要依据 IVS 的 VLBI 测量数据,由 IVS 负责组织 VLBI 观测与数据处理的实施。我国的佘山与南山 VLBI 站是 IVS 的正式成员,而昆明站和天马站是 IVS 的合作观测站。佘山站从 1988 年开始,南山站从 1994 年开始,分别参加了 430 多组和 180 多组 S/X 双频模式的 24h 观测。昆明站和天马站作为 IVS 的合作观测站,分别从 2011 年和 2014 年开始参加 IVS 观测,已积累 70 多组与 20 多组 24h 观测数据,上述观测数据都提供给 IVS 进行综合解算用,然后提供给 IERS。

上海天文台是 IVS 的数据处理分中心之一;自 2015 年起,还承担 IVS 的相关处理业务,是 IVS 七个相关处理中心之一。

2014 年年底,在 IVS 框架下,成立了"Asia-Oceania VLBI Group"(AOV),成员为澳大利亚、中国、日本、新西兰及韩国等国,AOV 负责组织实施亚太地区的天测/测地 VLBI 观测和数据处理,观测计划列入 IVS 总的年度观测计划。参加 AOV 观测的测站见表 1.3.2 所列。

表 1.3.2 参加 AOV 观测的测站

国家	测站名称	天线口径/m	所属单位
澳大利亚	HOBART26——霍巴特 26	26	塔斯马尼亚大学
	HOBART12——霍巴特 12	12	
	KATH12M——凯瑟琳 12	12	
	YARRA12M——亚拉加迪 12	12	
	PARKES——帕克斯	64	联邦科学与工业研究组织(CSIRO)
中国	KUNMING——昆明	40	
	SESHAN25——佘山 25	25	中国科学院上海天文台
	TIANMA——天马	65	
	URUMUQI——乌鲁木齐	26	中国科学院新疆天文台
韩国	SEJONG——世宗	22	国家地理信息研究所(NGII)
日本	ISHIOKA——石冈	13	国土地理院(GSI)
	KASHIMA34——鹿岛 34	34	国立信息与通信技术研究所(NICT)

续表

国家	测站名称	天线口径/m	所属单位
日本	KASHIMA11——鹿岛11	11	国立信息与通信技术研究所(NICT)
	KOGANEI——小金井	11	
	TSUKUBA32——筑波32	11	国土地理院(GSI)
美国(夏威夷)	KOKEE——科克	20、12	科克公园地球物理观测台(KPGO)

2015年开始，我国自主开展以佘山、南山及昆明VLBI站为主的黄道带校准源巡天观测，还邀请亚太地区的澳、日、韩等国的VLBI测站参加部分观测。至2016年9月，共进行了13组24h的巡天观测。使用X波段单频观测，总带宽为512MHz，由两组256MHz组成，频率范围分别为[8188MHz, 8444MHz]与[8700MHz, 8956MHz]，2bit采样，所以总的数据速率为2048Mbit/s。共观测了3320颗候选源，检测到了555颗可供VLBI进一步精确定位测量的致密源(Shu et al., 2017)。

自2015年起，结合黄道带巡天观测结果，依托AOV网，重点针对黄道带及南天区开展了射电天球参考架的加密测量工作，观测目标为流量密度低、位置精度差的射电源。2015～2017年期间的AOV观测数据，已纳入2018年发布的国际天球参考架ICRF3。这些数据给ICRF3贡献了149颗新的参考射电源，并提高了45颗原有参考射电源的位置精度。

到2021年底，AOV共进行了S/X模式的39组24h的天体测量观测，共观测了548颗天体测量射电源，检测到了478颗源。这些射电源位置误差的中位数为0.43mas，误差小于0.3mas的共有115颗，误差小于0.5mas的共有278颗。图1.3.10显示了478颗射电源在天球上的分布，其中黄道带±10°以内的有350颗，

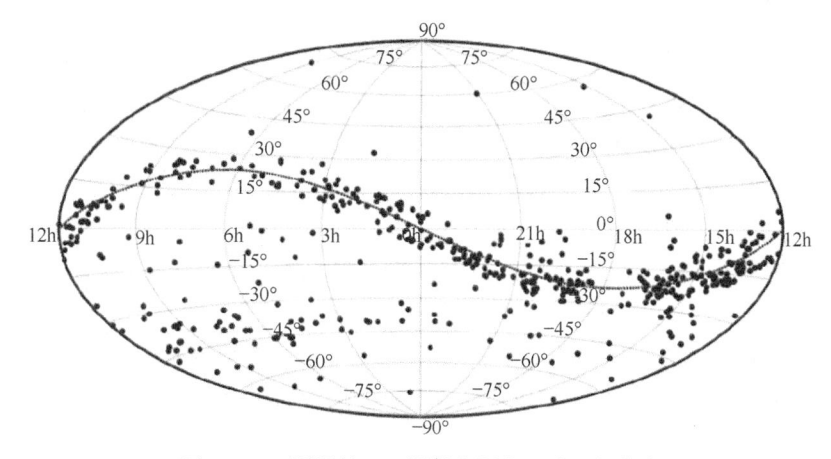

图1.3.10 测量的478颗射电源在天球上的分布

非ICRF3射电源有118颗。值得关注的是87颗位于南纬−90°～−30°的射电源，其中42颗从未进行高精度的天体测量观测，还有45颗仅进行过少量天体测量观测，位置精度很差。经过AOV观测和数据处理，这些南纬源的位置精度有很大提高，其误差中位数为0.62mas，最小误差为0.14mas，75%的位置误差小于1.0mas(吴德等，2023)。

2. 探月卫星与深空探测器的VLBI测轨

利用组建的深空探测与月球探测VLBI测轨系统，自2007年起，参加了从"嫦娥一号"至"嫦娥五号"全部探月探测器和我国首次火星探测工程"天问一号"探测器的全程测定轨(洪晓瑜等，2020；刘庆会，2022)。由于增加了VLBI测轨数据，所以深空与月球探测器的测轨精度得到进一步提高，特别是短弧定轨精度的提高更为突出，这对于工程项目完成起到了很重要的保障作用。比如，对于绕月飞行的月球探测器的轨道，测量精度达到数十米(VLBI+测距测速综合解算)；对于月球车与月面着陆器的相对位置测量精度达到1m；对于数亿千米远的火星探测器的飞行轨道测量，达到2km精度(VLBI+测距测速综合解算)，VLBI时延观测值拟合后残差为0.1ns(RMS)，这样的测量结果达到了国际先进水平。

在执行任务过程中，创新发展了VLBI技术，比如，研发了实时VLBI测轨系统，该系统从接收到来自多个观测站海量观测数据的时刻起算，经过随后复杂的数据处理，得到航天器测定轨所需的VLBI测量值，最后送达北京航天飞行控制中心(BAAC)，总历时不超过1min，即滞后时间1min以内；研发了有自主知识产权的VLBI关键设备——高速数据采集系统与相关处理系统。上述VLBI技术研发创新成果达到了国际先进水平。

3. APSG项目的VLBI测量

1994年，中国科学院上海天文台叶叔华院士提出"亚太空间地球动力学计划"(Asia-Pacific Space Geodynamics Program, APSG)，在1995年的国际大地测量与地球物理联合会(IUGG)/国际大地测量协会(IAG)大会上该计划得到IAG第4号决议的支持。1996年5月，首次APSG会议在上海召开，由中国、日本、澳大利亚、美国、俄罗斯、韩国、印度尼西亚、印度、法国、德国等国的专家组成领导小组，正式启动了APSG计划，APSG中央局常设于上海天文台[①]。使用VLBI技术来测量与研究亚太地区的现代地壳运动是该计划重要内容之一。1997年启动了APSG组织的VLBI观测，采用国际上天测/测地S/X双波段观测模式，每年2组24h观测。IVS于1999年成立后，APSG的VLBI观测列入了IVS的观测计

---

① http://202.127.29.4/APSG/apsg_mt96.htm。

划，由 IVS 协调观测时间、安排相关处理事宜。自 2015 年起，APSG 列入了 AOV 的观测计划，观测计划的编制与观测数据的相关处理由上海天文台负责。早期有 7 个 VLBI 站参加，后来有更多站参加，最多时达到 14 个站，先后有 22 个站参加联测。

4. 国内 VLBI dUT1 测量

关于国际 EOP 测量，由 IVS、国际激光测距服务(ILRS)机构、国际全球导航卫星系统服务(IGS)机构及国际 DORIS 服务机构(IDS)等各自组织 VLBI、SLR、GNSS 及 DORIS 观测站实施 EOP 测量及数据处理，提供 EOP 测量结果，然后 IERS 汇总各种技术的 EOP 测量结果，综合计算得到最终提供给全球使用的 EOP 产品。由于 IERS 提供的 EOP 数据一般要滞后一星期或更长时间，同时它是通过网络提供的，所以在某些情况下，比如，需要一天内精确测量的 EOP 值，IERS 提供的 EOP 数据就不一定能满足使用需要。因此，有的国家还自主测量 EOP 值，由于 UT1 值的变化比较快，预报值误差较大，所以自主测量常常仅测量 UT1 的改正值 dUT1。

我国 NTSC 实施了一次 VLBI 测量 dUT1 的试观测，利用东西向的吉林-喀什基线，长度 4018km，于 2018 年 6~12 月期间，共进行了 113 组 1h 的 dUT1 测量观测。观测频率为 4.4~4.9GHz，带宽为 512MHz，数据速率为 2Gbit/s，每次观测的时长为 60~200s，1h 平均观测 21 颗射电源，平均观测 36 次(有的射电源观测 2 次或更多次)。每小时的观测在时间上分布并不均匀，有的月份每天观测二组比较多。图 1.3.11 显示了 NTSC 的 dUT1 测量结果与 IERS 的 EOP 数据 C04 14 序列的 dUT1(UT1-UTC)的差值 δUT1(Yao et al., 2020)。表 1.3.3 列出了 NTSC 与 IVS 测量结果的比较。

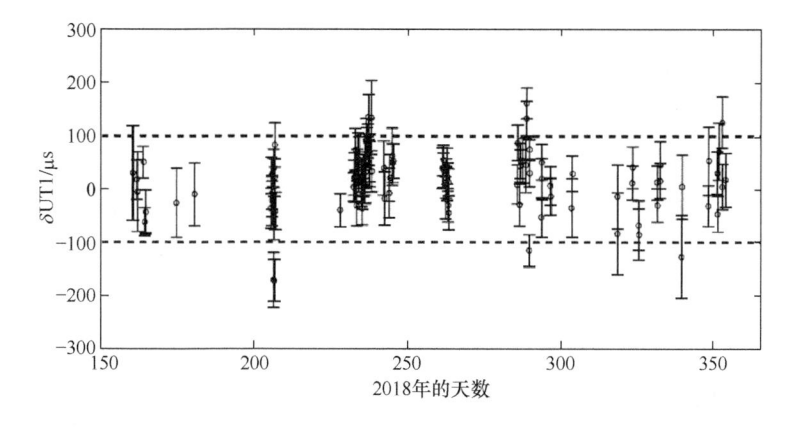

图 1.3.11 NTSC 的 dUT1 测量结果与 IERS 发布的 EOP 数据 C04 14 序列的差值

表 1.3.3　NTSC 与 IVS 测量 UT1 的精度比较

测量单位	RMS/μs	dUT1 平均值/μs	形式误差/μs
NTSC	58.8	14.5	40.3
IVS	25.5	6.9	11.6

注：表中第 3 栏为 NTSC 和 IVS 测量的 dUT1 分别与 IERS EOP C04 14 序列 dUT1 的差值 δUT1 的平均值。

从上述的 NTSC 实施的 VLBI dUT1 测量的误差来看，显著大于 IERS 与 IVS 的测量误差，主要原因为基线长度的差别。IVS 测量 dUT1 采用的基线长度为 8000～10000km，而国内吉林-喀什基线为约 4000km，基线长度之比是 2.0～2.5 倍，所以国内 4000km 基线测量误差比 IVS 测量误差大 2.0～2.5 倍是合理的；另外，IERS 的 EOP 数据为多种技术(VLBI、SLR 及 GNSS)测量的综合结果，它比单种技术测量精度更高；还有，NTSC 由于喀什站的无线电干扰问题，采用了 C 波段单频段测量，电离层误差影响较大，增大了 dUT1 的测量误差。所以 NTSC 测量 dUT1 的精度还可以进一步提高，现有的测量精度已经可以满足一般工程应用需要。

附录 A1.1　宇宙射电与射电源

A1.1.1　电磁波与射电波段

根据物理学原理可知，物体在绝对零度(0K)以上都有电磁波辐射，现在人们能够检测的电磁波范围从波长短于 0.01nm 的伽马射线到波长 3km 的射电波段。下面分别列出电磁波的波段划分(表 A1.1.1)、射电波段内部的波段划分(表 A1.1.2)，以及射电波微波段的波段划分(表 A1.1.3)。

表 A1.1.1　电磁波波段划分

波段名称	波长
伽马射线(γ Ray)	小于 0.01nm(10^{-9}m)
伦琴射线(X Ray)	0.01～10nm
紫外波段(Ultraviolet)	10～400nm
可见光波段(Visible Light)	4000～7600Å(10^{-10}m)；(400～760nm)
红外波段(Infrared)	近红外 0.76～2.5μm(10^{-6}m) 中红外 2.5～25μm 远红外 25～1000μm
射电波段(Radio)	1.0mm～100km

表 A1.1.2 射电波波段划分

名称	波长	频率
亚毫米波(Sub-mm)；太赫兹(THz)	1.0～0.1mm	300～3000GHz
毫米波(mm)	10～1mm	30～300GHz
厘米波(cm)；微波	10～1cm	3～30GHz
分米波(dm)	1.0～0.1m	300～3000MHz
米波(m)；甚高频(VHF)	10～1m	30～300MHz
短波(SW)；高频(HF)	100～10m	3～30MHz
中波(MW)；中频(MF)	1000～100m	300～3000kHz
长波(LW)；低频(LF)	10～1km	30～300kHz
甚长波；甚低频(VLF)	100～10km	3～30kHz

表 A1.1.3 射电波微波段波段划分

波段代号	标准波长/cm	频率范围/GHz	波长范围/cm
P	92	0.23～1.0	130～30
L	22	1～2	30～15
S	10	2～4	15～7.5
C	5	4～8	7.5～3.75
X	3	8～12	3.75～2.5
Ku	2	12～18	2.5～1.67
K	1.25	18～27	1.67～1.11
Ka	0.8	27～40	1.11～0.75
U	0.6	40～60	0.75～0.5
V	0.4	60～80	0.5～0.375
W	0.3	80～100	0.375～0.3

A1.1.2 电磁波的大气窗口

由于地球大气层的反射、吸收或衰减，有的电磁波是无法穿过地球大气的，有的只能部分穿过地球大气，有的绝大部分可以穿过地球大气，图 A1.1.1 显示了在低海拔地区地球大气对于来自宇宙的电磁波的阻隔或衰减情况，这种现象称为大气窗口[①]。图中横坐标为频率，纵坐标为大气不透明度，图中左边为γ、X 射线，以及紫外波段，可以看到这 3 个电磁波段大气不透明度为 100%，即全部被

---

① http://www.spaceacademy.net.au/spacelink/radiospace.htm/。

大气吸收或反射了，地面无法观测到，必须使用空间γ、X 射线或紫外天文望远镜进行观测；可见光波段电磁波可以透过大气到达地面，但是可见光会受到地面的云雾影响，所以只能在天气晴好时进行观测，所以地面光学望远镜需要建设在高海拔、大气水汽少、云量少的地区。另外，由于白天阳光非常亮，很难进行可见光天文观测，而必须在夜间进行观测；红外波段也受到大气的严重影响，只有少数部分可以在地面高海拔地区进行观测，所以最好使用空间红外望远镜进行观测；射电波段的米波、分米、厘米波段受大气影响小，射电波可以穿透云雾，也不受白天阳光的影响，可以昼夜不间断地观测，所以可以在低海拔地区建站观测。对于射电波的毫米/亚毫米波段(30GHz 以上，即波长 1cm 以上)受大气水汽的影响大，所以对于毫米/亚毫米射电望远镜，也需要建设在高海拔地区。比如，全球最大的毫米/亚毫米波天线阵 ALMA 就建在南美智利海拔 5000m 的高原上。射电波段在地面观测的高频截止大致为 1000GHz(0.3mm)，地球上除了南极海拔 4000 多米的冰穹上外，其他地区基本无法观测。对于射电波的低频段，由于受到地球电离层的影响，其截止频率大致在 10MHz(波长 30m)，所以 10MHz以下的射电波段需要到空间去观测。

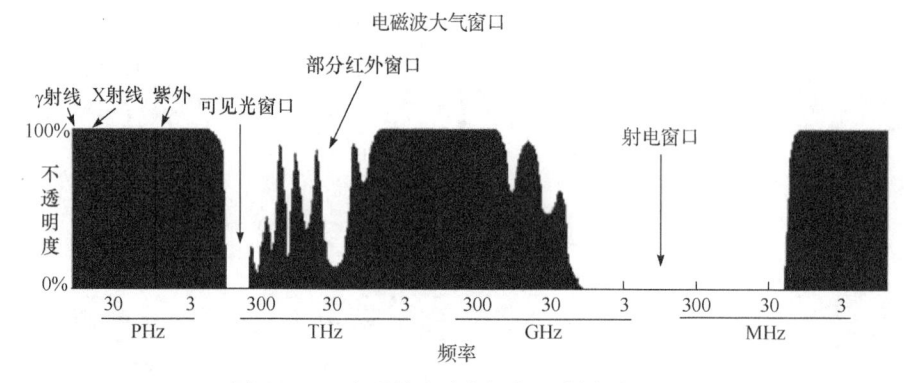

图 A1.1.1 电磁波地球大气窗口(低海拔地区)

A1.1.3 射电源特性

宇宙中具有射电辐射的天体统称为射电源。射电源按它的频谱特性可以分为两类，即连续谱射电源与谱线射电源。连续谱射电源的频谱范围非常宽，几乎包括定义的射电波的全部频率。图 A1.1.2(Thompson et al., 2017)显示了 8 颗连续谱射电源的流量密度随频率变化的特性，图中横坐标为频率(10MHz～1000GHz)，纵坐标为流量密度(Jy)，图中显示的 8 颗射电源的辐射机制与频谱特性如下所述。

● Cassiopeia A(仙后座 A)。银河系超新星遗迹，为非热同步辐射机制，流量密度为低频高、高频低的陡坡状。

● Cygnus A(天鹅座 A)。河外射电星系，非热同步辐射。

第1章 绪 论

- 3C48。类星体，非热同步辐射。
- M82。河外星爆星系，低频段(100GHz 以下)为同步辐射机制；高频段(100～1000GHz)为尘埃颗粒辐射，属于热韧致辐射机制，所以高频段与低频段相反，流量密度随频率增高而变大。
- NGC7027。行星状星云，热韧致辐射，所以它们的流量密度随频率增高而增大。
- MWC349A。电离恒星风，热韧致辐射。
- Venus。金星，太阳系行星，热韧致辐射。
- TW Hydrae。具有原星盘包络的恒星，热韧致辐射。

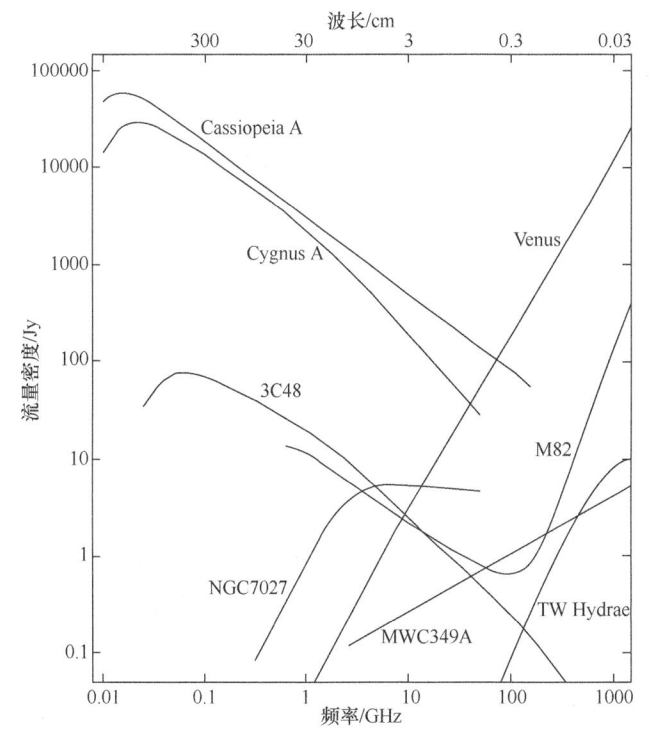

图 A1.1.2　8颗连续谱射电源的流量密度随频率变化的图示

太阳由于热核反应，不但产生非常强的可见光，也产生连续谱射电辐射，这是地球上接收到的最强的天体射电辐射，在太阳宁静期，在厘米波段的流量密度达到 1×10^6Jy 以上，在太阳爆发时，射电辐射较宁静期将增大 100～1000 倍，甚至更大。太阳系外的各种恒星的射电辐射机制与太阳基本是相同的，由于距离地球非常遥远，所以在地上观测到的太阳系外的恒星射电非常微弱，甚至检测不到。上面已经提到，太阳系行星金星也有射电辐射，为热辐射机制，所以它的流量密度随频率增高而增高，从图 A1.1.2 可以看到，在 100～1000GHz 范围，其流量密度达到 100~10000Jy，在太阳的 8 大行星中，金星的流量密度最高，所以它是一颗很好的标校射电源。太阳系的木星也有较强的射电辐射，它与其他行星不同之处为在 10m 波段有时有非常强烈的射电爆发，历经时间几分钟至几小时。观测证实，木星的这种射电爆发不是来自木星的固体部分，而是来自其外围的辐射带，辐射带直径约为木星本体直径的三倍。

另一类射电源为谱线射电源。在宇宙存在多种原子与分子，它们都有带宽很窄的射电波辐射，现今已经发现的部分重要射电谱线如表 A1.1.4 所列。

表 A1.1.4 部分重要射电谱线(100GHz 以下)

化学名称	化学符号	频率/GHz
Deuterium (氘)	D	0.327
Hydrogen (氢)	H	1.420
Hydroxyl radical (羟基)	OH	1.612*
Hydroxyl radical (羟基)	OH	1.665*
Hydroxyl radical (羟基)	OH	1.667*
Hydroxyl radical(羟基)	OH	1.721*
Methyladyne (甲胺)	CN	3:335
Hydroxyl radical(羟基)	OH	4.766*
Formaldehyde(甲醛)	H_2CO	4.830
Hydroxyl radical(羟基)	OH	6.035*
Methanol(甲醇)	CH_3OH	6.668*
Helium(氦)	$^3He^+$	8.665
Methanol(甲醇)	CH_3OH	12.179*
Formaldehyde(甲醛)	H_2CO	14.488
Cyclopropenylidene(环丙烯基)	C_3H_2	18.343
Water(水)	H_2O	22.235*
Ammonia(氨)	NH_3	23.694
Ammonia(氨)	NH_3	23.723
Ammonia(氨)	NH_3	23.870
Methanol(甲醇)	CH_3OH	25.018
Silicon monoxide(一氧化硅)	SiO	42.821*
Silicon monoxide(一氧化硅)	SiO	43.122*

续表

化学名称	化学符号	频率/GHz
Carbon monosulfide(一硫化碳)	CS	48.991
Silicon monoxide(一氧化硅)	SiO	86.243*
Hydrogen cyanide(氰化氢)	HCN	88.632
Formylium(甲酰基)	HCO$^+$	89.189
Diazenylium(二氮烯基)	N$_2$H$^+$	93.174
Carbon monosulfide(一硫化碳)	CS	97.981

注：*强脉泽跃迁。

在100GHz以上的毫米波/亚毫米波段，也存在很多种谱线源，是该波段的重要观测目标，这里不再列出，读者可以参阅有关参考文献。

射电源也可以按其角径大小分类：展源、分立源、致密源。一般来说，射电源角径大于观测的射电望远镜的主波束宽度，就称为展源；当射电源角径小于射电望远镜主波束时，它可以分辨出是一个单独的射电源，所以称为分立源；随着高分辨率的VLBI技术的发展，它们适合观测非常致密的，其射电结构一般不大于1.0mas的射电源，所以称这类射电源为致密源。

射电源也可以按天区分类，比如，太阳系射电源、银河系射电源、河外射电源。

A1.1.4 射电源表及射电源的名称与编号

早期，发现的射电源很少，所以以所在的星座来命名与编号，比如，仙后座A(Cas A)就是仙后座的A射电源；还有天鹅座A(Cyg A)、金牛座A(Tau A)及室女座A(Vir A)等。后来，发现的射电源很多了，所以改为以实施观测或编制射电源表的天文单位的名称或天文学家的名字命名。近年新编制的射电源表，其源名称都采用国际标准编号，有时仍附注原来的名称。常使用的射电源表如下所示。

● 3C/4C射电源表。英国剑桥大学的第3/4期射电巡天射电源表，取Cambridge(剑桥)的第一个字母，例如，3C48、4C39.25。

● NRAO射电源表。美国国家射电天文台(NRAO)早期射电巡天观测建立的射电源表，例如，NRAO150。

● 梅西叶星云星团表。法国天文学家梅西叶(Charles Messier)编制的星云、星团、星系表，天体的名字为M加上序号，例如，M82。

● NGC星云、星团新总表。英文全名为"New General Catalogue of Nebulae and Clusters of Stars"，由丹麦天文学家德雷尔(J.L.E. Dreyer)编制，共有7840个

天体，于 1895 年出版，例如，NGC7027。第二个星表(简称 IC)增加至约 13000 个天体，于 1908 年出版。以后，射电天文学家对于 NGC 星表的天体进行了射电观测，部分检测到射电辐射。

● 澳大利亚帕克斯(Parkes)天文台的南天射电源表。英文名称为 PKSCAT90 (Parkes Catalog 1990)，英文全称为"Parkes Southern Radio Source Catalog"。该射电源表包括了赤纬+27°以南天区共 8264 颗射电源。关于射电源名称，对于 J2000 位置，则为 PKS J 名称，例如，PKS J0013+2045，PKS J0302-3415。

● VLBA 标校源。VLBA Calibrator[①]是美国 NRAO 的 VLBA 进行 VLBI 巡天观测建立的标校源表，很有使用价值。共有约 5800 颗源，除了给出了源位置(赤经赤纬)外，还给出基线长度 400km 和 5000km 的不同波段(S、C、X、U、K)的相关流量密度。源名称采用 IAU 的 J2000 名称，见表 A1.1.5。

A1.1.5 国际规定的射电源名称举例(3C273)

3C273 射电源赤经赤纬(J2000)	赤 经 $12^h 29^m 06.699742^s$	赤 纬 $+02° 03' 08.598116''$
IAU B1950 源名称	B1226+023	BHHMM+DDd
IAU J2000 源名称	J1229+0203	JHHMM+DDMM
IERS ICRF 源名称	J122906.6+020308	JHHMMSS.s+DDMMSS

注：表中的"+"号表示源的赤纬值为正值，即为北纬；如果源的赤纬为负值，即为南纬，则用"-"号。

● 国际天球参考架 ICRF3[②]。IAU2018 通过决议，自 2019 年开始使用。首次采用多波段，各波段的射电源数目分别为：S/X——4536，K——824，X/Ka——678。射电源采用 ICRF 名称，JHHMMSS.s±DDMMSS。HHMMSS.s 为源的赤经时、分、秒(小数 1 位)，±DDMMSS 的正负号根据源赤纬而确定，北纬为"+"，南纬为"-"，后面为度、分、秒。例如，J000020.3-322101。ICRF3 也给出了原来的 B1950 位置的源名称，BHHMM±DDd，例如同一个源，它的 B1950 位置的名称为 2357-326。ICRF3 具有最精确的射电源位置。

有时，一颗射电源会有多个名字，比如，室女座 A(Vir A)的其他名字为：3C274，M87，NGC4486 等，同时还有国际规定的统一名称。

IAU 与 IERS 给出的射电源名称规则的举例列于表 A1.1.5。

A1.1.5 射电源历元 B1950-J2000 转换

19 世纪，天文学家贝塞尔(F.Bessel)提出了一年的开始对应于平太阳黄经为

[①] http://obs.vlba.nrao.edu/cst/。

[②] http://hpiers.obspm.fr/icrs-pc/newwww/icrf/index.php。

280°的瞬间，称为贝塞尔年首，由这瞬间开始的年称为贝塞尔年(Besselian year)。20 世纪中期，国际上采用贝塞尔 1950 年(B1950.0)作为参考历元，来定义天体的位置。因此，那时期编制的射电表都是以 B1950.0 为标准历元。1976 年，IAU 大会决议采用儒略年 2000(J2000.0)作为标准历元，替代 B1950.0。

- B1950.0 定义——1949 年 12 月 31 日 UT 22.09 的春分点与平赤道。
- J2000.0 定义——2000 年 1 月 1 日 UT 12:00 的春分点与平赤道。

在 1976 年以后，天文数据处理软件中都改用 J2000.0 作为射电源位置的标准历元。所以如果仍采用 B1950.0 历元的射电源位置，就需要进行历元转换，下面给出了平位置的转换计算的步骤及计算公式。由于是对于射电源的历元转换，所以不考虑自行。

设：需要转换的射电源 B1950 的赤经、赤纬分别为 α_1、δ_1，换后的 J2000 赤经、赤纬分别为 α_2、δ_2，B1950-J2000 转换步骤及计算公式如下所述。

- 第 1 步 将赤经、赤纬转换为直角坐标，

$$\begin{cases} x_1 = \cos(\alpha_1)\cos(\delta_1) \\ y_1 = \sin(\alpha_1)\cos(\delta_1) \\ z_1 = \sin(\delta_1) \end{cases} \tag{A1.1.1}$$

- 第 2 步 使用岁差旋转矩阵 R 进行三维旋转，将 B1950 的天极转换至 J2000 天极，将 B1950 的赤经 0 点转换至 J2000 的赤经 0 点，这样计算得到电源的 J2000 历元的直角坐标值(x_2, y_2, z_2)，计算公式如(A1.1.2)式所示：

$$\begin{pmatrix} x_2 \\ y_2 \\ z_2 \end{pmatrix} = R \times \begin{pmatrix} x_1 \\ y_1 \\ z_1 \end{pmatrix} \tag{A1.1.2}$$

(A1.1.2)式中，

$$R = \begin{bmatrix} 0.999925708 & -0.0111789372 & -0.00490035 \\ 0.0111789372 & 0.9999375134 & -0.0000271626 \\ 0.0048590036 & -0.0000271579 & 0.9999881946 \end{bmatrix} \tag{A1.1.3}$$

- 第 3 步 根据(x_2, y_2, z_2)，计算射电源的 J2000 历元的赤经、赤纬(α_2, δ_2)：

$$\begin{cases} \alpha_2 = \arctan\left(\dfrac{y_2}{x_2}\right) \\ \delta_2 = \arcsin(z_2) \end{cases} \tag{A1.1.4}$$

例 已知射电源 3C273 的 B1950 赤经和赤纬分别为 $\alpha_{1950} = 12^h 26^m 33.283833^s$ 和 $\delta_{1950} = +02° 19' 43.47733''$，计算 J2000 的赤经和赤纬。

解 先根据 B1950 赤经和赤纬值计算得源的 3D 坐标为

$$X_1 = -0.9924746145, \quad Y_1 = -0.1155123131, \quad Z_1 = 0.0406330555$$

经过岁差旋转后，得到 J2000 的 3D 坐标值为

$$X_2 = -0.9913070128, \quad Y_2 = -0.1266010102, \quad Z_2 = 0.0358132752,$$

然后计算得 J2000 的赤经和赤纬为

$$\alpha_{2000} = 187.27791555° = 12^h 29^m 06.699731^s$$

$$\delta_{2000} = +2.0523884083 = +02° \ 03' \ 08.59827''$$

本节主要参考文献为(Duffett-Smith, 1988；Meeus, 1991)。

A1.1.6 射电天体测量观测的射电源

● 河外致密射电源：活动星系核(AGN)、类星体(Quasar)。

河外的活动星系核、类星体均为连续谱源，同步辐射机制，具有较高的流量密度，它们又非常遥远，其自行可以忽略，所以这些致密射电源适合于建立国际天球参考架(ICRF)，以及地面测站坐标与 EOP 的测量。另外，为了 ICRF 与 GAIA 天球参考架(GAIA-CRF)的连接，需要用 VLBI 观测 GAIA 已经精确测量光学位置的 AGN 或 Quasar，以进行 ICRF 与 GCRF 的连接，这也是基本天体测量的一项重要任务。

● 银河系脉泽源：水脉泽源(H_2O)、甲醇脉泽源(CH_3OH)及羟基脉泽源(OH)。

脉泽源都非常致密、流量密度高，可以用相对天体测量方法，高精度测量这些脉泽源的位置、三角视差(距离)及自行，从而测定它们的空间分布与变化，以研究银河系结构，测量银心距离等。

● 河外超脉泽源：水分子(H_2O)与羟基(OH)超脉泽源(Megamaser)。

随着地面射电望远镜灵敏度的提高，近年已经可以观测到临近星系中的脉泽源，称为超脉泽源，观测超脉泽源对于宇宙学研究有重大意义。使用 VLBI 与大口径单天线观测在活动星系核中的盘状分布的水脉泽源群，可以测量至脉泽源的几何距离，从而计算得到哈勃常数，再综合微波背景辐射的高精度观测结果，可以直接验证标准宇宙学模型与提供暗能量估算公式的一个约束条件。

● 脉冲星：银河系脉冲星(Pulsar)。

脉冲星在天文学研究中有重要意义，对于射电天体测量来说，主要是测量脉冲星的位置、三角视差(距离)及自行，从而可以研究脉冲星在银河系内的空间分布；从它的自行速度与方向，可以寻找它的产生地，成协的超新星遗迹。脉冲星的射电流量密度也是低频高、高频低，所以脉冲星 VLBI 天体测量的频率选择需要有一个折中的考虑，一方面要求流量密度尽可能高，另一方面也要考虑电离层时延误差的影响，所以一般选用 L 或 S 波段较合适。观测方法通常采用相对天体

测量，尽可能选用与待测脉冲星的角距尽可能小的标校源，比如，标校源与待测源的角距不大于 5°，这样可以将脉冲星的位置测量精度达到数十微角秒。

● 射电星：银河系射电星(Radio Star)。

银河系有千亿颗恒星，它们的射电辐射机制与太阳是类似的。由于太阳离我们很近，所以观测到的太阳射电辐射非常强。离开太阳系最近恒星"比邻星"(Proxima Centauri)为 4.2 光年。已知，1 光年 = 63238.8 天文单位(a.u.)，假设：距离地球最近的那颗恒星与太阳的射电辐射强度是相同的，地球上观测太阳的射电流量密度为 $100×10^4$Jy(宁静太阳，波长 10cm)，则根据流量密度与距离平方成反比的原则，可以计算得，地球观测最近恒星的射电流量密度为 0.0014mJy(1.4 μJy)，地球上一般的射电天体测量设备很难观测到。像太阳那样，如果该恒星也有射电爆发，射电辐射增强千百倍，这种情况下，地球高灵敏度的射电望远镜可以观测到。当然，银河系恒星有的具有比太阳更强的射电辐射，现在地球上已经观测到的射电星约数百颗，其流量密度大多在毫央斯基量级。

射电星天体测量的主要目的之一是 GAIA 光学参考架与射电参考架的连接。选用的射电星应该是 GAIA 与地面射电望远镜都可以观测到，并且天空分布较均匀。

● 系外行星检测：太阳系外行星(简称系外行星，Extrasolar Planet 或 Exoplanet)。

系外行星的检测与研究，也是当代天文学的重大研究课题。使用射电天体测量方法来测量系外行星母恒星的摄动，从而检测系外行星的存在，该方法在理论上是可行的。用大口径光学望远镜干涉仪已经成功地检测到了系外行星。但是，由于系外行星的宿主恒星的射电流量密度通常都很低，用目前的射电天体测量设备还检测不到行星母宿主恒星的射电辐射；或者虽然可以检测到，但是信噪比很低，无法精确测量宿主恒星的摄动，以确认是否存在行星。所以迄今为止，还没有用射电天体测量的方法成功地检测到系外行星。随着 SKA 等高灵敏度的射电望远镜的建成应用，可以相信，系外行星将被射电天体测量方法检测到。

另外一种可能的天体测量方法为直接观测系外行星。根据分析，系外行星中有类似木星那样的气态行星，气态行星一般有一个等离子体的包层，如木星那样，有时它的等离子体包层会有强烈的低频射电爆发，那时地面高灵敏度的射电望远镜有可能观测到。

● 快速射电暴(Fast Radio Burst, FRB)。

第一个 FRB 是在 2007 年发现的，现在已经发现了数百颗。FRB 的射电爆发的时间一般很短，为毫秒级，像闪电那样。它射电辐射的强度很高，可以达到太阳一天，甚至一年的射电辐射的总和。根据它的色散值，可以判定 FRB 绝大部分是在银河系外,如此短的时间,有如此高的射电辐射能量,现在还是一个谜,所以 FRB 也是当代天文学的重大研究课题。

　　FRB 的搜寻和观测通常使用大型单口径射电望远镜,但是单口径天线的定位精度不高,所以,深入研究 FRB 与其他临近天体的关系,以及它的发射机制,就需要进行高精度的射电天体测量观测,以确定它毫角秒精度的位置。

第 2 章 射电干涉测量几何原理

射电天体测量的基本测量技术为射电干涉测量，射电干涉测量的观测量为相位、时延(时间延迟)及时延率等，它们的数值主要是由射电干涉测量的几何关系确定的，即测站位置与射电源位置。本章主要阐述射电干涉测量的几何原理，对于连线射电干涉仪(CEI)或甚长基线干涉仪(VLBI)，它们的几何原理都是一样的。首先，按照"瞬时基线"来推导基本公式，即认为虽然射电波的某一波前到达不同测站的时间是不同的，但是由于其时间差(即时延)差别很小，则认为在这个时间段内，测站间的基线距离与方向是不变的。但是，实际上由于地球自转运动，在该时间段内，测站的基线距离产生了微小变化，称为滞后基线(Retarded Baseline)，它产生的时延误差将在本章 2.3 节阐述。由于此变化量很小，所以可以根据基线距离的远近及测量精度的要求，来决定是否需要考虑滞后基线的影响。

2.1 几何时延定义

几何时延是指纯粹由测站和射电源位置的几何关系而产生的射电波到达两测站的时间差，不包括信号通过测站设备产生的时延和射电波在传播介质中产生的时延。最简单的射电干涉仪的几何关系如图 2.1.1 所示。设：射电干涉仪的测站 1 为时间参考站，测站 2 为远方站。通常，以测站天线的不动点作为该测站的参考点(对于方位轴与俯仰轴相交的天线，习惯用该两轴的交点为参考点)。设两测站的基线矢量为 $\boldsymbol{B}$，基线在射电源方向的投影长度为 B_P，射电波到达测站 1 和 2 的时间分别为 t_1 和 t_2；其时间差为几何时延 τ_g，其光程差为 $c\tau_g$，这里 c 为光速。定义 $\tau_g = t_2 - t_1$，则 $t_2 = t_1 + \tau_g$。τ_g 的正负号定义为：信号先到参考站、后到远方站时，τ_g 为正值；反之，τ_g 为负值。

设：测站至射电源方向的单位矢量为 $\hat{\boldsymbol{e}}_s$，所以射电波前进方向的矢量为 $-\hat{\boldsymbol{e}}_s$，测站 1 至测站 2 的基线矢量 $\boldsymbol{B}$ 与射电波前进方向 $-\hat{\boldsymbol{e}}_s$ 的夹角为 θ。根据图 2.1.1，可得几何时延 τ_g 的计算公式为

$$\tau_g = \frac{\boldsymbol{B} \cdot (-\hat{\boldsymbol{e}}_s)}{c} = \frac{-B\cos\theta}{c} \tag{2.1.1}$$

式中，c 为光速，等于 299792458m/s；B 为基线长度，$B = |\boldsymbol{B}|$。

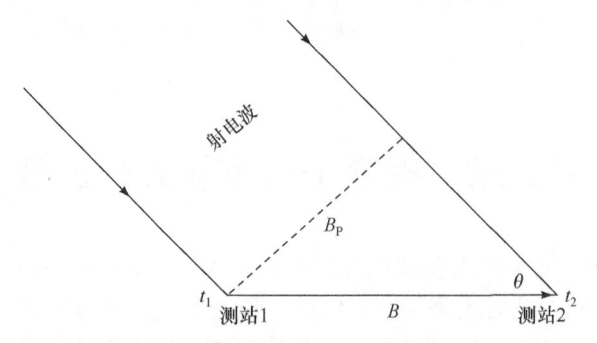

图 2.1.1 射电干涉仪几何关系示意图

实际上，几何时延无法直接观测到，通常观测到的为总时延 τ_t，它包含几何时延 τ_g 和两测站的钟差 τ_c、设备时延差 τ_i 及传播介质时延差 τ_p (包括中性大气、电离层、星际等离子体时延差)等，如(2.1.2)式所示：

$$\tau_t = \tau_g + \tau_c + \tau_i + \tau_p \tag{2.1.2}$$

2.2 几何时延和时延率计算公式

对于太阳系以外的银河系和河外射电源来说，由于它们非常遥远，所以它们发出的射电波到达地球时，可以认为是平面波。图 2.2.1 图示了两单元射电干涉仪在站心天球坐标系中的几何关系。图 2.2.1 中，Ⅰ、Ⅱ为测站位置；P 为天极；B 为基线Ⅰ-Ⅱ方向在天球上的投影，它是随地球自转而变化的；α_b、δ_b 分别为基线赤经、赤纬；α_s、δ_s 分别为射电源赤经、赤纬。

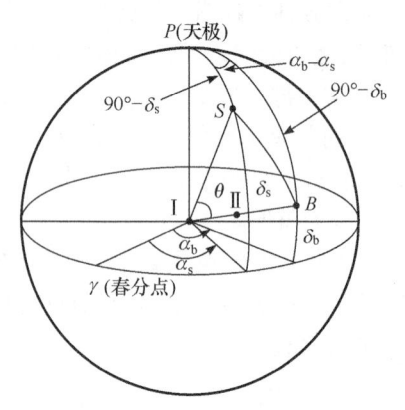

图 2.2.1 两单元射电干涉仪在站心天球坐标系中的几何关系

设：基线的单位矢量为 $\hat{e}_b$，则从图 2.2.1 可知，射电源方向和基线方向的单位矢量的表达式分别为

$$\hat{e}_\mathrm{s} = \begin{bmatrix} \cos\delta_\mathrm{s}\cos\alpha_\mathrm{s} \\ \cos\delta_\mathrm{s}\sin\alpha_\mathrm{s} \\ \sin\delta_\mathrm{s} \end{bmatrix} \quad (2.2.1)$$

$$\hat{e}_\mathrm{b} = \begin{bmatrix} \cos\delta_\mathrm{b}\cos\alpha_\mathrm{b} \\ \cos\delta_\mathrm{b}\sin\alpha_\mathrm{b} \\ \sin\delta_\mathrm{b} \end{bmatrix} \quad (2.2.2)$$

所以,

$$\hat{e}_\mathrm{b} \cdot \hat{e}_\mathrm{s} = \cos\theta = \sin\delta_\mathrm{b}\sin\delta_\mathrm{s} + \cos\delta_\mathrm{b}\cos\delta_\mathrm{s}\cos(\alpha_\mathrm{b} - \alpha_\mathrm{s}) \quad (2.2.3)$$

将(2.2.3)式代入(2.1.1)式可得几何时延的表达式为

$$\tau_\mathrm{g} = \frac{-B}{c}\left[\sin\delta_\mathrm{b}\sin\delta_\mathrm{s} + \cos\delta_\mathrm{b}\cos\delta_\mathrm{s}\cos(\alpha_\mathrm{b} - \alpha_\mathrm{s})\right] \quad (2.2.4)$$

因为

$$\alpha_\mathrm{b} = \lambda_\mathrm{b} + \alpha_\mathrm{G} = \lambda_\mathrm{b} + \mathrm{GST} \quad (2.2.5)$$

(2.2.5)式中,λ_b 为基线经度;α_G 为格林尼治赤经,即格林尼治恒星时(GST),所以(2.2.4)式也可以表示为

$$\tau_\mathrm{g} = \frac{-B}{c}\left[\sin\delta_\mathrm{b}\sin\delta_\mathrm{s} + \cos\delta_\mathrm{b}\cos\delta_\mathrm{s}\cos(\lambda_\mathrm{b} + \mathrm{GST} - \alpha_\mathrm{s})\right] \quad (2.2.6)$$

设:基线时角(基线赤经与射电源赤经之差值)H_s 为

$$H_\mathrm{s} = \alpha_\mathrm{b} - \alpha_\mathrm{s} = \lambda_\mathrm{b} + \mathrm{GST} - \alpha_\mathrm{s} \quad (2.2.7)$$

则将(2.2.7)式代入(2.2.6)式后可得

$$\tau_\mathrm{g} = \frac{-B}{c}\left[\sin\delta_\mathrm{b}\sin\delta_\mathrm{s} + \cos\delta_\mathrm{b}\cos\delta_\mathrm{s}\cos H_\mathrm{s}\right] \quad (2.2.8)$$

根据(2.2.8)式,可以导出几何时延率 $\dot{\tau}_\mathrm{g}$ 的表达式为

$$\dot{\tau}_\mathrm{g} = \frac{B}{c}\cos\delta_\mathrm{b}\cos\delta_\mathrm{s}\sin H_\mathrm{s} \cdot \frac{\mathrm{dGST}}{\mathrm{d}t} = \frac{B}{c}\cos\delta_\mathrm{b}\cos\delta_\mathrm{s}\sin H_\mathrm{s} \cdot \Omega \quad (2.2.9)$$

(2.2.9)式中,Ω 为地球自转速率,平均值为 $7.292\times10^{-5}\mathrm{rad/s}$。$\Omega$ 是有微小变化的,它就是地球自转速率变化测量的内容。

设:射电源某时刻在地固坐标系中的经度为 λ_s,则

$$\alpha_\mathrm{b} - \alpha_\mathrm{s} = \lambda_\mathrm{b} - \lambda_\mathrm{s} \quad (2.2.10)$$

将(2.2.10)式代入(2.2.4)式,可以得到

$$\tau_\mathrm{g} = \frac{-B}{c}\left[\sin\delta_\mathrm{b}\sin\delta_\mathrm{s} + \cos\delta_\mathrm{b}\cos\delta_\mathrm{s}\cos(\alpha_\mathrm{b} - \alpha_\mathrm{s})\right]$$

$$= \frac{-B}{c}\left[\sin\delta_b \sin\delta_s + \cos\delta_b \cos\delta_s \cos(\lambda_b - \lambda_s)\right]$$

$$= \frac{-B}{c}\left[\sin\delta_b \sin\delta_s + \cos\delta_b \cos\delta_s \left(\cos\lambda_b \cos\lambda_s + \sin\lambda_b \sin\lambda_s\right)\right] \tag{2.2.11}$$

从图 2.2.2 可知，基线在地固坐标系中的赤道投影 B_e 和各坐标分量 B_x，B_y，B_z 为

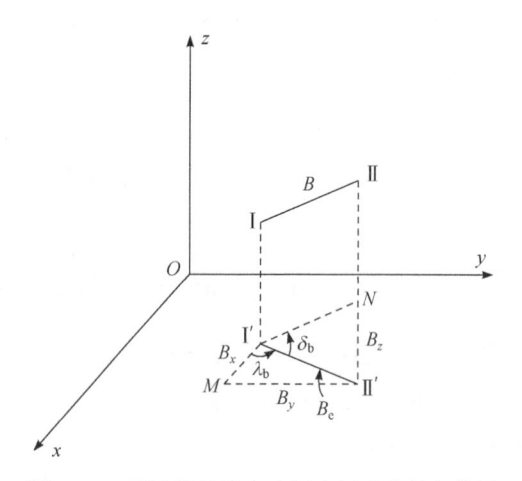

$$\left.\begin{array}{l} B_e = B\cos\delta_b \\ B_x = B\cos\delta_b \cos\lambda_b \\ B_y = B\cos\delta_b \sin\lambda_b \\ B_z = B\sin\delta_b \end{array}\right\} \tag{2.2.12}$$

图 2.2.2 干涉仪基线在地固坐标系中的各分量
O 点为地心，x 轴指向格林尼治子午圈，y 轴指向东经 90°(即右手系统)

将(2.2.12)式代入(2.2.11)式，整理后得几何时延的另一种表达式，

$$\tau_g = \frac{-1}{c}\left(B_x \cos\lambda_s \cos\delta_s + B_y \sin\lambda_s \cos\delta_s + B_z \sin\delta_s\right) \tag{2.2.13}$$

同样方法，(2.2.9)式也可以改写为

$$\dot{\tau}_g = \frac{\Omega}{c}\left[B_x \sin\lambda_s \cos\delta_s - B_y \cos\lambda_s \cos\delta_s\right] \tag{2.2.14}$$

从(2.2.14)式可以看到，时延率与基线的 z 分量 B_z 是没有关系的，也就是说，用时延率观测值是无法解算得到 B_z 的。

关于干涉条纹的相位 ϕ 与时延 τ 的关系式为

$$\phi = \omega\tau, \quad 或 \phi = 2\pi f\tau, \quad 或 \tau = \frac{1}{2\pi}\frac{\lambda}{c}\phi \tag{2.2.15}$$

(2.2.15)式中，ω 为观测角频率，$\omega = 2\pi f$；f 为观测频率(Hz)；c 为光速(m/s)；λ 为波长(m)。对于连线干涉仪，参数解算时通常使用相位观测值。

2.3 滞后基线

在(2.1.1)式中，该几何时延是零级近似，所以改写为

$$\tau_{g0} = \frac{-\boldsymbol{B} \cdot \hat{e}_s}{c} \tag{2.3.1}$$

(2.3.1)式中，$\boldsymbol{B} = \boldsymbol{r}_2 - \boldsymbol{r}_1$ 是瞬时基线，其中 $\boldsymbol{r}_1$、$\boldsymbol{r}_2$ 分别为测站 1、2 的瞬时地心矢量(图 2.3.1)。由于地球自转，射电波到达第 2 个测站的时间就有一个小的滞后，使得基线也产生一个小的变化，称为"滞后基线"(Walter and Sovers, 2000)。如果仍使用瞬时基线计算几何时延的话，就会产生误差。

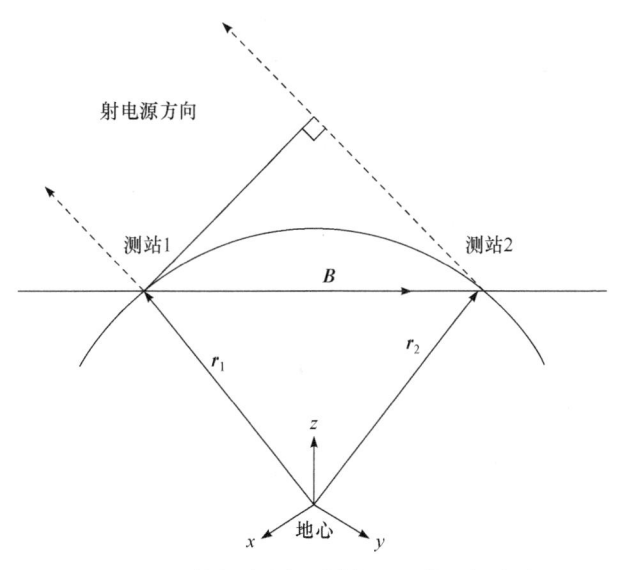

图 2.3.1 射电干涉仪测站与地心的几何关系

如果使用滞后基线，则总的几何时延需要加入一个改正量如下：

$$\tau_g = \tau_{g0} + \Delta\tau = \tau_{g0}(1+\Delta) \tag{2.3.2}$$

假设某一射电波前到达测站 1 和 2 的时间分别为 t_1 和 t_2。另外，λ 和 f 分别为波长和观测频率，则相位差为

$$\frac{2\pi}{\lambda}\hat{e}_s \cdot \left[\boldsymbol{r}_2(t_2) - \boldsymbol{r}_1(t_1)\right] = 2\pi f(t_2 - t_1) \tag{2.3.3}$$

(2.3.3)式中，设：$\tau_g = t_2 - t_1$。

将(2.3.3)式中的 $\boldsymbol{r}_2(t_2)$ 按级数展开得到

$$\boldsymbol{r}_2(t_2) = \boldsymbol{r}_2(t_1 + \tau_g) = \boldsymbol{r}_2(t_1) + \dot{\boldsymbol{r}}_2(t_1)\tau_g \tag{2.3.4}$$

将(2.3.4)式代入(2.3.3)式中，则(2.3.3)式变为

$$2\pi f \tau_g = \frac{2\pi}{\lambda}\hat{e}_s \cdot \left[\boldsymbol{r}_2(t_1) - \boldsymbol{r}_1(t_1) + \dot{\boldsymbol{r}}_2(t_1)\tau_g\right] \tag{2.3.5}$$

(2.3.5)式可以改写为

$$\tau_g = \frac{1}{c}\hat{e}_s \cdot \left[\boldsymbol{B} + \dot{\boldsymbol{r}}_2(t_1)\tau_g\right] \tag{2.3.6}$$

将(2.3.6)式改写为

$$\tau_g\left[1 - \frac{1}{c}\hat{e}_s \cdot \dot{\boldsymbol{r}}_2(t_1)\right] = \frac{1}{c}\hat{e}_s \cdot \boldsymbol{B} \tag{2.3.7}$$

根据(2.3.7)式，可以得到 τ_g 的计算公式(2.3.8)：

$$\tau_g = \frac{d}{c}\boldsymbol{B} \cdot \hat{e}_s\left[1 - \frac{1}{c}\hat{e}_s \cdot \dot{\boldsymbol{r}}_2(t_1)\right]^{-1} \tag{2.3.8}$$

根据(2.3.8)式，可以得到 τ_g 近似为

$$\tau_g = \frac{d}{c}\boldsymbol{B} \cdot \hat{e}_s\left[1 + \frac{1}{c}\hat{e}_s \cdot \dot{\boldsymbol{r}}_2(t_1)\right] \tag{2.3.9}$$

测站 2 由地球自转而产生的运动速度 $\dot{\boldsymbol{r}}_2 = \omega_e \times \boldsymbol{r}_2$，$\omega_e$ 是地球自转角速度矢量。将它代入(2.3.9)式，可以得到

$$\tau_g = \frac{d}{c}\boldsymbol{B} \cdot \hat{e}_s\left[1 + \hat{e}_s \cdot (\omega_e \times \boldsymbol{r}_2)/c\right] = \tau_{g0}(1 + \Delta) \tag{2.3.10}$$

所以，

$$\Delta = \hat{e}_s \cdot (\omega_e \times \boldsymbol{r}_2)/c \tag{2.3.11}$$

在天球参考架中，

$$\omega_e = \begin{pmatrix} 0 \\ 0 \\ \omega_e \end{pmatrix}, \quad \boldsymbol{r}_2 = r_2 \begin{pmatrix} \cos\delta_2\cos\alpha_2 \\ \cos\delta_2\sin\alpha_2 \\ \sin\delta_2 \end{pmatrix} \tag{2.3.12}$$

所以可得

$$\omega_e \times \boldsymbol{r}_2 = r_2 \begin{pmatrix} -\omega_e \cos\delta_2 \sin\alpha_2 \\ \omega_e \cos\delta_2 \cos\alpha_2 \\ 0 \end{pmatrix} \tag{2.3.13}$$

又已知

$$\hat{e}_s = \begin{pmatrix} \cos\delta_s \cos\alpha_s \\ \cos\delta_s \sin\alpha_s \\ \sin\delta_s \end{pmatrix} \tag{2.3.14}$$

将(2.3.12)式和(2.3.14)式代入(2.3.11)式，得到

$$\varDelta = \omega_e \frac{r_2}{c} \cos\delta_s \cos\delta_2 \sin(\alpha_s - \alpha_2) \tag{2.3.15}$$

例 2.3.1 设：在赤道上有一条东西基线，长度为 3000km，$\omega_e \approx 0.73 \times 10^{-4}$rad/s，$r_2 = 6378$km，$\delta_s = \delta_2 = 0°$，$\alpha_s - \alpha_2 = 90°$。计算$\varDelta$值。

解 按(2.3.15)式可以计算得$\varDelta = 1.6 \times 10^{-6}$。对于基线长度为 3000km 的东西基线，其最大时延约为 0.01s，所以滞后基线效应 $\tau_{g0}\varDelta$ 的最大值约为 1.6×10^{-8}s(16ns)，所以必须考虑该项影响。

2.4 射电干涉测量观测量的灵敏度

2.4.1 射电干涉测量观测量

射电干涉测量的基本观测量为干涉条纹的相位与幅度，对于天体测量来说，主要是干涉条纹的相位ϕ，并根据相位进一步导出时延与时延率。根据相位计算时延与时延率观测量的公式如下：

- 相时延 $$\tau_{\text{phase}} = \frac{\phi}{\omega} \text{(s)} \tag{2.4.1}$$

- 群时延 $$\tau_{\text{group}} = \frac{\mathrm{d}\phi}{\mathrm{d}\omega} \text{(s)(连续带通)} \tag{2.4.2a}$$

  $$\tau_{\text{group}} = \frac{\phi_1 - \phi_2}{\omega_1 - \omega_2} = \frac{\Delta\phi}{\Delta\omega} \text{(s)(双通道)} \tag{2.4.2b}$$

- 相时延率 $$\dot{\tau}_{\text{phase}} = \frac{\mathrm{d}\phi}{\omega \mathrm{d}t} \text{(s/s)} \tag{2.4.3}$$

- 相时延条纹率 $$f_F = f\dot{\tau}_{\text{phase}} = \frac{1}{2\pi} \cdot \frac{\mathrm{d}\phi}{\mathrm{d}t} \text{(Hz)} \tag{2.4.4}$$

- 群时延率 $\quad\dot{\tau}_{\text{group}} = \dfrac{\mathrm{d}^2\phi}{\mathrm{d}\omega\mathrm{d}t}$ (s/s) (2.4.5)

(2.4.1)式~(2.4.5)式中，ϕ的单位是 rad，ω的单位是 rad/s。

关于相时延与群时延的概念，参阅附录 2.1。条纹相位、时延和时延率是如何从射电干涉测量实际观测数据中导出的，将在第 4 章中阐述。

2.4.2 射电干涉测量定位测量的灵敏度

这里进一步讨论上述时延与时延率观测量对于观测目标定位测量的灵敏度。

对于(2.2.8)式和(2.2.9)式分别以目标的赤经和赤纬为变量进行微分后，然后将偏微分改用标准差表示，则可得

$$\sigma_{\alpha_s} \cdot \cos\delta_s = \left| \dfrac{c}{B\cos\delta_b \sin H_s} \right| \sigma_\tau \quad \text{(rad)} \tag{2.4.6}$$

$$\sigma_{\delta_s} = \left| \dfrac{c}{B(\sin\delta_b \cos\delta_s - \cos\delta_b \sin\delta_s \cos H_s)} \right| \sigma_\tau \quad \text{(rad)} \tag{2.4.7}$$

$$\sigma_{\alpha_s} \cdot \cos\delta_s = \left| \dfrac{c}{\Omega B \cos\delta_b \cos H_s} \right| \sigma_{\dot\tau} \quad \text{(rad)} \tag{2.4.8}$$

$$\sigma_{\delta_s} = \left| \dfrac{c}{\Omega B \cos\delta_b \sin\delta_s \sin H_s} \right| \sigma_{\dot\tau} \quad \text{(rad)} \tag{2.4.9}$$

上述灵敏度公式是按平面波公式导出的，如果仅用于定位精度的预测，则对于太阳系内的目标也可以应用。下面按东西基线与南北基线两种情况举例来说。

例 2.4.1 设为东西基线，基线赤纬$\delta_b = 0°$；基线长度 3000km；群时延及相时延率的测量误差分别为：0.1ns 及 0.1ps/s；测量目标的赤纬 δ_s 为 10°和 60°两种情况；基线时角范围 $H_s = 30° \sim 150°$。计算目标的赤经($\alpha_s\cos\delta_s$)和赤纬(δ_s)的测量误差。

解 根据(2.4.6)式~(2.4.9)式计算得不同基线时角的赤经($\alpha_s\cos\delta_s$)和赤纬(δ_s)的误差值，显示在图 2.4.1 中。图 2.4.1 中(a)~(d)的横坐标均为时角 H_s；图 2.4.1(a)和(c)的纵坐标为赤经误差，图 2.4.1(b)和(d)的纵坐标为赤纬误差。

从图 2.4.1 可以得到关于东西基线定位测量灵敏度的几点结论。

(1) 按照给出的目前时延与时延率测量的精度，总的来说，东西基线时延观测值的定位测量的灵敏度比时延率观测值的灵敏度高，所以在一般情况下，射电天体测量仅使用时延观测值。

(2) 对于时延观测，用 3000km 的基线，测量高、低赤纬源的赤经精度都好于 10mas，低赤纬源的精度高于高赤纬源。对于赤纬测量误差稍大，当基线时角

小于 50°或大于 130°时，高与低赤纬源的赤纬测量误差分别小于 20mas 与 5mas。当基线时角大于 50°或小于 130°时，赤纬误差迅速增大，所在那个时角范围不适合测量赤纬。

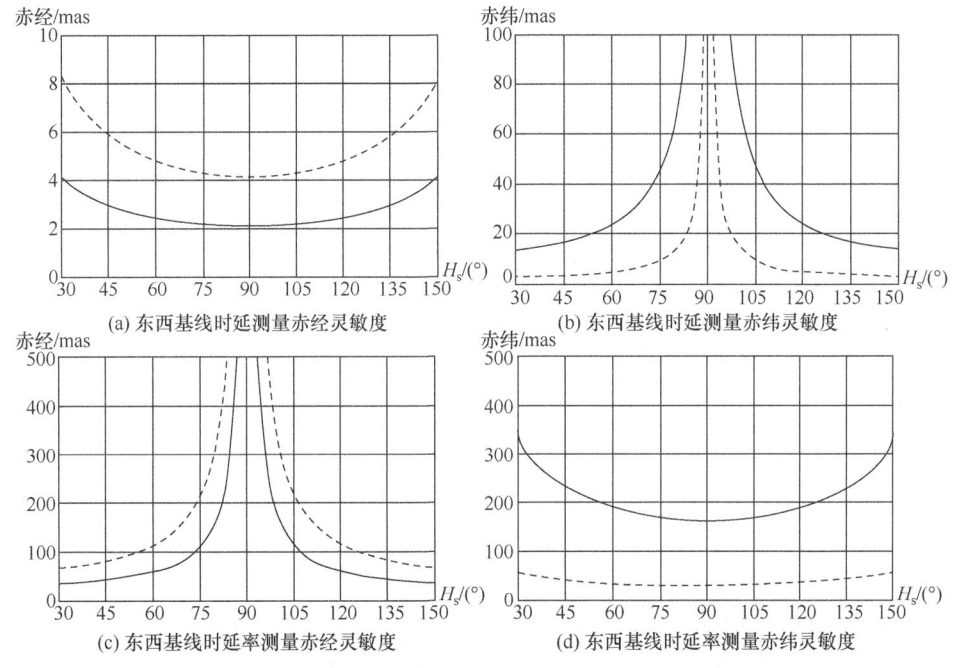

图 2.4.1 东西基线定位测量灵敏度图示(时延误差 0.1ns；时延率误差 0.1ps/s)

图中的横坐标为基线时角(度)；纵坐标为射电源赤经或赤纬误差(毫角秒)；实线为赤纬 = 10°；虚线为赤纬 = 60°

(3) 对于时延率观测，东西基线不利于源的定位测量。如果对于定位测量精度的要求较低，比如为 100mas，当用 3000km 的基线时，可以在基线时角小于 50°或大于 130°时，测量源的赤经；可以在设定的全部时角范围内，测量高赤纬源的赤纬。

例 2.4.2 设为南北基线(北测站为参考站)，$\delta_b = -60°$；基线长度和群时延、相时延率测量误差与例 2.4.1 相同；同样为 $\delta_s = 10°$和 60°两种情况；基线时角范围 $H_s = -60° \sim +60°$。计算射电源的赤经($\alpha_s\cos\delta$)和赤纬(δ_s)的测量精度。

解 同样，根据(2.4.6)式~(2.4.9)式计算得不同基线时角 H_s 的赤经($\alpha_s\cos\delta_s$)和赤纬(δ_s)的误差值，显示在图 2.4.2 中。图 2.4.2 中(a)~(d)的横坐标均为时角；图 2.4.2(a)和(c)的纵坐标为赤经误差，图 2.4.2(b)和(d)的纵坐标为赤纬误差。

从图 2.4.2 可以得到关于南北基线定位测量灵敏度的下面几点结论。

(1) 南北基线与东西基线相同，时延观测值定位测量的灵敏度大大高于时延率测量。

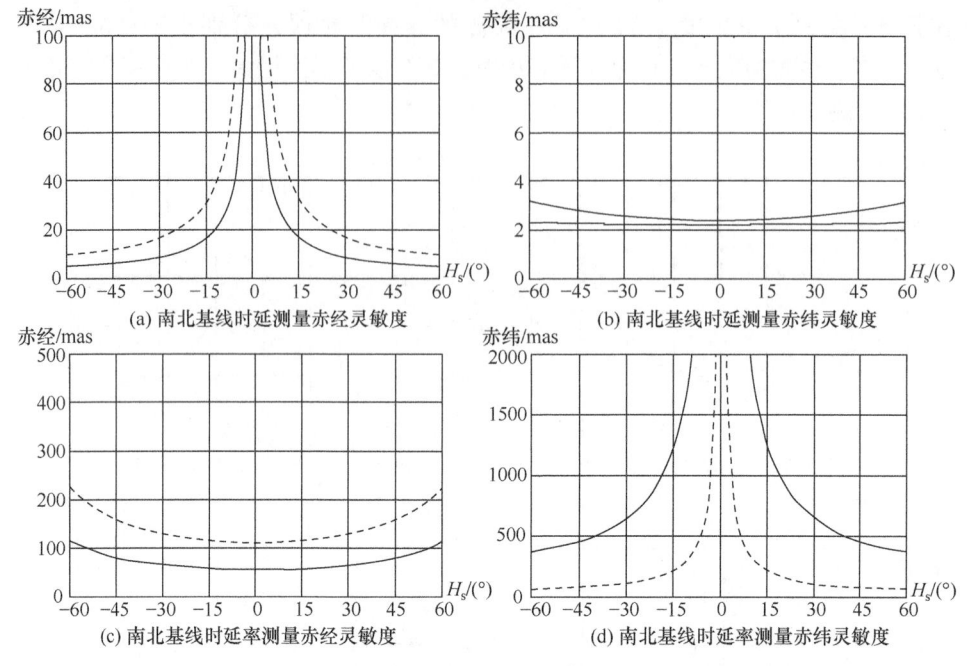

图 2.4.2 南北基线定位测量灵敏度图示(时延误差 0.1ns；时延率误差 0.1ps/s)
图中的横坐标为基线时角(度)；纵坐标为赤经或赤纬误差(毫角秒)；实线为赤纬 = 10°；虚线为赤纬 = 60°

(2) 时延值有利于测定射电源的赤纬，对于 3000km 基线，测量源赤纬精度好于 3mas；对于射电源赤经的测量精度较赤纬精度稍低一些，当基线时角小于 −30°或大于+30°时，赤经测量精度好于 20mas；基线时角大于−30°或小于+30°时，赤经测量误差迅速增大，不宜在该时角范围来测量赤经。

(3) 同样，时延率不利于南北基线的定位测量。如果测量精度要求较低，比如为 100mas，则对于 3000km 基线，尚可以测量低赤纬源的赤经，以及在基线时角小于−30°或大于+30°时，可以测量源赤纬。

从上面两个例子可以看到，用射电干涉测量进行射电源定位测量时，最佳方案为使用两条正交的基线，以高精度的时延测量值为主进行定位测量。这样，对于目标的赤经和赤纬都可以得到高精度的测量值。

2.5 射电干涉测量的分辨率

对于射电干涉仪，分辨率是它的一个重要指标。当目标至干涉仪两测站的程差变化一个波长时，就出现一个干涉条纹，射电源方向上的天空平面上的干涉条纹间距 θ 为

$$\theta = \frac{\lambda}{B_\text{p}} \tag{2.5.1}$$

(2.5.1)式中，λ为观测波长；B_p为干涉仪基线在射电源方向的投影长度。

干涉条纹间距的大小体现了干涉仪分辨本领的高低，基线越长或波长越短则分辨率越高。一般习惯于以条纹间距的倒数来度量。通常定义东西方向分辨率为u和南北方向分辨率为v，它们是在天空平面上度量的，以波长为单位，数值越大则表示分辨率越高。为了推导u和v的表达式，首先建立两个坐标系。如图2.5.1所示，(X, Y, Z)为赤道坐标系，右手系统，X和Y所在的平面平行于天球赤道面，X轴在射电干涉仪参考站子午面上(称它为本地子午面)，Y轴指向东，Z轴指向北极。另一个(u, v, w)坐标系，也为右手系统，它的w轴指向射电源S，w轴与XOY平面的夹角为射电源S的赤纬δ_s，w轴所在的子午面与本地子午面的夹角为源时角H_s(图中所示的位置为$-H_\text{s}$)；u轴在XOY平面上，它与Y轴的夹角也为时角$-H_\text{s}$；v轴在w轴所在的子午面上，它的天顶距即为射电源的赤纬δ_s。(Thompson et al., 2017)

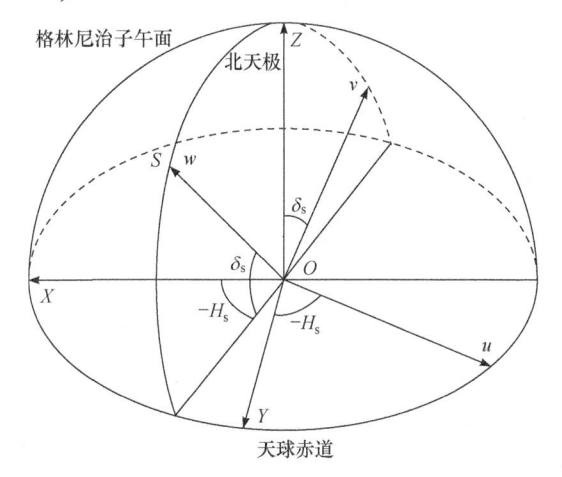

图2.5.1 (X, Y, Z)坐标系与(u, v, w)坐标系的关系

设：以波长表示的基线长度为B_λ，它在(X, Y, Z)坐标系中的分量为$(X_\lambda, Y_\lambda, Z_\lambda)$，则根据三维坐标旋转变换公式，可以导出它们在$(u, v, w)$坐标系中的各分量为

$$\begin{bmatrix} u \\ v \\ w \end{bmatrix} = \begin{bmatrix} \sin H_\text{s} & \cos H_\text{s} & 0 \\ -\sin\delta_\text{s}\cos H_\text{s} & \sin\delta_\text{s}\sin H_\text{s} & \cos\delta_\text{s} \\ \cos\delta_\text{s}\cos H_\text{s} & -\cos\delta_\text{s}\sin H_\text{s} & \sin\delta_\text{s} \end{bmatrix} \cdot \begin{bmatrix} X_\lambda \\ Y_\lambda \\ Z_\lambda \end{bmatrix} \tag{2.5.2}$$

设：基线的时角和赤纬分别为 H_b 和 δ_b，则在北半球可以得到

$$\begin{bmatrix} X_\lambda \\ Y_\lambda \\ Z_\lambda \end{bmatrix} = B_\lambda \begin{bmatrix} \cos H_b \cos \delta_b \\ -\cos H_b \sin \delta_b \\ \sin \delta_b \end{bmatrix} \tag{2.5.3}$$

则根据(2.5.2)式和(2.5.3)式可以得到

$$\begin{bmatrix} u \\ v \\ w \end{bmatrix} = B_\lambda \begin{bmatrix} \cos \delta_b \sin(H_s - H_b) \\ \sin \delta_b \cos \delta_s - \cos \delta_b \sin \delta_s \cos(H_s - H_b) \\ \sin \delta_b \sin \delta_s + \cos \delta_b \cos \delta_s \cos(H_s - H_b) \end{bmatrix} \tag{2.5.4}$$

即

$$\left. \begin{array}{l} u = B_\lambda \cos \delta_b \sin(H_s - H_b) \\ v = B_\lambda \left[\sin \delta_b \cos \delta_s - \cos \delta_b \sin \delta_s \cos(H_s - H_b) \right] \end{array} \right\} \tag{2.5.5}$$

从(2.5.5)式可以看到，由于地球自转，所以射电源的时角是变化的，因此，u 和 v 值是随时间变化的。根据(2.5.5)式可以得到(Whitney, 1974)

$$\frac{u^2}{a^2} + \frac{(v - v_0)^2}{b^2} = 1 \tag{2.5.6}$$

(2.5.6)式中，

$$\left. \begin{array}{l} a = B_\lambda \cos \delta_b \\ b = B_\lambda \cos \delta_b \sin \delta_s \\ v_0 = B_\lambda \sin \delta_b \cos \delta_s \end{array} \right\} \tag{2.5.7}$$

从(2.5.6)式可知，u 和 v 的轨迹为一个椭圆，椭圆中心的坐标为 $u = 0$，$v = B_\lambda \sin \delta_b \cos \delta_s$，长轴和短轴分别为 a 和 b。

(u, v) 轨迹表示了干涉仪基线与观测目标在不同的相对位置时的分辨率。根据射电干涉仪的相关理论(Thompson et al., 2017)，相关函数(即可见度函数)$R(u, v) = R^*(-u, -v)$，或 $R(-u, -v) = R^*(u, v)$，是复共轭对称的，只要按(2.5.5)式计算了 UV 轨迹后，就可以得到其对称部分。下面给出一个例子来说明。

例 2.5.1 设：基线长度 $B = 3000$ km，工作波长为 3.6cm，基线赤纬 $\delta_b = -15°$，射电源赤纬 $\delta_s = 30°$，时角范围 H_s-H_b 为 $-90°\sim+30°$。绘制 UV 轨迹图。

解 根据(2.5.5)式计算得的 UV 轨迹如图 2.5.2 所示。

图 2.5.3[①]为 EVN 的 10 台射电望远镜(包括佘山与乌鲁木齐)在 18cm、赤纬

---

① http://old.evlbi.org/user_guide/coverage.html。

20°的 UV 覆盖图。对于射电干涉测得的成图观测来说，UV 覆盖直接影响成图，所以在设计射电干涉仪的测站布设方案时，或在 VLBI 组网成图观测时，通常需要绘制 UV 覆盖图，从而可以直观了解 UV 覆盖的优劣，选取最优方案。

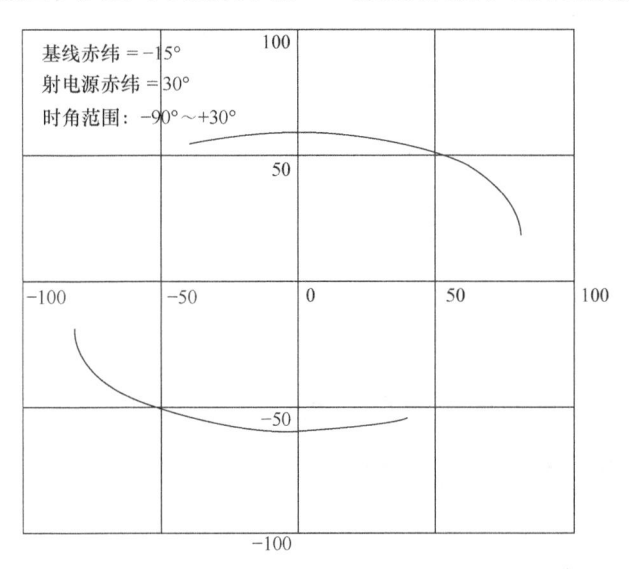

图 2.5.2　UV 轨迹图
图中的纵、横坐标的单位均为百万波长

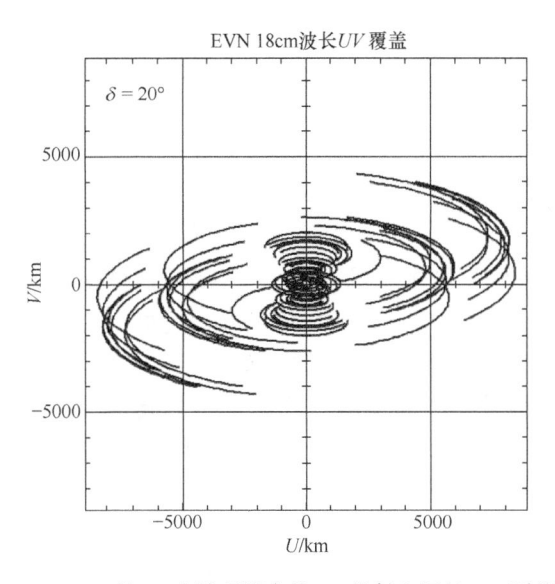

图 2.5.3　EVN 的 10 个站观测赤纬 20°的射电源的 UV 覆盖图(18cm)

2.6 参数解算最少观测量

射电干涉测量的目的是测量射电源位置、测站坐标及地球定向参数等，它是通过测量时延与时延率值，进而来解算得到上述待解参数。这里按一条基线观测的情况，阐述根据时延观测值来解算待解参数的概念。关于参数解算原理与方法，将在第 6 章详细阐述。

根据几何时延公式(2.2.8)，再考虑到钟差与钟速差，它们是时延观测量的主要成分。观测设备的时延可以把它归入钟差中，这里不考虑大气时延，至于大气时延有关参数的解算，将在第 6 章阐述。这样，可以在(2.2.8)式中加上钟差与钟速差，得到时延观测值 τ_{obs} 的表达式：

$$\tau_{\mathrm{obs}} = \frac{-B}{c}\left[\sin\delta_b\sin\delta_s + \cos\delta_b\cos\delta_s\cos H_s\right] + C_0 + C_1 t \tag{2.6.1}$$

(2.6.1)式中，基线时角 $H_s = \lambda_b + \mathrm{GST} - \alpha_s$。

将(2.6.1)式改写为

$$\tau_{\mathrm{obs}} = K_1 + K_2\cos(\phi + \mathrm{GST}) + C_0 + C_1 t \tag{2.6.2}$$

(2.6.2)式中，

$$\left.\begin{aligned} K_1 &= \frac{-B}{c}\sin\delta_b\sin\delta_s \\ K_2 &= \frac{-B}{c}\cos\delta_b\cos\delta_s \\ \phi &= \lambda_b - \alpha_s \end{aligned}\right\} \tag{2.6.3}$$

从(2.6.3)式可以看到，其中变量为 GST 与 t。如果连续观测一颗拱极射电源，对于北半球测站，$\delta_s > 90° - \varphi$ 时为拱极源，这里 φ 为测站地理纬度，则可以连续进行 24h 观测，得到的时延值呈现为有一个常数值与斜率的余弦曲线，余弦曲线的周期为一个恒星日。图 2.6.1 为上海佘山站-昆明站基线，连续 24h 观测一颗拱极射电源 $\delta_s = 70°$ 的时延值，设基线两测站钟差 $C_0 = 0.1\mathrm{ms}$，钟速差 $C_1 = 5\times 10^{-13}$，格林尼治恒星时 0 时为任意设定的。图 2.6.1 中的实线为总的时延值（"几何时延+钟差时延"），虚线为钟差时延。可以看到，对于几千千米的基线，几何时延是总时延值的主要成分，达到毫秒级，最大约为 4ms；而钟差时延相对较小，通常小于 0.1ms。

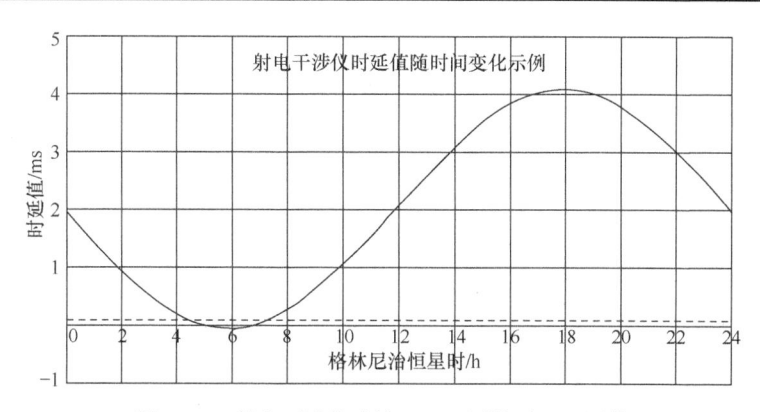

图 2.6.1 射电干涉仪连续 24h 观测的时延观测值

从(2.6.3)式可知,其中有 4 个未知数为(K_1+C_0)、B、C_1 及 ϕ。如果在足够大的时角跨度上进行 4 次观测,得到 4 个时延观测值,通过曲线拟合方法,就可以解算得到上述 4 个未知数。观测同一颗源,增加观测量,并不能增加解算未知数的数目,仅仅是提高 4 个未知数的测量精度。从这 4 个未知数可知,它们包含了 2 个射电源位置参数(α_s,δ_s)、3 个基线参数(B,λ_b,δ_b)以及 2 个钟差参数(C_0,C_1),共 7 个参数。显然,在 1 条基线上仅观测 1 颗射电源,观测次数再多,也是无法解算得到上述 7 个参数的。这样,就需要增加观测射电源的数量。如果观测两颗射电源,因为 C_1 与观测哪颗射电源是无关的,观测第 1 颗射电源有 4 次观测就可以解算得到 C_1,所以在观测第 2 颗射电源时,就不需要再解算它,因此第 2 颗射电源只要观测 3 次就够了。这样,观测两颗射电源的必要观测量为 4+3 = 7。但是,增加 1 颗射电源,就增加了 2 个射电源的位置参数,所以总的参数为 9,所以说观测两颗射电源还不能够解算得到全部参数。如果再增加 1 颗射电源,观测 3 次,总共得到 10 个时延观测值,但是又增加了 2 个射电源参数,则总参数就是 11。如果再增加第 4 颗射电源的 3 次观测,总观测量达到了 13 次,总参数增加到 13,似乎就解算得到全部参数了。但是,前面已经说到,因为 $\phi = \lambda_b - \alpha_s$,基线经度与射电源赤经无法分离,再增加观测基线的数量,也无法解算射电源赤经 α_s,所以在射电干涉测量中,必须设定 1 个射电源的赤经为已知。上面说到,1 条基线,观测 3 颗不同赤纬的射电源,观测次数不少于 10 次(4+3+3),设定 1 颗射电源赤经已知,这样,解算得到 10 个参数(Walter and Sovers, 2000)。

上述是按 1 条基线同时解算基线位置参数与射电源位置参数来分析其最少观测量。如果固定基线参数,只解算射电源位置,或固定射电源位置,只解算基线参数,则最少观测量为多少呢?读者可以自行分析。

当然,实际观测时,考虑时延观测值可能有野值的出现;另外,为了提高解算参数的精度和便于检核,通常观测值数量远超过最少观测量。

附录 A2.1　射电波的相时延与群时延

A2.1.1　波的相时延与群时延概念

射电波到达两测站的时延 $\tau_g = \dfrac{\boldsymbol{B} \cdot (-\hat{e}_s)}{c}$，其中 c 为射电波的传播速度。所谓"相时延"与"群时延"，就是计算时延时使用的 c 值是"相速度"还是"群速度"，所以下面主要阐述相速度与群速度的概念。

射电波可认为是由许多单频正弦波合成的，所以首先来研究单频射电波的速度。可以认为单频射电波是简谐行波(或称谐行波)，即波振动的幅度和频率不变的行波，它的波速就是等相面的运动速度，称为"相速度" v_p。主要参考文献：(Rohlfs and Wilson, 2008)；(克劳福德, 1981)。

A2.1.2　相速度

一个单色平面波可以用下式表示：

$$u(z,t) = A \mathrm{e}^{\mathrm{i}(kz-\omega t)} \tag{A2.1.1}$$

(A2.1.1)式中，A 为波的幅度；k 为波数(也称圆波数，即 $k = 2\pi/\lambda$，这里 λ 为波长)；z 为波所在的位置；ω 为波的角频率；t 为时间。

则可知

$$v_p = f\lambda = \frac{\omega}{k} \tag{A2.1.2}$$

(A2.1.2)式中，v_p 为相速度；f 为波的频率，角频率 $\omega = 2\pi f$。

射电波在介质中传播时，相速度会发生变化。在中性大气中，相速度会降低；但在等离子体中，如地球电离层中，相速度会超过它在真空中的速度。单色波在等离子体中的速度可以用下式计算：

$$v_p = \frac{c}{\left[1-\left(\omega_p/\omega\right)^2\right]^{1/2}} \tag{A2.1.3}$$

(A2.1.3)式中，v_p 为相速度；c 为光速；ω_p 为等离子体的频率；ω 为单色波的频率。

因为宇宙中的等离子体，在通常情况下，$\omega_p < \omega$，所以 $v_p > c$。

A2.1.3 群速度

一般情况来说，射电波都是有一定带宽的，所以它是由不同频率的单色波合成而形成的一个波包，它的运动速度就是整个波包的运动速度，即群速度 v_g。图 A2.1.1 显示了两个单色波的平均相速度和两个单色波叠加后波包的群速度。绘图时取两个单色波的平均频率是它们的频率之差的 8 倍。图 A2.1.1 中圆圈跟随个别波峰，它以平均相速度 $v_{p(平均)}$ 行进；箭头跟随拍[①]，它以群速度行进。显然，两者是不相等的。

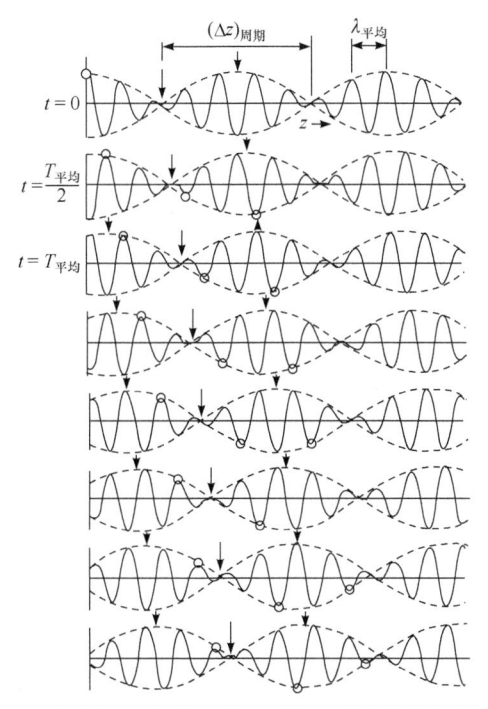

图 A2.1.1　群速度与相速度的差别。图中显示的群速度为相速度的 1/2

假设在一定带宽范围内频率是线性变化的，则可以推导得

$$v_g = \frac{d\omega}{dk} \tag{A2.1.4}$$

在真空中，$v_g = v_p = c$（光速）。但在介质中，群速度也会发生变化。在等离子体中，群速度的情况与相速度相反，群速度是降低了。在等离子体中的群速度

---

① 两个或更多单色波的合成波的幅度呈现缓变周期变化，称为"拍"，该幅度变化的频率称为"拍频"。

可以用下式计算：

$$v_g = c\left[1-(\omega_p/\omega)^2\right]^{1/2} \tag{A2.1.5}$$

所以，在等离子体中，$v_g < c$。

根据(A2.1.3)式和(A2.1.5)式，可以得到

$$v_p \cdot v_g = c^2 \tag{A2.1.6}$$

所以在 VLBI 数据处理中，相时延和群时延的电离层时延改正的绝对值相同，但是符号相反。

第 3 章　射电干涉测量系统方案设计

本章主要阐述射电干涉测量系统的方案设计要点，并简介新一代大地测量/天体测量 VLBI 系统，即 VLBI 全球观测系统(VGOS)的设计思想与主要设备。VGOS 的英文全称为：VLBI Global Observing System。

3.1　总体方案设计要点

如果要建设一台主要应用于天体测量/大地测量的射电干涉测量系统，则首先要对任务的需求进行分析，以此来确定总体方案。任务分析主要内容为：明确观测目标类型、射电辐射及运动特性，系统的灵敏度和测量精度要求，观测频率、观测模式及实时性要求，等等。首先简介射电干涉测量系统的组成，进而阐述总体技术方案和技术指标的确定。

3.1.1　射电干涉测量系统的组成

射电干涉测量系统由若干个观测站(或称单元)和数据处理中心两大部分组成。

1. 观测站的组成

射电干涉仪观测站的基本组成：天线、接收机、数据采集设备、数据记录设备、时间频率系统及标校设备等。VLBI 的系统框图见图 3.1.1(Nothnagel, 2019)。如果是 CEI，只需要采用一个频率源，来提供 CEI 各单元需要的标准频率信号与时间信号。

1) 天线

天体测量/大地测量用途的射电干涉仪一般采用抛物面天线，方位/俯仰式座架，全天可动。天线的主要功能是指向和跟踪所要观测的目标，并接收目标的射电辐射信号。天线主要由天线机械结构、馈电系统及伺服控制等组成。天线面汇集的射电信号经过馈源系统输出两个偏振(线偏振或圆偏振)的信号送往接收机。信号偏振的概念参阅附录 A3.1。

2) 接收机

接收机主要包括：射频低噪声放大器、本振、混频器及中频放大器等，它接收来自天线的输出信号，进行放大、频率变换及滤波，然后输出中频信号，提供

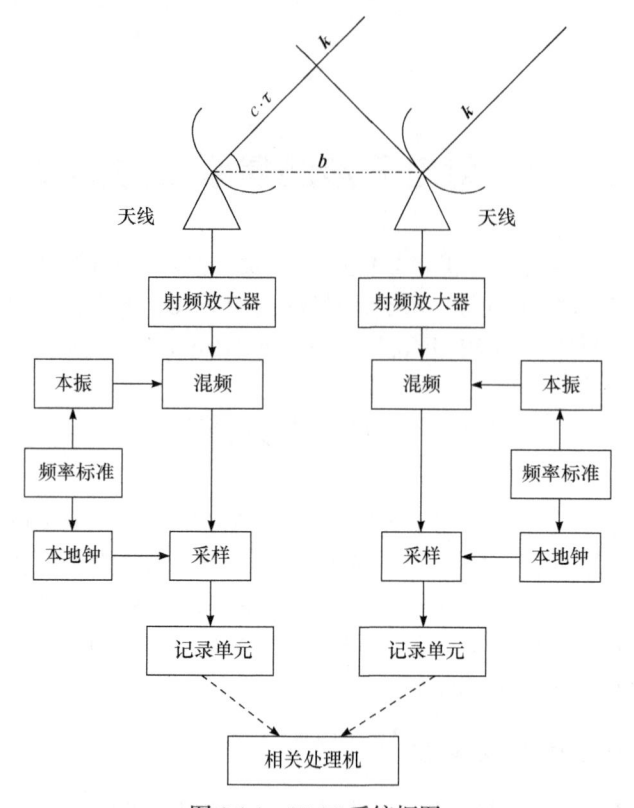

图 3.1.1 VLBI 系统框图

图中：b 为基线矢量；k 为射电源方向的单位矢量；c 为光速；τ 为射电波到达两观测单元的时间差，即时延

下一步数据采集设备使用。当射频频率较低，比如低于 1.0GHz 时，可以不需要变频，而经过滤波后直接输出，送给随后的数据采集设备；当射频高于 1.0GHz 时，一般需要进行频率转换，将射频变换为中频输出，以便于后级处理；随着数字采样技术的发展，目前也有在更高频率上进行采样。当进行变频时，需要有本振信号，为了保持信号的相干性，要求采用高稳定的氢原子钟的频率信号作为本振信号的频率源。如果是连线干涉仪，则基准频率信号的稳定度要求可以降低，可以采用铷钟的频率信号作为本振的频率源。接收机分为常温接收机和致冷接收机两类。当对于接收机的灵敏度要求很高时，它的噪声温度必须尽可能降低。为此，通常采用致冷接收机，即将接收机的主要器件，如低噪声放大器(LNA)、混频器、滤波器及极化器放在一个密封的杜瓦容器内，现在通常用液氦致冷，将杜瓦容器内的温度降至热力学温度(绝对温度)20K(−253 ℃)以下。所谓常温接收机，就是不用任何致冷措施，而是处于常温状态下工作。但是，为了保持接收机工作的稳定性，通常采取温控措施。

3) 数据采集设备

接收机输出的射频或中频信号,一般需要进行数字化处理,便于信号的传输和下一步的相关处理。数据采集设备就是完成对于接收机传送来的模拟信号的数字化处理和格式编码。通常它接收数百至数千兆赫兹带宽的射频或中频模拟信号,将它全部带宽(或截取其中部分带宽)的信号,分为若干子通道,分别将它们转换为基频信号,再进行数字化采样和格式编码。

4) 数据记录设备

数据采集设备输出数字化信号,传送到数据记录系统进行存储,为下一步数据相关处理时使用。需要时,数据记录设备也可以在记录数据的同时,就将数据传送到相关处理机进行处理,这就是实时数据处理的模式。对于 CEI,由于观测单元至数据处理中心的距离较近,数据传输相对容易,并且相关处理的数学运算也相对简单一些,所以一般都采用实时数据处理的模式。以往对于 VLBI 来说,由于各个观测单元距数据处理中心通常有数千千米,而 VLBI 观测的数据量大,早期的数据网络的数据传输速率低和收费高,所以通常将观测数据先存储在磁带或磁盘上,然后运送到数据处理中心,因此早期的 VLBI 观测,数据处理的时间通常要滞后若干天,甚至几星期。随着网络通信技术的发展,跨洲的数据传输速率已经达到数百兆,甚至千兆比特/秒,所以目前的 VLBI 观测已经大量采用实时模式,即 "e-VLBI";或者事后用数据网络传送观测数据。

5) 时频系统

时频系统主要包括:氢原子钟(CEI 可以用铷原子钟)、导航卫星定时接收机、时间比对设备、分频器及信号分配器等。它的主要功能为:实现与标准时间同步,输出高稳定度的频率信号和高精度时秒脉冲信号,提供给射电干涉仪其他各个设备使用。整个 CEI 仅需要一个时频系统,而对于 VLBI 系统,各个观测站和数据处理中心都需要建立各自的时频系统。

6) 标校设备

标校设备主要有:相位标校系统、电缆标校系统、噪声标校系统、GNSS 双频接收机(用于电离层时延测量和大气水汽测量)、水汽辐射计,以及气象数据采集仪等。

7) 运管系统

实现对射电干涉仪的观测站或全系统的自动化管理。主要功能为:观测计划的制订、观测前对各项设备的检查,以及按观测计划实施观测(例如,运行天线跟踪目标与更换目标、数据采集和记录、检测各项设备的工作状态,以及生成观测日志 log 文件等)。具有远程控制的接口,可以实现对干涉仪全系统的远程控制。

2. 数据处理中心的组成

射电干涉仪的数据处理中心主要由相关处理、相关后处理及参数解算三大部分组成。

1) 相关处理

主要设备为数据相关处理机，它是射电干涉仪的核心设备之一，是一个高速运算设备，比如，目前的 VGOS 观测，每个测站观测数据的总输出速率一般为 8Gbit/s；今后，每测站的数据速率将达到 16Gbit/s 或 32Gbit/s。全球组网观测，一般要同时处理 10～20 个观测站的数据，所以对于相关处理机的性能提出了非常高的要求。相关处理机的主要功能是接收和暂存各观测站传送来的观测数据，然后按基线进行互相关处理，输出互相关函数。根据需要，可以进行实时相关处理或事后相关处理。关于相关处理的原理和方法将在第 4 章详述。

2) 相关后处理

相关后处理一般在安装有相关后处理软件系统的通用计算机上进行。相关后处理的主要功能是：利用相关处理机输出的各条基线的互相关数据，提取干涉测量的相位、时延、时延率及幅度等观测值；然后将每组(1～24h)观测的全部射电干涉测量观测值，加上观测站坐标、射电源位置(赤经、赤纬)及 EOP 的先验值，生成每组观测的数据文件，供下一步参数解算使用。关于相关后处理的原理和方法也将在第 4 章详述。

3) 参数解算

参数解算是射电干涉测量的最后一步工作，它体现了该轮干涉测量的最后成果，也是对观测质量的全面检验。参数解算通常在安装有射电干涉测量参数解算的通用计算机上进行。参数解算的主要内容为：观测站坐标、射电源赤经和赤纬、EOP。根据研究工作的需要，也可以解算地球固体潮的勒夫(Love)数、海潮参数等。关于参数的原理和方法将在第 6 章详述。

3.1.2 射电干涉测量系统的方案设计

1. 射电干涉测量系统类型的选定

前面已经介绍过，射电干涉仪分为两大类，一类为 VLBI，另一类为 CEI(包括电缆、波导、微波或光纤连接)。一般来说，测角精度要求达到 0.001″或更高，通常采用 VLBI，它的基线可以达到数千千米或更长；如果要求测角精度为 0.01″级或更低一些，则可以采用 CEI，基线长度数千米至数十千米。CEI 相对于 VLBI，它更容易操控、工作效率更高，以及跟踪观测目标的弧段更长一些，更适合于对中低地球轨道、高角速度的人造地球卫星或其他飞行器的跟踪测量。

随着数字通信技术、遥控技术和时间频率同步技术的发展，VLBI 与 CEI 的差别正在逐渐缩小。随着光纤网络和数字通信技术的发展,现在的 VLBI 观测大都采用 e-VLBI 技术,即将观测数据实时或事后通过数据网络传送至数据处理中心,这就大大缩短了 VLBI 数据处理的滞后时间,可以达到与 CEI 几乎相同的数据处理速度。另外,近年正在发展高精度的时间频率传递技术,有望实现在相隔数千千米的两地,时间和频率同步分别达到皮秒级和 10^{-15} 级精度。也就是说,VLBI 将来也可以采用 CEI 的公共本振方法,不需要每个测站均配置高稳定的氢原子钟,而只需要一个中心测站配置高稳定度和高精度的时频基准即可,其他测站的时间和频率均精准同步至中心测站。近年,国际上已经有单位开始试验"公共钟 VLBI",即通过光纤传送参考频率与时间信号至各个 VLBI 观测站,实施 VLBI 观测。2019 年 5 月,使用意大利计量研究所的氢钟信号,通过光纤传送至意大利的 Medicina 和 Matera VLBI 观测站,信号传送距离分别为 535km 与 147km,然后他们与西班牙 Yebes 和瑞典 Onsala VLBI 观测站,一起成功实施了一次 24h 的 S/X 观测,这是国际上首次成功使用远地钟参考频率信号的 VLBI 观测(Clivati et al., 2020)。

2. 观测单元的数目、布局及基线长度

如果主要任务是测量射电天体在天球上的位置及地球定向参数(EOP),根据第 2 章讨论的射电干涉仪的几何原理可知,使用一台东西向的 2 单元射电干涉仪,在不同时角位置上对射电源进行观测,就可以解算得射电源的赤经和赤纬(需要固定一颗射电源的赤经)。这是最简单的配置,但是需要在较大的时角跨度上进行观测,所以测定射电源位置时要花费比较长的时间;另外,单一东西向基线不利于低赤纬射电源的赤纬测量。所以一般来说,采用大致呈等边三角形布置的 3 单元射电干涉仪的方案最适合射电源的定位测量。若该射电干涉仪的东西和南北跨度差不多,则测量射电源的赤经和赤纬的精度相当。关于 EOP 测量,一条基线只能测量 EOP 的一个参数,如果要测量 EOP 全部 5 个参数,也需要 3 测站或更多测站的射电干涉测量网。若对于可靠性要求很高,则可以采用 4 单元方案,呈大致方形设站,当任一个测站发生故障时,仍能保持 3 单元观测。3 单元和 4 单元的测站设置示意见图 3.1.2。

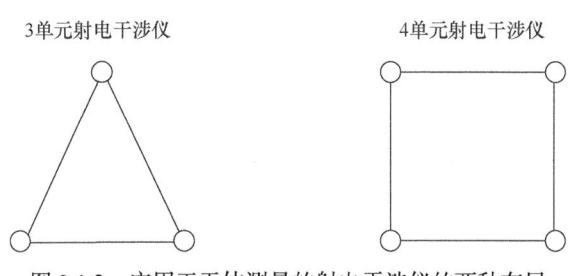

图 3.1.2 应用于天体测量的射电干涉仪的两种布局

另外，射电干涉仪的基线长度也是需要重点考虑的问题，利用第 2 章中关于射电干涉仪的测角灵敏度的公式，可以对于基线长度的要求有一个初步的估计。为了更准确地确定射电干涉仪的布局与天体测量/大地测量参数的预期测量精度，则需要进行协方差分析。

3. 观测频率选定

观测频率根据任务的需求来确定。对于地球同步通信卫星的测轨，观测频率为 C/Ku 波段(波长 7.5cm/2.5cm)；导航卫星的测轨，则观测频率为 L 波段(20cm)。对于深空探测(200 万 km 以远)，主要采用 X 波段(3.6cm)，Ka 波段(0.9cm)是发展方向；200 万 km 以内，采用 X 或 S 波段(13cm)，以及 K 波段(1.2cm)。现在常规的天体测量/大地测量 VLBI 系统，采用 S/X 双波段同时接收(13cm/3.6cm)。正在研发的新一代天体测量/大地测量 VGOS 采用 2~14GHz(选用其中 4 个频道)。现在正在发展高频天球参考架，观测频率为 K 和 Ka 波段(波长 1.3cm 和 0.9cm)。另外，对于甲醇和水分子脉泽源的天体测量，则观测频率分别为 6.7GHz、12.2GHz 和 22.235GHz。如果是一个综合应用的射电干涉测量系统，则配置的波段就要多一些，要能够满足规定的各项任务的需要。

近期，有的射电望远镜采用全波段接收，比如，1.0~50GHz。由于一个馈源现在不可能达到如此宽的频率范围，所以需要分为若干频段，每个馈源的带宽为几个倍频程，现在超宽带馈源最宽可以做到 7 个倍频程，比如，2~14GHz。现在正在建设中的美国新一代甚大阵(ngVLA)的接收机频率设置如表 3.1.1 所列(Selina and Murphy, 2017)。

表 3.1.1 美国建设中的 ngVLA 的接收机频率设置

波段	f_L/GHz	f_M/GHz	f_H/GHz	$f_H:f_L$	BW/GHz
1	1.2	2.2	3.9	3.25	2.7
2	3.9	7.0	12.6	3.23	8.7
3	12.6	16.3	21	1.67	8.4
4	21	27.1	35	1.67	14.0
5	30.5	39.2	50.5	1.66	20.0
6	70	90	116	1.66	46.0

表中：f_L、f_M、f_H 分别为频带的低、中、高频率。

4. 总的测量精度及有关技术指标要求设计

总的测量精度要求是依据总的任务需求来确定的，下面以一个假设的项目任务来讨论。项目任务的总要求如下。

在国内建设一个高灵敏度的 3 测站 VLBI 网，测量目标的流量密度为毫央斯基(mJy)，主要应用于射电天体测量，要求一组 24 小时观测射电源位置和 EOP 的测量精度达到毫角秒(mas)级。

依据任务总要求，下面分别对于系统灵敏度、时延测量精度以及相关技术指标要求等进行设计。

1) 基线灵敏度设计

射电干涉测量的基本观测量为基线时延，它的测量精度与基线的灵敏度及测量目标的流量密度密切相关。基线灵敏度的基础是测站的灵敏度，测站灵敏度的一个主要指标是"系统等效流量密度"(SEFD)，它是系统噪声温度与单位流量天线噪声温度(或天线温度)的比值。SEFD 的英文全称为"System Equivalent Flux Density"。SEFD 计算公式如(3.1.1)式所示：

$$\begin{cases} \text{SEFD} = \dfrac{T_s}{T_0} = \dfrac{2kT_s}{A_e} \cdot 10^{26} \, (\text{Jy}) \\ \text{或 SEFD} = \dfrac{8kT_s}{\eta \pi D^2} \cdot 10^{26} \, (\text{Jy}) \end{cases} \quad (3.1.1)$$

(3.1.1)式中，k 为玻尔兹曼常量，等于 1.38065×10^{-23} 焦耳/开(J/K)；T_s 为系统噪声温度(K)，它主要由天线噪声温度和接收机噪声温度组成；T_0 为单位流量天线噪声温度(K/Jy)；η 为天线效率；D 为天线口径(m)；A_e 为天线有效面积(m²)，$A_e = \dfrac{\eta \pi D^2}{4}$。

已知天线噪声温度计算公式为

$$T_a = \dfrac{SA_e}{2k} \quad (3.1.2)$$

(3.1.2)式中，S 为射电源的流量密度。当 $S = 1.0 \text{Jy}$ 时，$T_0 = \dfrac{1(\text{Jy}) \cdot A_e}{2k} = \dfrac{\eta \pi D^2}{8k} \cdot 10^{-26}$。

从(3.1.1)式可以看到，射电望远镜的天线口径越大、天线效率越高、系统噪声温度越低，则 SEFD 越小，即灵敏度越高。

关于基线的最小可检测流量密度的估算公式如(3.1.3)式所示，公式推导见第 4 章的 4.1.5 节 1。

$$S_{\min} = \dfrac{1}{q} \dfrac{\sqrt{\text{SEFD}_1 \cdot \text{SEFD}_2}}{\sqrt{2\Delta ft}} \quad (\text{Jy}) \quad (3.1.3)$$

(3.1.3)式中，SEFD_1，SEFD_2 分别为测站 1，2 的 SEFD(Jy)；q 为降幅因子，它主要是由信号数字化采样及相关处理中的某些近似计算引起的，对于 1 比特或 2 比特采样，通常采用 $q = 0.5$ 或 0.8；Δf 为接收信号的带宽(Hz)；t 为积分时间(s)。

例 3.1.1 设：天线口径为 65m、天线效率为 60%、测站系统噪声温度均为

25K，接收带宽 1.0GHz，2 比特采样，积分时间 100s。计算测站 SEFD 与基线最小可检测流量密度。

解 按(3.1.1)式与(3.1.3)式，计算得 SEFD=35Jy，S_{min} = 0.1mJy。

根据例 3.1.1 的计算结果，可知，当选用 65m 口径天线，SEFD≤35Jy，记录带宽≥1.0GHz，则最小可检测流量密度≤0.1mJy。考虑到实际观测时的信噪比要求大于 5，才能确认该观测结果是可靠的，所以按信噪比 SNR = 5 时的最小可检测流量密度为 0.5mJy，可以满足系统灵敏度 1.0mJy 的要求。

2) 基线时延测量精度的设计

进行射电天体测量的参数解算，主要使用基线的时延观测量，所以需要研究当观测流量密度为 1.0mJy 的射电源时，需要怎样的配置可以满足射电源位置及 EOP 测量精度达到毫角秒。由于是国内建设的 VLBI 网，基线长度最大不超过 4000km，所以下面均按基线平均长度 3000km 来讨论。这里按单基线定位测量灵敏度来分析。如果定位测量的精度要求达到1.0mas，则对于时延测量精度的要求就是：基线长度 3000km×源位置测量精度 1.0mas = 14.54mm≈50ps。也就是说，如果单次观测的时延测量精度可以达到50ps，则 24h 观测，通常可以得到数百个时延观测，一般观测数十颗射电源，这样就有足够多观测余量，所解算的射电天体测量参数可以达到毫角秒精度。

下面进一步讨论如何达到基线时延测量精度好于 50ps。单通道观测的群时延测量精度的计算公式如(3.1.4)式所示(Whitney, 1974)：

$$\sigma_{\tau\text{group}} = \frac{\sqrt{12}}{2\pi\Delta f \cdot \text{SNR}} \quad (s) \tag{3.1.4}$$

(3.1.4)式中，$\sigma_{\tau\text{group}}$ 为单通道群时延测量误差；Δf 为射电信号接收带宽(Hz)；SNR 为信噪比。SNR 的计算公式如(3.1.5)式所示(公式推导见第 4 章 4.1.5 节 1.)：

$$\text{SNR} = \frac{S_C}{S_{min}} = qS_C \frac{\sqrt{2\Delta f t}}{\sqrt{\text{SEFD}_1 \cdot \text{SEFD}_2}} \tag{3.1.5}$$

(3.1.5)式中，S_C 为射电源的相关流量密度。(由于射电源一般不是一个点源，而是有一定的结构，所以不同长度与方向的基线观测到的射电源流量密度是不同的，一般来说，随着基线的增长，其流量密度就会减小，这样测得的流量密度就称为相关流量密度。根据射电源的射电结构可以计算得在不同基线长度、不同方向上的相关流量密度，见本书第 5 章 5.8.1 节；另外，根据实测数据来确定。)

将(3.1.4)式改写后，可以得到另外形式的 SNR 计算公式：

$$\text{SNR} = \frac{\sqrt{12}}{2\pi\Delta f \cdot \sigma_{\tau\text{group}}} \tag{3.1.6}$$

当设定 Δf = 1.0GHz 时，如果 $\sigma_{\tau\text{group}}$ 测量精度达到 50ps，则按(3.1.6)式可以计算得，SNR = 11。

按上面设计的系统主要技术指标，比如，天线口径 65m、SEFD = 35Jy 及接收带宽 1.0GHz，当观测相关流量密度为 1.0mJy 的射电源，2 比特采样，采用积分时间 120s 时，按(3.1.5)式计算得，SNR = 11，所以时延测量精度可以达到 50ps。

实际观测模式为 24h 进行一组观测，通常选取数十颗射电源，在不同时角位置进行观测，总的观测次数可以达到数百次。如果需要得到更准确的预期测量精度，可以根据实际观测计划进行协方差计算，关于协方差计算的方法将在第 6 章阐述。

5. 观测站天线系统类型和主要技术指标的确定

天线系统在射电干涉仪的组成中占有重要地位，射电干涉仪的灵敏度和测量精度与天线系统的性能有重要关系。一旦一个射电干涉仪建成后，天线系统一般不易进行重大的升级改造，而其他电子设备，如接收机、数据采集设备等相对容易升级改造。所以在射电干涉仪的方案设计阶段，对于天线系统的设计要放在重要位置，以当前需求为主，也要考虑今后的发展。

1) 天线型式的选择

对于主要应用于射电干涉测量的天线，通常选用对称的抛物面天线，常用的有 3 种形式：主焦点式(Prime Focus)，卡塞格林式(Cassegrain)及格利高里式(Gregorian)，它们的微波光学系统如图 3.1.3 所示。对于主焦天线，其馈源系统设置在主焦点位置，接收天线主面反射聚焦的射电波；对于卡式天线，一个旋转双曲面形的副反射面(简称副面)设置在主焦点位置，它将天线主面反射的射电波反射聚焦于设置在卡焦的馈源；对于格式天线，一个旋转椭球面形的副面设置在主焦位置，将主面反射来的射电波聚焦于设置在格焦的馈源。主焦点式天线的馈源朝向地面，而卡式和格式天线的馈源朝向天空，所以后两者接收到的外界噪声较小，所以现在采用卡式和格式天线较多。

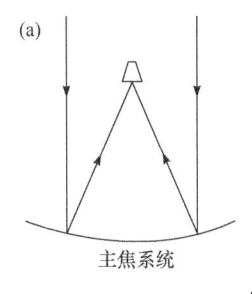

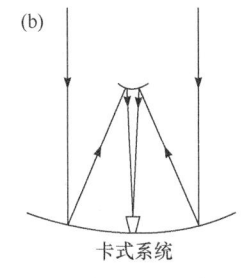

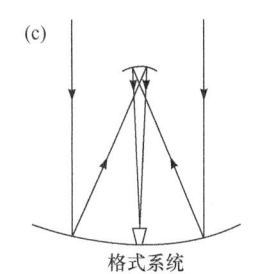

图 3.1.3 天线的三种微波光学系统

对于天线座架。在20世纪50~60年代，曾采用赤道式座架，它的优点是天线控制与驱动系统比较简单，当跟踪自然天体时，只需要时角的恒速驱动设备，而赤纬固定不动就可以了。但是它的机械结构要比较复杂，特别是大型天线，采用赤道式座架的造价很高。随着电子计算机与自动控制技术的发展，可以做到赤道坐标与水平坐标的快速转换，所以自20世纪60年代起，射电天文天线普遍采用方位/俯仰式座架，如图3.1.4(a)(Nothnagel, 2019)所示。方位/俯仰座架的结构相对简单，对于天体测量用途，尽可能做到两轴相交，或两轴不相交的偏差尽量小一些，并且偏差值稳定不变。

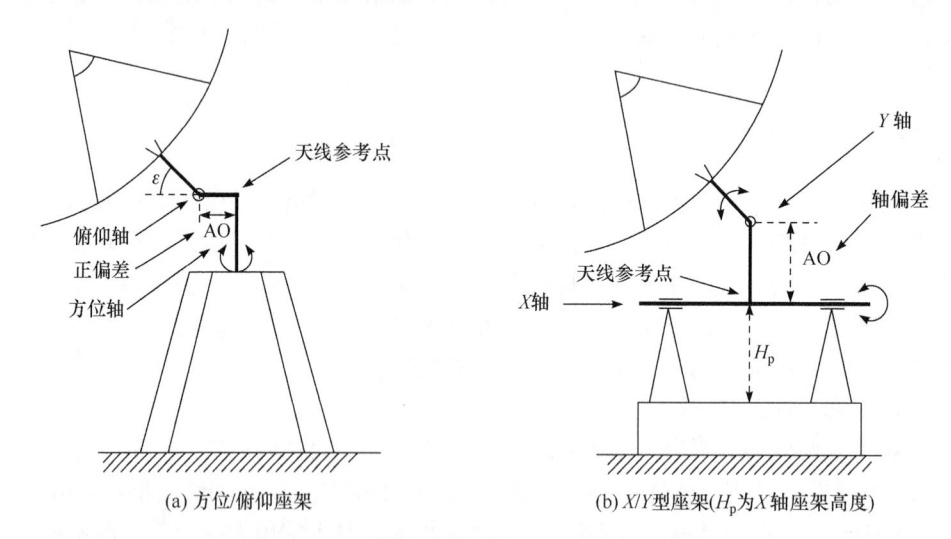

(a) 方位/俯仰座架

(b) X/Y型座架(H_p为X轴座架高度)

图3.1.4 天线方位/俯仰与X/Y型座架示意图

方位/俯仰式座架也存在一个缺点，它在天顶存在盲区，这是由于天线方位速度$V_{方位}$的限制。天线方位速度与目标横向运动速度$V_{目标}$和天线仰角h的关系如(3.1.7)式所示：

$$V_{方位} = \frac{V_{目标}}{\cos h} \tag{3.1.7}$$

如果天线的方位速度已经确定，观测目标的运动速度也已知，要计算天线的最大仰角，即盲区范围，则可以将(3.1.7)式改写为(3.1.8)式：

$$h = \arccos\left(\frac{V_{目标}}{V_{方位}}\right) \cdot 57.3 \quad (°) \tag{3.1.8}$$

例 3.1.2 设：$V_{目标} = 15(″)/s$（自然射电源的运动角速度，主要是由地球自转引起的）；$V_{方位} = 0.5(°)/s$。

解 按(3.1.8)式计算，得到$h = 89.5°$，即天顶1°范围为盲区。

上面例 3.1.2 的计算结果说明，天线方位速度为 0.5(°)/s 时，天顶盲区仅 1°，可以满足天文观测的需要。但是，对于近地人造天体，比如地球人造卫星或其他近地飞行器，其运动角速度就比较大，如果要求盲区很小，就要求天线的方位速度很大，有时在技术上不易做到，或者造价很高。这种情况下，可以采用 X/Y 型天线，如图 3.1.4(b)所示(Nothnagel, 2019)。它的跟踪盲区在方位轴的两端方向，即 el = 0°附近的水平方向，它对于目标跟踪没有影响。

图 3.1.4 中，AO 为座架两轴不相交的偏差值，它会引起一个时延附加值，因此需要对于时延观测值加以改正。

方位/俯仰座架的 AO 所产生的时延附加值如公式(3.1.9)所示：

$$\Delta \tau_{AO} = \frac{1}{c} AO \cdot \cos(el) \tag{3.1.9}$$

对于 X/Y 座架，其时延附加值计算公式为

$$\begin{cases} \Delta \tau_{AO} = \frac{1}{c} AO \cdot \sqrt{1 - \left[\cos(el)\cos(az)\right]^2} & (X\text{轴南北方向}) \\ \Delta \tau_{AO} = \frac{1}{c} AO \cdot \sqrt{1 - \left[\cos(el)\sin(az)\right]^2} & (X\text{轴东西方向}) \end{cases} \tag{3.1.10}$$

(3.1.10)式中，c 为光速。

方位/俯仰座架通常有两种形式——轮轨式与转台式。口径 40m 以上的大型口径天线适宜使用方位/俯仰座架；对于 40m 及口径更小的天线，可以使用转台式座架。图 1.3.3 显示的上海天马 65m 天线座架为轮轨式，图 1.3.6 显示的陕西昊平天线座架为转台式。

X/Y 型天线的一个实例见图 3.1.5，这是在澳大利亚的 NASA 深空站 DSS46 的天线，选用 X/Y 型天线[①]。

2) 天线主面精度

主面精度的确定取决于观测最高频率，即最短波长。一般要求主面误差≤最短波长的 1/20。例如，最高的观测频率为 Q 波段，频率为 43GHz，波长 7mm，则要求主面误差≤0.35mm。由主面误差引起天线效率下降的因子，可以根据如(3.1.9)式所示的罗兹

图 3.1.5 在澳大利亚的 NASA 深空站 DSS46 的 X/Y 型天线(口径 26m)

---

① https://cdscc.nasa.gov/Images/Galleray/dss46-2_fs.jpg。

(Ruze)公式(Ruze，1966)来计算：

$$\eta_\varepsilon = e^{-\left(\frac{4\pi\varepsilon}{\lambda}\right)^2} \qquad (3.1.11)$$

(3.1.11)式中，η_ε 为由天线面形误差引起的天线效率下降因子；ε 为天线面形误差(RMS)；λ 为观测波长。

设：$\varepsilon/\lambda = 1/20$，按罗兹公式(3.1.11)计算得 $\eta_\varepsilon = 0.67$。天线效率下降的原因除了天线面形误差外，还有：副面(或主焦馈源)组件及支撑杆的遮挡、馈源外溢、馈源照明效率及其他效率损失(反射面的绕射、馈源位置误差等)(Napier, 1999)。假设其他各项因素合成的总降幅因子值为 0.75，则包括全部降幅因子的总值 $\eta = 0.67 \times 0.75 = 0.50$。这说明设定面形误差为波长的 1/20 是最低要求。当然，面形误差越小，则天线的制造难度就越高，造价也越高，所以要根据需要与可能来决定天线面形误差设计指标。

3) 天线指向精度

天文观测的目标都是动态的，所以天线指向误差通常包括跟踪误差在内。在天线的设计与研制过程中，通常需要对指向误差与跟踪误差进行分别考虑，最后综合计算指向误差。一般要求天线的指向误差不大于最高波段半功率点波束宽度(附录 A3.2)的 1/10。天线的波束宽度计算公式为

$$\theta = 1.22\frac{\lambda}{D} \qquad (3.1.12)$$

(3.1.12)式中，θ 为半功率点波束宽度(rad)；λ 为波长(m)；D 为天线口径(m)。

例 3.1.3 设：天线口径 $D = 65$m，最短工作波长 $\lambda = 7$mm，计算天线波束半功率点宽度及指向精度要求。

解 波束半功率点宽度 $\theta = 0.0001525846$(rad) $= 27.1''$，指向精度要求 $\theta/10 = 2.7''$。

下面再来计算一下由不同指向误差引起的信号幅度下降值。天线方向瓣可以用一个高斯曲线来描述，所以可以按高斯曲线来计算的指向误差造成接收信号幅度下降数值，如表 3.1.2 所列。

表 3.1.2 天线指向误差所引起的接收信号幅度下降因子

指向误差	$\theta/10$	$\theta/9$	$\theta/8$	$\theta/7$	$\theta/6$	$\theta/5$	$\theta/4$	$\theta/3$	$\theta/2$
降幅因子	0.973	0.966	0.957	0.945	0.926	0.895	0.841	0.735	0.500

从表 3.1.2 所列的数值可以看到，当指向误差为 $\theta/10$ 时,接收信号幅度下降 0.027(1−降幅因子)，所以对于观测数据质量影响不大；如果指向误差为 $\theta/5$，则

信号幅度下降就会达到 0.105，这时对于观测数据质量就有明显影响；如果指向误差达到 $\theta/2$ 时，则信号幅度就下降了 0.5，也就是到了半功率点，这对于观测数据质量有严重影响。所以要求天线指向误差不大于 $\theta/10$ 是必要的。

4) 天线转动速度和范围

关于天线转动速度，主要根据项目任务中规定的观测目标而定。如果采用方位/俯仰式座架，当跟踪自然天体时，方位旋转速度 V_{AZ} 与天线仰角 el 的关系式为 $V_{AZ} = 15('')/\cos(\text{el})$，地球自转角速度为 $15''$，则可以计算得当仰角为 $89°$ 时，$V_{AZ} = 0.24(°)/s$。所以要求天顶盲区范围不超过 $1°$ 时，方位转动速度为 $0.3(°)/s$ 即可满足要求。根据目前的天线制造能力，百米级口径的天线，可以做到方位转动速度 $0.3 \sim 0.5(°)/s$；对于 $20 \sim 50m$ 口径天线，方位转动速度可以达到 $1 \sim 3(°)/s$，所以都是可以满足天顶盲区不大于 $1°$ 的要求。对于中低轨道人造地球卫星及其他飞行器，它们相对于地球运动的角速度很大，如果使用方位/俯仰式天线，则方位速度需要达到 $10 \sim 20(°)/s$，这时一般只能采用 10m 级或更小的天线，或者采用 X/Y 型天线。

为了具有全天区观测能力，要求天线的俯仰转动范围为 $0° \sim 90°$，方位转动范围为 $-90° \sim +450°$，旋转范围如图 3.1.6 所示。图 3.1.7 显示了不同赤纬射电源在天球上的运动轨迹，可以看到，当射电源赤纬等于或大于测站纬度时，它在图中的第Ⅰ象限升起，到达中天后就进入第Ⅳ象限；如果为拱极射电源，即它的赤纬值大于 $90°-\varphi$（φ 为测站纬度）时，它在天球上是不落的，可以连续观测 24h。因此，天线的方位转动功能要满足这样的要求，即可以从第Ⅰ象限直接转到第Ⅳ象限，而不需要经过第Ⅱ与Ⅲ象限才能到达第Ⅳ象限，所以天线的方位旋转范围要采用上面提到的 $-90° \sim +450°$，也就是从正南算起 $\pm 270°$，在北天区有 $180°$ 的重叠。如果测站位于南半球，则天线方位旋转范围的重叠区在南天区。

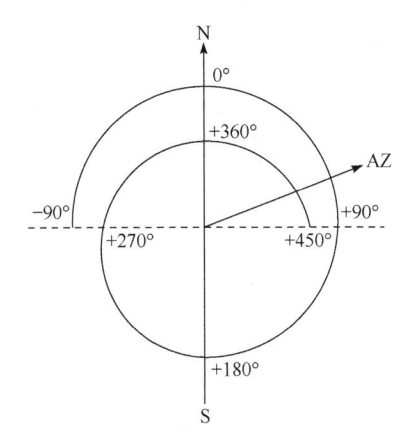

图 3.1.6 天线方位转动范围示意图

图中：N 与 S 分别为北与南；AZ 为方位角，其正北为 0°，顺时针计量

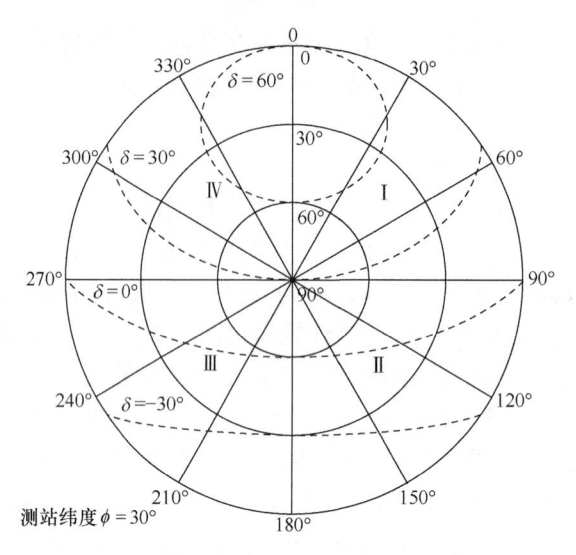

图 3.1.7　不同赤纬射电源在天球上的运动轨迹

图中外圈的数字为方位角(°)，正北为 0°，顺时针计量；图中的 0°～90°表示俯仰角(°)；δ 为赤纬(°)；Ⅰ～Ⅳ为象限

5) 天线效率

天线效率是天线系统电气性能中最重要的指标之一。现代天线制造技术对于抛物面天线的天线效率，一般情况下可以做到 50%～60%；在有些条件下，比如，窄带观测、降低关联指标等，天线效率可以做到 70%左右。由于各种因素，比如前面已经谈到的主面面形误差等，都会造成天线效率的下降，不可能做到天线效率为 100%。对于用户来说，主要根据系统灵敏度要求，提出对于天线效率的总要求，由专业天线研制单位进行详细的设计。

6) 天线馈源偏振(或极化)

根据目标的偏振性质来决定天线各个波段安装何种偏振类型的馈源。馈源的功能是将天线反射面汇聚的射电信号转换为线偏振(水平和垂直)或圆偏振(左旋和右旋)信号输出。

对于射电天体测量，其主要观测目标之一为河外致密连续谱射电源，它们的偏振度一般都很小，仅百分之几。为了便于实施 VLBI 观测，适宜采用圆偏振观测，一般使用单圆偏振观测；有时，为了研究观测目标的偏振性质，需要采用双圆偏振观测；有的射电天体，比如谱线源或脉冲星等，呈现较强的偏振性质，这时宜用双偏振观测，这样可以测定它们的偏振度及线偏振的位置角。如果采用地平式的单线偏振天线来观测线极化源，则要求馈源可以旋转，使得天线与该射电源的偏振位置角一致，这时才能接收到最强的信号，同时也就测定了该射电源的线偏振位置角。关于射电源偏振位置角在本地地平坐标中的旋转计算公式，见附录 A3.1；如果馈源是固定不动的，则就需要用双线偏振观测，将两路线偏振观测数据合成，就可以获得该射电源的流量密度以及偏振度和位置角。

对于 VGOS 测站天线，由于超宽带圆偏振馈源的研制难度大，而超宽带线偏振馈源的研制相对容易，所以VGOS测站都采用了固定不动的双线偏振馈源，采用双偏振观测，最后通过数据合成，获得 VLBI 观测值。这将在本书第 4 章来阐述。

对于人造射电源，比如地球卫星、月球卫星与深空探测器等，它们的上下行信号通常采用规定的偏振。比如地球轨道通信卫星的下行信号一般采用线偏振(水平和垂直)，月球与深空探测器的下行信号通常采用圆偏振。所以地球卫星通信地面站、航天测控站等，要根据担任的任务，来确定观测站接收信号的偏振性质。

关于射电波偏振的性质的较详细阐述见附录 A3.1。

上面阐述了关于天线设计需要考虑的最主要的技术指标要求，更详细的天线技术指标要求，可以参阅有关参考文献。

6. 接收机系统的主要技术指标

应用于射电干涉测量的接收机系统最主要的技术指标要求为：噪声温度、本振信号的稳定度、频率范围及带内平坦度、增益及其稳定度等。

1) 接收机噪声温度

前面已经讲到，射电干涉测量观测系统的系统噪声温度中接收机噪声温度是重要部分，所以高灵敏度的观测系统，必须尽可能使用低噪声接收机。为了降低噪声，通常将低噪声放大器(LNA)、混频器、滤波器等放在低温杜瓦中，一般使用液氦制冷设备，杜瓦内部温度可以降低到热力学温度 20K(−253℃)；有条件时，将馈源及极化器也放到杜瓦中，这样可以进一步降低接收机噪声温度。目前在厘米波段，致冷接收机的噪声一般为 10~20K，系统噪声温度可以达到 25~30K。对于有些观测目标，比如人造地球卫星，其下行信号非常强，对于接收机系统噪声要求不是很高时，可以采用常温接收机，也就是说，接收机不致冷，而在常温条件下工作。在厘米波段，常温接收机的噪声温度通常为 50~100K。

2) 本振信号稳定度和噪声

一般来说，厘米/毫米波段通常需要将射频(RF)信号转换为中频(IF)信号，这个转换需要一个本振信号。为了保证各个测站的中频信号都是相干的，对于本振信号稳定度的要求就很高。本振信号是利用原子钟的标准频率信号(一般为5MHz或 10MHz)，倍频至本振信号频率，这就要求倍频过程不会明显降低标准频率信号的稳定度与增加噪声。本振信号的主要技术指标还有相位噪声、输出谐波及杂散等。

3) 接收机带宽

目前，对于厘米波段，射频带宽通常为 1~10GHz，对于毫米波段，则带宽可以达到几十京赫兹。如果是双偏振接收，则一台接收机就有两套接收系统，可以接收两路射频 RF 信号，输出两路中频 IF 信号。

4) 接收机增益

接收机主要功能之一是对于接收信号的放大，通常要求其增益≥60dB(一百万倍)。一个 LNA 的增益一般约为 30dB，所以通常需要 2 个或更多的 LNA 串联起来，以满足增益 60dB 的要求。增益稳定度也是一个重要指标，增益不稳定就影响观测数据的质量，特别是对于单口径天线观测的影响更大。一般要求小时稳定度好于千分之一，1min 及更短时间内的稳定度好于万分之一。

7. 数据采集与记录系统主要技术指标要求

目前，VLBI 天体测量使用的数据采集与记录系统的主要技术指标如下所述。

(1) 数据采集系统接收 IF 信号的通道数目为 1~4，每个 IF 带宽为 0.5/1.0(GHz)。

(2) 每个 IF 通道子通道数目通常划分为若干通道，然后再转换为基带信号(低端为零频)，进行数字化采样及格式编码。目前通用的是将 1 个 IF 通道划分为 16 个子通道，每个子通道的带宽可变 1/2/4/8/16/32(MHz)。

(3) 输出数据总数据速率为 8/16/32(Gbit/s)(根据不同观测模式而定)。

(4) 数据记录系统接收数据的最大速率及最大容量。最大输入数据速率为 16Gbit/s，可以扩展到 32Gbit/s。关于记录设备的总容量则是根据观测模式及观测频度来确定其最大容量。比如，观测为 24h 模式，数据采集总速率为 16Gbit/s，有效观测时间为 12h，则可以计算得 24h 观测的总数据量为 16(Gbit/s)×3600(s)×12÷8 = 86.4TB。如果要求记录设备最大可以储存 3 次 24h 观测数据，则该记录设备的最大容量需要 300TB(考虑到有一定冗余量)。

8. 原子频标的选择与主要技术指标

对于射电干涉仪来说，频率源是一个关键部件，要求高稳定度、高准确度，通常使用原子频率源。由于 CEI 采用公共本振，它使用同一频率源，频率源的不稳定对各个测站的影响是相同的，所以观测数据的相干性不受影响。但是，频率的准确性，对于相位测量的精度是有关的。铷原子钟频率准确度和稳定度分别可以达到≤$5×10^{-12}$(开机 12h)和≤$3×10^{-12}$(100s)，所以可以满足 CEI 的要求。另外，频率源的输出一般为 5MHz/10MHz 或 100MHz，所以本振系统需要将它们倍频至所需要的本振频率，在倍频过程中会产生噪声和频率误差，所以本振系统的质量很重要。对于 VLBI 来说，由于采用的是独立本振，所以对原子频标的要求很高，目前都采用氢原子钟作为频率标准,其频率稳定度可以达到≤1×10⁻¹⁴(100s)。

频率源的最主要指标是频率稳定度,所以本节主要分析频率稳定度对干涉测量的影响,以确定其技术指标要求。

频率稳定度习惯用阿伦方差(Allan Variance)来表述,对于不同时间尺度的方差一般是不同的,阿伦方差的定义如下:

$$\sigma_y^2(\tau) = \frac{\langle(\bar{y}_{k+1} - \bar{y}_k)^2\rangle}{2} \tag{3.1.13}$$

(3.1.13)式中,τ 为数据采样的时间间隔,$\tau = t_{i+1} - t_i$;$\bar{y}_{k+1}$ 和 $\bar{y}_k$ 的计算公式如(3.1.14)所示:

$$\bar{y}_{k+1} = \frac{\bar{f}_{k+1} - f_0}{f_0}, \quad \bar{y}_k = \frac{\bar{f}_k - f_0}{f_0} \tag{3.1.14}$$

(3.1.14)式中,$\bar{f}_{k+1}$ 和 $\bar{f}_k$ 分别为 $k+1$ 和 k 时间段的采样频率值的平均值,k 为采样段的序号;f_0 为标称频率。

如果已知 VLBI 观测站的原子频标的阿伦方差值,就可以估算 VLBI 观测的最长相干积分时间。一般以频率误差所引起的相位误差不大于 1rad 作为限制,即以干涉条纹幅度下降 0.5 为限制,因此允许的阿伦方差的近似计算公式如(3.1.15)式所示(Thompson et al., 2017):

$$2\pi f\tau\sigma_y \approx 1 \quad \text{(rad)} \tag{3.1.15}$$

(3.1.15)式中,σ_y 为一条基线两个测站钟频率误差的综合结果,所以 $\sigma_y^2 = \sigma_{y1}^2 + \sigma_{y2}^2$。

关于由频率相位误差引起的条纹幅度下降的精确计算公式如(3.1.16)式所示(Rogers and Moran, 1981):

$$C(T) = \left|\frac{1}{T}\int_0^T e^{j\phi(t)}dt\right| \tag{3.1.16}$$

(3.1.16)式中,T 为积分时间;$C(T)$ 为条纹幅度下降因子,其值为 0~1;$\phi(t)$ 为由频率误差等引起的条纹相位误差。

例 3.1.4 设:某 VLBI 系统的最高工作频率为 Ka 波段,中心频率为 32GHz,两个测站的氢钟具有相同的性能。计算积分时间为 1~1000s 时,允许最大的阿伦方差值。

解 按(3.1.15)式计算得 1~1000s 范围的不同积分时间,测站氢钟所允许的最大阿伦方差值,如图 3.1.8 的虚线所示。

图 3.1.8 中的实线显示上海天文台 SOHM-4A 型氢钟的稳定度指标,说明该型氢钟可以满足 Ka 波段 VLBI 测量的积分时间 1~1000s 的要求。

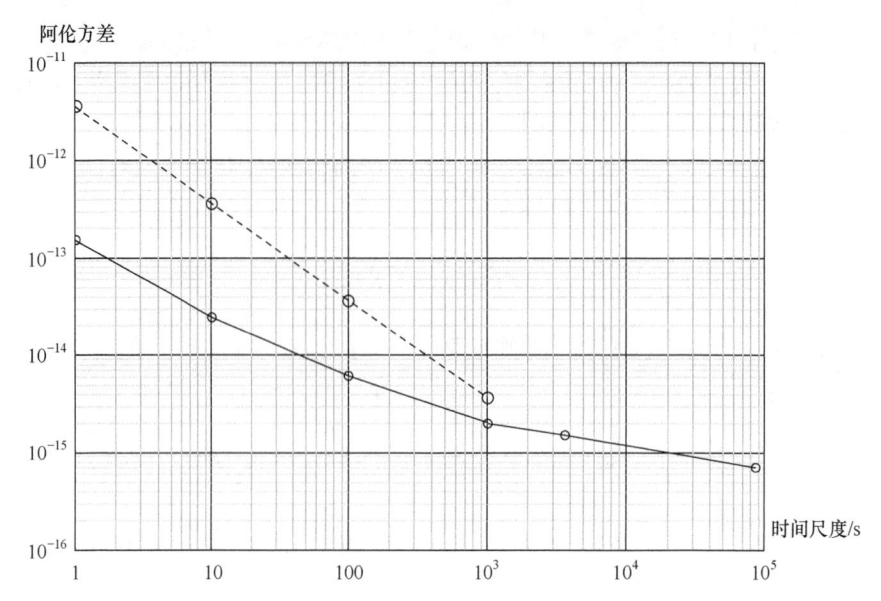

图 3.1.8　SOMH-4A 型氢钟的阿伦方差(实线)；Ka 波段 VLBI 观测对频率源阿伦方差的要求(虚线)

对于 VLBI 系统的频率源性能的分析，以及其对于 VLBI 测量质量的影响，读者可以进一步阅读参考文献(Thompson et al., 2017)的第 9 章 9.5 节。

9. 站址选择

根据前面 3.1.2 节 1.的要求，对于射电干涉系统测站的布局确定后，还需要具体选定测站地址。选址时需要考虑下列几方面的问题。

1) 地形、地质、水文及气象条件

● 地形条件。

为了减少无线电干扰和风力的影响，比较理想的站址是选在一个低山盆地内，不宜选在高山顶上。选择视线开阔的地方，周围遮挡角不超过 5°，如果有困难时，允许少部分方向的遮挡角大于 5°，但不要超过 10°。如果综合其他需要而不得不放松一些遮挡条件的话，则在北半球的射电天文观测站，尽可能保证南天观测的要求，南面的遮挡角小，这样可以观测到更低赤纬的目标，而略放宽对北天区的要求；对于在南半球的射电天文观测站，则反之。

● 地质条件。

宜选在地质稳定的地区，远离地震多发区，避开断裂带和地质灾害多发区。尽可能建设在基岩上，对于无基岩地区，则要建在硬土层上，以保证射电望远镜的稳固、不会沉降或沉降小。

第 3 章 射电干涉测量系统方案设计

- 水文条件。

站址一般不宜选在江河近旁，以避免可能的洪水影响。在山区，特别要离开可能发生山洪和滑坡的地方。在干旱地区，可能有季节间隙性河流，在干旱季节去选址时，可能看不到地表径流实际情况，所以需要向当地水利部门和居民来了解情况。

- 气象条件。

站址的气象条件对于射电望远镜的设计制造及运行关系密切。对于毫米波/亚毫米波观测，就需要选在海拔数千米的高山或高原上、大气水汽含量少、晴天多及风力小，所以可选的地区很少，选址的工作量很大。对于厘米波段，它对于水汽的要求相对低一些，所以选址相对容易一些，但总的来说，还是宜选在雨量较少、晴天多的地区。风力影响射电天线的精度和使用率。比如，射电天线的设计指标为 6 级风保精度，运行要求全年工作时间不低于 90%，则站址就要选在 6 级风不超过 10%(每年)的地区。选址时，需要从当地气象部门收集多年的气象资料，如温度、湿度、气压、雨雪、风力和风向等。对于大型射电望远镜(阵)和毫米波射电望远镜，通常需要在候选站址进行多年的气象数据测量。

射电波通过大气层时会产生衰减和噪声。图 3.1.9 显示了大气对于不同频率

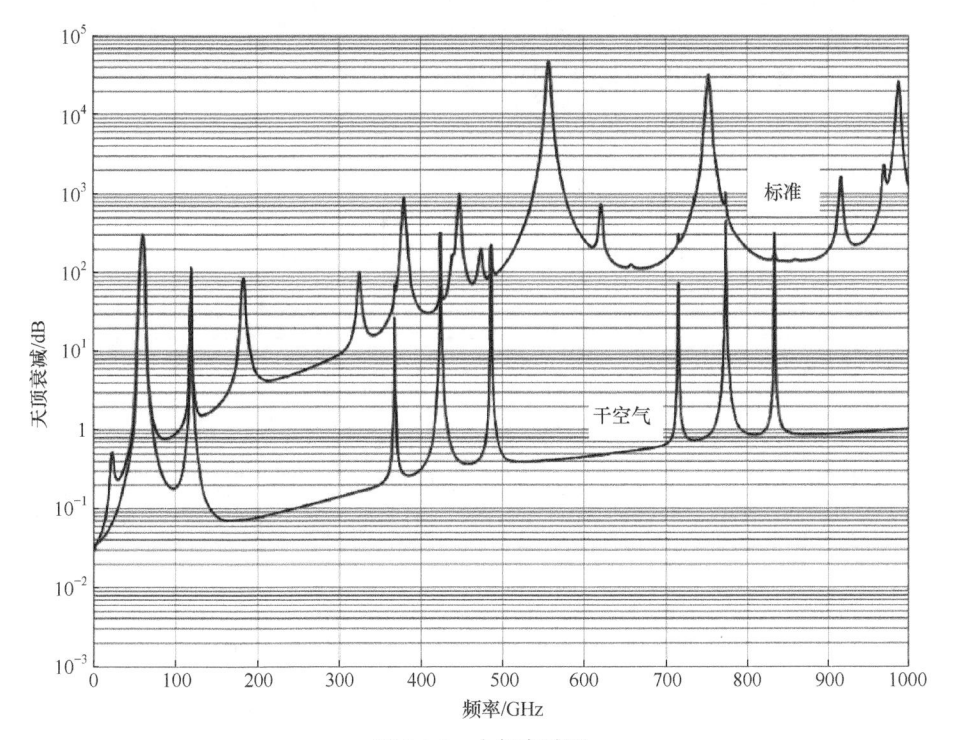

图 3.1.9　大气衰减图

(0~1000GHz)的衰减情况，参见国际电信联盟(ITU)的文件——"ITU-R P.676-12建议书(08/2019)"[①]。图中的横坐标为频率(GHz)，纵坐标为天顶大气衰减值(dB)，大气产生的衰减主要是氧气和水汽的吸收作用，图中上面一条线显示了标准大气(气压 1013.25hPa、温度 15℃、水汽含量 7.5g/m^3)对于不同频率射电波的衰减值，下面一条线显示干空气对于不同频率射电波的衰减值。

图 3.1.10 显示了大气噪声温度(通常以亮度温度 K 表示)与频率及仰角的关系，频率为 60GHz 以下，如果需要了解更高频率的大气噪声，可以参见 ITU 文件——"ITU-R P.372-14 建议书(08/2019)"[②]。图 3.1.10 是按标准大气绘制的，图中 θ 为仰角，横坐标为频率(GHz)，纵坐标为大气噪声亮温度(K)。从图中可以看到，随着频率的升高，大气噪声也升高；大气噪声与仰角也密切相关，当仰角为零时达到极大，天顶方向最小。

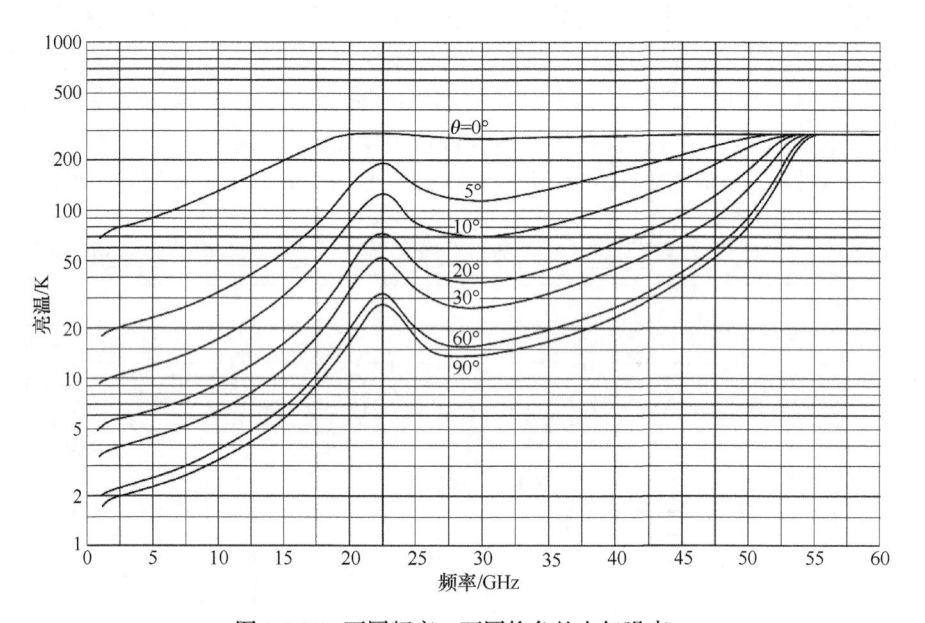

图 3.1.10 不同频率、不同仰角的大气噪声

图 3.1.9 和图 3.1.10 分别为标准大气的衰减和噪声温度曲线，如果需要估算在其他气象条件下的大气衰减和噪声温度，则可以参阅上述两个ITU文件的有关计算公式。

2) 交通、供电、供水等条件

选址时需要考虑建设期间和今后运行的后勤保障的交通、供电和供水等条

---

① http://www.itu.int/rec/R-REC-P.676-12-201908-S/。

② http://www.itu.int/rec/R-REC-P.372-14-201908-S/。

件。下面将谈到，为了避免无线电干扰问题，选址要远离人口密集地区、机场、电气化铁路、繁忙公路、大型工业企业、现代化港口。但是，观测站的建设和运行，交通、供电、供水的后勤条件是必须保证的，两者的要求是有矛盾的。通常是选在可以接入道路、输电线的地方，投资建设短途公路和输电线及变电站。对于水源，可以设法在观测站内或近旁打饮用水深井，或者采用外面接入的办法。

3) 无线电环境

对于射电天文观测站的站址选择，无线电环境是一个重要条件。无线电干扰来自天然和人为两方面。图 3.1.11 显示了外界无线电干扰的噪声系数与频率(100MHz~100GHz)的关系，包括天然和人为的噪声，参见"ITU-R P.372-14 建议书"。天然的外部噪声主要是太阳、银河系、大气的氧分子和水汽，以及宇宙背景辐射等。图 3.1.11 横坐标为频率(Hz)，左边纵坐标 F_a(dB)为噪声系数，右边纵坐标 T_a(K)为噪声温度，F_a 与 T_a 的关系式为

$$T_a = T_0 \times 10^{0.1F_a} \tag{3.1.17}$$

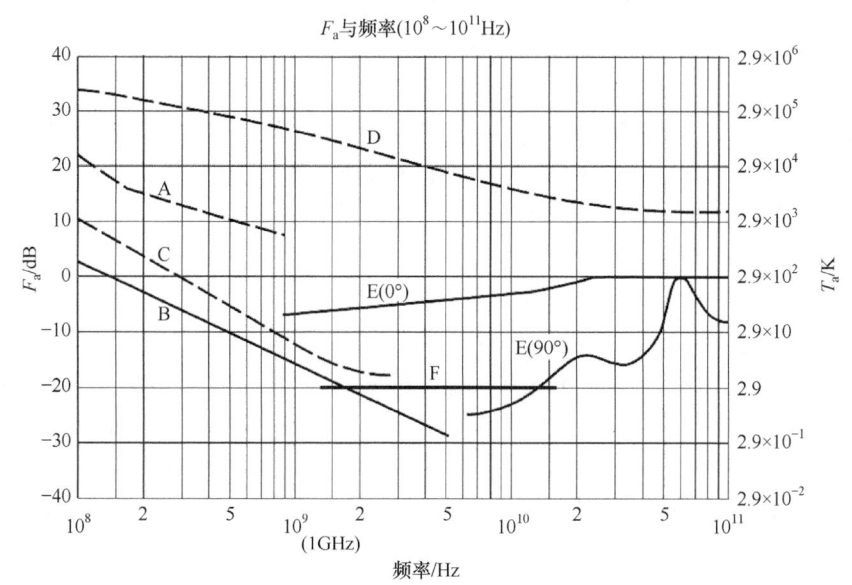

A：估计的城市地区人为噪声中值
B：银河噪声
C：银河噪声(指向具有极窄波束宽度的银河中心)
D：宁静太阳(1/2°波宽指向太阳)
E：氧气和水汽所引起的天空噪声(极窄波束天线)。上曲线，0°仰角；下曲线，90°仰角
F：黑体(宇宙背景)，2.7K
最低预计噪声电平

图 3.1.11　天然和人为的无线电噪声

天然的无线电噪声存在于地球的各处，在地球上的射电观测站无法避开。太

阳的射电辐射非常强,它是最主要的无线电噪声干扰源。但是,对于地面观测站来说,它有一个周日运动,所以合理地安排观测时间,可以减小或避免太阳射电的干扰。对于高灵敏度的射电天文观测,宜安排在夜间实施,就不受太阳射电辐射的影响。在白天观测时,可以规定观测目标与太阳的夹角的限制值,以减小太阳射电辐射的影响,其限制值要根据不同观测任务、不同天线及不同波段来确定。

对于选址来说,主要选择人为无线电干扰小,对于拟建的射电观测站基本没有影响的地方。随着人类经济活动的发展、科学技术的进步,人造无线电源增多,对于射电天文来说,增加了很多的无线电干扰源,如何避免和减小人为无线电干扰的影响,是现有射电观测站面临的重要问题;对于新建射电观测站来说,选址就越来越困难了。为了协调各方面对于无线电频率的使用,ITU 有专门机构来制订无线电的分配表。国内,从中央到地方政府,都设有无线电管理机构,负责无线电频率的分配以及实际使用情况的检查和监督。

人为无线电干扰源可以分为两类:一是来自地面,比如移动通信设备(手机和基站)、广播电视台、民用和军用雷达站、飞机导航台等,还有电气化铁路、现代化港口、工业和民用的各种电器设备以及变电站和高压线等;二是来自空中,比如飞机、人造地球卫星和深空探测器等。近十多年,移动通信飞速发展,地球上绝大多数人都在使用手机,有人类活动的地方都架设了移动通信基站,目前移动通信成为最主要射电天文观测的干扰源。在低频段(100MHz 以下),广播和电视台是重要的干扰源。ITU 和国家无线电管理机构,都给出了频率使用的分配表。我国的无线电频率划分规定详见国家工业和信息化部 2018 年发布的文件——《中华人民共和国无线电频率划分规定》。射电天文使用所分配的频率是受国家保护的;如果要使用其他频率,并要求保护,则需要向国家或当地政府的无线电管理机构提出申请,由这些职能机构来安排和协调。新建射电观测站拟选在远离干扰源的地方,至于具体的选址要求,需根据新建射电观测站工作波段的设置和设计灵敏度来确定。当前,无线电干扰(RFI)的主要来源之一是移动通信,所以表 3.1.3 列出了我国移动通信 2G~5G 的频率,便于选址时分析干扰的来源。

表 3.1.3　我国移动通信使用的频率

运行商	频率/MHz
中国移动	2G:930~953;1805~1820 3G: 2010~2025 4G: 1880~1890; 2320~2370; 2575~2635 5G: 2515~2675; 4800~4900

续表

运行商	频率/MHz
中国电信	2G: 870~885
	3G: 2110~2125
	4G: 1860~1875；2370~2390；2635~2655
	5G: 3400~3500
中国联通	2G: 954~960；1840~1850
	3G: 2130~2145
	4G: 1850~1860；2300~2320；2555~2570
	5G: 3500~3600

射电天文测量无线电环境保护标准。

ITU 提出了射电天文观测的无线电环境保护标准——"ITU-R RA.769-2 建议书(03/2020)"[①]。依据该建议书，下面阐述关于单天线、短基线 CEI 和 VLBI 三种情况的无线电环境保护的要求。

● 单天线。

对于单天线射电望远镜的无线电环境保护要求是：无线电干扰电平不超过该射电望远镜的灵敏度的 1/10。射电望远镜的灵敏度计算公式为

$$\Delta P = \frac{P}{\sqrt{\Delta f t}} \tag{3.1.18}$$

$$或 \quad \Delta T = \frac{T}{\sqrt{\Delta f t}} \tag{3.1.19}$$

(3.1.18)式和(3.1.19)式中，P 和 ΔP 分别为噪声功率谱密度及其波动值(W/Hz)；T 和 ΔT 分别为系统噪声温度及其波动值(K)；Δf 和 t 分别为接收带宽和积分时间。其中，P 和 T 与 ΔP 和 ΔT 的关系式分别为

$$P = kT, \quad \Delta P = k\Delta T \tag{3.1.20}$$

(3.1.20)式中，k 为玻尔兹曼常量，等于 1.38065×10^{-23} J/K。

所以，该射电望远镜的无线电环境保护要求 ΔP_H 为

$$\Delta P_H = 0.1 \Delta P \Delta f \tag{3.1.21}$$

对于干扰电平的限制值，也可以用带宽功率流量密度 $S_H \Delta f$ 或单位赫兹功率

---

① https://www.itu.int/dms_pubrec/itu-r/rec/ra/R-REC-RA.769-2-200305-I!!PDF-C.pdf。

流量密度 S_H 来表示，它们的计算公式为

$$S_H \Delta f = \Delta P_H \times (c/4\pi f^2), \quad S_H = \Delta P_H \times (c/4\pi f^2)/\Delta f \qquad (3.1.22)$$

(3.1.22)式中，c 为光速；f 为观测频率；$S_H \Delta f$ 和 S_H 采用的单位分别为 dB(W/m²) 和 dB(W/(m²·Hz))。

● CEI。

对于短基线 CEI，相同的无线电干扰较单天线，它的影响会小一些。减小因子大致为干涉条纹的平均周期 T_F 除以其积分时间 T，即 T_F/T。例如，短基线 CEI 的投影基线约为 $10^4\lambda$(波长)时，干涉条纹周期 T_F 一般为若干秒。如果积分时间 T 为 10s，无线电干扰的影响会降低几分之一，射电干涉仪的基线越长，则无线电干扰的影响就越小。

● VLBI。

VLBI 的观测站间距通常达到了几千千米，所以各个观测站受到的外界无线电干扰通常不是同源的，即不相干的。因此，VLBI 对于无线电环境的要求为干扰信号功率不超过观测站的系统噪声温度的 1%，这样不会影响 VLBI 观测结果。设：系统噪声温度为 $T_R(K)$，则允许的无线电干扰的最大噪声温度值为 $\Delta T_{VLBI} = 0.01 T_R$，然后可以利用(3.1.20)式，计算其带宽功率流量密度或单位赫兹功率流量密度。无线电干扰的测试方法如下所述。

为了更准确地了解候选站址的 RFI 情况，需要实地进行测试，RFI 使用的设备主要包括：宽频带大张角天线、LNA、频谱分析仪、笔记本电脑及电源等，如果测试的频率范围很宽，则通常需要有几种不同频带的天线和 LNA，如图 3.1.12 所示为测量 RFI 的一种设备配置。天线的张角总是有一定范围的，所以需要在不同的方向测试；另外，两个极化都需要观测。一般首先进行宽频带的快速扫描，然后对主要使用频段进行高分辨率的测量。如果需要了解干扰源是否为随时间变化的，则还需要在 24h 内，分多次进行观测。

图 3.1.12 无线电环境测试设备(孙云霞供稿)

图中显示的 RFI 测量主要设备：1~18GHz 双脊喇叭天线、LNA 及频谱仪

观测结果在频谱仪上显示的为功率(dBW 或 dBm)，通常需要换算为谱流量密度(dBW/ (m² · Hz))。图 3.1.13 显示了某地对于频率范围 3~9GHz 的 RFI 测试结果，图中上面一条线表示测量到的干扰最大值，下面一条线表示干扰的平均值。从图 3.1.13 中可以看到，在 3.4~3.6GHz

处有很强的干扰,为移动通信 5G 的干扰;在 7GHz 处,有一个次强干扰,可能是 5G 信号的一次谐波。这些干扰源会严重影响该波段的天文观测,需要采取措施来解决。

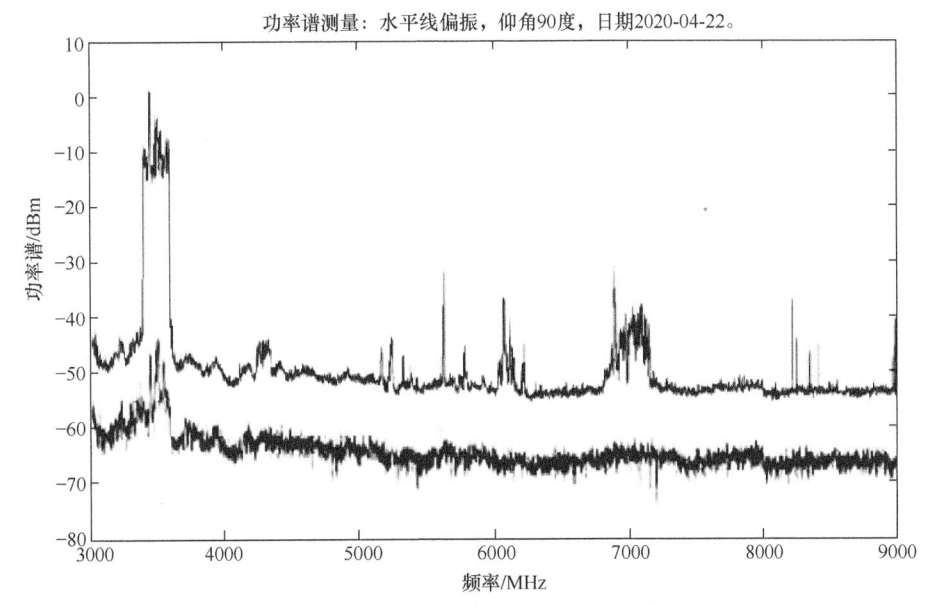

功率谱测量:水平线偏振,仰角90度,日期2020-04-22。

图 3.1.13　某地(3～9GHz)的 RFI 测试图(孙云霞供稿)

图中上面一条曲线显示接收到的最大辐射信号,下面一条曲线显示其平均值

3.2　新一代大地测量/天体测量 VLBI 系统(VGOS)简介

3.2.1　VGOS 的提出和主要科学目标

在 21 世纪初,IVS 建立了第 2 工作组(WG2),主要任务为研究评估 IVS 的产品(ICRF、ITRF 及 EOP)性能及时效性、提出提高产品性能的目标及改进措施。于 2002 年,WG2 给出了最终工作报告(Schuh et al., 2002),报告中给出的当时 IVS 的产品性能及时效性的有关情况。关于 EOP,24h 观测的 UT1 测量精度为 5μs、极移精度为 100～200μas,每星期观测 3 轮(Session),EOP 测量结果提供时间滞后一星期至几个月;关于 ITRF(测站 x, y, z),24h 一轮观测的精度为 5～20mm,每星期观测 3 天,提供解算结果的滞后时间为 3～4 个月;关于 ICRF,射电源的赤经和赤纬的测量精度为 0.25～3mas,整体解算结果滞后时间为 1 年。WG2 认为,目前的 IVS 产品性能与时效性需都要改进与提高,提出了今后的目标,如表 3.2.1 所列(Niell et al., 2004)。

表 3.2.1　IVS 第 2 工作组(WG2)提出的 IVS 今后主要目标总结

项目	产品	精度	产品频度	分辨率	滞后时间
地球参考架	测站坐标 x, y, z 时间序列 每组观测一个解算结果	2～5mm	7 天/周	1 天	1 天
	偶发事件	2～5mm	7 天/周	小于 1 天	准实时
	年度多组观测解算结果：测站坐标与速度	1～2mm 0.1～0.3mm/年	每年		1 月
天球参考架	射电源坐标	0.25mas 尽可能多的射电源	每年		1 月
	α, δ 时间序列	0.5mas	每月	1 月	1 月
地球定向参数	UT1-UTC	5μs	7 天/周 连续	10min	准实时
	$d\varphi, d\varepsilon$	25～50μas	7 天/周	1 天	准实时
	x_p, y_p	25～50μas	7 天/周	10min	准实时
	$dx_p/dt, dy_p/dt$	8～10μas/d	7 天/周	10min	—
地球动力学参数	地球固体潮 h, l	0.1%	1 年	1 年	1 月
	海潮载荷 A, φ	1%	1 年	1 年	1 月
	大气载荷	10%	1 年	1 年	1 月
物理参数	大气参数 天顶时延梯度	1～2mm 0.3～0.5mm	7 天/周 7 天/周	10min 2h	准实时
	电离层天图	0.5TEC 单位	7 天/周	1h	准实时
	光线折射参数	0.1%	1 年	全部观测数据	1 月

为此，IVS 又组织成立了第 3 工作组(WG3)，专门进行新一代 VLBI 天测/测地系统的研究，当时称为"VLBI2010"计划，后来命名为"VGOS"。在 2005 年 9 月，为了更好地促进和指导 VLBI2010 计划的发展，IVS 建立了"VLBI2010 委员会"。后来，VLBI2010 更名为 VGOS，所以 VLBI2010 委员会也更名为"VGOS 技术委员会"。

于 2006 年，IVS 的 WG3 提出了一个研究报告，题目为《VLBI2010：当今的和未来的大地测量 VLBI 系统的要求》(Niell et al., 2004)。该研究报告对天测/测地 VLBI 升级改造的必要性和技术途径进行了较详尽的论述。2009 年，Petrachenko 等发表了 VLBI2010 委员会的进展报告，题目为《VLBI2010 系统设计》(Design Aspects of the VLBI2010 System)(Petrachenko et al., 2009),该报告作为美国 NASA 的技术备忘录"NASA/TM-2009-214180"出版。它主要依据 WG2 报告中提出的发展目标，以及其他用户单位的需求，提出了 VGOS 系统的主要科学目标：

(1) 全球尺度上 1mm 精度；
(2) 测站位置和地球定向参数(EOP)时间序列的连续测量；
(3) 观测后 24h 内得到初步的大地测量结果。

该报告阐述了使用蒙特卡罗(Monte Carlo)仿真计算的方法进行系统设计的过程，给出了 VGOS 系统的考虑与构成，以及运行的考虑。该报告成为 IVS 各成员单位建设 VGOS 系统的基本指导文件。

3.2.2 VGOS 方案设计与论证

为了 VGOS 方案设计，IVS 的 VLBI2010 委员会(V2C)开发使用蒙特卡罗模拟器(Monte Carlo Simulator)，它是按一组观测的时间为 24h 设计的，它可以最逼真地按 VGOS 观测方法进行协方差分析。模拟器的参数解算采用了 3 种国际上流行的参数解算软件，如 Solve(美国 NASA/GSFC 研发)、OCCAM(为多国学者参与研发的(Titov et al., 2004)和 Precise Point Positioning(PPP)(PPP 应用于 VLBI 数据分析的软件是由维也纳技术大学开发的)。

1. 随机误差的确定

模拟计算时首先要假设随机误差，在 V2C 的"VLBI2010 系统设计"报告(Petrachenko et al., 2009)中，提出了随机误差的估算公式：

$$(O-C) = (\text{zwd}_2 \cdot \text{mfw}_2 + \text{clk}_2) - (\text{zwd}_1 \cdot \text{mfw}_1 + \text{clk}_1) + \text{wn} \quad (3.2.1)$$

(3.2.1)式中，$(O-C)$ 为观测值与理论值之差，为随机误差；zwd_1、zwd_2 分别为测站 1、2 的天顶湿大气时延；mfw_1、mfw_2 分别为测站 1、2 的湿大气映射函数；clk_1、clk_2 分别为测站 1、2 的钟误差；wn 为设备热噪声所引起的时延白噪声。

时延的白噪声误差的预估值为 4ps；天顶湿大气时延的随机误差是根据大气湍流模型计算而得到的(Nilsson et al., 2007)；测站钟引起的时延随机误差是用随机漫步原理计算的(Herring et al., 1990)。天顶湿大气时延随机误差和测站钟的时延随机误差的 Matlab 计算程序见参考文献(Boehm et al., 2007)，按(3.2.1)式计算时延随机误差时设置的参数如下所述。

(1) 时延测量噪声：4ps(每条基线)。
(2) 钟的阿伦方差：1×10^{-14}(50min)。
(3) 大气参数：大气结构常数 $C_n = 1 \times 10^{-7} \text{m}^{-1/3}$；有效湿大气高度 $H = 2\text{km}$；风速 $v = 10\text{m/s}$(向东)；湿大气映射函数与模拟器参数解算时采用的一致。

2. 测站钟不同阿伦方差与测站 3D 位置测量精度的关系

使用蒙特卡罗模拟器计算了 24h 观测模式下，测站钟的不同阿伦方差数值与测站 3D 位置测量精度的关系。按照观测目标在天球上均匀分布的原则编制观测计划，使用三种参数解算软件进行计算，得到的结果如图 3.2.1 所示(Petrachenko et al., 2009)。从图中可以看到，当测站钟的阿伦方差值为 1×10^{-14}(50min)时，测站的 3D 位置测量精度预计约为 1.5mm。如果阿伦方差大于该值，则测站 3D 位置误差就会增大，所以对于 VGOS 测站来说，有一台性能好的钟是至关重要的。

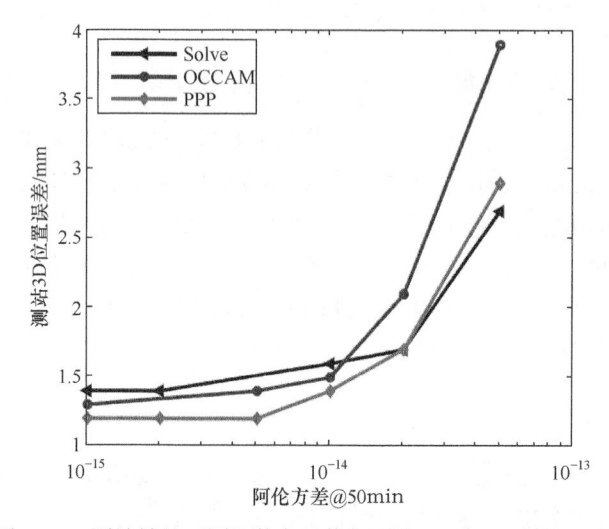

图 3.2.1　测站钟的不同阿伦方差值与测站 3D 位置测量误差的关系

3. 换源时间间隔与测站 3D 位置测量精度的关系

模拟计算的重要内容之一是，了解换源的不同时间间隔对于测站 3D 位置测量精度的关系。同样，按一组观测 24h 的模式进行模拟计算。时间间隔的设置为 15s、30s、45s、60s、90s、120s、240s 及 360s，按观测射电源天空均匀分布的原则编制观测计划。关于随机误差的计算仍使用 3.2.2 节 1.中的参数设置，得到的模拟计算的结果如图 3.2.2 所示(Petrachenko et al., 2009)。从图中可以看到，如果要求 24h 观测，测站 3D 位置的测量精度达到 1mm，则换源的时间间隔应为 30s 左右。

4. VGOS 全球网的不同测站数目与测量 EOP 精度的关系

按 VGOS 全球网测站数目为 16 个、24 个、32 个进行模拟计算，换源时间间隔采用 45s。关于随机误差计算的参数设置，各个测站的设置都一样，大气湍流参数 $C_n = 2\times10^{-7} \text{m}^{-1/3}$，有效湿大气高度 $H = 1\text{km}$，测站风速 $v = 8\text{m/s}$ (向东)。用 OCCAM 与 Solve 两种参数解算软件的模拟计算结果如图 3.2.3 所示(Petrachenko et al., 2009)。从图 3.2.3 可以看到，32 个测站的 EOP 测量精度，相较于 16 个测站的测量误差，大致降低了 30%。

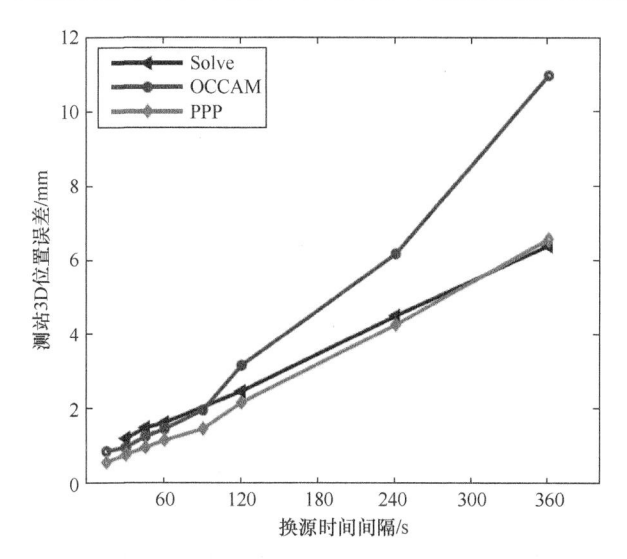

图 3.2.2 换源时间间隔与测站 3D 位置测量误差的关系

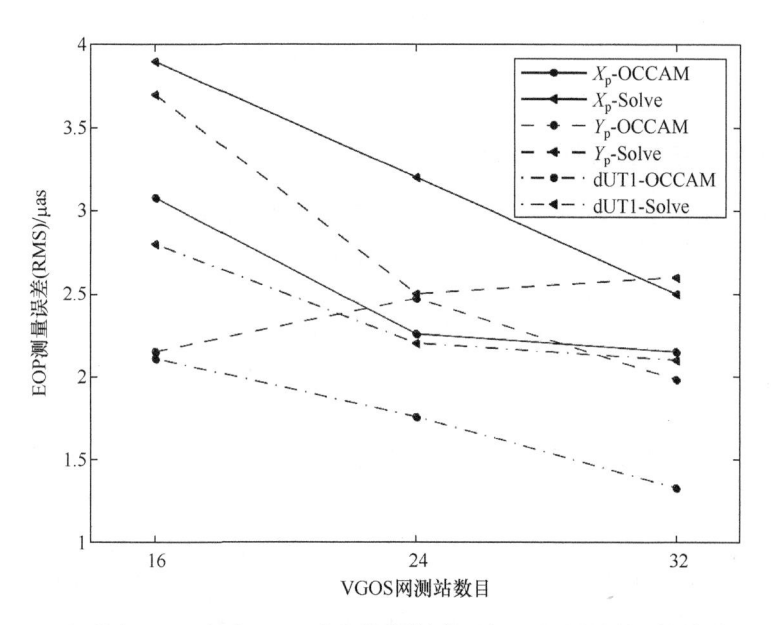

图 3.2.3 全球 VGOS 网不同测站数目与 EOP 测量误差的关系

5. 天线转速的确定

假设：换源的时间间隔为 15s，测站 3D 位置测量精度达到 1mm，天线采用标准的方位/俯仰座架，旋转范围为：方位±270°，俯仰 5°~90°。按上述条件设计了观测计划，然后采用不同的天线方位和俯仰速度及加速度组合进行模拟计算，得到需要的方位速度与俯仰速度及加速度，如图 3.2.4 所示(Petrachenko et al., 2009)。从图中可以看到，天线方位转速高是最重要的，如果俯仰转速小于 1.5(°)/s，则方位转速就必须达到 12(°)/s。

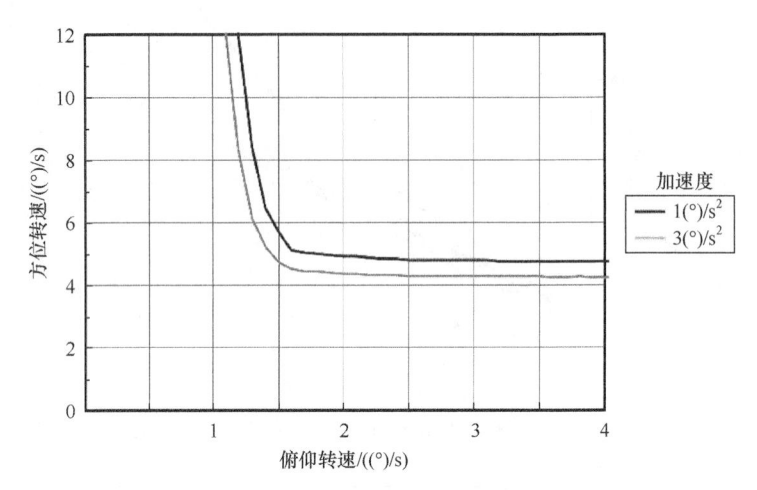

图 3.2.4　天线旋转速度和加速度的设计
按测站 3D 位置测量精度 1mm 的要求进行模拟计算

3.2.3　VGOS 系统主要设备的设计

VGOS 的最主要目标是测站 3D 位置的测量精度达到 1mm，相较于原来的 S/X 测量模式的精度提高一个数量级，采取的主要技术措施如下所述。

(1) 增加观测量。在同样的 24h 观测时间内，将观测次数从原来的数百次提高到两千左右。这样，换源的时间间隔就要缩短，所以需要将天线口径减小，增加天线的方位和俯仰转速；同时，要提高数据接收带宽及速率，以提高灵敏度。

(2) 减小观测量的随机误差。采用超带宽(2～14GHz)技术，在该带宽范围内选取 4 个频段进行数据采集和记录，将时延随机误差减小一个数量级，达到皮秒级。

(3) 减小系统误差。缩小天线口径，以减小天线结构的重力形变和热形变；用超宽带技术，可以提高电离层时延的标校精度；修正射电源的结构误差。

具体来说，提出的 VGOS 系统的硬件配置以及系统噪声温度和 SEFD 如下所述。

(1) 天线。口径 12m 左右，接收带宽 2～32GHz，效率好于 50%，天线转速符合上面 3.2.2 节 4.的要求。(实际上，现在已经建成的和计划建设的标准 VGOS 系统的天线，其转速均为方位转速 12(°)/s、俯仰转速 6(°)/s。)

(2) 接收机及变频。2～14GHz 超带宽致冷接收机前端，双线偏振，在该频带范围内选取 S、C、X、Ku 等 4 个频段，每个频段带宽 1GHz，双线偏振输出。

第 3 章　射电干涉测量系统方案设计　　　· 103 ·

(3) 数据采集和记录。对于 8 路信号(4 个频段，每频段双极化)进行数据采集(1bit 或 2bit)，然后记录，每测站的最高数据速率为 4Gbit/s(每路)×8 = 32Gbit/s。

(4) 系统噪声温度和 SEFD。T_{sys}<40K(除大气噪声)，SEFD<2500Jy。

IVS 推荐的 VGOS 系统如图 3.2.5 所示，关于 VGOS 系统的详细技术指标要求见参考文献(Petrachenko et al., 2009)。关于 VGOS 系统的观测和数据处理，将在第 4 章中阐述。全球已经建成与正在建设或计划建设的 VGOS 站见图 10.3.1。

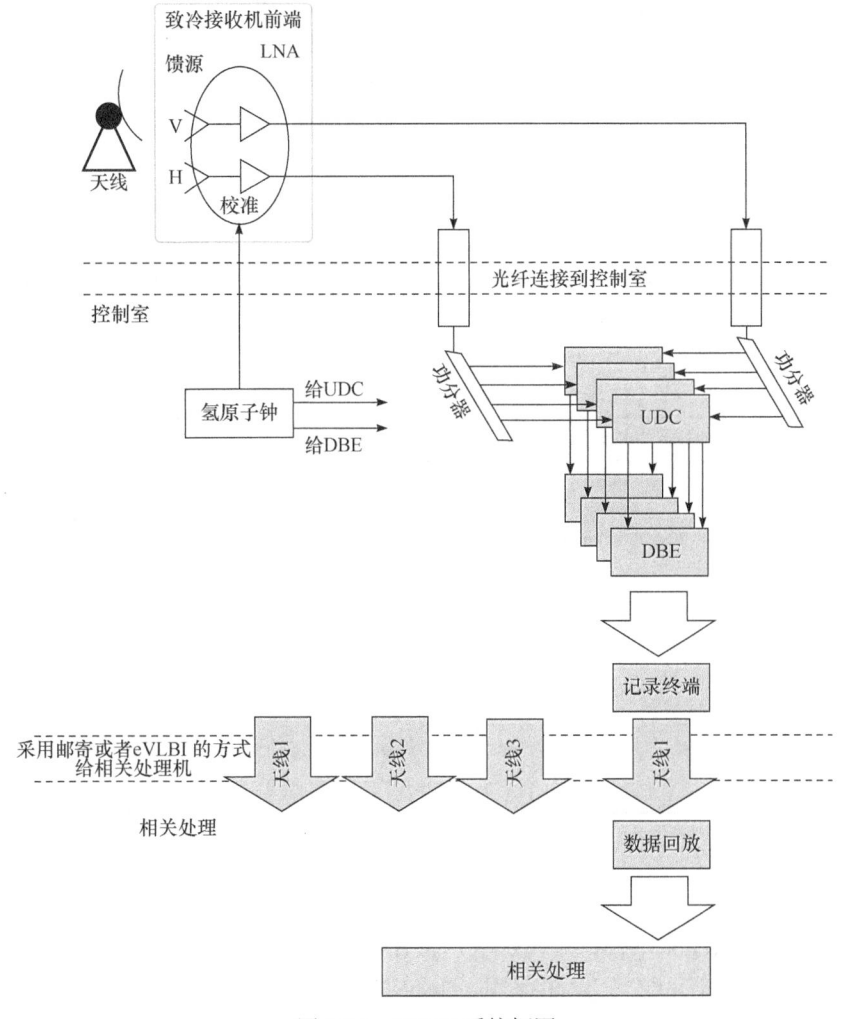

图 3.2.5　VGOS 系统框图

图中：V, H——垂直偏振与水平偏振；UDC——上下变频器；DBE——数字化后端；eVLBI——electron VLBI，就是利用高速数据网络将 VLBI 测站与 VLBI 数据处理中心连接起来，可以实时传送观测数据

VGOS 主要的创新是采用超宽带接收系统，使用多频段带宽综合法，时延测

量精度达到皮秒级；同时采用可以高速转动的小天线，大大缩短了换源时间和提高了观测量。从而实现24h测站3D位置的测量精度达到1mm。但是，在选址和使用方面提出了更严格的要求。由于是2~14GHz的超宽带接收，其中受保护的天文观测频段只占少部分，其余很多频段已经分配给了其他方面应用，如广播、电视、地面微波通信、移动通信、导航、气象、航天及军用等，这些设备都会发射无线电信号，对于VGOS观测，有的就成为了干扰源。当干扰信号不十分强时，可以在VGOS观测频率的选择时避开这些干扰信号，或者使用超导滤波等技术来屏蔽这些干扰信号。但是，当干扰信号非常强时，就会使VGOS的LNA饱和，无法正常工作，就必须在LNA前设法屏蔽这些强干扰信号。所以VGOS在选址时，就要尽量避开上述干扰源。由于S频段的干扰日益严重，很难避开它，所以现在的VGOS接收设备的频率范围，低端修改为3GHz。随着5G移动通信的发展，也许VGOS的接收频率范围还要修改。由于VGOS观测是多测站组网观测，所以VGOS设备的接收频率范围，需要IVS来协调。

关于原有的S/X系统与VGOS的差别以及VGOS的优点列于表3.2.2(Behrend et al., 2020)。

表 3.2.2　S/X 系统与 VGOS 的比较

项目	原有的 S/X 系统	VGOS 系统	优点
天线大小	5~100m	12~13m	降低建设费用
转动速度	20~200(°)/min	≥ 360(°)/min	更多的观测数据，有利于大气参数的解算
灵敏度	200~15000 SEFD	≤ 2500 SEFD	测站性能类同
频率范围	S/X 波段 (2个波段)	2~14GHz (宽带，4个波段)	提高灵敏度，从而提高数据精度
记录速率	128,256,512(Mbit/s)	8,16,32(Gbit/s)	提高灵敏度
数据传输	网络传输，有时用磁盘运输	网络传输，有时用磁盘运输	—
信号处理	模拟/数字	数字	设备稳定

3.2.4　VGOS 的验证观测

当美国的VGOS测站——GGAO与Westword建成后，在2014~2017年期间进行了VGOS的首次验证观测。验证观测选取的4个频段的中心频率为3.2GHz，5.5GHz，6.6GHz和10.4GHz，每频段带宽512MHz，每个频段选取8个32MHz通道，2bit采样，双线偏振观测，所以4个频段总共8路IF信号，每测站的总数据速率为8Gbit/s。2014~2017年的验证试观测的结果如表3.2.3所列(Niell et al., 2018)。验证观测的结果说明，VGOS较原来的S/X模式的测量精度有很大提高，但是与 VGOS 的设计指标还有距离，所以至今还在进行试观测。现在又遇到了移动通信 5G 信号的干扰，所以对于现在试观测采用的观测频率还需要调整。

表 3.2.3　VGOS 验证观测结果(2014~2017)

时间 /年月日	观测代码	观测时间/h	观测次数	使用次数	WRMS/ps; $\chi_\nu^2>1$	附加噪声/ps	WRMS/ps; $\chi_\nu^2=1$
2014/12/19	V14353	1	58	57	6.2	10.1	7.8
2015/01/20	V15020	1	57	56	3.6	10.4	7.9
2015/02/03	V15034	1	50	50	4.0	13.8	10.5
2015/02/19	V15050	1	81	80	7.3	13.7	11.1
2015/03/03	V15062	1	67	67	3.4	9.4	7.4
2015/03/18	V15077	1	65	64	8.2	15.8	12.5
2015/04/28	V15118	1	61	59	6.2	12.7	9.9
2015/05/12	V15132	1	58	54	10.8	28.0	21.6
2015/05/26	V15146	4	153	148	18.6	34.1	29.3
2015/11/24	V15328	5	222	217	7.4	15.3	13.4
2015/12/08	V15342	24	941	919	5.6	10.0	9.4
2016/01/19	V16019	1	57	57	4.6	13.7	8.8
2016/02/03	V16034	1	39	46	3.2	7.0	5.6
2016/08/11	VGT003	24	1173	1137	17.9	27.4	25.1
2016/08/30	VGT004	24	1267	1238	15.2	19.1	17.5
2016/11/15	VGP004	24	1185	1144	9.8	15.6	14.1
2016/11/29	VGP005	24	1197	1138	12.4	21.0	19.1
2016/12/19	VGP006	24	1199	1182	3.7	5.2	4.9
2017/01/17	VT7017	24	1207	1148	11.3	19.6	18.2

注：参加验证观测的 VGOS 测站：
GGAO——Goddard Geophysical and Asronomical Observatory(戈达德地球物理与天文学观测台);
Westford——Westford Radio Telescope(韦斯特福德射电望远镜);
WRMS：加权均方根。

3.3　中国科学院上海天文台 VGOS 系统简介

3.3.1　综述

于 2019 年，在中国科学院上海天文台的 65m 天马射电望远镜园区内，建设了一个 VGOS 观测站，命名为天马 VGOS(TMVGOS)，见图 3.3.1。

TMVGOS 是按照 IVS 提出的 VGOS 技术标准进行建设的，但是由于当地 S 波段的无线电干扰很严重，主要是来自移动通信基站的发射信号，所以 TMVGOS 的低频截止频率为 3GHz，系统框图见图 3.3.1，各部件的主要技术指标分别见下面几节。于 2019 年 9 月，进行 SEFD 测量，测量结果见图 3.3.2。

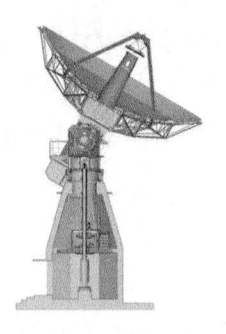

图 3.3.1　上海天马 VGOS 天线照片(左)；天线结构剖面图(右)

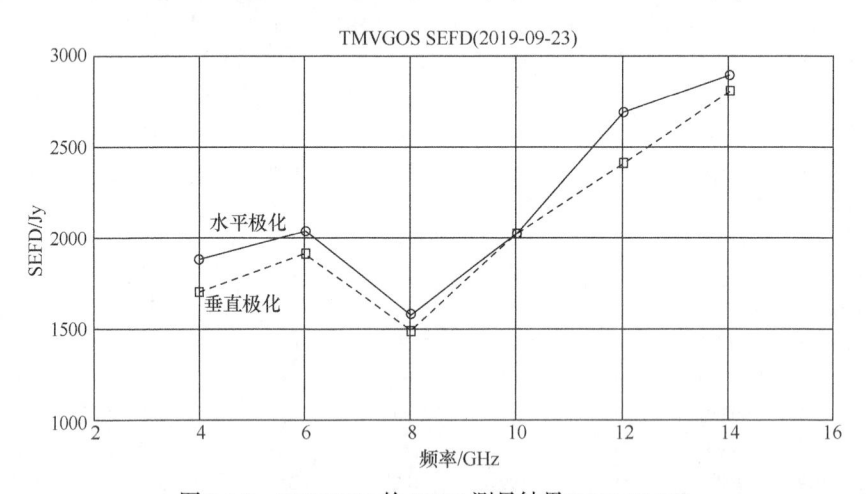

图 3.3.2　TMVGOS 的 SEFD 测量结果(2019-09-23)

IVS 对 VGOS 测站的 SEFD 的指标要求为不大于 2500Jy。图 3.3.2 中显示的 TMVGOS 的 SEFD 测量值，除高端(12GHz 以上)外，均小于 2500Jy，进行大气衰减和噪声的修正后，其 SEFD 会更低一些。所以说，TMVGOS 的总的灵敏度指标符合 IVS 的要求。

3.3.2　高转速、超宽带天线系统

TMVGOS 的天线系统主要在国内生产，引进了德国技术，它的主要技术参数如下所述。

(1) 天线口径：13.2m。

(2) 天线型式：环焦微波光学系统。

(3) 座架型式：方位/俯仰转台式。

(4) 接收频率：3~18GHz，可以扩展至 32GHz。

(5) 偏振：双线偏振。

(6) 旋转速度：方位 12(°)/s，俯仰 6(°)/s。

图 3.3.3 为天线系统框图。

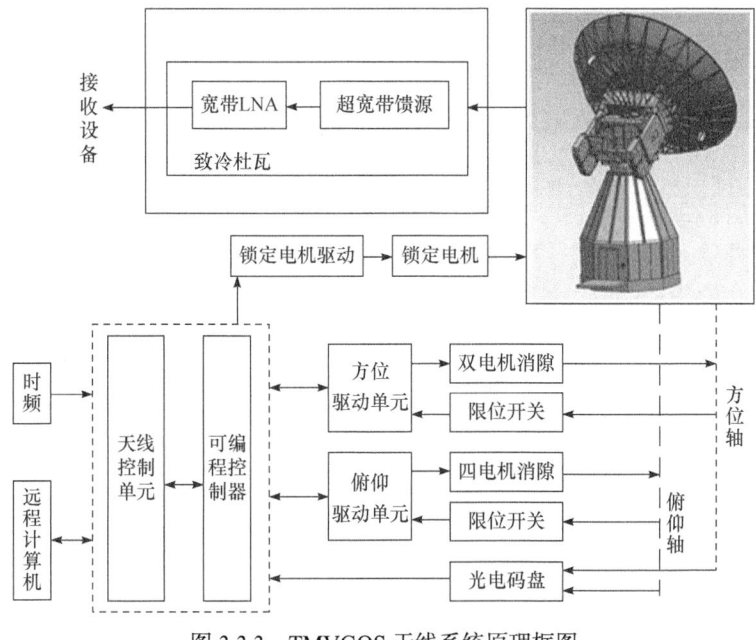

图 3.3.3　TMVGOS 天线系统原理框图

3.3.3　致冷低噪声接收机

采用致冷双极化超宽带接收机，它安装在天线馈源套筒的顶部，正对着环焦副面。它的系统框图如图 3.3.4 所示。工作频率范围为 3~14GHz，双偏振输入，4 脊宽带馈源与接收机 LNA 直接连接，都安放在杜瓦内，采用液氦致冷，杜瓦内冷台的温度为 15K。接收机噪声温度在频带内绝大部分小于 20K，中间部分为 10K 左右。它输出两路 RF 信号，通过光纤传送至在天线塔基的上下变频器(UDC)

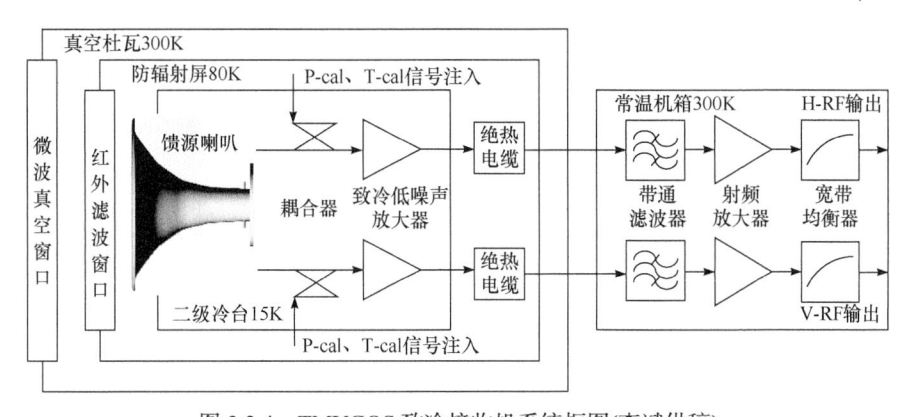

图 3.3.4　TMVGOS 致冷接收机系统框图(李斌供稿)

的输入端，进行频率变换。相位标校信号(P-cal)与噪声标校信号(T-cal)从定向耦合器输入，然后输入低噪声放大器(LNA)。

3.3.4 上下变频器

UDC 主要由两部分组成——射频分配单元和中频选择单元，它的原理框图如图3.3.5所示。射频分配单元的功能为接收来自接收机的2路RF信号，将它们放大，然后将每路RF信号功分为4路RF信号，传送至中频选择单元；共有4个中频选择单元，每个中频单元接收1路水平偏振(H)和1路垂直偏振(V)的RF信号，共2路RF信号。使用UDC将RF信号变换为IF信号，频率变换过程中先用上变频，将RF信号转换为更高的频率，选出需要的1.0GHz带宽的信号后，再进行下变频，得到1.0GHz或0.5GHz的IF信号，所以称为上下变频器。

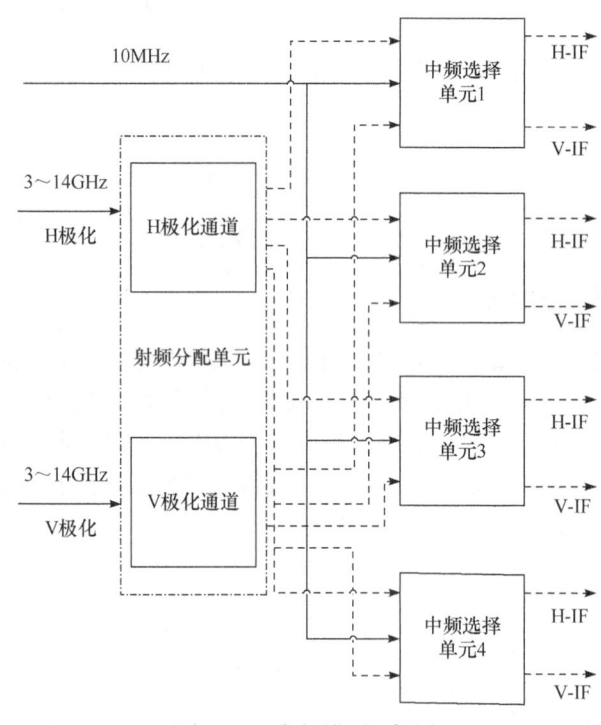

图 3.3.5　变频器原理框图

图中：H与V分别表示水平偏振与垂直偏振；10MHz信号来自时频系统；输出0.5GHz或1.0GHz带宽IF信号

3.3.5 高速数据采集系统

中国科学院上海天文台研发了 VLBI 数据采集系统 CDAS(Chinese Data Acquirement System)系列，在 TMVGOS 中使用的为 CDAS2。CDAS2 采用软件无线电技术，软件环境为 Windows 操作系统，算法与逻辑均在现场可编程门阵列(Field Programmable Gate Array, FPGA)内处理，最大程度地简化硬件平台，提高可靠性。每台 CDAS2 的功能及主要技术指标如下所述。

(1) 输入 2 路 IF 信号，每路 IF 信号带宽 512MHz。

(2) 每路 IF 信号转换为 16 个带宽为 32 MHz 的基带信号；2 路 IF 信号总共转换为 32 个基带信号。

(3) 2bit 采样，每个 32MHz 通道采样后的数据速率为 128Mbit/s，总的输出数据速率为 128×32 = 4096Mbit/s。

(4) 数据输出格式为国际通用的 VLBI 数据交换格式(VLBI Data Interchange Format，VDIF)格式。

(5) VGOS 为 4 频道双偏振观测，所以共有 8 路 IF 信号输出，所以需要使用 4 台 CDAS2 接收。每个 IF 的 2 路(双偏振)信号经过数字采样与编码后，合并为 1 路输出。4 台 CDAS2 共 4 路输出的最大输出数据速率为 16384Mbit/s(约 16Gbit/s)。

图 3.3.6 为 4 台 CDAS2 的配置线路图与实物照片。

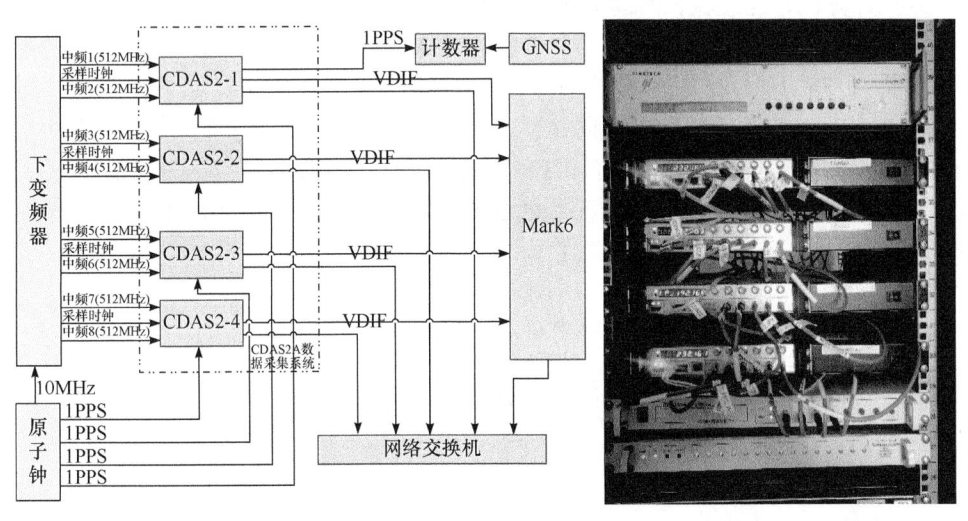

图 3.3.6　用于 VGOS 的 4 台 CDAS2 的配置线路图(左)和实物图(右)(朱人杰供稿)
1PPS——秒脉冲信号

3.3.6　高速数据记录设备

采用 VLBI Mark6 型数据记录设备，它是美国 Haystack 天文台研发的，可以接收 4 路数据输入，最高数据记录速率为 16Gbit/s，可以扩展到 32Gbit/s，支持 eVLBI 的应用(Whitney et al., 2013)。图 3.3.7 为 Mark6 数据记录设备的主机与便携式硬盘的实物照片。

Mark6 主机　　　　　　　　　　　　便携式硬盘

图 3.3.7　VLBI Mark 6 数据记录设备(赵融冰供稿)

3.3.7　高稳定度时频系统

时频系统主要由氢原子钟、时间服务器、台站钟、倍频器、计数器及监控计算机等组成。使用时间服务器(内置 GNSS 定时接收机)的秒脉冲信号与氢原子钟输出的秒脉冲信号(1PPS)进行比对，实现两者的时间同步。两者的时间差值传送至监控计算机，经过较长时间的数据积累，可以进一步计算得两者的频率差。氢钟输出的 5MHz 信号，经过倍频器倍频为 10MHz 信号，然后通过频率信号分配器，将 1 路 10MHz 信号分为若干路，供给其他设备使用。如果使用氢钟的 10MHz 信号，则不需要倍频。同样，氢钟的 1PPS 信号通过脉冲信号分配器也分为若干路，供其他设备使用。图 3.3.8 为 TMVGOS 采用的时频系统的原理框图，图 3.3.9 为使用的由上海天文台研制的 SOHM-4A 型氢原子钟的实物正面照片(左)和频率稳定的阿伦方差测量结果(右)。

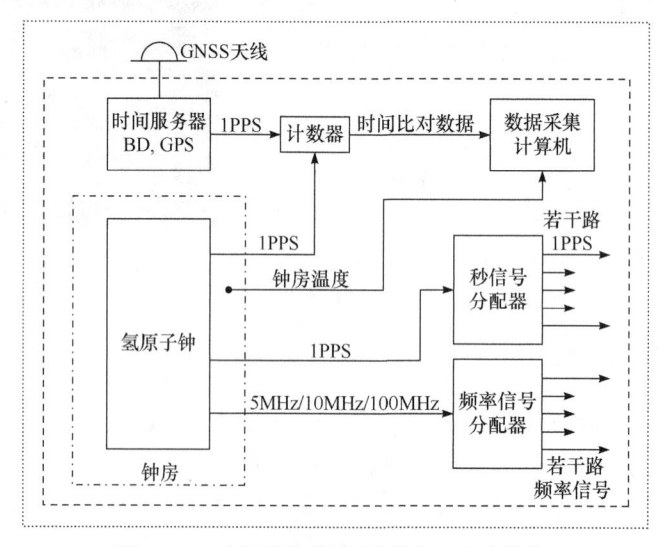

图 3.3.8　时频系统的原理框图(王玲玲供稿)
BD：北斗卫星导航系统接收机，GPS：美国全球定位系统接收机

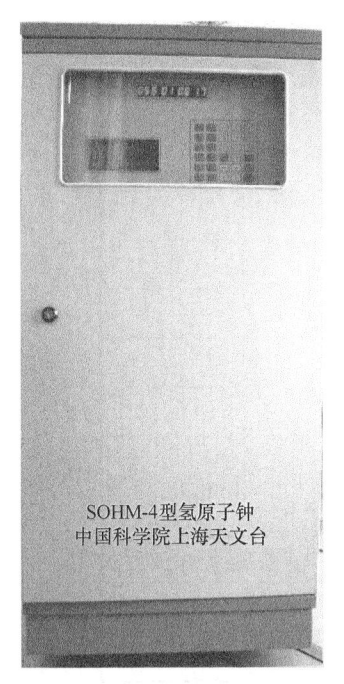

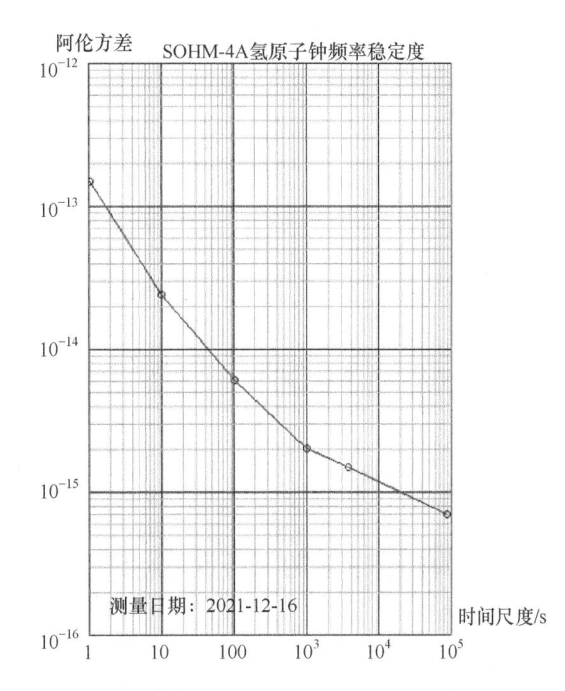

图 3.3.9 SOHM-4 型氢原子钟的实物正面照片(左); 稳定度阿伦方差测量结果(右)(蔡勇供稿)

3.3.8 标校设备

标校系统主要功能: 噪声标校、设备相位标校及设备时延标校。标校系统的主要设备如下所述。

(1) 噪声标校单元(T-cal)。它的主要器件是定标噪声源, 定标噪声信号通过接收机前端的定向耦合器注入 LNA 的输入端。它的主要功能是进行系统电气参数测量时提供定标噪声信号; 在实施观测时可以进行系统噪声温度测量, 或对于观测目标辐射信号的流量密度进行定标。

(2) 相位标校单元(P-cal)。它由一套梳状谱信号发生器组成, 接收时频系统的 10MHz 信号, 输出作为相位标校的梳状谱信号(或称为 P-cal 信号), 它的脉冲信号的间距为 5MHz。图 3.3.10 为测试设备屏幕显示的射频 6GHz 的 P-cal 梳状谱信号的截图, 图中下方显示了射频的始末范围(6.38~6.9GHz)与格值(52MHz); 纵坐标显示为功率(dBm)。P-cal 信号与 T-cal 信号一起从接收机前端的定向耦合器注入, 传送到 LNA 的输入端。图 3.3.11 为 VLBI 测站的相位与电缆时延标校系统(Nothnagel, 2019)。P-cal 信号与天线馈源输出的信号混合在一起, 然后通过接收机放大与变频, 再由数据采集系统进行采集与编码, 最后记录下来。这些数据送至相关处理中心经过相关处理, 获得干涉条纹的同时, 也可提取出相位标校信号的相位与时延，从而对观测数据的相位或时延进行改正。所以 P-cal 标校的为接收机输入端至数据采集系统之间的相位与时延变化。

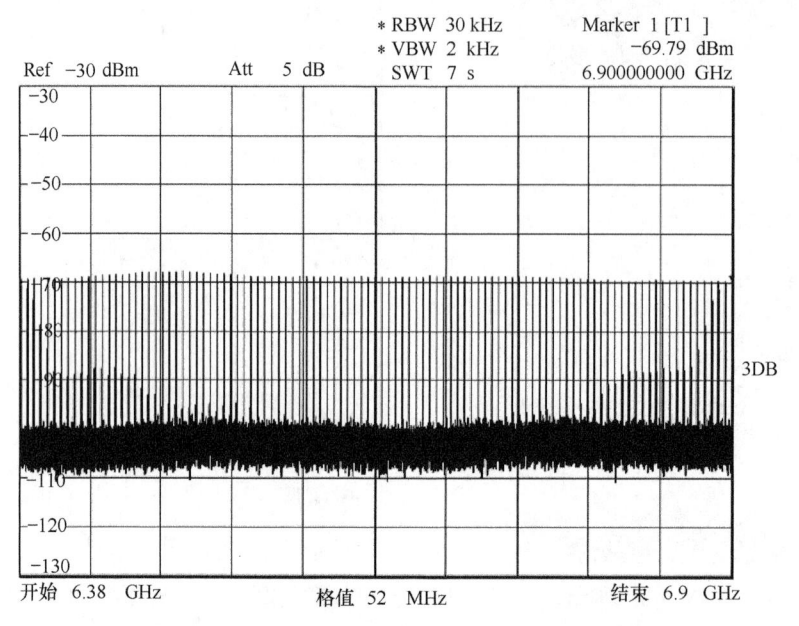

图 3.3.10　梳状谱信号测试图(6 GHz)(王锦清供稿)

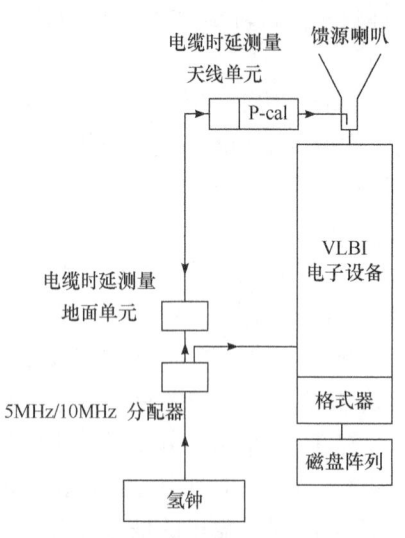

图 3.3.11　VLBI 测站的相位与电缆时延标校系统示意图

(3) 电缆时延测量单元。电缆时延测量单元(Cable)由电缆时延标校地面单元与天线单元两部分组成，用于测量它们两者间的电缆时延变化，如图 3.3.11 所示。TMVGOS 站还没有装备 Cable 系统，计划采用国际上提出的用于 VGOS 测站的新型电缆时延测量系统(Cable Delay Measurement System, CDMS) (García-Carreño et al., 2022)，该系统还在研发中。

3.3.9　管控系统

管控系统的功能为对于测站全部设备进行管控，它的系统框图如图 3.3.12 所示。使用一台主控服务器连接测站各个设备，如天线伺服控制、接收机、UDC、CDAS2、Mark6、时频系统及外设监控，

第 3 章 射电干涉测量系统方案设计

另外，它还可以通过外网交换机实现远程管控。具体来说，管控系统的主要功能为：

(1) 在观测实施前，对于测站各个设备进行测试检查和参数设置；

(2) 根据观测计划，运行测站各设备进行观测实施，并对于各个设备的工作状态进行监测；

(3) 实时或事后将观测数据发送至数据处理中心，并且将辅助数据(气象数据、日志文件等)也发送至数据处理中心；

(4) 根据需要进行系统性能测试，如天线指向、SEFD 等。

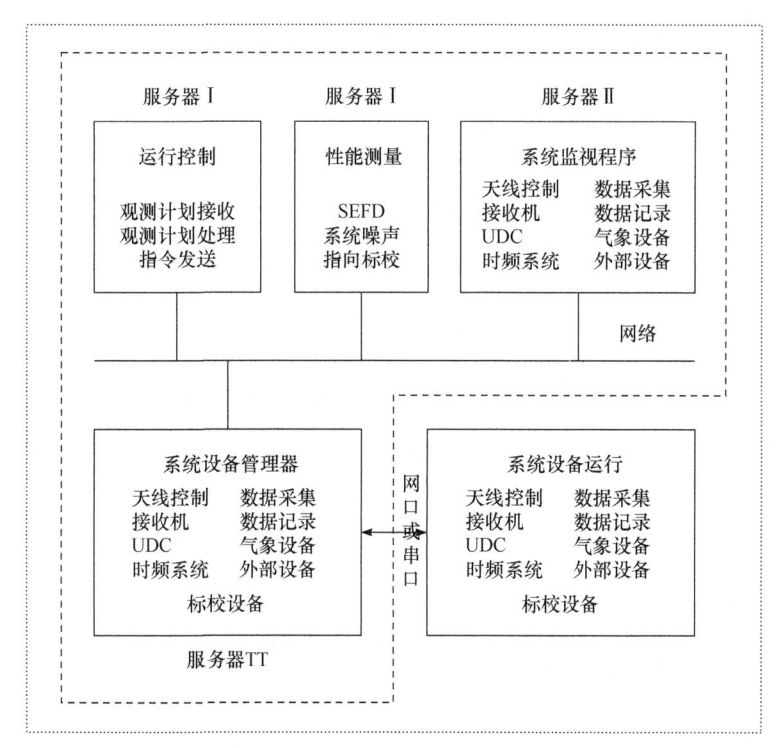

图 3.3.12 测站管控系统框图(赵融冰供稿)

附录 A3.1 射电波的偏振

A3.1.1 射电波偏振的概念

射电天体测量的观测目标包括自然天体和人造天体。自然天体主要包括：类星体、射电星系核、脉冲星及脉泽源(OH、甲醇、H$_2$O 及 SiO)等。前两种射电天体的射电辐射呈现为连续谱，它们的射电信号主要为随机偏振，仅少部分有一定的偏振度，但是通常很小，仅为百分之几；脉冲星与脉泽源通常有较强的偏振。对于人造天体，比如，地球与月球卫星，深空探测器等，它们使用的都是纯偏振无线电信号，线偏振或圆偏振。所以进行射电天体测量时，必须了解所观测目标的射电辐射的偏振特性。

根据电磁波的基本原理可知，射电波是横波，在波的前进方向 z 传播着电矢量(E 波)和磁矢量(H 波)，它们是互相垂直的，其波长为 λ，见图 A3.1.1。由于电矢量和磁矢量的传播性质是相同的，所以下面就用电矢量来讨论电磁波的偏振性质。若设定图 A3.1.1 中的 x 轴为垂直方向，y 轴为水平方向，则图 A3.1.1 所示的电场是在垂直面上，所以该电磁波为垂直线偏振。

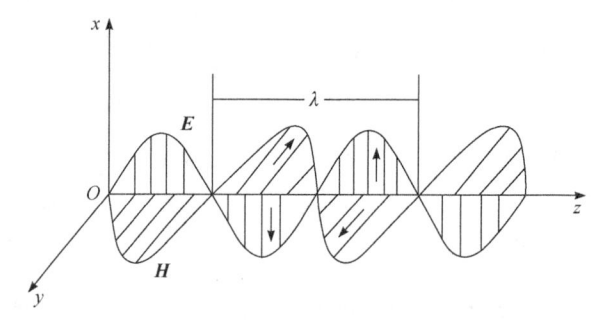

图 A3.1.1 在均匀理想介质中的单色平面电磁波

对于任何一个电磁波，它的电矢量 E 在波前平面(xOy)上可以分解为互相垂直的两个分量 E_x 和 E_y，它们随时间是变化的，合成的 E 矢量的轨迹为一个椭圆，如图 A3.1.2 所示。

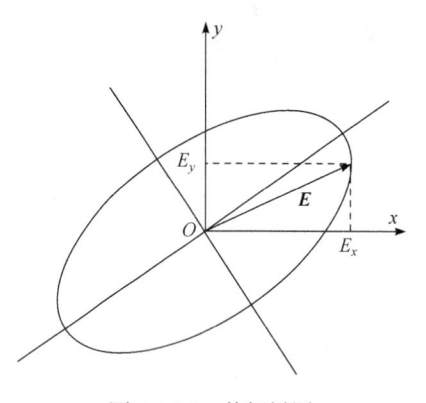

图 A3.1.2 偏振椭圆

A3.1.2 线偏振

如果 E_x 与 E_y 的相位差 δ 为 $0°$ 或 $180°$，即电矢量 E 的振动始终保持在一个平面内，则从电矢量 E 投影在垂直于 z 方向的平面上看，电矢量 E 始终在一条直线上运动，所以称为"线偏振"。如果该直线在水平方向，则称为"水平线偏振"；在垂直方向，则称为"垂直线偏振"。

假设有一天体的射电辐射为线偏振，在本地中天时它的偏振方向为水平，当使用一台水平线偏振的地平式天线进行观测时，就会出现如图 A3.1.3 所示的情况，即在中天时其偏振方向一致，可以接收到该天体的全部线偏振辐射。但是由于地球自转，从地面看起来天体是绕天极旋转的，它的线偏振角在天球坐标系中是不变的，但是在地平坐标系中它是变化的。地面上的地平式天线在任何方位，它的偏振方向都是不变的，所以天线线偏振方向与天体线偏振方向有时就不一致了，见图 A3.1.3。这时，天线只能接收到该天体的部分辐射，甚至全部接收不到。为了解决此问题，有的天线采用可以旋转的线偏振馈源，以保持偏振方向的匹配。下面来进一步推导天线馈源旋转角的计算。

关于天体偏振方向旋转角计算公式的推导，可以参考图 A3.1.4 的星位角图。图中：P 为天极，Z 为天顶，S 为某天体的位置，A、H、δ、h 及 ϕ 分别为方位角、时角、天体赤纬、天体仰角及测站纬度。ΔPZS 称为天文三角形，q 为星位角(视差角)。当天体位于上中天或下中天时，即 $H = 0°$ 或 $180°$ 时，$q = 0$。q 值随时角变化而变化，它的变化即为偏振角的变化。根据球面三角四元素公式，从天文三角形可以得到

$$\cot(90°-\phi)\sin(90°-\delta) = \cos(90°-\delta)\cos(H) + \sin(H)\cot(q) \quad (A3.1.1)$$

将(A3.1.1)式整理后可得

$$\tan(q) = \frac{\sin(H)}{\tan(\phi)\cos(\delta) - \sin(\delta)\cos(H)} \quad (A3.1.2)$$

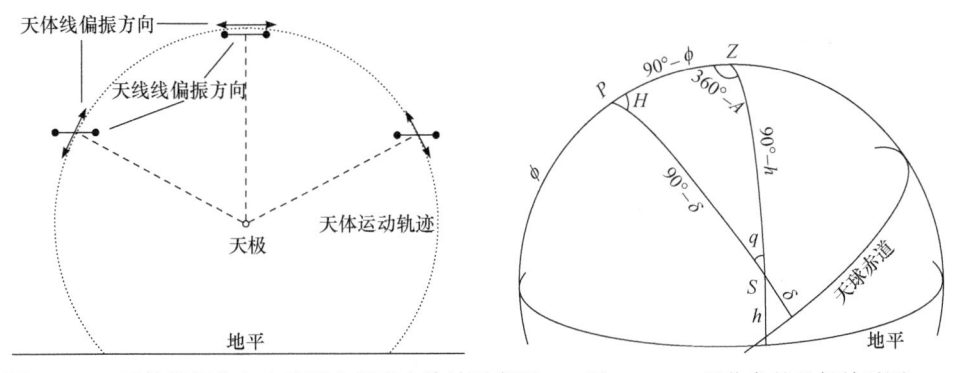

图 A3.1.3 天体偏振方向在地平坐标系中旋转示意图　　图 A3.1.4 星位角的几何关系图

从(A3.1.2)式可以看到，q 值不仅随时角变化而变化，也随纬度变化而变化。VLBI 观测站一般相距很远，所以观测同一目标时，它们的时角相差很大，同时它们的纬度一般也不同，如果采用线偏振，则各个测站的偏振方向不一致，需要调整馈源偏振角。为了避免馈源偏振角需要实时调整的问题，VLBI 通常采用圆偏振观测。关于圆偏振的性质将在 A3.1.3 节进一步阐述。

A3.1.3 圆偏振

设：垂直线偏振波与水平线偏振波的电矢量分别 E_x 与 E_y，当它们的相位差 δ 为 $90°$ 或 $270°$，并且幅度相等时，它们合成的电矢量 E 绕 z 轴做旋转运动，z 为

波的前进方向。电矢量 E 端点在垂直于 z 方向的平面上的投影轨迹为一个圆，所以称为"圆偏振"，如图 A3.1.5 所示[①]。

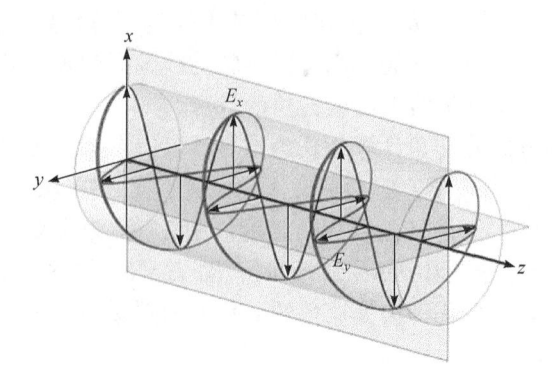

图 A3.1.5　圆偏振示意图

按射电天文的习惯，从观测者向目标方向看，电矢量按逆时针方向旋转时，称为"右旋圆偏振"；如果是顺时针旋转，则为"左旋圆偏振"。

VLBI 观测一般均采用圆偏振模式，可以避免馈源旋转问题；目前，深空探测器与导航卫星的下行信号都使用圆偏振信号，所以地面观测站的接收天线也需要装备有圆偏振馈源。

A3.1.4　椭圆偏振

如果 E_x 与 E_y 的幅度不等和(或)相位差 δ 不等于 0°、90°、180°或 270°时，则电矢量 E 的端点在垂直于 z 方向的平面上的投影轨迹为一个椭圆，所以称为"椭圆偏振"。图 A3.1.6 为 3 种偏振的示意图(Fallet, 2011)，图中右面为椭圆偏振。

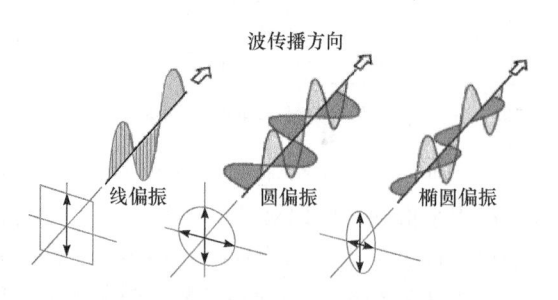

图 A3.1.6　3 种偏振示意图

可见，线偏振和圆偏振都是椭圆偏振的特例。任意一个椭圆偏振波都可以分解为两个正交的线偏振波，也可以分解为两个圆偏振波。

---

① https://olegkutkov.me/2020/09/20/reworking-linear-polarization-satellite-lnb-into-a-circular-polarized/。

在研制圆偏振馈源时，由于加工中的各种实际问题，不可能做到完全理想的圆偏振馈源，所以在工程上需要确定非圆偏振的程度，一般用椭圆偏振的两个轴之比作为指标。例如，指标要求轴比≤1dB，即两轴之比不大于1.26:1。

A3.1.5　随机偏振

如果 E_x 与 E_y 是独立的，则它们的振动方向与幅度均为随机变化的，统计平均来说，它们合成的电矢量 $\boldsymbol{E}$ 在垂直于 z 方向的平面上的分布为各向均匀、振幅相等。这时，该射电波是"随机偏振"的，在光学上称为"自然光"。自然射电天体辐射的射电波，一般均为随机偏振与某种偏振的混合。

A3.1.6　斯托克斯参数

1852年，斯托克斯(G. Stokes)提出了用 I、Q、U、V 四个参数描述波的偏振特性，现在在射电天文中也广泛采用，称为 Stokes 参数，它们的表达式为

$$\begin{aligned} I &= E_x^2 + E_y^2 \\ Q &= E_x^2 - E_y^2 \\ U &= 2E_x E_y \cos\delta \\ V &= 2E_x E_y \sin\delta \end{aligned} \tag{A3.1.3}$$

从(A3.1.3)式可以得到

$$I^2 = Q^2 + U^2 + V^2 \tag{A3.1.4}$$

这说明，对于一个完全偏振的射电波，4个斯托克斯参数只有3个是独立的。对于部分偏振的射电波来说，

$$I^2 \geqslant Q^2 + U^2 + V^2 \tag{A3.1.5}$$

所以线偏振度 P_l、圆偏振度 P_c、总的偏振度 P_t 及线偏振位置角 θ 分别为(Burke and Graham-Smith, 2002)，

$$P_l = \frac{\sqrt{Q^2 + U^2}}{I} \tag{A3.1.6}$$

$$P_c = \frac{V}{I} \tag{A3.1.7}$$

$$P_t = \frac{\sqrt{Q^2 + U^2 + V^2}}{I} \tag{A3.1.8}$$

$$\theta = \frac{1}{2}\arctan\left(\frac{U}{Q}\right) \tag{A3.1.9}$$

如前所述，当 E_x 与 E_y 的相位差 δ 为 0°或 180°时为线偏振，所以从(A3.1.3)式可知，$V=0$ 时为线偏振，所以(A3.1.8)式就变为(A3.1.6)式；E_x 与 E_y 的相位差 δ 为 90°或 270°，且 $E_x=E_y$ 时，即 $Q=0$ 和 $U=0$ 为圆偏振，所以(A3.1.8)式就变为(A3.1.7)式。

当射电望远镜具有双偏振馈源及配套的接收机系统时，就可以进行双偏振射电观测，使用其观测数据计算得 Stockes 参数，进而计算得线偏振度、圆偏振度、总偏振度及线偏振位置角。关于射电天文偏振测量的原理与方法可参见有关文献(Hamaker et al., 1996；Trippe, 2013)。

附录 A3.2 抛物面天线有关参数

A3.2.1 天线功率方向图

一个抛物面天线在不同方向上接收或发射信号的能力是不一样的，这种性能通常用天线功率方向图来描述。

设：两维极坐标的两个角为 θ 和 ϕ，在某方向接收或发射的最大功率为 $P_{\max}$，其他方向接收或发射的功率为 P，则归一化功率方向图 P_n 可以用下式表示：

$$P_n(\theta, \phi) = P(\theta, \phi)/P_{\max} \tag{A3.2.1}$$

图 A3.2.1 为一台抛物面天线接收射电辐射信号的功率方向图(一维)(Napier, 1999)。设观测频率为 ν，天线指向一射电源，它的两方向角为 (θ, ϕ)，在该方向的

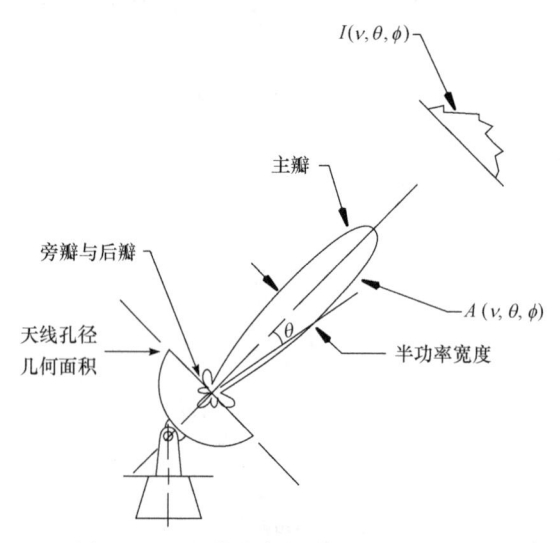

图 A3.2.1 天线功率方向图的一维示意图

射电源的亮度为 $I(v, \theta, \phi)$，天线接收的方向图为 $A(v, \theta, \phi)$。图中显示了天线的主瓣(主波束)、半功率点波束宽度、旁瓣及后瓣。

在天线孔径上的复电压场 $f(x,y)$ 与复远场电压辐射方向图 $F(u,v)$ 为傅里叶变换关系：

$$F(u,v) = \iint_{\text{aperture}} f(x,y) e^{2\pi i(ux+vy)} dxdy \tag{A3.2.2}$$

$$f(x,y) = \int_{-\infty}^{\infty}\int_{-\infty}^{\infty} F(u,v) e^{-2\pi i(ux+vy)} dudv \tag{A3.2.3}$$

(A3.2.2)式和(A3.2.3)式中的辐射方向图的 u,v 的计算公式为

$$u = \frac{\sin\theta\cos\phi}{\lambda}, \quad v = \frac{\sin\theta\sin\phi}{\lambda} \tag{A3.2.4}$$

图 A3.2.2 显示了 $f(x,y)$ 与 $F(u,v)$ 的一维图形(Napier, 1999)。电压与功率的关系式为 $P = |F|^2$。

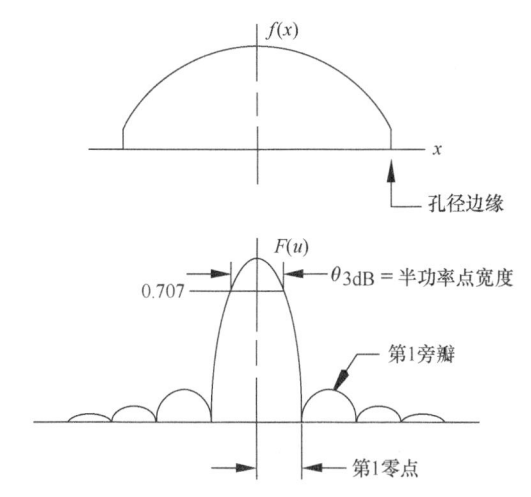

图 A3.2.2　天线远场辐射方向图与孔径分布的傅里叶关系(一维，仅显示幅度)

天线增益 G 的定义：一个天线在某方向 (θ, φ) 的单位立体角发射功率 $P(\theta, \varphi)$ 与总发射功率相等的各向同性天线在单位立体角发射功率 P_0 的比值。即

$$G(\theta, \varphi) = P(\theta, \varphi)/P_0 \tag{A3.2.5}$$

增益 G 通常用 dB 数表示。

A3.2.2　主瓣宽度、主瓣效率与天线效率

在图 A3.2.1 与图 A3.2.2 中可以看到，在功率方向图中某个方向上，在一定范围内的功率较其他地方要大得多，这个范围就称为天线的主瓣。其他部分称为

旁瓣和后瓣。

1. 主瓣宽度

主瓣的宽度一般按半功率点波束宽度(Half Power Beam Width，HPBW)来度量，有时也用第一零点的波束宽度(Beam Width between First Nulls，BWFN)。HPBW 的计算公式为(Thomas, 2005)

$$\text{HPBW} \approx 70° \times (\lambda/D) \tag{A3.2.6}$$

对于不同的设计，其 HPBW 值稍有不同。在进行天线有关性能参数的测试中，需要更精确的 HPBW 值，它通常通过实际测量来确定。

2. 主瓣效率

天线波束的立体角 Ω_A 由下式给出：

$$\Omega_A = \iint_{4\pi} P_n(\theta, \varphi) d\Omega \tag{A3.2.7}$$

同样可得，主瓣的立体角 $\Omega_{主瓣}$ 为

$$\Omega_{主瓣} = \iint_{主瓣} P_n(\theta, \varphi) d\Omega \tag{A3.2.8}$$

定义主瓣效率 η_B(或主波束效率)为

$$\eta_B = \frac{\Omega_{主瓣}}{\Omega_A} \tag{A3.2.9}$$

η_B 说明，天线发射或接收的功率多大部分集中在主瓣。

3. 天线效率

天线效率 η 也称为孔径效率，它也是天线的重要指标。天线效率 η 的定义为：天线有效面积 A_e 与几何面积 A_g 之比值，所以有

$$\eta = \frac{A_e}{A_g} \tag{A3.2.10}$$

所谓天线有效面积 A_e，它表示了天线截取射电波的实际口面面积。设：天线口面截取的射电波的功率为 P_e。如果没有天线，通过同样的天线口面几何面积的功率为 P_g，则：$\eta = P_e/P_g$，$A_e = \eta A_g$。A_g 为天线口面的几何面积。设天线口径为 D，则 $A_g = \pi \left(\dfrac{D}{2}\right)^2$。

在不同方向上，η 值是不同的，一般是使用主瓣方向上之值，它为最大值。设计和制造得比较好的天线，η 值一般为 50%～70%。

4. 天线增益

上面谈到天线的功率方向图，就是说天线在不同方向上接收(或发射)的能力是不同的，天线增益的定义就是：天线接收信号的功率密度与理想接收单元接收到的信号功率密度(在立体角 4π 范围内是均匀接收的)的比值，所以它定量地描述了天线接收信号的汇集能力。通常，给出的天线增益是指最大增益。

天线的主瓣方向的最大增益 $G_{\max}$ 为

$$G_{\max} = \frac{4\pi A_e}{\lambda^2} \tag{A3.2.11}$$

(A3.2.11)式中，天线有效面积 $A_e = \eta\pi\left(\dfrac{D}{2}\right)^2$，所以(A3.2.11)式可以改写为

$$G_{\max} = \eta\left(\frac{\pi D}{\lambda}\right)^2 \tag{A3.2.12}$$

附录 A3.3　射电望远镜灵敏度有关计算公式

A3.3.1　射电望远镜系统灵敏度

常用的射电望远镜系统灵敏度计算公式有两种，下面分别阐述：

1. SEFD(Jy)

SEFD(System Equivalent Flux Density)的中文名称为"系统等效流量密度"，它的计算公式为

$$\text{SEFD} = \frac{2kT_s}{A_e} \cdot 10^{26} (\text{Jy}) \tag{A3.3.1}$$

式中：k——玻尔兹曼常量，等于 1.38065×10^{-23} 焦耳/开(J/K)；

T_s——系统噪声温度，开(K)，它主要由接收机噪声温度和天线噪声温度组成，天线噪声温度不是天线的物理温度，它是指各种噪声源在天线上产生的等效噪声温度，主要噪声源为：天线欧姆损耗、馈源插入损耗、地面噪声、大气噪声及宇宙微波背景辐射等；

A_e——天线有效面积(m^2)，$A_e = \dfrac{\eta\pi D^2}{4}$，其中 η 为天线效率，D 为天线口径。

设：65m 射电望远镜的 T_s 为 30K，天线效率(X 波段)为 55%；则按(A3.3.1)式可以计算它的 $A_e = 1825\text{m}^2$，SEFD = 45.39Jy。

2. $A/T(\text{m}^2/\text{K})$

A/T 也是常用的射电望远镜系统灵敏度计算公式,它为天线有效面积(A_e)除以系统噪声温度(T_s),计算公式为

$$A/T = \frac{A_e}{T_s} = \frac{\eta\pi D^2}{4T_s} \ (\text{m}^2/\text{K}) \tag{A3.3.2}$$

同样,使用上面给出65m射电望远镜的参数,按(A3.3.2)式计算得 $A/T = 60.83\text{m}^2/\text{K}$。

从(A3.3.1)式和(A3.3.2)式可以得到,SEFD 与 A/T 的换算公式为

$$A/T = \frac{2k}{\text{SEFD}} \cdot 10^{26} \ (\text{m}^2/\text{K}) \tag{A3.3.3}$$

A3.3.2 射电望远镜天线增益计算公式

常用的天线增益两种计算公式如下:

1. DPFU(K/Jy)

DPFU(Degree Per Flux Unit)的中文名称为"单位流量天线噪声温度",有的学者也把它称为射电望远镜的"天线增益"(Gain),它的计算公式为

$$\text{DPFU} = \frac{A_e \cdot 1\text{Jy}}{2k} = \frac{\eta\pi D^2 \cdot 1\text{Jy}}{8k} \ (\text{K/Jy}) \tag{A3.3.4}$$

(A3.3.4)式中,$1\text{Jy} = 1\times 10^{-26}\text{W}/(\text{m}^2 \cdot \text{Hz})$。根据 65m 天线的口径和效率(X 波段),则可以按(A3.3.4)式计算得 DPFU = 0.66(K/Jy)。

SEFD 与 DPFU 的关系式为

$$\text{SEFD} = \frac{T_s}{\text{DPFU}} \ (\text{Jy}) \tag{A3.3.5}$$

2. 天线增益 G(dB)

普遍采用的天线增益(Gain,常用符号 G)的定义是定量地描述一台天线把输入功率集中的程度,天线主波束越窄,则它的输入功率集中程度就越高。天线增益计算公式如(A3.3.6)式所示,单位 dB(连续孔径天线增益的单位为 dBi,振子天线增益的单位为 dBd)。

$$G = 10 \cdot \log\left(\frac{4\pi A_e}{\lambda^2}\right) = 10 \cdot \log\left(\frac{\eta\pi^2 D^2}{\lambda^2}\right) (\text{dBi}) \tag{A3.3.6}$$

根据上面给出的 65m 天线效率(X 波段),并设 X 波段的波长 $\lambda = 0.035\text{m}$,则

按(A3.3.6)式计算得 $G = 72.72\text{dBi}$。

对于通信、雷达站及航天测控站等，它们的系统灵敏度通常用 G/T 值衡量，称为"品质因素"，其中 G 为天线增益，T 为系统噪声温度。G/T 值的计算公式为

$$G/T = G - 10 \cdot \lg(T_s) \quad (\text{dB/K}) \tag{A3.3.7}$$

按 65m 天线的 $T_s=30\text{K}$，可以计算得它的 $G/T = 57.95\text{dB/K}$。

根据(A3.3.1)式和(A3.3.6)式，可以得到 SEFD 与 G/T 的转换公式为

$$G/T = 10 \cdot \lg\left(\frac{8\pi k}{\lambda^2} \cdot \frac{10^{26}}{\text{SEFD}}\right) \quad (\text{dB/K}) \tag{A3.3.8}$$

第 4 章 射电干涉测量信号分析和数据处理

本章主要讲述射电干涉测量信号的数据处理原理和方法，包括：互相关原理，射电干涉测量的互相关函数和数据处理方法，根据相关函数导出射电干涉测量的观测值——干涉条纹相位、时延及时延率，以及供给后续参数解算使用的观测值数据文件的生成。

4.1 射电干涉测量的互相关函数

4.1.1 互相关与互功率谱原理

射电天体测量使用的射电干涉仪均为相关干涉仪，所以互相关是其核心问题。本节主要介绍互相关与互功率谱理论，是重要的基础知识。

设：两个函数为 $x(t)$ 和 $y(t)$，则互相关函数的定义为

$$c_{xy}(\tau) = \int_{-\infty}^{\infty} x(t) y(t-\tau) \mathrm{d}t \tag{4.1.1}$$

(4.1.1)式中，τ 为时延。改变 τ 可以得到不同的互相关值，当 $c_{xy}(\tau)$ 最大时，就是最大相关。根据(4.1.1)式，可以进一步得到归一化互相关函数为

$$\rho_{xy}(\tau) = \frac{c_{xy}(\tau)}{\sqrt{c_{xx}(0) c_{yy}(0)}} \tag{4.1.2}$$

(4.1.2)式中，$c_{xx}(0)$ 和 $c_{yy}(0)$ 分别为 $x(t)$ 和 $y(t)$ 在 $\tau=0$ 时的自相关值。

设：频率为 f，用傅里叶变换将时域函数 $x(t)$ 和 $y(t)$ 变换为频率域，则

$$\begin{cases} X(f) = \int_{-\infty}^{\infty} x(t) \mathrm{e}^{-2\pi f t} \mathrm{d}t \\ Y(f) = \int_{-\infty}^{\infty} y(t) \mathrm{e}^{-2\pi f t} \mathrm{d}t \end{cases} \tag{4.1.3}$$

所以可以推导得互功率谱为(Takahashi et al., 2000)

$$C_{xy}(f) = X(f) Y^*(f) \tag{4.1.4}$$

(4.1.4)式中，$Y^*(f)$ 为 $Y(f)$ 的复共轭。

根据维纳-欣钦定理可知，互相关函数 $c_{xy}(\tau)$ 与互功率谱 $C_{xy}(f)$ 为一个傅里叶变换对，即互功率谱 $C_{xy}(f)$ 为互相关函数 $c_{xy}(\tau)$ 的傅里叶变换；$c_{xy}(\tau)$ 为 $C_{xy}(f)$ 傅里叶逆变换：

$$\begin{cases} C_{xy}(f) = \int_{-\infty}^{\infty} c_{xy}(\tau) e^{-2\pi f \tau} d\tau \\ c_{xy}(\tau) = \dfrac{1}{2\pi} \int_{-\infty}^{\infty} C_{xy}(f) e^{2\pi f \tau} df \end{cases} \quad (4.1.5)$$

下面进一步来阐述射电干涉仪的互相关函数。按 CEI 与 VLBI 两类射电干涉仪分别来阐述，前者采用公共本振，后者采用独立本振。均以两单元射电干涉仪来阐述，多单元可以类推。

4.1.2 CEI 的相关函数

低频 CEI，例如 1.0GHz 以下，一般可以不用频率转换，直接射频相关；频率高于 1.0GHz 的 CEI，通常需要进行频率转换，将射频转换到基频，然后进行相关。下面就按射频相关和基频相关两种情况来阐述。

1. CEI 射频相关

CEI 射频相关如图 4.1.1 所示，图中天线 1 和 2 同时接收射电波。

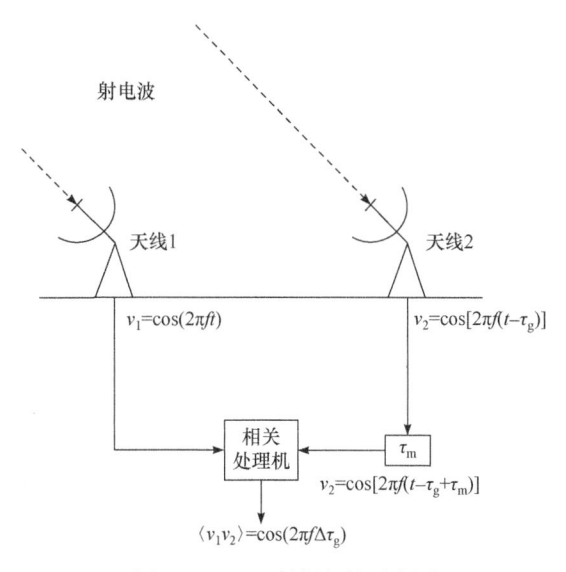

图 4.1.1 CEI 射频相关示意图

设：干涉仪两个测站的参考天线 1 和远方天线 2 在 t 时刻，接收到来自某点源在频率 f 的射电辐射的单频信号，该信号经过 LNA 放大和电缆传输到达数据采集记录系统，然后数字化和编码，最后传送至相关处理机进行相关处理。为了简化公式推导，假设干涉仪两个单元接收到射电信号的幅度相等，均为 1，并且不考虑信号相乘和滤波过程中的信号幅度变化，而主要是关心其相位的变化，则最后在测站 1 记录下来的单频信号的表达式如下：

$$v_1(t) = \cos(2\pi f t) \tag{4.1.6}$$

设射电波从测站 1 到达测站 2 的几何时延为 τ_g，则在单元 2 与单元 1 相同时刻 t 记录下来的信号为

$$v_2(t) = \cos\left[2\pi f\left(t - \tau_g\right)\right] \tag{4.1.7}$$

这里主要是阐述射电干涉测量的基本原理，所以(4.1.7)式中仅考虑几何时延。另外，CEI 测站的时间同步精度可以到皮秒量级，所以也未考虑测站的钟差。

将两路信号进行相乘，将一定时间段 dt 的数据取平均，这样就滤去了高频项，得到了互相关函数 r_{12}，如(4.1.8)式所示。

$$\begin{aligned}r_{12}(\tau) &= \langle v_1 v_2\rangle = \left\langle\cos(2\pi f t)\cos\left[2\pi f\left(t-\tau_g\right)\right]\right\rangle \\ &= \left\langle\cos\left[2\pi f\left(2t-\tau_g\right)\right] + \cos(2\pi f \tau_g)\right\rangle = \cos(2\pi f \tau_g)\end{aligned} \tag{4.1.8}$$

(4.1.8)式中，符号 $\langle\ \rangle$ 为统计平均；τ_g 为几何时延，从第 2 章(2.1.1)式可知，$\tau_g = \dfrac{-B\cos\theta}{c}$。根据(4.1.8)式可以绘制出干涉条纹的图，如图 4.1.2 所示。

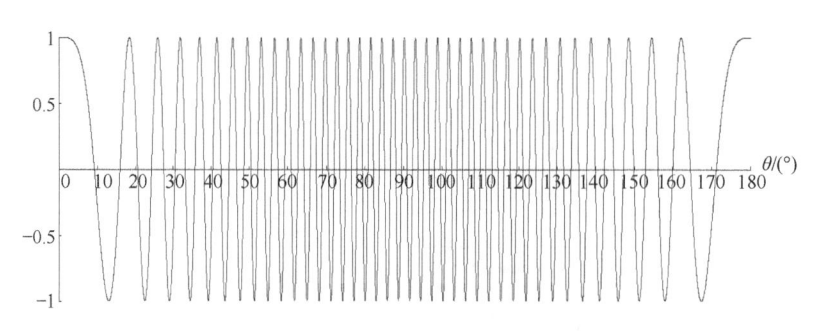

图 4.1.2 射电干涉仪输出的干涉条纹示意图
基线波长比=20，归一化条纹幅度，横坐标为基线矢量与射电波前进方向的夹角 θ 值

为了降低条纹频率，通常在互相关处理时进行时延补偿。时延补偿可以在任一路信号链路上进行，这里以在第 2 路信号链路上加模型时延 τ_m 为例，如图 4.1.1 所示。几何时延 τ_g 是随时间变化的量，模型时延 τ_m 要尽可能地接近

τ_g 值。当然，在实际工作时，还需要考虑其他附加的时延，如仪器设备时延、大气时延等。当加上模型时延后，则(4.1.7)式改变为

$$v_2(t) = \cos\left[2\pi f\left(t - \tau_g + \tau_m\right)\right] = \cos\left[2\pi f\left(t - \Delta\tau_g\right)\right] \tag{4.1.9}$$

同样，将两路信号相乘取平均消除高频项后，得到相关函数 r_{12}，如(4.1.10)式所示：

$$r_{12} = \langle v_1 v_2 \rangle = \cos\left(2\pi f \Delta\tau_g\right) \tag{4.1.10}$$

(4.1.10)式中，$\Delta\tau_g = \tau_g - \tau_m$。

从(4.1.10)式可以看到，射电干涉仪如果直接在射频进行相关处理，并且始终精确进行时延补偿，即 $\Delta\tau_g=0$，则干涉条纹的相位是不变的，即条纹率为零，所以称为"条纹停止"(Stopped)。

下面进一步来推导具有一定带宽的信号的互相关函数。设：从接收机输出的 RF 信号中选出一部分或全部进行互相关处理；频带宽度为 Δf，频率范围为 $f_0 \sim f_0 + \Delta f$，$f_0 > 0$，则对于整个带宽范围内接收到的信号的总和，可以对 (4.1.10)式进行积分并归一化后而得到

$$\begin{aligned}
r'_{12}(\tau) &= \frac{1}{\Delta f} \int_{f_0}^{f_0+\Delta f} \cos\left(2\pi f \Delta\tau_g\right) \mathrm{d}f \\
&= \frac{1}{2\pi \Delta f \Delta\tau_g} \left[\sin\left(2\pi f \Delta\tau_g\right)\right]_{f_0}^{f_0+\Delta f} = \frac{1}{2\pi \Delta\tau_g}\left\{\sin\left[2\pi\left(f_0+\Delta f\right)\Delta\tau_g\right] - \sin\left(2\pi f_0 \Delta\tau_g\right)\right\} \\
&= \frac{2}{2\pi \Delta f \Delta\tau_g} \cos\left[\frac{2\pi\left(f_0+\Delta f\right)\Delta\tau_g + 2\pi f_0 \Delta\tau_g}{2}\right] \sin\left[\frac{2\pi\left(f_0+\Delta f\right)\Delta\tau_g - 2\pi f_0 \Delta\tau_g}{2}\right] \\
&= \frac{1}{\pi \Delta f \tau_g} \cos\left(2\pi f_0 \Delta\tau_g + \pi \Delta f \Delta\tau_g\right)\sin\left(\pi \Delta f \Delta\tau_g\right) \\
&= \cos\left(2\pi f_0 \Delta\tau_g + \pi \Delta f \Delta\tau_g\right)\frac{\sin\left(\pi \Delta f \Delta\tau_g\right)}{\pi \Delta f \Delta\tau_g}
\end{aligned}$$

$$\tag{4.1.11}$$

2. CEI 基频相关

当观测频率较高时，为了便于信号传输、数据采集和处理，射电干涉仪的射频信号(RF)通常要进行 1 次(或多次)的频率变换。目前，对于厘米波段的射电干涉仪，通常由含有变频器的接收机(或独立的变频设备)，把 RF 信号转换为中频(IF)信号，然后由数据采集设备，把 IF 信号分为若干子通道，再转换为基频(BF)

信号，基带信号的低端接近 0 频，基频信号也称为视频信号。近年，由于数字采样技术的发展，正在试验在厘米波段对于 RF 信号直接采样，然后进行互相关处理，这样就省去了变频这一环节。

多次变频与一次变频的原理是一样的，这时，f_{LO} 是几次变频的 f_{LO} 之和，所以下面均按一次变频来讨论。图 4.1.3 为频率转换的示意图(Perley，2015)，设：RF 的频率为 f；本振(LO)的频率为 f_{LO}，$f_{LO} < f$，LO 信号表达式为 $\cos(2\pi f_{LO} t,)$；IF(或 BF)的中心频率为 f_{IF}，其带宽为 Δf_{IF}。将 LO 与 RF 相乘后得到上边带(USB) IF^U 和下边带(LSB) IF^L (或 BF)信号，它们的频率分别为 $f_{IF} = f + f_{LO}$；$f - f_{LO}$。滤去高频项(即上边带 IF^U)后，最后输出的为 IF^L，如图 4.1.3 所示。

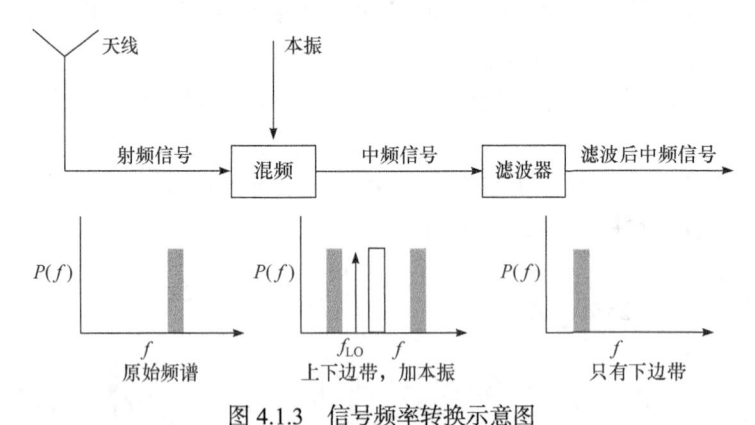

图 4.1.3　信号频率转换示意图

两测站的信号变频过程以及经过时延补偿与互相关的示意图如图 4.1.4 所示。

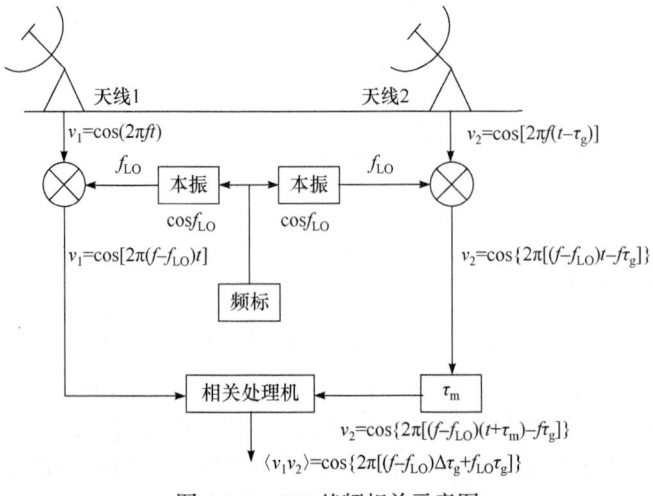

图 4.1.4　CEI 基频相关示意图

它们的变频过程的数学表达式分别为(4.1.12)式与(4.1.13)式，时延补偿与互相关的数学表达式分别为(4.1.14)式与(4.1.15)式。

$$\begin{aligned} v_1(t) &= \cos(2\pi f t) \times \cos(2\pi f_{\text{LO}} t) \\ &= \cos\left[2\pi(f - f_{\text{LO}})t\right] \quad \text{(已滤去高频项)} \end{aligned} \quad (4.1.12)$$

$$\begin{aligned} v_2(t) &= \cos\left[2\pi f(t - \tau_g)\right] \times \cos(2\pi f_{\text{LO}} t) \\ &= \cos\left[2\pi(f - f_{\text{LO}})t - 2\pi f \tau_g\right] \quad \text{(已滤去高频项)} \end{aligned} \quad (4.1.13)$$

上述频率变化的表达式中均不考虑信号变频过程的幅度变化。

在进行相关处理前，先在测站2(或测站1)的BF信号中加入一个模型时延值 τ_m。这样(4.1.13)式变为

$$\begin{aligned} v_2(t) &= \cos\left[2\pi(f - f_{\text{LO}})(t + \tau_m) - 2\pi f \tau_g\right] \\ &= \cos\left[2\pi(f - f_{\text{LO}})t + 2\pi(f - f_{\text{LO}})\tau_m - 2\pi f \tau_g\right] \\ &= \cos\left[2\pi(f - f_{\text{LO}})t + 2\pi f \tau_m - 2\pi f_{\text{LO}} \tau_m - 2\pi f \tau_g\right] \\ &= \cos\left[2\pi(f - f_{\text{LO}})t - 2\pi f \Delta \tau_g - 2\pi f_{\text{LO}} \tau_m\right] \end{aligned} \quad (4.1.14)$$

将 v_1 与(4.1.14)式的 v_2 相乘，并取统计平均，得到其互相关函数为

$$\begin{aligned} r_{12}(\tau) &= \langle v_1 v_2 \rangle = \cos(2\pi f \Delta \tau_g + 2\pi f_{\text{LO}} \tau_m) \\ &= \cos\left[2\pi f \tau_g - 2\pi f \tau_m + 2\pi f_{\text{LO}} \tau_m + (2\pi f_{\text{LO}} \tau_g - 2\pi f_{\text{LO}} \tau_g)\right] \\ &= \cos\left[(2\pi f \tau_g - 2\pi f_{\text{LO}} \tau_g) - (2\pi f \tau_m - 2\pi f_{\text{LO}} \tau_m) + 2\pi f_{\text{LO}} \tau_g\right] \\ &= \cos\left[2\pi(f - f_{\text{LO}})\tau_g - 2\pi(f - f_{\text{LO}})\tau_m + 2\pi f_{\text{LO}} \tau_g\right] \\ &= \cos\left[2\pi(f - f_{\text{LO}})\Delta \tau_g + 2\pi f_{\text{LO}} \tau_g\right] \\ &= \cos\left[2\pi f_{\text{BF}} \Delta \tau_g + 2\pi f_{\text{LO}} \tau_g\right] \end{aligned} \quad (4.1.15)$$

(4.1.15)式中，基频频率 $f_{\text{BF}} = f - f_{\text{LO}}$。

将(4.1.15)式与(4.1.10)式相比较可以看到，CEI 经过频率转换后，用基频信号进行相关处理时，其互相关函数的相位为 $2\pi f_{\text{BF}} \Delta \tau_g + 2\pi f_{\text{LO}} \tau_g$，这说明在基频相关情况下，虽然经过精确的时延补偿(即 $\tau_m = \tau_g$，$\Delta \tau_g = 0$ 时)，(4.1.15)式中的相位第一项为零，但是第二项不等于零，并且随 τ_g 而变化，也就是仍然存在干涉条纹，只不过 $2\pi f \tau_g$ 项中的射频 f 改换成了本振频率 f_{LO}。所以在相关处理时，除了进行"时延补偿"外，还要使用模型条纹进行"条纹旋转"，也称为"相位补偿"，即用人工发生的 $\cos(2\pi f_{\text{LO}} \tau_m)$ 信号乘以(4.1.15)式来实现。同样，信号相

乘后滤去高频项可以大大降低条纹率,残余条纹一般可以做到毫赫兹水平。现在一般采用在相关处理前,对于一路或两路信号进行条纹旋转,然后再进行相关处理。进行条纹旋转后的互相关输出的(4.1.16)式与射频互相关输出的表达式是一样的。同样不考虑条纹幅度,并且滤去高频项。

$$\begin{aligned} r_{12}(\tau) &= \langle v_1 v_2 \rangle = \langle \cos(2\pi f_{BF}\Delta\tau_g + 2\pi f_{LO}\tau_g) \times \cos 2\pi f_{LO}\tau_m \rangle \\ &= \cos(2\pi f_{BF}\Delta\tau_g + 2\pi f_{LO}\tau_g - 2\pi f_{LO}\tau_m) \\ &= \cos(2\pi f_{BF}\Delta\tau_g + 2\pi f_{LO}\Delta\tau_g) \\ &= \cos(2\pi f\Delta\tau_g) \end{aligned} \tag{4.1.16}$$

从(4.1.16)式可以看到,当 CEI 基频相关时,如果时延补偿和条纹旋转都十分精确,则可以使得条纹率为 0。

设 BF 信号频率 $f_{BF} = 0 \sim \Delta f$,同样对(4.1.16)式进行积分并归一化,即可获得具有一定带宽的相关函数。

$$\begin{aligned} r'_{12}(\tau) &= \frac{1}{\Delta f}\int_0^{\Delta f}\cos(2\pi f_{BF}\Delta\tau_g + 2\pi f_{LO}\Delta\tau_g)\mathrm{d}f \\ &= \frac{1}{2\pi\Delta f\Delta\tau_g}\left[\sin(2\pi\Delta f\Delta\tau_g + 2\pi f_{LO}\Delta\tau_g) - \sin(2\pi f_{LO}\Delta\tau_g)\right] \\ &= \frac{1}{\pi\Delta f\Delta\tau_g}\cos\left[2\pi f_{LO}\Delta\tau_g + \pi\Delta f\Delta\tau_g\right]\sin(\pi\Delta f\Delta\tau_g) \\ &= \cos(2\pi f_{LO}\Delta\tau_g + \pi\Delta f\Delta\tau_g)\frac{\sin(\pi\Delta f\Delta\tau_g)}{\pi\Delta f\Delta\tau_g} \end{aligned} \tag{4.1.17}$$

4.1.3 VLBI 的相关函数

VLBI 与 CEI 的差别,就是 VLBI 采用独立本振,而 CEI 采用公共本振。这里,只阐述 VLBI 基频相关处理的互相关函数,对于射频相关的互相关函数,读者可以自行来推导。图 4.1.5 为 VLBI 基频相关的简要示意图。

VLBI 的各个观测站使用高稳定度的氢原子钟作为标准频率源,虽然氢钟的准确度和稳定度均很高,但是它们之间的频率仍会存在微小差异,其差异一般为 $10^{-13} \sim 10^{-12}$;另外,两台钟还存在时刻误差,利用 GNSS 导航系统进行时间比对的精度一般为数十纳秒。设两测站的本振频率分别为 f_{LO1} 和 f_{LO2},其差值为 $\Delta f_{LO} = f_{LO2} - f_{LO1}$;另外,它们还存在缓变的相位漂移,设为 θ_1 和 θ_2。这里也暂不考虑信号的幅度问题,也不考虑测站其他仪器设备的相位偏移。这样,可以

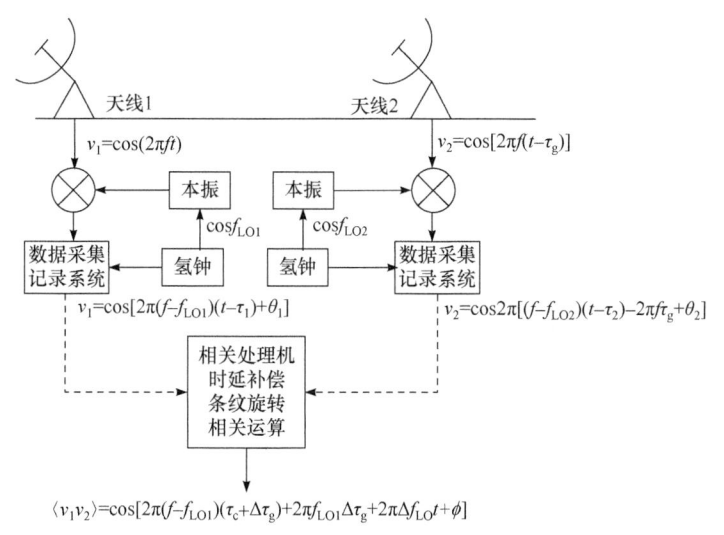

第4章 射电干涉测量信号分析和数据处理

图 4.1.5 VLBI 基频相关的简要示意图

得到 VLBI 基频信号的表达式为

$$v_1(t) = \cos\left[2\pi(f - f_{\text{LO1}})(t - \tau_1) + \theta_1\right] \tag{4.1.18}$$

$$v_2(t) = \cos\left[2\pi(f - f_{\text{LO2}})(t - \tau_2) - 2\pi f \tau_{\text{g}} + \theta_2\right] \tag{4.1.19}$$

(4.1.18)式和(4.1.19)式中，τ_1 和 τ_2 分别为两测站的钟差。

同样，在相关处理时，在第 2 路信号链路上进行时延补偿，设模型时延为 τ_{m}，则(4.1.19)式改写为

$$\begin{aligned}
v_2(t) &= \cos\left[2\pi(f - f_{\text{LO1}} - \Delta f_{\text{LO}})(t - \tau_2 + \tau_{\text{m}}) - 2\pi f \tau_{\text{g}} + \theta_2\right] \\
&= \cos\left[2\pi(f - f_{\text{LO1}})(t - \tau_2) + 2\pi(f - f_{\text{LO1}})\tau_{\text{m}} - 2\pi\Delta f_{\text{LO}}(t - \tau_2 + \tau_{\text{m}}) - 2\pi f \tau_{\text{g}} + \theta_2\right] \\
&= \cos\left[2\pi(f - f_{\text{LO1}})(t - \tau_2) - 2\pi(f\Delta\tau_{\text{g}} + f_{\text{LO1}}\tau_{\text{m}}) - 2\pi\Delta f_{\text{LO}}(t - \tau_2 + \tau_{\text{m}}) + \theta_2\right]
\end{aligned} \tag{4.1.20}$$

所以其互相关函数为

$$\begin{aligned}
r_{12}(\tau) &= \langle v_1 v_2 \rangle \\
&= \cos\left[2\pi(f - f_{\text{LO1}})(\tau_2 - \tau_1) + 2\pi(f\Delta\tau_{\text{g}} + f_{\text{LO1}}\tau_{\text{m}}) + 2\pi\Delta f_{\text{LO}}(t - \tau_2 + \tau_{\text{m}}) + \theta_{21}\right] \\
&= \cos\left[2\pi(f - f_{\text{LO1}})\tau_{\text{c}} + 2\pi(f\Delta\tau_{\text{g}} + f_{\text{LO1}}\tau_{\text{m}}) + 2\pi(f_{\text{LO1}}\tau_{\text{g}} - f_{\text{LO1}}\tau_{\text{g}})\right. \\
&\quad \left. + 2\pi\Delta f_{\text{LO}}(t - \tau_2 + \tau_{\text{m}}) + \theta_{21}\right] \\
&= \cos\left[2\pi(f - f_{\text{LO1}})\tau_{\text{c}} + 2\pi f\Delta\tau_{\text{g}} - 2\pi f_{\text{LO1}}(\tau_{\text{g}} - \tau_{\text{m}}) + 2\pi f_{\text{LO1}}\tau_{\text{g}}\right.
\end{aligned}$$

$$+ 2\pi\Delta f_{\text{LO}}(t - \tau_2 + \tau_m) + \theta_{21}]$$

$$= \cos\left[2\pi(f - f_{\text{LO1}})\tau_c + 2\pi(f - f_{\text{LO1}})\Delta\tau_g + 2\pi f_{\text{LO1}}\tau_g + 2\pi\Delta f_{\text{LO}}(t - \tau_2 + \tau_m) + \theta_{21}\right]$$

$$= \cos\left[2\pi(f - f_{\text{LO1}})(\tau_c + \Delta\tau_g) + 2\pi f_{\text{LO1}}\tau_g + 2\pi\Delta f_{\text{LO}}(t - \tau_2 + \tau_m) + \theta_{21}\right]$$

$$= \cos\left[2\pi(f - f_{\text{LO1}})(\tau_c + \Delta\tau_g) + 2\pi f_{\text{LO1}}\tau_g + 2\pi\Delta f_{\text{LO}}t + \phi\right]$$

(4.1.21)

(4.1.21)式中，$\tau_c = \tau_2 - \tau_1$，$\Delta\tau_g = \tau_g - \tau_m$，$\theta_{12} = \theta_1 - \theta_2$，$\phi = 2\pi\Delta f_{\text{LO}}(\tau_m - \tau_2) + \theta_{21}$。

VLBI 基频相关与 CEI 基频相关一样，当精确进行时延补偿后，即 $\tau_c + \Delta\tau_g = 0$ 时，仍存在几何时延的干涉条纹 $\cos(2\pi f_{\text{LO1}}\tau_g)$ 项，它的频率为测站的本振频率，所以还需要按模型条纹 $\cos(2\pi f_{\text{LO1}}\tau_m)$ 进行条纹旋转。这样，可以得到频率比较低的干涉条纹，如(4.1.22)式所示。

$$r_{12}(\tau) = \cos\left[2\pi(f - f_{\text{LO1}})(\tau_c + \Delta\tau_g) + 2\pi f_{\text{LO1}}\Delta\tau_g + 2\pi\Delta f_{\text{LO}}t + \phi\right] \quad (4.1.22)$$

另外，由于两地本振频率的差异还会产生附加条纹 $\cos(2\pi\Delta f_{\text{LO}}t)$，所以在条纹旋转时需要考虑该项影响。为了提高 VLBI 观测值的信噪比，一般在相关处理后，还需要将一次观测(Scan)的数据进一步积分，所以要求残余条纹的相位变化在一个 Scan 时间内不超过 360°。例如，观测的一个 Scan 时间为 100s，则残余条纹率要求小于 0.01Hz，即 100s 时间段的残余条纹相位的变化小于 360°。

在具有一定带宽情况下(基频带宽为 Δf，频率范围 $0 \sim \Delta f$)，用同样的方法，对(4.1.22)式进行积分并归一化，可以得到具有一定带宽的 VLBI 互相关函数：

$$r'_{12} = \frac{1}{\Delta f}\int_0^{\Delta f}\cos\left[2\pi f_{\text{BF}}(\tau_c + \Delta\tau_g) + 2\pi f_{\text{LO1}}\Delta\tau_g + 2\pi\Delta f_{\text{LO}}t + \phi\right]df$$

$$= \frac{1}{2\pi\Delta f(\tau_c + \Delta\tau_g)}\left\{\sin\left[2\pi\Delta f(\tau_c + \Delta\tau_g) + 2\pi f_{\text{LO1}}\Delta\tau_g + 2\pi\Delta f_{\text{LO}}t + \phi\right]\right.$$

$$\left.- \sin\left(2\pi f_{\text{LO1}}\Delta\tau_g + 2\pi\Delta f_{\text{LO}}t + \phi\right)\right\}$$

$$= \frac{2}{2\pi\Delta f(\tau_c + \Delta\tau_g)}\cos\left[\frac{2\pi\Delta f(\tau_c + \Delta\tau_g) + 4\pi f_{\text{LO1}}\Delta\tau_g + 4\pi\Delta f_{\text{LO}}t + 2\phi}{2}\right]\sin\left[\frac{2\pi\Delta f(\tau_c + \Delta\tau_g)}{2}\right]$$

$$= \cos\left[2\pi f_{\text{LO1}}\Delta\tau_g + \pi\Delta f(\tau_c + \Delta\tau_g) + 2\pi\Delta f_{\text{LO}}t + \phi\right]\frac{\sin\pi\Delta f(\tau_c + \Delta\tau_g)}{\pi\Delta f(\tau_c + \Delta\tau_g)}$$

(4.1.23)

(4.1.23)式中，$f_{\text{BF}} = f - f_{\text{LO1}}$。

将(4.1.23)式与(4.1.17)式进行比较可知，VLBI 基频相关函数比 CEI 基频相关函数增加了与钟差 τ_c 和本振频率差 Δf_{LO} 有关的项。

4.1.4 带宽效应

从(4.1.11)式、(4.1.17)式及(4.1.23)式可以看到，对有一定带宽的射电干涉仪信号进行互相关时，它们的互相关函数中均有 $\dfrac{\sin(\pi\Delta f\Delta\tau_g)}{\pi\Delta f\Delta\tau_g}$ 或 $\dfrac{\sin[\pi\Delta f(\tau_c+\Delta\tau_g)]}{\pi\Delta f(\tau_c+\Delta\tau_g)}$ 项，这项称为"带宽图形"(Bandwidth Pattern)，它的绝对值即为单通道的时延分辨率函数(Delay Resolution Function)。当时延补偿最好时，即 $\Delta\tau_g$ 或 $\tau_c+\Delta\tau_g=0$ 时，其值为 1，条纹幅度最大；在其他情况下，其值均小于 1。利用这个效应可以用来搜索时延值；同时也说明，带宽越大，搜索到的时延值越精确，或者说时延分辨率越高。图 4.1.6 为带宽 Δf 值分别为 20MHz 和 100MHz 时的 $\dfrac{\sin(\pi\Delta f\Delta\tau_g)}{\pi\Delta f\Delta\tau_g}$ 项的图示。图中的零点对应的 $\Delta\tau_g$ 值分别为 $\pm 1/\Delta f$，$\pm 2/\Delta f$，$\pm 3/\Delta f$，…。

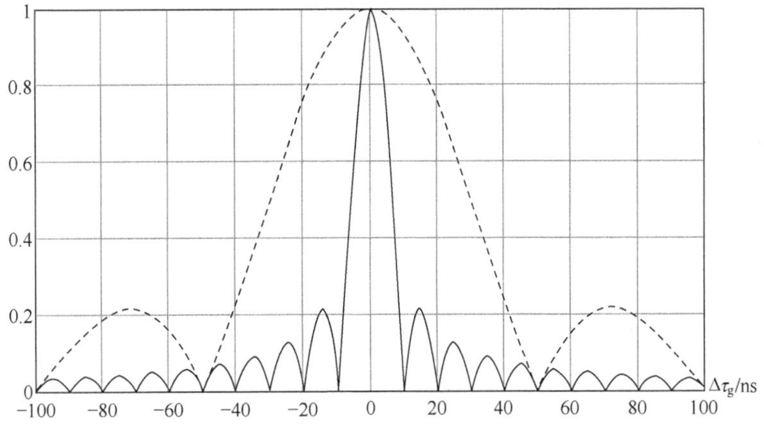

图 4.1.6 不同带宽的时延分辨率函数图示

图中实线和虚线分别代表 $\Delta f=$ 100MHz和20MHz 时的 $\dfrac{\sin(\pi\Delta f\Delta\tau_g)}{\pi\Delta f\Delta\tau_g}$ 绝对值，即单通道时延分辨率函数；纵坐标为相对值，时延补偿最好时其值为 1.0，横坐标为 $\Delta\tau_g$ 值

图 4.1.7 显示了不同时延偏差得到的干涉条纹的示意图(Thompson et al., 2017)。从上到下，其时延偏差值 $\Delta\tau_g$ 分别为：7/2,5/2,3/2,1/2,−1/2,−3/2,−5/2,−7/2(单位为采样间隔)。可以看到，时延补偿越好，则干涉条纹的幅度越大。

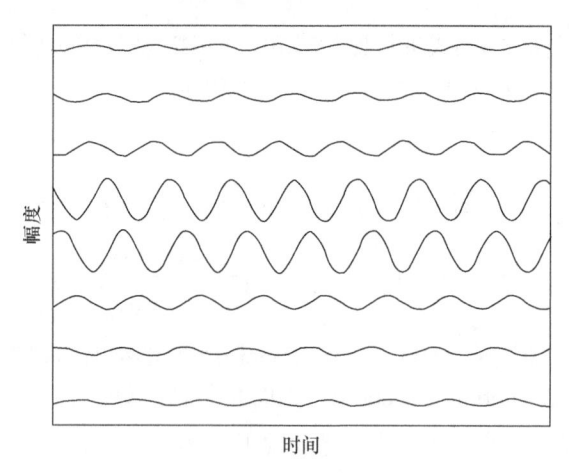

图 4.1.7 不同时延补偿误差的干涉条纹

4.1.5 归一化相关函数与相关系数

设归一化相关函数为 r_{12}^o，则根据相关函数归一化定义(4.1.2)式可知，它应为

$$r_{12}^o = \frac{\langle v_1 v_2 \rangle}{\sqrt{\langle v_1 v_1 \rangle \langle v_2 v_2 \rangle}} \tag{4.1.24}$$

(4.1.24)式中，$\langle v_1 v_2 \rangle$ 为互相关函数；$\langle v_1 v_1 \rangle$、$\langle v_2 v_2 \rangle$ 分别为 v_1、v_2 的自相关函数。

对于 $\langle v_1 v_2 \rangle$，4.1.4 节已经在不考虑信号幅度时，推导了它的表达式，见(4.1.11)式、(4.1.17)式和(4.1.23)式，下面再来推导考虑信号幅度时的表达式。

设：射电信号到达两观测单元天线时产生的天线噪声温度分别为 T_{a_1} 和 T_{a_2}，T_a 的计算公式为

$$T_a = \frac{S \cdot A_e}{2k} \tag{4.1.25}$$

(4.1.25)式中，S 为观测目标的总流量密度；$A_e = \eta \pi \left(\frac{D}{2}\right)^2$，为天线有效面积，其中 η 为天线效率，D 为天线口径；$k = 1.38065 \times 10^{-23}$ J/K，为玻尔兹曼常量。

所以可以得到，两台天线接收到的功率分别为

$$P_{a_1} = k\Delta f T_{a_1}, \quad P_{a_2} = k\Delta f T_{a_2} \tag{4.1.26}$$

则接收机输出端的输出电压值分别为 $\sqrt{P_{a_1}}$ 和 $\sqrt{P_{a_2}}$。

设两个测站的系统噪声温度分别为 T_{S_1} 和 T_{S_2}，其相应的功率分别为

$$P_{S_1} = k\Delta f T_{S_1}, \quad P_{S_2} = k\Delta f T_{S_2} \tag{4.1.27}$$

则系统噪声在接收机输出信号中的电压值分别为 $\sqrt{P_{S_1}}$ 和 $\sqrt{P_{S_2}}$。因此，接收机输出端输出的总电压值由信号和噪声两部分组成，它们为随机信号，所以可以用下式表示：

$$v_1(t) = \sqrt{P_{a_1}} x_1(t) + \sqrt{P_{S_1}} n_1(t) \tag{4.1.28a}$$

$$v_2(t) = \sqrt{P_{a_2}} x_2(t) + \sqrt{P_{S_2}} n_2(t) \tag{4.1.28b}$$

(4.1.28a)式和(4.1.28b)式中，x_1、x_2 和 n_1、n_2 均为均值为零及方差为 1 的高斯随机信号。x_1 与 x_2 之间是相关的，但是它们与 n_1、n_2 之间是不相关的，n_1 与 n_2 也是不相关的，所以可以得到

$$\langle x_1 n_1 \rangle = \langle x_1 n_2 \rangle = \langle x_2 n_1 \rangle = \langle x_2 n_2 \rangle = \langle n_1 n_2 \rangle = 0 \tag{4.1.29}$$

因此，根据(4.1.28a)式、(4.1.28b)式及(4.1.29)式可以得到

$$\langle v_1 v_2 \rangle = \sqrt{P_{a_1} P_{a_2}} \langle x_1 x_2 \rangle = k\Delta f \sqrt{T_{a_1} T_{a_2}} \langle x_1 x_2 \rangle \tag{4.1.30}$$

关于 $\langle x_1 x_2 \rangle$，前面 4.1.1 节和 4.1.2 节中已经推导了不考虑幅度的表达式，所以只要将 $k\Delta f \sqrt{T_{A_1} T_{A_2}}$ 插入(4.1.11)式、(4.1.17)式和(4.1.23)式中，即可得到具有信号幅度的 CEI 射频、CEI 基频和 VLBI 基频的互相关函数的表达式：

- CEI 射频相关函数

$$r_{12} = \langle v_1 v_2 \rangle = k\Delta f \sqrt{T_{A_1} T_{A_2}} \cos\left(2\pi f_0 \Delta\tau_g + \pi\Delta f \Delta\tau_g\right) \frac{\sin(\pi\Delta f \Delta\tau_g)}{\pi\Delta f \Delta\tau_g} \tag{4.1.31}$$

- CEI 基频相关函数

$$r_{12} = \langle v_1 v_2 \rangle = k\Delta f \sqrt{T_{A_1} T_{A_2}} \cos\left(2\pi f_{LO} \Delta\tau_g + \pi\Delta f \Delta\tau_g\right) \frac{\sin(\pi\Delta f \Delta\tau_g)}{\pi\Delta f \Delta\tau_g} \tag{4.1.32}$$

- VLBI 基频相关函数

$$r_{12} = \langle v_1 v_2 \rangle$$
$$= k\Delta f \sqrt{T_{A_1} T_{A_2}} \cos\left[2\pi f_{LO1} \Delta\tau_g + \pi\Delta f (\tau_c + \Delta\tau_g) + 2\pi\Delta f_{LO} t + \phi\right] \frac{\sin\left[\pi\Delta f (\tau_c + \Delta\tau_g)\right]}{\pi\Delta f (\tau_c + \Delta\tau_g)}$$
$$\tag{4.1.33}$$

在(4.1.24)式中，$\langle v_1 v_1 \rangle$ 和 $\langle v_2 v_2 \rangle$ 分别为两路输出信号的自相关函数，下面来推导考虑条纹幅度时的归一化互相关函数与相关系数。

$$v_1(t) v_1(t) = \left[\sqrt{P_{A_1}} x_1(t) + \sqrt{P_{S_1}} n_1(t)\right]\left[\sqrt{P_{A_1}} x_1(t) + \sqrt{P_{S_1}} n_1(t)\right]$$
$$= P_{A_1} x_1 x_1 + 2\sqrt{P_{A_1} P_{S_1}} x_1 n_1 + P_{S_1} n_1 n_1 \tag{4.1.34}$$

由于 $\langle x_1 x_1 \rangle = \langle n_1 n_1 \rangle = 1; \langle x_1 n_1 \rangle = 0$，所以可得

$$\begin{aligned}\langle v_1 v_1 \rangle &= P_{A_1} \langle x_1 x_1 \rangle + 2\sqrt{P_{A_1} P_{S_1}} \langle x_1 n_1 \rangle + P_{S_1} \langle n_1 n_1 \rangle \\ &= P_{A_1} + P_{S_1} = k\Delta f \left(T_{A_1} + T_{S_1} \right)\end{aligned} \quad (4.1.35)$$

同样可得

$$\langle v_2 v_2 \rangle = P_{A_2} + P_{S_2} = k\Delta f \left(T_{A_2} + T_{S_2} \right) \quad (4.1.36)$$

将(4.1.31)式~(4.1.33)式和(4.1.35)式、(4.1.36)式代入(4.1.24)式中，即得到 CEI 射频、CEI 基频和 VLBI 基频的归一化互相关函数。

● CEI 射频相关归一化互相关函数

$$r_{12}^o = \rho_0 \cos\left(2\pi f_0 \Delta \tau_g + \pi \Delta f \Delta \tau_g\right) \frac{\sin\left(\pi \Delta f \Delta \tau_g\right)}{\pi \Delta f \Delta \tau_g} \quad (4.1.37)$$

● CEI 基频相关归一化互相关函数

$$r_{12}^o = \rho_0 \cos\left(2\pi f_{LO} \Delta \tau_g + \pi \Delta f \Delta \tau_g\right) \frac{\sin\left(\pi \Delta f \Delta \tau_g\right)}{\pi \Delta f \Delta \tau_g} \quad (4.1.38)$$

● VLBI 基频相关归一化互相关函数

$$r_{12}^o = \rho_0 \cos\left[2\pi f_{LO1} \Delta \tau_g + \pi \Delta f \left(\tau_c + \Delta \tau_g\right) + 2\pi \Delta f_{LO} t + \phi\right] \frac{\sin\left[\pi \Delta f \left(\tau_c + \Delta \tau_g\right)\right]}{\pi \Delta f \left(\tau_c + \Delta \tau_g\right)} \quad (4.1.39)$$

(4.1.37)式~(4.1.39)式中的 ρ_0 为归一化相关系数：

$$\rho_0 = \sqrt{\frac{T_{A_1} T_{A_2}}{\left(T_{A_1} + T_{S_1}\right)\left(T_{A_2} + T_{S_2}\right)}} \quad (4.1.40)$$

这是在点源条件下的相关系数。如果为呈现一定结构的展源，则在不同分辨率的基线上观测，由于射电源的分解，条纹幅度是不同的，分辨率越高，条纹幅度下降越多。设：降幅因子为 γ_N，它称为干涉条纹的可见度。另外，观测数据通常都是量化的，由于量化处理，会造成干涉条纹的幅度下降，设量化降幅因子为 q，它将在下面 4.2.1 节讨论。这样，实际观测得到的相关系数与理论相关系数的关系为

$$\rho_{观测} = \gamma_N q \rho_0 = \gamma_N q \sqrt{\frac{T_{A_1} T_{A_2}}{\left(T_{A_1} + T_{S_1}\right)\left(T_{A_2} + T_{S_2}\right)}} \quad (4.1.41)$$

当 $T_{A_1} \ll T_{S_1}$ 和 $T_{A_2} \ll T_{S_2}$ 时，(4.1.41)式可以简化为

$$\rho_{\text{观测}} = \gamma_{\text{N}} q \sqrt{\frac{T_{A_1} T_{A_2}}{T_{S_1} T_{S_2}}} \tag{4.1.42}$$

根据(4.1.42)式可以得到

$$\gamma_{\text{N}} = \frac{\rho_{\text{观测}}}{q} \sqrt{\frac{T_{S_1} T_{S_2}}{T_{A_1} T_{A_2}}} \tag{4.1.43}$$

所以只要测量得 $\rho_{\text{观测}}$，就可以利用(4.1.43)式来计算得该观测条件下的干涉条纹的可见度值。当观测目标为点源时，$\gamma_{\text{N}} = 1$；对于存在有一定结构的展源，则 $\gamma_{\text{N}} < 1$。利用这个特性可以来估计射电源的角径，计算方法见4.1.5 节 2.。

1. 信噪比和最小可检测流量密度

假设积分时间内相关系数的数据采样比特数目为 N，它们的平均值的误差如下式所示：

$$\Delta\rho = \frac{1}{\sqrt{N}} = \frac{1}{\sqrt{2\Delta f t}} \tag{4.1.44}$$

(4.1.44)式中，N 为数据采样比特数，1bit 采样时，$N = 2\Delta f t$；Δf 为数据带宽；t 为积分时间。

将(4.1.25)式和(3.1.1)式以及相关流量密度 $S_{\text{C}} = \gamma_{\text{N}} S$ 代入(4.1.42)式可以得到

$$\rho_{\text{观测}} = q \frac{S_{\text{C}}}{2k} \sqrt{\frac{A_{e_1} A_{e_2}}{T_{S_1} T_{S_2}}} = q S_{\text{C}} \sqrt{\frac{1}{\text{SEFD}_1 \text{SEFD}_2}} \tag{4.1.45}$$

所以可以得到最小可检测流量密度的估算公式为

$$S_{\min} = \Delta\rho \frac{2k}{q} \sqrt{\frac{T_{S_1} T_{S_2}}{A_{e_1} A_{e_2}}} = \frac{1}{q} \sqrt{\frac{\text{SEFD}_1 \text{SEFD}_2}{2\Delta f t}} \tag{4.1.46}$$

这样，条纹幅度或相关系数的信噪比为

$$\text{SNR} = \frac{S_{\text{C}}}{S_{\min}} = q S_{\text{C}} \sqrt{\frac{2\Delta f t}{\text{SEFD}_1 \text{SEFD}_2}} \tag{4.1.47}$$

例 4.1.1 假设：两台天线口径相同，$D = 25\text{m}$，$\eta = 0.5$，$\gamma_{\text{N}} = 0.8$，1bit 采样 $q = 0.5$，两测站天线的有效面积 A_{e_1} 和 A_{e_2} 均为 245.4m^2，系统噪声温度 T_{S_1} 和 T_{S_2} 均为 30K，$\Delta f = 16\text{MHz}$，$t = 300\text{s}$，射电源总流量密度 $S_{\text{C}} = 1.0\text{Jy}$，计算 $S_{\min}$ 与 SNR。

解 根据(4.1.46)式与(4.1.47)式可以估算得，最小可检测流量密度 $S_{\min} = 6.9\text{mJy}$，$\text{SNR} = 116$。

2. 射电源角径的估计

根据可见度的观测值，可以估算所观测的射电源的角径。假设：所观测的射电源亮度分布为单一的圆形高斯分布，则计算角径的公式(Thompson et al., 2017)为

$$a = \frac{2\sqrt{\ln 2}}{\pi u}\sqrt{-\ln(\gamma_N)} \quad (4.1.48)$$

(4.1.48)式中，a 为射电源亮度高斯分布半功率点的角径；u 为投影基线的长度，以波长为单位。

例 4.1.2 设：投影基线长度 u 为 100 百万波长，可见度观测值 $\gamma_N = 0.5$，计算射电源亮度高斯分布半功率点角径 a 值。

解 按(4.1.48)式可以计算得，$a = 0.91 \text{mas}$。

根据(4.1.48)式，可以导出

$$\gamma_N = e^{-\left[\frac{(a\pi u)^2}{4\ln 2}\right]} \quad (4.1.49)$$

当已知 a 值时，并且确定了观测基线的长度(以波长为单位)，就可以利用(4.1.49)式计算得可见度预计值，如果已知射电源的总量密度，则可以得到相关流量密度的预估值。

4.1.6 互相关函数和互功率谱的复数表示

1. 复数概念

一般来说，信号的传输总是用实信号，由于在信号处理中使用复数有方便的地方，所以常用复数进行信号处理。有条件时也可以用两路信号(实部和虚部)来构成复信号，比如射电干涉仪的复相关处理机，参见 4.2 节。图 4.1.8 显示了一个复数平面，x 轴是实轴，y 是虚轴，虚轴的单位 $j = \sqrt{-1}$。图中 V 为复矢量，$V = a + jb$，$V^* = a - jb$，为 V 的共轭。矢量 V 的模 $A = \sqrt{a^2 + b^2}$，幅角 $\theta = \arctan(b/a)$。所以得到 $a = r\cos\theta$；$b = r\sin\theta$。因此，复矢量 V 也可以表示为

$$V = A\cos\theta + jA\sin\theta \quad (4.1.50)$$

共轭复数为

$$V^* = A\cos\theta - jA\sin\theta \quad (4.1.51)$$

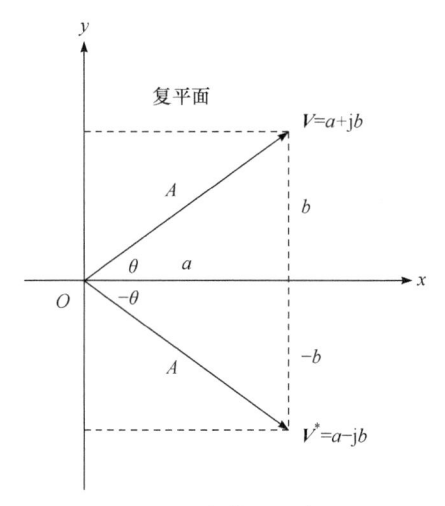

图 4.1.8 复数概念图示

已知欧拉公式为

$$e^{j\theta} = \cos\theta + j\sin\theta \tag{4.1.52}$$

将(4.1.52)式代入(4.1.50)式可得

$$V = A(\cos\theta + j\sin\theta) = Ae^{j\theta} \tag{4.1.53}$$

(4.1.53)式是复数的指数或极坐标表达式。

2. 射电信号的复数表示

有一定带宽的射电信号，可以分解为许多单频信号，单频信号为正弦信号，它可以用复数表示。

设：一个单频信号为 $v(t) = A\cos(\omega_0 t + \phi)$，则可以用复数来表示。根据(4.1.53)式，可以得到

$$v(t) = A\cos(\omega_0 t + \phi) + jA\sin(\omega_0 t + \phi) = Ae^{j(\omega_0 t + \phi)} \tag{4.1.54}$$

射电干涉仪的两个观测单元在 $0 \sim T$ 时间区间内，对准某射电源进行跟踪观测，其输出的电压信号为

$$v_1(t) = A_1 e^{j(2\pi f t + \phi_1)}, \quad v_2(t) = A_2 e^{j(2\pi f t + \phi_2 - 2\pi f \tau)}$$

则其互相关值为

$$r_{12}(\tau) = \int_0^T v_1(t) v_2(t) d\tau = A_1 A_2 \int_0^T e^{j(\Delta\phi - 2\pi f \tau)} d\tau \tag{4.1.55}$$

(4.1.55)式中，$\Delta\phi = \phi_2 - \phi_1$。

已知互功率谱为互相关函数的傅里叶变换，所以可以得到互功率谱的复数表达式：

$$R_{12}(f) = \int_0^T r_{12}(\tau) e^{-j(\Delta\phi - 2\pi f \tau)} d\tau \tag{4.1.56}$$

4.2 射电干涉测量观测数据的相关处理

4.2.1 数据采集与量化

射电干涉仪进行观测时，各观测单元的接收机系统输出的为模拟电压信号，为了便于数据的储存、传输和数据处理，需要对模拟信号进行采样和量化。数据采样的速率要符合奈奎斯特采样定理(Nyquist Sampling Theory)的要求，采样速率 $R_{采样}$ 不低于被采样的模拟信号带宽 Δf 的 2 倍，即 $R_{采样} \geq 2\Delta f$，这样采样后的数字信号将完整地保留原始模拟信号中的信息。一般采用 $R_{采样} = 2\Delta f$，需要时可以用大于 $2\Delta f$ 的采样速率进行采样。设 β 为过采样因子，$R_{采样} = 2\beta\Delta f$，β 采用正整数，$\beta > 1$ 时就称为过采样(Oversampling)。

采样和量化的原理如图 4.2.1 所示。模拟信号首先用采样信号，得到采样的模拟信号，然后进行模数(A/D)转换，最后得到数字信号，图 4.2.1 显示了 1bit 采样的原理(Takahashi et al., 2000)，1bit 量化只有 2 个电平。根据需要，可以采用 2bit 或更高比特的采样。

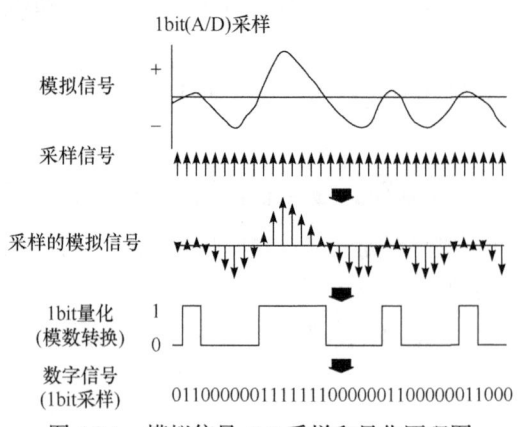

图 4.2.1 模拟信号 1bit 采样和量化原理图

未量化的模拟信号的相关系数与 2 电平量化(1bit 采样)的相关系数的关系式如下所示：

$$\rho_2 = \frac{2}{\pi}\arcsin\rho \tag{4.2.1}$$

(4.2.1)式就是著名的 van Vleck 关系式(van Vleck and Middleton, 1966)，当 $\rho \ll 1$ 时，(4.1.57)式可以简化为

$$\rho_2 = \frac{2}{\pi}\rho \tag{4.2.2}$$

根据(4.2.2)式，就可以利用数字化后的观测数据得到的相关系数计算得实际的相关系数。

设量化系数为 η_Q，对于不同量化电平和过采样因子的 η_Q 值如表 4.2.1 所示(Thompson et al., 2017)。

表 4.2.1 不同量化电平数和不同过采样因子的量化系数 η_Q 值

量化电平数	$\beta=1$	$\beta=2$	$\beta=4$
2(1bit)	0.6366	0.744	0.784
3(2bit)	0.8098	0.882	0.912
4(2bit)	0.8812	0.930	0.951
8(3bit)	0.9626	0.980	0.987
16(4bit)	0.9885	0.994	0.996

4.2.2 相关处理机类型

射电干涉仪的相关处理机是核心设备之一，它处理的数据量很大，一般都研制专用的相关处理机。相关处理机按数据处理的流程不同可以分为两种类型，即 XF 型和 FX 型。所谓 XF 型，就是先按一条基线的两个测站的观测数据两两相乘(X)，获得互相关函数(即干涉条纹)，然后再进行傅里叶变换(F)，最后得到互相关函数的功率谱(互功率谱)；FX 型是先对测站观测数据进行傅里叶变换，然后再按各条基线的两测站数据进行共轭相乘，获得互功率谱。上述两种类型的相关处理机各有优缺点，但获得结果是一致的。XF 和 FX 相关处理机的数据流程的主要差别见图 4.2.2。XF 相关处理机的数据处理流程如图 4.2.2 中的下部的箭头所示；FX 相关处理机的数据处理流程如图 4.2.2 中的上部的箭头所示。

另外，根据所使用硬件设备情况，还可以分为"硬件处理机"和"软件处理机"。所谓"硬件处理机"，就是主要的运算功能，如互相关运算、快速傅里叶变换(FFT)运算、时延补偿和条纹旋转等，均采用硬件部件来实现；而"软件处理机"就是采用了通用计算机作为平台，相关处理过程的各项运算均用软件完成。

软件处理机的优点是: 较容易开发和研制,升级改造和维护也相对方便,可靠性高。国际上,随着计算机技术的快速发展,VLBI 软件处理机也逐渐推广应用。于 2007 年,澳大利亚斯威本(Swinburne)科技大学科研人员研发成功了名为 DiFX 的软件处理机(Deller et al., 2007),该类型软件相关处理机已广泛应用于天文学和大地测量学的 VLBI 观测数据相关处理中。在国内,中国科学院上海天文台于 21 世纪初,根据我国探月工程和深空探测工程以及天文学应用的需要,也开始研发中国 VLBI 网的软件相关处理机(CVNScorr),并已经在我国探月及深空探测 VLBI 测轨任务中,取得了很好的成绩。

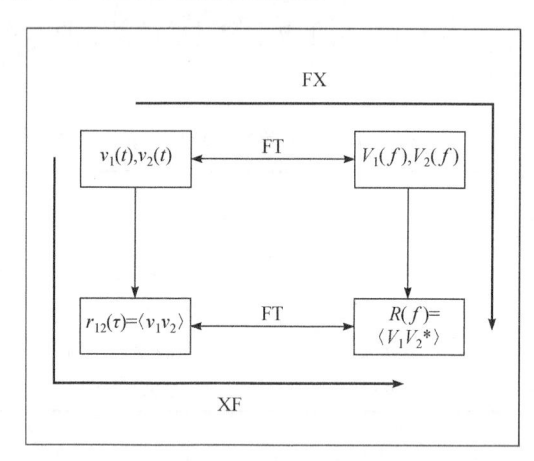

图 4.2.2　XF 和 FX 相关处理机数据流程概念图
图中 FT 表示傅里叶变换

相关处理机还分为实数型和复数型。实数型就是对输入实信号进行相关处理,见图 4.2.3(Brisken, 2004);复数型就是相当于两台实数相关处理机,输出的两路信号各分为两个支路,其中一对支路按上述方法进行相关,输出的为实部(cosine),而另外一对支路的其中一路信号,经过希尔伯特(Hilbert)变换后相位移位 90°,然后再相关,输出的为虚部(sine),见图 4.2.4(Brisken, 2004)。所以,复数处理机输出的为复数,包含了实部和虚部。

从射电干涉仪成图的应用来看,实数处理机只输出 cosine 信号,它只对于射电源亮度分布结构的偶数分量是灵敏的,而对于奇数分量是"瞎"的,所以它不能正确恢复射电源的亮度分布;而复数处理机输出 cosine 和 sine 两路相关函数,它们是互补的,对于射电源亮度分布的奇数和偶数分量全部可以恢复,见参考文献(Perley, 2018)。因此,现在使用的都是复数相关处理机。

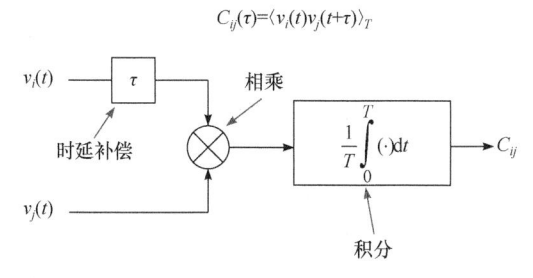

第 4 章 射电干涉测量信号分析和数据处理

$$C_{ij}(\tau)=\langle v_i(t)v_j(t+\tau)\rangle_T$$

图 4.2.3 实数相关处理机

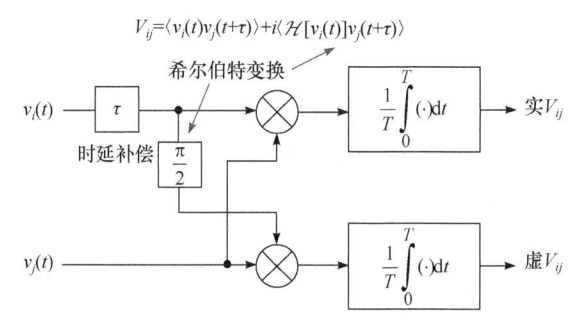

$$V_{ij}=\langle v_i(t)v_j(t+\tau)\rangle+i\langle \mathcal{H}[v_i(t)]v_j(t+\tau)\rangle$$

图 4.2.4 复数相关处理机

4.2.3 XF 型相关处理机的数据处理流程

一种典型的 XF 相关处理机的数据处理流程如图 4.2.5 所示(Romney, 1999)。如果测站的观测数据是存储在磁盘上运送至相关处理中心的，则进行相关处理时首先要进行数据回放；如果是通过数据网络传送到处理中心的(实时或事后)，则处理中心首先要将数据记录在磁盘阵列上，然后再传送至相关处理机。相关处理机是按基线进行相关处理的，它的数据处理步骤如下所述。

1. 时延补偿

第一步，首先对该条基线的某一路数据进行时延补偿，它的目的是将一条基线的两路信号对准到同一波前。由于为离散数字信号，所以时延补偿值是按整数比特计算的，所以还存在小数比特时延的误差，关于小数比特时延误差的改正问题，在本节最后会谈到。图 4.2.5 所示为 XF 型处理机对第 i 路信号进行时延补偿，所以补偿的是基线时延。

设：对第 i 路数据 $v_i(t)$ 的时延补偿值为 δ_i，则

$$\delta_i = \tau_{g_i} + \tau_{\text{设备时延}_i} + \tau_{\text{相对论}_i} + \tau_{\text{测站位移}_i} + \tau_{\text{介质时延}_i} + \tau_{\text{钟差}_i} \tag{4.2.3}$$

(4.2.3)式中，几何时延 τ_g 为主项，其他各项依次为：测站设备时延、时延的相对论效应、各种天文和地球物理因素造成的测站位移而引起的时延、传播介质产生

的时延，以及钟差。关于理论时延和时延率的计算方法将在第 5 章详述。

为了找到最佳时延补偿值，同时也是为了得到不同时延的条纹幅度，进而可以导出不同时延的互功率谱。在时域进行时延补偿，只能采用整数比特位移方法来实现，所以是整数比特时延补偿。关于小数比特时延补偿问题，将在本节最后讲到。通常要进行多次时延补偿，即使用多个时延通道，每次改变一个 $\Delta\tau$ 值，如图 4.2.5 所示。$\Delta\tau$ 为一个采样点，$\Delta\tau = 1/2\Delta f$ (采样速率为 $2\Delta f$，这里 Δf 为信号带宽)。设总的时延通道数为 N(偶数)，所以每个时延补偿值依次为

$$\delta_i(n) = \delta_i(0) + n\Delta\tau, \quad n\epsilon\left[-\frac{N}{2}, \frac{N}{2}-1\right] \tag{4.2.4}$$

则经过时延补偿后的观测数据 $w_i(t,n)$ 为

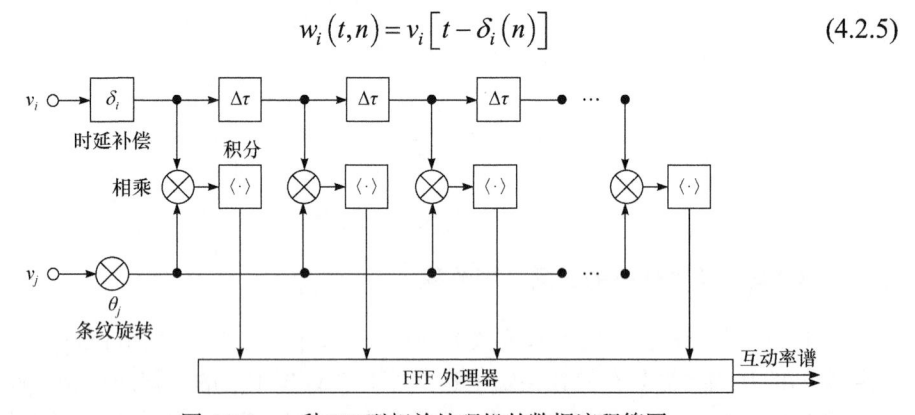

$$w_i(t,n) = v_i[t - \delta_i(n)] \tag{4.2.5}$$

图 4.2.5　一种 XF 型相关处理机的数据流程简图

2. 条纹旋转

为了降低条纹频率，对另一路信号(第 j 路)进行条纹旋转(或称相位补偿)。对第 j 路信号进行条纹旋转，就是用理论条纹相位 $\theta_j(t)$ 进行补偿，即

$$W_j(t,n) = v_j(t)\mathrm{e}^{-\mathrm{j}\theta_j(t)} \tag{4.2.6}$$

(4.2.6)式中，$\mathrm{e}^{-\mathrm{j}\theta_j(t)}$ 项为复数，包含实部和虚部两个分量；条纹相位补偿值 θ_j 为

$$\theta_j = 2\pi f_{\mathrm{LO}}\delta_j \tag{4.2.7}$$

(4.2.7)其中，f_{LO} 为本振频率。

3. 相乘和积分

将第 i 路经过时延补偿后的数据与第 j 路经过条纹旋转后的数据相乘并积分，得到互相关函数的序列，共 N 个。其表达式为

$$r_{ij}(t,n) = \langle w_i(t,n) \cdot w_j(t,n) \rangle = \langle v_i(t) - \delta_i(n)v_j(t)e^{-j\theta_j(t)} \rangle \quad (4.2.8)$$

积分时间长短根据时延补偿和条纹旋转的精度而确定，在积分时间段内条纹相位的变化不超过一周(360°)，一般采用积分时间为1s。

4. 互功率谱计算

将 N 个时延通道的互相关函数 $r_{ij}(t,n)$，进行 FFT 计算，从而得到 N/2 点的复互功率谱 $R_{ij}(f)$。条纹幅度最高点相应的时延补偿值为最佳值，但是由于时延补偿是按整数比特进行的，例如，采样速率为 4Mbit/s，则 1bit 相应为 250ns，所以它还不能精确地测定最大时延值。图 4.2.6 为一个例子(Roy, 2008)，该图的上图为干涉条纹的时延谱 $v(\tau)$，它的横坐标为时延通道序号，通道总数 N = 128；纵坐标为干涉条纹的幅度(相关系数)；图 4.2.6 的下图为经过傅里叶变换后得到的 64 个频率点的频率谱 $V(f)$，它的横坐标为频率通道序号，该图的上部为相位谱，下部为幅度谱。计算相位随频率的变化率，就可以得到精确的残余时延。

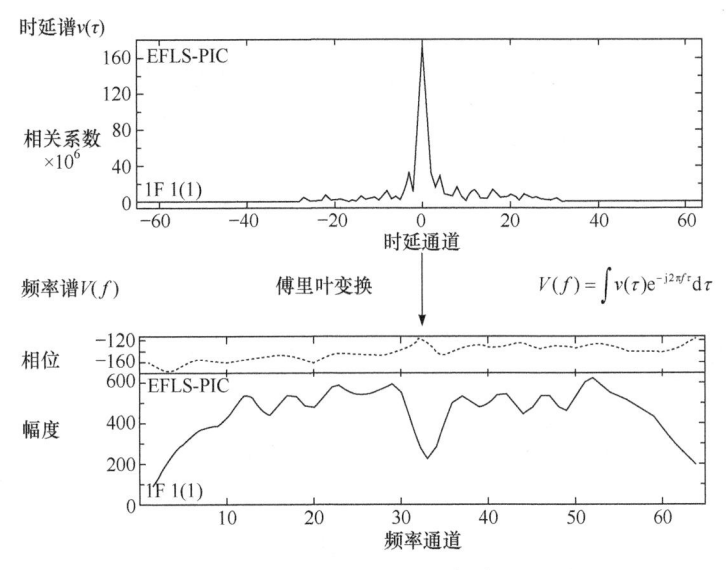

图 4.2.6 XF 相关处理导出互功率谱的一个例子

5. 小数比特时延改正

对于 XF 相关处理机，小数比特时延改正是在相关后进行的。设两个测站的小数比特时延为 ε_i 和 ε_j，则对于基线时延产生的误差为 $\Delta \varepsilon_{ij} = \varepsilon_i - \varepsilon_j$，相应的相位误差为

$$\phi_\kappa = 2\pi k \Delta f \Delta \varepsilon_{ij}, \quad k \in \left[0, \frac{N}{2}-1\right] \tag{4.2.9}$$

(4.2.9)式中，Δf 为数据记录的通道带宽。

使用 ϕ_κ 对于 $R_{ij}(f)$ 进行相位改正，即

$$R'_{ij} = R_{ij}(f) \cdot \mathrm{e}^{-\mathrm{j}2\pi k \Delta f \Delta \varepsilon_{ij}} \tag{4.2.10}$$

4.2.4 FX 型相关处理机的数据处理流程

本节介绍 FX 型相关处理机的原理，它的数据流程如图 4.2.7 所示(张娟等，2016)。它每个台站的数据都要以地心为参考点，先进行整数比特时延补偿；然后进行条纹旋转与傅里叶变换(时域→频域)以及小数比特时延改正；最后两两进行交叉相乘和积分，输出各条基线的互功率谱。关于复 FX 相关处理机数据流程的更详细介绍见图 4.2.8(Nothnagel, 2019)，图 4.2.8 所示为两个测站数据处理过程。

图 4.2.7　FX 型相关处理机数据流程图

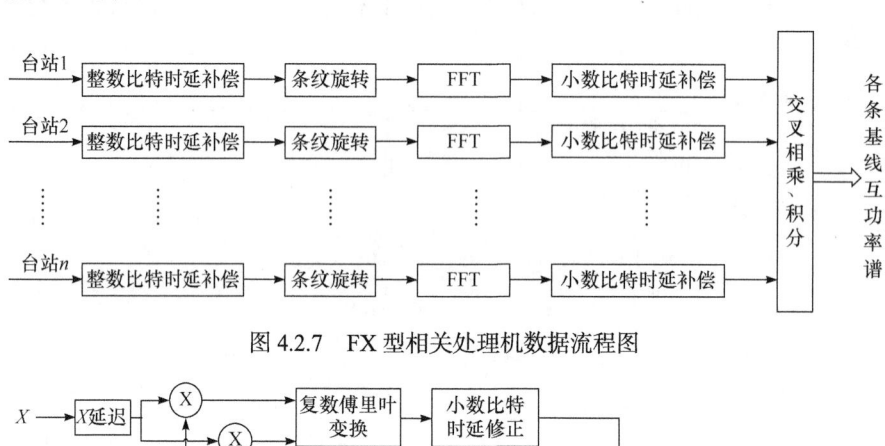

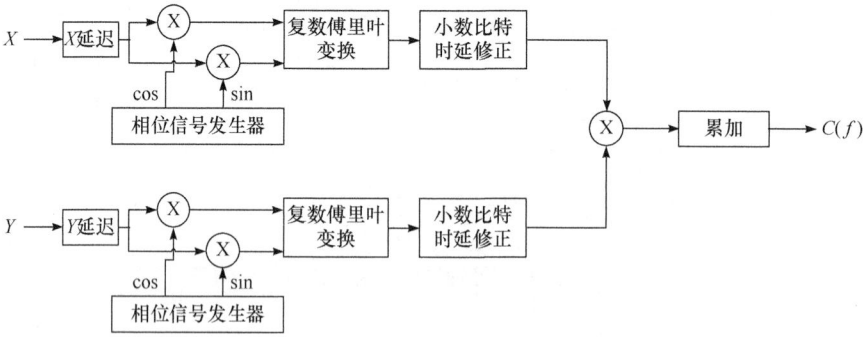

图 4.2.8　FX 型相关处理机的数据流程简图

测站记录的观测数据是离散时间序列实数，下面按图 4.2.7 与图 4.2.8 来说明 FX 型相关处理的工作步骤。

1. 整数比特时延补偿

首先对两路数据进行时延补偿，则补偿的为测站地心时延，地心几何时延为

$$\begin{cases} \delta_i = \tau_{g_i} = \dfrac{\pmb{r}_i \cdot \hat{\pmb{e}}_s}{c} \\ \delta_j = \tau_{g_j} = \dfrac{\pmb{r}_j \cdot \hat{\pmb{e}}_s}{c} \end{cases} \quad (4.2.11)$$

(4.2.11)式中，δ_i, δ_j 分别为图 4.2.8 中的 X 延迟与 Y 延迟，为采用整数比特计算的时延补偿；$\pmb{r}_i, \pmb{r}_j$ 分别为地心至测站 i, j 的矢量；$\hat{\pmb{e}}_s$ 为地心指向射电源的单位矢量。

两路信号经过时延补偿后分别为

$$w_i(t) = v_i(t - \delta_i), \qquad w_j(t) = v_j(t - \delta_j) \quad (4.2.12)$$

2. 条纹旋转

对两路数据进行条纹旋转(相位补偿)。理论条纹相位计算公式的形式与(4.2.7)式是一样的，但是改用地心时延：

$$\begin{cases} \theta_i = 2\pi f_{\text{LO}} \delta_i \\ \theta_j = 2\pi f_{\text{LO}} \delta_j \end{cases} \quad (4.2.13)$$

然后用得到的理论条纹相位对两路数据进行条纹旋转。每路均用 cos 与 sin 两路进行条纹旋转，输出的 $u_i(t), u_j(t)$ 为复数，如图 4.2.8 所示。

$$\begin{cases} u_i(t) = w_i(t) \cdot e^{-j\theta_i(t)} = v_i(t - \delta_i) \cdot e^{-j\theta_i(t)} \\ u_j(t) = w_j(t) \cdot e^{-j\theta_j(t)} = v_j(t - \delta_j) \cdot e^{-j\theta_j(t)} \end{cases} \quad (4.2.14)$$

3. 傅里叶变换

数据流 $u_i(t)$ 和 $u_j(t)$ 分别以设定的 FFT 点数为一个单元进行 FFT 运算，FFT 点数根据所要求的频率分辨率而确定。例如，信号带宽 Δf 为 2MHz，FFT 点数 $N=1024$，也就是说，每个数据单元为 1024 采样点，则傅里叶变换后，每个数据单元得到 $N/2=512$ 个复数互功率谱数据，则频率分辨率为 2MHz/512≈4kHz。傅里叶变换的计算公式为

$$\begin{cases} V_i(f) = \int_0^T u_i(t) e^{-j2\pi f t} dt \\ V_j(f) = \int_0^T u_j(t) e^{-j2\pi f t} dt \end{cases} \quad (4.2.15)$$

(4.2.15)式中，积分范围为 $0 \sim T$，$T = Ndt$。设：采样速率为 $2\Delta f$，则 1bit 采样相应的时间间隔 $dt = \dfrac{1}{2\Delta f}$。

4. 小数比特补偿

FX 处理机的小数比特时延补偿是在 FFT 运算后、互相关运算前进行的，所以它是对单个测站数据实施 FFT 运算后，进行相位改正，改正公式如下所示

$$V_i' = V_i(f) \cdot e^{-j2\pi k\Delta f \varepsilon_i} \tag{4.2.16}$$

(4.2.16)式中，k 为每个数据单元的频点序号，$k = 0,1,2,\cdots,N/2-1$；ε_i 为测站 i 每个数据单元的小数比特时延补偿值。

5. 两路数据相乘和积分

将第 i 路每个数据单元的复数数据点与第 j 路相应的数据单元的共轭复数数据点，两两对应地相乘；为了提高信噪比，通常用若干个数据单元进行积分，计算公式为(4.2.17)式。与 XF 相关处理相同，积分时间根据时延补偿和条纹旋转的精度而确定，例如，时延和相位补偿后的残余条纹率在毫赫兹(mHz)水平时，积分时间可以设定。相关处理常用的积分时间为 1s，最长可达百秒左右。

$$R_{ij}(f) = \left\langle V_i'(f) V_j'^*(f) \right\rangle \tag{4.2.17}$$

假设采样速率为 4Mbit/s，相关处理机输出数据的积分时间为 1s(准确地说为 1.048576s)，则需要 4000 个数据单元进行累加。

FX 处理机最后输出的数据为干涉条纹功率谱的实部和虚部，以及各测站观测数据的自功率谱。

4.2.5 中国 VLBI 网的软件相关处理机简介

2001 年，由于我国探月工程以及天文学研究需要，中国科学院上海天文台开始研发我国首台 VLBI 软件相关处理机(CVNScorr)。迄今为止，CVNScorr 已经发展了多个版本，性能不断完善。CVNScorr 的早期版本采用符合 POSIX 标准的多线程并行结构，C 语言编程，运行平台为对称多处理器(SMP)服务器。

2013 年，为适应"嫦娥三号"首次实现月面软着陆任务对实时高精度 VLBI 测轨定位的需求，CVNScorr 进行了重要升级，运行平台升级为计算机集群；计算节点间采用信息传递接口(message passing interface，MPI)通信，节点内部采用符合 POSIX 标准多线程的两级并行结构。

2020 年，"嫦娥五号"圆满完成了我国首次月球表面采样及返回任务，采用同波束 VLBI 技术完成了人类首次月球轨道交会对接远程导引及进程监视。为适应实时动态双目标测量任务需求，CVNScorr 在原有两级并行结构基础上，增加了

月球探测器同波束动态双目标数据测量能力，使用 Intel IPP 函数库进行向量化优化以提升计算速度。运行平台为 2 套 16 节点的刀片服务器(共 384 个计算核心)。其中 1 套服务器用于相关处理，另 1 套服务器(配有图形处理器(graphics processing unit，GPU)卡)用于条纹搜索与模型重构。共有 5 个数据 IO 节点(共计 60TB 存储空间)，2 个集群管理与运行控制节点。节点之间数据通信采用 10Gbit/s 以太网。节点之间的 MPI 通信采用 40Gbit/s 无限宽带网络。CVNScorr 的实物照片见图 4.2.9，图中左半部分为处理机的数据运算系统，右半部分为数据存储系统。CVNScorr 的主要技术参数见表 4.2.2(陈中和郑为民，2015)，它在月球探测工程任务中的主要技术指标见表 4.2.3(郑为民等，2020)，其内部结构如图 4.2.10 所示(张娟等，2016)。

图 4.2.9 CVNScorr 实物照片(陈中供稿)

表 4.2.2 CVNScorr 主要技术参数

类型	架构	处理模式	高性能函数库	输入数据格式	输出数据格式	P-cal	脉冲星处理	条纹测试	图像监控
FX 型	集群	实时事后	Intel IPP	Mark 5A, Mark 5B VDIF, RDEF*, RDF**	FITS-IDI CVN, MK4	有	有	有	有

*RDEF 是空间数据系统咨询委员会(CCSDS)双差分单向测距(ΔDOR)原始数据交换格式(ΔDOR-RDEF)。
**RDF 即 RadioAstron Data Recording Format，为俄罗斯空间 VLBI 项目采用的自定义 VLBI 观测数据格式。

表 4.2.3 CVNScorr 在月球探测工程任务中的主要技术指标

功能指标	性能指标
数据处理能力*	4 台站，128Mbit/s/台站(实时模式)；10 台站，1.3Gbit/s/台站(事后模式)
通道数	2、4、8、16
双目标处理	实时、事后

续表

功能指标	性能指标
量化比特数	1、2
FFT 点数	64～65536
积分时间	可调
数据处理最大滞后时间	25s
探测器条纹搜索及模型重构	实时、事后
提取相位参考信号	事后

* 数据处理能力与硬件平台、算法实现、观测参数设置等关系密切。在实时任务中，为确保稳定性和实时性，且受限于观测站至 VLBI 中心的数据传输速度，CVNScorr 采用了冗余设计，并未以最高速度运行。

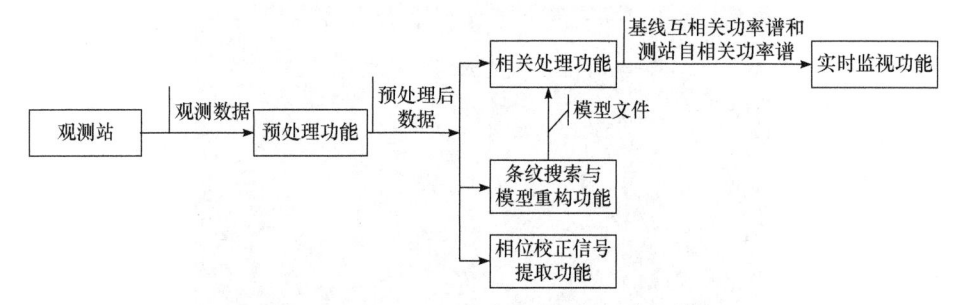

图 4.2.10　CVNScorr 软件相关处理机内部结构

CVNScorr 除了具有射电源和月球以及深空探测器 VLBI 相关处理功能外，还具有对探测器 VLBI 实时条纹搜索及模型重构的功能。这是该型相关处理机的重要特点。

1. 实时相关处理模块

此模块实现了对探测器和河外射电源 VLBI 观测数据的实时相关处理功能。相关处理机接收数据后，内部各模块按流水线模式进行。该模块在实时任务中耗时 25s，即从数据到达时刻至输出结果时刻的时间间隔为 25s。

2. 探测器条纹搜索与模型重构模块

探测器在变轨弧段有可能出现偏离预报轨道情况。VLBI 跟踪探测器得到干涉条纹的前提条件是具备可引导 VLBI 相关处理机的高精度时延模型。当探测器偏离预报轨道时，预报时延模型的误差增大，可能导致无法得到干涉条纹。探测器条纹搜索与模型重构功能可根据探测器的下行窄带信号特征进行不依赖于预报模型的条纹盲搜索，得到时延、时延率数据，进而可构造高精度时延模型。图 4.2.11 为条纹搜索模块结构图(张娟等，2016)。

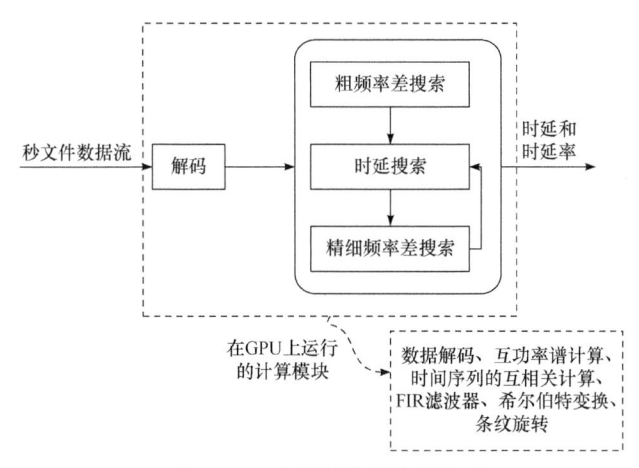

第4章 射电干涉测量信号分析和数据处理

图4.2.11 条纹搜索模块结构图

探测器条纹搜索与模型重构模块包括：原始数据解码、时延率粗搜、时延搜索、时延率精搜索。迭代之后，可输出时延/时延率，最后进行处理机时延模型重构。图4.2.11中虚线方框中的内容为算法核心部分，涉及解码、互功率谱和互相关计算、希尔伯特(Hilbert)变换、数字滤波、条纹旋转等多个步骤。为了节省GPU与CPU之间直接数据传输时间，虚线方框中的操作均在GPU上完成。以"嫦娥三号"为例，在协调世界时(UTC)时间12月6日9时47分55秒，探测器变轨时，由于轨道参数变化很大，处理机无法获得干涉条纹。当开启条纹搜索功能后，数秒钟内就获得了干涉条纹。图4.2.12为启用条纹搜索功能前后的对比效果图。图中，Bj为北京密云VLBI测站，Tm为上海天马VLBI测站，Km为昆明VLBI测站，Ur为乌鲁木齐南山VLBI测站；图中第1、2行显示了启用条纹搜索功能后的干涉条纹的幅度与相位；第3、4行显示了未启用条纹搜索功能时的干涉条纹的幅度与相位。可以明显看到，启用条纹搜索功能后，干涉条纹的幅度与相位的信噪比都得到很大提高。

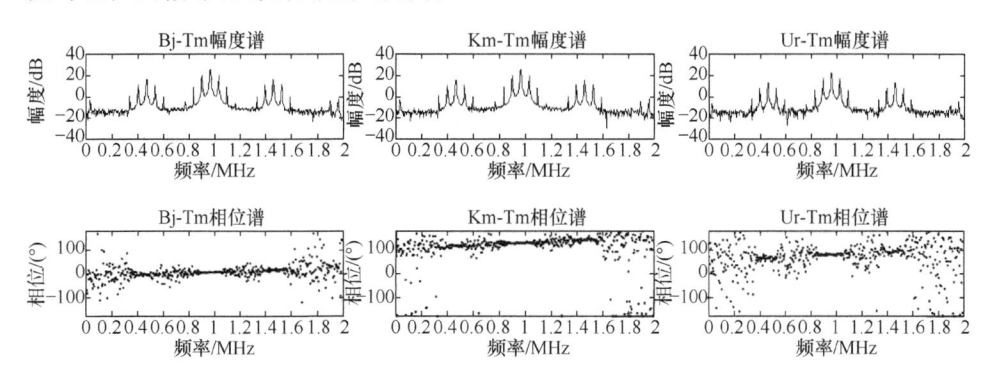

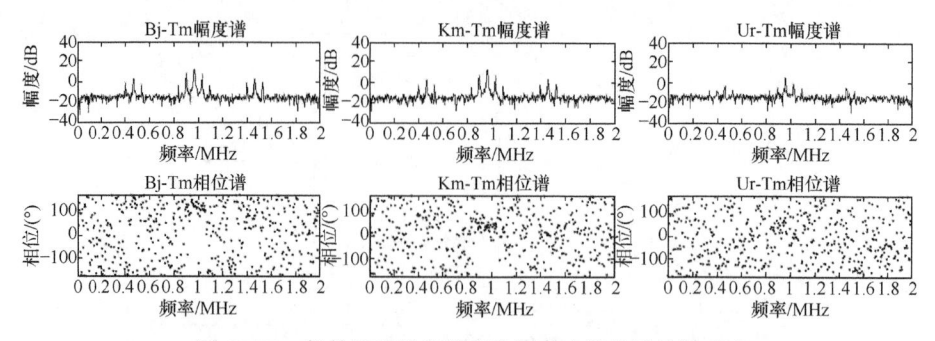

图 4.2.12　软件处理机启用条纹搜索功能前后效果对比
第 1 行共 3 幅子图为启用了条纹搜索功能后，Bj-Tm、Km-Tm、Ur-Tm 三条基线的幅度谱；
第 2 行共 3 幅子图为启用了条纹搜索功能后，Bj-Tm、Km-Tm、Ur-Tm 三条基线的相位谱；
第 3 行共 3 幅子图为未启用条纹搜索功能时，Bj-Tm、Km-Tm、Ur-Tm 三条基线的幅度谱；
第 4 行共 3 幅子图为未启用条纹搜索功能时，Bj-Tm、Km-Tm、Ur-Tm 三条基线的相位谱

3. 动态双目标相关处理

"嫦娥五号"(CE-5)实现了我国首次对地外天体的采样返回，测控目标多、技术难度大。在上升器与轨道器交会对接过程中，采用了实时同波束 VLBI 技术，完成对轨道器、上升器两个动态目标的高精度测轨，处理机具备同时跟踪处理 2 个目标相位中心的能力。由于在交会对接、近月制动、动力下降、月面起飞等特殊动力飞行段，预报轨道精度不高，时延模型精度不够，无法引导相关处理功能获得干涉条纹。因此，CVNScorr 处理机增加了实时双目标条纹搜索与时延模型重构功能，利用测控信号特点，自动搜索多个信标，同时获取两个目标的时延值，重构高精度的时延模型。在 CE-5 任务中，每个目标探测器有两套单项差分测距(DOR)信标，并且根据探测器的姿态和信标组合状态的不同，在同波束状态下，VLBI 实际上接收到的是 4 个 DOR 信标的不同组合。由于轨道及探测器姿态等原因，信标状态不可能预先精确知晓，需要 VLBI 处理机实时进行状态判断。针对本次任务双目标双频点且频点之间频繁切换的特点，CVNScorr 实现了多信标搜索与重构功能：通过评估每个目标不同频点信标的数据质量，自动从最多 4 个频点中自动选取最佳信标，进行条纹搜索及模型重构(张娟等，2016)。

在 CE-5 任务中，CVNScorr 条纹搜索与模型重构软件运行于"CPU+GPU"混合架构集群平台，利用 MPI、GPU 等技术实现并行计算，实现了中国 VLBI 网 4 站在同波束条件下，对双目标实时数据的相关处理，并具有 6 站双目标数据的事后处理能力。实时数据率达到 128Mbit/s/站，VLBI 时延精度达到 0.4ns，实时性优于 25s，支持了上升器和轨道器完成人类首次月球轨道无人交会对接。

目前，CVNScorr 除探月与深空探测应用外，还可应用于测地及天文观测数据处理。为支持国际 VLBI 大地测量数据处理，CVNScorr 完成了功能、性能升级，提高了信噪比，实现了以国际测地通用 Mk4 格式数据输出结果，可以直接用于

VLBI 通用测地后处理软件的时延数据解算，处理速度超过 1Gbit/s/站。CVNScorr 开发小组通过与国外 DiFX 软件相关处理机的实测数据进行比对，系统地分析了 CVNScorr 带宽综合残余时延和时延率精度、带宽综合总时延和时延率精度、信噪比和 VLBI 站坐标解算值。数据显示，CVN 软件相关处理机已经达到了测地数据处理的精度要求，可以用于 IVS 国际联测数据处理(刘磊等，2017)。

为实现探测器和射电源的相位参考成图定位，CVNScorr 增加了输出 FITS-IDI 格式功能，用于成图定位(郑为民等，2020)。FITS(Flexible Image Transport System，灵活的图像传输系统)文件是用于归档和传输天文数据集的二进制文件。FITS-IDI(Interferometry Data Interchange，干涉数据交换)是一套基于标准 FITS 格式的协议。FIT-IDI 为 AIPS 的输入数据格式，为 VLBA 和 JIVE 的相关处理机 SFXC 的输出格式之一。AIPS 是 VLBI 天文观测数据分析最常用的工具。CVNScorr 在处理天文观测数据时，输出 FITS-IDI 格式数据，供 AIPS 进行后续数据分析。图 4.2.13 为利用 CVNScorr 输出的 FITS-IDI 格式数据进行射电源 4C39.25 成图。

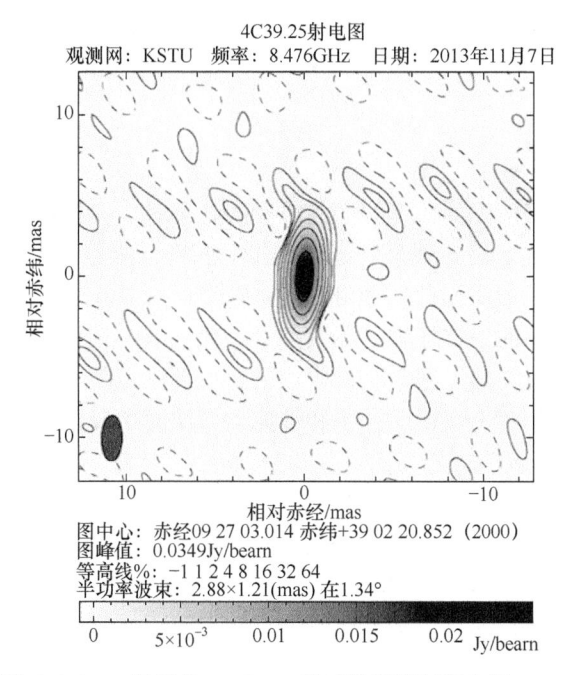

图 4.2.13　利用 CVNScorr 输出的 FITS-IDI 格式数据进行射电源 4C39.25 的成图结果

成图，观测台站为 K-昆明、S-佘山、T-天马及 U-南山，观测日期及频率分别为 2013 年 11 月 7 日与 8.479GHz(童锋贤，2016)。

为了我国发展空间 VLBI 的需要，CVNScorr 增加了空间 VLBI 观测数据处理功能，包括 RDF 格式数据(RadioAstron Data Recording Format——RDF)解码等。

中国科学院上海天文台在国内首次进行了空地 VLBI 观测数据的相关处理，并获得干涉条纹，见图 4.2.14。测试数据样本为俄罗斯空间 VLBI 项目 RadioAstron 的观测数据(张浩等，2020)。

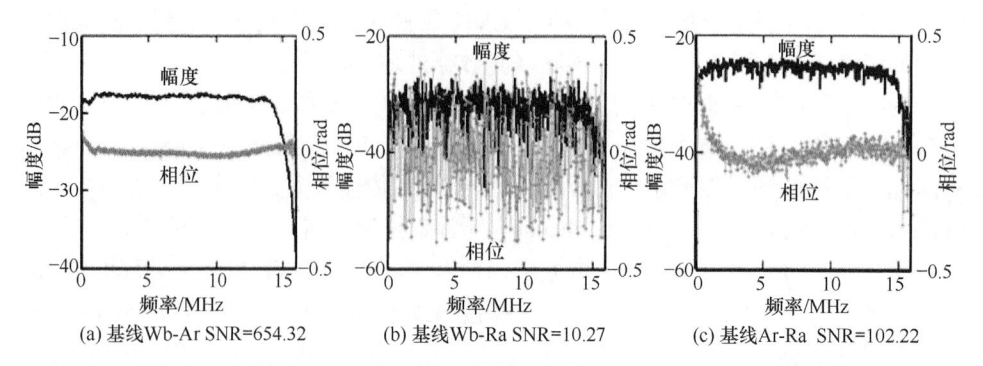

图 4.2.14 CVNScorr 利用 RadioAstron 观测数据相关处理后得到的干涉条纹(黑色为幅度，灰色为相位)

(a) 地面基线 Wb-Ar 干涉条纹；(b) 空地基线 Wb-Ra 干涉条纹；(c) 空地基线 Ar-Ra 干涉条纹；Ar——美国 Arecibo 300m 望远镜；Ra——俄罗斯 RadioAstron 空间望远镜；Wb——荷兰 Westerbork 综合孔径望远镜

4.2.6 干涉条纹搜索

当进行新的 VLBI 观测数据的产品级相关处理时，一般首先需要进行条纹检测。如果检测到条纹，但是残余时延和(或)时延率还偏大，则需要对相关处理输入参数进行修改，一般是修改钟差和(或)钟速值。如果首次检测没有得到条纹，则需要进行较大范围的条纹搜索。条纹搜索一般选取一颗强射电源的一个通道的观测数据来实施。相关处理通常是首先输入有关理论模型的先验值，例如，天文和地球物理模型、相对论改正、钟差和钟速、介质改正等，以计算得模型时延值 τ_m。τ_m 一般用一个多项式来表示：

$$\tau_m = \tau_0 + \dot{\tau}_1 t + \ddot{\tau}_2 t^2 + \cdots \tag{4.2.18}$$

(4.2.18)式中，τ_0、$\dot{\tau}_1$、$\ddot{\tau}_2$、…分别为理论模型时延的常数项、一次项(即时延率)、二次项，以及高次项。

条纹搜索的主要目的是找到干涉条纹，并测定残余时延和时延率的粗值，一般是使用一个条纹搜索函数 $F(n,\Delta\tau,\Delta\dot{\tau})$ 来进行条纹搜索，该函数就是时延分辨率函数。假设观测使用的是多频道模式，则条纹搜索通常首先使用其中某一个频道，(4.2.19)式为对第 n 频道进行条纹搜索的公式(Takahashi et al.，2000)：

$$F(n,\Delta\tau,\Delta\dot{\tau}) = \left| \frac{1}{K}\sum_{k=1}^{K}\left\{ \frac{1}{M-1}\sum_{m=1}^{M-1}R(m,k,n)\mathrm{e}^{-j2\pi f_m^B \Delta\tau} \right\} \cdot \mathrm{e}^{-j2\pi f_0^n \Delta\dot{\tau}\cdot\Delta tk} \right| \tag{4.2.19}$$

(4.2.19)式中，$R(m,k,n)$ 为相关处理机输出的互功率谱函数；f_m^B 为基频通道的第

m 数据点的频率；f_0^n 为第 n 个射频频道的频率；$\Delta\tau, \Delta\dot{\tau}$ 分别为需要搜索的残余时延与时延率；n 为进行条纹搜索选用射频频道的序号；K 为 1 个跟踪观测时间段(Scan)的数据点数目，序号为 $k=1,\cdots,K$；M 为 1 个基频通道的频点数目，序号为 $m=0,\cdots,M$。在公式的累加范围使用的为 $m=1$ 到 $M-1$，删去了基频通道两边缘各 1 个数据点，这是为了避免基频通道两边缘数据退化的影响。

(4.2.19)式是对于 $\Delta\tau, \Delta\dot{\tau}$ 的二维傅里叶变换，所以也可以二维傅里叶变换方法计算时延分辨率函数。如果要利用全部射频频道数据进行条纹搜索，则当各个射频频道均按(4.2.19)式计算后，将它们的绝对值再累加起来，如下所示：

$$F(\Delta\tau,\Delta\dot{\tau}) = \frac{1}{N}\sum_{n=1}^{N}\left|F(n,\Delta\tau,\Delta\dot{\tau})\right| \tag{4.2.20}$$

按(4.2.19)式进行条纹搜索的示意图见图 4.2.15(Thompson et al., 2017)。图 4.2.15 中的峰值位置即为(a)相应的残余条纹率与(b)残余时延。

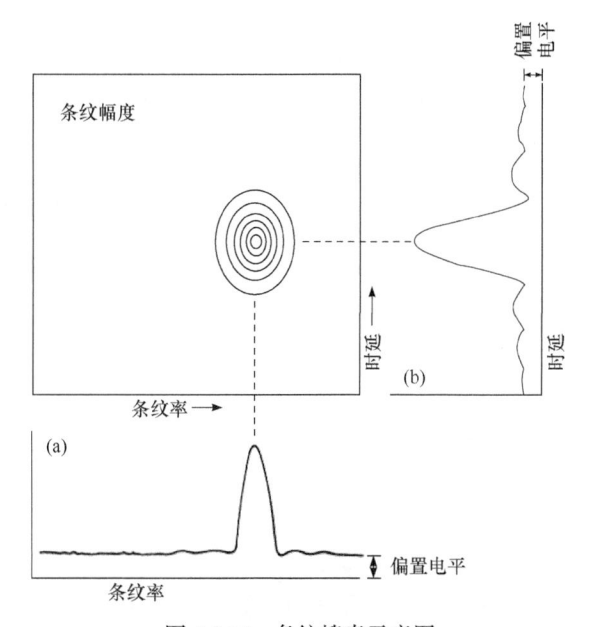

图 4.2.15 条纹搜索示意图
(a) 按频率搜索得到的条纹幅度；(b) 按时延搜索得到的条纹幅度，左上角为条纹幅度的二维图

图 4.2.16 为根据密云-天马基线的某次 VLBI 观测射电源 3C273B 的观测数据(通道带宽 $\Delta f = 2\text{MHz}$，中心频率 $f = 8480.8\text{MHz}$，积分时间 $t = 100\text{s}$，SNR≈1200)进行条纹搜索结果的三维图。图的纵坐标为条纹幅度，右面横坐标为残余时延，左面横坐标为残余条纹率。得到残余时延 $\Delta\tau = -0.1875\mu\text{s}(-187.5\text{ns})$，它会使条纹幅度明显减小，即降低了 SNR，所以在通常情况下，需要对模型时延进行修正后重新进行相关处理，以减小残余时延；残余条纹率 $\Delta f_F = 0.0013549\text{Hz}$

(1.3549mHz)，所以残余时延率 $\Delta \dot{\tau} = \dfrac{f_F}{f} = 0.160\text{ps/s}$，这说明模型时延率(条纹率)已经比较准确了，一般不需要再修改了。

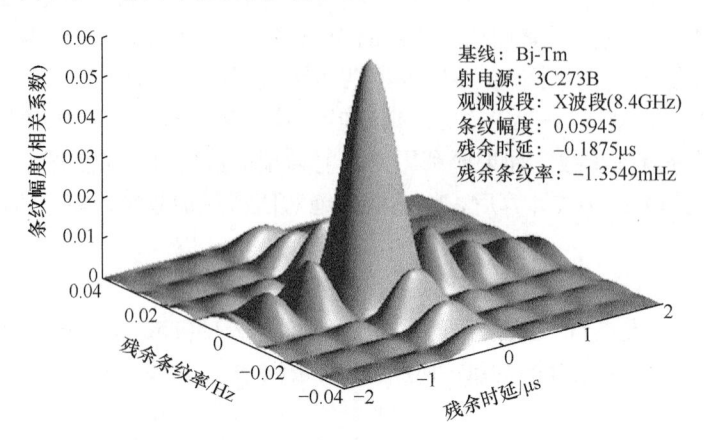

图 4.2.16　密云-天马基线观测射电源 3C273B 的条纹搜索图(芮萍供稿)
密云-天马基线，X 波段观测，使用 3C273B 进行条纹搜索，带宽 2MHz，SNR ≈ 1200
条纹搜索结果：残余时延为–0.1875μs；残余条纹率为 0.0013549Hz

下面再介绍一个较低信噪比的条纹搜索结果，如图 4.2.17 所示为日本的 VLBI 基线 Kashima11-Tomako11 进行条纹搜索的图示，天线口径均为 11m，观测的射电源为 3C273B，参考频率为 8209.99MHz，积分时间为 19.5s，信噪比为 15.1399，搜索到的峰值为残余时延 $\Delta \tau = 0.0050126$μs，残余条纹率 $\Delta f_F = 0.024239$mHz，残余时延率 $\Delta \dot{\tau} = 0.0029524$ps/s。由于信噪比较低，所以显示的旁瓣的噪声较大。

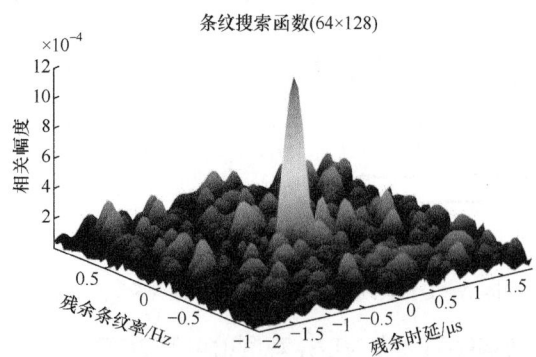

图 4.2.17　日本 Kashima11-Tomako11 基线条纹搜索图(Hobiger and Kondo, 2005)

为了获得高质量的相关处理结果，减小由时延与时延率误差引起的条纹幅度下降，并便于后续的相关后处理，则尽可能使用精确的时延和时延率模型。对于相关处理的模型时延与时延率精度的要求，将在下节讨论。

4.3 相关后处理

VLBI观测数据经过相关处理后,还要进行相关后处理,它的主要任务是:导出条纹幅度与条纹相位;计算残余时延与时延率观测值及其形式误差;计算相关处理模型时延和时延率,加上残余时延和时延率后,得到总时延和时延率观测值;生成射电干涉测量观测数据文件,供后续数据分析、参数解算用。这里以CVN软件处理机的输出文件的内容和格式为例,说明相关后处理的原理和方法。

4.3.1 CVN软件处理机的输出文件的内容和格式

CVN软件处理机输出的为复互相关功率谱$R(f,t)$,也称为"复可见度函数"。下面按一条基线的一次观测(一个Scan)的一个通道为例来说明输出的数据文件的内容和格式,其主要内容分为两部分。

1. 相关处理的有关参数

(1) 观测历元UTC、相关处理的FFT数目、天空频率、采样速率、采样比特数、基线代号、通道序号;
(2) 基线两个测站的理论地心时延(以多项式表示);
(3) 测站钟差和钟速(已经包含在多项式系数内);
(4) 该次观测的始末时刻、数据点积分周期。

2. 互相关数据

以一个积分周期为一个数据组。例如,一次观测的持续时间$T=60\mathrm{s}$,积分周期$\mathrm{d}t=0.983040\mathrm{s}$,则该次观测共有$n=61$个数据组。设通道带宽$B=8\mathrm{MHz}$,相关处理的FFT=1024,则相关处理输出的频点数$m=\mathrm{FFT}/2=512$,每频点的带宽为15.625kHz。数据组的序号为i,用C_i矩阵表示第i个数据组。每一个数据组C_i矩阵第一列为频点序号j,依次各列为互功率谱实部Re和虚部Im,基线测站1和2的自相关值Au1和Au2。所以第i个数据组C_i矩阵可以表示为

$$C_i = \begin{pmatrix} 0 & \mathrm{Re}_{i,0} & \mathrm{Im}_{i,0} & \mathrm{Au1}_{i,0} & \mathrm{Au2}_{i,0} \\ 1 & \mathrm{Re}_{i,1} & \mathrm{Im}_{i,1} & \mathrm{Au1}_{i,1} & \mathrm{Au2}_{i,1} \\ \vdots & \vdots & \vdots & \vdots & \vdots \\ m-1 & \mathrm{Re}_{i,m-1} & \mathrm{Im}_{i,m-1} & \mathrm{Au1}_{i,m-1} & \mathrm{Au2}_{i,m-1} \end{pmatrix} \quad (4.3.1)$$

$$i=0,1,\cdots,n-1;\ j=0,1,\cdots,m-1$$

则处理机输出的一个通道、一次观测时间段的互功率谱总的数据为

$$R(f,t) = \begin{pmatrix} C_0 \\ C_1 \\ \vdots \\ C_{n-1} \end{pmatrix} \quad (4.3.2)$$

对于多条基线观测的相关处理数据，例如为 3 条基线，则其数据矩阵的格式如(4.3.3)式所示。(4.3.3)式中实部和虚部的上标为基线编号。对于更多测站，其格式可以类推。

$$C_i = \begin{pmatrix} 0 & \text{Re}_{i,0}^{1-2} & \text{Im}_{i,0}^{1-2} & \text{Re}_{i,0}^{1-3} & \text{Im}_{i,0}^{1-3} & \text{Re}_{i,0}^{2-3} & \text{Im}_{i,0}^{2-3} & \text{Au1}_{i,0} & \text{Au2}_{i,0} & \text{Au3}_{i,0} \\ 1 & \text{Re}_{i,1}^{1-2} & \text{Im}_{i,1}^{1-2} & \text{Re}_{i,1}^{1-3} & \text{Im}_{i,1}^{1-3} & \text{Re}_{i,1}^{2-3} & \text{Im}_{i,1}^{2-3} & \text{Au1}_{i,1} & \text{Au2}_{i,1} & \text{Au3}_{i,1} \\ \vdots & \vdots & \vdots & \vdots & \vdots & \vdots & \vdots & \vdots & \vdots & \vdots \\ m-1 & \text{Re}_{i,m-1}^{1-2} & \text{Im}_{i,m-1}^{1-2} & \text{Re}_{i,m-1}^{1-3} & \text{Im}_{i,m-1}^{1-3} & \text{Re}_{i,m-1}^{2-3} & \text{Im}_{i,m-1}^{2-3} & \text{Au1}_{i,m-1} & \text{Au2}_{i,m-1} & \text{Au3}_{i,m-1} \end{pmatrix}$$

(4.3.3)

4.3.2 单通道相关后处理

首先来阐述单通道的相关后处理，结合实际观测数据来说明。

设：以北京密云站-上海天马站基线在 2021 年 7 月 6 日对于射电源 0507+179 ($S_c \sim 0.5\text{Jy}$) 的观测数据为例。观测频率为 8463MHz，通道带宽 B=8MHz，2bit 采样，相关处理时使用的 FFT=1024，所以 8MHz 频带内的频点数 $m = \text{FFT}/2 = 512$。采用跟踪观测时间 300s 的数据，观测起始时刻为 UTC：$01^\text{h}37^\text{m}00^\text{s}$，每个数据点的积分周期 $dt = 0.983040\text{s}$，所以 300s 时间共有 305 个数据点。

根据上述观测和相关处理的情况，下面来阐述后处理的方法和步骤。

1. 频率域条纹相位和幅度计算

计算时延和时延率观测值，其基础数据是条纹的相位观测值，所以计算相位是重要的第一步。在射电天体测量中，虽然不直接使用条纹幅度，但是对于数据精度和观测设备的质量评估，是必需的数据，所以也是需要计算。

设一个基频通道内各频点的条纹相位为 ϕ_i 和条纹幅度为 Amp_i，利用相关处理机输出的互功率谱的实部与虚部数据，可以依据(4.3.4)式与(4.3.5)式，计算得各频点的相位与幅度。

$$\phi(f)_j = \arctan\left(\frac{\frac{1}{n}\sum_{i=0}^{n-1}\text{Im}_{i,j}}{\frac{1}{n}\sum_{i=0}^{n-1}\text{Re}_{i,j}}\right) \quad (4.3.4)$$

$$\text{Amp}_j = \left[\left(\frac{1}{n}\sum_{i=0}^{n-1}\text{Re}_{i,j}\right)^2 + \left(\frac{1}{n}\sum_{i=0}^{n-1}\text{Im}_{i,j}\right)^2\right]^{1/2} \quad (4.3.5)$$

(4.3.4)式与(4.3.5)式中，$i=0,\cdots,n-1$ (n 为一次观测时间段内的数据点数目)；$j=0,\cdots,m-1$ (m 为频带内频点数)。所以从公式可以看到，各个频点的相位和幅度值均经过了时间积分。

根据上述对于射电源 0507+179 的观测数据，按(4.3.4)式和(4.3.5)式计算得到 512 个频率点的互相关幅度谱和相位谱。图 4.3.1 为幅度谱，其纵坐标为条纹幅度，以归一化相关系数表示；横坐标为通道频率，单位为 MHz；图 4.3.2 为相位谱，其纵坐标为条纹相位，单位为(°)；图中一条斜线为对于相位的线性拟合，用于残余时延计算，计算公式为(4.3.7)式。

从图 4.3.1 可以看到，带通并不是理想的矩形带通。一般来说，频带的两端截止有一定的坡度，所以在计算条纹幅度时，通常删去两端少数幅度值再取平均，然后得到该次观测的平均条纹幅度。根据图 4.3.1 的数据，计算得条纹幅度

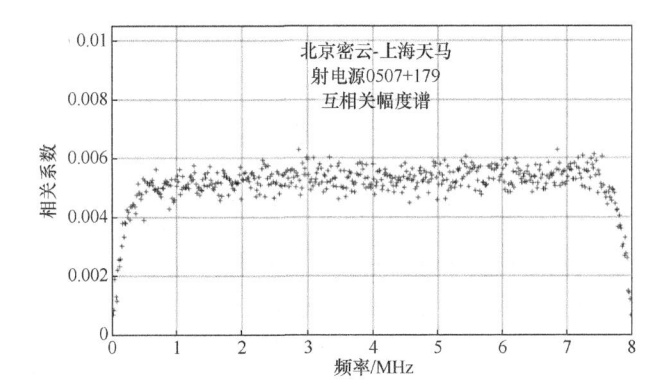

图 4.3.1　北京密云-上海天马基线射电源 0507+179 的互相关幅度谱
观测日期：2021-07-06；UTC：01:37:00

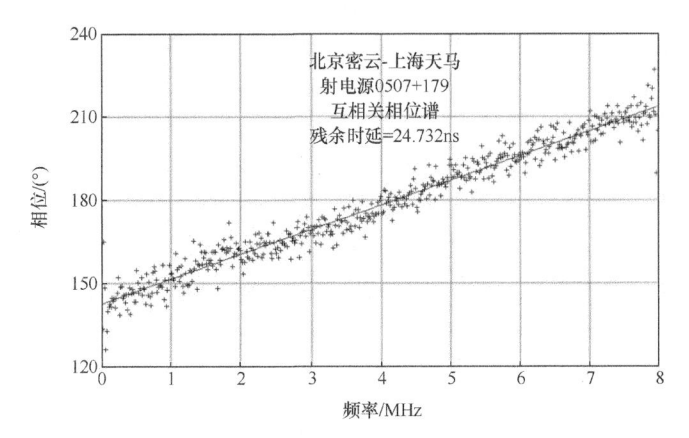

图 4.3.2　北京密云-上海天马基线射电源 0507+179 的互相关相位谱
观测日期：2021-07-06；UTC：01:37:00

(相关系数)为 $\rho_{观测} = 5.324 \times 10^{-3}$。

2. 残余群时延计算

最后生成供后续使用的数据文件的时延观测值是总时延，总时延由模型时延和残余时延两部分组成，这里首先阐述残余时延的计算方法。

根据群时延的定义，它的计算公式为

$$\tau_{群} = \frac{1}{2\pi} \frac{\mathrm{d}\phi(f)}{\mathrm{d}f} \tag{4.3.6}$$

(4.3.6)式中，$\phi(f)$为频域条纹相位(rad)；f为频率(Hz)。

在数据处理中，条纹相位的单位为(°)，频率的单位为 Hz。按图 4.3.2 的 m 个频点的相位值，进行线性拟合后得到相位在频率域的斜率 $\text{Slope}_{频域}$，它的单位为(°)/频点，则残余群时延的计算公式可以改化为

$$\tau_{群} = \frac{\text{Slope}_{频域}}{360} \cdot \frac{m}{\Delta f} \cdot 10^9 (\text{ns}) \tag{4.3.7}$$

(4.3.7)式中，Δf 为通道带宽(Hz)。根据图 4.3.2 数据，计算得，$\text{Slope}_{频域} = 0.139118(°)/$频点，则得到残余群时延 $\Delta\tau_{群} = +24.732\text{ns}$。

在对相位进行线性拟合时，对于频带两端信噪比下降问题，也可以采取删去少数坏点后再进行拟合的办法，或者采用按条纹幅度加权的方法进行线性拟合，以消除或减小两端坏点的影响。

3. 相时延率和条纹率计算

已知相时延的计算公式为

$$\tau_{相} = \frac{\phi(t)}{2\pi f} \tag{4.3.8}$$

因此，相时延率的计算公式为

$$\dot{\tau}_{相} = \frac{1}{2\pi f} \frac{\mathrm{d}\phi(t)}{\mathrm{d}t} \tag{4.3.9}$$

条纹相位随时间的变化率就是条纹率，所以条纹率的计算公式为

$$条纹率 f_F = \frac{1}{2\pi} \frac{\mathrm{d}\phi(t)}{\mathrm{d}t} = f\dot{\tau}_{相} \tag{4.3.10}$$

(4.3.8)式~(4.3.10)式中，条纹相位的单位均为 rad。

用上述同一次观测的数据，来计算时域各个数据点的频带相位平均值，其计

算公式为

$$\phi(t)_i = \frac{1}{m}\sum_{j=0}^{m-1}\left[\arctan\left(\frac{\mathrm{Im}_{i,j}}{\mathrm{Re}_{i,j}}\right)\right] \qquad (4.3.11)$$

根据(4.3.11)式计算得的相位值的单位为 rad。如果使用(°)为单位，则乘以180(°)/π。计算得到的各数据点的相位值显示在图 4.3.3 内，图中纵坐标为相位(°)，横坐标为时间(s)。对于一次观测时间段的相位值进行线性拟合后，得到相位在时域的变化 $\mathrm{Slope}_{时域} = 0.084935(°)$/数据点，$\Delta t = 0.983040\mathrm{s}$ 为每个数据点的积分时间，即数据点的时间间隔。前面给出的观测频率为 8463MHz，它是基带零频对应的天空频率。现在将 8MHz 带宽所有频点的相位取了平均，所以平均相位

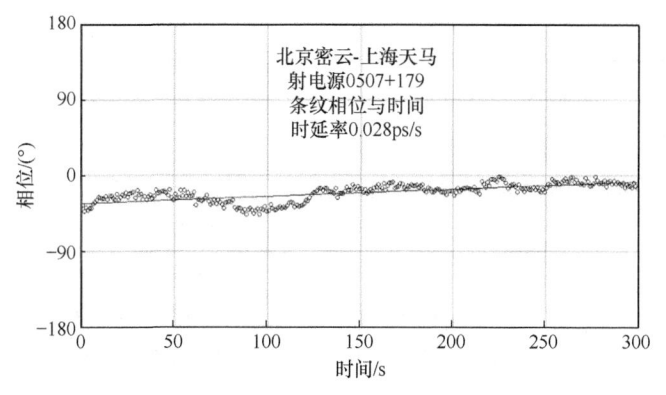

图 4.3.3　北京密云-上海天马基线射电源 0507+179 的条纹相位与时间的关系
观测日期：2021-07-06UTC01:37:00

应该对应于频带的中心，所以其频率为 8463+4=8467MHz。根据上述数据设置的单位，(4.3.7)式可以改化为

$$\dot{\tau}_{相} = \frac{\mathrm{Slope}_{时域}}{\Delta t}\cdot\frac{1}{360}\cdot\frac{10^{12}}{f} \quad (\mathrm{ps/s}) \qquad (4.3.12)$$

(4.3.12)式中，f 的单位为 Hz。

利用(4.3.12)式和(4.3.10)式计算得，残余相时延率 $\Delta\dot{\tau}_{相} = 0.028\mathrm{ps/s}$；残余条纹率 $\Delta f_F = 0.240\mathrm{mHz}$。

4. 模型时延和时延率计算

关于模型时延的计算，相关处理机输出的数据文件中给出了测站地心模型时延的多项式，该多项式是根据天文和地球物理的理论模型计算得的测站理论时延，再加上测站的钟差和钟速得到的。对于 CVN 软件处理机，采用 5 阶多项

式，所以测站模型时延和时延率的表达式分别为

$$\tau^i_{\text{模型}} = a^i_0 + a^i_1 t + a^i_2 t^2 + a^i_3 t^3 + a^i_4 t^4 + a^i_5 t^5 \tag{4.3.13}$$

$$\dot{\tau}^i_{\text{模型}} = a^i_1 + a^i_2 t^1 + a^i_3 t^2 + a^i_4 t^3 + a^i_5 t^4 \tag{4.3.14}$$

(4.3.13)式和(4.3.14)式中各项的上标表示第 i 个测站。则基线模型时延和时延率的计算公式为

$$\tau^{i\text{-}j}_{\text{模型}} = \tau^j_{\text{模型}} - \tau^i_{\text{模型}} \tag{4.3.15}$$

$$\dot{\tau}^{i\text{-}j}_{\text{模型}} = \dot{\tau}^j_{\text{模型}} - \dot{\tau}^i_{\text{模型}} \tag{4.3.16}$$

(4.3.15)式和(4.3.16)式的左项的上标为基线编号 $i\text{-}j$。

下面给出密云-天马基线在 2021-07-06UTC01:37:00 时，观测射电源 0507+179 的模型时延多项式系数示例，其中第一项为常数项，依次为时间 t(s)的一次项、二次项、⋯、五次项；以每个观测时段的起始时刻为 $t = 0$。

北京密云站：−1.924120116581941E-02，−2.396150510457000E-07，
     3.997909234321000E-11 2.123599816925000E-16，
     −1.771420856866000E-20，−5.363292642211999E-26

上海天马站：−2.049091756435897E-02，−1.796124079412000E-07，
     4.563256432338000E-11 1.591843097131000E-16，
     −2.021920826989000E-20，−3.909809731285000E-2

5. 总时延和时延率的计算

计算得模型和残余时延与时延率后，最后就可以计算得基线时延和时延率的总观测值，其计算公式分别为

$$\tau^{i\text{-}j}_{\text{总}} = \tau^{i\text{-}j}_{\text{模型}} + \Delta\tau^{i\text{-}j} \tag{4.3.17}$$

$$\dot{\tau}^{i\text{-}j}_{\text{总}} = \dot{\tau}^{i\text{-}j}_{\text{模型}} + \Delta\dot{\tau}^{i\text{-}j} \tag{4.3.18}$$

6. 关于残余时延和时延率限值的要求

测站坐标误差、射电源坐标误差、传播介质标校误差，以及测站钟差和钟速差等因素，都会使得相关处理后还存在残余时延与残余时延率。如果先验值误差比较大，则所得残余时延与残余时延率都会比较大，就可能在通道带宽范围内或数据积分时间范围内，残余相位的变化会超过 360°。图 4.3.4 显示了一个模拟计算结果，当残余时延比较大时，在某归一化带宽范围(中心频率为 0)内的相位有 4 次出现 360°(2π)跳变，从而出现了 5 条由相位观测值构成的斜线(Nothnagel, 2019)。这种情况下，就需要数据处理软件有判断和消除 360°跳变的功能；对相

位 360°跳变进行补偿和实现了相位连接后，才能用相位拟合法导出群时延值。当残余时延比较大时，也会导致条纹幅度下降(即信噪比降低)。通常采用调整残余时延的方法(重新相关处理或在相关后数据处理时调整)，使得在带宽范围内的相位变化不超过 360°，然后进行相位拟合。

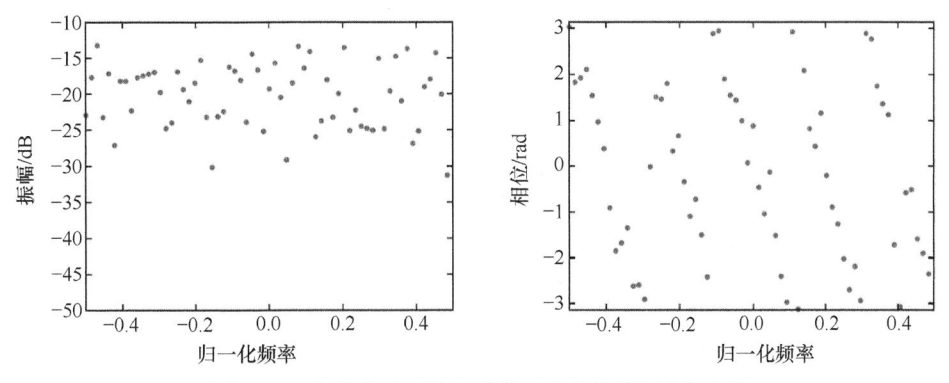

图 4.3.4　当残余时延较大时的干涉条纹的幅度与相位

同样，当残余时延率(条纹率)较大时，相位值在积分时间范围内(通常为 1 个 Scan 的时间跨度)也会产生 360°跳变。图 4.3.5 为 Noto-EB_VLBA 基线实际 VLBI 观测的一个例子(Bertarini, 2013)。如左图所示，当残余时延率比较大时，在 210s 时间内，相位有 2 次 360°跳变；右图为调整了先验时延率后的结果，将相位几乎拉平了，说明时延率调整得很精确，残余时延率几乎为 0。

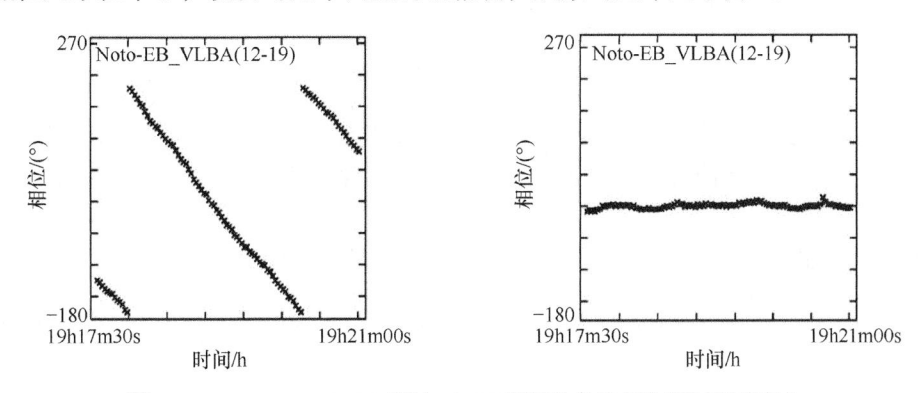

图 4.3.5　Noto-EB_VLBA 某次 VLBI 观测的条纹相位随时间的变化
左图：残余时延率较大时；右图：残余时延率调整后

● 关于残余时延的限值

残余时延的大小主要是影响条纹的幅度及信噪比。从前面关于 VLBI 相关函数中可以看到，其中有一个 sinc 函数，即 $\dfrac{\sin\pi\Delta f\left(\tau_c+\Delta\tau_g\right)}{\pi\Delta f\left(\tau_c+\Delta\tau_g\right)}$。为了讨论问题简化，设总的时延误差 $\Delta\tau=\tau_c+\Delta\tau_g$，该 sinc 函数简化为 $\dfrac{\sin\pi\Delta f\Delta\tau}{\pi\Delta f\Delta\tau}$。当 $\Delta\tau=0$ 时，其极值等于 1；当 $\Delta\tau=\dfrac{\pm 1}{\Delta f}$ 时，sinc 函数值为零。

设：

$$D(\Delta\tau)=\left|\dfrac{\sin\pi\Delta f\Delta\tau}{\pi\Delta f\Delta\tau}\right| \tag{4.3.19}$$

$D(\Delta\tau)$ 即为单通道的时延分辨率函数，如图 4.3.6 所示，其零点分别在 $\pm 1/\Delta f$，

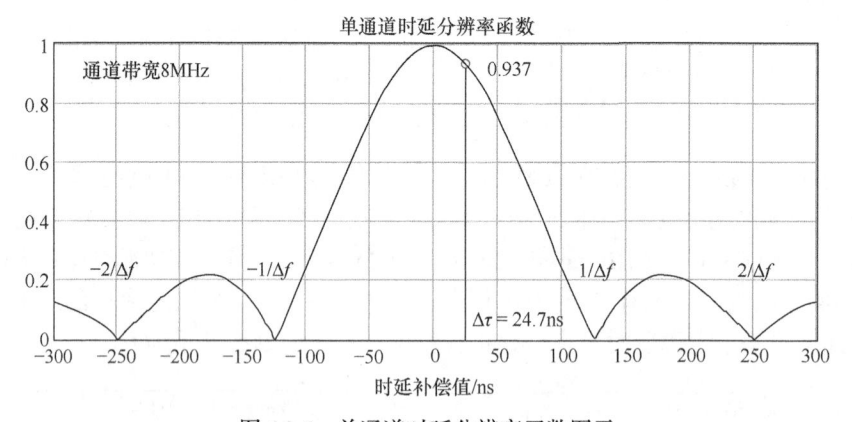

图 4.3.6 单通道时延分辨率函数图示

$\pm 2/\Delta f$，⋯处。当通道带宽为 8MHz 时，其零点分别为残余时延 ± 125ns，± 250ns，⋯处。上面计算残余时延的例子中，计算的残余时延 $\Delta\tau=24.732$ns，则根据(4.3.19)式可以计算得，其条纹幅度将下降至 0.937。如果要求残余时延导致的条纹幅度下降不低于 0.95，则残余时延应满足(4.3.20)式的要求：

$$\tau_{残余}\leqslant\dfrac{1}{6\Delta f} \tag{4.3.20}$$

当 $\Delta f=8$MHz 时，$\dfrac{1}{6\Delta f}\approx 20.8$ns。上面给出的例子的残余时延大于 20.8ns，则需要调整时延补偿值后再进行互相关处理。

● 关于残余时延率的限值

根据单通道时延分辨率函数可以得到类似的条纹率分辨率函数，如(4.3.21)式所示：

$$F(f_F) = \left|\frac{\sin\pi Tf\Delta\dot\tau}{\pi Tf\Delta\dot\tau}\right| = \left|\frac{\sin\pi Tf_F}{\pi Tf_F}\right| \tag{4.3.21}$$

(4.3.21)式中，$\Delta\dot\tau$ 为残余时延率；$f_F = f\Delta\dot\tau$ 为残余条纹率。

设积分时间 T=300s，根据(4.3.21)式可以绘制得条纹率分辨率函数图，如图 4.3.7 所示，其第一零点在±1/T = ±0.003333Hz(±3.333mHz)。从图 4.3.7 可以看到，积分时间 T 越大，则条纹率(时延率)的测量精度越高。

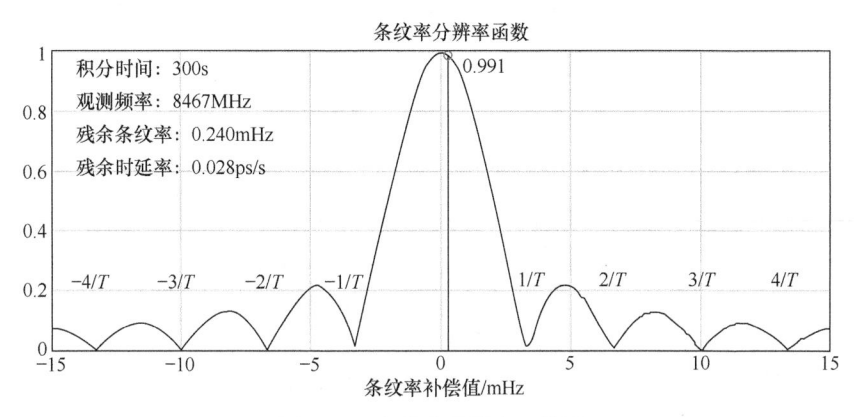

图 4.3.7 条纹率分辨率函数图

根据前面计算残余条纹率(时延率)的例子得到的残余条纹率为 0.240mHz，按(4.3.21)式，可以计算得条纹幅度下降至 0.991，仅 1%的影响。如果也要求由于残余条纹率的存在，条纹幅度下降不低于 0.95，则残余条纹率与残余时延率的限值分别为

$$f_{F_{残余}} \leqslant \frac{1}{6T} \tag{4.3.22}$$

$$\dot\tau_{残余} \leqslant \frac{1}{6Tf} \tag{4.3.23}$$

例如，T = 300s，f = 8467MHz 时，则 $f_{F_{残余}}$ 和 $\dot\tau_{残余}$ 分别应小于 0.556mHz 和 0.0657ps/s。

7. 关于条纹相位和幅度的修正

对于相关后的条纹相位和幅度修正，可以利用下面的(4.3.24)式(Cappallo，2016a)对相关处理的输出值进行改正，从而降低条纹的相位误差和幅度误差。

$$g(\tau,\dot\tau) = \sum_f \sum_t V(f,t) e^{-2\pi j(f\tau t + f\dot\tau + \delta\phi)} \tag{4.3.24}$$

(4.3.24)式中，$V(f,t)$ 为复可见度函数，它是频率 f 与时间 t 的二维变量，即相关处理机输出的复互功率谱函数；$\tau,\dot{\tau}$ 为残余时延和残余时延率的改正值；$\delta\phi$ 为常数相位误差改正值；$g(\tau,\dot{\tau})$ 为经过改正后的复可见度函数，它的条纹相位接近于零，条纹幅度接近理论值。

注意：上述方法可以对条纹相位和条纹幅度进行改正，但是不能提高信噪比。信噪比取决于相关处理，如果首次相关处理时，发现残余时延和时延率比较大，对条纹幅度的影响较大，就需要修改模型时延和时延率，重新进行相关处理。

4.3.3 多通道相关后处理

从 4.3.2 节介绍的单通道群时延的计算公式可以知道，群时延测量误差 σ_τ 与通道带宽 Δf 成反比，即 $\sigma_\tau \propto 1/\Delta f$。在 20 世纪 70 年代，由于电子器件性能的限制，数据模数转换的带宽限于数兆赫兹，为了提高群时延测量精度，著名 VLBI 专家 A. Rogers 提出了带宽综合的方法(Rogers，1970)，即在较宽的频带范围内(比如数百兆赫兹，甚至更宽)，选取若干个窄带的频率通道，使用带宽综合法可以获得等效于宽带测量群时延的效果。图 4.3.6 为选取频率通道的示意图，选取的原则是：各通道之间的频率间距不重复；最小间距要满足可以无模糊度地用该两通道解算得群时延；最大间距尽可能利用中频(IF)的最大带宽。图 4.3.8 为 4 通道的频率选择一个例子(钱志瀚和李金岭，2012)，各通道的频率相对值为：0,1,4,6，它们两两组合的频率间距是不重复的。

自发明了"带宽综合法"后，VLBI 天体测量和大地测量一般在 IF 数百兆赫兹频率范围内，选取 4~8 个通道，通过多通道带宽综合的时延分辨率函数来计算多通道群时延的预期精度，以选取最佳的频率设置。多通道带宽综合时延分

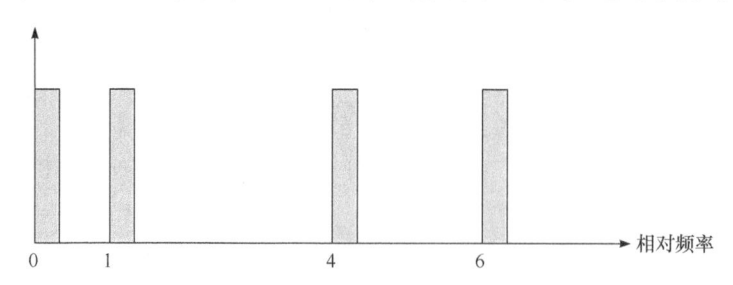

图 4.3.8 带宽综合法通道选取的示意图

辨率函数如(4.3.25)式所定义：

$$D(\tau) = \frac{1}{k}\sum_{i=0}^{k-1} r_i(\tau) \qquad (4.3.25)$$

(4.3.25)式中，k 为通道数；$r_i(\tau)$ 为第 i 通道的相关函数。

关于单通道相关函数,如 4.1.4 节中(4.1.39)式所示

$$r_{12}^o = \rho_0 \cos\left[2\pi f_{LO1}\Delta\tau_g + \pi\Delta f\left(\tau_c + \Delta\tau_g\right) + 2\pi\Delta f_{LO}t + \phi\right]\frac{\sin\pi\Delta f\left(\tau_c + \Delta\tau_g\right)}{\pi\Delta f\left(\tau_c + \Delta\tau_g\right)} \quad (4.1.39)$$

(4.1.38)式中的 r_{12}^o 即为 $r(\tau)$。为了便于说明问题,取(4.1.38)式中的主项 $2\pi f_{LO1}\Delta\tau_g$,并设:$\rho_0=1$,$\tau_c=0$,第 i 通道相应的本振频率为 $f_{LO1,i}$,并改用复数形式表示,则(4.1.38)式可以化为

$$r_i(\tau) = \cos\left[2\pi f_{LO1,i}\Delta\tau_g\right]\frac{\sin\pi\Delta f\Delta\tau_g}{\pi\Delta f\Delta\tau_g} = e^{j2\pi f_{LO1,i}\Delta\tau_g} \cdot \frac{\sin\pi\Delta f\Delta\tau_g}{\pi\Delta f\Delta\tau_g} \quad (4.3.26)$$

则多通道带宽综合的时延分辨率函数的幅度为

$$\left|D(\tau)\right| = \left|\frac{1}{k}\sum_{i=0}^{k-1}e^{j2\pi f_{LO1,i}\Delta\tau_g}\right| \cdot \frac{\sin\pi\Delta f\Delta\tau_g}{\pi\Delta f\Delta\tau_g} \quad (4.3.27)$$

目前国际上 IVS 组织 VLBI 天体测量和大地测量使用的一种通道频率设置模式为:S 波段 6 通道和 X 波段 8 通道,每个通道带宽为 8MHz,其频率设置如表 4.3.1 所示。

表 4.3.1 VLBI 天体测量/大地测量带宽综合的一种频率设置

X 波段/MHz	S 波段/MHz
8212.99	2225.99
8252.99	2245.99
8352.99	2265.99
8512.99	2295.99
8732.99	2345.99
8852.99	2365.99
8912.99	—
8932.99	—

图 4.3.9 为根据上述 X 波段 8 通道绘制的时延分辨率函数图。设:通道的带宽为 8MHz,时延补偿为 0 时幅度最大,归一化为 1。图中虚线为单通道 8MHz 带宽的包络线。最小的频率间距为 20MHz,所以主峰左右的第一旁瓣的峰值出现在±50ns 处。使用不同的频率设置来绘制时延分辨率函数,可以直观地比较各种频率设置的优劣。旁瓣的高低是一个指标,一般要求旁瓣低于主瓣的 1/2,上面给出的通道频率的设置是符合此要求的。

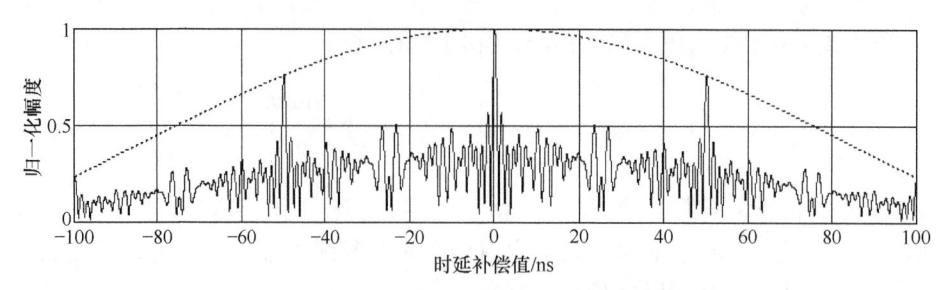

图 4.3.9 X 波段 8 通道带宽综合时延分辨率函数图

带宽综合时延测量的一种方法就是，利用 $D(\tau)$ 函数进行不同时延补偿而搜索至最大幅度时，即为精确的时延值。8MHz 带宽的单通时延分辨率函数的主瓣非常宽，它的第 1 零点在±125ns 处。而 8 通道带宽综合的时延分辨率函数的主瓣非常窄，它可以非常精确地测量群时延值。从(4.1.38)式可以看到，VLBI 测量得的时延值是包括钟差、介质时延误差等，在单次观测中是无法分离的。通过对于不同目标的多次观测，可以把钟差、介质时延误差等解算出来，详见本书第 6 章。

带宽综合另外一种测量时延的方法为：利用各通道得到的干涉条纹相位，以频率为变量进行线性拟合，它的斜率即为多通道带宽综合测量的群时延，如图 4.3.10 所示(Thompson et al., 2017)。图中有 4 个频率通道，通道频率间距之比值分别为 0，1，3，7，这是一种无重复间距的通道频率设置。将各个通道的相位进行连接时，要注意整周模糊度的消除，如图 4.3.10 所示。一般把单通道的时延测量值作为初值，来判定最近两个频点的相位差是否存在整周模糊度，如图 4.3.10 中的第 1 与第 2 通道，它们的频率间距最小，易于整周模糊度的判定。最小间距的模糊度消除了，然后逐次确定其他频点的模糊度。

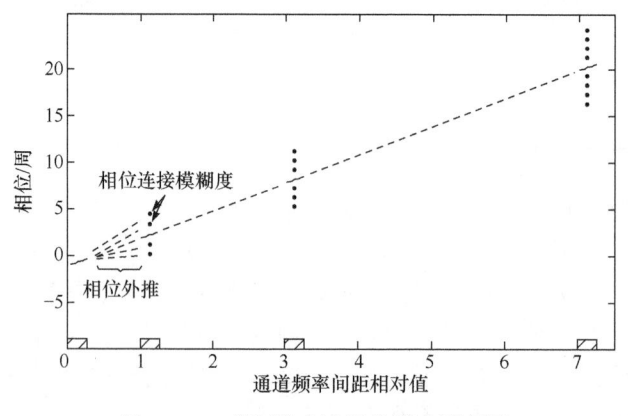

图 4.3.10 带宽综合法相位拟合原理图

下面用一个实例来说明用带宽综合的相位拟合法来测量群时延。

在 2021 年 7 月，上海天马站-乌鲁木齐南山站基线对射电源 0507+179 进行了 X 波段的 4 通道观测，通道频率为：8463MHz、8480MHz、8488MHz、8582MHz。通道带宽为 2MHz，FX 软件相关处理机进行相关处理，得到各通道的相位谱，显示在下面图 4.3.11。图 4.3.11(a)显示了尚未进行相位连接时的各通道的相位值，可以看到，各通道相位的斜率(即单通道时延)是一致的；一般首先连接频率间距最小的 2 个通道的相位，第 2 与第 3 通道的频率间距最小，该两个通道的相位之间不存在整周模糊度；第 1 通道与第 2 通道的相位之间存在一个整周模糊度，所以将第 1 通道的相位值加一个整周相位值(360°)；第 4 通道与第 3 通道的也存在一个整周的相位值，需要将第 4 通道的相位值减去一个整周相位；最后，如图(b)所示，4 个通道的相位全部连接起来了，这时可以用线性拟合法计算得多通道相位的斜率 Slope，然后计算得多通道时延值(MBD)。计算得 Slope =

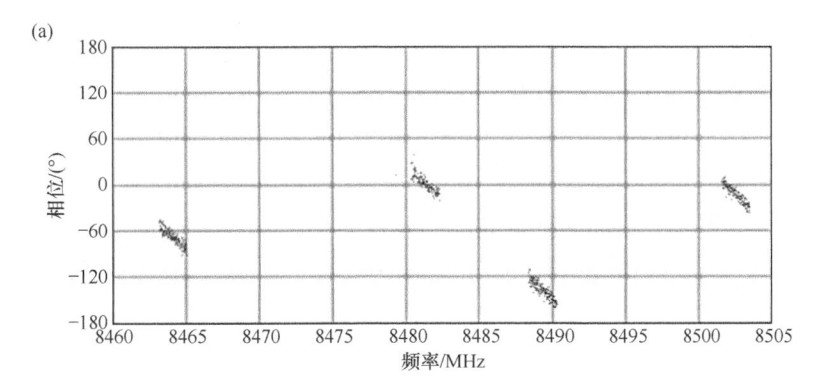

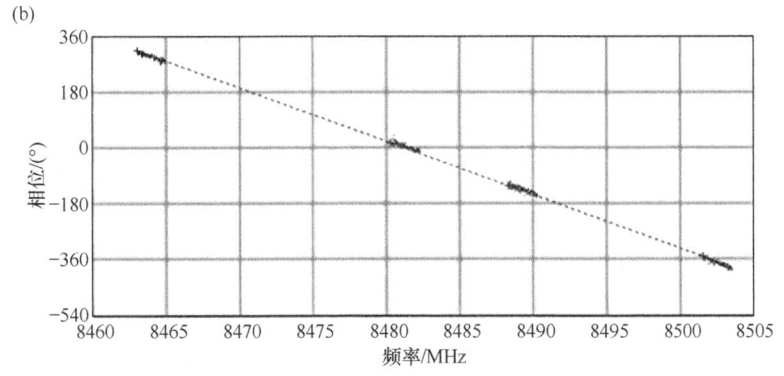

图 4.3.11 带宽综合法测量多通道时延的实例

(a) 尚未进行相位连接时的各个通道相位观测值的图示；
(b) 消除了各通道相位之间整周模糊度后，进行多通道相位拟合的图示

−17.3086((°)/MHz)，若设 MBD 的单位为 ns，则按(4.3.28)式计算得 MBD =

−48.079ns。

$$\text{MBD} = \text{Slope} \times \frac{1000}{360} \tag{4.3.28}$$

由于不同频率通道通常存在不同的设备时延，所以需要利用相位校正测量值，对各个通道的相位进行改正后，再进行多通道的相位拟合。当没有相位校正测量值时，可以利用强射电源的相位观测值，对其他射电源的相位观测值进行改正。

关于多通道的相时延率(或条纹率)，其计算方法与单通道是一样的，一般计算一个通道即可。如果是为了检核或减小噪声贡献，也可计算所有通道的相时延率(或条纹率)，归算为某一个通道的相时延率(或条纹率)，然后去其平均值。

4.4 观测值精度的估算

上述方法计算得到了相位、时延及时延率等观测值后，还需要对这些观测值进行精度的评估。精度评估的有关计算公式如下。

4.4.1 干涉条纹相关系数的理论值计算

获得干涉条纹的相关系数后，需要与理论值进行比较，以确定观测与数据处理工作是否正常。如果相差很大，就要检查其原因。在 4.1 节已经阐述了相关系数的计算公式，如(4.1.45)式：

$$\rho_{\text{观测}} = q \frac{S_C}{2k} \sqrt{\frac{A_{e_1} A_{e_2}}{T_{S_1} T_{S_2}}} = q S_C \sqrt{\frac{1}{\text{SEFD}_1 \text{SEFD}_2}} \tag{4.1.45}$$

(4.1.45)式中，q 为观测数据数字化降幅因子；$S_C = \gamma_N S_T$，其中 S_C、γ_N 及 S_T 分别为相关流量密度、可见度及总流量密度。

例 4.4.1 设：密云与天马两测站在 X 波段的 SEFD 值分别为 321Jy 与 38Jy。从有关 VLBI 射电源表中查得，射电源 0507+179 在密云-天马约 1000km 基线上的 $S_C = 0.92$Jy；2bit 采样，取 $q = 0.8$，计算观测相关系数。

解 按(4.1.45)式可以计算得相关系数的观测值 $\rho_{\text{观测}} = 6.664 \times 10^{-3}$。

根据图 4.3.1 的数据得到，该射电源在密云-天马基线上 X 波段观测的条纹相关系数为 5.324×10^{-3}，略小于估算值。估算值计算时没有考虑大气衰减，另外该射电源的流量密度也可能有变化，所以可以说是大致符合，说明观测设备工作基本正常。

4.4.2 信噪比理论值的计算

干涉条纹的相关系数为一个采样点的信噪比(Cappallo，2016a)，所以连续观

测时间段的数据经过积分后，它的信噪比 SNR 为

$$\text{SNR} = \rho_{观测}\sqrt{2\Delta f t} \tag{4.4.1}$$

在 4.3.2 节中给出了密云-天马基线在 X 波段观测射电源 0507+0179 的相关系数 $\rho_{观测} = 5.324 \times 10^{-3}$。设：$\Delta f = 8\text{MHz}$，$t = 300\text{s}$，则按(4.4.1)式可以计算得 SNR=368.86。

4.4.3　射电干涉测量观测值的误差估算

1. 相位误差 σ_ϕ 估算

$$\sigma_\phi = \frac{1}{\text{SNR}} \text{ (rad)} \tag{4.4.2}$$

比如，使用上面计算得的实测 SNR=368.86，按(4.4.2)式可以计算得，条纹相位误差为 $\sigma_\phi = \frac{1}{368.86}(\text{rad}) = 0.1553°$。

2. 相时延误差估算

已知 $\tau_{相} = \frac{\phi}{2\pi f}$，所以可得相时延误差估算公式为

$$\sigma_{\tau_{相}} = \frac{\sigma_\phi}{2\pi f} = \frac{1}{2\pi f \cdot \text{SNR}} \text{ (s)} \tag{4.4.3}$$

(4.4.3)式中，f 为观测频率(Hz)。

设观测频率为 8400MHz，SNR=368.86，则按(4.4.3)式可以计算得，相时延误差为 $\sigma_{\tau_{相}} = 0.051\text{ps}$。

3. 群时延误差估算

● 单通道群时延：$\tau_{单} = \frac{\text{d}\phi}{2\pi \text{d}f}$；所以它的误差估算公式为

$$\sigma_{\tau_{单}} = \frac{\sigma_\phi \sqrt{12}}{2\pi \Delta f} = \frac{\sqrt{12}}{2\pi \Delta f \cdot \text{SNR}} \text{ (s)} \tag{4.4.4}$$

(4.4.4)式中，Δf 为通道带宽(Hz)。

设 $\Delta f = 8\text{MHz}$；同样 SNR=368.86。则 $\sigma_{\tau_{单}} = 0.187\text{ns}$。

● 多通道：多通道观测时，采用带宽综合方法来测量群时延，它的误差估算公式为

$$\sigma_{\tau_{\text{群}}} = \frac{1}{2\pi\delta f_{\text{RMS}} \cdot \text{SNR}_{\text{多}}} \tag{4.4.5}$$

(4.4.5)式中，δf_{RMS} 为各个通道频率与其平均值的间距的 RMS 值，即

$$\delta f_{\text{RMS}} = \sqrt{\frac{(\bar{f} - f_i)^2}{n}} \tag{4.4.6}$$

(4.4.6)式中，n 为通道数目；$\text{SNR}_{\text{多}} = \text{SNR}_{\text{单}}\sqrt{n}$。

以表 4.3.1 的 X 波段 8 通道频率设置为例，可以计算得 $\delta f_{\text{RMS}} = 280.89 \text{MHz}$，同样 $\text{SNR}_{\text{单}} = 368.86$。则最后得到 $\sigma_{\tau_{\text{群}}} = 0.543 \text{ps}$。

● 双通道：当 $n = 2$ 时，(4.4.5)式可以改写为

$$\sigma_{\tau_{\text{双}}} = \frac{\sqrt{2}}{2\pi\delta f \cdot \text{SNR}_{\text{单}}} \tag{4.4.7}$$

(4.4.7)式中，δf 为双通道的频率间距，Hz；$\text{SNR}_{\text{单}}$ 为单通道信噪比。

设：$\delta f = 40\text{MHz}$，同样 $\text{SNR}_{\text{单}} = 368.86$。则 $\sigma_{\tau_{\text{群}}} = 0.015\text{ns}$。

4. 相时延率、条纹率误差公式

● 相时延率

单通道相时延率误差估算公式为

$$\sigma_{\dot{\tau}_{\text{单}}} = \frac{\sqrt{12}}{2\pi f t \text{SNR}_{\text{单}}} \tag{4.4.8}$$

(4.4.8)式中，f 为通道频率(Hz)；t 为积分时间(s)。

设：$f = 8400\text{MHz}$，$t = 300\text{s}$，同样 $\text{SNR}=368.86$。则计算得

$$\sigma_{\dot{\tau}_{\text{多}}} = 0.000593 \text{ps/s}$$

多通道相时延率误差估算公式为

$$\sigma_{\dot{\tau}_{\text{多}}} = \frac{\sqrt{12}}{2\pi\bar{f} t \text{SNR}_{\text{多}}} \tag{4.4.9}$$

(4.4.9)式中，$\bar{f}$ 为多通道频率的平均值。

● 条纹率

条纹率误差估算公式为

$$\sigma_{f_{\text{F}}} = f \cdot \sigma_{\dot{\tau}_{\text{相}}} = \frac{\sqrt{12}}{2\pi t \cdot \text{SNR}} \tag{4.4.10}$$

第 4 章 射电干涉测量信号分析和数据处理

同样，设：$t = 300$s，SNR=368.86，则可得，$\sigma_{f_F} = 0.004982$mHz。

关于(4.4.2)式、(4.4.4)式、(4.4.5)式及(4.4.8)式的推导，参见参考文献(Whitney, 1974)。

4.5 VGOS 观测数据处理

4.5.1 概述

VGOS 观测数据的处理，它的基本原理和方法与前面阐述的是一致的，但是比较原来的 S/X 观测数据，增加了数据处理的复杂性与工作量。VGOS 数据的相关处理，现在流行的是使用 DiFX 软件相关处理机(Deller et al., 2007)；相关后处理采用 HOPS(Haystack Observatory Postprocessing System)，它是美国 Haystack 天文台研发的用于 VLBI 相关后数据处理的软件系统(Hoak et al., 2022)。

VGOS 观测模式与现在使用的 S/X 模式有所不同，其主要不同之处为：
(1) 连续带宽(2～14 GHz)中选取 4 个频道(一般为 S、C、X、Ku)；
(2) 双线偏振接收。

目前，国际 VGOS 观测在(2～14 GHz)频率范围，选择 A、B、C、D 共 4 个频道，每个频道带宽 512MHz，在每个频道中选用 8 个通道，每个频道各个通道的低端频率设置如表 4.5.1 与图 4.5.1 的下图所示。通道带宽 32MHz，通道的最大间距约 480MHz，2bit 采样，双偏振观测，所以总数据速率为 8Gbit/s。4 个频道组成的总频带相应的时延分辨率函数如图 4.5.1 的上图所示，该频率序列对应的有效带宽为 2.612GHz，时延分辨率函数的第一旁瓣幅度为 60%左右，可以较容易地消除频段间的时延模糊度。

表 4.5.1 VGOS 观测频率设置

IF 序号	天空频率/MHz			
	频道 A	频道 B	频道 C	频道 D
1	3032.40	5272.40	6392.40	10232.40
2	3064.40	5304.40	6424.40	10264.40
3	3096.40	5336.40	6456.40	10296.40
4	3224.40	5464.40	6584.40	10424.40
5	3320.40	5560.40	6680.40	10520.40
6	3384.40	5624.40	6744.40	10584.40
7	3448.40	5688.40	6808.40	10648.40
8	3480.40	5720.40	6840.40	10680.40

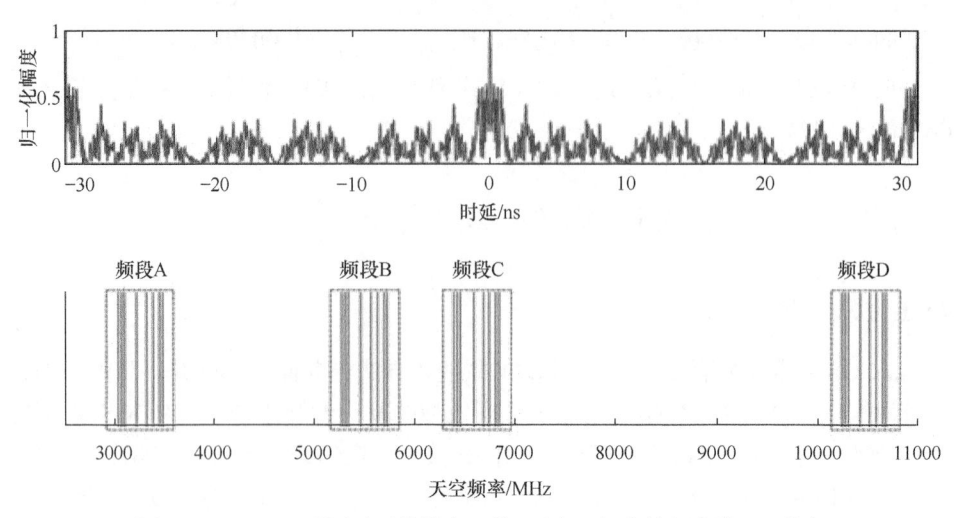

图 4.5.1 VGOS 观测时延分辨率函数(上图); 相应的频率设置(下图)

从上述的 VGOS 观测模式可知,其相关与相关后数据处理比较于 S/X 模式要复杂很多,它的数据处理流程图如图 4.5.2 所示。

4.5.2 相关处理

VGOS 相关处理在数据回放、相位校正信号 P-cal 提取和互相关运算等步骤具有独特之处。VGOS 测站采用 VDIF 格式标准记录 4 频道的双线偏振数据,但 VDIF 格式的具体定义并不统一。例如,美国 RDBE-G 数字后端输出的采样数据为复数,而欧洲 DBBC3、日本 K6 和我国的 CDAS2 输出的采样数据为实数数据;美国和欧洲采用的是四线程记录,而日本和我国采用八线程记录。VGOS 相关处理机的数据回放功能,需要将台站的原始 VDIF 格式数据转换为单线程数据,才能进行后续的相关处理。

传统的 S/X 观测的 P-cal 频点之间的间隔为 1MHz,而 VGOS 站的 P-cal 频点间隔为 5MHz 或 10MHz。目前 VGOS 系统的单个通道的带宽为 32MHz,P-cal 频点间隔按 5MHz 间隔计算,至少有 6 个 P-cal 频点;按 10MHz 间隔计算,则至少有 3 个 P-cal 频点。相关处理时,需要提取每个通道的所有 P-cal 频点的幅度和相位,从而校正频道内不同通道之间以及频道之间的设备时延和相位偏差。

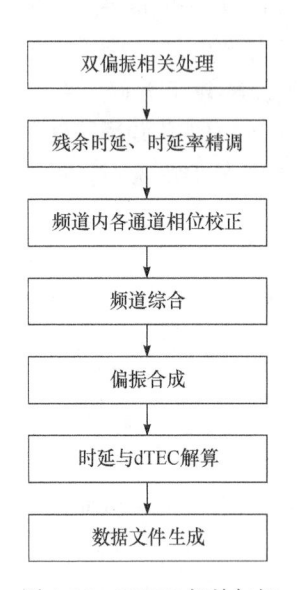

图 4.5.2 VGOS 相关与相关后数据处理流程图
dTEC 为基线两测站的天顶 TEC 的差值

针对 VGOS 站输出的双线偏振信号数据，需要对不同偏振的数据进行交叉相关处理，共输出四路偏振组合的相关处理结果。例如，测站 A 的 2 路偏振数据分别为 X_a(X 指水平偏振信号)和 Y_a(Y 指垂直偏振信号)，测站 B 的 2 路偏振数据分别为 X_b 和 Y_b，相关处理时不仅要输出相同偏振数据的互相关结果($\overline{X_a \times X_b}$ 和 $\overline{Y_a \times Y_b}$)，还需要输出不同偏振的互相关结果($\overline{X_a \times Y_b}$ 和 $\overline{Y_a \times X_b}$)。关于两路偏振数据的合成问题，将在下面 4.5.6 节阐述。

4.5.3 通道残余时延与时延率精调

由于 VGOS 使用了 4 频道观测，每频道有 8 个通道，需要使用所有频道的相位值进行拟合，以解算出时延观测值与测站电离层 TEC 的差值(dTEC)，所以要求各个通道的残余相位尽可能小，便于频道内的相位对齐及频道综合。相关处理时设置的理论模型有时不很精确，相关处理的结果会产生较大的残余时延与时延率，图 4.5.3 为某个 VGOS 观测的一个通道残余相位随频率变化的一个实例，并显示了进行残余时延精调后的结果(Bertarini, 2013)。图 4.5.3 中的通道带宽为 32MHz，通道内分成了 64 个频点，每个频点有一个残余相位值。从图 4.5.3 的上图可以看到，通道高端与低端的残余相位的差值约为 80°，则可以计算得残余时延值约为 6.9ns。按(4.3.24)式对残余时延进行精调改正，从图 4.5.3 的下图可以看到，精调后通道内的残余相位值的斜率接近于零，也就是说，残余时延也接近于零了。

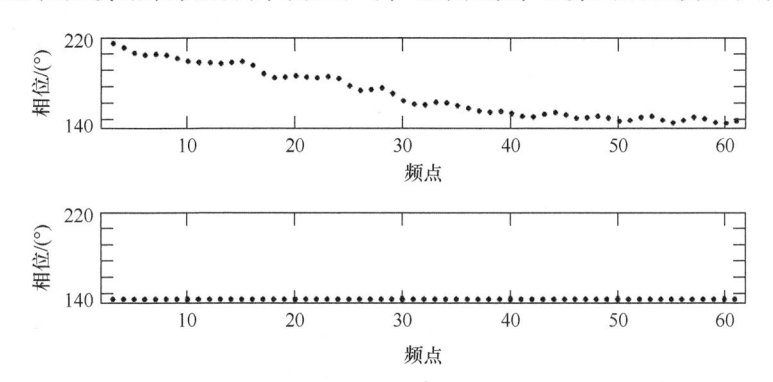

图 4.5.3 对通道残余相位随频率变化进行精调的一个实例

对于残余条纹率/时延率，如果超过了(4.3.22)式或(4.3.23)式的要求，则也需要进行调整。VGOS 一次观测的时间 T 一般不超过 100s，设观测频率 f=6.6GHz。按(4.3.22)式可以计算得，$f_{F残余} \leqslant \dfrac{1}{6T} = 1.667\text{mHz}$；按(4.3.23)式可以计算得，$\dot{\tau}_{残余} \leqslant \dfrac{1}{6Tf} = 0.253\text{ps/s}$。

4.5.4 频段内各通道的相位校正

频道内的各个通道，其信号路径上的设备时延是不完全相同的，这会造成各通道的相位不完全一致，有时有台阶，如图 4.5.4 的上图所示(Cappallo, 2016a)，这就会在计算单频道时延及多频道时延时产生误差，所以需要进行标校。标校是利用 P-cal 信号的相位值进行的。图 4.5.4 的中图显示了基线两个测站(参考站与远方站)P-cal 信号的测量值，利用两个测站的 P-cal 信号相位差对条纹相位进行改正。图 4.5.4 的下图，显示了利用 P-cal 信号进行校正后的相位，全部通道的相位都对齐了。利用相位校正信号进行标校后，有时还可能存在不对齐的情况，这时可以人工进行微调。如果没有 P-cal 信号，则可以利用强射电源进行标校，来确定各个通道的相位改正值。

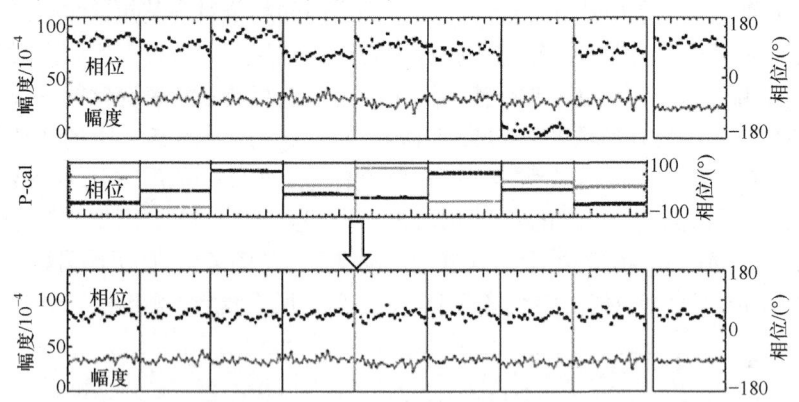

图 4.5.4 利用 P-cal 对频段内各通道的相位进行改正，使得相位对齐
上图和下图中的灰色曲线为条纹幅度，单位为 10^{-4}；黑色点为条纹相位，单位为度；
中图中黑色线条为参考站的 P-cal 相位值，灰色为远方站的 P-cal 相位值，单位均为度

4.5.5 频道综合

完成 4.5.4 节所说的频道内的通道相位对齐后，为了能使用频率跨度近 8GHz 的 4 个频道的相位观测值进行带宽综合法来计算群时延，就需要消除各频道相位观测值之间的系统误差。要求各个频道间的相位系统误差不大于条纹相位的 1/2 周，以保证带宽综合法的正确运行。由于各频道 RF 信号从接收机输出端，经过传输链路到数据采集设备，则它们的仪器时延不完全相同。比如，低频 RF 用电缆传输，而高频 RF 用光纤传输，则信号传输时延就会产生很大差别，甚至达到百纳秒以上，所以需要加以测量并进行改正。

还有，P-cal 脉冲信号的相位也可能存在模糊度。比如，频率间距为 5MHz 的 P-cal 脉冲信号，就是 200ns 时间间隔的脉冲信号，所以该脉冲信号的相位就可能存在 200ns 的模糊度。可以对 4 单频道时延进行比较，以确定是否存在 200ns 模

糊度，如有，则加以改正。

上述频道间的系统误差改正，可以利用各频道全部 P-cal 信号的相位，计算得各频道的时延改正值，并对于各频道进行改正。这些标校工作完成后，就达到了频道综合的目的。图 4.5.5 是瑞典 Onsala VGOS 测站与德国 Wettzell VGOS 测站的一次观测的频道综合后的一个实例。从图 4.5.5 中的左图可以看到，4 个频道经过标校后的相位并不完全对齐在一条直线上，而是有一定的弧度，但是曲率不大，这是由于两测站的电离层天顶电子密度差 dTEC（dTEC=TECb-TECa）还没有完全消除。当消除了 dTEC 及残余时延后，各频道的相位值如图 4.5.5 中的右图所示，它们都位于一条直线上了。关于根据频道综合后的相位值，如何解算得到残余时延与 dTEC，将在下面 4.5.6 节阐述。

4.5.6 偏振合成

VGOS 天线采用的超宽带馈源是固定在天线上不动的，它输出的信号为垂直与水平双线偏振信号。由于 VGOS 天线采用方位-俯仰形式的地平式座架，其

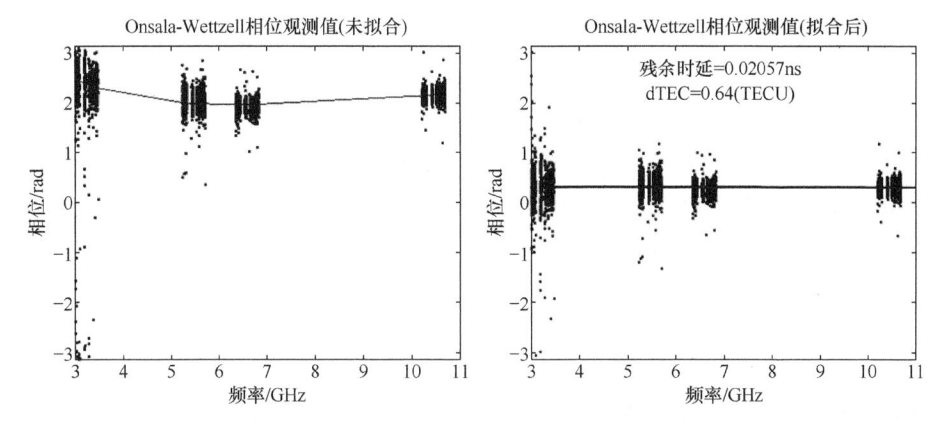

图 4.5.5 Onsala-Wettzell 基线某次 VGOS 观测频道综合后的 4 个频道的相位(黄逸丹提供)
左图为未消除残余时延与 dTEC 时的原始相位值；右图为解算了残余时延与 dTEC 后的残余相位值

馈源偏振方向相对于射电源本体是随着地球自转而变化的。对于地面上相距较远的两个天线，其馈源偏振方向存在较大偏差，且随不同的时角发生变化，这将导致同一偏振信号的相干性损失。目前的解决方案有两种：首先将双线偏振信号转换为圆偏振信号，再进行相关处理；或者，首先对双线偏振信号进行相关处理，然后再进行偏振合成以保持信号的相关性。目前的 VGOS 观测是采用两个线偏振的四个互相关谱进行偏振合成的方法。

如图 4.5.6 所示，假设测站 A 的水平和垂直偏振在天球上的投影分别表示为 H_a 和 V_a，测站 B 的水平和垂直偏振在天球上的投影分别表示为 H_b 和 V_b。测站 A 与 B 之间的差分视差角 $\Delta p = H_a - H_b = V_a - V_b$。视差角，即为星位角，它为天

体所在赤道经线和天体所在地平经线之间的夹角，可以用来表示馈源偏振方向的变化。差分视差角，则表示了 2 个测站观测同一射电源时，它们的天线馈源偏振方向的差值。关于视差角的计算公式参见附录 A3.1 的(A3.1.2)式。

相关处理机对两个测站(A 与 B)的线偏振观测数据(X_a、Y_a 和 X_b、Y_b)进行两两相乘处理，可以得到 4 组偏振的互相关谱 $(\overline{X_a \times X_b}, \overline{Y_a \times Y_b}, \overline{X_a \times Y_b}, \overline{Y_a \times X_b})$，互相关谱符号上面的横画线表示互相关值经过了一定时间的积分。将偏振分量 4 个互相关谱组合成为总强度互相关谱 I，计算公式如(4.5.1)式所示(Cappallo，2014)：

$$I = \left(\overline{X_a \times X_b} + \overline{Y_a \times Y_b}\right)\cos\Delta p + \left(\overline{X_a \times Y_b} - \overline{Y_a \times X_b}\right)\sin\Delta p \tag{4.5.1}$$

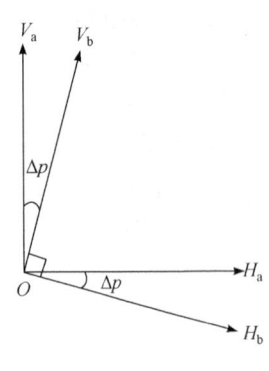

图 4.5.6 差分视差角

(4.5.1)式中，I 与 4 个偏振分量的互相关谱均为复数。I 称为伪斯托克斯(Stokes)参数。

4.5.7 残余时延与 dTEC 同时解算

VGOS 多频道观测数据残余时延和 dTEC 的解算方法与 S/X 观测的不同，后者是先分别用带宽综合方法计算得 S 与 X 的残余时延及总时延；然后，用 S 与 X 的时延观测值，计算电离层时延改正值，对 X 时延进行改正，最后，利用经过电离层时延改正后的 X 时延值进行参数解算；而 VGOS 是采用 4 个频道的相位值，同时解算残余时延和 dTEC。相位与时延和 dTEC 的关系式如(4.5.2)式所示(Cappallo, 2016b)：

$$\phi(f) = (f - f_0)\tau_g + \phi_0 - \frac{1.3445\text{dTEC}}{f} \tag{4.5.2}$$

(4.5.2)式中，ϕ 为各通道的相位观测值(周)；f 为频率(GHz)；f_0 为参考频率(GHz)；τ_g 为群时延(ns)；ϕ_0 为参考频率处的相位(周)；dTEC 为两测站天顶电离层总电子含量之差值，单位为 TECU $\left(1\text{TECU} = 10^{16}\text{el/m}^2\right)$。

(4.5.2)式的待解参数为 τ_g、ϕ_0、dTEC。可以用最小二乘法来解算，所以先要将(4.5.2)式线性化，然后得到线性化的观测方程：

$$\Delta\phi_k + v_k = (f_k - f_0)\Delta\tau_g + \Delta\phi_0 + \frac{b}{f_k} \cdot \Delta\text{dTEC} \tag{4.5.3}$$

(4.5.3)式中，$\Delta\phi_k = \phi_k - \phi_k^0$，这里 ϕ_k^0 为 ϕ_k 的先验值；v_k 为 ϕ_k 的改正数；$\Delta\tau_g, \Delta\phi_0$，$\Delta\text{dTEC}$ 为待解参数的改正数；$b = -1.3445$；k 为观测值的序数，$k = 1,2,\cdots,n$，这里 n 为观测值总数，如果用每个通道相位观测值的平均值作为通道相位观测值，则总共 32 个通道，所以 $n = 32$。所以，可以得到误差方程为

$$v_k = (f_k - f_0)\Delta\tau_g + \Delta\phi_0 + \frac{b}{f_k} \cdot \Delta\mathrm{dTEC} - L_k \qquad (4.5.4)$$

(4.5.4)式中，$L_k = \Delta\phi_k$。

关于 dTEC 的先验值，可以利用 GNSS 观测得到的电离层电子密度天空分布图，获得各个 VGOS 测站的天顶 TEC 值，从而计算得 dTEC 的先验值；也可以利用 VGOS 本身的单频道观测数据，进行 dTEC 搜索。图 4.5.7 为单通道 dTEC 搜索的一个例子(Cappallo, 2017)，图中上面一条曲线为 dTEC 的搜索结果，它的峰值位置约为-51TECU；图中下面的一条曲线为单通道时延搜索结果。

根据(4.5.4)式，可以得到误差方程的矩阵形式为

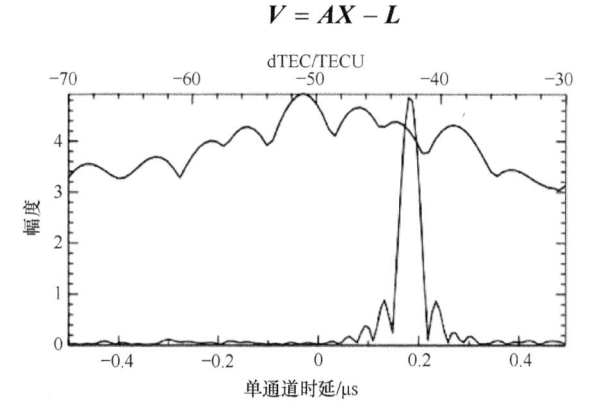

$$V = AX - L \qquad (4.5.5)$$

图 4.5.7 单通道 dTEC 与残余时延搜索

(4.5.5)式中，

$$V = \begin{bmatrix} v_1 \\ v_2 \\ \vdots \\ v_n \end{bmatrix}, \quad A = \begin{bmatrix} f_1-f_0 & 1 & \dfrac{b}{f_1} \\ f_2-f_0 & 1 & \dfrac{b}{f_2} \\ \vdots & \vdots & \vdots \\ f_n-f_0 & 1 & \dfrac{b}{f_n} \end{bmatrix}, \quad X = \begin{bmatrix} \Delta\tau_g \\ \Delta\phi_0 \\ \Delta\mathrm{dTEC} \end{bmatrix}, \quad L = \begin{bmatrix} L_1 \\ L_2 \\ \vdots \\ L_n \end{bmatrix} \qquad (4.5.6)$$

(4.5.6)式中，$b = -1.3445$。

设：观测值 ϕ 的形式误差为 σ_k，取其权 $p_k = \dfrac{1}{\sigma_k^2}$，则可以得到法方程式矩阵形式为

$$BX - PL = 0 \qquad (4.5.7)$$

(4.5.7)式中，

$$B = \sum_k p_k \begin{bmatrix} (f_k - f_0)^2 & f_k - f_0 & b\dfrac{f_k - f_0}{f_k} \\ f_k - f_0 & 1 & \dfrac{b}{f_k} \\ b\dfrac{f_k - f_0}{f_k} & \dfrac{b}{f_k} & \dfrac{b^2}{f_k^2} \end{bmatrix}, \quad PL = \sum_k p_k \begin{bmatrix} (f_k - f_0) L_k \\ L_k \\ \dfrac{b}{f_k} \cdot L_k \end{bmatrix} \quad (4.5.8)$$

根据法方程式(4.5.8)式，就可以解算得待解未知数 X，

$$X = B^{-1} PL \quad (4.5.9)$$

将解算得的 X 值回代到(4.5.5)式中，就可以得到 V，从而可以计算得单位权中误差σ_0：

$$\sigma_0 = \sqrt{\dfrac{\sum_k (p_k v_k v_k)^2}{n - t}} \quad (4.5.10)$$

(4.5.10)式中，n 为观测值的数目，$n = 32$；t 为待解未知数的数目，$t = 3$。

从而可以得到，待解未知数的中误差 σ_{x_i} 为

$$\sigma_{x_i} = \sigma_0 \sqrt{B_{ii}^{-1}} \quad (4.5.11)$$

(4.5.11)式中，σ_{x_1}、σ_{x_2} 和 σ_{x_3} 分别表示未知数 $\Delta\tau_g$、$\Delta\phi_0$ 和 ΔdTEC 的中误差。

根据现在的 4 频道频率配置，用最小二乘法解算 $\Delta\tau_g$ 和 ΔdTEC 时，它们的相关性很高(0.93)(Cappallo, 2016b)，所以要仔细确定它们的先验值，通常需要多次迭代运算才能得到 dTEC 的可靠结果。

4.5.8 数据文件的生成

当完成了上述的 VGOS 观测数据的相关与相关后处理，以及计算得到时延与时延率观测值后，需要生成一个数据文件，供后续的参数解算使用。目前，国际通用的 VGOS 观测值数据文件的格式为 vgosDb，该数据格式是由 IVS 的第 4 工作组(数据结构)制定的，原有的 S/X 的数据文件也将转换为 vgosDb 格式。以一组观测(Session)为一个 vgosDb 文件，它的主要内容为：VGOS 观测值(时延与时延率及形式误差等)，测站坐标与射电源位置先验值，以及辅助数据(气象数据、电缆时延测量数据等)。生成 vgosDb 格式文件有专用的软件(Bolotin et al., 2015; Gipson, 2021)：

● vgosDbMake——获取相关与相关后处理的输出数据，生成 vgosDb 初始文件；

● vgosDbCalc——计算理论值与偏导数；

● vgosDbProcLogs——读取 log 文件，生成电缆时延测量数据与气象数据文件。

第5章 射电干涉测量理论模型

射电干涉测量中，理论模型的作用主要有两个方面：①用于计算干涉测量数据相关处理时的时延和时延率等的先验值，以获得干涉条纹，进而得到时延、时延率、相位及幅度等观测量；②计算参数解算时需要的先验值，以及计算观测量系统误差的改正值。本章中关于参考系、时间系统、潮汐位移、传播介质时延及理论几何时延等理论模型，主要参考文献为 IERS 协议 2010(Petit and Luzum, 2010)。

如图 5.0.1 所示，射电干涉测量中，时延的定义为射电源辐射的射电波的同一波前先后到达两测站间的时间差；时延率为时延对于时间的导数。射电波在其传播路径上将受到引力体、传播介质，以及地面观测站的潮汐与板块运动等的影响，进而影响同一波前先后达到两测站的时间差。

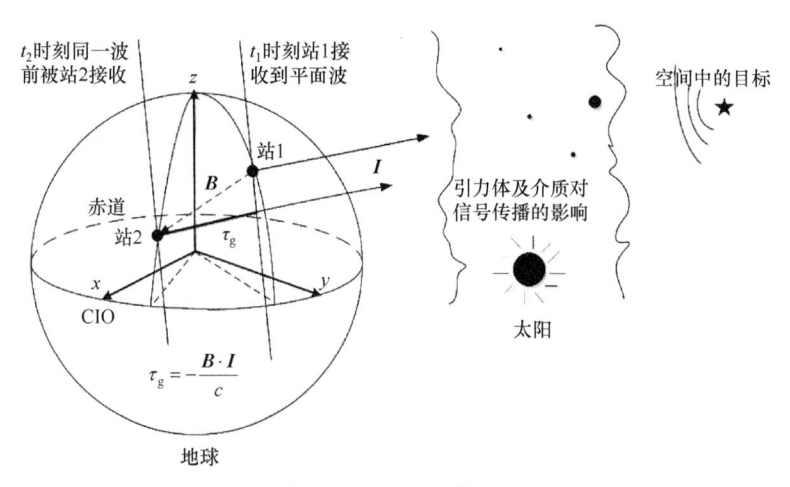

图 5.0.1 VLBI 时延示意

本章节的内容涉及射电干涉测量的参考系、时间系统、几何时延模型、引力时延模型、由地球物理原因引起的测站位移模型，比如，由板块运动、潮汐及非潮汐因素引起的测站位移模型，另外还有传播介质时延模型、测站天线形变时延模型等内容。

5.1 参考坐标系

参考坐标系，也称为时空参考系，是进行各种科学研究的基础，也是与人们的经济生产和日常生活密切相关的。为便于对事物物理过程的描述，实际中总是不可避免地涉及各类具体的时空坐标系以及它们之间的转换。对于参考坐标系统，应明确参考系与参考架之间的区别：参考系定义了一个包含坐标原点、坐标轴指向、尺度等要素，且在数学与物理概念上完备的理想坐标系统，但这种理想的坐标系统又是几乎不可实现的。为此，引入了参考架的概念，即参考架为参考系的具体实现。因参考系的实现并不唯一，故需对参考系加以"协议"限定，由此构成了协议参考系。目前常用的协议参考系有国际天球参考系、国际地球参考系和国际地心天球参考系等，它们的定义是由国际天文学联合会(IAU)和国际大地测量与地球物理联合会通过决议发布的，由 IAU 和 IUGG 的联合下属机构——国际地球自转和参考系服务(IERS)维持，出版 EOP 序列数据、国际天球参考架/系及国际地球参考架/系等资料，供全球使用。

5.1.1 国际天球参考系

在 1997 年 8 月 IAU 举行的第 23 届大会上决定，自 1998 年 1 月 1 日起启用国际天球参考系(International Celestial Reference System, ICRS)取代原有的 FK5 参考系，FK5 参考系是由第 5 基本星表(FK5)来实现的，该星表包括 1535 颗基本星的位置与自行。ICRS 是以广义相对论为框架，它适用于整个太阳系，它的坐标原点位于太阳系质心，相对于遥远的河外天体不存在整体旋转。为了和过去的基本参考系保持连续，IAU 建议 ICRS 的基本面尽可能接近 J2000.0 时刻的平赤道面，基本面的零点尽可能接近 J2000.0 动力学春分点。

作为 ICRS 的具体实现，国际天球参考架(International Celestial Reference Frame, ICRF)由空间位置尽量均匀分布的一系列定义射电源来维持。IERS 自 1989 年至 1995 年，每年推出 IERS 的河外星系天球参考架，最初的实现是通过采用一组星表中的 23 颗射电源的平均赤经来隐含地定义 X 轴的指向，这些星表是通过固定类星体 3C273B 的 FK5 赤经值(12h29m6.6997s，历元 J2000.0)而编制的。1995 年 IERS 的河外星系天球参考架，采用了 212 颗定义源，该 IERS 天球参考架于 1997 年为 IAU 所接受，命名为 ICRF(也称为 ICRF1)。于 2010 年，IAU 推出了 ICRF2，射电源数量增加到了 3414 颗。目前最新的为 ICRF3(Charlot et al., 2020)，于 2019 年 1 月 1 日起代替 ICRF2，其射电源总数已由最初的 608 颗增加至 4588 颗，包括：S/X 波段 4536 颗、K 波段 824 颗，以及 X/Ka 波段 678 颗，定义射电源的数量分别为 303 颗、193 颗及 176 颗，它们用于定义和维持 ICRF 的空间坐标轴指向。ICRF3 的坐标轴指向精度与 ICRF2 是一致的，它的射电源位置精度为：赤经约 0.1mas(中位值)、赤纬约 0.2mas(中位值)、噪声底值 0.03mas。

太阳系质心天球参考系(Barycentric Celestial Reference System, BCRS)和地心天球参考系(Geocentric Celestial Reference System, GCRS)是 ICRS 的两种实现，前者适用于整个太阳系，后者仅适用于地球。IAU2000 大会决议 B1.3 重申了于 1991 年召开的第 21 届 IAU 大会的决议 A4，该决议规定了 BCRS(原名太阳系时空坐标系)和 GCRS(原名地球时空坐标系)以广义相对论为框架，其度规张量的表述采用紧凑自洽的谐波坐标形式。BCRS 的坐标原点位于太阳系质心，GCRS 的坐标原点在地球质心，BCRS 和 GCRS 坐标轴指向是一致的，所以它们之间的空间坐标变换不包含运动学的转动，仅仅是坐标的平移和时间的变换，即洛伦兹变换。关于坐标轴的指向，IAU2006 决议的 B2 规定，除非特别声明，BCRS 和 GCRS 的坐标轴指向均与 ICRS 保持一致。BCRS 和 GCRS 的实现称为 BCRF(质心天球参考架)和 GCRF(地心天球参考架)。

图 5.1.1 显示了 BCRF 与 GCRF 的关系。O 为太阳系质心，地球绕太阳系质心运动，X, Y, Z 为 BCRF 的三个轴，X', Y', Z' 为 GCRF 的三个轴，均为右手系，BCRF 与 GCRF 的坐标轴方向始终是一致的。图左上角的(S_x, S_y, S_z)为射电源在 BCRF 中的坐标，$b_{x'}$, $b_{y'}$, $b_{z'}$ 为地面两台射电望远镜的基线 B 在 GCRF 中的三个分量。

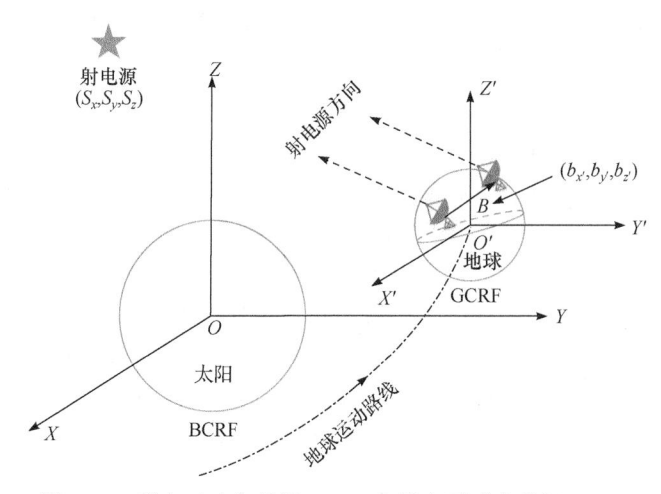

图 5.1.1 质心天球参考架(BCRF)与地心天球参考架(GCRF)

5.1.2 国际地球参考系

国际地球参考系(International Terrestrial Reference System, ITRS)由 IERS 负责

定义、实现及改进，现在采用的为 IUGG2007 大会的决议，它为一个三维直角坐标系，右手系统，它的坐标原点为包含陆地、海洋与大气的整个地球质量的中心。ITRS 的最初空间指向取自国际时间局(Bureau International de l'Heure, BIH)的 BTS84 参考系，即与 BTS84 参考系在 1984.0 时刻的地球赤道面、本初子午面与赤道面的交点等一致。采用国际米长单位(SI)，尺度符合 IAU 和 IUGG(1991)的决议规范，时间系统为本地地心参考架下的地心坐标时。

国际地球参考架(ITRF)是 ITRS 的具体实现，由地球的地壳表面多种空间测地技术获得的站点坐标组成。从 ITRF88 到 ITRF2020，一共有 14 个版本的 ITRF。为了构建 ITRF，需要使用四种空间测地技术(VLBI、SLR、GNSS 和 DORIS)的长期观测的整体解算结果(包括站点位置和速度)作为输入。此外，对于多种空间测地技术并置的台站，可使用传统大地测量学或 GNSS 进行参考点之间的本地连接测量，测量结果可作为约束条件，以保持不同技术在 ITRF 框架中的一致性。ITRF 的方向采用对于全球板块运动无旋转的条件(no-net-rotation)加以约束。

ITRS 经地球极移旋转矩阵(W)、地球自转的旋转矩阵(R)、天球天极的旋转矩阵(Q)等的坐标系旋转即可转换到 GCRS。转换关系见 5.1.4 节。

5.1.3 IAU2000、IAU2006 决议

上面阐述了 ICRS、ICRF、ITRS 及 ITRF 的定义，是以 IAU2000/2006 有关决议建议为依据的，这对于参考系的定义是一次重大改革，本节简要阐述有关决议的主要内容。

产生 IAU2000/2006 有关参考系的决议的主要原因如参考文献(Capitaine and McCarthy, 2004)中所指出的：

(1) 原来定义的天球和地球参考系的精度低于微角秒；

(2) IAU/IUGG 联合工作组提出了改进的地球物理章动模型；

(3) 定义天文观测时，要对于黄道不灵敏，即与黄道无关。

关于 IAU2000/2006 决议的背景与内容的比较详细论述见参考文献(刘佳成和朱紫，2012)。其主要原因是新天体测量技术的发展，特别是 VLBI 技术的发展与应用，射电源定位精度和 EOP 测量精度的提高(好于 1mas)，原来的参考系模型精度已经不能满足要求。比如，VLBI 测量的章动较 IAU1980 章动模型有很大偏差，见图 5.1.2(Capitaine and McCarthy, 2004)。图 5.1.2 显示的为 1985~2000 年期间，VLBI 测量的黄经章动和黄赤交角章动与 IAU1980 章动模型的差值 $\Delta\psi\sin\varepsilon$ 和 $\Delta\varepsilon$ 呈现多种周期变化，其幅度达到几个毫角秒，这说明了 IAU1980 章动模型不能精确描述真实的地球章动，需要用新的章动模型来替代。

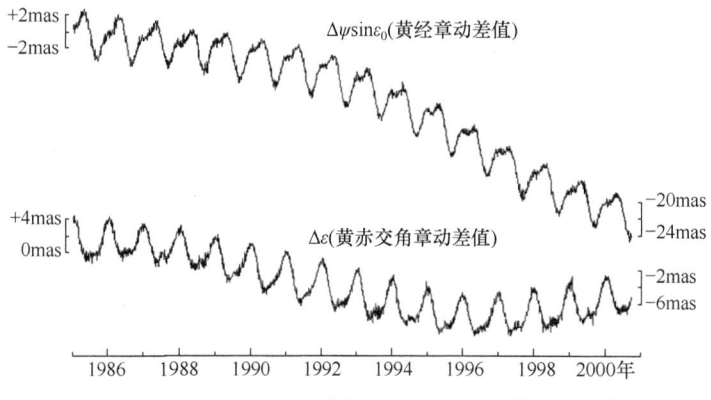

图 5.1.2　VLBI 测量章动与 IAU1980 章动模型的差值

IAU 2000 决议与参考系的有关内容如下所述。

(1) IAU 2000 决议 B1.3——BCRS 和 GCRS 的定义。命名 IAU 1991 A4 决议所定义的以广义相对论为框架的太阳和地球时空坐标系统为 BCRS 和 GCRS。建议 BCRS 和 GCRS 均采用调和坐标。该决议还提供了用于时空坐标转换的基本框架。

(2) IAU 2000 决议 B1.6——IAU2000 岁差-章动模型。建议从 2003 年 1 月 1 日起，采用 IAU 2000A 岁差-章动模型代替 IAU 1976 岁差模型和 IAU 1980 章动模型。IAU 2000A 模型的精度为 0.2mas，简化版 IAU 2000B 模型的精度为 1mas。

(3) IAU 2000 决议 B1.7——天球中间极(Celestial Intermediate Pole，CIP)的定义。CIP 就是描述蒂赛朗(Tisserand)地球旋转平轴在 GCRS 中大于 2 天周期的运动，建议自 2003 年 1 月 1 日起采用天球中间极代替天球历书极(Celestial Ephemeris Pole, CEP)。该决议明确了 CIP 在历元 2000.0 时的方向与 GCRS 极方向的偏差同 IAU2000A 岁差-章动模型是一致的。

(4) IAU 2000 决议 B1.8——天球和地球历书零点的定义与使用。建议使用"无旋转零点"来定义 CIP 在天球和地球赤道上的历书零点。该零点分别对应着天球历书零点(Celestial Ephemeris Origin, CEO)和地球历书零点(Terrestrial Ephemeris Origin, TEO)。IAU 2006 决议 B2 将 CEO 和 TEO 分别重命名为天球中间零点(Celestial Intermediate Origin, CIO)和地球中间零点(Terrestrial Intermediate Origin, TIO)。地球自转角(Earth Rotation Angle, ERA)为 CIO 与 TIO 沿着 CIP 赤道度量的夹角，同时定义 UT1 与 ERA 呈线性关系。

IAU 2006 决议与参考系的有关内容如下所述。

(1) IAU 2006 决议 B1——采用 P03 岁差理论和黄道的定义。IAU2006 大会接受 IAU Division I "岁差与黄道"工作组中提出的报告结论，做出了决议 B1，建议用赤道岁差和黄道岁差分别代替日月岁差和行星岁差；自 2009 年 1 月 1 日起，IAU 2000A 岁差-章动模型中的岁差部分采用 Capitaine 等(2003)的 P03 岁差理论，或称为"IAU 2006 岁差"。关于黄极应该明确地按地月质心在 BCRS 中的平轨道角动量矢量来定义，以避免与其他的或老的定义混淆。

(2) IAU 2006 决议的 B2。作为对 IAU 2000 中参考系统的补充，提出了以下两项建议：

● 使用"中间体"(Intermediate)一词来描述 IAU2000 决议中定义的移动的天球和地球参考系，分别用 CIO、TIO 代替 CEO、TEO；

● 关于 BCRS 和 GCRS 的默认定向，即在所有实际应用情况下，除非特别说明，BCRS 按 ICRS 的轴定向，GCRS 的定向与 BCRS 一致。

本章将由 IAU 2000 号决议 B1.6 和 IAU 2006 号决议 B1 确定的 IAU 岁差章动模型称为 IAU 2000/2006 岁差章动模型。

新的 IAU2000/2006 参考系与原有参考系的主要不同点，归纳起来如表 5.1.1 所示(Vondrak, 2007)，新旧参考系的有关点和线如图 5.1.3 所示(Nothnagel, 2019)。

关于 IAU2000/2006 有关参考系决议的主要内容都体现于 IERS 协议 2010 中。

表 5.1.1　参考系新旧模型对照表

旧模型	新模型(IAU2000/2006 决议)
春分点(spring equinox)	天球中间零点(CIO)
零子午线	地球中间零点(TIO)
格林尼治恒星时(GST)	恒星角(或地球旋转角 ERA)
天球历书极(CEP)	天球中间极(CIP)
IAU1976 岁差+IAU1980 章动	P03 岁差+IAU2000A 章动

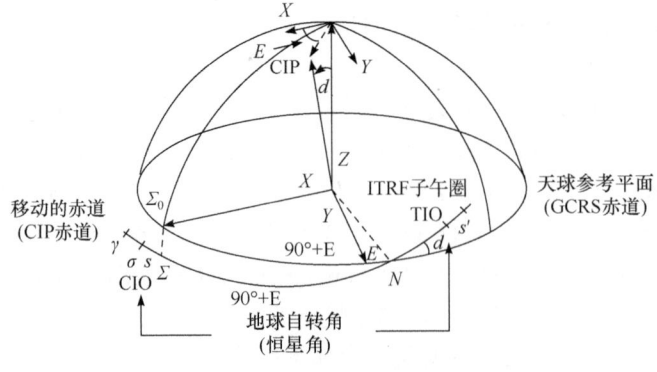

图 5.1.3　新旧参考系的有关点和线

Σ_0——ICRS 的赤道零点(本初子午线)

5.1.4 IAU 2000/2006 参考系的实施

1. 无旋转 CIP、CIO 和 TIO 的确定

以前定义的参考系使用春分点作为赤经零点，它是赤道与黄道的交点。由于地球自转轴的进动(岁差)，从而春分点沿黄道西移，如图 5.1.3 所示(刘佳成和朱紫，2012)，图中 $\gamma_1,\gamma_2,\gamma_3$ 表示在不同时间 t_1,t_2,t_3 的春分点位置，所以春分点不是固定不动的，对于天赤道产生了旋转。所以在计算天体的真位置和 UT1 时都要加入岁差和章动改正，而岁差章动模型也存在误差，这就给天体真位置和 UT1 计算带来，这是春分点的缺陷。所以 IAU2000/2006 决议决定弃用春分点，改用无旋转的 CIP 以及天球中间零点(CIO)和地球中间零点(TIO)。使用 CIP 作为天极的参考系称为天球中间参考系(CIRS)；使用 TIO 作为地球赤道零点的参考系称为地球中间参考系(TIRS)。图 5.1.4 显示的 $\sigma_1,\sigma_2,\sigma_3$($\sigma$ 即为图 5.1.3 中的 Σ)为 CIO 在不同时间的位置，它们与相应时刻的天赤道是垂直的，所以 CIO 对于 CIP 赤道是没有旋转的，用它作为天体的赤经零点，天体的时角代表了地球纯粹的绕 CIP 的运动，而与地球旋转轴的指向无关，即与岁差章动无关。

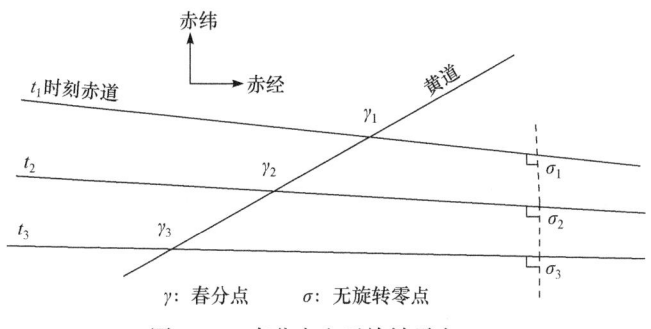

图 5.1.4 春分点和无旋转零点 CIO

(1) CIP 位置的确定。由 IAU2000/2006 决议推荐的新岁差章动模型来确定的，要求不存在较快的周期运动，所以仅包括周期大于 2 天的天极运动，而把周期短于 2 天的天极运动归入地球极移。规定 CIP 方向在 J2000.0 时与 GCRS 极的偏差同 IAU2006/2000A 岁差-章动模型一致。CIP 的偏差可以用极坐标 E 和 d 或直角坐标 X 和 Y 来表示，见图 5.1.3。为了确定 CIP 在 GCRS 中的运动，除了依据 IAU 岁差-章动模型计算 CIP 的偏差值 X 和 Y 或 E 和 d 外，还要 IERS 提供观测得到的对于模型计算值的随时间变化的附加改正值。CIP 在 ITRS 中的运动，由 IERS 提供的实际观测结果，同时加入周期小于 2 天的受迫章动模型的预测值(除了逆行周日项)以及潮汐变化产生的极移。

(2) CIO 位置的确定。原则上，CIO 的位置可以任意选定，但是为了便于与以往的天文观测结果相衔接，所以 CIO 尽量接近 GCRS 的赤道零点(GCRS 的赤道零点很接近春分点)，CIO 与 GCRS 的赤道零点之差值为 s，如图 5.1.3 中所示的 σ 与 Σ 的位置差，s 称为 CIO 定位角(Locator)，它是一个微小量。

关于 CIRS 与 GCRS 的转换关系式如下式所示：

$$Q(t) = R_3(-E) \cdot R_2(-d) \cdot R_3(E) \cdot R_3(s) \tag{5.1.1}$$

(5.1.1)式中，R_2, R_3 为旋转矩阵，它们的定义见附录 A5.1；s 的计算公式见(5.1.8)式。

(5.1.1)式展开后如下式所示(Nothnagel，2019)：

$$Q(t)(E,d) = \begin{bmatrix} 1+\cos^2 E(\cos d - 1) & (\cos d - 1)\sin E \cos E & -\sin d \cos E \\ (\cos d - 1)\sin E \cos E & 1+\sin^2 E(\cos d - 1) & -\sin d \sin E \\ \sin d \cos E & \sin d \sin E & \cos d \end{bmatrix} \cdot R_3(s) \tag{5.1.2}$$

E, d 与 X, Y 的关系式为

$$X = \sin d \cos E, \quad Y = \sin d \sin E, \quad Z = \cos d \tag{5.1.3}$$

$$E = \arctan\left(\frac{Y}{X}\right), \quad d = \arcsin(\sqrt{X^2 + Y^2}) \tag{5.1.4}$$

利用(5.1.3)式和(5.1.4)式，可以将(5.1.2)式转换为

$$Q(t)(X,Y) = \begin{bmatrix} 1-aX^2 & -aXY & -X \\ -aXY & 1-aY^2 & -Y \\ X & Y & 1-a(X^2+Y^2) \end{bmatrix} \cdot R_3(s) \tag{5.1.5}$$

(5.1.5)式中，

$$a = 1/(1+\cos d) \tag{5.1.6}$$

如果允许 1μas 误差，则(5.1.6)式可以改写为

$$a = 1/2 + 1/8(X^2 + Y^2) \tag{5.1.7}$$

s 是一个微小量，称为 CIO 定位器，它确定了 CIO 在 CIP 赤道上的位置，是 X, Y 的函数，它的表达式如下式所示：

$$s = -\int_{t_0}^{t} \frac{X(t)\dot{Y}(t) - Y(t)\dot{X}(t)}{1+Z(t)} dt - (\sigma_0 N_0 - \Sigma_0 N_0) \tag{5.1.8}$$

(5.1.8)式中，σ_0 是 CIO 在 J2000.0 的位置；Σ_0 是 GCRS 的 x 轴零点的位置(即 GCRS 赤道零点)；N_0 是在 J2000.0 时刻 CIP 赤道在 GCRS 赤道的升交点。

(5.1.8)式的等效表达式如下式所示：

$$s = -\frac{1}{2}\big[X(t)Y(t) - X(t_0)Y(t_0)\big] - \int_{t_0}^{t} \dot{X}(t)Y(t)\mathrm{d}t - (\sigma_0 N_0 - \Sigma_0 N_0) \quad (5.1.9)$$

关于 s 的数值计算方法，详见 IERS 协议 2010 的 5.5.6 节的表 5.2d。计算公式的前 5 项，如(5.1.10)式所示，后面为多个周期项：

$$s(t) = -XY/2 + 94 + 3808.65t \, 0 - 122.68t^2 - 72574.11t^3 + \cdots \quad (5.1.10)$$

(5.1.10)式中，

$$t = (\mathrm{TT} - 2000\text{年}1\text{月}1.5\text{日}\,\mathrm{TT})\text{日}/36525 \quad (5.1.11)$$

(5.1.11)式中，TT 为地球时；2000 1 月 1.5 日 TT = 儒略日 2451545.0TT。

(3) TIO 的确定。TIO 是 ITRS 赤经零点和 ITRS 赤道与中间赤道交点的瞬时赤经的差值。在初始位置时 TIO 与 ITRS 赤经零点是一致的，由于地球极移，TIO 对于无旋转零点 Σ 有位移，其位移值为 s′，称为 TIO 的定位角，如图 5.1.5 所示(Vondrak, 2007)。关于 s′ 的表达式如下式所示：

$$s'(t) = \frac{1}{2}\int_{t_0}^{t} (x_\mathrm{p}\dot{y}_\mathrm{p} - \dot{x}_\mathrm{p}y_\mathrm{p})\mathrm{d}t \quad (5.1.12)$$

(5.1.12)式中，x_p、y_p、$\dot{x}_\mathrm{p}$、$\dot{y}_\mathrm{p}$ 分别为地球极移的 x 分量、y 分量，以及其所对应的时间导数。

s′ 也是一个微小量，变化很小，所以在 J2100 年以前可以用简化公式(5.1.13)：

$$s' = -47t\,(\mu\mathrm{as}) \quad (5.1.13)$$

2. 岁差-章动模型的数值实现

IAU2000/2006 岁差-章动模型较 IAU1976 岁差和 1980 章动模型的精度有很

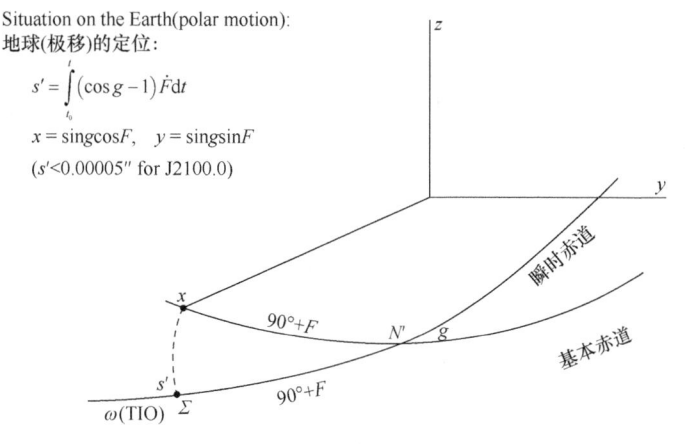

图 5.1.5 TIO 位置示意图

大提高，比如，IAU1980 章动模型采用了 106 个周期项，而 IAU2000A 章动模型采用了约 650 个日月周期项和约 650 个行星周期项，标称精度可以达到微角秒级。岁差-章动模型的数值计算通常采用 X 和 Y 为变量的多项式，如下式所示：

$$\begin{aligned}
X = &-0.016617'' + 2004.191898''t - 0.4297829''t^2 - 0.19861834''t^3 \\
&+ 0.000007578''t^4 + 0.0000059285''t^5 \\
&+ \sum_i \left[(a_{s,0})_i \sin(\text{ARGUMENT}) + (a_{c,0})_i \cos(\text{ARGUMENT}) \right] \\
&+ \sum_i \left[(a_{s,1})_i t \sin(\text{ARGUMENT}) + (a_{c,1})_i t \cos(\text{ARGUMENT}) \right] \\
&+ \sum_i \left[(a_{s,1})_i t^2 \sin(\text{ARGUMENT}) + (a_{c,1})_i t^2 \cos(\text{ARGUMENT}) \right] + \cdots \\
Y = &-0.006951'' - 0.025896''t - 22.4072747''t^2 + 0.00190059''t^3 \\
&+ 0.001112526''t^4 + 0.0000001358''t^5 \\
&+ \sum_i \left[(b_{s,0})_i \sin(\text{ARGUMENT}) + (b_{c,0})_i \cos(\text{ARGUMENT}) \right] \\
&+ \sum_i \left[(b_{s,1})_i t \sin(\text{ARGUMENT}) + (b_{c,1})_i t \cos(\text{ARGUMENT}) \right] \\
&+ \sum_i \left[(b_{s,1})_i t^2 \sin(\text{ARGUMENT}) + (b_{c,1})_i t^2 \cos(\text{ARGUMENT}) \right] + \cdots
\end{aligned}$$

(5.1.14)

(5.1.14)式中，t 的计算公式如(5.1.11)式所示；辐角 ARGUMENT 以及 $(a_{s,0})$，$(a_{s,1})$，$(a_{s,2})$ 与 $(b_{s,0})$，$(b_{s,1})$，$(b_{s,2})$ 等参数的计算方法详见 IERS 协议 2010 的 5.5.4 节和 5.7 节。

关于 IAU2000/2006 岁差-章动模型的数值计算程序，可以从"IAU 基本天文学标准服务(IAU Standards of Fundamental Astronomy Service)"(https://iausofa.org/)获得。

图 5.1.6 显示了 1995～2005 年的岁差-章动模型 X 和 Y 的数值计算结果(Nothnagel，2019)，图中看到的主要为章动 18.6 年周期项以及叠加的 186.2 天周期项。

根据 VLBI 的实际测量结果，发现 IAU2000A 岁差-章动模型的精度虽有大幅度提高，但仍存在误差。图 5.1.7 显示的为 1985～2004 年期间 VLBI 测量的 X 和 Y 与 IAU2000A 模型的差值 dX 和 dY，随着 VLBI 测量精度的提高，从 2000～2004 期间测量的 dX 和 dY 可以看到还存在周期项误差，幅度为 0.1～0.2mas，所以 IERS 的 EOP 产品中提供 dX 和 dY 的观测值，作为对 IAU2000A 模型的修正。

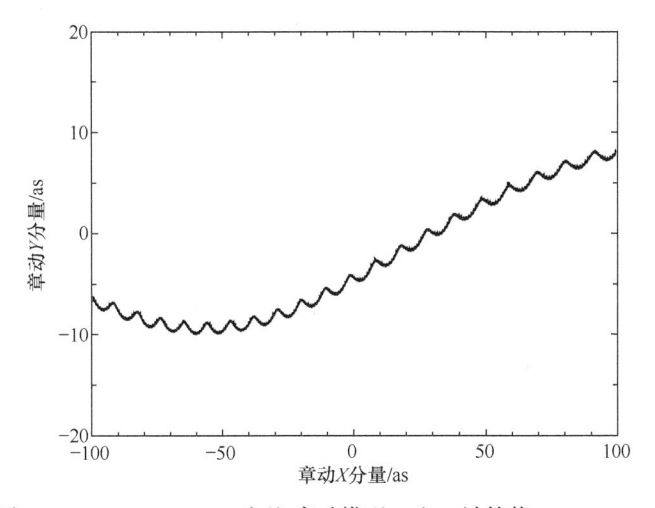

图 5.1.6　IAU2000/2006 岁差-章动模型 X 和 Y 计算值(1995～2005)

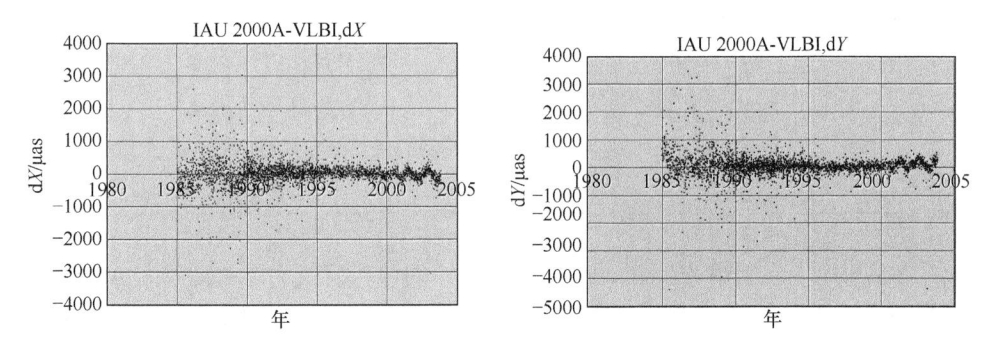

图 5.1.7　VLBI 测量岁差-章动 X 和 Y 与 IAU2000A 模型的差值 dX 和 dY(1985～2004)

3. 地球旋转角的实现

在 5.1.3 节中已经提到，IAU2000 决议 B1.8 建议采用地球旋转角(ERA)替代格林尼治恒星时(GST)，ERA 为 CIO 与 TIO 沿着 CIP 赤道度量的夹角，同时定义 UT1 与 ERA 呈线性关系。ERA 与 UT1 的关系式如下式所示：

$$\text{ERA}(T_u) = 2\pi(\theta_0 + d\theta/dt \cdot T_u)(\text{rad}) \tag{5.1.15}$$

(5.1.15)式中，$\theta_0 = 0.779057272640$ 周，为 ERA 在 J2000.0 的定义常数值；$d\theta/dt = 1.002737811911354481$ 周/UT1 日，为 ERA 随 UT1 日变化速率的定义常数值；$T_u = (\text{儒略UT1(瞬时)} - 2451545.0)$ 日。

ERA 为 TIO 至 CIO 的时角，GST 为 TIO 至春分点的时角，则 GST 与 ERA 的关系式为

$$\text{GST} = \text{ERA}(\text{UT1}) - \text{EO}(t) \tag{5.1.16}$$

(5.1.16)式中，EO 为 ERA(UT1)与 GST 的差值，它为岁差-章动的赤经分量从 J2000.0 至 t 时刻的积累值。EO 的数值计算公式如下式所示：

$$EO = -0.014506'' - 4612.156534''t - 1.3915817''t^2$$
$$+ 0.00000044''t^3 - \Delta\psi\cos\varepsilon_A - \sum_k C'_k \sin\alpha_k$$

Argument α_k	Amplitude C'_k
Ω	+2640.96
2Ω	+63.52
$2F - 2D + 3\Omega$	+11.75
$2F - 2D + \Omega$	+11.21
$2F - 2D + 2\Omega$	−4.55
$2F + 3\Omega$	+2.02
$2F + \Omega$	+1.98
3Ω	−1.72
$l' + \Omega$	−1.41
$l' - \Omega$	−1.26
$l + \Omega$	−0.63
$l - \Omega$	−0.63

(5.1.17)

(5.1.17)式中，EO 计算结果的单位为角秒；t 的计算公式为(5.1.11)式；$\Delta\psi\cos\varepsilon_A$ 为黄经章动在赤道上的投影，是经典的春分点计算公式；幅角 α_k(Argument)的计算公式参见 IERS 协议 2010 的 5.7 节(5.43)式。

5.1.5　GCRS 与 ITRS 间的转换

关于地心天球参考系(GCRS)与国际地球参考系(ITRS)之间的转换关系为

$$[\text{GCRS}] = Q(t) \cdot R(t) \cdot W(t) \cdot [\text{ITRS}] \tag{5.1.18}$$

(5.1.18)式中，$Q(t)$、$R(t)$、$W(t)$ 分别为对应时刻的岁差章动旋转矩阵、地球自转旋转矩阵、极移旋转矩阵。

因为对于天极与赤道零点定义的不同，在 IERS 协议 2010 中关于 GCRS 与 ITRS 间的坐标转换给出了两种具体的形式：一是基于春分点的，二是基于 CIO 的。$R(t)$ 与 $Q(t)$ 的具体表达形式也由于这两种定义的不同而有所不同，但 $W(t)$ 不受这两种定义形式的影响。基于 CIO 的方法与 IAU2000 决议的 B1.8 一致，与其所对应的 GCRS、ITRS 坐标轴指向，以及 CIP 在 GCRS 与 ITRS 中原点的位置均无净旋转。

1. 极移的旋转矩阵 $W(t)$

IAU 2006 决议的 B2 规定，极移的旋转矩阵 $W(t)$ 在 TIRS 中计算，TIRS 的 Z 轴指向 CIP，X 轴指向 TIO。

极移的旋转矩阵 $W(t)$ 为

$$W(t) = R_3(-s') \cdot R_2(x_p) \cdot R_1(y_p) \tag{5.1.19}$$

(5.1.19)式中，s' 的计算公式为(5.1.12)式。

2. 基于 CIO 的地球自转旋转矩阵 $S(t)$

地球自转的旋转矩阵 $S(t)$ 为

$$S(t) = R_3(-\text{ERA}) \tag{5.1.20}$$

(5.1.20)式中，ERA 为地球自转角。前面(5.1.16)式为 ERA 的表达式，其中 UT1 可以用下式表示：

$$\text{UT1} = \text{UTC} + (\text{UT1} - \text{UTC}) = \text{UTC} + \Delta\text{UT1} \tag{5.1.21}$$

3. 基于春分点的地球自转旋转矩阵 $S(t)$

在计算旋转矩阵时，使用格林尼治视恒星时(即格林尼治真恒星时，Greenwich Apparent Sidereal Time, GAST)代替 ERA。GAST 为春分点与 TIO 之间的夹角。

4. 基于 CIO 的 CIP 岁差章动旋转矩阵 $Q(t)$

天球天极 CIP 的旋转矩阵 $Q(t)$ 如(5.1.1)式所示。当使用岁差-章动的 X 和 Y 值作为变量时，可以采用(5.1.5)式。(5.1.1)式和(5.1.5)式中的 s 数值计算公式为(5.1.10)式。

5. 基于春分点的岁差章动旋转矩阵 $Q(t)$

基于瞬时真春分点和真赤道参考系的 ITRS 到 GCRS 的转换矩阵 $Q(t)$，针对参数的不同选择，有以下几种方法。

● 一种是以前的 IERS 协议版本中所建议的严格方法。它是由瞬时黄道章动和交角章动 $\Delta\psi$ 和 $\Delta\epsilon$ 等构成的经典章动矩阵，以及包含四个旋转矩阵 $(R_1(-\epsilon_0) \cdot R_3(\psi_A) \cdot R_1(\omega_A) \cdot R_3(-\chi_A))$ 的岁差矩阵，一个系统偏差旋转矩阵组成。这里，ϵ_0 为在 J2000.0 的黄赤交角，ψ_A 和 ω_A 分别为黄道岁差和交角岁差，χ_A 为沿着赤道的黄道岁差。

● 另一种严格的方法是 Fukushima 在 2003 年提出的，它是基于 Williams 在 1994 年提出的转换至 GCRS 方法的扩展。这种方法比第一种方法更简洁，因其可直接使用 GCRS 的极点和原点，无须额外应用参考架的系统偏差，亦无须单独计算岁差与章动矩阵。它由四部分组成：$R_1(-\epsilon) \cdot R_3(\psi) \cdot R_1(\bar{\phi}) \cdot R_3(\bar{\gamma})$，其中 ϵ 和 ψ 分别为偏差、岁差与章动对于交角和黄经的贡献之和，$\bar{\phi}$ 为瞬时黄道与 GCRS 赤道面的夹角，$\bar{\gamma}$ 为瞬时黄道与 GCRS 赤道面交点的赤经。

关于 GCRS 与 ITRS 之间转换的各种计算程序，可以从 "IAU Standards of Fundamental Astronomy service"[①]获得。

5.2 时间系统

5.2.1 时间系统的种类

在天文学研究中，时间系统是一个重要内容，要描述一个物体的物理过程，它的位置与运动，就涉及时间系统。不同情况下的时间系统是不同的，射电天体测量中涉及的主要时间系统及历元如下所述。

1. 原时 τ (Proper Time)

与观测者在同处的时钟所测量的时间。近代，观测者用的时钟一般均与协调世界时(UTC)进行比对与同步，所以原时与 UTC 是很接近的。

2. 地球时(Terrestrial Time，TT)

为一坐标时，其平均速率接近位于旋转大地水准面上观测者原时的平均速率。在国际原子时(TAI)1977 年 1 月 1.0 时，TT 值等于 1977 年 1 月 1.0003725。它与地心坐标时的转换为 IAU2000 决议 B1.9 给定的一个线性变换。TT 可以用作地心历表的时间自变量。TT 的准确实现为 TT (TAI) = TAI+32^S.184。TT 的曾用名为地球力学时(Terrestrial Dynamical Time，TDT)[②]。

3. 地心坐标时(Geocentric Coordinate Time，TCG)

TCG 为基于国际单位制(SI)秒的 GCRS 的坐标时，它和地球时的联系为一个约定的线性变换，由 IAU2000 决议 B1.9 给出[②]。

---

① https://iausofa.org/。
② https://www.iaufs.org/res.html。

4. 质心坐标时(Barycentric Coordinate Time，TCB)

TCB 为 BCRS 的坐标时；包括长期项的相对论变换可以把 TCB 与地心坐标时和地球时相联系[①]。

5. 质心力学时(Barycentric Dynamical Time，TDB)

为一种时间尺度，原用于太阳系质心历表和运动方程的时间自变量。在 IAU1976 决议里，规定 TDB 和 TDT 之差只有周期项，这是无法严格满足的条件。IAU1991 决议引入 TCB 时，注意到了 TDB 是 TCB 的线性函数，但没有明确线性函数的比率和零点，导致了 TDB 的多重实现。在 IAU2006 决议 B3 决议中，明确定义了 TDB 与 TCB 的线性变换关系[①]。

6. 地球力学时(TDT)

1979 年 IAU 决议定义 TDT 为视地心历表使用的时尺度。于 1991 年，TDT 为 TT 所代替[①]。

7. 国际原子时(International Atomic Time，TAI)

TAI 为具体实现 TT 的时间，出于历史的原因，TAI 与 TT 有固定的时刻差(见 TT)；

TAI 是一个连续的时间尺度，为了使用的连续性，TAI 的秒长与按回归年年长定义的秒长(见下文 8.世界时 UT1)一致。1967 年 10 月，第 13 届计量大会(CGPM)决议，采用铯-133 原子位于海平面处于非扰动基态时两个超精细能级间跃迁对应的辐射频率 $\Delta \nu Cs$ 以 Hz(即等于 s^{-1})为单位表达时，选取固定数值 9192631770 倍来定义 TAI 的秒长。TAI 开始日期为 1958 年 1 月 0 时，TAI 由国际计量局(BIPM)负责建立与维持，使用了全球 50 多个国家实验室里按 SI 秒定义运行的约 300 个原子钟的资料。

8. 世界时 UT1(Universal Time 1)

早期，人们以太阳中心作为时间参考点，由于地球自转，以每天太阳到达本地子午线上中天为 0 时，这是真太阳时。后来发现真太阳时是不均匀的，所以改用在天球上均匀转速(周年平均转速)的虚拟太阳中心为参考点，平太阳两次过一条子午线的时间间隔称为一个平太阳日。起初以正午作为一天的 0 时，则要在白天正午更换日期，实际使用时很不方便，所以后来将子夜作为平太阳日的 0 点。在 20 世纪 60 年代前，以平太阳日的 1/86400 为秒长，称为世界时秒，定义为 SI 秒长。后来发现地球自速率是不均匀的，平太阳日长每天有几毫秒的变化，以此

---

① https://www.iaufs.org/res.html。

定义的秒长误差较大，1960～1966 年期间，改用地球公转周期来定义秒长。以 1900 年 0 日 12 时的回归年①长度的 1/31 556 925 9747 为 SI 秒长，也称为历书时秒。太阳时以本地子午线计时，也称为地方平时(Local Mean Time，LMT)，则在同一瞬间地球上不同经度的时间就不同了，在实际使用时很不方便，所以后来提出了建立全球通用的世界时(Universal Time, UT)，以格林尼治零子午线的平太阳时为世界时，即格林尼治平时(Greenwich Mean Time, GMT)。为了使用方便，将全球分为 24 时区，格林尼治零子午线向东西各 7.5°范围为 0 时区，向东向西每 15°为一个时区，称为东 1,2,…,12 和西 1,2,…,12 时区，东 12 时区与西 12 时区是重叠的。以每个时区的中央子午线的平太阳时为该区的时间。比如，中国为东 8 区，中央子午线为经度 120°，相应的平太阳时称为北京时间(BJT)，BJT=UTC+8 小时。每个时区的时间之差均为整小时，换算比较方便。日期变更线在经度 180°处，向东减一天，向西加一天。实际划线时，如果遇到陆地或岛屿，则略作调整，以避免一个地区被划为两个日期。随着测量精度的提高，发现地球旋转轴在地球上的位置是有变化的，表现为地极的移动，简称极移；另外，还发现地球自转的速率有长期减慢的趋势，以及短周期变化，这些都引起 UT 的误差。UT 的原始测量值称为 UT0，当加入由极移引起的 UT 误差后，称为 UT1；在加入地球自转的周期性变化后，称为 UT2。UT1 是按地球格林尼治零子午线来定义的。前面已经提到，IAU2000/2006 决议，改用了中间天球参考系和地球参考系，以地球中间零点(TIO)绕天球参考系的 CIP 的旋转来定义地球自转角(ERA)，IAU 定义了 ERA 与 UT1 的线性关系，见(5.1.16)式。

9. 协调世界时(Coordinated Universal Time，UTC)

UT1 可以反映地球实际自转的角度，这对于航天器的导航是必须的。但是前面已经谈到，地球自转是不均匀的，所以 UT1 不能作为高精度的频率标准。TAI 的频率精度很高，但不能反映地球自转的实际情况。因此，在 1972 年国际上提出了 UTC 的概念，即 UTC 的时间尺度与 TAI 一致，即采用 SI 秒，而 UTC 的时刻(日、分、整秒)以地球自转为依据。当 UTC 与 UT1 的时刻之差值达到 0.9s 时进行跳秒，以保证|UT1−UTC|之值始终小于 0.9s。跳秒时间在 6 月 30 日或 12 月 31 日的最后一秒进行调整。自 1972 年 1 月 1 日起，全球所有时间服务机构发布 UTC。国际时间局负责的 TAI 与 UTC 差值的检测，并提出跳秒的时间；1988 年 IERS 成立后，上述工作由 IERS 负责，还提供天文观测获得的 UT1−UTC，供用户计算 UT1 使用。BIPM 负责 TAI 与 UTC 的计算。UTC 的跳

---

① 平太阳两次经过平春分点的时间间隔称为一个回归年。

秒,在跨跳秒时间段会产生时间与频率的不连续,这对于对时间和频率的连续性要求高的工作,比如导航系统,是不允许的,所以现在国际上正在酝酿 UTC 的重新定义,解决跳秒的弊端(Levine,2016)。

10. **格林尼治视恒星时**(Greenwich Apparent Sidereal Time,GAST)

GAST 是地球中间零点到真春分点的时角。恒星日长为同一恒星两次经过某一子午线的时间间隔。

11. **格林尼治平恒星时**(Greenwich Mean Sidereal Time, GMST)

GMST 是地球中间零点到平春分点的时角。

12. **地方恒星时**(Local Sidereal Time, LST)

LST 为 GST 加上本地经度λ,即 LST = GST+λ。对于天文观测,望远镜要跟踪天体,比如恒星、银河系和河外射电源等,通常用 LST 作为望远镜控制的时间基准。

5.2.2 时间系统间的转换关系

1. 坐标时转换关系

关于观测者的原时τ、TT、TCG、TCB 及 TDB 之间的转换关系如图 5.2.1 所示(Petit and Luzum,2010)。TCG 与 TT,TCB 与 TDB,TCB 与 TCG 的转换关系如下所述。

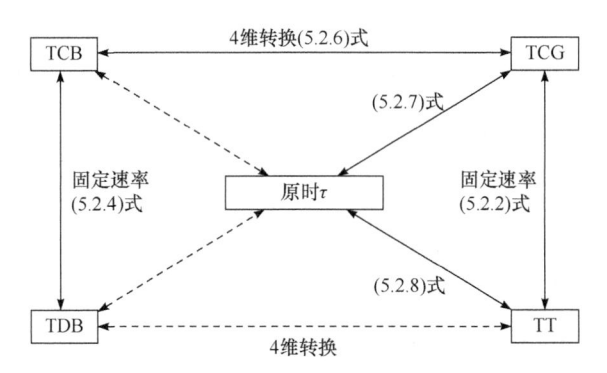

图 5.2.1 不同时间尺度及它们的转换关系示意图
图中的虚线表示两者之间的转换关系在本书中没有阐述

(1) TCG 与 TT 的转换关系。

TCG 与 TT 之间存在一个常数速率比:

$$\frac{\mathrm{dTT}}{\mathrm{dTCG}} = 1 - L_{\mathrm{G}} \tag{5.2.1}$$

(5.2.1)式中，dTT、dTCG 分别为 TT、TCG 的速率；$L_{\mathrm{G}} = 6.969290134$，为定义常数，选取该常数值是为了保证原先的 TT 定义的连续性。根据(5.2.1)式可以得到 TCG 与 TT 的差值：

$$\mathrm{TCG} - \mathrm{TT} = \frac{L_{\mathrm{G}}}{1 - L_{\mathrm{G}}} (\mathrm{JD}_{\mathrm{TT}} - T_0) \times 86400\mathrm{s} \tag{5.2.2}$$

(5.2.2)式中，$T_0 = 2443144.5003725$；$\mathrm{JD}_{\mathrm{TT}}$ 为瞬时 TT 的儒略日。

如果瞬时 TT 改用简化儒略日期(MJD)，则(5.2.2)式可以改写为

$$\mathrm{TCG} - \mathrm{TT} = L_{\mathrm{G}} \times (\mathrm{MJD}_{\mathrm{TT}} - T_0) \times 86400\mathrm{s} \tag{5.2.3}$$

(2) TCB 与 TDB 的转换关系。

TCB 与 TDB 之间为线性关系，IAU2006 决议 B3 定义 TDB 与 TCB 的关系为

$$\mathrm{TDB} = \mathrm{TCB} - L_{\mathrm{B}} \times (\mathrm{JD}_{\mathrm{TCB}} - T_0) + \mathrm{TDB}_0 \tag{5.2.4}$$

(5.2.4)式中，$L_{\mathrm{B}} = 1.550519768 \times 10^{-8}$；$\mathrm{TDB}_0 = -6.55 \times 10^{-5}\mathrm{s}$，均为定义常数。

(3) TCB 与 TCG 的转换关系。

TCB 与 TCG 间的转换涉及四维的时空转换：

$$\mathrm{TCB} - \mathrm{TCG} = c^{-2} \left\{ \int_{t_0}^{t} \left[\frac{v_{\mathrm{e}}^2}{2} + U_{\mathrm{ext}}(\boldsymbol{x}_{\mathrm{e}}) \right] \mathrm{d}t + \boldsymbol{v}_{\mathrm{e}} \cdot (\boldsymbol{x} - \boldsymbol{x}_{\mathrm{e}}) \right\} + O(c^{-4}) \tag{5.2.5}$$

(5.2.5)式中，$\boldsymbol{x}_{\mathrm{e}}$ 和 $\boldsymbol{v}_{\mathrm{e}}$ 分别表示地球质心在太阳系质心坐标系中的位置和速度；U_{ext} 是太阳系内除地球以外的所有天体对地心的牛顿引力势；t 为 TCB 时间；t_0 与 1977 年 1 月 1 日 0 时 0 分 0 秒的 TAI 时间一致，$t_0 = 2443144.5003725$；在(5.2.5)式中未作说明的各项的变化率为 10^{-16} 级，使用 IAU2000 决议 B1.5 提供的公式计算 $O(c^{-4})$ 项和(5.2.5)式时，在距离地球 50000km 以内可以满足给定的精度要求。

TCB 与 TCG 的转换关系亦可表示为

$$\mathrm{TCB} - \mathrm{TCG} = \frac{L_{\mathrm{C}} \times (\mathrm{TT} - T_0) + P(\mathrm{TT}) - P(T_0)}{1 - L_{\mathrm{B}}} + c^{-2} \boldsymbol{v}_{\mathrm{e}} \cdot (\boldsymbol{x} - \boldsymbol{x}_{\mathrm{e}}) \tag{5.2.6}$$

(5.2.6)式中，$L_{\mathrm{C}} = 1.48082686741 \times 10^{-8}$；$L_{\mathrm{B}} = 1.550519768 \times 10^{-8}$。$P(\mathrm{TT})$ 表示非线性项，其最大值约为 1.6ms。任何最新的太阳系历表，比如，TE405 及更新的，均可用数值积分方法来计算(5.2.6)式，达到纳秒精度。

2. 地球引力场附近的原时与坐标时的转换

地球引力场附近指的是在地球同步轨道或稍高一些的区域内，即上文提到的

距离地球 50000km 范围内。

假定 GCRS 中时钟 A 的原时为 τ_A，其坐标为 $\boldsymbol{x}_A(t)$、速度为 $\boldsymbol{v}_A = \mathrm{d}\boldsymbol{x}_A / \mathrm{d}t$。若 t 为 TCG，则

$$\frac{\mathrm{d}\tau_A}{\mathrm{d}t} = 1 - 1/c^2 \left[\frac{v_A^2}{2} + U_E(\boldsymbol{x}_A) + V(X_A) - V(X_E) - x_A^i \partial_i V(X_E) \right] \tag{5.2.7}$$

(5.2.7)式中，$U_E(\boldsymbol{x}_A)$ 为地心参考架中地球在 $\boldsymbol{x}_A$ 处的牛顿引力势；V 为除地球以外的所有引力势的总和；X_A、X_E 分别为原子钟与地心在质心参考系中的位置矢量。该式仅保留了频率变化为 10^{-18} 项的影响。

顾及 TCG 与 TT 之间的关系，可求得原时与 TT 之间的关系为

$$\frac{\mathrm{d}\tau_A}{\mathrm{d}TT} = 1 + L_G - 1/c^2 \left[\frac{v_A^2}{2} + U_E(\boldsymbol{x}_A) + V(X_A) - V(X_E) - x_A^i \partial_i V(X_E) \right] \tag{5.2.8}$$

可依据实际情况对(5.2.7)式、(5.2.8)式中的一些项进行取舍。例如，对于 GPS 轨道的卫星，地球潮汐对其时间的影响为数皮秒，对其频率的影响小于 10^{-15}，故原时与坐标时之间的关系可简化为

$$\frac{\mathrm{d}\tau_A}{\mathrm{d}t} = 1 - 1/c^2 \left[\frac{v_A^2}{2} + U_E(\boldsymbol{x}_A) \right] \tag{5.2.9}$$

或

$$\frac{\mathrm{d}\tau_A}{\mathrm{d}TT} = 1 + L_G - 1/c^2 \left[\frac{v_A^2}{2} + U_E(\boldsymbol{x}_A) \right] \tag{5.2.10}$$

依据(5.2.7)式~(5.2.10)式，经数值积分可求得原时与坐标时之间的差值。在数值积分时可根据实际情况对牛顿引力势的计算精度做相应的取舍。

对于类似 GPS 卫星的近圆轨道（轨道高度约为 20200km），依(5.2.10)式可计算出相对论频移约为 4.5×10^{-10}（其由固定偏差约为 4.46×10^{-10} 的项与最大幅值达 10^{-11} 的周期项组成）。GPS 在其频标上修正了一个固定的频率漂移量 -4.4647×10^{-10}，以抵消 GPS 卫星所发射的频标相对于标称频率的相对论漂移。然而，因 GPS 卫星的轨道差异，各卫星的实际相对论频率偏移与其修正的固定频率漂移的差异可达 10^{-13}。

若仅考虑牛顿引力项的第一项，且假定已对开普勒轨道中的相对论常数漂移项进行了精确的修正，则对(5.2.10)式积分得

$$\mathrm{TT} = \tau_A - \Delta\tau_A^{\mathrm{per}}, \quad \Delta\tau_A^{\mathrm{per}} = -\frac{2}{c^2}\sqrt{a \cdot GM_\oplus} \cdot e \cdot \sin E \tag{5.2.11}$$

(5.2.11)式中，a，e 和 E 分别为轨道半长轴、偏心率、偏心异常角；$\Delta\tau_A^{\mathrm{per}}$ 为修正常数项后所残余的周期项。对于 GPS 轨道，$\Delta\tau_A^{\mathrm{per}}$ 最大可达 46ns。

相对论周期项 $\Delta\tau_A^{per}$ 的另一种表达式为

$$\Delta\tau_A^{per} = -\frac{2}{c^2}\boldsymbol{v}_A \cdot \boldsymbol{x}_A \tag{5.2.12}$$

(5.2.12)式为 IGS(International GNSS Service)官方在处理 GPS(Global Positioning System)和 GLONASS(Global Navigation Satellite System)等导航卫星对钟参数所采用的模型。

3. UTC 与 LST 的转换

有时需要使用地方恒星时(LST)。比如，在射电观测中控制天线跟踪射电源时，需要使用 LST，来计算天线的方位和俯仰角。而测站时间系统是与 UTC 同步的，所以需要将 UTC 转换为 LST，其转换过程如图 5.2.2 所示。

- 首先，将 UTC 加上 dUT1，得到 UT1，dUT1 可以从 IERS 网站上得到；
- 其次，将 UT1 转换为 ERA，它的转换公式如(5.1.16)式所示；
- 再次，将 ERA 转换为格林尼治平恒星时(GMST)，转换公式如(5.2.13)式所示，参见 IERS 协议 2010 公式(5.32)：

$$\begin{aligned}\text{GMST} = &\text{ERA}(\text{UT1}) + 0.01450600'' + 4612.15653400''t + 1.391581700''t^2 \\ &- 0.0000004400''t^3 - 0.00002995600''t^4 - 0.000000036800''t^5\end{aligned} \tag{5.2.13}$$

所以格林尼治真恒星时(GAST) = GMST+章动改正($\Delta\psi\cos\varepsilon$)。

- 最后，计算得地方平恒星时(LMST) = GMST+λ，或地方真恒星时(LAST) = GAST+λ，其中，λ 为本地经度。

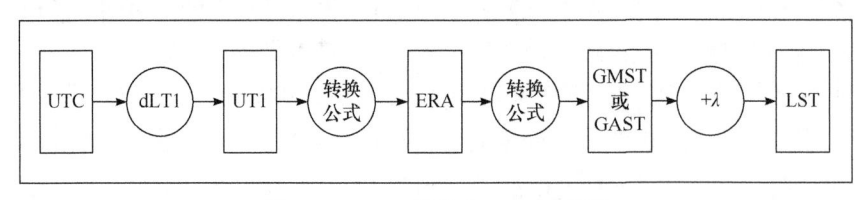

图 5.2.2 UTC 转换为 LST 示意图

5.3 广义相对论时延模型

在第 2 章中给出了几何时延的定义和几何时延的计算公式，该计算公式只是一个零级近似公式，严格的计算公式需要在广义相对论框架下来推导。

虽然目标所发射电磁波以球面波的形式向外辐射，但当被观测目标距离地球非常遥远时，可以看作平面波。比如，银河系射电源与河外射电源所发射的电磁波可以看作为平面波；而太阳系射电源发射的电磁波一般要按球面波来处理。因此，根据被观测目标距离观测者的远近，被观测目标通常被分为两类：以平面波为基础的远场目标和以球面波为基础的近场目标，所以需要分别来推导平面波与球面波的几何时延计算公式。下面分别阐述平面波与球面波几何时延计算公式的推导。总的来说，几何时延计算的基本过程如下(Sovers et al., 1998)：

(1) 设定基线两测站在地固坐标系中的本征坐标，为射电波到达第 1 个测站的时间；

(2) 将测站在地球参考系(TRS)的坐标转换至地心天球参考系(GCRS)；

(3) 进行洛伦兹(Lorentz)变换，将测站的地心天球参考系转换至质心天球参考系(BCRS)；

(4) 在 BCRS 中计算射电波到达两测站的本征时延；

(5) 进行洛伦兹变换，将在 BCRS 中的本征时延转换回到 GCRS。

5.3 节所使用的一些公式符号说明如下：

t_i——电磁波信号在 TCG 中到达第 i 个接收站的时间；

T_i——电磁波信号在 TCB 中到达第 i 个接收站的时间；

τ_g——电磁波在 TCB 中先后到达两接收站的时间差 $(T_2 - T_1)$；

t_{gi}——电磁波信号在 TCG 中到达第 i 个接收站的时间；

t_{vi}——第 i 个接收站在 TCG 中接收到的无线电信号到达的时间；

δt_{atmi}——第 i 个接收站的大气传播 TCG 延迟，$\delta t_{atmi} = t_i + t_{gi}$；

T_{iJ}——到达接收站 i 的射线路径经过的最近的大质量物体 J 的 TCB 时间；

ΔT_{grav}——差分 TCB 引力时延；

$\boldsymbol{x}_i(t_i)$——第 i 个接收站在 t_i 处的 GCRS 位置矢量；

$\boldsymbol{b} = \boldsymbol{x}_2(t_1) - \boldsymbol{x}_1(t_1)$，即 TCG 时刻 t_1 时在 GCRS 中的基线矢量；

$\delta \boldsymbol{b}$——GCRS 基线向量的变化(真值减先验值)；

$\boldsymbol{\omega}_i$——第 i 个接收站的地心速度；

$\hat{K}$——不考虑引力等因素的情况下从太阳系质心到源的单位矢量；

$\hat{k}_i$——顾及光行差后从第 i 个接收站位置到源的单位矢量；

$\boldsymbol{X}_i$——第 i 个接收站在太阳系质心中的位置矢量；

$\boldsymbol{X}_\oplus$——地心在太阳系质心中的位置矢量；

$\boldsymbol{X}_J$——第 J 个引力体的太阳系质心中的矢量；

$\boldsymbol{R}_{iJ}$——第 J 个引力体到第 i 个接收站的矢量；

$\boldsymbol{R}_{\oplus J}$——第 J 个引力体到地心的矢量；

$\boldsymbol{R}_{\oplus \odot}$——太阳到地心的矢量；

$\boldsymbol{B}$——太阳系质心系中的基线矢量，$B = |\boldsymbol{B}|$；

θ——$\boldsymbol{B}$ 与 $\boldsymbol{K}$ 的夹角；

$V_\oplus$——地心相对于太阳系质心的速度；

V_i——第 i 站相对于太阳系质心的速度；

U——地心处的引力势(忽略地球质量的影响)，在皮秒精度下，只需考虑太阳引力势，则 $U = GM_\odot / |\boldsymbol{R}_{\oplus\odot}|$；

M_i——第 i 个引力体的质量；

$M_\odot$——太阳的质量；

$M_\oplus$——地球的质量；

c——光速；

G——引力常量。

5.3.1 平面波时延

如图 5.3.1 所示，对于银河系和河外射电源等非常遥远的远场目标，可以把射电波到达地球时作为一平面波，设：射电波到达两个测站在 BCRS 中的时延 τ_g 为

$$\tau_g = T_2 - T_1 = -\frac{\boldsymbol{B} \cdot \hat{\boldsymbol{K}}}{c} = -\frac{B \cdot \cos\theta}{c} \tag{5.3.1}$$

(5.3.1)式中，$\hat{\boldsymbol{K}}$ 为测站至射电源方向的单位矢量；基线矢量 $\boldsymbol{B}$ 为

$$\boldsymbol{B} = \boldsymbol{X}_2(T_2) - \boldsymbol{X}_1(T_1) = \boldsymbol{X}_2(T_1) + \int_{T_1}^{T_2} \boldsymbol{V}_2(t)\mathrm{d}t - \boldsymbol{X}_1(T_1) \tag{5.3.2}$$

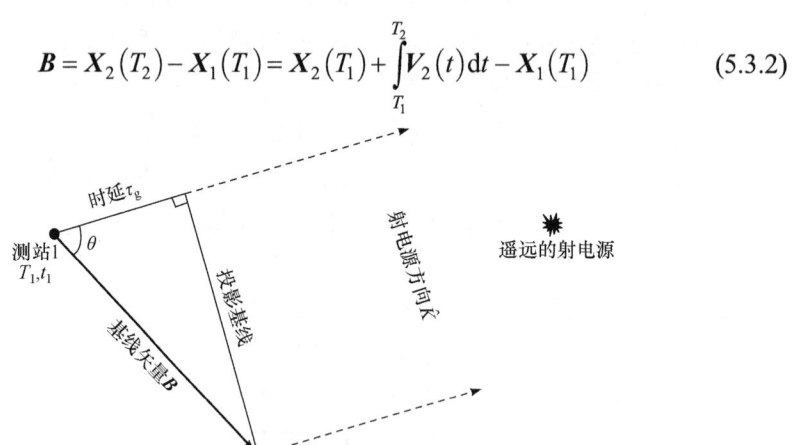

图 5.3.1 平面波几何时延示意图

然而，实际观测通常在地球上进行，而地球相对于太阳系质心时刻处于运动中，根据广义相对论的有关理论，需将在 BCRS 中描述的有关量，经时间与坐标系统的转换，转换至地球坐标系中描述，下面来推导时延从 BCRS 转换至

GCRS 的过程。

在仅考虑测站速度的常数项时，(5.3.2)式可改写为

$$\boldsymbol{B} = \boldsymbol{X}_2(T_1) + \boldsymbol{V}_2(t) \cdot \tau_g - \boldsymbol{X}_1(T_1) \tag{5.3.3}$$

将(5.3.3)式代入(5.3.1)式后，得到，

$$\tau_g = -\frac{\boldsymbol{X}_2(T_1) + \boldsymbol{V}_2 \cdot \tau_g - \boldsymbol{X}_1(T_1)}{c} \cdot \hat{\boldsymbol{K}} \tag{5.3.4}$$

(5.3.4)式中，$\boldsymbol{V}_2$ 为测站 2 相对于太阳系质心的运动速度；$\boldsymbol{V}_2 = \boldsymbol{V}_\oplus + \boldsymbol{\omega}_2$，这里 $\boldsymbol{\omega}_2$ 为测站 2 相对于地心的运动速度；c 为光速。

令：$\boldsymbol{B}_0 = \boldsymbol{X}_2(T_1) - \boldsymbol{X}_1(T_1)$，代入(5.3.4)式后整理得到

$$\tau_g = \frac{-\dfrac{\boldsymbol{B}_0}{c} \hat{\boldsymbol{K}}}{1 + \dfrac{\boldsymbol{V}_\oplus + \boldsymbol{\omega}_2}{c} \cdot \hat{\boldsymbol{K}}} \tag{5.3.5}$$

IERS 协议 2010 的公式(11.18)给出了在 BCRS 的位置矢量 $\boldsymbol{r}_b$ 与在 GCRS 相应的位置矢量 $\boldsymbol{r}$ 的转换公式：

$$\boldsymbol{r}_b = \boldsymbol{r}\left(1 - \frac{U}{c^2}\right) - \frac{1}{2}\left(\frac{\boldsymbol{V}_\oplus \cdot \boldsymbol{r}}{c^2}\right)\boldsymbol{V}_\oplus \tag{5.3.6}$$

在(5.3.6)式中，将在 BCRS 中的基线矢量 $\boldsymbol{B}_0$ 代替 $\boldsymbol{r}_b$，将其在 GCRS 中对应的基线矢量 $\boldsymbol{b}$ 代替 $\boldsymbol{r}$，则可以得到

$$\boldsymbol{B}_0 = \boldsymbol{b} - \frac{\boldsymbol{b}}{c^2} \cdot U - \frac{\boldsymbol{b} \cdot |\boldsymbol{V}_\oplus|^2}{2c^2} \tag{5.3.7}$$

(5.2.5)式中的 t 与 t_0 为 TCB，这里改写为 T 与 T_0；符号 υ_e 改用 $\boldsymbol{V}_\oplus$；$U_{\text{ext}}(\boldsymbol{x}_e)$ 改用 U。这样，(5.2.5)式可以改写为

$$\text{TCB} - \text{TCG} = c^{-2}\left\{\int_{T_0}^{T}\left[\frac{|\boldsymbol{V}_\oplus|^2}{2} + U\right]\mathrm{d}T + \boldsymbol{V}_\oplus \cdot (\boldsymbol{x} - \boldsymbol{x}_e)\right\} + O(c^{-4}) \tag{5.3.8}$$

将射电波到达测站 1 与 2 的 TCB 时刻 T_1 与 T_2 分别代入(5.3.8)式，则可得

$$T_1 - t_1 = c^{-2}\left\{\int_{T_0}^{T_1}\left[\frac{|\boldsymbol{V}_\oplus|^2}{2} + U\right]\mathrm{d}T + \boldsymbol{V}_\oplus \cdot [\boldsymbol{x}_1(t_1) - \boldsymbol{x}_e]\right\} + O(c^{-4}) \tag{5.3.9}$$

$$T_2 - t_2 = c^{-2}\left\{\int_{T_0}^{T_2}\left[\frac{|\boldsymbol{V}_\oplus|^2}{2} + U\right]\mathrm{d}T + \boldsymbol{V}_\oplus \cdot [\boldsymbol{x}_2(t_2) - \boldsymbol{x}_e]\right\} + O(c^{-4}) \tag{5.3.10}$$

将(5.3.10)式与(5.3.9)式相减。由于 T_1 与 T_2 之差值很小，(5.3.9)式和(5.3.10)式中的积分式可以简化，去其积分号，$\mathrm{d}T=(T_1-T_0)$ 和 $\mathrm{d}T=(T_2-T_0)$。两式相减后用 $\boldsymbol{x}_2(t_2) = \boldsymbol{x}_2(t_1) + \boldsymbol{\omega}_2(t_2-t_1) \simeq \boldsymbol{x}_2(t_1) + \boldsymbol{\omega}_2(T_2-T_1)$；$\boldsymbol{b} = \boldsymbol{x}_2(t_1) - \boldsymbol{x}_1(t_1)$ 代入，得到

$$(T_2-T_1)-(t_2-t_1) = c^{-2}\left\{\left[\frac{|V_\oplus|^2}{2}+U\right](T_2-T_1) + V_\oplus \cdot \left[\boldsymbol{b} + \boldsymbol{\omega}_2(T_2-T_1)\right]\right\} \quad (5.3.11)$$

用 $\tau_g = (T_2-T_1)$ 代入(5.3.11)式，整理后得到

$$(t_2-t_1) = \tau_g - c^{-2}\left\{\left[\frac{|V_\oplus|^2}{2}+U\right]\tau_g + V_\oplus \cdot \left(\boldsymbol{b} + \boldsymbol{\omega}_2\tau_g\right)\right\}$$

即

$$(t_2-t_1) = \left[1 - \frac{U}{c^2} - \frac{|V_\oplus|^2}{2c^2} - \frac{V_\oplus}{c^2}\cdot\boldsymbol{\omega}_2\right]\tau_g - \frac{V_\oplus}{c^2}\cdot\boldsymbol{b} \quad (5.3.12)$$

将(5.3.12)式整理后，则得到(5.3.13)式(整理时省略了 $1/c^4$ 项)：

$$\tau_g = \left[1 + \frac{U}{c^2} + \frac{|V_\oplus|^2}{2c^2} + \frac{V_\oplus}{c^2}\cdot\boldsymbol{\omega}_2\right]\cdot(t_2-t_1) + \frac{V_\oplus}{c^2}\cdot\boldsymbol{b} \quad (5.3.13)$$

将(5.3.7)式代入(5.3.5)式，得到

$$\tau_g = -\frac{-\dfrac{\boldsymbol{b}\cdot\hat{K}}{c}\left[1-\dfrac{U}{c^2}-\dfrac{|V_\oplus|^2}{2c^2}\right]}{1+\dfrac{V_\oplus+\boldsymbol{\omega}_2}{c}\cdot\hat{K}} \quad (5.3.14)$$

将(5.3.14)式代入(5.3.13)式，得到

$$-\frac{-\dfrac{\boldsymbol{b}\hat{K}}{c}\cdot\left[1-\dfrac{U}{c^2}-\dfrac{|V_\oplus|^2}{2c^2}\right]}{1+\dfrac{V_\oplus+\boldsymbol{\omega}_2}{c}\cdot\hat{K}} = \left[1+\frac{U}{c^2}+\frac{|V_\oplus|^2}{2c^2}+\frac{V_\oplus}{c^2}\boldsymbol{\omega}_2\right](t_2-t_1) + \frac{V_\oplus}{c^2}\boldsymbol{b} \quad (5.3.15)$$

将(5.3.15)式整理后，得到

$$(t_2 - t_1) = \left\{ -\frac{-\dfrac{\boldsymbol{b} \cdot \boldsymbol{K}}{c}\left[1 - \dfrac{U}{c^2} - \dfrac{|\boldsymbol{V}_\oplus|^2}{2c^2}\right] - \dfrac{\boldsymbol{V}_\oplus \cdot \boldsymbol{b}}{c^2}\left[1 + \dfrac{\boldsymbol{V}_\oplus + \boldsymbol{\omega}_2}{c} \cdot \hat{\boldsymbol{K}}\right]}{1 + \dfrac{\boldsymbol{V}_\oplus + \boldsymbol{\omega}_2}{c} \cdot \hat{\boldsymbol{K}}} \right\} \quad (5.3.16)$$

$$\cdot \left[1 - \dfrac{U}{c^2} - \dfrac{|\boldsymbol{V}_\oplus|^2}{2c^2} - \dfrac{\boldsymbol{V}_\oplus}{c^2}\boldsymbol{\omega}_2 \right]$$

将(5.3.16)式中右边两项相乘后的分子中的高次项($1/c^4$ 和 $1/c^5$ 项)省略,得到

$$t_{v2} - t_{v1} = \frac{-\dfrac{\hat{\boldsymbol{K}} \cdot \boldsymbol{b}}{c}\left[1 - 2\dfrac{U}{c^2} - \dfrac{|\boldsymbol{V}_\oplus|^2}{2c^2} - \dfrac{\boldsymbol{V}_\oplus \cdot \boldsymbol{\omega}_2}{c^2}\right] - \dfrac{\boldsymbol{V}_\oplus \cdot \boldsymbol{b}}{c^2}\left(1 + \dfrac{\boldsymbol{V}_\oplus \cdot \hat{\boldsymbol{K}}}{2c}\right)}{1 + \dfrac{\hat{\boldsymbol{K}}(\boldsymbol{V}_\oplus + \boldsymbol{\omega}_2)}{c}} \quad (5.3.17)$$

(5.3.17)式中,$t_{v2} - t_{v1}$ 表示为真空几何时延,该式完成了几何时延从 BCRS 到 GCRS 的转换,为ΔTCG。对于地面测站来说,使用的时间尺度为 TT,所以 ΔTT=ΔTCG×(1-L_G),这里 L_G=6.969290134× 10^{-10},为定义常数。

在(5.3.17)式的分子中加入引力时延 ΔT_{grav},ΔT_{grav} 的计算公式将在下面 5.4 节阐述。ΔT_{grav} 是在 BCRS 中计算得到的,所以要转换至 GCRS,它相对于基线时延来说是一个小量,所以仅考虑时间系统转换的一个主项 $\left(1 + \dfrac{\hat{\boldsymbol{K}} \cdot (\boldsymbol{V}_\oplus + \boldsymbol{\omega}_2)}{c}\right)$,它可以满足转换精度要求;另外,按广义相对论理论,参数化后牛顿(PPN)方法的 γ= 1,所以 $2\dfrac{U}{c^2} = \dfrac{(1+\gamma)U}{c^2}$。这样,(5.3.17)式可以改写为下式,(即 IERS 协议 2010 的 (11.9)式,为远场真空几何时延模型):

$$t_{v2} - t_{v1} = \frac{\Delta T_{\text{grav}} - \dfrac{\hat{\boldsymbol{K}} \cdot \boldsymbol{b}}{c}\left[1 - \dfrac{(1+\gamma)U}{c^2} - \dfrac{|\boldsymbol{V}_\oplus|^2}{2c^2} - \dfrac{\boldsymbol{V}_\oplus \cdot \boldsymbol{\omega}_2}{c^2}\right] - \dfrac{\boldsymbol{V}_\oplus \cdot \boldsymbol{b}}{c^2}\left(1 + \dfrac{\boldsymbol{V}_\oplus \cdot \hat{\boldsymbol{K}}}{2c}\right)}{1 + \dfrac{\hat{\boldsymbol{K}} \cdot (\boldsymbol{V}_\oplus + \boldsymbol{\omega}_2)}{c}} \quad (5.3.18)$$

真空总时延包括几何时延和传播介质时延:

$$t_2 - t_1 = t_{v2} - t_{v1} + (\delta t_{\text{atm2}} - \delta t_{\text{atm1}}) + (\delta t_{\text{ion2}} - \delta t_{\text{ion1}}) + \delta t_{\text{atm1}} \dfrac{\hat{\boldsymbol{K}} \cdot (\boldsymbol{\omega}_2 - \boldsymbol{\omega}_1)}{c} \quad (5.3.19)$$

总时延分为真空几何时延(含引力时延和大气时延附加光行差 $\delta \tau_{\text{abb}^{\text{atm}}}$)与传播介质时延两部分。则(5.3.19)式中的真空几何延迟为

$$t_{g2} - t_{g1} = t_{v2} - t_{v1} + \delta t_{atm1} \frac{\hat{K} \cdot (\omega_2 - \omega_1)}{c} \quad (5.3.20)$$

关于介质时延$(t_{p2} - t_{p1})$，它由电离层时延和中性大气时延两部分组成：

$$t_{p2} - t_{p1} = (\delta t_{atm2} - \delta t_{atm1}) + (\delta t_{ion2} - \delta t_{ion1}) \quad (5.3.21)$$

在计算传播介质时延时，应修正光行差矢量：

$$k_i = \hat{K} + \frac{V_\oplus + \omega_i}{c} - \hat{K}\frac{\hat{K} \cdot (V_\oplus + \omega_i)}{c}, \quad i = 1, 2 \quad (5.3.22)$$

最终得到的总时延为

$$t_2 - t_1 = t_{g2} - t_{g1} + \left[\delta t_{atm2}\left(t_1 - \frac{\hat{K} \cdot b}{c}, k_2\right) - \delta t_{atm1}(k_1)\right] \quad (5.3.23)$$

(5.3.21)式中，$\delta t_{atm1}, \delta t_{atm2}$ 和 $\delta t_{ion1}, \delta t_{ion2}$ 的计算公式将在 5.5 节进一步阐述。

在基线矢量 b 的先验值计算时，一般都会存在误差 δb，当 $\delta b > 3$m 时，需要用下式计算几何时延的改正值：

$$\Delta(t_{g2} - t_{g1}) = \frac{\dfrac{\hat{K} \cdot \delta b}{c}}{1 + \dfrac{\hat{K} \cdot (V_\oplus + \omega_2)}{c}} - \frac{V_\oplus \cdot \delta b}{c^2} \quad (5.3.24)$$

5.3.2 球面波时延

针对离测站较近的近场目标，例如太阳系射电源，它们的射电波到达地球时，不能认为是平面波，需要按球面波来对待。根据波的衍射理论，近场的定义为 $R \leqslant D^2/\lambda$，这里 D 为两测站的基线距离，λ 为观测波长，R 为近场的范围。比如，D 为 3000km，λ 为 3.6cm，则可以计算得 R 为 2500 亿 km，相当于近 1700AU，几乎把太阳系天体全部包括在内了。

球面波几何时延建模的主要思路为，经多次迭代求解近场目标所发射的无线电信号先后到达各观测站的时刻，之后依据坐标与时间系统间的关系，转换至特定时空参考架中该信号先后到达各测站的时延(或时间差)。

本节的近场几何时延模型采用 Duev 等(2012)提出的近场时延模型。

在 TDB 框架中，某近场目标在 T_0 时刻的位置为 $R_0(T_0, X_0)$，它发出的信号到达测站 1 和测站 2 的时间分别为 T_1 和 T_2，两测站的位置为 $R_1(T_1, X_1)$ 和 $R_2(T_2, X_2)$，信号传播的时间分别为 $LT_1 = T_1 - T_0$ 和 $LT_2 = T_2 - T_0$，如图 5.3.2 所示。以 LT_1 为例，列出它的计算公式为

$$T_1 - T_0 = \frac{R_{01}}{c} + \text{RLT}_{01} \tag{5.3.25}$$

(5.3.25)式中，R_{01} 为目标至测站 1 的距离；RLT_{01} 为相对论时延，它的计算公式为(5.3.26)式(Moyer, 2003)

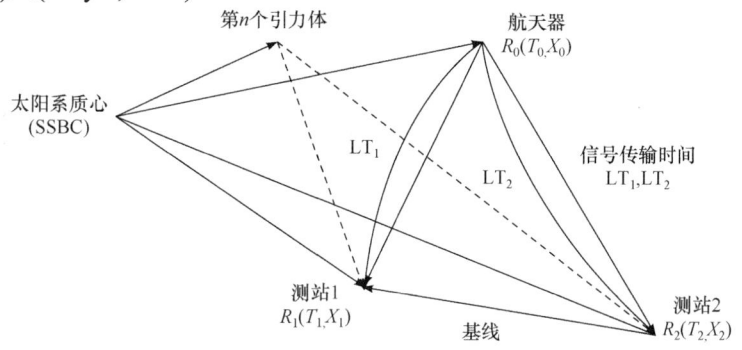

图 5.3.2 在太阳系质心系中近场目标 VLBI 观测几何关系示意图

$$\text{RLT}_{01} = \frac{(1+\gamma)GM_S}{c^3} \cdot \ln \frac{R_0^S + R_1^S + R_{01}^S + \frac{(1+\gamma)GM_S}{c^2}}{R_0^S + R_1^S - R_{01}^S + \frac{(1+\gamma)GM_S}{c^2}}$$
$$+ \sum_{B=1}^{10} \frac{(1+\gamma)GM_B}{c^3} \cdot \ln \frac{R_0^B + R_1^B + R_{01}^B}{R_0^B + R_1^B - R_{01}^B} \tag{5.3.26}$$

(5.3.26)式中，S 表示太阳，B 表示太阳系所有行星及月亮(原文 B=10，现在大行星为 8 个，所以 B 应改为 9)；$R_0^S = |\boldsymbol{R}_0^S|, R_1^S = |\boldsymbol{R}_1^S|, R_{01}^S = |\boldsymbol{R}_{01}^S|$，其中：$\boldsymbol{R}_0^S = \boldsymbol{R}_0(T_0) - \boldsymbol{R}_S(T_0), \boldsymbol{R}_1^S = \boldsymbol{R}_1(T_1) - \boldsymbol{R}_S(T_1), \boldsymbol{R}_{01}^S = \boldsymbol{R}_1^S(T_1) - \boldsymbol{R}_0^S(T_0)$；$\boldsymbol{R}_0(T_0)$ 为航天器在 T_0 时刻的位置矢量；$\boldsymbol{R}_S(T_0)$ 为太阳在 T_0 时刻的位置矢量；$\boldsymbol{R}_1(T_1)$ 为测站 1 在 T_1 时刻的位置矢量；$\boldsymbol{R}_S(T_1)$ 为太阳在 T_1 时刻的位置矢量；$R_0^B = |\boldsymbol{R}_0^B|, R_1^B = |\boldsymbol{R}_1^B|, R_{01}^B = |\boldsymbol{R}_{01}^B|$，其中：$\boldsymbol{R}_0^B = \boldsymbol{R}_0(T_0) - \boldsymbol{R}_B(T_0), \boldsymbol{R}_1^B = \boldsymbol{R}_1(T_1) - \boldsymbol{R}_B(T_1), \boldsymbol{R}_{01}^B = \boldsymbol{R}_1^B(T_1) - \boldsymbol{R}_0^B(T_0)$；$\boldsymbol{R}_B(T_0)$ 为大行星或月亮在 T_0 时刻的位置矢量；$\boldsymbol{R}_B(T_1)$ 为大行星或月亮在 T_1 时刻的位置矢量。

每一次迭代计算，都需要估计 T_0 的改正量 ΔT_0，计算公式为

$$\Delta T_0 = \frac{T_1 - T_0 - R_{01}/c - \text{RLT}_{01}}{1 - \frac{\boldsymbol{R}_{01}}{R_{01}} \cdot \dot{\boldsymbol{R}}_0(T_0)/c} \tag{5.3.27}$$

(5.3.27)式中，$\boldsymbol{R}_{01}, \dot{\boldsymbol{R}}_0(T_0)$ 分别为目标至测站 1 的矢量和目标矢量的速度。

T_1 可以根据(5.3.25)式~(5.3.27)式迭代求得；同理，可以求得 T_2，它们的差值 $T_2 - T_1$ 即为球面波在太阳系质心 TDB 框架中的 VLBI 几何时延。最后，经过洛伦兹转换，得到地心 TT 框架中的球面波 VLBI 几何时延 $t_{v2} - t_{v1}$ 公式为

$$t_{v2} - t_{v1} = \left\{ \frac{T_2 - T_1}{1 - L_C} \left[1 - \frac{1}{c^2} \left(\frac{V_E^2}{2} + U_E \right) \right] - \frac{V_E \cdot b}{c^2} \right\} \cdot \frac{1}{1 + \frac{V_E \cdot \dot{r}_2}{c^2}} \quad (5.3.28)$$

(5.3.28)式中：$L_C = 1.48082686741 \times 10^{-8}$，为定义常数；$V_E$ 为地球的速度矢量；U_E 为地球所受到的引力势；b、$\dot{r}_2$ 分别为在 GCRS 中的基线矢量与测站 2 速度矢量；c 为光速。

5.4 引力时延

按照广义相对论理论，电磁波在传播路径上受到引力体的影响时，其传播路径会发生弯曲，传播速度会发生变化，产生附加的时间延迟，称为引力时延。在高精度射电干涉测量中，需要改正引力时延的影响。表 5.4.1 给出若干太阳系天体对于地面射电干涉测量产生的引力时延(基线 6000km)(Klioner, 1991)。

表 5.4.1 太阳系天体产生的引力时延

天体名称	与天体中心的角距				
	略过天体表面	1°	30°	90°	175°
太阳	169ns	45ns	1.5ns	0.4ns	17ps
木星	1.5ns	11ps	0.4ps	0.1ps	—
土星	0.5ns	2ps	0.05ps	—	—
天王星	0.18ns	0.1ps	—	—	—
海王星	0.23ns	0.1ps	—	—	—
水星	4ps	0.04ps	—	—	—
金星	33ps	0.4ps	0.02ps	—	—
火星	6.5ps	0.04ps	—	—	—
月球	1.1ps	0.47ps	0.02ps	—	—
地球	地面基线 21ps				

由第 J 个引力体(不包括地球)引起的引力延迟 ΔT_{grav_J} 为

$$\Delta T_{\mathrm{grav}_J} = 2\frac{GM_J}{c^3}\ln\frac{|\boldsymbol{R}_{1J}| + \cdot \boldsymbol{R}_{1J}}{|\boldsymbol{R}_{2J}| + \boldsymbol{K}\cdot\boldsymbol{R}_{2J}} \tag{5.4.1}$$

(5.4.1)式中，$\boldsymbol{R}_{1J},\boldsymbol{R}_{2J}$ 分别为第 J 个引力体至测站 1,2 的矢量；$\boldsymbol{K}$ 为射电源的单位方向矢量。

在计算 $\boldsymbol{R}_{1J},\boldsymbol{R}_{2J}$ 时，应该考虑到地心及测站的运动，即

$$\boldsymbol{R}_{1J} = \boldsymbol{X}_1(t_1) - \boldsymbol{X}_J(t_{1J})$$

$$\boldsymbol{R}_{2J} = \boldsymbol{X}_2(t_1) - \frac{V_\oplus}{c}\left(\hat{K}\cdot\boldsymbol{b}\right) - \boldsymbol{X}_J(t_{1J})$$

$$t_{1J} = \min\left[t_1, t_1 - \frac{\hat{K}\cdot\left(\boldsymbol{X}_J(t_1) - \boldsymbol{X}_1(t_1)\right)}{c}\right] \tag{5.4.2}$$

(5.4.2)式中，$\boldsymbol{X}_i(t_1) = \boldsymbol{X}_\oplus(t_1) + \boldsymbol{x}_i(t_1), \; i=1,2$。

在估算地球引起的引力延迟 $\Delta T_{\mathrm{grav}_\oplus}$ 时，下式的计算精度可达皮秒量级：(Petit and Luzum, 2010)

$$\Delta T_{\mathrm{grav}_\oplus} = 2\frac{GM_\oplus}{c^3}\ln\frac{|\boldsymbol{x}_1| + \boldsymbol{K}\cdot\boldsymbol{x}_1}{|\boldsymbol{x}_2| + \boldsymbol{K}\cdot\boldsymbol{x}_2} \tag{5.4.3}$$

(5.4.3)式中，$\boldsymbol{x}_1,\boldsymbol{x}_2$ 分别为测站1,2在地心坐标系中的位置矢量。

综上，总的引力延迟 ΔT_{grav} 为

$$\Delta T_{\mathrm{grav}} = \sum_J \Delta T_{\mathrm{grav}_J} + \Delta T_{\mathrm{grav}_\oplus} \tag{5.4.4}$$

当射电波方向很接近太阳(或其他大质量天体)时会产生弯曲，所以会产生附加的引力时延，需要考虑引力时延的高阶项，其计算公式为

$$\delta T_{\mathrm{grav}_J} = \frac{4G^2 M_J^2}{c^5} \cdot \frac{\boldsymbol{b}\cdot\left(\hat{N}_{1J} + \hat{K}\right)}{\left(|\boldsymbol{R}|_{1J} + \boldsymbol{R}_{1J}\cdot\hat{K}\right)^2} \tag{5.4.5}$$

(5.4.5)式中，J 代表太阳或行星；$\hat{N}_{1J}$ 为第 J 个引力体至测站 1 的单位矢量；$\boldsymbol{R}_{1J}$ 为第 J 个引力体至测站 1 的矢量；$\hat{K}$ 为质心至射电源的单位矢量。

引力时延的高阶项是比较小的量，当引力体是行星时，一般可以不计；当射电波方向接近太阳时才需要考虑，将计算的 $\delta T_{\mathrm{grav}_\odot}$ 加入 ΔT_{grav} 中。

5.5 测站位置运动

在地球上的测站，由于受到地球板块运动、潮汐等的影响，它们相对于地

球不是固定不动，而有微小的运动，所以必须建立理论模型，在数据处理时加以改正。

5.5.1 板块运动

地球的地壳分为若干板块，它们不是固定不动的，而是运动的。图 5.5.1 为全球现代板块的一种分布图，不同学者对于板块的分块略有不同。20 世纪 70 年代，Minster 等，根据地质与地震资料的分析，首次导出了现代板块运动的数值模型 RM1(Minster et al., 1974)与 RM2(AM0-2)(Minster and Jordan, 1978)。20 世纪 90 年代，DeMets 等利用更多的地质和地震资料，导出了更精确的现代板块运动模型 NUVEL-1(DeMets et al., 1990)；随后，根据 NUVEL-1 模型又推出了 NNR-NUVEL-1(Argus and Gordon, 1991)与 NNR-NUVEL-1A(DeMets et al., 1994)。NNR 为 No-Net-Rotation 英文缩写，意思是"无净旋转"，NNR-NUVEL-1 模型的板块运动相对于地球参考架没有整体的旋转，约束板块之间的相对运动速度与 NUVEL-1 模型相同。

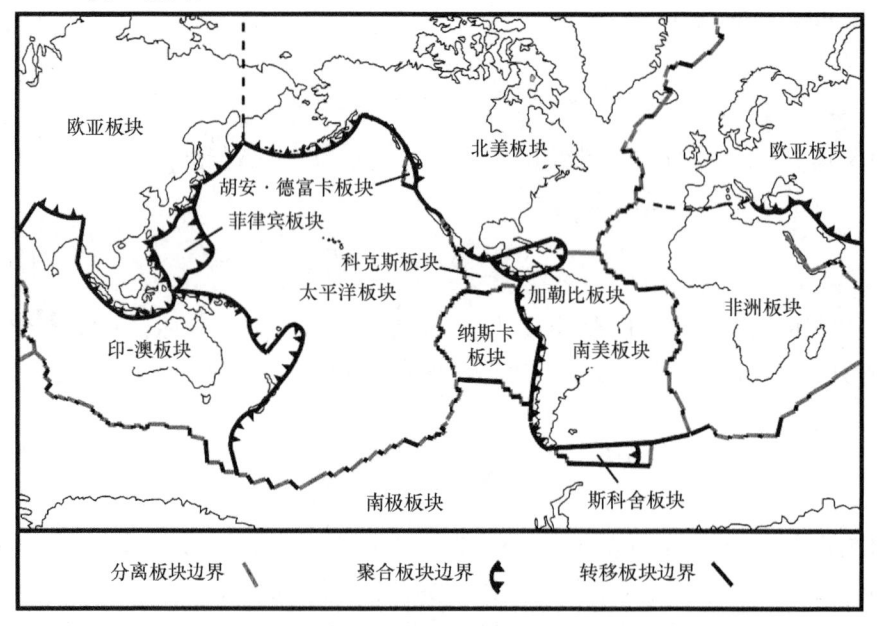

图 5.5.1　全球现代板块分布图[①]

随着空间大地测量技术(VLBI、SLR、GNSS 及 DORIS 等)的发展，21 世纪以来，在地球上测量了众多的空间大地测量测站的运动速度，建立高精度的国际

---

① https://www.nps.gov/subjects/geology/plate-tectonics-evidence-of-plate-motions.htm.

地球参考架，比如 ITRF2008、ITRF2014 及 ITRF2020 等。根据空间大地测量数据，于 2012 年和 2017 年，分别推出了 ITRF2008 和 ITRF2014 板块运动模型(PMM)(Altamimi et al., 2012；Altamimi et al., 2017)。利用 ITRF2014 共 297 个测站的水平运动速率测量值，建立了 ITRF2014-PMM，它给出了地球上 11 个主要板块的旋转角速度参数(毫角秒/年)，见表 5.5.1 的第 3、4、5 栏。表 5.5.1 的第 2 栏，给出了建模使用的各板块的测站数目。

根据测站地心坐标和所在板块的转动速率矢量，就可以计算得该地面测站的位移。测站位移速度的计算公式为

$$\dot{X}_i^p = \omega^p \times X_i^p \tag{5.5.1}$$

(5.5.1)式中，$\dot{X}_i^p = (\dot{x}_i, \dot{y}_i, \dot{z}_i,)$ 为在 p 板块的测站 i 的位移矢量，它可分解为三个坐标的位移速度；$\omega^p = (\omega_x, \omega_y, \omega_z)$ 为板块 p 的旋转角速度矢量，可分解为三个坐标的分量；$X_i^p = (x_i, y_i, z_i)$ 为在 p 板块的测站 i 的位置矢量，由三个坐标分量组成。根据矢量的叉乘规则，可以得到测站 i 的三个位移分量计算公式为

表 5.5.1 ITRF2014 板块运动模型参数

板块名称	测站数目	ω_x	ω_y	ω_z	ω	WRMS E	N
		/(毫角秒/年)			/((°)/Ma)	/(毫米/年)	
ANTA	7	−0.248	−0.324	0.675	0.219	0.20	0.16
±		0.004	0.004	0.008	0.002		
ARAB	5	1.154	−0.136	1.444	0.515	0.36	0.43
±		0.020	0.022	0.014	0.006		
AUST	36	1.510	1.182	1.215	0.631	0.24	0.20
±		0.004	0.004	0.004	0.001		
EURA	97	−0.085	−0.531	0.770	0.261	0.23	0.19
±		0.004	0.002	0.005	0.001		
INDI	3	1.154	−0.005	1.454	0.516	0.21	0.21
±		0.027	0.117	0.035	0.012		
NAZC	2	−0.333	−1.544	1.623	0.629	0.13	0.19
±		0.006	0.015	0.007	0.002		
NOAM	72	0.024	−0.694	−0.063	0.194	0.23	0.28
±		0.002	0.005	0.004	0.001		
NUBI	24	0.099	−0.614	0.733	0.267	0.28	0.36
±		0.004	0.003	0.003	0.001		
PCFC	18	−0.409	1.047	−2.169	0.679	0.36	0.31
±		0.003	0.004	0.004	0.001		

续表

板块名称	测站数目	ω_x	ω_y	ω_z	ω	WRMS E	N
		/(毫角秒/年)			/((°)/Ma)	/(毫米/年)	
SOAM	30	−0.270	−0.301	−0.140	0.119	0.34	0.35
±		0.006	0.006	0.003	0.001		
SOMA	3	−0.121	−0.794	0.884	0.332	0.32	0.30
±		0.035	0.034	0.008	0.008		
ITRF2014-PMM 总的拟合						0.26	0.26

注：ANTA-南极板块，ARAB-阿拉伯板块，AUST-澳洲板块，EURA-欧亚板块，INDI-印度板块，NAZC-纳斯卡板块，NOAM-北美板块，NUBI-努比亚板块，PCFC-太平洋板块，SOAM-南美板块，SOMA-索马里板块。

$$\begin{cases} \dot{x}_i = \omega_y z_i - \omega_z y_i \\ \dot{y}_i = \omega_z x_i - \omega_x z_i \\ \dot{z}_i = \omega_x y_i - \omega_y x_i \end{cases} \quad (5.5.2)$$

根据上海佘山 25m 测站的地心坐标和 ITRF2014-PMM 给出的欧亚板块转动速率，按(5.5.2)式计算得佘山 25m 测站的三维运动速率为：−25.89 毫米/年、−9.22 毫米/年、−9.22 毫米/年，与 ITRF2020 给出的佘山 25m 测站的实际测量数据基本一致，但有 2～4 毫米/年的差值，这可能是由 ITRF2014-PMM 的建立，缺乏东亚地区测站的数据造成的，所以 ITRF2014-PMM 有待采用更多、分布更均匀的测站数据来改进其模型的精度。板块运动模型的建立是假设板块是刚性的，实际上板块内部各个地区还可能存在局部的地壳形变，特别在板块的边缘地区，形变可能更大些。关于板块边缘地区的板块运动数字模型，见参考文献(Bird, 2003)。对于一个新建的空间大地测量测站，可以用板块运动模型计算得测站运动速率，作为该测站运动速率的先验值，它的精确位置和运动速率值有待实际观测来测定。

5.5.2 固体潮

地球并非一个绝对的刚体，其在受到其他天体的引力作用时将发生形变。其他天体(主要是太阳与月亮)对地球的引力与地球运动的向心力的合力称为引潮力，正是这个引潮力造成了地球形状的周期性变化，地面点的位移，这种现象通常称为固体潮；天体的引力还使得地球海洋产生潮汐现象，海水负载的变化，也使地面点产生位移。下面列出了由于天体引力而引起的地球潮汐现象，以及由地球周日、周年气候变化引起的大气负载潮汐现象等产生的地面点位移的周期与大小(Hobiger, 2016)。

- 固体潮：最大为 12h 周期潮，地面点最大垂直位移约 40cm；
- 海潮负荷：最大为 12h 周期潮，地面点最大垂直位移为厘米至毫米；

- S1-S2 大气负荷：最大垂直位移为数毫米；
- 极潮：12 月和 14 月周期，地面点位移为厘米至毫米；
- 海洋极潮载荷：地面点位移一毫米左右。

本节主要阐述由固体潮引起的测站位移的有关理论，其他潮汐效应将在随后各节阐述。

描述固体潮时通常采用 3 个无量纲的勒夫(Love)数 h、l、k 来描述。h 表征弹性地球表面某点元在引潮位作用下产生的径向位移与地球处于平衡潮时相应点元的径向位移之比值；l 为弹性地球表面某点元在引潮位作用下产生的水平位移与相应点的平衡潮的水平位移之比值；k 表征弹性地球潮汐形变后产生的附加引力位与引潮力位之比值(许厚泽等，2010)。h、k 是由勒夫引入的，l 是由志田(Shida)引入的，这 3 个数统称为勒夫数。当计算精度要求达到 1mm 时，还应该考虑对潮汐产生滞后效应的地球黏滞性、海潮负载、地球自转产生的离心力等对勒夫数的影响(Petit and Luzum, 2010)。所以勒夫数就不是简单的 3 个数，每一种勒夫有一个序列。比如，h_{nm}, l_{nm} 的下标 n 为引潮力位按球函数展开后的阶数，m 为潮汐波的一天内的周数；又比如，现在 IERS 协议 2020 采用 Mathews 等对勒夫数的新定义(Mathews et al., 1995)，$h^{(0)}, l^{(0)}$ 分别代表 h_{2m}，l_{2m}；$h^{(2)}, h'$ 和 $l^{(1)}, l^{(2)}, l'$ 为随纬度变化的勒夫数的附加项。为了简化公式与方便运算，勒夫数也可以用复数表示。

1. 固体潮原理

图 5.5.2 为地球固体潮的原理图，图中左面圆球为地球，右面圆球为引力体(主要是月球与太阳)，O，O_{grav} 分别为地心、引力体中心。设定地球参考系为直角坐标系 $O\text{-}x_1, x_2, x_3$，其中 x_3 轴指向引力体中心 O_{grav}。A 为地球上一个单位质点，它在设定的地球参考系中的坐标为 (x_1, x_2, x_3)。R 为 O 至 O_{grav} 的矢量，l 为 A 至 O_{grav} 的矢量。

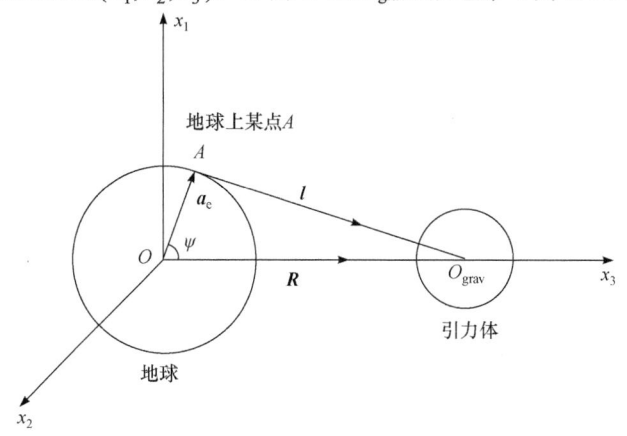

图 5.5.2　固体潮原理图

根据万有引力定律可知，引力体对于地球的引力为

$$F_{\text{grav}} = G \cdot \frac{M M_{\text{grav}}}{R^3} \cdot \boldsymbol{R} \tag{5.5.3}$$

引力体对地心 O 的引力加速度 $\boldsymbol{a}$ 及地球上单位质点 A 点所受的加速度 $\boldsymbol{a}_A$ 可表示为

$$\boldsymbol{a} = G \cdot \frac{M_{\text{grav}}}{R^3} \cdot \boldsymbol{R}, \quad \boldsymbol{a}_A = G \cdot \frac{M_{\text{grav}}}{l^3} \cdot \boldsymbol{l} \tag{5.5.4}$$

(5.5.4)式中，G 为万有引力常数；M, M_{grav} 为分别地球、引力体的质量；地心至引力体的矢量 $\boldsymbol{R} = R\hat{e}_3$；$A$ 点至引力体的矢量 $\boldsymbol{l} = -x_1\hat{e}_1 - x_2\hat{e}_2 + (R-x_3)\hat{e}_3$，$x_3 = r\cos\psi$；$\hat{e}_i$ 为沿第 i 个坐标轴方向的单位矢量；A 点的坐标分量为 x_i，$i = 1,2,3$。

由于单位质点的引力等于相应的加速度，所以由(5.5.4)式可得单位质点 A 所受的总引潮力 $\overline{\text{tide}}$ 为

$$\overline{\text{tide}} = \boldsymbol{a}_A - \boldsymbol{a} = G M_{\text{grav}} \cdot \left[-\frac{x_1}{l^3}\hat{e}_1 - \frac{x_2}{l^3}\hat{e}_2 - \left(\frac{x_3-R}{l^3} + \frac{1}{R^2}\right)\hat{e}_3 \right] \tag{5.5.5}$$

地球受到引潮力的作用，会产生形变，如图 5.5.3 所示(许厚泽等，2010)。图中 M 表示月球的位置，f_O 为月球对于地心 O 的引力，f_A 为月球对于 A 点的引力，则 A 点的引潮力为 $f_A - f_O$，从而使地球产生形变，如虚线所示。由于引力体的轨道运动，地球的自转运动，以及多个引力体(主要是月球和太阳)的共同作用，所以地球周期性的潮汐形变十分复杂。

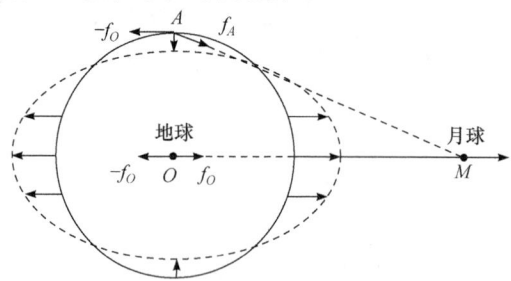

图 5.5.3 地球受到引潮力的作用产生形变示意图

引潮力为引潮力位的梯度，所以它们之间存在以下关系(郭俊义，2001)：

$$\overline{\text{tide}} = \nabla V \tag{5.5.6}$$

(5.5.6)式中，∇ 为梯度算子(或称为矢量微分算子)。

可得引潮力位 V 为

$$V = GM_{\text{grav}} \cdot \left(\frac{1}{l} - \frac{r\cos\psi}{R^2} - \frac{1}{R} \right) \tag{5.5.7}$$

(5.5.7)式中，为使引潮力位在地心处为零而引入 $-GM_{\text{grav}}\frac{1}{R}$ 项。

为了便于数值计算，将在地球上某点 A 处的引潮力位 V 用球谐函数级数展开至∞阶。将 $\frac{1}{l}$ 进行展开，得到

$$\frac{1}{l} = \frac{1}{\sqrt{R^2 - 2Rr\cos\psi + r^2}} = \sum_{n=0}^{\infty} \frac{r^n}{R^{n+1}} \cdot P_n \cos\psi \tag{5.5.8}$$

将(5.5.8)式代入(5.5.7)式，并且，当 $n=0$ 时，$P_0 \cos\psi = 1$；$n=1$ 时，$P_1 \cos\psi = \cos\psi = \frac{x_3}{r}$。得到地面点总的引潮力位 V_T：

$$V_T = GM_{\text{grav}} \cdot \left(\sum_{n=0}^{\infty} \frac{r^n}{R^{n+1}} \cdot P_n \cos\psi - \frac{r\cos\psi}{R^2} - \frac{1}{R} \right) = \frac{GM_{\text{grav}}}{R} \cdot \sum_{n=2}^{\infty} \left(\frac{r}{R} \right)^n \cdot P_n \cos\psi \tag{5.5.9}$$

从(5.5.9)式可以看到，多项式为从 2 阶算起的；另外，理论上多项式可以展开至无穷高阶，但是实际上并不需要，只要满足精度就可以。

(5.5.9)式可以展开为以地面点地固坐标——地心距、经度、纬度(r,λ,ϕ)和引潮体(月球或太阳)地固坐标——引潮体地心距、经度、纬度(R,λ',ϕ')，它们与 ψ 的关系式为 $\cos\psi = \cos\theta\cos\theta'^{(t)} + \sin\theta\sin\theta'(t)\cos(\lambda'(t) - \lambda)$，将该式代入(5.5.9)式经过整理后，得到(5.5.10)式(MacMillan，2019)。

$$V_T(t) = \frac{GM_{\text{grav}}}{R} \cdot \sum_{n=2}^{\infty} \sum_{m=0}^{n} \left(\frac{r}{R} \right)^n \cdot P_{nm} \cos\phi \cdot P_{nm} \cos\phi'(t) \cdot \cos\{m[\lambda - \lambda'(t)]\} \tag{5.5.10}$$

(5.5.10)式中，m 为潮波的周数，$m=0$ 为长周期潮波，$m=1$ 为周日潮波(1 周/日)，$m=2$ 为半日潮波(2 周/日)。

引潮力位与地面点位移的基本关系式为

$$\Delta \text{uen} = \left[\frac{h_n}{g} V_T \hat{r}, \frac{l_n}{g\sin\phi} \frac{\partial V_T}{\partial \lambda} \hat{e}, \frac{l_n}{g} \frac{\partial V_T}{\partial \phi} \hat{n} \right] \tag{5.5.11}$$

(5.5.11)式中，Δuen 为地面点的总引潮力位 V_T 所引起的位移($\hat{r}$ 径向、$\hat{e}$ 东西向、$\hat{n}$ 南北向)；h_n, l_n 为勒夫数，这里 n 为阶数，当 $n=2$ 时，$h_2 = 0.6078$，$l_2 = 0.0847$；g 为地面点的重力加速度；λ, ϕ 分别为地面点的经、纬度。

计算得月球和太阳引力所产生的地面点的最大固体潮位移，如表 5.5.2 (MacMillan，2019)所列，从表中可以看到，月球引力所产生的 2 阶位移最大，随阶数提高而降低，如果要求估算位移的精度为 1mm，则计算 2、3 阶就可以了；

太阳引力的影响较月球略小一些，但它仍是地球固体潮的主要引力源，一般计算 2 阶潮就可以了。太阳系的其他行星对地球的引力所产生的固体潮就很小了，一般可以忽略不计。

表 5.5.2 月球与太阳引力所产生的地面点的最大固体潮位移

阶数	月球	太阳
2	425mm	173mm
3	7.5mm	0.01mm
4	0.13mm	0.00mm

2. 固体潮位移的计算

计算固体潮位移时，需要潮波的有关参数，表 5.5.3 与表 5.5.4 分别给出了月球和太阳引力产生的长周期与短周期潮波的有关参数(潮波名称、杜德森编号、幅角、周期、幅度及引潮体)(MacMillan, 2019)。从表中可以看到，长周期潮波 M_0 的幅度最大，为 215mm；短周期潮波 M_2(半日波)的幅度最大，为 632mm。

表 5.5.3 长周期潮波的有关参数

潮波名称	杜德森编号	幅角	周期/天	幅度/mm	引潮体 M(月球), S(太阳)
M_0	055.555		长期	215	M
S_0	055.555		长期	100	S
	055.565	N'	6798	28	M
S_a	056.554	$(h - p_s)$	365.26	5	S
S_{sa}	057.555	$2h$	182.62	31	S
S_{ta}	058.554	$2h + (h - p_s)$	121.75	2	S
M_{Sm}	063.655	$(s - 2h + p)$	31.81	7	M
M_m	065.455	$(s - p)$	27.56	35	M
M_{Sf}	073.555	$2(s - h)$	14.77	6	M
M_f	075.555	$2s$	13.66	67	M
$M_{f'}$	075.565	$2s + N'$	13.63	28	M
M_{Stm}	083.655	$2s + (s - 2h + p)$	9.56	2	M
M_{tm}	085.455	$2s + (s - p)$	9.13	13	M
$M_{tm'}$	085.465	$2s + (s - p) + N'$	9.12	5	M
M_{sqm}	093.555	$2s + 2(s - h)$	7.10	2	M

表 5.5.4 短周期潮波的有关参数

潮波名称	杜德森编号	幅角	周期/h	幅度/mm	引潮体 M(月球), S(太阳)
$2Q_1$	125.755	$(\tau-s)-2(s-p)$	28.01	6	M
σ_1	127.555	$(\tau-s)-2(s-h)$	27.85	8	M
Q_1'	135.645	$(\tau-s)-(s-p)-N'$	26.87	9	M
Q_1	135.655	$(\tau-s)-(s-p)$	26.87	50	M
ρ_1	137.455	$(\tau-s)-(s-2h+p)$	26.72	10	M
O_1'	145.545	$(\tau-s)-N'$	25.82	49	M
O_1	145.555	$(\tau-s)$	25.82	262	M
	155.455	$(\tau-s)+(s-p)$	24.85	7	M
M_1	155.655	$(\tau+s)-(s-p)$	24.83	21	M
π_1	162.556	$(t-h)-(h-p_s)$	24.13	7	S
P_1	163.555	$(t-h)$	24.07	122	S
S_1	164.556	$(t+h)-(h-p_s)$	24.00	3	S
K_1^m	165.555	$(\tau+s)$	23.93	252	M
K_1^s	165.555	$(t+h)$	23.93	117	S
K_1'	165.565	$(\tau+s)+N'$	23.93	50	M
J_1	175.455	$(\tau+s)+(s-p)$	23.10	21	M
OO_1	185.555	$\tau+3s$	22.31	11	M
OO_1'	185.565	$\tau+3s+N'$	22.30	7	M
$2N_2$	225.855	$2\tau-3(s-p)$	12.91	16	M
μ_2	237.555	$2\tau-2(s-h)$	12.87	19	M
N_2	245.655	$2\tau-(s-p)$	12.66	121	M
ν_2	247.455	$2\tau-(s-2h+p)$	12.63	23	M
M_2'	255.545	$2\tau-N'$	12.42	24	M
M_2	255.555	2τ	12.42	632	M
L_2	265.455	$2\tau-(s-p)$	12.19	18	M
T_2	272.556	$2\tau-(h-p_s)$	12.02	17	S
S_2	273.555	$2t$	12.00	294	S
K_2^m	275.555	$2(\tau+s)$	11.97	55	M
K_2^s	275.555	$2(t+h)$	11.97	25	S
K_2'	275.565	$2(\tau+s)+N'$	11.97	24	M
M_3	355.555	3τ	8.28	8	M

关于表 5.5.3 与表 5.5.4 中的第 3 栏的幅角计算的有关参数的定义与计算公式为如下：

s——月球平黄经；h——太阳平黄经；p——月球近地点平黄经；$N' = N$，这里 N 为月球升交点平黄经；p_s——太阳近地点黄经；τ——平太阴时；t——平太阳时。它们的计算公式为

$$\begin{cases} s = 218.31643^o + 481267.88128^o T - 0.00161^o T^2 + 0.000005^o T^3 \\ h = 280.46607^o + 36000.76980^o T - 0.00030^o T^2 \\ p = 83.35345^o + 4069.01388^o T - 0.01031^o T^2 - 0.00001^o T^3 \\ N = 125.04452^o - 1934.13626^o T + 0.00207^o T^2 + 0.000002^o T^3 \\ p_s = 282.93835^o + 1.71946^o T + 0.00046^o T^2 + 0.000003^o T^3 \\ \tau = t + h - s \end{cases} \quad (5.5.12)$$

(5.5.12)式中，T 为儒略世纪数，计算公式为

$$T = \frac{(y - 2000) \times 365 + D + d + 0.5 + (t_{UT} + \lambda)/24}{36525} \quad (5.5.13)$$

(5.5.13)式中，y 为计算历元所在年份；D 为儒略日 J2000 年首至计算历元年首间的闰年数；d 为计算历元年首至计算日的整日数；t_{UT} 为 UT 时间(h)；λ 为本地经度(h)。

地面点固体潮位移的计算方法。

IERS 协议 2010 建议计算分两步进行，第 1 步在时间域中计算，第 2 步在频率域中计算，计算过程概述如表 5.5.5 所示。

本节的计算公式中，增加了勒夫数随不同潮波频率变化的影响及带潮的影响的改正数计算，所以这是固体潮位移更精密的计算方法与公式。

表 5.5.5　固体潮位移计算方法与步骤

第1步　时间域计算		
同相(勒夫数实部)	(a) 计算 2 阶与 3 阶潮总位移 ● 2 阶潮位移计算，公式(5.5.14) ● 3 阶潮位移计算，公式(5.5.16)	勒夫数标称值 $h_2 \to h(\phi) = h^{(0)} + h^{(2)}[(3\sin^2\phi - 1)/2]$ $l_2 \to l(\phi) = l^{(0)} + l^{(2)}[(3\sin^2\phi - 1)/2]$ $h^{(0)} = 0.6078$, $h^{(2)} = -0.0006$, $l^{(0)} = 0.0847$, $l^{(2)} = 0.0002$ $h_3 = 0.292$, $l_3 = 0.015$
异相(勒夫数虚部)	(b) 计算由 $h_{2m}^{(0)}$ 与 $l_{2m}^{(0)}$ 虚部产生的 2 阶潮径向与横向位移 ● 周日项径向与横向位移计算，公式(5.5.17) ● 半日项径向与横向位移计算，公式(5.5.18)	勒夫数标称值 $h^I = -0.0025$, $l^I = -0.0007$ $h^I = -0.0022$, $l^I = -0.0007$
纬度变化的改正	(c) 由 $l^{(1)}$ 附加项引起的 2 阶潮横向位移 ● 周日项横向位移计算，公式(5.5.19) ● 半日项横向位移计算，公式(5.5.20)	$l^{(1)} = 0.0012$ $l^{(1)} = 0.0024$

续表

第 2 步 频率域计算(第 2 步计算结果加入第 1 步的解算结果中去)		
同相(实部)+ 异相(虚部)	(d) 计算勒夫数随频率变化的改正 ● 周日项横向位移，公式(5.5.21) ● 半日项横向位移 ● 长期项横向位移，公式(5.5.22)	计算要求 计算表 5.5.6 中的全部分潮波，然后取和 省略 计算表 5.5.7 中的全部分潮波，然后取和

按表 5.5.5 的计算步骤进行计算，具体如下所述。

计算时仅考虑月球(2 阶，3 阶)与太阳(2 阶)的引力潮位所引起的地面的固体潮位移。

第 1 步：在时间域计算

(a) 计算 2 阶、3 阶潮所引起的固体潮总位移 Δr_2，Δr_3 (使用勒夫数实部)。

● 2 阶潮固体潮总位移 Δr_2 的计算

$$\Delta r_2(t) = \sum_{j=2}^{3} \frac{GM_j R_e^4}{GM_\oplus R_j^3} \left\{ h_2 \hat{r} \left(\frac{3(\hat{R}_j \cdot \hat{r})^2 - 1}{2} \right) + 3l_2 (\hat{R}_j \cdot \hat{r}) \left[\hat{R}_j - (\hat{R}_j \cdot \hat{r}) \hat{r} \right] \right\} \quad (5.5.14)$$

$$\begin{cases} h_2 = h^{(0)} + h^{(2)} \left[\frac{3}{2} \sin^2 \phi - \frac{1}{2} \right], h^{(0)} = 0.6078, h^{(2)} = -0.0006 \\ l_2 = l^{(0)} + l^{(2)} \left[\frac{3}{2} \sin^2 \phi - \frac{1}{2} \right], l^{(0)} = 0.0847, l^{(2)} = 0.0002 \end{cases} \quad (5.5.15)$$

(5.5.14)式中，GM_j 为月球($j=2$)或太阳($j=3$)的引力参数；$GM_\oplus$ 为地球的引力参数；$\hat{R}_j$、R_j 分别为月球中心或太阳中心指向地心的单位矢量及矢量的模；R_e 为地球赤道半径；$\hat{r}, r$ 分别为地心到地面点的单位矢量和矢量的模；h_2, l_2 分别为 2 阶勒夫数和 2 阶志田数，它们按(5.5.15)式计算。

● 3 阶潮固体潮总位移 Δr_3 的计算

$$\Delta r_3(t) = \sum_{j=2}^{3} \frac{GM_j R_e^5}{GM_\oplus R_j^4} \left\{ h_3 \hat{r} \left[\frac{5}{2} (\hat{R}_j \cdot \hat{r})^3 - \frac{3}{2} (\hat{R}_j \cdot \hat{r}) \right] + l_3 \left[\frac{5}{2} (\hat{R}_j \cdot \hat{r})^2 - \frac{3}{2} \right] \left[\hat{R}_j - (\hat{R}_j \cdot \hat{r}) \hat{r} \right] \right\}$$

(5.5.16)

(5.5.16)式中，$h_3 = 0.292$，$l_3 = 0.015$。

(b) 由 $h_{2m}^{(0)}$ 和 $l_{2m}^{(0)}$ 的虚部产生的 2 阶潮的径向位移 δr 与横向位移 δt (使用勒夫数虚部)。

用 h^I 和 l^I 代表 $h_{2m}^{(0)}$ 和 $l_{2m}^{(0)}$ 的虚部。

● 周日项径向与横向位移($h^I = -0.0025$，$l^I = -0.0007$)

$$\delta r(t) = -\frac{3}{4}h^I \sum_{j=2}^{3} \frac{GM_j R_e^4}{GM_\oplus R_j^3} \sin 2\Phi_j \sin 2\phi \sin(\lambda - \lambda_j) \tag{5.5.17a}$$

$$\delta t(t) = -\frac{3}{2}l^I \sum_{j=2}^{3} \frac{GM_j R_e^4}{GM_\oplus R_j^3} \sin 2\Phi_j \left[\cos 2\phi \sin(\lambda - \lambda_j)\hat{n} + \sin\phi \cos(\lambda - \lambda_j)\hat{e} \right] \tag{5.5.17b}$$

● 半日项径向与横向位移($h^I = -0.0022, l^I = -0.0007$)

$$\delta r(t) = -\frac{3}{4}h^I \sum_{j=2}^{3} \frac{GM_j R_e^4}{GM_\oplus R_j^3} \cos^2 \Phi_j \cos^2 \phi \sin 2(\lambda - \lambda_j) \tag{5.5.18a}$$

$$\delta t(t) = \frac{3}{4}l^I \sum_{j=2}^{3} \frac{GM_j R_e^4}{GM_\oplus R_j^3} \cos^2 \Phi_j \left[\sin 2\phi \sin 2(\lambda - \lambda_j)\hat{n} - 2\cos\phi \cos 2(\lambda - \lambda_j)\hat{e} \right] \tag{5.5.18b}$$

(5.5.17)式与(5.5.18)式中，Φ_j, λ_j 分别为月球或太阳固定的地心纬度与东经(格林尼治算起)；$\hat{n}$和$\hat{e}$分别为$\hat{r}$的北向分量和东向分量。

(c) 由$l^{(1)}$附加项引起的2阶潮横向位移δt。

$l^{(1)}$与纬度变化有关。

● 周日项横向位移($l^{(1)} = 0.0012$)

$$\delta t(t) = -l^{(1)} \sin\phi \sum_{j=2}^{3} \frac{GM_j R_e^4}{GM_\oplus R_j^3} P_2^1(\sin\Phi_j) \left[\sin\phi \cos(\lambda - \lambda_j)\hat{n} - \cos 2\phi \sin(\lambda - \lambda_j)\hat{e} \right]$$

$$\tag{5.5.19}$$

● 半日项横向位移($l^{(1)} = 0.0024$)

$$\delta t(t) = -\frac{1}{2}l^{(1)} \sin\phi \cos\phi \sum_{j=2}^{3} \frac{GM_j R_e^4}{GM_\oplus R_j^3} P_2^2(\sin\Phi_j) \left[\cos 2(\lambda - \lambda_j)\hat{n} + \sin\phi \sin 2(\lambda - \lambda_j)\hat{e} \right]$$

$$\tag{5.5.20}$$

(5.5.19)式与(5.5.20)式中，Φ_j, λ_j 分别为固定的月球或太阳地心纬度和东经；$\hat{n}$和$\hat{e}$分别为$\hat{r}$的北向分量和东向分量。

第2步：在频率域计算

(d) 在频率域内计算勒夫数随频率变化所引起的2阶潮径向与横向位移(实部+虚部)。

● 周日项径向位移δr与横向位移δt的计算

$$\delta r(t) = \left[\delta R_f^{(ip)} \sin(\theta_f + \lambda) + \delta R_f^{(op)} \cos(\theta_f + \lambda) \right] \sin 2\phi \tag{5.5.21a}$$

$$\delta t(t) = \left[\delta T_f^{(\text{ip})} \cos(\theta_f + \lambda) + \delta T_f^{(\text{op})} \sin(\theta_f + \lambda) \right] \sin\phi \hat{e} \\ + \left[\delta T_f^{(\text{ip})} \sin(\theta_f + \lambda) + \delta T_f^{(\text{op})} \cos(\theta_f + \lambda) \right] \cos 2\phi \hat{n} \tag{5.5.21b}$$

(5.5.21a)式和(5.5.21b)式中,

$$\left. \begin{array}{l} \begin{pmatrix} \delta R_f^{(\text{ip})} \\ \delta R_f^{(\text{op})} \end{pmatrix} = -\frac{3}{2}\sqrt{\frac{5}{24\pi}} H_f \begin{pmatrix} \delta h_f^{\text{R}} \\ \delta h_f^{\text{I}} \end{pmatrix} \\ \begin{pmatrix} \delta T_f^{(\text{ip})} \\ \delta T_f^{(\text{op})} \end{pmatrix} = -3\sqrt{\frac{5}{24\pi}} H_f \begin{pmatrix} \delta l_f^{\text{R}} \\ \delta l_f^{\text{I}} \end{pmatrix} \end{array} \right\} \tag{5.5.21c}$$

(5.5.21c)式中,δh_f^{R} 和 δh_f^{I} 分别为频率为 f 时的 $h^{(0)\text{R}}$ 和 $h^{(0)\text{I}}$ 与 h_2 和 h^{I} 的差值;δl_f^{R} 和 δl_f^{I} 分别为频率为 f 时的 $l^{(0)\text{R}}$ 和 $l^{(0)\text{I}}$ 与 l_2 和 l^{I} 的差值,$\delta R_f^{(\text{ip})}$,$\delta R_f^{(\text{op})}$,$\delta T_f^{(\text{ip})}$,$\delta T_f^{(\text{op})}$ 的具体数值见表 5.5.6。

需要按表 5.5.6 中列出所有分潮波,用(5.5.21a)式和(5.5.21b)式分别计算其径向与横向位移,然后取和。

表 5.5.6 周日潮勒夫数和志田数随频率变化的改正数

条目	频率	杜德森参数	τ	s	h	p	N′	p_s	l	l′	F	D	Ω	$\delta R_f^{(\text{ip})}$	$\delta R_f^{(\text{op})}$	$\delta T_f^{(\text{ip})}$	$\delta T_f^{(\text{op})}$
Q_1	13.39866	135655	1	−2	0	1	0	0	1	0	2	0	2	−0.08	0.00	−0.01	0.01
	13.94083	145545	1	−1	0	0	−1	0	0	0	2	0	1	−0.10	0.00	0.00	0.00
O_1	13.94303	145555	1	−1	0	0	0	0	0	0	2	0	2	−0.51	0.00	−0.02	0.03
N_{o1}	14.49669	155655	1	0	0	1	0	0	1	0	0	0	0	0.06	0.00	0.00	0.00
π_1	14.91787	162556	1	1	−3	0	0	1	0	1	2	−2	2	−0.06	0.00	0.00	0.00
P_1	14.95893	163555	1	1	−2	0	0	0	0	0	2	−2	2	−1.23	−0.07	0.06	0.01
	15.03886	165545	1	1	0	0	−1	0	0	0	0	0	−1	−0.22	0.01	0.01	0.00
K_1	15.04107	165555	1	1	0	0	0	0	0	0	0	0	0	12.00	−0.78	−0.67	−0.03
	15.04328	165565	1	1	0	0	1	0	0	0	0	0	1	1.73	−0.12	−0.10	0.00
ψ_1	15.08214	166554	1	1	1	0	0	−1	0	−1	0	0	0	−0.50	−0.01	0.03	0.00
ϕ_1	15.12321	167555	1	1	2	0	0	0	0	−2	2	−2	0	−0.11	0.01	0.01	0.00

注:周日潮中与频率有关的勒夫数、志田数的改正量。单位:mm。表中包含所有径向改正大于 0.05mm 的改正项。勒夫数、志田数实部与虚部的标称值分别为 $h_2 = 0.6078$ 和 $l_2 = 0.0847$ 为实部,$h^{\text{I}} = -0.0025$ 和 $l^{\text{I}} = -0.0007$ 为虚部。表中频率单位为:(°)/h。

● 长周期项引起的 δr 和 δt

$$\delta r(t) = \left(\frac{3}{2}\sin^2\phi - \frac{1}{2}\right)\left(\delta R_f^{(\mathrm{ip})}\cos\theta_f + \delta R_f^{(\mathrm{op})}\sin\theta_f\right) \quad (5.5.22\mathrm{a})$$

$$\delta t(t) = \left(\delta T_f^{(\mathrm{ip})}\cos\theta_f + \delta T_f^{(\mathrm{op})}\sin\theta_f\right)\sin 2\phi\hat{n} \quad (5.5.22\mathrm{b})$$

(5.5.22a)式和(5.5.22b)式中，

$$\begin{pmatrix}\delta R_f^{(\mathrm{ip})}\\ \delta R_f^{(\mathrm{op})}\end{pmatrix} = \sqrt{\frac{5}{4\pi}}H_f\begin{pmatrix}\delta h_f^{\mathrm{R}}\\ -\delta h_f^{\mathrm{I}}\end{pmatrix}, \quad \begin{pmatrix}\delta T_f^{(\mathrm{ip})}\\ \delta T_f^{(\mathrm{op})}\end{pmatrix} = \frac{3}{2}\sqrt{\frac{5}{4\pi}}H_f\begin{pmatrix}\delta l_f^{\mathrm{R}}\\ -\delta l_f^{\mathrm{I}}\end{pmatrix} \quad (5.5.22\mathrm{c})$$

(5.5.22c)式中，$\delta R_f^{(\mathrm{ip})}, \delta R_f^{(\mathrm{op})}, \delta T_f^{(\mathrm{ip})}, \delta T_f^{(\mathrm{op})}$ 的具体数值见表5.5.7。

需要按表5.5.7中列出所有分潮波，用(5.5.22a)式和(5.5.22b)式分别计算其径向与横向位移，然后取和。

表 5.5.7 带潮勒夫数和志田数随频率变化的改正数

条目	频率	杜德森参数	τ	s	h	p	N'	p_s	l	l'	F	D	Ω	$\delta R_f^{(\mathrm{ip})}$	$\delta R_f^{(\mathrm{op})}$	$\delta T_f^{(\mathrm{ip})}$	$\delta T_f^{(\mathrm{op})}$
S_{sa}	0.00221	55,565	0	0	0	0	1	0	0	0	0	0	1	0.47	0.16	0.23	0.07
	0.08214	57,555	0	0	2	0	0	0	0	0	−2	2	−2	−0.20	−0.11	−0.12	−0.05
M_{m}	0.54438	65,455	0	1	0	−1	0	0	−1	0	0	0	0	−0.11	−0.09	−0.08	−0.04
M_{f}	1.09804	75,555	0	2	0	0	0	0	0	0	−2	0	−2	−0.13	−0.15	−0.11	−0.07
	1.10024	75,565	0	2	0	0	1	0	0	0	−2	0	−1	−0.05	−0.06	−0.05	−0.03

注：带谐潮中与频率有关的勒夫数、志田数的改正量。单位：mm。表中包含所有径向改正大于0.05mm的改正项。勒夫数、志田数的标称值分别为 $h = 0.6078$，$l = 0.0847$。表中频率单位为：(°)/h。

第1步在时间域计算的测站位移与第2步在频率域计算的测站位移的总和，为测站位移的最终结果。

5.5.3 海潮载荷的测站位移

地外天体对于地球的引潮力，会引起地球海水的周期性潮起潮落，从而引起海洋质量分布随时间不断变化。由于地球并不是一个理想的刚体，这种海水质量变化会引起地壳形变，通常把这种效应称为海潮。海潮引起的地壳形变可达100mm。IERS协议2010之前的版本中采用的是Farrell在1972年提出的海潮模型，并且不考虑地球的运动导致的海洋质量中心变化。当无外力作用，且把固体地球和液态部分看作一个整体时，IERS协议2010中认为此时的质量中心可以固定为两者共同决定的质量中心；当受到固体潮等外力作用时，液态部分的质量分布会发生变化，IERS协议2010中建议补偿质量中心的变化。

确定海平面高的模型大都基于卫星测高数据，且主要考虑月球、太阳对地球的影响。通常在描述海潮势时，将一系列的海潮潮汐项展开为球谐函数。海潮与地球的液态分布情况有关，即越靠近海边，海潮的影响就越大，若此时采用一个全球通用的表达式则是不合适的，故通常采用格网数据把全球划分为很多个细小的网格。目前的海潮格网数据的分辨率从 0.125°×0.125° 到 1°×1° 不等，它们之间的差异在 2%，并且各自的数值模拟结果均好于 2%~5%。IERS 协议 2010 建议采用 FES2004 全球海潮模型(Letellier，2004)，其数据的分辨率为 0.125°×0.125°。FES(Finite Element Solution)全球海潮模型现在最新的版本为 FES2014。

计算海潮负载时，需采用加权的潮高对所有的海洋质量进行积分求解。在实际计算海潮负载所引起的位移大小 Δc 时，在(R, W, N)坐标系中描述(径向，西向，北向)，分别计算在这三个坐标分量上的位移大小 Δc：

$$\Delta c = \sum_j A_{cj} \cdot \cos\left(\chi_j(t) - \phi_{cj}\right)$$
(5.5.23)

(5.5.23)式中，A_{cj}, ϕ_{cj} 分别表示子海潮 $j(j=1,\cdots,11)$在测站处的幅度与相位响应；$\chi_j(t)$ 为在 t 时刻的第 j 子潮汐的天文幅角，该天文幅角用于描述各潮汐项相位随时间的变化。关于海潮的 11 个主要分潮的幅度和相位的数值可以从瑞典查尔默斯理工大学的"海潮载荷提供者"(Ocean tide loading provider-Chalmers)网站[①]得到；分潮幅度与相位的计算程序 HARDISP.F 与天文幅角的计算程序 ARG2.F 分别可以从 IERS 网站[②③]中取得。

在计算海潮时，主要考虑长周期项、周日项、半日项中的 11 个潮汐项，分别为长周期项的 M_f、M_m 及 S_{sa} 波，周日项的 K_1、O_1、P_1、Q_1 波，半日项的 M_2、S_2、N_2、K_2 波。如果要包含由于周期约 18.6 年的月球升交点经度变化对于主潮汐的旁瓣的影响，就应适当调整这 11 个主要潮汐项的幅度与相位值，从而得到它们的位移值 Δc：

$$\Delta c = \sum_{k=1}^{11} f_k \cdot A_{ck} \cdot \cos\left(\chi_k(t) + u_k - \phi_{ck}\right)$$
(5.5.24)

(5.5.24)式中，f_k, u_k 分别为对于 11 个主要潮汐项的幅度与相位的调整值，其计算公式参见文献(Scherneck, 1999)。

关于获取的海潮数据的格式。一般有两种格式：BLQ 和 HARPOS。表 5.5.8

[①] http://holt.oso.chalmers.se/loading/。

[②] https://iers-conventions.obspm.fr/content/chapter7/software/hardisp/HARDISP.F。

[③] https://iers-conventions.obspm.fr/content/chapter7/software/ARG2.F。

列出了一个 BLQ 格式的一个例子，表中的 Onsala 测站的海潮载荷位移数据是登录到上面给出的网站(Ocean tide loading provider-Chalmers)，按网站的要求，进行各项设置后计算得到的。

表 5.5.8　海潮数据 BLQ 格式例子

ONSALA60										
$$ FES2004_PP ID: 2010–03–24 09:27:25										
$$ Computed by OLMPP by H G Scherneck, Onsala Space Observatory, 2010										
$$ ONSALA60,　lon/lat:　11.9264　57.3958　0.00										
.00304	.00118	.00071	.00029	.00240	.00124	.00080	.00014	.00083	.00049	.00043
.00145	.00037	.00032	.00009	.00047	.00046	.00016	.00008	.00013	.00007	.00007
.00069	.00025	.00021	.00006	.00033	.00019	.00012	.00004	.00003	.00002	.00002
−63.3	−40.1	−105.0	−47.9	−51.1	−117.0	−53.5	176.1	16.2	10.8	2.0
88.6	125.6	56.6	114.8	103.5	36.6	98.9	−6.2	−68.2	−70.5	−77.7
108.5	140.5	82.6	147.7	44.6	−40.7	44.0	−118.7	45.2	33.3	3.7
$$										

注：表的前 4 行为关于测站名称、采用的海潮模型及测站位置等信息；数字部分的前 3 行分别为 11 个分潮的幅度(径向、西向、南向)单位为 m；数字部分的后 3 行分别为 11 个分潮相应的相位，单位为(°)；11 个分潮为 M_2, S_2, N_2, K_2, K_1, O_1, P_1, Q_1, M_f, M_m, S_{sa}。

海潮会引起地球质量中心的位置变化，对此可采用(5.5.25)式计算质心的位置变化，也可以从网站(Ocean loading model provider – Chalmers)[①]得到

$$\begin{cases} dX(t) = \sum_{k=1}^{11} X_{ip}(k) \cdot \cos(\chi_k(t)) + X_{cp}(k) \cdot \sin(\chi_k(t)) \\ dY(t) = \sum_{k=1}^{11} Y_{ip}(k) \cdot \cos(\chi_k(t)) + Y_{cp}(k) \cdot \sin(\chi_k(t)) \\ dZ(t) = \sum_{k=1}^{11} Z_{ip}(k) \cdot \cos(\chi_k(t)) + Z_{cp}(k) \cdot \sin(\chi_k(t)) \end{cases} \quad (5.5.25)$$

(5.5.25)式中，dX, dY, dZ 为地球质心在地心直角坐标 x、y、z 三个轴方向上的位移量；X_{ip}, Y_{ip}, Z_{ip} 为同相(in-phase)的幅度值，单位 m；X_{cp} 为交叉相位(cross-phase)的幅度值，单位 m；χ_k 为 11 个分潮的天文幅角。

5.5.4　极潮

地球自转轴相对于地球本体的运动通常称为极移。由于极移的影响而产生一

---
① http://holt.oso.chalmers.se/loading/。

个额外的离心力,所以地壳发生相应形变,地面坐标产生几厘米的变化,这种现象称为极潮。极潮主要受极移的周期约 14 个月的钱德勒(Chandler)摆动及周年项的影响。

设:地球参考系 $O\text{-}x,y,z$ 的三个轴的定义为,z 轴指向地球自转平轴,x 轴指向经度零点,y 轴与 $x\text{-}O\text{-}z$ 平面垂直,指向东 90°子午线,为右手系统。

地球自转的离心力位可表示为

$$V(r,\phi,\lambda) = \frac{1}{2}\left[r^2|\boldsymbol{\Omega}|^2 - (\boldsymbol{r}\cdot\boldsymbol{\Omega})^2\right] \tag{5.5.26}$$

(5.5.26)式中,r、ϕ、λ 分别为地心距、地心纬度及经度;$\boldsymbol{\Omega}$ 为地球自转角速度矢量,$\boldsymbol{\Omega} = \Omega\left[m_1\hat{x} + m_2\hat{y} + (1+m_3)\hat{z}\right]$,其中 $\hat{x},\hat{y},\hat{z}$ 分别为三个轴方向的单位矢量;Ω 为地球的平均旋转角速度;m_1,m_2 为地球瞬时旋转极对于其平均位置的偏差;m_3 为旋转速率的小量变化;r 为测站的地心距。

m_3 引起的地面位置误差小于毫米水平,所以可以忽略其影响。这样,可以得到 m_1 和 m_2 产生的离心力位的一阶摄动为

$$\Delta V(r,\phi,\lambda) = -\frac{\Omega^2 r^2}{2}\cdot\sin 2\phi\cdot(m_1\cos\lambda + m_2\sin\lambda) \tag{5.5.27}$$

从而进一步得到以勒夫数 h_2,l_2 表示的径向位移量 S_r、南向位移量 S_ϕ 及东向位移量 S_λ 为

$$S_r = h_2\frac{\Delta V}{g}, \quad S_\phi = l_2\frac{\partial_\phi\Delta V}{g}, \quad S_\lambda = l_2\frac{\partial_\lambda\Delta V}{g\cdot\sin\phi} \tag{5.5.28}$$

(5.5.28)式中,g 为重力加速度;h_2,l_2 为二阶勒夫数。

用 $(\bar{x}_p,\bar{y}_p)$ 表示平自转轴的位置,(x_p,y_p) 表示瞬时自转轴的位置,则可通过下式估算(5.5.28)式中的 m_1,m_2 值:

$$m_1 = x_p - \bar{x}_p, \quad m_2 = -(y_p - \bar{y}_p) \tag{5.5.29}$$

为了获取高精度的观测结果,通常要求 $(\bar{x}_p,\bar{y}_p)$ 的计算精度在 10mas 以内。IERS 协议 2010 相对于 IERS 协议 2003 的平自转轴的计算方法作了改进,采用的新方法为 1976~2010 年的三次项模型与 2010 年以后的线性模型的组合,以保证在 2010 年的连续性和可导性,其计算公式为

$$\bar{x}_p(t) = \sum_{i=0}^{3}(t-t_0)^i\cdot\bar{x}_p^i, \quad \bar{y}_p(t) = \sum_{i=0}^{3}(t-t_0)^i\cdot\bar{y}_p^i \tag{5.5.30}$$

(5.5.30)式中,t_0 为以儒略日表示的 J2000.0 时刻;$\bar{x}_p^i,\bar{y}_p^i$ 取自表 5.5.9。

表 5.5.9　IERS 协议 2010 的平极模型系数

阶数 i	1976~2010 年		2010 年以后	
	$\bar{x}_p^i$ / (mas/yr^i)	$\bar{y}_p^i$ / (mas/yr^i)	$\bar{x}_p^i$ / (mas/yr^i)	$\bar{y}_p^i$ / (mas/yr^i)
0	55.974	346.346	23.513	358.891
1	1.8243	1.7896	7.6141	−0.6287
2	0.18413	−0.10729	0.0	0.0
3	0.007024	−0.000908	0.0	0.0

综合以上各式，并取 $h_2 = 0.6207, l_2 = 0.0836, r = 6.378 \times 10^6 \text{m}$，则可得极潮位移在测站极坐标系(径向、南向、东向)中的改正量计算公式为(单位：mm)

$$\begin{cases} S_r = -33\sin 2\phi \cdot (m_1 \cos \lambda + m_2 \sin \lambda) \\ S_\phi = -9\cos 2\phi \cdot (m_1 \cos \lambda + m_2 \sin \lambda) \\ S_\lambda = 9\cos \phi \cdot (m_1 \sin \lambda - m_2 \cos \lambda) \end{cases} \quad (5.5.31)$$

(5.5.31)式中，m_1, m_2 的单位为 mas。

5.5.5　海洋极潮

极移产生的离心力对海洋的影响而产生的潮汐称为海极潮，此种影响也会使地壳产生周期形变，对测站位移的影响在毫米量级，通常海极潮在径向引起的位移量不超过 1.8mm、在北向和东向引起的位移量均不超过 0.5mm。

Desai 在 2002 年提出了一种自洽均衡的海极潮模型，该模型考虑到陆地的边界、海水的质量守恒、自引力及海床负载的影响(Desai, 2002)。海极潮负载形变在(径向、北向、东向)的改正量 $(u_r(\phi,\lambda), u_n(\phi,\lambda), u_e(\phi,\lambda))$ 表示形式为

$$\begin{bmatrix} \mu_r(\phi,\lambda) \\ \mu_n(\phi,\lambda) \\ \mu_e(\phi,\lambda) \end{bmatrix} = K \left\{ (m_1\gamma_2^R + m_2\gamma_2^I) \begin{bmatrix} \mu_r^R(\phi,\lambda) \\ \mu_n^R(\phi,\lambda) \\ \mu_e^R(\phi,\lambda) \end{bmatrix} + (m_2\gamma_2^R - m_1\gamma_2^I) \begin{bmatrix} \mu_r^I(\phi,\lambda) \\ \mu_n^I(\phi,\lambda) \\ \mu_e^I(\phi,\lambda) \end{bmatrix} \right\} \quad (5.5.32)$$

(5.5.32)式中，

$$\begin{cases} K = \dfrac{4\pi \cdot G \cdot a_E \cdot \rho_w \cdot H_p}{3g_e} \\ H_p = \sqrt{\dfrac{8\pi}{15}} \cdot \dfrac{\Omega^2 \cdot a_E^4}{GM} \\ \gamma_2^R + i\gamma_2^I = 0.6870 + 0.0036i \\ \rho_w = 1025 \text{kg}/\text{m}^3 \end{cases} \quad (5.5.33)$$

(5.5.33)式中，Ω 为地球自转平均角速率，7.292115×10^{-5}rad/s；a_E 为地球赤道半径，6378136.6m；GM 为地心引力常数，3.986004418×10^{14}m^3/s^2；g_e 为平均赤道引力，9.7803278m/s^2；G 为引力常数，6.67428×10^{-11}m^3/(kg·s^2)；ρ_w 为海水密度。

(5.5.32)式中，u_r^R, u_n^R, u_e^R 和 u_r^I, u_n^I, u_e^I 分别为海极潮负载各分量的实部与虚部系数，该值与测站的纬度 ϕ、经度 λ 有关，该值可以使用格网数据(opoloadcoefcmcor.txt)插值得到，数据文件可从有关网站获取[①]；m_1 和 m_2 分别为极移参数，$m_1 = \bar{x}_p - x_p, m_2 = \bar{y}_p - y_p$，其中 x_p，y_p 为瞬时极移分量，$\bar{x}_p$，$\bar{y}_p$ 分别为极移分量的平均值。

5.5.6 S1-S2 大气潮

地球大气的周日性气温变化会引起地表气压的周日项(S_1)、半日项(S_2)和更高频项的变化，这种气压的周期性变化使测站的坐标也发生周期性变化，这种效应称为大气潮。由于大气潮产生的测站位移比较小，为毫米级，所以早先的空间大地测量测站位移模型未包括 S_1-S_2 大气潮模型。后来发现 S_1-S_2 大气潮效应与海潮相当，所以 IERS 2010 建议加入 S_1-S_2 大气潮模型。

IERS 2010 建议采用 Ray 和 Ponte 在 2003 年提出的 S_1-S_2 大气潮模型，取名为 RP03(Ray and Ponte, 2003)。RP03 模型是基于欧洲中期天气预报中心(European Centre for Medium-Range Weather Forecasts, ECMWF)运作的全球地表气压场导出的。S_1、S_2 大气潮引起的测站位移在(上、东、北)三个方向的改正量分别为 $d(r,e,n)_{S_1}$ 和 $d(r,e,n)_{S_2}$：

$$d(r,e,n)_{S_1} = A_{d1}(r,e,n)\cdot\cos(\omega_1\cdot T) + B_{d1}(r,e,n)\cdot\sin(\omega_1\cdot T) \quad (5.5.34a)$$

$$d(r,e,n)_{S_2} = A_{d2}(r,e,n)\cdot\cos(\omega_2\cdot T) + B_{d2}(r,e,n)\cdot\sin(\omega_2\cdot T) \quad (5.5.34b)$$

(5.5.34)式中，$A_{d1}, B_{d1}, A_{d2}, B_{d2}$ 为地表位移系数，它们的单位与地表位移是一致的；T 为以天表示的 UT1 时间；ω_1, ω_2 分别为 S_1、S_2 大气潮的频率，$\omega_1 = 1$周/天，$\omega_2 = 2$ 周/天。

$A_{d1}, B_{d1}, A_{d2}, B_{d2}$ 等地表位移系数，可以使用格网数据内插得到数据，然后用格林函数的全球卷积和来测定测站的位移系数。格网数据及内插计算程序可以分别从网站[②③]获取。

与海潮一样，S_1-S_2 大气潮也会引起地心的位移 $dX(t)$，$dY(t)$，$dZ(t)$，$dX(t)$的计算公式如(5.5.35)所示，$dY(t)$和 $dZ(t)$的计算是类似的。

[①] https://iers-conventions.obspm.fr/chapter7.php。
[②] https://geophy.uni.lu/atmosphere-downloads/。
[③] https://geophy.uni.lu/uploads/ggfc/atmosphere/grdintrp.f。

$$\mathrm{d}X(t) = A_1\cos(\omega_1 T) + B_1\sin(\omega_1 T) + A_2\cos(\omega_2 T) + B_2\sin(\omega_2 T) \qquad (5.5.35)$$

(5.5.35)式中，ω_1, ω_2 的意义同上；A_1, B_1, A_2, B_2 为幅度(m)，它们的数值如表 5.5.10 所列。

表 5.5.10 S_1-S_2 大气潮对于地球质量中心位移改正的系数

	A_1	B_1	A_2	B_2
dX	2.1188×10^{-4}	-7.6861×10^{-4}	1.4472×10^{-4}	-1.7844×10^{-4}
dY	-7.2766×10^{-4}	-2.3582×10^{-4}	-3.2691×10^{-4}	-1.5878×10^{-4}
dZ	-1.2176×10^{-5}	3.2243×10^{-5}	-9.6271×10^{-5}	1.6976×10^{-5}

地球固体潮、海潮等引起地壳形变，同时引起地球自转和极移的变化，可以参阅参考文献(Petit and Luzum, 2010；许厚泽等，2010)。

5.6 传播介质时延

射电波经过地球大气层时，会产生时延延迟，这是射电天体测量的一个重要误差来源，所以需要建立模型以进行改正。地球大气层分为两部分：中性大气层和电离层。中性大气层的范围为地面至约 60km 的高度，其中对流层为从地面至约 12km 高度，人们所见到的气象现象，比如，风、雨、雪等，都发生在对流层。对流层顶部至约 60km 为平流层，平流层的大气做水平运动。电离层范围为高度约 60km 至约 1000km，在太阳紫外线和宇宙射线的作用下，大气中的各种分子被部分或全部电离，因此称为电离层。下面分别阐述中性大气时延和电离层时延模型。

5.6.1 中性大气时延

中性大气可以分为干成分(也称流体静力学部分)和湿成分两部分，它们产生的延迟分别称为"干延迟"和"湿延迟"两个分量。中性大气时延是非色散的(30 GHz 以下)，在海平面中性大气时延约为 2.3m。干延迟是由对流层中干燥气体(主要是 N_2 和 O_2)的折射和大部分水汽的非偶极子分量折射造成的，其余的水汽折射是湿延迟的主要原因。干延迟分量占总延迟的 90%左右，但是随着地点和时间的变化，这个比例可在 80%~100%范围内波动。利用 Davis 等(1985)给出的 Saastamoinen 公式(Saastamoinen, 1972)，基于可靠的地表大气压数据，可以对干延迟准确地进行建模。(5.6.1)式与(5.6.2)式给出了大气干时延的计算公式：

$$D_{\text{hz}} = \frac{\left[(0.0022768 \pm 0.0000005)\right] \cdot P_0}{f_s(\phi, H)} \tag{5.6.1}$$

$$f_s(\phi, H) = 1 - 0.00266 \cdot \cos(2\phi) - 0.28 \cdot 10^{-6} \cdot H \tag{5.6.2}$$

(5.6.1)式与(5.6.2)式中，D_{hz} 为天顶方向的干延迟(m)；P_0 为天线参考点处的总大气压，单位为百帕(hP_a)，等同于毫巴(mbar)；ϕ 和 H 分别为观测站的纬度和大地高。

对于赤道上的海平面，根据上述公式，可计算出天顶方向的干延迟约为 2.3m。1mbar 的大气压误差在海平面上可导致约 2.3mm 的先验延迟误差，因此必须使用准确的气象数据进行估计。如果没有气象仪，可以从数值气象模型中检索气象数据。在这两种情况下，大气压的修正应该顾及大气压测量位置(来自现场的气象仪或数值气象模型)与射电望远镜参考点之间的高度差。

湿大气延迟部分与移动的水汽团有关，太阳加热会导致水汽含量的周日变化，大气湍流可以在极短时间内引起台站上空水汽含量很大的变化。这种动态变化的性质使得我们很难精确地建模，更不用说预测了。在大部分应用中，通常将残余大气延迟和其他大地测量参数一起进行解算。VLBI 参数解算中，中性大气引起的附加路程 D_L 通常采用如下的参数化模型：

$$D_L = m_h(e) \cdot D_{\text{hz}} + m_w(e) \cdot D_{\text{wz}} + m_g(e) \cdot \left[G_N \cdot \cos(a) + G_E \cdot \sin(a)\right] \tag{5.6.3}$$

(5.6.3)式中，四个参数分别是天顶干延迟 D_{hz}、天顶湿延迟 D_{wz}，以及含有北向 G_N 和东向 G_E 分量的水平时延梯度；m_h 为干映射函数，m_w 为湿映射函数，m_g 为梯度映射函数；e 为真空观测方向的高度角；a 为信号接收的方位角，由北向东顺时针测量。

所以单个测站的中性大气时延为

$$\delta\tau_{\text{atm}} = \frac{D_L}{c}, \text{则基线大气时延} \Delta\tau_{\text{atm}} = \delta\tau_{\text{atm2}} - \delta\tau_{\text{atm1}} \tag{5.6.4}$$

(5.6.4)式中，$\delta\tau_{\text{atm1}}$，$\delta\tau_{\text{atm2}}$ 分别为测站 1 与 2 的大气时延。

映射函数的作用是将天顶方向的大气延迟转化到观测方向上，干映射函数和湿映射函数 m_h 和 m_w 通常采用如下的连分数形式表示 (Herring, 1992)：

$$m_{h,w}(e) = \frac{1 + \dfrac{a}{1 + \dfrac{b}{1+c}}}{\sin(e) + \dfrac{a}{\sin(e) + \dfrac{b}{\sin(e) + c}}} \tag{5.6.5}$$

(5.6.5)式中的系数(a,b,c)采用实测数据或数值气象模型进行拟合而得到。在 1996年和 2001 年，尼尔(Niell A E)分别提出了映射函数 NMF(Niell Mapping Function)(Niell，1996)和 IMF(Isobaric Mapping Function)(Niell，2001)，均沿用连分式形式，当时得到了较广泛应用。NMF 的系数 a,b,c 的计算公式见附录 A5.3。目前，在全球尺度上最精确的映射函数是维也纳技术大学提出的映射函数 VMF(Boehm and Schuh, 2003)，其中 VMF1 广为使用，最新的 VMF3 略有改进（Landskron and Boehm, 2018）。

关于 VMF 测定系数 a,b,c 的测定。它有两种方法，一种是严格方法，另一种是快捷方法，下面分别来阐述。

(1) 严格方法，利用欧洲中期天气预报中心提供的全球不同高度的气压数据(每 6 小时更新一次)，比如，用 10 个不同仰角的数据(90°，70°，50°，30°，20°，15°，10°，7°，5°，3.3°)。用射线跟踪法进行最小二乘参数拟合，计算得到的测站的干映射函数和湿映射函数的连分式共 6 个系数(a_h, b_h, c_h, a_w, b_w, c_w)，计算方法参见文献(Boehm and Schuh, 2003)。但是，这种严格方法需要使用全球格网数据，在 10 个仰角位置进行射线跟踪最小二乘拟合计算，需要很长的计算机机时，所以提出一种既快捷又能满足精度要求的方法。

(2) 快捷方法，使用最低仰角位置(约 3°)的数据来测定干和湿映射函数的系数，取代多个仰角数据的射线跟踪法，这样就大大节约了计算机机时。具体计算方法如下所述。

对于干映射函数系数，采用 IMF 的相应数值。设：φ为测站的大地纬度时，b_h 和 c_h 的计算公式为

$$b_h = 0.002905 \tag{5.6.6}$$

$$c_h = 0.0634 + 0.0014 \cdot \cos(2\varphi) \tag{5.6.7}$$

将根据在仰角最低位置的气象数据测定的映射函数的一个值 $m_h(3°)$，再加上利用(5.6.6)式和(5.6.7)式测定的 b_h 和 c_h 值，代入(5.6.5)式，则就可以计算得到 a_h 值。

对于湿映射函数，由于考虑到系数 a_w 值完全可以反映湿映射函数随仰角的变化，所以设 b_w 和 c_w 为常数，取自 NMF 的φ = 45°时的数值，b_w = 0.00146 和 c_w = 0.04391。

维也纳技术大学建立了一个 VMF 数据服务网站(VMF Data Server)[①]，提供 VMF 模型有关数据。按 VLBI 测站提供每天 VMF1 和 VMF3 的有关数据，比

---

① https://vmf.geo.tuwien.ac.at/。

如，测站干和湿映射函数的 a 值，测站天顶干和湿大气时延等，系数 b 和 c 由用户自行计算。关于数据文件的格式，可以查阅网站中的有关说明。新建测站尚未列入该网站的，可以利用网站提供的格网数据进行内插；也可以申请加入该网站，网站将提供该新测站有关数据。

大气时延水平梯度参数，在上述网站也可以查取到。在 VLBI 参数解算时，解算其改正数。

关于湿大气时延也可以用水汽辐射计来直接测量视线方向的水汽时延，不需要映射函数。该方法已经试验了多年，已经应用于深空探测，在天测/测地 VLBI 观测中也进行了试验，但是还没有普遍使用。

5.6.2 电离层时延

射电波穿过地球电离层时也会产生时延，它不同于中性大气时延，而是色散的，即随频率变化的。相时延电离层时延 $\Delta\tau_{\text{ion}^{\text{ph}}}$ 和群时延电离层时延 $\Delta\tau_{\text{ion}^{\text{gr}}}$ 与频率的关系如下所示：

$$\begin{cases} \Delta\tau_{\text{ion}^{\text{ph}}} = -\dfrac{40.309}{cf^2}\cdot \text{TEC} \\ \Delta\tau_{\text{ion}^{\text{gr}}} = +\dfrac{40.309}{cf^2}\cdot \text{TEC} \end{cases} \tag{5.6.8}$$

(5.6.8)式中，f 为频率(Hz)；TEC 为天顶电子总含量，通常使用的单位为 TECU，1TECU=1×10^{16} 电子数/立方米。

从(5.6.8)式可以看到，电离层时延与频率的平方成反比，频率越低电离层越大，所以为减小电离层时延影响，宜用较高频率进行观测。图 5.6.1 为 2023 年 5 月 18 日 UT 05：52 的全球 TEC 分布图，取自澳大利亚空间气候预报中心[①]，从图中可以看到，中低纬度地区的 TEC 较高，高纬度地区低。一个地区的 TEC 有周日变化，白天由于太阳辐射强，所以 TEC 高，夜间 TEC 低。另外，太阳活动有约 11 年的周期变化，大约 4 年为峰年，太阳辐射强；其余 7 年为谷年，太阳辐射相对弱一些，称为平静期。最近的太阳峰年在 2025 年，太阳活动情况对于射电天文观测有影响，所以需要了解太阳活动情况。图 5.6.1 显示的 UT 05:52 的全球 TEC 分布，当时上海地区为下午 01:52，所以为一天的 TEC 高峰时间，从图中可看到约为 45 TECU。设观测频率为 2.2GHz/8.4GHz(S/X 波段)，则按(5.6.8)式可以计算得电离层时延值为 12.50ns / 0.858ns。

---

① https://www.sws.bom.gov.au/Satellite/2/2。

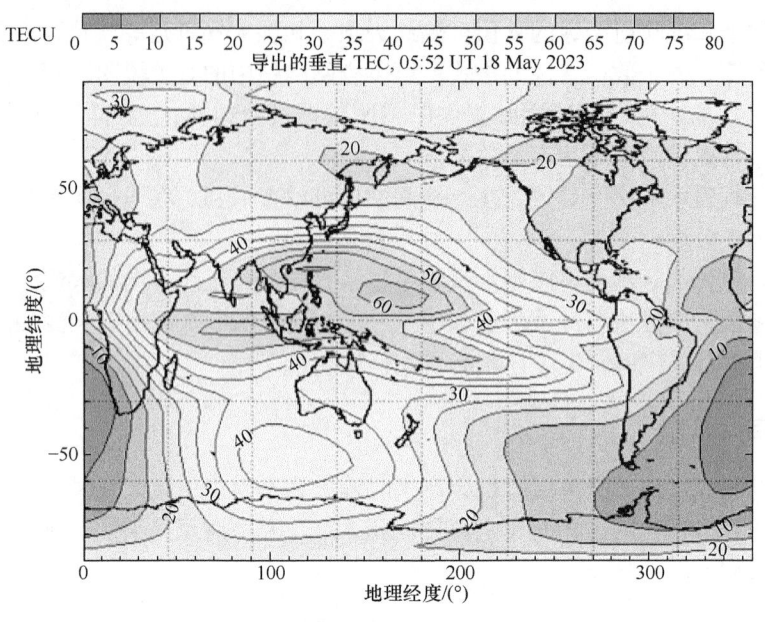

图 5.6.1 全球 TEC 分布图

对于不同的观测模式，比如双频、多频及单频观测，电离层时延的计算方法是不同的，下面分别阐述。

1. S/X 双频观测

天测/测地 VLBI 观测常采用 S/X 双频观测，以消除电离层时延影响。根据电离层时延与频率平方成反比的特性，可以利用双频同时观测的时延观测值来计算电离层时延值，从而进行改正。计算公式如下所示：

$$\Delta\tau_{\text{ion}}^{X} = (\tau_S - \tau_X) \cdot \frac{f_S^2}{f_S^2 - f_X^2} \tag{5.6.9}$$

(5.6.9)式中，$\Delta\tau_{\text{ion}}^{X}$ 为 X 波段的电离层基线时延(两测站电离层时延差)；τ_S 和 τ_X 分别为 S 和 X 波段的时延观测值；f_S 和 f_X 分别为 S 和 X 波段的观测频率。

通常，S 和 X 波段均采用多通道观测，然后用带宽综合方法计算群时延，所以需要计算一个等效频率，称为群时延频率，这样才能使用(5.6.9)式来计算电离层时延。多通道的群时延频率 f_{gr} 的计算公式如下所示(Nothnagel, 2019)：

$$f_{\text{gr}} = \sqrt{\frac{\sum\limits_{i=1}^{N} p_i \cdot \sum\limits_{i=1}^{N} p_i (f_i - f_0)^2 - \left[\sum\limits_{i=1}^{N} p_i (f_i - f_0)\right]^2}{\sum\limits_{i=1}^{N} p_i (f_i - f_0) \cdot \sum\limits_{i=1}^{N} \frac{p_i}{f_i} - \sum\limits_{i=1}^{N} p_i \cdot \sum\limits_{i=1}^{N} p_i \frac{f_i - f_0}{f_i}}} \tag{5.6.10}$$

(5.6.10)式中，N 为通道数目；f_i 为各通道的频率；f_0 为带宽综合时设置的参考频率；p_i 为各个通道的权，它依据各个通道的信噪比而确定。

上述对于其他频段的双频观测，数据处理的原理是一样的。

2. VGOS 系统的 4 频段观测

目前，国际 VGOS 观测采用 3GHz、5GHz、6GHz、10GHz 4 个频段观测，每一个 Scan 观测可以得到 4 个相位值，然后解算得群时延，同时解算得 dTEC 值(两测站 TEC 的差值)，从而计算电离层时延值。详见第 4 章的 4.5 节。

3. 单频观测

对于单频观测的电离层时延改正，目前较广泛采用的为利用垂直 TEC(VTEC)全球或区域图(格网数据)来计算测站时延观测值的电离层时延改正值。

把电离层设定为一个单层薄壳模型，目前 IERS 2010 建议采用的有效电离层高度 h 为 450km。不同地区的 h 值可能不同，可以根据实际情况另行设定。首先计算得测站指向目标的视线方向与电离层壳的交点位置，该交点称为电离层穿刺点(Ionospheric Pierce Point，IPP)，图 5.6.2 为 IPP 的几何示意图。跟据 IPP 的位置，利用 VTEC 全球或区域的网格化数据，内插得 IPP 位置的 VTEC 值，然后再计算测站至 IPP 的斜距 TEC(STEC)值。VTEC 与 STEC 的关系式为

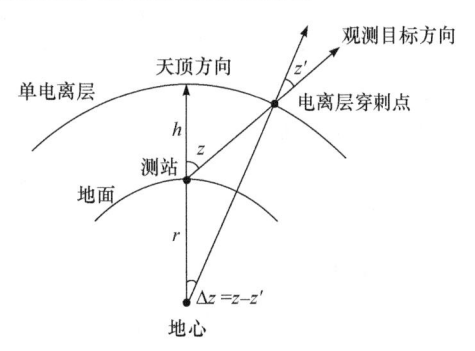

图 5.6.2 IPP 几何关系示意图

$$STEC = M \times VTEC \quad (5.6.11)$$

(5.6.11)式中，M 为电离层映射函数，它的计算公式为

$$M = \frac{1}{\sqrt{1-\frac{r^2\cos^2 E}{(r+h)^2}}} \quad (5.6.12)$$

(5.6.12)式中，r 为测站地心距；E 为测站至观测目标的仰角，$E = 90°-z$，这里 z 为天顶距；h 为有效电离层高度 350～450km(目前较多的采用值，IGS 采用 450km)。

单站的电离层群时延值的计算公式为

$$\delta_{\tau_{\text{ion}}} = \frac{+40.309 \cdot \text{STEC}}{cf^2} \tag{5.6.13}$$

(5.6.13)式中，STEC 为斜距 TEC；f 为观测频率。

VTEC 数据来源：
- 中国国家地球物理科学数据中心；
- 中国 GNSS 电离层观测网；
- International GNSS Service(IGS)。

5.7 观测设备时延模型

射电干涉测量的主要观测设备为射电干涉仪，它是由 2 个以上的观测站组成的，观测站的主要设备为射电天线和接收机等电子设备。由于重力与环境温度的变化，天线结构会产生形变，引起光程变化，从而使时延观测值产生误差，所以需要建模进行改正；天线的重力和温度形变也会造成天线参考点的位移，也需要建模或者实际测量。射电信号通过电子设备也会产生时延，也需要予以改正。本节主要阐述由天线的重力和温度变化产生的光程变化(即时延变化)。关于信号链路中产生的时延变化的测量方法，参阅第 3 章 3.3.8 节。

5.7.1 天线重力形变

由于重力影响，测站天线的机械结构会产生形变。当天线指向不同仰角时，天线俯仰轴以上部分，包括：天线主面、天线副面及其支撑结构等，产生的结构形变是不同的，从而引起信号传播的光程也发生变化。这样，射电干涉测量的时延观测值就产生误差，从而使得解算的参数，比如，射电源位置、EOP 及测站坐标等产生误差。

图 5.7.1(Sarti, 2012)显示了主焦天线(接收机位于主焦点)在仰角 90°时的天线结构形变情况。图中ΔF 为天线主面的焦距变化；ΔR 为主焦接收机的位移；ΔV为天线主面顶点的位移。

主焦天线重力形变所引起的光程变化值ΔL，可以按(5.7.1a)式计算(Clark and Thomsen, 1988)：

$$\Delta L_{\text{ant.grav.}} = \alpha_F \Delta F(\varepsilon) + \alpha_V \Delta V(\varepsilon) + \alpha_R \Delta R(\varepsilon) \tag{5.7.1a}$$

如果接收机安装在第二焦点(或称后馈天线，主焦位置安装天线副面)，则ΔL的计算公式为

$$\Delta L_{\text{ant.grav.}} = \alpha_F \Delta F(\varepsilon) + \alpha_V \Delta V(\varepsilon) + 2\alpha_R \Delta R(\varepsilon) \tag{5.7.1b}$$

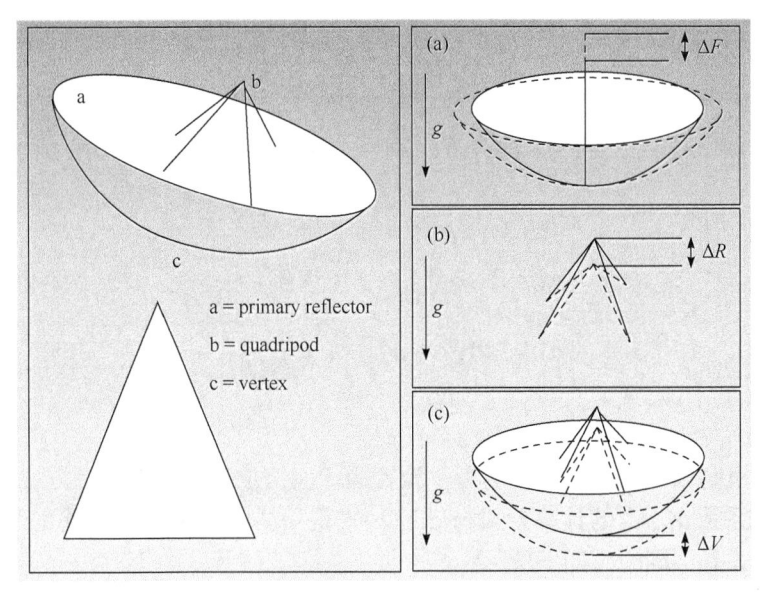

图 5.7.1 主焦天线结构形变示意图(天线仰角 90°)

图中：a——主反射体，b——4 杆支撑，c——抛物面顶点，g——重力方向

(5.7.1a)式和(5.7.1b)式中，α_F、α_V、α_R 为重力形变尺度系数，不同结构的天线其值是不同的，关于主焦天线和卡塞格林天线的重力形变尺度系数的计算公式分别如(5.7.2a)式和(5.7.2b)式所示(Abbondanza and Sarti，2010)，关于格里高利天线的尺度系数的计算公式如(5.7.2c)式所示(Artz et al., 2014)；$\Delta F, \Delta V, \Delta R$ 分别为由重力引起的焦距变化、主面顶点位移，以及馈源(主焦天线)或副面(后馈天线)的位移，使用实际测量或有限单元模型法计算得到它们的数值。

1. 主焦天线

重力形变尺度系数 $\alpha'_V, \alpha'_F, \alpha'_R$ 计算公式为

$$\begin{cases} \alpha'_V = -1 - \alpha'_R \\ \alpha'_F = 1 - \alpha'_R \\ \alpha'_R = 8\pi F^2 \int_{t_1}^{t_2} I_n(t) \dfrac{1-t^2}{1+t^2} t \mathrm{d}t \end{cases} \quad (5.7.2a)$$

(5.7.2a)式中，$t_1 = r_1/2F$，$t_2 = r_2/2F$，这里 r_1 与 r_2 分别为天线主面照明范围内径与外径至主面顶点在孔径平面上的距离；F 为抛物面天线的焦距；I_n 为天线的归一化照明函数。

2. 第二焦点天线

重力形变尺度系数 α_V'', α_F'', α_R'' 计算公式分别为(5.7.2b)式和(5.7.2c)式。

卡塞格林天线：天线副面为一旋转双曲面，位于主焦点(即第一焦点)的前方。

$$\begin{cases} \alpha_V'' = -1 - 2\alpha_R'' \\ \alpha_F'' = 2 - 2\alpha_R'' \\ \alpha_R'' = 2\pi\left(F^2 - a^2\right)^2 \int_{t_1}^{t_2} I_n(t) \frac{t}{t^2 F^2 - a^2} t \, dt \end{cases} \quad (5.7.2b)$$

(5.7.2b)式中，a 为副面双曲面的半长轴。

格里高利天线：天线副面为一旋转椭球面，位于主焦点的后方。它的重力形变尺度系数 α_V'', α_F'' 的计算公式与(5.7.2b)式是一样的，所以不再重复列出。α_R'' 的计算公式是不同的，如下所示：

$$\alpha_R'' = \int_{r_1}^{r_2} k \cdot 10^{\frac{a_0 + a_1 \cdot \cos^2\theta(dB)}{10}} \cdot \frac{1}{2}(D_2' + D_3 - 2a) \, dr \quad (5.7.2c)$$

(5.7.2c)式使用了一个余弦平方的函数作为天线照明函数，它的具体形式为 $a_0 + a_1 \cdot \cos^2\theta$，$\theta$ 为孔径角，可以根据 r 推算得；a_0, a_1 根据天线的实际照明函数的测量值拟合得到，比如，对于德国 Effelsberg 100m 天线，$a_0 = -728.3055$，$a_1 = 727.3055$。(5.7.2c)式中，k 为归一化系数，可以使用(5.7.3)式数值积分得到；D_2' 为副面焦点至副面上射电波入射点的距离，D_3 为副面上入射点至焦平面的距离，如图 5.7.2 所示；a 为天线在仰角 90°时，副面椭球体的半长轴。

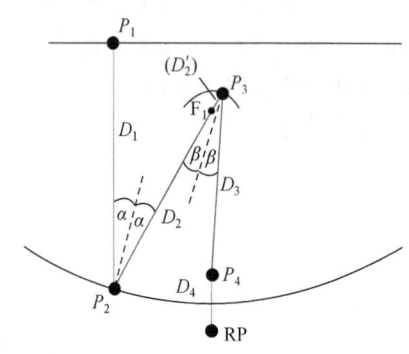

图 5.7.2 格里高利天线光路示意图
图中：P_1——参考平面上某一点；P_2——从 P_1 点发出的射线与天线主面的交点；
P_3——射线在 P_2 反射后经过副面焦点，然后达到副面上某点；
P_4——射线在 P_3 反射后到达在格里高利焦点的馈源；
$D_1 = P_1 - P_2$，$D_2 = P_2 - P_3$，$D_3 = P_3 - P_4$，
$D_4 = P_4 - \text{RP}$（天线参考点）

$$\frac{1}{k} = \int_{\theta_1}^{\theta_2} 10^{\frac{a_0 + a_1 \cdot \cos^2\theta(dB)}{10}} \, d\theta \quad (5.7.3)$$

图 5.7.3 显示了意大利 Medicina 32m 天线主焦模式的重力形变的三个系数值 ($\Delta F, \Delta V, \Delta R$) 及光程随仰角的变化值，以仰角作为参考点(Sarti et al., 2008)。焦距变化 ΔF 是用激光扫描仪测量的；天线主面顶点

位移 ΔV 是用有限单元模型计算得到的；主焦接收机位移 ΔR 是用地形测量方法测量的。仰角从 0°～90° 的光程变化将达到近 20mm，相当于时延约 0.067ns，所以需要对于时延观测值加以重力形变改正。

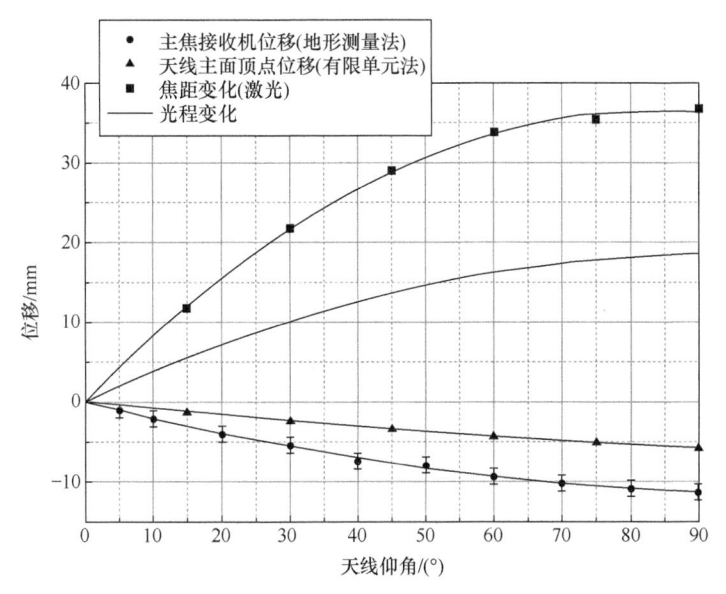

图 5.7.3 Medicina 天线重力形变系数及光程变化测量结果

5.7.2 天线热形变

温度的变化同样产生天线结构的形变，从而引起光程的变化与天线参考点的位移。温度变化的情况比较复杂，相对简单的一种情况是天线环境温度均匀升高或降低；另一种情况是天线的温度变化是不均匀的，比如，由于太阳的运动，阳光对于天线的照射是变化的，阳面温度高，阴面温度低。对于温度不均匀变化的情况，通常需要在天线上不同位置设置多个温度传感器，实时测量温度场，然后导出天线结构形变，进一步计算时延观测改正值和天线参考点位置的改正值；也可以用地面测量设备实时监测天线参考点的位移。本书主要阐述由天线环境温度均匀变化产生的时延观测值误差。关于温度不均匀变化对天线结构的影响，读者可以参考有关文献资料，比如，文献(Lian et al., 2020)和(Song et al., 2022)。

下面就来阐述由天线整体温度变化引起的时延观测值变化的计算公式。以方位/俯仰转台式天线为例，它通常由天线转台基础与天线本体两大部分组成，转台天线基础一般是混凝土结构，它的膨胀系数 γ_f 为 1.0×10^{-5}(℃$^{-1}$)；天线本体为钢结构，它的膨胀系数 γ_a 为 1.2×10^{-5}(℃$^{-1}$)。则温度变化引起的时延变化 $\Delta\tau_{\text{Therm}}$ 为(Nothnagel, 2019)

$$\Delta\tau_{\text{Therm}} = \frac{1}{c} \cdot \left\{ \gamma_{\text{f}} \cdot \left[T(t - \Delta t_{\text{f}}) - T_0 \right] \cdot (h_{\text{f}} \cdot \sin\varepsilon) + \gamma_{\text{a}} \left[T(t - \Delta t_{\text{a}}) - T_0 \right] \cdot (h_{\text{a}} \cdot \sin\varepsilon) \right\} \quad (5.7.4)$$

(5.7.4)式中，c 为光速；T 为测量时间 t 减去实际形变的滞后时间Δt，对于混凝土，Δt_{f} 约为 6h，对于天线钢结构，Δt_{a} 约为 2h；T_0 为参考时间，可以取一年的平均温度，或一次 24h 观测的平均温度，根据需要而定；h_{f} 为混凝土转台高度，h_{a} 为天线底部至俯仰轴的高度；ε 为天线仰角。

对于方位/俯仰轮轨式天线，它坐落在地面的混凝土基础上，所以天线的热形变是从天线的方位滚轮算起。所以热形变公式修改为(5.7.5)式：

$$\Delta\tau_{\text{Therm}} = \frac{1}{c} \cdot \left\{ \gamma_{\text{a}} \left[T(t - \Delta t_{\text{a}}) - T_0 \right] \cdot (h_{\text{a}} \cdot \sin\varepsilon) \right\} \quad (5.7.5)$$

(5.7.5)式中，h_{a} 为天线方位滚轮至俯仰轴的高度。

上述(5.7.4)式和(5.7.5)式是对于由单个天线的热形变产生的时延变化值的估算公式，对于基线时延的影响，应为两个测站热形变时延的差值，则对于基线时延观测值的改正数 $\Delta\tau_{\text{Therm.bs}}$ 的计算公式为

$$\Delta\tau_{\text{Therm.bs}} = -\left(\Delta\tau_{\text{Therm.2}} - \Delta\tau_{\text{Therm.1}} \right) \quad (5.7.6)$$

温度变化也会引起天线主面、副面及支撑结构的形变，从而引起抛物面天线的焦距变化，产生光程变化，即时延变化。这种时延变化与测站的钟差结合在一起，当进行参数解算时，每一小时(甚至更短时间)要解算一个钟差值，从而也减小了热形变所引起的天线焦距变化的影响，所以一般不需要另外建模来改正。

天线热形变主要引起天线参考点的高程变化，比如，德国 100m 天线由于周年温度变化，可以引起天线高程 20mm 的变化；对于 IVS 观测主要使用的 20~30m 天线，由周年温度变化引起的高程变化为 4~6mm，所以需要加以改正(Nothnagel, 2009)。

5.8 射电源结构时延模型

射电干涉测量观测的射电源通常并不是理想的点源，它呈现射电结构，有的是双子源或多子源结构，有的是一个主源加上喷流结构，等等复杂的射电结构，这种射电结构对于不同的频率又是不完全相同的。射电干涉测量是测量射电结构的质心位置，当测量的基线长短不同或相对射电的方向不同时，其质心位置是不同的。也就是说，这类射电源的位置是不确定的，所以在进行射电源的定位测量，以及把射电源作为参考点来测量测站坐标和 EOP 时，都会产生误差，表 5.8.1 列出了不同基线长度的射电源源结构时延误差(Ulvestad, 1989)。选用 16 颗结构比较致密射电源，依据射电源的射电结构图，计算了 3 条不同长度

的基线在 X 波段(8.4GHz)的射电源结构时延误差的统计值(RMS)。从表列数据可以看到，射电源结构时延与基线长度相关，基线越长，结构时延误差越大。当今，VLBI 观测的时延测量精度要求达到皮秒级，所以源结构误差需要加以改正。

表 5.8.1 16 颗致密源的结构时延统计值

基线	长度/km	群时延/ps	相时延/ps
Goldstone-Madrid	8390	83	56
Haystack-Fort Davis	3140	28	19
Haystack-Green Bank	840	5	3

注：Goldstone——美国加州金石深空站；Madrid——美国在西班牙马德里的深空站；Haystack——美国马萨诸塞州海斯塔克天文台；Fort Davis——美国原哈佛射电天文观测站在德克萨斯州，福特-戴维斯的26m射电望远镜；Green Bank——美国国家射电天文台格林-班克的43米射电望远镜。

5.8.1 射电源结构时延理论模型

为了定量描述射电源的结构效应，通常根据射电源的结构所引起的附加相位对频率的偏导数而得到射电源结构的群时延。图 5.8.1 为射电源结构示意图，图中显示的为一颗单源射电源结构的示意图，它由若干不同亮度的质点组成。射电源亮度分布的数字表示通常采用等亮度线，例如，图 5.8.2 所示。一般选取该射电源亮度最高处为参考点，比如，图 5.8.1 中的 P_0 点。

假设图 5.8.1 中射电源的各个质点为δ函数，它们没有形状和大小，只有位置和幅度，比如，第 k 点的位置和幅度分别为矢量 $\boldsymbol{P_0P_k}$ 和流量密度 S_k。为了数据处理方便，通常在该射电源近旁建立一个坐标系，比如，图 5.8.1 中的 $O\text{-}U,V$ 坐标系，则 P_k 点的位置在该坐标系中可以表示为 $\boldsymbol{P_0P_k} = \boldsymbol{OP_0} - \boldsymbol{OP_k}$，其中 $\boldsymbol{OP_0}$ 和 $\boldsymbol{OP_k}$ 分别为 O 点至 P_0 和 P_k 的矢量。假设：该射电源有 n 个质点，则它的亮度分布为(5.8.1)式所示(Charlot, 1999)。

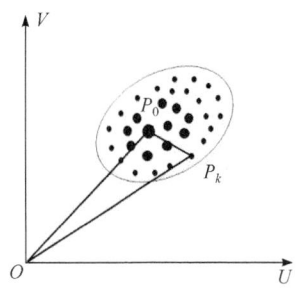

图 5.8.1 射电源结构示意图(B 为地面基线在 UV 平面上的投影)

$$I(P) = \sum_{k=1}^{n} S_k \delta(\boldsymbol{OP_0} - \boldsymbol{OP_k}) \qquad (5.8.1)$$

射电源的结构效应在射电干涉测量多通道观测中所引起的干涉天文的附加相位 $\varPhi_s$ 为

$$\varPhi_s = \frac{\omega}{c} \boldsymbol{B} \cdot \boldsymbol{OP_0} + \arctan\left(-\frac{Z_s}{Z_c}\right) \qquad (5.8.2)$$

(5.8.2)式中，$\omega = 2\pi f$ 是角频率，这里 f 是观测频率；c 是光速；$\boldsymbol{B}$ 为基线矢量；Z_c 和 Z_s 的表达式为(Charlot, 1990)

$$Z_c = \sum_{k=1}^{n} S_k \cos\left(\frac{\omega}{c} \boldsymbol{B} \cdot \boldsymbol{OP}_k\right) \tag{5.8.3}$$

$$Z_s = \sum_{k=1}^{n} S_k \sin\left(\frac{\omega}{c} \boldsymbol{B} \cdot \boldsymbol{OP}_k\right) \tag{5.8.4}$$

则射电源的结构效应在多通道带宽综合观测中所引起的时延 τ_s 为

$$\tau_s = \frac{\partial \Phi_s}{\partial \omega} \tag{5.8.5}$$

以(5.8.2)式对 ω 求偏导数，则可以得到带宽综合观测中，射电源结构效应的附加群时延为

$$\tau_s = \frac{1}{c} \boldsymbol{B} \cdot \boldsymbol{OP}_0 + \left(Z_s \frac{\partial Z_c}{\partial \omega} - Z_c \frac{\partial Z_s}{\partial \omega}\right) \Big/ \left(Z_c^2 + Z_s^2\right) \tag{5.8.6}$$

上述公式的推导，是假设射电源的结构是由若干脉冲形 δ 函数组成的，这是一种简化假设，对于不是十分复杂的射电源结构是可用的。严格的公式推导是以射电干涉测量所得到的射电源复可见度函数 V 为基础的：

$$V(\boldsymbol{B}, \omega, t) = \iint_{\Omega_s} I(P, \omega, t) \exp\left(-\frac{\mathrm{i}\omega}{c} \boldsymbol{B} \cdot \boldsymbol{k}_p\right) \mathrm{d}\Omega \tag{5.8.7}$$

(5.8.7)式中，$\boldsymbol{B}$ 为基线矢量；Ω_s 为射电源的立体角；$I(P, \omega, t)$ 为射电源上 P 点在角频率为 ω 与时间 t 的亮度强度；$\boldsymbol{k}_p$ 为地心至射电源 P 点的单位矢量。

依据(5.8.7)式推导所得到的射电源结构时延 τ_s 的表达式，它们与(5.8.6)式是一样的。但是 Z_c 和 Z_s 的计算公式有所不同，分别为

$$Z_c = \iint_{\Omega_s} I(P, \omega, t) \cos\left(\frac{\omega}{c} \boldsymbol{B} \cdot \boldsymbol{OP}\right) \mathrm{d}\Omega \tag{5.8.8a}$$

$$Z_s = \iint_{\Omega_s} I(P, \omega, t) \sin\left(\frac{\omega}{c} \boldsymbol{B} \cdot \boldsymbol{OP}\right) \mathrm{d}\Omega \tag{5.8.8b}$$

(5.8.8a)式和(5.8.8b)式中，$\boldsymbol{OP}$ 为 O 至 P 的矢量。

关于射电源结构时延有关计算公式的推导，可以参见文献(Charlot, 1990)。

5.8.2 射电源结构时延的计算实例

这里给出了射电源 NRAO140 结构时延的计算结果。图 5.8.2 是射电源 NRAO

140 的射电图像，它是 6 个 VLBI 测站(Effelsberg, Haystack, Greenbank, Fort Davis, phased VLA, Owens Valley)于 1983 年 6 月在 5 GHz 频率的成图观测结果。成图采用 3 种方法：混合-清洁(hybrid-CLEAN)法、最大熵(MEM)法及模型拟合法，图 5.8.2 是 NRAO140 射电亮度分布图，为混合-清洁法的结果。该源为核心-喷流型结构，有 4 个子源 A、B、C 及 D：A 和 B 强一些，两者差不多强度；C 和 D 相对弱些，B 点亮度最高且位置适中，所以选取它为参考点。按 3 种成图方法得到射电图，使用 5.8.1 节给出的公式计算射电源结构时延，它们的结果如图 5.8.3 所示，为德国 Effelsberg 至美国 Haystack 基线在 5.0GHz 的 NRAO140 的源结构时延。从图中可以看到，三种成图方法得到的源结构时延是接近的；另外可以看到，在某些时角位置，源结构时延达到了约 0.6ns(600ps)，大于测量误差，所以需要予以改正。

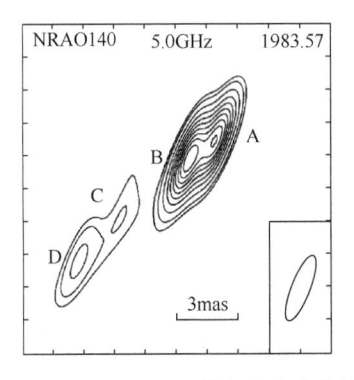

图 5.8.2　NRAO140 射电亮度分布图　　图 5.8.3　NRAO140 射电源结构时延

IVS 为了促进 VLBI 观测中对射电源结构时延的改正，在法国波尔多(Bordeaux)大学的波尔多天体物理实验室建立了 IVS 波尔多 VLBI 图像数据库(BVID)(Collioud and Charlot, 2008)，提供 S 和 X 波段 VLBI 观测的射电源图像，同时还提供射电结构时延改正图。BVID 的网站地址为：http://www.obs.u-bordeaux1.fr/m2a/BVID/。

附录 A5.1　坐标系绕坐标轴旋转 θ 角的旋转矩阵

设：坐标系绕它的各个坐标轴的旋转角为 θ，则旋转矩阵 $R_1(\theta), R_2(\theta), R_3(\theta)$ 的定义如下所述。

● 绕 x 轴旋转的旋转矩阵：

$$R_1(\theta) = \begin{bmatrix} 1 & 0 & 0 \\ 0 & \cos\theta & \sin\theta \\ 0 & -\sin\theta & \cos\theta \end{bmatrix} \quad (A5.1.1)$$

● 绕 y 轴旋转的旋转矩阵：

$$R_2(\theta) = \begin{bmatrix} \cos\theta & 0 & -\sin\theta \\ 0 & 1 & 0 \\ \sin\theta & 0 & \cos\theta \end{bmatrix} \quad (A5.1.2)$$

● 绕 z 轴旋转的旋转矩阵：

$$R_3(\theta) = \begin{bmatrix} \cos\theta & \sin\theta & 0 \\ -\sin\theta & \cos\theta & 0 \\ 0 & 0 & 1 \end{bmatrix} \quad (A5.1.3)$$

附录 A5.2 儒 略 历 法

儒略历(Julian Calendar)法是 16 世纪由斯卡利杰(Scaliger, J.J.)提出的，儒略周期长为 28×19×15=7980 日(28、19、15 为当时的三种纪年周期)，它开始于公元前 4713 年 1 月 1 日，即天文学上的-4713 年 1 月 1.0 日。该周期内的日数称为儒略日，记为 JD，每个儒略日开始于格林尼治平正午，即世界时(UT)12 时，对于计算时间跨度很大的两个日期之间的天数，使用儒略日就比较方便，所以在天文学上经常使用儒略日来记日期。儒略日从公元前 4713 年 1 月 1 日算起，所以到 2023 年 1 月 1 日，儒略日为 2459945.5，这数比较大，使用不方便，因此引入了简化儒略日，记为 MJD。MJD 从 UT 1858 年 1 月 17 日 0 时算起，MJD 与 JD 的关系式为

$$\text{MJD} = \text{JD} - 2400000.5 \text{ 日} \quad (A5.2.1)$$

按(A5.2.1)式可以计算得，2023 年 1 月 1 日的简化儒略日为 MJD=59945.0 日。

儒略年规定为 365 日，每 4 年有一润年(366 日)，所以儒略年的平均长度为 365.25 日。主要参考文献为(吴守贤等，1983)。

附录 A5.3 尼尔映射函数(NMF)

尼尔(Niell A F)提出的映射函数 NMF 的计算公式详见参考文献(Niell, 1996)。设：测站对于观测目标的视线仰角为 E，高程为 H。

A5.3.1 大气干成分映射函数 M_{dry}

$$M_{\text{dry}}(E,H) = m(E, a_d, b_d, c_d) + \Delta m(E, H) \tag{A5.3.1}$$

(A5.3.1)式中，$m(E,a_d,b_d,c_d)$式为以往的干大气映射函数表达式，其中 3 个系数为 a_d, b_d, c_d，它们的计算公式为(A5.3.3)；$\Delta m(E,H)$为由于测站高程变化而产生的映射函数改正数，其计算公式为（A5.3.2）式，式中的高程变化映射函数的 3 个系数 $a_{\text{ht}}, b_{\text{ht}}, c_{\text{ht}}$ 从表 A5.3.1 中得到。

$$\Delta m(E,H) = \left[\frac{1}{\sin E} - m(E, a_{\text{ht}}, b_{\text{ht}}, c_{\text{ht}})\right] \cdot H \tag{A5.3.2}$$

$$\zeta(\phi, t) = \xi_{\text{avg}}(\phi) - \xi_{\text{amp}}(\phi) \cos\left(2\pi \cdot \frac{t - T_0}{365.25}\right) \tag{A5.3.3}$$

(A5.3.3)式中，ζ 代表系数 a_{avg}、b_{avg}、c_{avg} 和 a_{amp}、b_{amp}、c_{amp}，它们从表 5.3.1 中取得；t 为由当年 1 月 0.0 时算起的天数(DOY)；$T_0 = 28$(即 DOY = 28)。

(A5.3.3)式中右边第 1 项为不随时间变化的常数项，它仅随纬度变化；第 2 项为随时间变化，为一年一个余弦周期变化。

表 A5.3.1 大气干成分映射函数系数

系数 ζ	15°	30°	45°	60°	75°
\multicolumn{6}{c}{平均值(Average)}					
a_{avg}	1.2769934e-3	1.2683230e-3	1.2465397e-3	1.2196049e-3	1.2045996e-3
b_{avg}	2.9153695e-3	2.9152299e-3	2.9288445e-3	2.9022565e-3	2.9024912e-3
c_{avg}	62.610505e-3	62.837393e-3	63.721774e-3	63.824265e-3	64.258455e-3
\multicolumn{6}{c}{幅度(Amplitude)}					
a_{amp}	0.0	1.2709626e-5	2.6523662e-5	3.4000452e-5	4.1202191e-5
b_{amp}	0.0	2.1414979e-5	3.0160779e-5	7.2562722e-5	11.723375e-5
c_{amp}	0.0	9.0128400e-5	4.3497037e-5	84.795348e-5	170.37206e-5
\multicolumn{6}{c}{高程改正}					
a_{ht}			2.53e-5		
b_{ht}			5.49e-3		
c_{ht}			1.14e-3		

A5.3.2 大气湿成分映射函数 M_{wet}

大气湿成分映射函数的计算公式为(A5.3.4)式，式中的 a_w, b_w, c_w 值取自表 A5.3.2。

$$M_{\text{wet}}(E) = m(E, a_w, b_w, c_w) \tag{A5.3.4}$$

表 A5.3.2 大气湿成分映射函数系数

系数 ξ	纬度(Φ) 15°	30°	45°	60°	75°
a_w	5.8021897e−4	5.6794847e−4	5.8118019e−4	5.9727542e−4	6.1641693e−4
b_w	1.4275268e−3	1.5138625e−3	1.4572752e−3	1.5007428e−3	1.7599082e−3
c_w	4.3472961e−2	4.6729510e−2	4.3908931e−2	4.4626982e−2	5.4736038e−2

(A5.3.1)式与(A5.3.4)式中 m 为连分式：

$$m(E, a, b, c) = \cfrac{1 + \cfrac{a}{1 + \cfrac{b}{1+c}}}{\sin E + \cfrac{a}{\sin E + \cfrac{b}{\sin E + c}}} \tag{A5.3.5}$$

第6章 天体测量与大地测量参数解算

6.1 概 述

射电天体测量总的来说可以分为两大类，一类是绝对测量，也就是说直接测量射电源的赤经与赤纬；另一类是相对测量，就是测量两颗射电源的相对位置，然后以参考源为基准，导出目标源的赤经与赤纬。本章主要阐述绝对测量的参数解算方法；第7章主要阐述相对测量的原理与方法。

射电干涉测量的最后一个工作步骤是进行天体测量、大地测量及其他有关参数解算，最终的测量成果就体现在这一步工作，也是对观测与数据处理的全面检核，所以也可以说是射电干涉测量最后的关键一步。参数解算通常采用最小二乘法，也有采用卡尔曼滤波等参数解算方法，本章主要讲述前者。射电干涉测量参数解算使用的观测量为相时延(或相位)、群时延及相时延率。CEI观测通常使用相时延观测量进行参数解算，VLBI观测通常使用群时延。早期的VLBI观测也同时使用时延率进行参数解算，随着VLBI技术的发展，特别是采用了宽带技术后，群时延的测量精度大大提高，而时延率的相对权重就很低了；另外，在解算测站坐标时，时延率对Z坐标测量没有贡献。由于上述两点原因，现在的VLBI观测的参数解算，一般不使用时延率观测量。本章主要阐述VLBI观测使用群时延解算参数的方法，对于相时延的应用问题，将在本章6.6节来阐述。

VLBI绝对测量的观测，其参数解算分为两种类型：单组解算(Session Solution)和多组解算(或称综合解算)(Global Solution)。单组参数解算步骤如下：

(1) 首先确立观测值与待解参数的函数模型；
(2) 计算观测值与理论值的差值，即$O-C$(Observed – Computed)；
(3) 导出观测值对于待解参数的偏导数，组成线性化误差方程；
(4) 组成法方程式，然后进行参数解算；
(5) 进行观测值与待解参数测量精度的评估。

根据需要再进行多组的综合解算，其原理与方法将在本章6.7节阐述。本章阐述的参数解算的理论和方法是基于IAU2000/2006参考系统。关于参数解算的数据流程详见图6.1.1。

关于用最小二乘法解算参数，将从本章6.2节起作详细阐述。为了更好地理解参数解算的方法，首先介绍一下关于天测/测地VLBI的观测计划的编制要求。

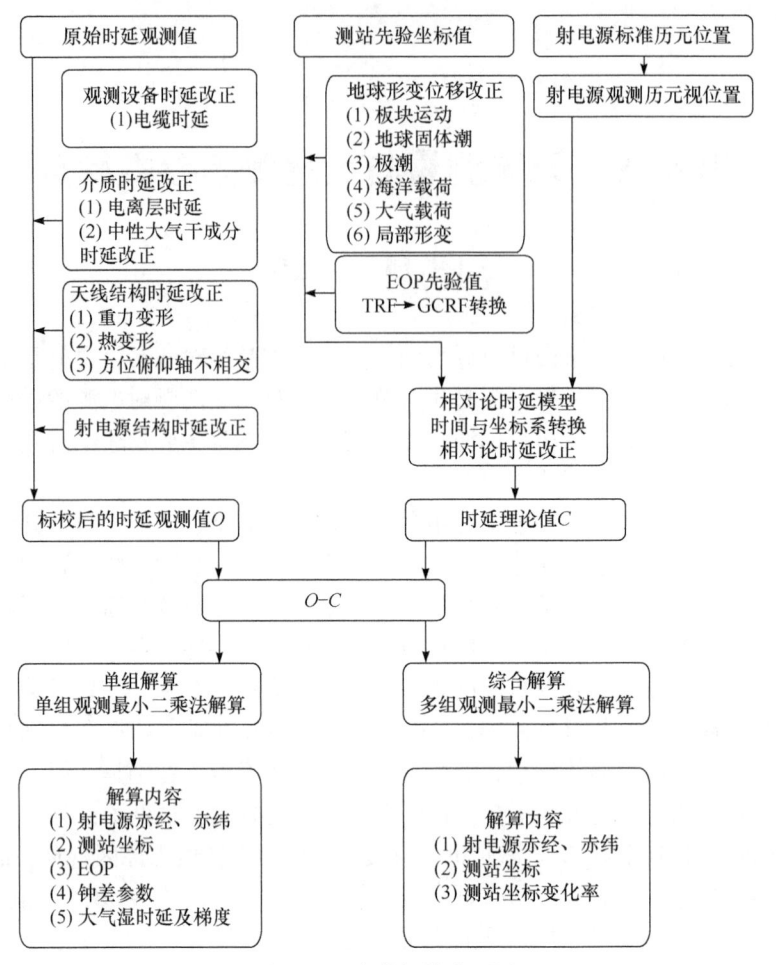

图 6.1.1 参数解算流程图

目前 VLBI 天测/测地观测一般有两种观测模式，一种是连续 24h 观测模式，用于射电源位置、测站位置及 EOP 测量；另一种是 1h 观测模式，用于加密测量 UT1 变化(dUT1)。关于观测计划的优劣，在同样的观测次数与同样的观测精度的条件下，其解算参数的精度是不同的，所以编制观测计划也是射电天体测量中重要的一环。严格地评价观测计划的优劣，需要进行协方差分析，协方差分析可以参照本章关于参数解算的原理与方法来实施。如果只是进行粗略的评价，也可以目视检查观测目标在天球上的分布图。一般来说，观测目标在天球上分布较均匀，并且时角与俯仰角的跨度都比较大，此观测计划就比较好。

对于不同的观测目的，观测计划是有所不同的。总的原则是根据观测设备的性能，达到最佳的解算结果。射电源绝对位置测量一般采用多测站(3 个以上)进行连续 24h 观测，并且其观测目标在天球上分布均匀，需要对时角或仰角跨度大的射电源进行轮流观测。在解算主要参数测站坐标、射电源坐标及 EOP 时，还需要同时解算一些辅助参数，如钟差、大气时延差等，由于它们的变化呈现随机性质，为了能够在短时间内解算得到精确的结果，所以要求在短时间段(约 1h)内，有 10 个以上的观测值，并且是大的时角和仰角跨度。图 6.1.2 就是德国 Wettzell VLBI 站的 24h 观测计划的一个例子，其左图显示了使用转动速度较慢的天线的观测计划，24h 进行 228 次观测；右图显示了使用现在新研制的 VGOS 天线，具有最高 12(°)/s 的方位转动速度，同样 24h，计划进行 1034 次观测(Gipson，2019b)。显而易见，如果单次观测值的精度相同，则同样 24h 观测的次数越多，解算参数的精度就越高。

现在还有一种观测模式为：东西向基线单基线 1h 左右的 VLBI 观测，它的目的是测量 UT1 变化，每天进行一组观测，每组观测约 20 次。图 6.1.3 是 1h 观测计划示例，右图显示了一个较好的观测计划，在天球上的分布较均匀；左图显示了一个较差的观测计划，观测的绝大多数为北天区的目标，这不利于钟差和大气时延等参数的高分辨率解算(Boehm, 2017)。

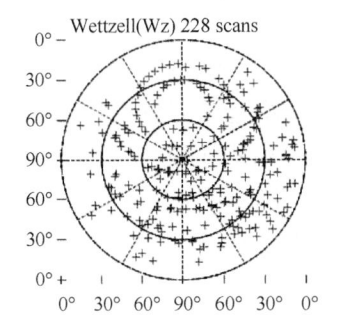

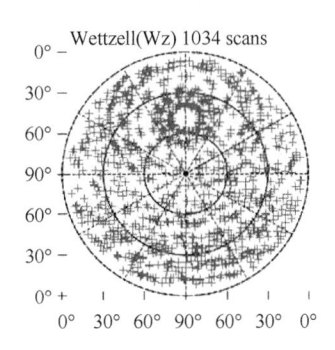

图 6.1.2 Wettzell VLBI 测站 24h 观测计划的射电源天球位置分布图示例
左图：低速天线的 24h 观测计划，共观测 228 次；右图：高速天线(方位 12(°)/s)的 24h 观测计划，共观测 1034 次

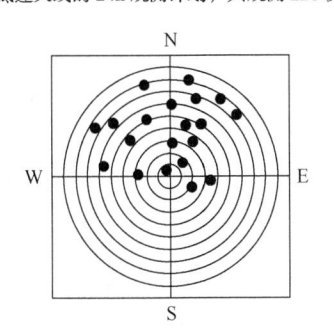

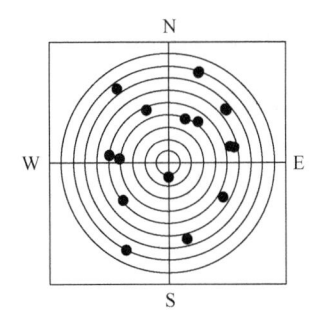

图 6.1.3 dUT1 加密观测(约 1h)的观测计划示例
左图：观测计划的天球分布不均匀，基本集中在北天，对于测量 dUT1 不利；
右图：观测计划的天球分布比较均匀，符合测量 dUT1 的要求相对测量的基本观测模式为对参考源与目标源进行交替观测，交替的周期长短根据对参考源与目标源跟踪观测的时间，以及换源的时间来决定。为了取得高测量精度，通常要求参考源与目标源的间距不大于 5°，尽可能小一些，这样便于相位连接，可以用相位差作为观测量，以取得高精度的测量结果。

早期的 VLBI 观测，观测计划是手工编制的，工作很繁重，而且不一定能获得最佳解算结果。所以，现在都使用专门的编制观测计划的软件，其根据参加观测的各测站的参数(位置、灵敏度、数据采集设备的性能、天线转动速度和范围等)、观测时间、观测目的、观测目标的流量密度等，就可以编制出最佳的观测计划。现在常用的观测计划编制软件有：Sked(GSFC/NASA)、SCHED(NRAO)、VieSched(维也纳技术大学)。

6.2 函数模型的建立

射电干涉测量的时延等观测量是间接观测量，所以用最小二乘法进行参数解算时，首先要建立函数模型，即建立观测量与待解参数的数学关系，以此再建立线性化的观测方程。对于射电天体测量来说，射电干涉测量主要解算的参数为射电源位置(赤经、赤纬)、测站坐标及地球定向参数(EOP)。在需要时，也可以解算广义相对论的后牛顿参数γ值与地球固体潮的勒夫数等。由于各个观测站的钟差与中性大气湿成分时延无法用其他方法测量其精确值，以对时延观测值进行改正，所以在主要参数解算时，也必须同时解算钟差与大气湿时延。

时延观测量包括：几何时延、钟差时延、中性大气时延、电离层时延等。由于中性大气干成分时延与电离层时延可以精确获得，所以下面仅阐述几何时延、钟差时延、中性大气湿成分时延等的时延函数模型。

6.2.1 几何时延模型

时延观测量中几何时延是最基本的、数值最大的，特别是 VLBI 观测，几何时延最大值可以达到数十毫秒，而测站钟差一般为微秒级，大气水汽时延为纳秒级。本节首先来阐述几何时延与射电源位置、测站位置及 EOP 等参数的数学关系。

地面的射电干涉测量观测实施是使用地面观测站实施的，所以地面测站的基线是定义在国际地球参考系(ITRS)中。所观测的射电源，它的位置是在质心天球参考系(BCRS)中定义的。第 2 章的(2.1.1)式是一个简化公式，式中的基线矢量 B 和射电源方向矢量 $\hat{e}_s$ 未区分它们的坐标系。精确几何时延公式考虑了它们不同的参考系，如(6.2.1)式所示：

$$\tau_{\mathrm{g}} = t_2 - t_1 = -\frac{1}{c}\boldsymbol{B}_{\mathrm{ITRS}} \cdot \hat{\boldsymbol{K}}_{\mathrm{BCRS}} \tag{6.2.1}$$

(6.2.1)式中，$\boldsymbol{B}_{\mathrm{ITRS}}$ 为 ITRS 基线；$\hat{\boldsymbol{K}}_{\mathrm{BCRS}}$ 为 BCRS 射电源单位矢量。

数据处理需要在同一参考架中实施，所以将地面基线转化至地心天球参考系(GCRS)，在计算理论几何时延时，它还将转换至 BCRS。GCRS 与 BCRS 只是原点不同，它们的坐标轴的取向是一致的，它们之间没有相对旋转。地球对于 BCRS 是不断运动的，要将 ITRS 基线转换为 GCRS 基线，就需要使用岁差与章动旋转矩阵 $Q(t)$、地球周日自转矩阵 $S(t)$ 及极移旋转矩阵 $W(t)$，如下所示：

$$\boldsymbol{B}_{\mathrm{GCRS}} = Q(t) \cdot S(t) \cdot W(t) \cdot \boldsymbol{B}_{\mathrm{ITRS}} \tag{6.2.2}$$

(6.2.2)式中的 $Q(t), S(t), W(t)$ 的计算方法分别如下所述。

1. $Q(t)$矩阵——岁差与章动旋转矩阵

第 5 章给出了 Q 矩阵的表达式为

$$Q(t) = \begin{pmatrix} 1-aX^2 & -aXY & X \\ -aXY & 1-aY^2 & Y \\ -X & -Y & 1-a(X^2+Y^2) \end{pmatrix} \cdot R_3(s)$$

式中，X 和 Y 为中间极 CIP 在 GCRS 中的运动，它们可以用数值计算方法计算得到，如(6.2.3)式所示；a 的计算公式为 $a = 1/2 + 1/8(X^2+Y^2)$，见第 5 章(5.1.7)式，其中的 X 和 Y 同样用(6.2.3)式计算；$R_3(s)$ 为绕 Z 轴的旋转矩阵，它的定义见附录 A5.1。其中 s 的表达式见(5.1.8)式或(5.1.9)式，数值计算公式见(5.1.10)式与(5.1.11)式。

关于(5.1.5)式与(5.1.7)式中 X 和 Y 的数值计算公式如下所示：

$$X = -0.016617'' + 2004.191898''t - 0.4297829''t^2 - 0.19861834''t^3$$
$$+ 0.000007578''t^4 + 0.0000059285''t^5$$
$$+ \sum_i \left[(a_{s,0})_i \sin(\mathrm{ARGUMENT}) + (a_{c,0})_i \cos(\mathrm{ARGUMENT}) \right]$$
$$+ \sum_i \left[(a_{s,1})_i t\sin(\mathrm{ARGUMENT}) + (a_{c,1})_i t\cos(\mathrm{ARGUMENT}) \right]$$
$$+ \sum_i \left[(a_{s,2})_i t^2\sin(\mathrm{ARGUMENT}) + (a_{c,2})_i t^2\cos(\mathrm{ARGUMENT}) \right] + \cdots$$

$$Y = -0.006951'' - 0.025896''t - 22.4072747''t^2 + 0.00190059''t^3 + 0.001112526''t^4$$
$$+ 0.0000001358''t^5$$
$$+ \sum_i \left[\left(b_{s,0}\right)_i \sin(\text{ARGUMENT}) + \left(b_{c,0}\right)_i \cos(\text{ARGUMENT}) \right]$$
$$+ \sum_i \left[\left(b_{s,1}\right)_i t\sin(\text{ARGUMENT}) + \left(b_{c,1}\right)_i t\cos(\text{ARGUMENT}) \right]$$
$$+ \sum_i \left[\left(b_{s,2}\right)_i t^2 \sin(\text{ARGUMENT}) + \left(b_{c,2}\right)_i t^2 \cos(\text{ARGUMENT}) \right] + \cdots$$

(6.2.3)

(6.2.3)式中，t = (TT−2000 年 1 月 1.5 日 TT)日/36525；辐角 ARGUMENT 及 $(a_{s,0}), (a_{s,1}), (a_{s,2})$ 与 $(b_{s,0}), (b_{s,1}), (b_{s,2})$ 等参数的计算方法详见 IERS 协议 2010(Petit and Luzum, 2010)的 5.5.4 节和 5.7 节。

2. $S(t)$矩阵——地球周日自转矩阵

对第 5 章给出的 $S(t)$矩阵的表达式(5.1.3)进行展开后，得到

$$S(t) = R_z(-\text{ERA}) = \begin{pmatrix} \cos(-\text{ERA}) & -\sin(-\text{ERA}) & 0 \\ \sin(-\text{ERA}) & \cos(-\text{ERA}) & 0 \\ 0 & 0 & 1 \end{pmatrix} \quad (6.2.4)$$

(6.2.4)式中，ERA(地球旋转角)为在 t 时刻 CIO 与 TIO 在 CIP 赤道上的夹角，它严格定义了地球恒星时旋转。ERA 的计算公式在第 5 章中已经给出，这里重复列出如下：

$$\begin{cases} \text{ERA}(T) = 2\pi(0.7790572732640 + 1.00273781191135448T) \\ T = \text{UT1} - 2451545.0 \\ \text{UT1} = \text{UTC} + (\text{UT1} - \text{UTC}) = \text{UTC} + \Delta\text{UT1} \end{cases}$$

3. $W(t)$——极移旋转矩阵

第 5 章中给出了 $W(t)$矩阵的表达式，这里重复列出：

$$W(t) = R_z(-s') \cdot R_y(x_p) \cdot R_x(y_p)$$

式中的 3 个旋转矩阵，如下所示：

$$\begin{cases} R_z(-s') = \begin{pmatrix} \cos(-s') & -\sin(-s') & 0 \\ \sin(-s') & \cos(-s') & 0 \\ 0 & 0 & 1 \end{pmatrix} \end{cases}$$

$$\begin{cases} R_y(x_\mathrm{p}) = \begin{pmatrix} \cos(x_\mathrm{p}) & 0 & \sin(x_\mathrm{p}) \\ 0 & 1 & 0 \\ -\sin(x_\mathrm{p}) & 0 & \cos(x_\mathrm{p}) \end{pmatrix} \\ R_x(y_\mathrm{p}) = \begin{pmatrix} 1 & 0 & 0 \\ 0 & \cos(x_\mathrm{p}) & -\sin(x_\mathrm{p}) \\ 0 & \sin(x_\mathrm{p}) & \cos(x_\mathrm{p}) \end{pmatrix} \end{cases} \tag{6.2.5}$$

(6.2.5)式中，$x_\mathrm{p},y_\mathrm{p}$ 为天球中间极(CIP)在 ITRS 中的极坐标，计算偏导数时可以利用它的预报值；s'是一个小量，称为 TIO 定位器，它提供 TIO 在 CIP 赤道上的位置，它是 $x_\mathrm{p},y_\mathrm{p}$ 的函数，第 5 章给出了它在公元 2100 年前的计算公式为

$$s' = -47t(\mu\text{as})$$

用(6.2.2)式的 $\boldsymbol{B}_\mathrm{GCRS}$，替代(6.2.1)式中的 $\boldsymbol{B}_\mathrm{ITRS}$，则可以得到几何时延的表达式如下：

$$\tau_\mathrm{g} = -\frac{1}{c}\boldsymbol{B}_\mathrm{ITRS}\cdot Q(t)\cdot S(t)\cdot W(t)\cdot \hat{K}_\mathrm{BCRS} \tag{6.2.6}$$

(6.2.6)式中，

$$\boldsymbol{B}_\mathrm{ITRS} = \begin{pmatrix} x_2 - x_1 \\ y_2 - y_1 \\ z_2 - z_1 \end{pmatrix} = \begin{pmatrix} B_x \\ B_y \\ B_z \end{pmatrix} \tag{6.2.7}$$

(6.2.7)式中，$x_i, y_i, z_i, i=1,2$ 为基线两端天线的地心坐标。

(6.2.6)式中的 $\hat{K}_\mathrm{BCRS}$ 的表达式为

$$\hat{K}_\mathrm{BCRS} = \begin{pmatrix} \cos\delta_\mathrm{s}\cdot\cos\alpha_\mathrm{s} \\ \cos\delta_\mathrm{s}\cdot\sin\alpha_\mathrm{s} \\ \sin\delta_\mathrm{s} \end{pmatrix} \tag{6.2.8}$$

(6.2.8)式中，$\alpha_\mathrm{s},\delta_\mathrm{s}$ 分别为射电源的赤经与赤纬。

这样，可以得到观测方程中几何时延模型如下：

$$\tau_\mathrm{g}(t) = -\frac{1}{c}\begin{pmatrix} x_2 - x_1 \\ y_2 - y_1 \\ z_2 - z_1 \end{pmatrix}\cdot Q(X,Y)\cdot S(-\text{ERA})\cdot W(x_\mathrm{p},y_\mathrm{p})\cdot\begin{pmatrix} \cos\delta_\mathrm{s}\cdot\cos\alpha_\mathrm{s} \\ \cos\delta_\mathrm{s}\cdot\sin\alpha_\mathrm{s} \\ \sin\delta_\mathrm{s} \end{pmatrix} \tag{6.2.9}$$

(6.2.9)式中，测站坐标 (x,y,z) 与射电源赤经、赤纬 $(\alpha_\mathrm{s},\delta_\mathrm{s})$ 应为观测历元时刻的位置。一般测站坐标与射电源赤经、赤纬通常取自某 TRF 与 CRF，它们给出的

是某标准历元的位置,所以需要将标准历元位置转换为观测时刻的位置。

6.2.2 钟差时延模型

对于 VLBI 来说,各测站都是利用本站的原子钟来维持其时间的,并通过外同步手段实现时刻保持与世界时一致。由于时间同步是有误差的,并且各测站的钟速也存在差别,所以两测站总是存在钟差的,一般为微秒量级。没有精确的先验值可用于 VLBI 观测值的改正,因此需要在 VLBI 的参数解算时,同时把钟差解算出来。对于 CEI 来说,由于采用同一台钟,钟信号的传输距离一般为数千米至数十千米,所以 CEI 各单元的钟差可以事先精确测定。

早期的 VLBI 在参数解算时,一般采用二次多项式作为钟差模型,其表达式如下所示:

$$\Delta \tau_c = \left[c_0^2 + c_1^2(t-t_0) + c_2^2(t-t_0)^2 \right] - \left[\left(c_0^1 + c_1^1(t-t_0) + c_2^1(t-t_0)^2 \right) \right] \quad (6.2.10)$$

(6.2.10)式中,c_0^i, c_1^i, c_2^i 分别为二次多项式的三个系数,这里 $i=1,2$,为基线 2 个测站的序号。

上述钟差时延模型在数据分析的实际应用中发现,该模型还不能很好地描述钟差时延的实际情况。仅使用一个二次多项式进行钟差拟合,还存在较大的随机误差,所以钟差时延模型增加了"连续分段线性函数"(Continuous Piece-Wise Linear Function, CPWLF)或称为"线性条样函数"(Linear Spline Function),以提高测量钟差的时间分辨率。一般采用等间距分段,其间距通常使用 20min、30min 或 60min 整分,但是最后一段就不一定是整分钟了,如图 6.2.1 所示的前 3 个分段(Nothnagel, 2019),横坐标 $t_0, t_1, t_2, t_3, \cdots$ 为每分段的开始时刻,纵坐标 $\text{clk}_0, \text{clk}_1, \text{clk}_2, \text{clk}_3, \cdots$ 为相应时刻的钟差值。

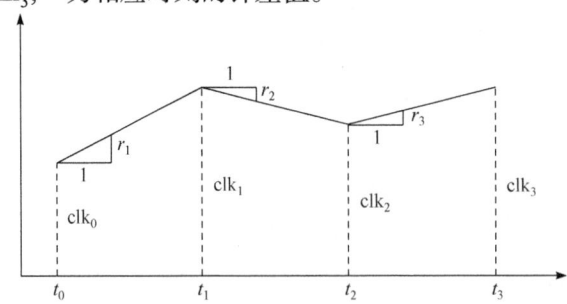

图 6.2.1 钟差时延模型使用连续分段线性函数示意图
clk_i 为各个分段时间节点 t_i 的钟差偏差值,r_i 为各时间段的钟差斜率

关于 CPWLF,可以采用两种表达方法。

第一种:函数的参数为一个钟差的常数项,加上 p 个分段钟差的斜率,如下所示：

$$\text{clk}(t) = \text{clk}(t_0) + r_1(t_1 - t_0) + r_2(t_2 - t_1) + \cdots + r_p(t - t_{p-1}) \quad (6.2.11)$$

(6.2.11)式中，

$$r_i = \frac{\text{clk}(t_i) - \text{clk}(t_{i-1})}{(t_i - t_{i-1})}, \quad i = 1, 2, \cdots, p, \text{ 这里} p \text{为分段数} \quad (6.2.12)$$

(6.2.12)式中，r_i 为各时间段的斜率。公式右边总项数为 $p+1$，当计算 clk(t)时，根据 t 所在的时间段，即 $t_{i-1} < t \leqslant t_i$，确定需要计算的项数，最后一项中的 t_i 改用 t 值。待解参数为 $\text{clk}(t_0), r_1, r_2, \cdots, r_p$，共 $p+1$ 个。

第二种：表达式如(6.2.13)式所示。将(6.2.12)式代入(6.2.11)式，即可以得到

$$\begin{aligned}\text{clk}(t) = {}& \text{clk}(t_0) + \frac{\text{clk}(t_1) - \text{clk}(t_0)}{t_1 - t_0}(t_1 - t_0) + \frac{\text{clk}(t_2) - \text{clk}(t_1)}{t_2 - t_1}(t_2 - t_1) + \cdots \\ & + \frac{\text{clk}(t_p) - \text{clk}(t_{p-1})}{t_p - t_{p-1}}(t - t_{p-1})\end{aligned} \quad (6.2.13)$$

(6.2.13)式称为连续分段线性偏差函数(Continuous Piece-Wise Linear Offsets Function, CPWLOF)，其中待解参数为 $\text{clk}(t_0), \text{clk}(t_1), \text{clk}(t_2), \cdots, \text{clk}(t_p)$，这样就可以直接解算出连续分段线性函数各分段时间节点的钟差偏差值。

6.2.3 中性大气湿成分时延模型

关于大气时延中的电离层时延，天测/测地 VLBI 观测，一般采用双频或多频观测方法进行改正，所以不作为参数解算的内容。对于中性大气时延模型，早期采用较为简单的模型，测站的中性大气时延模型为

$$\text{atm} = \text{atm}_{zd} \cdot mf_d(\text{el}) + \text{atm}_{zw} \cdot mf_w(\text{el}) \quad (6.2.14)$$

(6.2.14)式中，atm 为观测方向的中性大气时延，它由干大气时延与湿大气时延两部分组成；$\text{atm}_{zd}, \text{atm}_{zw}$ 分别为天顶方向的干、湿大气时延；mf_d, mf_w 分别为干、湿大气时延的映射函数(Mapping Function)；el 为观测方向的仰角。

对于干大气时延，可以根据大气流体力学理论模型精确计算得到，见第 5 章的(5.6.1)式与(5.6.2)式，所以它不作为参数来解算，主要是解算测站的湿大气天顶时延。湿大气时延的随机变化很大，24h 一组观测各测站仅解算 1 个天顶大气湿时延是不够的，它还存在较大的残差，因此也使用 CPWLOF 作为理论模型：

$$\begin{aligned}
\mathrm{atm_w}(t) = mf_\mathrm{w}(\mathrm{el}) \cdot \bigg[& \mathrm{atm_{zw}}(t_0) + \frac{\mathrm{atm_{zw}}(t_1) - \mathrm{atm_{zw}}(t_0)}{(t_1 - t_0)}(t_1 - t_0) \\
& + \frac{\mathrm{atm_{zw}}(t_2) - \mathrm{atm_{zw}}(t_1)}{(t_2 - t_1)} + \cdots + \frac{\mathrm{atm_{zw}}(t_p) - \mathrm{atm_{zw}}(t_{p-1})}{(t_p - t_{p-1})}(t - t_{p-1}) \bigg]
\end{aligned} \quad (6.2.15)$$

(6.2.15)式中，$\mathrm{atm_{zw}}(t_i)$ 为 t_i 时刻的天顶大气湿时延偏差值，为待解参数；p 为分段数。20 世纪 90 年代前，人们采用的大气模型是假设不同方位大气层厚度是均匀的，但是实际上在赤道方向大气层厚度会增加，所以大气折射率并不对称，存在梯度(MacMillan, 1995)，它会引起大气时延的不对称，所以在大气时延模型中需要考虑到该效应。大气梯度的时延模型如(6.2.16)式所示：

$$\mathrm{atm_g} = mf_\mathrm{w}(\mathrm{el}) \cdot \cot(\mathrm{el}) \cdot \big[g_\mathrm{n} \cos(\mathrm{az}) + g_\mathrm{e} \sin(\mathrm{az}) \big] \quad (6.2.16)$$

(6.2.16)式中，el, az 分别为测站天线的俯仰角与方位角；$g_\mathrm{n}, g_\mathrm{e}$ 分别为北向与东向的大气梯度系数。

最后得到 VLBI 观测的函数模型如(6.2.17)式所示，式中的上标 1 与 2 为基线两测站的序号；ε 为观测时延的随机误差。如果要解算其他参数，如广义相对论的 γ 值、地球固体潮的勒夫数等，则要在观测方程中加入相应的时延模型。

$$\begin{aligned}
\tau_\mathrm{obs}(t) = & -\frac{1}{c} \begin{pmatrix} x_2 - x_1 \\ y_2 - y_1 \\ z_2 - z_1 \end{pmatrix} \cdot Q(X,Y) \cdot S(-\mathrm{ERA}) \cdot W(x_\mathrm{p}, y_\mathrm{p}) \cdot \begin{pmatrix} \cos\delta_\mathrm{s} \cdot \cos\alpha_\mathrm{s} \\ \cos\delta_\mathrm{s} \cdot \sin\alpha_\mathrm{s} \\ \sin\delta_\mathrm{s} \end{pmatrix} \\
& - \Big[\big(c_0^1 + c_1^1(t-t_0) + c_2^1(t-t_0)^2 \big) \Big] + \Big[c_0^2 + c_1^2(t-t_0) + c_2^2(t-t_0)^2 \Big] \\
& - \bigg[\mathrm{clk}^1(t_0) + \frac{\mathrm{clk}^1(t_1) - \mathrm{clk}^1(t_0)}{t_1 - t_0}(t - t_0) + \cdots + \frac{\mathrm{clk}^1(t_i) - \mathrm{clk}^1(t_{i-1})}{t_i - t_{i-1}}(t - t_{i-1}) \bigg] \\
& + \bigg[\mathrm{clk}^2(t_0) + \frac{\mathrm{clk}^2(t_1) - \mathrm{clk}^2(t_0)}{t_1 - t_0}(t - t_0) + \cdots + \frac{\mathrm{clk}^2(t_i) - \mathrm{clk}^2(t_{i-1})}{t_i - t_{i-1}}(t - t_{i-1}) \bigg] \\
& + mf_\mathrm{w}^1(\mathrm{el}) \cdot \bigg[\mathrm{atm}_\mathrm{zw}^1(t_0) + \frac{\mathrm{atm}_\mathrm{zw}^1(t_1) - \mathrm{atm}_\mathrm{zw}^1(t_0)}{(t_1 - t_0)}(t - t_0) + \cdots \\
& \qquad + \frac{\mathrm{atm}_\mathrm{zw}^1(t_i) - \mathrm{atm}_\mathrm{zw}^1(t_{i-1})}{(t_i - t_{i-1})}(t - t_{i-1}) \bigg] \\
& + mf_\mathrm{w}^2(\mathrm{el}) \cdot \bigg[\mathrm{atm}_\mathrm{zw}^2(t_0) + \frac{\mathrm{atm}_\mathrm{zw}^2(t_1) - \mathrm{atm}_\mathrm{zw}^2(t_0)}{(t_1 - t_0)}(t - t_0)
\end{aligned}$$

$$+\cdots+\frac{\text{atm}_{zw}^2(t_i)-\text{atm}_{zw}^2(t_{i-1})}{(t_i-t_{i-1})}(t-t_{i-1})\Bigg]$$
$$+mf_w^1\left(\text{el}^1\right)\cdot\cot\left(\text{el}^1\right)\cdot\left[g_n^1\cos\left(\text{az}^1\right)+g_e^1\sin\left(\text{az}^1\right)\right] \quad (6.2.17)$$
$$+mf_w^2\left(\text{el}^2\right)\cdot\cot\left(\text{el}^2\right)\cdot\left[g_n^2\cos\left(\text{az}^2\right)+g_e^2\sin\left(\text{az}^2\right)\right]+\cdots+\varepsilon$$

6.3 函数模型线性化与偏导数计算公式

6.3.1 函数模型线性化

首先阐述函数模型线性化的原理与方法。从(6.2.17)式可以看到，观测值与待解参数是非线性的函数关系，为了使用最小二乘法进行参数解算，需要将(6.2.17)式线性化，一般是采用泰勒级数展开方法，所以需要导出时延观测值模型对于待解参数的偏导数，以建立线性观测方程与误差方程。

将(6.2.17)式简化为(6.3.1)式形式：

$$O=C(X_1,X_2,\cdots,X_m)+\varepsilon \quad (6.3.1)$$

(6.3.1)式中，O 为观测量；$C(X_j)$ 为非线性函数，其中 X_j 为待解参数，下标 $j=1,2,\cdots,m$；m 为待解参数的个数；ε 为观测量的随机误差。使用泰勒级数将(6.3.1)式展开，取一阶项，如下所示：

$$O=C\left(X_j^0\right)+\frac{\partial C\left(X_j^0\right)}{\partial X_j}\Delta X_j-\upsilon \quad (6.3.2)$$

(6.3.2)式中，$\Delta X_j=X_j-X_j^0$，X_j^0 为 X_j 的先验值；υ 为观测值的改正数。设：

$$a_{i,j}=\frac{\partial C_i\left(X_j^0\right)}{\partial dX_j} \quad (6.3.3)$$

(6.3.3)式中，$i=1,2,\cdots,n$；n 为时延观测值的个数。则(6.3.2)式可以改写为

$$\begin{cases}O_i-C_i\left(X_j^0\right)=a_{i,j}\Delta X_j-\upsilon_i\\ \boldsymbol{O}-\boldsymbol{C}=\boldsymbol{A}\Delta \boldsymbol{X}-\boldsymbol{V} \quad \text{或} \quad \boldsymbol{L}=\boldsymbol{A}\Delta \boldsymbol{X}-\boldsymbol{V}\end{cases} \quad (6.3.4)$$

(6.3.4)式即为线性化的观测方程，其中 $\boldsymbol{O}$ 为时延观测值矢量，维数 $n\times 1$；$\boldsymbol{C}$ 为时延先验值矢量，维数 $n\times 1$；$\boldsymbol{L}=\boldsymbol{O}-\boldsymbol{C}$，称为线性化观测值矢量，维数 $n\times 1$，其纯量形式为 $l_i=O_i-C_i$；$\boldsymbol{A}$ 为偏导系数矩阵，维数 $n\times m$，$\boldsymbol{A}$ 矩阵的各个元素如(6.3.5)式所示；$\boldsymbol{V}$ 为观测值改正数矢量，维数 $n\times 1$。

$$\underset{n \times m}{A} = \begin{pmatrix} a_{1,1} & a_{1,2} & \cdots & a_{1,m} \\ a_{2,1} & a_{2,2} & \cdots & a_{2,m} \\ \vdots & \vdots & & \vdots \\ a_{n,1} & a_{n,2} & \cdots & a_{n,m} \end{pmatrix} \tag{6.3.5}$$

根据(6.3.4)式可以得到误差方程，如下所示：

$$V = A\Delta X - L \tag{6.3.6}$$

为了下一步的参数解算，需要计算误差方程(6.3.6)中的 A 与 L(即 O–C)的数值，关于 O 与 C 的计算将在下面 6.4 节阐述。这里先来阐述偏导数的计算公式。

VLBI 观测的主要目的是测量射电位置、测站坐标及地球定向参数(EOP)等，所以需要导出时延观测值对于这三方面的模型参数的偏导数。为了减小测站钟差、中性大气湿成分及大气梯度等时延误差的影响，在上述主要参数解算的同时，还需要解算钟与大气有关的参数，所以也要导出时延观测值对于它们的模型参数的偏导数。由于现在天测/测地 VLBI 观测均采用很大的带宽，时延测量精度很高。相比较而言时延率的贡献就很小，所以现在均不采用时延率观测值，所以这里不阐述时延率观测值对于模型参数的偏导数。在目前我国的探月与深空探测 VLBI 测轨观测中还使用到时延率，根据需要，读者可以自行推导时延率偏导数的表达式。

6.3.2 时延观测值对射电源赤经、赤纬的偏导数

根据(6.2.17)式，导出观测时延对于射电源赤经与赤纬的偏导数：

$$\begin{cases} \dfrac{\partial \tau_{\mathrm{obs}}}{\partial \alpha_{\mathrm{s}}} = \boldsymbol{B}_{\mathrm{ITRS}} \cdot Q(t) \cdot S(t) \cdot W(t) \cdot \dfrac{\partial \hat{K}_{\mathrm{BCRS}}}{\partial \alpha_{\mathrm{s}}} \\ \dfrac{\partial \tau_{\mathrm{obs}}}{\partial \delta_{\mathrm{s}}} = \boldsymbol{B}_{\mathrm{ITRS}} \cdot Q(t) \cdot S(t) \cdot W(t) \cdot \dfrac{\partial \hat{K}_{\mathrm{BCRS}}}{\partial \delta_{\mathrm{s}}} \end{cases} \tag{6.3.7}$$

根据(6.2.8)式，可知(6.3.7)式中，

$$\begin{cases} \dfrac{\partial \hat{K}_{\mathrm{BCRS}}}{\partial \alpha_{\mathrm{s}}} = (-\cos\delta_{\mathrm{s}} \cdot \sin\alpha_{\mathrm{s}} \quad \cos\delta_{\mathrm{s}} \cdot \cos\alpha_{\mathrm{s}} \quad 0) \\ \dfrac{\partial \hat{K}_{\mathrm{BCRS}}}{\partial \delta_{\mathrm{s}}} = (\sin\delta_{\mathrm{s}} \cdot \cos\alpha_{\mathrm{s}} \quad -\sin\delta_{\mathrm{s}} \cdot \sin\alpha_{\mathrm{s}} \quad \cos\delta_{\mathrm{s}}) \end{cases} \tag{6.3.8}$$

6.3.3 时延观测值对测站坐标的偏导数

射电干涉测量的原理是测量基线两个测站的相对位置，所以是解算两测站的坐标差，或者说，固定一个测站的坐标，作为参考站，而测量另一个测站的坐

标。这里假设固定测站 1 的坐标，解算测站 2 的坐标，则根据(6.2.17)式，可以导出时延对于测站 2 坐标的偏导数如下：

$$\begin{cases} \dfrac{\partial \tau_{\text{obs}}}{\partial x_2} = \dfrac{\partial \boldsymbol{B}_{\text{ITRS}}}{\partial x_2} \cdot Q(t) \cdot S(t) \cdot W(t) \cdot \hat{K}_{\text{BCRS}} \\ \dfrac{\partial \tau_{\text{obs}}}{\partial y_2} = \dfrac{\partial \boldsymbol{B}_{\text{ITRS}}}{\partial y_2} \cdot Q(t) \cdot S(t) \cdot W(t) \cdot \hat{K}_{\text{BCRS}} \\ \dfrac{\partial \tau_{\text{obs}}}{\partial z_2} = \dfrac{\partial \boldsymbol{B}_{\text{ITRS}}}{\partial z_2} \cdot Q(t) \cdot S(t) \cdot W(t) \cdot \hat{K}_{\text{BCRS}} \end{cases} \tag{6.3.9}$$

根据(6.2.7)式，可以得到

$$\begin{cases} \dfrac{\partial \boldsymbol{B}_{\text{ITRS}}}{\partial x_2} = 1 \\ \dfrac{\partial \boldsymbol{B}_{\text{ITRS}}}{\partial y_2} = 1 \\ \dfrac{\partial \boldsymbol{B}_{\text{ITRS}}}{\partial z_2} = 1 \end{cases} \tag{6.3.10}$$

6.3.4 时延观测值对 EOP 参数的偏导数

EOP 参数包括：极移，dUT1 及岁差、章动参数 X、Y，下面分别导出它们的偏导数。

1. 时延观测值对于极移的偏导数

根据(6.2.17)式可以得到对于极移 x_p, y_p 的偏导数如下：

$$\begin{cases} \dfrac{\partial \tau_{\text{obs}}}{\partial x_p} = -\dfrac{1}{c} \boldsymbol{B}_{\text{ITRS}} \cdot Q(t) \cdot S(t) \cdot \dfrac{\partial W(t)}{\partial x_p} \cdot \hat{K}_{\text{BCRS}} \\ \dfrac{\partial \tau_{\text{obs}}}{\partial y_p} = -\dfrac{1}{c} \boldsymbol{B}_{\text{ITRS}} \cdot Q(t) \cdot S(t) \cdot \dfrac{\partial W(t)}{\partial y_p} \cdot \hat{K}_{\text{BCRS}} \end{cases} \tag{6.3.11}$$

(6.3.11)式中，

$$\begin{cases} \dfrac{\partial W(t)}{\partial x_p} = R_3(-s') \cdot \dfrac{\partial R_2(x_p)}{\partial x_p} \cdot R_1(y_p) \\ \dfrac{\partial W(t)}{\partial y_p} = R_3(-s') \cdot R_2(x_p) \cdot \dfrac{\partial R_1(y_p)}{\partial y_p} \end{cases} \tag{6.3.12}$$

(6.3.12)式中，

$$\begin{cases} \dfrac{\partial R_2(x_p)}{\partial x_p} = \begin{pmatrix} -\sin(x_p) & 0 & -\cos(x_p) \\ 0 & 0 & 0 \\ \cos(x_p) & 0 & -\sin(x_p) \end{pmatrix} \\ \dfrac{\partial R_1(y_p)}{\partial y_p} = \begin{pmatrix} 0 & 0 & 0 \\ 0 & -\sin(y_p) & \cos(y_p) \\ 0 & -\cos(y_p) & -\sin(y_p) \end{pmatrix} \end{cases} \quad (6.3.13)$$

由于 x_p 与 y_p 为很小的角度，所以(6.3.13)式可以简化为

$$\begin{cases} \dfrac{\partial R_2(x_p)}{\partial x_p} = \begin{pmatrix} 0 & 0 & -1 \\ 0 & 0 & 0 \\ 1 & 0 & 0 \end{pmatrix} \\ \dfrac{\partial R_1(y_p)}{\partial y_p} = \begin{pmatrix} 0 & 0 & 0 \\ 0 & 0 & 1 \\ 0 & -1 & 0 \end{pmatrix} \end{cases} \quad (6.3.14)$$

2. 时延观测值对于 ERA 的偏导数

根据(6.2.17)式可以得到时延观测值对于 ERA 的偏导数如下：

$$\dfrac{\partial \tau_{\text{obs}}}{\partial(-\text{ERA})} = -\dfrac{1}{c} \boldsymbol{B}_{\text{ITRS}} \cdot Q(t) \cdot \dfrac{\partial S(t)}{\partial(-\text{ERA})} \cdot W(t) \quad (6.3.15\text{a})$$

如果观测值为对于 UT1 的偏导数，则(6.3.15a)式改为

$$\dfrac{\partial \tau_{\text{obs}}}{\partial(\text{UT1})} = -\dfrac{1}{c} \boldsymbol{B}_{\text{ITRS}} \cdot Q(t) \cdot \dfrac{\partial S(t)}{\partial(-\text{ERA})} \cdot \dfrac{\partial(-\text{ERA})}{\partial \text{UT1}} \cdot W(t) \quad (6.3.15\text{b})$$

(6.3.15a)式与(6.3.15b)式中，

- $$\dfrac{\partial S(t)}{\partial(-\text{ERA})} = \dfrac{\partial R_3(-\text{ERA})}{\partial(-\text{ERA})} = \begin{bmatrix} -\sin(-\text{ERA}) & \cos(-\text{ERA}) & 0 \\ -\cos(-\text{ERA}) & -\sin(-\text{ERA}) & 0 \\ 0 & 0 & 0 \end{bmatrix} \quad (6.3.16)$$

- 根据(5.1.15)式，ERA 对于 UT1 的偏导数为

$$\dfrac{\partial(-\text{ERA})}{\partial \text{UT1}} = -1.00273781191135448 \quad (6.3.17)$$

3. 时延观测值对于岁差、章动参数 X、Y 的偏导数

根据(6.2.17)式,可以得到其对于岁差、章动参数 X,Y 的偏导数如下:

$$\begin{cases} \dfrac{\partial \tau_{\text{obs}}}{\partial X} = -\dfrac{1}{c} \boldsymbol{B}_{\text{ITRS}} \cdot \dfrac{\partial Q(t)}{\partial X} \cdot S(t) \cdot W(t) \cdot \hat{K}_{\text{BCRS}} \\ \dfrac{\partial \tau_{\text{obs}}}{\partial Y} = -\dfrac{1}{c} \boldsymbol{B}_{\text{ITRS}} \cdot \dfrac{\partial Q(t)}{\partial Y} \cdot S(t) \cdot W(t) \cdot \hat{K}_{\text{BCRS}} \end{cases} \quad (6.3.18)$$

根据(5.1.5)式,分别对 X 与 Y 求导,即可以得到 $\dfrac{\partial Q(t)}{\partial X}$ 与 $\dfrac{\partial Q(t)}{\partial Y}$ 的表达式,如(6.3.19)式所示:

$$\begin{cases} \dfrac{\partial Q(t)}{\partial X} = \begin{pmatrix} -\dfrac{1}{2}X^3 - X - \dfrac{1}{4}XY^2 & -\dfrac{3}{8}X^2Y - \dfrac{1}{8}Y^3 - \dfrac{1}{2}Y & 1 \\ -\dfrac{3}{8}X^2Y - \dfrac{1}{8}Y^3 - \dfrac{1}{2}Y & -\dfrac{1}{4}XY^2 & 0 \\ -1 & 0 & -\dfrac{1}{2}X^3 - X - \dfrac{1}{2}XY^2 \end{pmatrix} \cdot R_3(s) \\ \quad + \begin{pmatrix} 1-aX^2 & -aXY & X \\ -aXY & 1-aY^2 & Y \\ -X & -Y & 1-a(X^2+Y^2) \end{pmatrix} \cdot \dfrac{-Y}{2} \\[2em] \dfrac{\partial Q(t)}{\partial Y} = \begin{pmatrix} -\dfrac{1}{4}X^2Y & -\dfrac{1}{8}X^3Y - \dfrac{3}{8}XY^2 - \dfrac{1}{2}X & 0 \\ -\dfrac{1}{8}X^3Y - \dfrac{3}{8}XY^2 - \dfrac{1}{2}X & -\dfrac{1}{4}X^2Y - Y - \dfrac{1}{2}Y^3 & 1 \\ 0 & -1 & -\dfrac{1}{2}X^2Y - Y - \dfrac{1}{2}Y^3 \end{pmatrix} \cdot R_3(s) \\ \quad + \begin{pmatrix} 1-aX^2 & -aXY & X \\ -aXY & 1-aY^2 & Y \\ -X & -Y & 1-a(X^2+Y^2) \end{pmatrix} \cdot \dfrac{-X}{2} \end{cases}$$

(6.3.19)

(6.3.19)式中,a 值的计算公式见(5.1.7)式。

6.3.5 时延观测值对于钟差模型参数的偏导数

根据(6.2.17)式,并设一个测站为参考钟,测量两个测站的钟差,这样,可

以得到时延观测值对于钟差二次项模型参数的偏导数，如下所示：

$$\begin{cases} \dfrac{\partial \tau_{\text{obs}}(t)}{\partial c_0} = 1 \\ \dfrac{\partial \tau_{\text{obs}}(t)}{\partial c_1} = (t-t_0) \\ \dfrac{\partial \tau_{\text{obs}}(t)}{\partial c_2} = (t-t_0)^2 \end{cases} \tag{6.3.20}$$

根据(6.2.17)式，可以得到时延观测值对于测站钟差 CPWLOF 模型参数的偏导数，如下所示：

$$\begin{cases} \dfrac{\partial \tau_{\text{obs}}(t)}{\partial \text{clk}(t_{i-1})} = \begin{cases} 1 - \dfrac{t-t_{i-1}}{t_i - t_{i-1}}, & \text{当} t_{i-1} < t < t_i \text{时} \\ 0, & \text{当} t \text{为其他时间时} \end{cases} \\ \dfrac{\partial \tau_{\text{obs}}(t)}{\partial \text{clk}(t_i)} = \begin{cases} \dfrac{t-t_{i-1}}{t_i - t_{i-1}}, & \text{当} t_i < t < t_{i+1} \text{时} \\ 0, & \text{当} t \text{为其他时间时} \end{cases} \end{cases} \tag{6.3.21}$$

6.3.6 时延观测值对于大气湿时延与大气梯度模型参数的偏导数

根据(6.2.17)式，可以得到时延观测值对测站大气湿时延 CPWLOF 模型参数的偏导数，如(6.3.22)式所示：

$$\begin{cases} \dfrac{\partial \tau_{\text{obs}}(t)}{\partial \text{atm}_{zw}(t_{i-1})} = \begin{cases} mf_{\text{w}}(\text{el}) \cdot \left(1 - \dfrac{t-t_{i-1}}{t_i - t_{i-1}}\right), & \text{当} t_{i-1} < t < t_i \text{时} \\ 0, & \text{当} t \text{为其他时间时} \end{cases} \\ \dfrac{\partial \tau_{\text{obs}}(t)}{\partial \text{atm}_{zw}(t_i)} = \begin{cases} mf_{\text{w}}(\text{el}) \cdot \left(\dfrac{t-t_{i-1}}{t_i - t_{i-1}}\right), & \text{当} t_i < t < t_{i+1} \text{时} \\ 0, & \text{当} t \text{为其他时间时} \end{cases} \end{cases} \tag{6.3.22}$$

同样，根据(6.2.17)式，可以得到测站大气时延梯度模型参数的偏导数：

$$\begin{cases} \dfrac{\partial \tau_{\text{obs}}}{\partial g_{\text{n}}} = -mf_{\text{w}}(\text{el}) \cdot \cot(\text{el}) \cdot \sin(\text{az}) \\ \dfrac{\partial \tau_{\text{obs}}}{\partial g_{\text{e}}} = mf_{\text{w}}(\text{el}) \cdot \cot(\text{el}) \cdot \cos(\text{az}) \end{cases} \tag{6.3.23}$$

6.4 误差方程式的建立

在 6.3 节中已经给出了线性化误差方程的基本形式，本节进一步阐述结合射电干涉测量实际，如何建立误差方程。

6.4.1 起始数据的准备

首先要准备需要的最基本的起始数据，主要包括：时延观测值数据文件、观测历元射电源视位置计算、观测历元测站坐标先验值计算、EOP 的先验值获取与计算。

对于观测数据文件，主要检查其内容是否齐全，以及格式是否符合参数解算程序的输入要求，其内容应该包括：观测站名称与标准历元坐标，所观测的射电源名称与标准历元位置(赤经、赤纬)，时延观测量的时刻、数值、相关系数及形式误差等。对于一个新 VLBI 观测站，现在通常用 GNSS 导航卫星来测量测站的先验坐标值，如果得到的是观测历元的测站坐标，则要转换为 VLBI 数据文件规定的标准历元的测站坐标，可以利用最近的 ITRF 测站的运动速率，用于新测站的历元换算。通过新测站的一定时间跨度的观测数据，再计算新测站的标准历元的测站坐标与运动速率；如果计划观测的射电源的位置为非标准历元的位置，则需要将它们换算为标准历元。天体位置历元换算方法，可以参阅球面天文学或天体测量学有关书籍，也可以使用网上的天体坐标转换工具[①]；EOP 的先验值可以从 IERS 网站上获得[②]。

6.4.2 "$O-C$" 的计算

原始观测值存在各种误差，包括系统误差与随机误差，它还不能直接用于参数解算。对于其中大部分系统误差，是可以利用理论模型进行计算而加以改正的，所以最后使用的是经过误差改正后的观测值 "O"。对于经误差改正后的时延观测值，本书采用的符号为 $\tau_{\text{obs}^{\text{corr}}}$，关于 $\tau_{\text{obs}^{\text{corr}}}$ 的计算公式为

$$\tau_{\text{obs}^{\text{corr}}} = \tau_{\text{obs}} - \Delta\tau_{\text{ion}} - \Delta\tau_{\text{atm}_d} - \Delta\tau_{\text{ant.temp.}} - \Delta\tau_{\text{ant.grav.}} - \Delta\tau_{\text{cable}} \tag{6.4.1}$$

(6.4.1)式中，各参数的意义如下所述。

---

① http://www.robertmartinayers.org/tools/coordinates.html。
② https://www.iers.org/IERS/EN/DataProducts/EarthOrientationData/eop.html。

(1) $\Delta\tau_{\text{ion}}$——电离层时延误差值。如果是 S/X 双频同时观测，则按(5.6.9)式来计算 X 波段电离层时延值：

$$\Delta\tau_{\text{ion}}^{\text{X}} = (\tau_{\text{S}} - \tau_{\text{X}}) \cdot \frac{f_{\text{S}}^2}{f_{\text{X}}^2 - f_{\text{S}}^2}$$

如果是 VGOS 那样的四频段观测，则可以利用四频段时延观测值来解算得电离层时延，参见本书第 4 章 4.5.4 节。

关于单频观测，电离层时延改正所普遍采用的方法为，利用天顶方向电离层总自由电子密度(VTEC)全球或区域性的测量数据，再计算得测站对于观测目标方向斜距的总电子含量(STEC)，最后计算得观测目标的电离层时延改正值。具体计算方法见第 5 章 5.6.2 节 3.。

(2) $\Delta\tau_{\text{atm}_d}$——中性大气干成分时延误差值。其计算公式为

$$\Delta\tau_{\text{atm}_d} = \Delta\tau_{\text{atm}_{dz}} \cdot m_d(\text{el}) \tag{6.4.2}$$

(6.4.2)式中，$\Delta\tau_{\text{atm}_{dz}}$ 为天顶大气干成分时延；$m_d(\text{el})$ 为干时延的映射函数。详细计算方法，见第 5 章 5.6.1 节。

(3) $\Delta\tau_{\text{ant.temp}}$——测站天线(方位/俯仰座架式)的温度形变所产生的时延误差值。按(5.7.4)式计算，见第 5 章 5.7.2 节。

$$\Delta\tau_{\text{ant.temp}} = \frac{1}{c} \cdot \left\{ \gamma_f \cdot \left[T(t - \Delta t_f) \right] - T_0 \cdot (h_f \cdot \sin\varepsilon) \right.$$
$$\left. + \gamma_a \cdot \left[T(t - \Delta t_a) - T_0 \right] \cdot (h_p \cdot \sin\varepsilon) \right\}$$

按上式计算所得为一台天线热形变产生的时延变化，则一条基线的热形变时延为基线的两台天线的热形变时延的差值。

(4) $\Delta\tau_{\text{ant.grav}}$——测站天线重力形变所产生的时延误差值。它的计算公式为 $\Delta\tau_{\text{ant.grav}} = \Delta L_{\text{ant.grav}}/c$，其中，$\Delta L_{\text{ant.grav}}$ 为天线重力形变产生的光程差，计算公式为(5.7.1a)式(主焦天线)和(5.7.1b)式(后馈天线)；c 为光速。

(5) $\Delta\tau_{\text{cable}}$——测站电缆时延误差值。利用测站电缆时延测量设备的测量值导出。

关于时延观测的射电源结构时延的改正项，没有在(6.4.1)式中列出，这是由于现在通用的 VLBI 参数解算软件中，没有包括该项改正。随着测量精度的提高，特别是 VGOS 的观测，已经显现出射电源结构时延误差是一项重要误差来源，在参数解算时进行改正是必要的。关于射电源结构时延误差的计算公式参见第 5 章 5.8 节。

关于时延先验值 τ_{apriori} 的计算公式如下所示(Nothnagel, 2019)：

$$\tau_{\text{apriori}} = \tau_{\text{vac}} + \Delta\tau_{\text{abb}_{\text{atm}}} + \Delta\tau_{\text{E.T.}} + \Delta\tau_{\text{P.T.}} + \Delta\tau_{\text{O.L.}} + \Delta\tau_{\text{A.L.}} \quad (6.4.3)$$

(6.4.3)式中，各参数的意义如下所述。

(1) τ_{apriori} ——时延先验值。它主要部分为真空时延几何时延，然后加上固体潮、极潮，以及海洋、大气载荷的时延值，得到总的时延先验值。

(2) τ_{vac} ——真空几何时延(包括引力时延)，按(5.3.18)式计算。

(3) $\Delta\tau_{\text{abb}_{\text{atm}}}$ ——光行差大气时延，它的计算公式为

$$\Delta\tau_{\text{abb}_{\text{atm}}} = \Delta\tau_{\text{atm}_1} \frac{\boldsymbol{K} \cdot (\boldsymbol{w}_2 - \boldsymbol{w}_1)}{c} \quad (6.4.4)$$

(6.4.4)式中，$\Delta\tau_{\text{atm}_1}$ 为测站 1 的中性大气时延先验值；w_1、w_2 分别为测站 1、2 相对于地心的运动速度；c 为光速。

(4) $\Delta\tau_{\text{E.T.}}$ ——地球固体潮时延。按第 5 章(5.5.18)式~(5.5.27)式计算测站的位移，然后再计算得地球固体潮时延。

(5) $\Delta\tau_{\text{P.T.}}$ ——极潮时延值。按(5.5.32)式与(5.5.33)式计算测站位移，然后再计算得极潮时延。

(6) $\Delta\tau_{\text{O.L.}}$ ——海潮载荷时延值。按(5.5.28)式计算测站位移，计算公式中的 11 个主要分潮的幅度与相位，可以用计算程序 HARDISP.F 计算，或者从网站 ⟨http:holt.oso.chalmers.se/loading⟩ 获得；关于天文幅角，可以用 ARG2.F 计算程序计算得到，最后计算得海潮载荷时延。

(7) $\Delta\tau_{\text{A.L.}}$ ——大气载荷时延。按(5.5.39)式计算测站位移，然后再计算大气载荷时延。

6.4.3 误差方程式的组成

首先来阐述单组观测的误差方程式的组成。对于单组解算，其待解参数分为五大类：

- 射电源赤经与赤纬 α_s, δ_s；
- 测站天线坐标 x, y, z；
- 地区定向参数：$UT1-UTC$，极移 x_p, y_p，章动、岁差模型改正值 dX、dY；
- 钟差模型参数：二次项与连续分段线性函数有关参数；
- 大气湿时延模型参数：连续分段线性函数有关参数。

下面以一个 3 测站(3 条基线)VLBI 网单组观测为例,来阐述误差方程式与法方程式的建立。设:每条基线的观测值数量均为 n,则 3 条基线 24h 观测的总观测值数量为 $n_t = 3n$ 个;待解算赤经与赤纬的射电源为 k 个,待解参数共 $2k$ 个,单组观测通常仅解算位置精度较低的射电源,其数目小于观测射电源的总数;3 个测站其中 1 个为参考站,解算另外 2 个测站坐标,待解参数共 6 个。3 个测站中选取稳定度高的一台钟为参考钟,所以需要解算 2 台钟的钟差,其中二次项参数共 3×2=6 个,假设 24h 连续分段数为 24,即每个分段的间距为 60min,则待解的 CPWLOF 模型参数共(24+1)×2=50;大气湿时延 CPWLOF 模型同样采用 60min 分段间距,则 3 个测站的大气湿时延模型参数总数为(24+1)×3=75。EOP 的待解参数总数为:2(极移)+1(dUT1)+2(章动岁差改正值)。由于单组观测同时解算测站坐标与 EOP 的相关性高,所以单组观测不宜同时解算测站坐标与 EOP,而是分别解算。假设待解射电源的数目为 $k=10$,则单组观测的待解未知数的总数 m 如下所示。

● 固定 EOP,
$$m = (k \times 2) + (3 \times 2) + (3 \times 2 + 25 \times 2) + (25 \times 3) = 157$$

● 固定测站坐标,
$$m = (k \times 2) + 5 + (3 \times 2 + 25 \times 2) + (25 \times 3) = 156$$

根据最小二乘法的原理,观测值数量必须大于待解参数的数量。所以按上述 3 测站单组观测的假设条件,每条基线的观测值数目 n 要大于 53 次,即三条基线观测值总数 n_t 大于 157。为了提高待解参数的测量精度,同时考虑到观测数据中还存有野点,所以在观测计划编制时,通常的计划观测次数远超待解参数的数量。

根据误差方程(6.3.6),并结合本例,注上误差方程中各项的维数,如下式所示:

$$\underset{n_t \times 1}{V} = \underset{n_t \times m}{A} \cdot \underset{m \times 1}{\Delta X} - \underset{n_t \times 1}{L} \tag{6.4.5}$$

(6.4.5)式中,

$$V = \begin{bmatrix} v_1 \\ v_2 \\ \vdots \\ v_{n_t} \end{bmatrix}, \quad A = \begin{bmatrix} a_{1,1} & a_{1,2} & \cdots & a_{1,m} \\ a_{2,1} & a_{2,2} & \cdots & a_{2,m} \\ \vdots & \vdots & & \vdots \\ a_{n_t,1} & a_{n_t,2} & \cdots & a_{n_t,m} \end{bmatrix}, \quad X = \begin{bmatrix} \Delta X_1 \\ \Delta X_2 \\ \vdots \\ \Delta X_m \end{bmatrix}, \quad L = \begin{bmatrix} l_1 \\ l_2 \\ \vdots \\ l_{n_t} \end{bmatrix} \tag{6.4.6}$$

误差方程的纯量形式如下所示:

$$\begin{cases} v_1 = a_{1,1}\Delta X_1 + a_{1,2}\Delta X_2 + \cdots + a_{1,m}\Delta X_m - l_1 \\ v_2 = a_{2,1}\Delta X_1 + a_{2,2}x_2 + \cdots + a_{2,m}\Delta X_m - l_2 \\ \quad \cdots \\ v_{n_t} = a_{n_t,1}\Delta X_1 + a_{n_t,2}\Delta X_2 + \cdots + a_{n_t,m}\Delta X_m - l_{n_t} \end{cases} \quad (6.4.7)$$

(6.4.7)式中，ΔX_j 为待解参数先验值的改正数；$a_{i,j}$ 为时延观测值对于待解参数的偏导数；v_i 为时延观测值的改正数；$l_i = O_i - C_i$；$i=1,2,\cdots,n_t; j=1,2,\cdots,m$。

当观测值数目大于待解参数数目，即 $n_T > m$ 时，可以用最小二乘法来解算 ΔX_i 值。最小二乘法的原理就是按 $[pvv]$ = 最小的原则，来解算待解参数 ΔX_i 值，p 为观测值的权。关于观测值权的确定，将在下面6.5节阐述。

单组观测解算参数的偏导数可以分为五类，A 矩阵由这五类偏导数组成，如(6.4.8)式所示。前面已经提到，单组观测不能同时解算测站坐标与 EOP，需要固定测站坐标才能解算 EOP；或者固定 EOP 值，然后解算测站坐标。所以在实际数据处理时，A 矩阵一般由四类偏导数的子矩阵组成，所以数据处理程序要有选择待解参数的功能，可以根据需要，在运算时排除测站坐标偏导数矩阵或 EOP 偏导数矩阵。

$$A = (A_1 \quad A_2 \quad A_3 \quad A_4 \quad A_5) = \begin{pmatrix} \text{射电源赤经赤纬} & \text{测站坐标} & \text{地球定向参数} & \text{钟差时延模型参数} & \text{中性大气时延模型参数} \end{pmatrix} \quad (6.4.8)$$

下面分别列出 A 矩阵的各个子矩阵。

1. 射电源赤经赤纬偏导数矩阵

仍以 3 测站观测为例，设：待解射电源的个数为 k；每条基线 24h 总观测次数为 n，基线编号为 1-2、1-3、2-3。设：$\Delta\alpha_s^1, \Delta\delta_s^1, \Delta\alpha_s^2, \Delta\delta_s^2, \cdots, \Delta\alpha_s^k, \Delta\delta_s^k$ 为 k 个射电源的赤经与赤纬先验值的改正值，它的上标为待解算位置的射电源的编号。假设第 k 颗射电源观测值的时序编号为 i_k，$i_k = i_1, i_2, \cdots, i_k$。根据上述假设条件，

误差方程系数矩阵 A 的子矩阵 A_1 的构成如下所示：

$$
\underset{3n\times 2k}{A_1} = \begin{pmatrix}
& \Delta\alpha_s^1 & \Delta\delta_s^1 & \Delta\alpha_s^2 & \Delta\delta_s^2 & \cdots & \Delta\alpha_s^k & \Delta\delta_s^k & \\
\vdots & \vdots & \vdots & \vdots & \ddots & \vdots & \vdots \\
\dfrac{\partial\tau_{i_1}^{1\text{-}2}}{\partial\alpha_s^1} & \dfrac{\partial\tau_{i_1}^{1\text{-}2}}{\partial\delta_s^1} & 0 & 0 & \cdots & 0 & 0 \\
\vdots & \vdots & \vdots & \vdots & \ddots & \vdots & \vdots \\
0 & 0 & \dfrac{\partial\tau_{i_2}^{1\text{-}2}}{\partial\alpha_s^2} & \dfrac{\partial\tau_{i_2}^{1\text{-}2}}{\partial\delta_s^2} & \cdots & 0 & 0 \\
\vdots & \vdots & \vdots & \vdots & \ddots & \vdots & \vdots \\
0 & 0 & 0 & 0 & \cdots & \dfrac{\partial\tau_{i_k}^{1\text{-}2}}{\partial\alpha_s^k} & \dfrac{\partial\tau_{i_k}^{1\text{-}2}}{\partial\delta_s^k} \\
\vdots & \vdots & \vdots & \vdots & \ddots & \vdots & \vdots \\
\vdots & \vdots & \vdots & \vdots & \ddots & \vdots & \vdots \\
\dfrac{\partial\tau_{i_1}^{1\text{-}3}}{\partial\alpha_s^1} & \dfrac{\partial\tau_{i_1}^{1\text{-}3}}{\partial\delta_s^1} & 0 & 0 & \cdots & 0 & 0 \\
\vdots & \vdots & \vdots & \vdots & \ddots & \vdots & \vdots \\
0 & 0 & \dfrac{\partial\tau_{i_2}^{1\text{-}3}}{\partial\alpha_s^2} & \dfrac{\partial\tau_{i_2}^{1\text{-}3}}{\partial\delta_s^2} & \cdots & 0 & 0 \\
\vdots & \vdots & \vdots & \vdots & \ddots & \vdots & \vdots \\
0 & 0 & 0 & 0 & \cdots & \dfrac{\partial\tau_{i_k}^{1\text{-}3}}{\partial\alpha_s^k} & \dfrac{\partial\tau_{i_k}^{1\text{-}3}}{\partial\delta_s^k} \\
\vdots & \vdots & \vdots & \vdots & \ddots & \vdots & \vdots \\
\vdots & \vdots & \vdots & \vdots & \ddots & \vdots & \vdots \\
\dfrac{\partial\tau_{i_1}^{2\text{-}3}}{\partial\alpha_s^1} & \dfrac{\partial\tau_{i_1}^{2\text{-}3}}{\partial\delta_s^1} & 0 & 0 & \cdots & 0 & 0 \\
\vdots & \vdots & \vdots & \vdots & \ddots & \vdots & \vdots \\
0 & 0 & \dfrac{\partial\tau_{i_2}^{2\text{-}3}}{\partial\alpha_s^2} & \dfrac{\partial\tau_{i_2}^{2\text{-}3}}{\partial\delta_s^2} & \cdots & 0 & 0 \\
\vdots & \vdots & \vdots & \vdots & \ddots & \vdots & \vdots \\
0 & 0 & 0 & 0 & \cdots & \dfrac{\partial\tau_{i_k}^{2\text{-}3}}{\partial\alpha_s^k} & \dfrac{\partial\tau_{i_k}^{2\text{-}3}}{\partial\delta_s^k} \\
\vdots & \vdots & \vdots & \vdots & \ddots & \vdots & \vdots
\end{pmatrix} \quad (6.4.9)
$$

注：(6.4.9)式中时延观测值 τ 的上标为基线编号，下标为时序编号。

2. 测站坐标偏导数矩阵

3 个测站，以测站 1 为基准，解算测站 2、3 坐标。基线编号为 1-2，1-3，2-3。设 $\Delta x_2, \Delta y_2, \Delta z_2, \Delta x_3, \Delta y_3, \Delta z_3$ 为待解测站 2 与 3 坐标先验值的改正数。则误差方程系数矩阵 A 中的 A_2 矩阵如下式所示：

$$\underset{3n\times 6}{A_2} = \begin{pmatrix} \frac{\partial \tau_1^{1\text{-}2}}{\partial x_2} & \frac{\partial \tau_1^{1\text{-}2}}{\partial y_2} & \frac{\partial \tau_1^{1\text{-}2}}{\partial z_2} & 0 & 0 & 0 \\ \vdots & \vdots & \vdots & \vdots & \vdots & \vdots \\ \frac{\partial \tau_n^{1\text{-}2}}{\partial x_2} & \frac{\partial \tau_n^{1\text{-}2}}{\partial y_2} & \frac{\partial \tau_n^{1\text{-}2}}{\partial z_2} & 0 & 0 & 0 \\ 0 & 0 & 0 & \frac{\partial \tau_1^{1\text{-}3}}{\partial x_3} & \frac{\partial \tau_1^{1\text{-}3}}{\partial y_3} & \frac{\partial \tau_1^{1\text{-}3}}{\partial x_3} \\ \vdots & \vdots & \vdots & \vdots & \vdots & \vdots \\ 0 & 0 & 0 & \frac{\partial \tau_n^{1\text{-}3}}{\partial x_3} & \frac{\partial \tau_n^{1\text{-}3}}{\partial y_3} & \frac{\partial \tau_n^{1\text{-}3}}{\partial x_3} \\ \frac{-\partial \tau_1^{2\text{-}3}}{\partial x_2} & \frac{-\partial \tau_1^{2\text{-}3}}{\partial y_2} & \frac{-\partial \tau_1^{2\text{-}3}}{\partial z_2} & \frac{\partial \tau_1^{2\text{-}3}}{\partial x_3} & \frac{\partial \tau_1^{2\text{-}3}}{\partial y_3} & \frac{\partial \tau_1^{2\text{-}3}}{\partial x_3} \\ \vdots & \vdots & \vdots & \vdots & \vdots & \vdots \\ \frac{-\partial \tau_n^{2\text{-}3}}{\partial x_2} & \frac{-\partial \tau_n^{2\text{-}3}}{\partial y_2} & \frac{-\partial \tau_n^{2\text{-}3}}{\partial z_2} & \frac{\partial \tau_n^{2\text{-}3}}{\partial x_3} & \frac{\partial \tau_n^{2\text{-}3}}{\partial y_3} & \frac{\partial \tau_n^{2\text{-}3}}{\partial x_3} \end{pmatrix} \quad (6.4.10)$$

注：(6.4.10)式中时延观测值 τ 的上标为基线编号，下标为时序编号。

3. EOP 偏导数

设：EOP 先验值的改正数为 $\Delta x_p, \Delta y_p, \mathrm{dUT1}, \Delta X, \Delta Y$，则它的误差方程的系数矩阵如(6.4.11)式所示。同样，(6.4.11)式中延迟观测值 τ 的上标为基线编号，下标为时序编号。

$$A_3 \atop 3n \times 5 = \begin{pmatrix} \Delta x_p & \Delta y_p & \Delta \text{UT1} & \Delta X & \Delta Y \\ \dfrac{\partial \tau_1^{1\text{-}2}}{\partial x_p} & \dfrac{\partial \tau_1^{1\text{-}2}}{\partial y_p} & \dfrac{\partial \tau_1^{1\text{-}2}}{\partial d\text{UT1}} & \dfrac{\partial \tau_1^{1\text{-}2}}{\partial X} & \dfrac{\partial \tau_1^{1\text{-}2}}{\partial Y} \\ \vdots & \vdots & \vdots & \vdots & \vdots \\ \dfrac{\partial \tau_n^{1\text{-}2}}{\partial x_p} & \dfrac{\partial \tau_n^{1\text{-}2}}{\partial y_p} & \dfrac{\partial \tau_n^{1\text{-}2}}{\partial d\text{UT1}} & \dfrac{\partial \tau_n^{1\text{-}2}}{\partial X} & \dfrac{\partial \tau_n^{1\text{-}2}}{\partial Y} \\ \dfrac{\partial \tau_1^{1\text{-}3}}{\partial x_p} & \dfrac{\partial \tau_1^{1\text{-}3}}{\partial y_p} & \dfrac{\partial \tau_1^{1\text{-}3}}{\partial d\text{UT1}} & \dfrac{\partial \tau_1^{1\text{-}3}}{\partial X} & \dfrac{\partial \tau_1^{1\text{-}3}}{\partial Y} \\ \vdots & \vdots & \vdots & \vdots & \vdots \\ \dfrac{\partial \tau_n^{1\text{-}3}}{\partial x_p} & \dfrac{\partial \tau_n^{1\text{-}3}}{\partial y_p} & \dfrac{\partial \tau_n^{1\text{-}3}}{\partial d\text{UT1}} & \dfrac{\partial \tau_n^{1\text{-}3}}{\partial X} & \dfrac{\partial \tau_n^{1\text{-}3}}{\partial Y} \\ \dfrac{\partial \tau_1^{2\text{-}3}}{\partial x_p} & \dfrac{\partial \tau_1^{2\text{-}3}}{\partial y_p} & \dfrac{\partial \tau_1^{2\text{-}3}}{\partial d\text{UT1}} & \dfrac{\partial \tau_1^{2\text{-}3}}{\partial X} & \dfrac{\partial \tau_1^{2\text{-}3}}{\partial Y} \\ \vdots & \vdots & \vdots & \vdots & \vdots \\ \dfrac{\partial \tau_n^{2\text{-}3}}{\partial x_p} & \dfrac{\partial \tau_n^{2\text{-}3}}{\partial y_p} & \dfrac{\partial \tau_n^{2\text{-}3}}{\partial d\text{UT1}} & \dfrac{\partial \tau_n^{2\text{-}3}}{\partial X} & \dfrac{\partial \tau_n^{2\text{-}3}}{\partial Y} \end{pmatrix} \quad (6.4.11)$$

4. 钟差时延模型偏导数

钟差时延模型偏导数矩阵 A_4 分为两部分 A_{4a}, A_{4b}，分别为钟差二次项模型参数的偏导数矩阵与钟差 CPWLOF 模型参数的偏导数矩阵。VLBI 组网观测时，通常选取一台稳定、可靠的钟作为参考钟，测量其他测站钟相对于参考钟的钟差参数，假设测站 1 的钟作为参考钟。A_{4a} 矩阵如(6.4.12)式所示，A_{4a} 矩阵上面一行为测站 2、3 相对于测站 1 的钟差二次项模型参数的改正数，其上标为测站编号；A_{4a} 矩阵中时间 t 的下标为观测时序编号。

$$A_{4a} \atop n_t \times 6 = \begin{pmatrix} \Delta c_0^2 & \Delta c_1^2 & \Delta c_2^2 & \Delta c_0^3 & \Delta c_1^3 & \Delta c_2^3 \\ 1 & (t_1 - t_0) & (t_1 - t_0)^2 & 0 & 0 & 0 \\ \vdots & \vdots & \vdots & \vdots & \vdots & \vdots \\ 1 & (t_n - t_0) & (t_n - t_0)^2 & 0 & 0 & 0 \\ 0 & 0 & 0 & 1 & (t_1 - t_0) & (t_1 - t_0)^2 \\ \vdots & \vdots & \vdots & \vdots & \vdots & \vdots \\ 0 & 0 & 0 & 1 & (t_n - t_0) & (t_n - t_0)^2 \\ -1 & -(t_1 - t_0) & -(t_1 - t_0)^2 & 1 & (t_1 - t_0) & (t_1 - t_0)^2 \\ \vdots & \vdots & \vdots & \vdots & \vdots & \vdots \\ -1 & -(t_n - t_0) & -(t_n - t_0)^2 & 1 & (t_n - t_0) & (t_n - t_0)^2 \end{pmatrix} \quad (6.4.12)$$

由于篇幅限制，将钟差的 CPWLOF 模型参数偏导数矩阵 A_{4b} 分解为 6 个子矩阵，如(6.4.13)式所示。$A_{4b(2)}$、$A_{4b(3)}$ 分别为测站 2、3 相对于测站 1 钟差的 CPWLOF 模型参数的偏导数矩阵，(6.4.14)式与(6.4.15)式分别显示其矩阵内的各项系数。由于设定各条基线的时延观测值的数量和时间是一样的，所以矩阵 $A_{4b(2)}$ 与 $A_{4b(3)}$ 的各项系数是一样的。

$$\underset{n_t \times 2p}{A_{4b}} = \begin{pmatrix} A_{4b(2)} & 0 \\ 0 & A_{4b(3)} \\ -A_{4b(2)} & A_{4b(3)} \end{pmatrix} \quad (6.4.13)$$

$$\underset{n \times (p+1)}{A_{4b(2)}} = \begin{pmatrix} \overset{\Delta \text{clk}_0^2}{1 - \dfrac{t_1^{(1)} - t_0}{t_1 - t_0}} & \overset{\Delta \text{clk}_1^2}{\dfrac{t_1^{(1)} - t_0}{t_1 - t_0}} & \overset{\Delta \text{clk}_2^2}{0} & 0 & \overset{\cdots}{\cdots} & \overset{\Delta \text{clk}_{p-1}^2}{0} & \overset{\Delta \text{clk}_p^2}{0} \\ 1 - \dfrac{t_2^{(1)} - t_0}{t_1 - t_0} & \dfrac{t_2^{(1)} - t_0}{t_1 - t_0} & 0 & 0 & \cdots & 0 \\ \vdots & \vdots & \vdots & \vdots & \ddots & \vdots \\ 1 - \dfrac{t_{n/p}^{(1)} - t_0}{t_1 - t_0} & \dfrac{t_{n/p}^{(1)} - t_0}{t_1 - t_0} & 0 & 0 & \cdots & 0 \\ 0 & 1 - \dfrac{t_1^{(2)} - t_1}{t_2 - t_1} & \dfrac{t_1^{(2)} - t_1}{t_2 - t_1} & 0 & \cdots & 0 \\ 0 & 1 - \dfrac{t_2^{(2)} - t_1}{t_2 - t_1} & \dfrac{t_2^{(2)} - t_1}{t_2 - t_1} & 0 & \cdots & 0 \\ \vdots & \vdots & \vdots & \vdots & \ddots & \vdots \\ 0 & 1 - \dfrac{t_{n/p}^{(2)} - t_1}{t_2 - t_1} & \dfrac{t_{n/p}^{(2)} - t_1}{t_2 - t_1} & 0 & \cdots & 0 \\ \vdots & \vdots & \vdots & \vdots & \ddots & \vdots \\ 0 & \cdots & 0 & 0 & 1 - \dfrac{t_1^{(p)} - t_{p-1}}{t_p - t_{p-1}} & \dfrac{t_1^{(p)} - t_{p-1}}{t_p - t_{p-1}} \\ 0 & \cdots & 0 & 0 & 1 - \dfrac{t_2^{(p)} - t_{p-1}}{t_p - t_{p-1}} & \dfrac{t_2^{(p)} - t_{p-1}}{t_p - t_{p-1}} \\ \vdots & \vdots & \vdots & \vdots & \ddots & \vdots \\ 0 & \cdots & 0 & 0 & 1 - \dfrac{t_{n/p}^{(p)} - t_{p-1}}{t_p - t_{p-1}} & \dfrac{t_{n/p}^{(p)} - t_{p-1}}{t_p - t_{p-1}} \end{pmatrix}$$

(6.4.14)

注：假设 n/p 是整正数，每段内观测次数是相同的。$t_i^{(j)}$ 的上标 j 为段的序号，$j=1,2,\cdots,p$；下标 i 为段内观测值的序号。

$$A_{4b(3)} \atop n\times(p+1)} = \begin{pmatrix} \Delta{\rm clk}_0^3 & \Delta{\rm clk}_1^3 & \Delta{\rm clk}_2^3 & \cdots & \Delta{\rm clk}_p^3 & \Delta{\rm clk}_p^3 \\ 1-\dfrac{t_1^{(1)}-t_0}{t_1-t_0} & \dfrac{t_1^{(1)}-t_0}{t_1-t_0} & 0 & 0 & \cdots & 0 \\ 1-\dfrac{t_2^{(1)}-t_0}{t_1-t_0} & \dfrac{t_2^{(1)}-t_0}{t_1-t_0} & 0 & 0 & \cdots & 0 \\ \vdots & \vdots & \vdots & \vdots & \ddots & \vdots \\ 1-\dfrac{t_{n/p}^{(1)}-t_0}{t_1-t_0} & \dfrac{t_{n/p}^{(1)}-t_0}{t_1-t_0} & 0 & 0 & \cdots & 0 \\ 0 & 1-\dfrac{t_1^{(2)}-t_1}{t_2-t_1} & \dfrac{t_1^{(2)}-t_1}{t_2-t_1} & 0 & \cdots & 0 \\ 0 & 1-\dfrac{t_2^{(2)}-t_1}{t_2-t_1} & \dfrac{t_2^{(2)}-t_1}{t_2-t_1} & 0 & \cdots & 0 \\ \vdots & \vdots & \vdots & \vdots & \ddots & \vdots \\ 0 & 1-\dfrac{t_{n/p}^{(2)}-t_1}{t_2-t_1} & \dfrac{t_{n/p}^{(2)}-t_1}{t_2-t_1} & 0 & \cdots & 0 \\ \vdots & \vdots & \vdots & \vdots & \ddots & \vdots \\ 0 & \cdots & 0 & 0 & 1-\dfrac{t_1^{(p)}-t_{p-1}}{t_p-t_{p-1}} & \dfrac{t_1^{(p)}-t_{p-1}}{t_p-t_{p-1}} \\ 0 & \cdots & 0 & 0 & 1-\dfrac{t_2^{(p)}-t_{p-1}}{t_p-t_{p-1}} & \dfrac{t_2^{(p)}-t_{p-1}}{t_p-t_{p-1}} \\ \vdots & \vdots & \vdots & \vdots & \ddots & \vdots \\ 0 & \cdots & 0 & 0 & 1-\dfrac{t_{n/p}^{(p)}-t_{p-1}}{t_p-t_{p-1}} & \dfrac{t_{n/p}^{(p)}-t_{p-1}}{t_p-t_{p-1}} \end{pmatrix}$$

(6.4.15)

注：假设 n/p 是正整数，每段内观测次数是相同的。$t_i^{(j)}$ 的上标 j 为段的序号，$j=1,2,\cdots,p$；下标 $i=1,2,\cdots,n/p$ 为段内观测值的序号。

5. 中性大气时延模型偏导数

待解的中性大气时延模型参数包括两部分，一部分是湿大气时延 CPWLOF 模型参数，另一部分是大气时延梯度参数。湿大气时延 CPWLOF 模型参数的偏导数形式与钟差是类似的，不同之处为前者需要解算每个测站的湿大气时延参数，而后者解算的为相对于参考站的钟差模型参数。设：湿大气天顶时延 CPWLOF 模型参数的偏导数矩阵为 A_{5a}；大气时延梯度参数的偏导数矩阵为 A_{5b}。

同样，A_{5a} 可以分解为若干子矩阵，如下所示：

$$\underset{3n\times 3(p+1)}{A_{5a}} = \begin{pmatrix} A_{5a(1)} & A_{5a(2)} & 0 \\ A_{5a(1)} & 0 & A_{5a(3)} \\ 0 & A_{5a(2)} & A_{5a(3)} \end{pmatrix} \quad (6.4.16)$$

(6.4.16)式中，子矩阵的下标(1),(2),(3)分别为测站的序号；$A_{5a(1)}$ 为测站 1 的湿大气天顶时延模型参数的偏导数矩阵，如(6.4.17)式所示。$A_{5a(2)}, A_{5a(3)}$ 与 $A_{5a(1)}$ 是类似的，只是测站编号不同，所以它们的矩阵这里就不再列出。

$$\underset{n\times(p+1)}{A_{5a(1)}} = \begin{pmatrix}
mf_w^1 \cdot \left(1 - \dfrac{t_1^{(1)} - t_0}{t_1 - t_0}\right) & mf_w^1 \cdot \left(\dfrac{t_1^{(1)} - t_0}{t_1 - t_0}\right) & 0 & 0 & \cdots & 0 \\
mf_w^1 \cdot \left(1 - \dfrac{t_2^{(1)} - t_1}{t_1 - t_0}\right) & mf_w^1 \cdot \left(\dfrac{t_1^{(1)} - t_0}{t_1 - t_0}\right) & 0 & 0 & \cdots & 0 \\
\vdots & \vdots & & & \ddots & \vdots \\
mf_w^1 \cdot \left(1 - \dfrac{t_{n/p}^{(1)} - t_0}{t_1 - t_0}\right) & mf_w^1 \cdot \left(\dfrac{t_{n/p}^{(1)} - t_0}{t_1 - t_0}\right) & 0 & 0 & \cdots & 0 \\
0 & mf_w^1 \cdot \left(1 - \dfrac{t_1^{(2)} - t_1}{t_2 - t_1}\right) & mf_w^1 \cdot \left(\dfrac{t_1^{(2)} - t_1}{t_2 - t_1}\right) & 0 & \cdots & 0 \\
0 & mf_w^1 \cdot \left(1 - \dfrac{t_2^{(2)} - t_1}{t_2 - t_1}\right) & mf_w^1 \cdot \left(\dfrac{t_2^{(2)} - t_1}{t_2 - t_1}\right) & 0 & \cdots & 0 \\
\vdots & \vdots & \vdots & \vdots & \ddots & \vdots \\
0 & mf_w^1 \cdot \left(1 - \dfrac{t_{n/p}^{(2)} - t_1}{t_2 - t_1}\right) & mf_w^1 \cdot \left(\dfrac{t_{n/p}^{(2)} - t_1}{t_2 - t_1}\right) & 0 & \cdots & 0 \\
\vdots & \vdots & \vdots & \vdots & \ddots & \vdots \\
0 & \cdots & 0 & 0 & mf_w^1 \cdot \left(1 - \dfrac{t_1^{(p)} - t_{p-1}}{t_p - t_{p-1}}\right) & mf_w^1 \cdot \left(\dfrac{t_1^{(p)} - t_{p-1}}{t_p - t_{p-1}}\right) \\
0 & \cdots & 0 & 0 & mf_w^1 \cdot \left(1 - \dfrac{t_2^{(p)} - t_{p-1}}{t_p - t_{p-1}}\right) & mf_w^1 \cdot \left(\dfrac{t_2^{(p)} - t_{p-1}}{t_p - t_{p-1}}\right) \\
\vdots & \vdots & \vdots & \vdots & \ddots & \vdots \\
0 & \cdots & 0 & 0 & mf_w^1 \cdot \left(1 - \dfrac{t_{n/p}^{(p)} - t_{p-1}}{t_p - t_{p-1}}\right) & mf_w^1 \cdot \left(\dfrac{t_{n/p}^{(p)} - t_{p-1}}{t_p - t_{p-1}}\right)
\end{pmatrix}$$

列标签依次为 $\Delta\text{atm}_{zw}^1(t_0), \Delta\text{atm}_{zw}^1(t_1), \Delta\text{atm}_{zw}^1(t_2), \cdots, \Delta\text{atm}_{zw}^1(t_{p-1}), \Delta\text{atm}_{zw}^1(t_p)$

(6.4.17)

根据(6.3.23)式，可以得到时延观测值对于大气时延梯度模型参数的偏导数矩阵 A_{5b}，如下所示：

$$A_{5b}\atop{3n\times 6}=\begin{pmatrix}
\Delta g_n^1 & \Delta g_e^1 & \Delta g_n^2 & \Delta g_e^2 & \Delta g_n^3 & \Delta g_e^3 \\
\dfrac{\partial \tau_{\text{obs}_1}^{1\text{-}2}}{\partial g_n^1} & \dfrac{\partial \tau_{\text{obs}_1}^{1\text{-}2}}{\partial g_e^1} & \dfrac{\partial \tau_{\text{obs}_1}^{1\text{-}2}}{\partial g_n^2} & \dfrac{\partial \tau_{\text{obs}_1}^{1\text{-}2}}{\partial g_e^2} & 0 & 0 \\
\dfrac{\partial \tau_{\text{obs}_2}^{1\text{-}2}}{\partial g_n^1} & \dfrac{\partial \tau_{\text{obs}_2}^{1\text{-}2}}{\partial g_e^1} & \dfrac{\partial \tau_{\text{obs}_2}^{1\text{-}2}}{\partial g_n^2} & \dfrac{\partial \tau_{\text{obs}_2}^{1\text{-}2}}{\partial g_e^2} & 0 & 0 \\
\vdots & \vdots & \vdots & \vdots & \vdots & \vdots \\
\dfrac{\partial \tau_{\text{obs}_n}^{1\text{-}2}}{\partial g_n^1} & \dfrac{\partial \tau_{\text{obs}_n}^{1\text{-}2}}{\partial g_e^1} & \dfrac{\partial \tau_{\text{obs}_n}^{1\text{-}2}}{\partial g_n^2} & \dfrac{\partial \tau_{\text{obs}_n}^{1\text{-}2}}{\partial g_e^2} & 0 & 0 \\
\dfrac{\partial \tau_{\text{obs}_1}^{1\text{-}3}}{\partial g_n^1} & \dfrac{\partial \tau_{\text{obs}_1}^{1\text{-}3}}{\partial g_e^1} & 0 & 0 & \dfrac{\partial \tau_{\text{obs}_1}^{1\text{-}3}}{\partial g_n^3} & \dfrac{\partial \tau_{\text{obs}_1}^{1\text{-}3}}{\partial g_e^3} \\
\dfrac{\partial \tau_{\text{obs}_2}^{1\text{-}3}}{\partial g_n^1} & \dfrac{\partial \tau_{\text{obs}_2}^{1\text{-}3}}{\partial g_e^1} & 0 & 0 & \dfrac{\partial \tau_{\text{obs}_2}^{1\text{-}3}}{\partial g_n^3} & \dfrac{\partial \tau_{\text{obs}_2}^{1\text{-}3}}{\partial g_e^3} \\
\vdots & \vdots & & & \vdots & \vdots \\
\dfrac{\partial \tau_{\text{obs}_n}^{1\text{-}3}}{\partial g_n^1} & \dfrac{\partial \tau_{\text{obs}_n}^{1\text{-}3}}{\partial g_e^1} & 0 & 0 & \dfrac{\partial \tau_{\text{obs}_n}^{1\text{-}3}}{\partial g_n^3} & \dfrac{\partial \tau_{\text{obs}_n}^{1\text{-}3}}{\partial g_e^3} \\
0 & 0 & \dfrac{\partial \tau_{\text{obs}_1}^{2\text{-}3}}{\partial g_n^2} & \dfrac{\partial \tau_{\text{obs}_1}^{2\text{-}3}}{\partial g_e^2} & \dfrac{\partial \tau_{\text{obs}_1}^{2\text{-}3}}{\partial g_n^3} & \dfrac{\partial \tau_{\text{obs}_1}^{2\text{-}3}}{\partial g_e^3} \\
0 & 0 & \dfrac{\partial \tau_{\text{obs}_2}^{2\text{-}3}}{\partial g_n^2} & \dfrac{\partial \tau_{\text{obs}_2}^{2\text{-}3}}{\partial g_e^2} & \dfrac{\partial \tau_{\text{obs}_2}^{2\text{-}3}}{\partial g_n^3} & \dfrac{\partial \tau_{\text{obs}_2}^{2\text{-}3}}{\partial g_e^3} \\
\vdots & \vdots & \vdots & \vdots & \vdots & \vdots \\
0 & 0 & \dfrac{\partial \tau_{\text{obs}_n}^{2\text{-}3}}{\partial g_n^2} & \dfrac{\partial \tau_{\text{obs}_n}^{2\text{-}3}}{\partial g_e^2} & \dfrac{\partial \tau_{\text{obs}_n}^{2\text{-}3}}{\partial g_n^3} & \dfrac{\partial \tau_{\text{obs}_n}^{2\text{-}3}}{\partial g_e^3}
\end{pmatrix} \quad (6.4.18)$$

(6.4.18)式的矩阵中各个元素按(6.3.23)式计算。

上述列出的误差方程系数矩阵是以 3 个测站 3 条基线为例,并且假设 3 条基线的观测目标与观测次数都是相同的。实际上,常常使用更多测站组网观测,并且每条基线的观测次数不一定相同。特别是洲际大跨度的多测站组网观测,由于对有些观测目标共同可视的限制,常采用整网与子网结合的方法进行观测。在上述大尺度多测站组网观测情况下,误差方程的组成就比较复杂一些,读者可以根据上述误差方程组成的基本原理进行类推。

6.5 法方程式的建立与参数解算

6.5.1 法方程式的建立

最小二乘法的最基本的原理是 $[pvv]=$ 极小，也就是说，误差方程中 v_i 的平方与它们相应的权 p_i 的乘积之和为极小。假设各个观测值是不相关的，所以其权矩阵为对角矩阵，见(6.5.1)式。关于观测值权的取值将在本节最后部分来阐述。$[pvv]=$ 极小可以用矩阵表示，即为 $V^{\mathrm{T}}PV=$ 极小。

$$P = \begin{pmatrix} p_1 & 0 & \cdots & 0 \\ 0 & p_1 & \cdots & 0 \\ \vdots & \vdots & & 0 \\ 0 & 0 & 0 & p_n \end{pmatrix} \tag{6.5.1}$$

按最小二乘法原理，根据误差方程(6.4.4)，可以列出它的法方程式：

$$A^{\mathrm{T}}PA \cdot \Delta X - A^{\mathrm{T}}PL = 0 \tag{6.5.2}$$

(6.5.2)式中，ΔX 为待解参数先验值的平差值。令 $N = A^{\mathrm{T}}PA, W = A^{\mathrm{T}}PL$，$N$ 为满序矩阵，维数为 $m \times m$，m 为待解参数的总数。(6.5.2)式可以简写为

$$N \cdot \Delta X - W = 0 \tag{6.5.3}$$

关于观测值权的取值如下所述。观测值的权是根据它的方差来确定的，成反比关系。方差越小，则其权越大，可以取观测值方差的倒数再乘以一常数 K 为其权的数值，即 $p_i = \dfrac{K}{\sigma_i^2}$。权是相对值，所以原则上 K 值可以任意选取，但是为了数据处理方便，常常选取该轮观测的方差平均值 σ_{m}^2 作为 K 值，即 $p_i = \dfrac{\sigma_{\mathrm{m}}^2}{\sigma_i^2}$，这样得到的权的数值比较适当。在观测数据的相关处理时，根据各个观测值的信噪比可以计算得其方差 σ_{corr}^2 值。由于 σ_{corr}^2 仅考虑了噪声贡献，所以其值通常比观测值的实际误差小很多，所以一般需要加上一个常数方差值 σ_{add}^2。设经过调整后的观测方差值为 σ_{adj}^2，σ_{adj}^2 按下式计算：

$$\sigma_{\mathrm{adj}}^2 = \sigma_{\mathrm{corr}}^2 + \sigma_{\mathrm{add}}^2 \tag{6.5.4}$$

在数据处理中，一般需要多次调整 σ_{add}^2 值，直至 χ^2 检验接近于 1。在组网观测时，通常对于全部数据进行综合 χ^2 检验，全网采用一个方差调整值 σ_{add}^2；

也有对于各条基线分别进行 χ^2 检验，然后按各条基线分别调整 σ_{add}^2 值。设经过首次权值调整后的观测值方差先验值为 σ_0^2，观测值平差值的方差为 $\tilde{\sigma}^2$，χ^2 检验的公式如下所示：

$$\chi^2 = \frac{\tilde{\sigma}^2}{\sigma_0^2} \tag{6.5.5}$$

6.5.2 参数先验值改正数的解算及精度评估

根据(6.5.2)式或(6.5.3)式，可以解算得待解参数先验值的唯一改正值 ΔX：

$$\Delta X = \left(A^{\mathrm{T}} P A\right)^{-1} A^{\mathrm{T}} P L \quad \text{或} \quad \Delta X = N^{-1} W \tag{6.5.6}$$

则最后得到待解参数的测量值，其计算公式如下：

$$\tilde{X} = X^0 + \Delta X \tag{6.5.7}$$

(6.5.7)式中，$\tilde{X}$ 为待解参数的测量值；X^0 为待解参数的先验值。

当完成了参数解算后，还需要对观测值精度与待解参数平差值精度进行评估。

首先计算 V 值，它的维数为 $n \times 1$，其计算公式如下：

$$V = A \cdot \tilde{X} - Y \tag{6.5.8}$$

这样，即可计算 $V^{\mathrm{T}} P V$，即 $[pvv]$，然后用(6.5.9)式与(6.5.10)式计算待解参数测量值的方差 $\tilde{\sigma}^2$，$\tilde{\sigma}$ 为加权均方根(WRMS)值，也称标准差、中误差。

$$\tilde{\sigma}^2 = \frac{V^{\mathrm{T}} P V}{n-m} \quad \text{或} \quad \tilde{\sigma}^2 = \frac{[pvv]}{n-m} \tag{6.5.9}$$

$$\text{WRMS} = \sqrt{\frac{V^{\mathrm{T}} P V}{n-m}} \quad \text{或} \quad \text{WRMS} = \sqrt{\frac{[pvv]}{n-m}} \tag{6.5.10}$$

进而计算待解参数测量值的精度。设 Q 为其协因数矩阵，根据最小二乘法原理可知，法方程式系数矩阵的逆矩阵为协因数矩阵，即

$$Q = N^{-1} \tag{6.5.11}$$

Q 为 $m \times m$ 维矩阵，如下所示：

$$Q = \begin{pmatrix} Q_{11} & Q_{12} & \cdots & Q_{1m} \\ Q_{21} & Q_{22} & \cdots & Q_{2m} \\ \vdots & \vdots & & \vdots \\ Q_{m1} & Q_{m2} & \cdots & Q_{mm} \end{pmatrix} \tag{6.5.12}$$

(6.5.12)式矩阵的对角线上的元素为各个待解参数平差值的协因数，即为权倒

数。则可以按(6.5.13)式与(6.5.14)式计算得待解参数测量值的方差及标准差。

$$\sigma_{\tilde{X}_j}^2 = \sigma_{\mathrm{m}}^2 Q_{jj} \tag{6.5.13}$$

$$\sigma_{\tilde{X}_j} = \sigma_{\mathrm{m}} \sqrt{Q_{jj}} \tag{6.5.14}$$

Q 矩阵的非对角线部分称为互协因数，它们是表征各个待解参数测量值之间相关性的指标。

6.5.3 参数约束最小二乘法的应用

在 VLBI 参数解算的某些情况下，参数约束法是很有用的(Kutterer, 2003)。例如，当采用 CPWLOF 方法解算测站钟差参数或大气湿成分时延参数时，分段的时间间距一般很短，常采用 30min，20min，甚至更短。由于各种原因，有时观测数据会失效或产生野点，造成某个分段中观测数据很少，甚至空缺，这时就会造成法方程式产生奇异，无法进行参数解算。采用参数约束法，加入虚拟观测，就可以有效地解决上述问题。另外，在解算测站坐标时，现在比较普遍采用的为不固定一个参考站的方法，而是加以无净平移(no net translation，NNT)与无净旋转(no net rotation，NNR)约束条件后，来解算全部测站坐标。

1. 参数约束法应用于 CPWLOF 函数参数解算

以湿大气天顶时延用 CPWLOF 函数参数测量方法为例，如图 6.5.1 所示(Teke et al., 2008)。

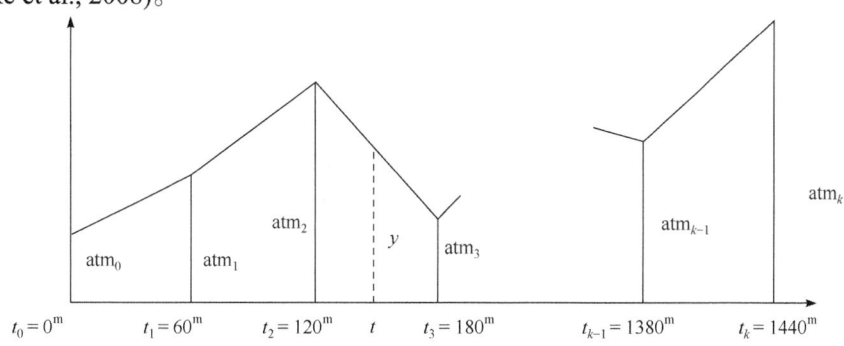

图 6.5.1 一天 24h 观测的 CPWLOF 法测量测站天顶湿大气时延的示意图

图 6.5.1 为一天 24h 观测的 CPWLOF 法测量测站天顶湿大气时延的示意图，连续分段的时间跨度为 60min，24h(1440min)共分了 24 段，需要测量的湿大气时延偏差值个数 $p = 25$，即 $\mathrm{atm}_k, k = 0,1,2,\cdots,p$。采用相邻两个测量值之差小于某值，采用的约束条件如下：

$$\mathrm{atm}_{k+1} - \mathrm{atm}_k = (0 \pm 10)\mathrm{mm}, \quad k = 0,1,2,\cdots,p-1 \tag{6.5.15}$$

(6.5.15)式的约束条件是要求相邻的湿大气时延测量值之差为零，允许其误差为±10mm。分段的时间跨度为 60min，即相当于给予了 1h 时延测量值的变化不超过约 33ps(10mm)的约束。给出的约束误差值的大小，体现了约束的松紧，它是通过不同的取权来实现的。(6.5.16)式为具有约束参数的最小二乘法的误差方程及权矩阵(Teke et al., 2009)：

$$\begin{bmatrix} v \\ v_c \end{bmatrix} = \begin{bmatrix} A \\ H \end{bmatrix} dx - \begin{bmatrix} l \\ h \end{bmatrix}, \quad \begin{bmatrix} P & 0 \\ 0 & P_c \end{bmatrix} \tag{6.5.16}$$

(6.5.16)式中，A 为真实观测的误差方程的系数矩阵，由时延观测值对于待解参数的偏导数组成；l 为 $O-C$ 矢量；P 为真实观测值的权矩阵，为对角矩阵，假设权值均等于 1，则 P 矩阵如下所示：

$$P = \begin{bmatrix} 1 & 0 & \cdots & 0 \\ 0 & 1 & \cdots & 0 \\ \vdots & \vdots & & \vdots \\ 0 & 0 & 0 & 1 \end{bmatrix} \tag{6.5.17}$$

H 为虚拟观测的误差方程的系数矩阵，它取决于参数约束的条件方程的形式；根据(6.5.16)式，h 值为零值；P_c 为虚拟观测的权矩阵，它也是对角矩阵。根据(6.5.15)式，可知 H 矩阵如下所示：

$$H = \begin{bmatrix} \overbrace{1 \quad -1 \quad 0 \quad \cdots \quad 0 \quad 0}^{atm_0 \; atm_1 \; atm_2 \; \cdots \; atm_{p-1} \; atm_p} \\ 0 \quad 1 \quad -1 \quad \cdots \quad 0 \quad 0 \\ 0 \quad 0 \quad 1 \quad \cdots \quad 0 \quad 0 \\ \vdots \quad \vdots \quad \vdots \quad \quad \vdots \quad \vdots \\ 0 \quad 0 \quad 0 \quad \cdots \quad 1 \quad -1 \end{bmatrix} \tag{6.5.18}$$

设定虚拟观测的误差比真实观测的误差大 2 倍，则虚拟观测值的权为真实观测值权的 1/4，所以它的权为 0.25，则矩阵 P_c 如下所示：

$$P_c = \begin{bmatrix} 0.25 & 0 & \cdots & 0 \\ 0 & 0.25 & \cdots & 0 \\ \vdots & \vdots & & \vdots \\ 0 & 0 & 0 & 0.25 \end{bmatrix} \tag{6.5.19}$$

利用(6.5.16)式这个真实观测与虚拟观测的联立误差方程，进一步组成法方程式，然后解算得在各个整数时间节点的大气天顶湿时延值 atm。

2. 参数约束法应用于测站坐标解算

前面已经提到，当 VLBI 为多站组网观测时，参数解算中通常采用 NNT/NNR 作为测站坐标解算的约束条件。至少要选取不在一直线上的 3 个测站作为约束测站，要选取测站坐标已经精确测定的测站，一般选用最新 ITRF 的测站坐标。也可以对全网测站都加以约束。NNT/NNR 约束的条件方程为(Teke et al., 2009)

$$C = \begin{bmatrix} 1 & 0 & 0 \\ 0 & 1 & 0 \\ 0 & 0 & 1 \\ \cdots & \cdots & \cdots \\ 0 & -z_i^0 & y_i^0 \\ z_i^0 & 0 & -x_i^0 \\ -y_i^0 & x_i^0 & 0 \\ \cdots & \cdots & \cdots \\ x_i^0 & y_i^0 & z_i^0 \end{bmatrix} \tag{6.5.20}$$

(6.5.20)式中，x_i^0, y_i^0, z_i^0 为按 NNT/NNR 条件约束的测站，下标为约束测站的序号。

设真实观测的法方程式的系数矩阵为 $N = A^T P A$，则当采用约束条件后，将约束条件方程插入系数矩阵，得到新的法方式系数矩阵 N_c，如下所示(Teke et al., 2009)：

$$N_c = \begin{bmatrix} A^T P A & C^T \\ C & 0 \end{bmatrix} \tag{6.5.21}$$

则可以按(6.5.22)式解算观测网全部测站坐标先验值的改正数，这样获得的结果符合 NNT/NNR 约束条件：

$$\begin{bmatrix} \Delta X \\ k \end{bmatrix} = N_c^{-1} \begin{bmatrix} A^T P L \\ 0 \end{bmatrix} \tag{6.5.22}$$

(6.5.22)式中，k 为对应条件方程的联系数矩阵。

6.6 相时延的应用

在同样信噪比条件下，相时延的精度比群时延的精度要高很多。在第 4 章的

4.4 节中列出了相时延与群时延的测量精度估算公式及一个算例，这里再举一例来说明。

参照现在常用的 S/X 双频 VLBI 观测模式，设：X 波段的中心频率 f 为 8.6GHz，波长为 3.5cm，单通道带宽 $B=16\text{MHz}$，信噪比 SNR=20。在 800MHz 带通范围内，选取 8 个 16MHz 通道进行 VLBI 观测，各通道频率与其平均值间距的 RMS 值 $\Delta f_{\text{RMS}}=280\text{MHz}$。按(4.4.3)式~(4.4.5)式分别计算单通道相时延误差、单通道群时延误差及多通道群时延误差如下：

- 单通道相时延误差 $\sigma_{\tau_{相}} = \dfrac{1}{2\pi f \cdot \text{SNR}} = 0.93\text{ps}$

- 单通道群时延误差 $\sigma_{\tau_{群}} = \dfrac{\sqrt{12}}{2\pi B \cdot \text{SNR}} = 1723\text{ps}$

- 多通道群时延误差 $\sigma_{\tau_{群}} = \dfrac{1}{2\pi \Delta f_{\text{rms}} \cdot \text{SNR}\sqrt{k}} = 10\text{ps}$，设：通道数 $k=8$

从上述例子的计算结果可以看到，同样的单通道情况下，相时延的精度比群时延要高千倍以上；当在近 1.0GHz 带宽范围内选取 8 通道进行观测时，群时延的测量精度较单通道时可以提高百倍，但是其精度比单通道相时延的精度低约十倍。这说明，如果使用相时延，天文学与大地测量学参数的测量精度将大大提高。

在射电干涉测量的相关处理时，可以得到干涉条纹的相位值，见第 4 章 (4.3.4)式。按(4.3.4)式计算所得为通道带通内一个频点的相位值，如果需要整个带通的相位值，可以将所有频点的相位值取平均，其参考相位为所有频点频率的平均值；也可以设定一参考相位，把各频点的相位值归算至该参考相位，然后取其平均值。这样测量的相位值仅是条纹相位的一个小于一周的数值，称为相位小数部分 $\phi^{小数}$。需要的是总相位 $\phi^{总}$，所以需要加上相位的整周数 N。相位一周相当于光程差为一个波长，所以对于 X 波段，相位一周相当于约 120ps，也就是相位观测的模糊度。设相位值的单位为 rad，则总相位与总相时延的计算公式如下：

$$\begin{cases} \phi^{总} = \phi^{小数} + 2\pi N \\ \tau_{相}^{总} = \dfrac{\phi^{小数}}{2\pi f_0} + \dfrac{N}{2\pi f_0} = \tau_{相}^{小数} + \tau_N \end{cases} \quad (6.6.1)$$

(6.6.1)式中，f_0 为参考频率；τ_N 为相位整周数相应的时延值。

N 值根据测站坐标、射电源位置、钟差及大气时延等的先验值计算得到。由于 VLBI 观测的测站之间的距离通常达到数千千米，并且采用了独立本振，所以钟差、大气时延等的先验值的误差就比较大，因此条纹相位的整周很难精确确定，所以现在常规的天测/测地 VLBI 观测中，相时延还没有得到普遍的采用。对于 CEI，由于基线距离一般为几千米至几十千米，所以都采用公共本振，钟差及大气时延差很小，测站相对位置也可以测量得比较精确，因此 CEI 一般都采用相位或相时延观测值。

当使用相时延或相位观测值时，要注意下面三个问题。

(1) 当使用相时延观测值时，群时延使用的公式基本上都可以使用；但是当使用相位观测值时，公式中的时延需更换为相位。时延与相位的关系式为

$$\phi = 2\pi f \tau, \quad 则 \tau = \frac{\phi}{2\pi f} \tag{6.6.2}$$

(6.6.2)式中，ϕ 为相位(rad)；f 为观测频率(Hz)；τ 为时延(s)

(2) 天线视差角的不一致问题。当采用地平式(也称方位/俯仰式)或 XY 型天线时，当观测目标不在中天，即时角不等于零时，其视差角(或称星位角)不等于零，而是随测站纬度的不同及观测目标时角的不同而变化，这时天线馈源相对于观测目标的视差角也发生变化，就会引起接收信号的相位的改变，其改变的数值就是两测站的视差角之差，所以使用相位观测值时需要考虑这项改正。对于赤道式天线，就没有相位变化问题。视差角的计算公式如下：

$$\tan(q) = \frac{\sin(H)}{\tan(\varphi)\cos(\delta) - \sin(\delta)\cos(H)}$$

式中，q 为视差角；H 为本地时角；φ 为测站纬度；δ 为射电源赤纬。

设：基线两测站的视差角分别为 p_1 与 p_2，则引起的相位差 Δp 与相时延误差分别为

$$\Delta p = p_2 - p_1 \tag{6.6.3}$$

$$\Delta \tau_{相} = \frac{p_2 - p_1}{2\pi f} \tag{6.6.4}$$

例 6.6.1 已知：上海佘山站与乌鲁木齐南山站 VLBI 站的经纬度分别为 E121.2°、N31.1° 与 E87.2°、N43.4°；射电源的赤纬分别为 0°，10°，20°，30°，40°，50°，60°。计算当射电源在佘山站的时角为 1ʰ(即中天西 15°)，即南山站的时角约为 1.267ʰ(中天东 19°)时，佘山站与南山站的视差角之差(南山站-佘山站)分别为多少？

解 按(A3.1.2)式，可以计算得佘山站与南山站的视差角分别如下。

佘山站视差角：23.22°，31.16°，47.58°，81.33°，−58.47°，−36.31°，−25.82°；

南山站视差角：−19.00°，−23.00°，−29.94°，−43.24°，−70.29°，70.32°，

43.56°；

则视差角之差值：–42.22°、–54.16°、–77.52°、–124.57°、–11.82°、106.63°、69.38°。

例 6.6.1 的结果说明，测站经度相差 30 多度(2h 多)时，使用地平式或 XY 型天线进行 VLBI 观测时，两地的视差角之差是很大的，如果是使用相位观测值，则必须进行改正。目前，VLBI 观测由于采用独立本振与两地大气时延波动，还难以使用相位观测量，而使用群时延就没有这个问题。对于千米级的短基线射电干涉仪，测站之间的经差极小，所以测站视差角之差值就很小，一般可以不加改正。

电离层时延改正问题

关于电离层时延的改正，相时延与群时延是不同的，其改正数值是相反的，产生的附加光程如(6.6.5)式所示：

$$\left. \begin{array}{l} \Delta \tau_{\text{phase}}^{\text{ion}} = -\left(\dfrac{40.309}{cf^2}\right) \cdot \text{TEC} \\[2mm] \Delta \tau_{\text{group}}^{\text{ion}} = \left(\dfrac{40.309}{cf^2}\right) \cdot \text{TEC} \end{array} \right\} \qquad (6.6.5)$$

(6.6.5)式中，TEC 为地面观测站至目标的路径上的总电子含量。

如果是单频观测，则进行电离层时延改正时就要注意这个问题。如果是双频或多频观测，由于可以利用实际观测数据来解算电离层时延，所以就不需要利用(6.6.5)式来计算电离层时延改正值。

下面再简单介绍一下相时延的实际应用情况。由于 CEI 观测可以得到无模糊度的相时延观测值，并且它的实时性优于 VLBI，所以它适用于实时性要求较高的低轨航天器的轨道测量。由于 CEI 基线短，定位测量精度尚低于 VLBI，所以它不适合深空探测器的测轨。

中国人民解放军战略支援部队信息工程大学建设了一台实验三单元 CEI，它位于郑州，概略经纬度为 113.0°E、34.4°N，专用于地球同步卫星轨道测量的试验工作，取得了很好结果(Liu et al., 2019)，对于建设应用于地球卫星轨道测量的CEI 有借鉴意义。该 CEI 的基线长度分别为 75m(东西)与 35m(南北)，两条基线正交，使用 2.4m 的通信卫星接收天线，见图 6.6.1。观测目标为 C 波段地球同步卫星，接收的 C 波段信号经过混频、频道选择及数据采集后，将数字化信号送入相关处理专用的电脑进行互相关处理，最后输出干涉条纹的相位与幅度，数据点积分时间为 1s；采用铷原子钟作为 CEI 的频率源；在天线上的高频头注入一个接近观测频率的点频信号，作为相位校正信号。观测"中星 10 号"地球同步通信卫星，它的位置在 110.5°E，观测频率为 3817MHz(波长 7.58cm)。由于天线口径小、波束宽，所以天线对准卫星后可以固定不动。图 6.6.2 与图 6.6.3 分别给出了 24h 观测定轨结果以及相时延观测值的定轨拟合后的残差。从图 6.6.2 的定轨结果可以看到，径向与法向误差一般均小于 1km，切向误差大一些，有一半弧段误差大于 1km，最大达到约 3.6km。总的来说，达到千米级精度。从图 6.6.3 的相时延观测值的拟合残差图可以看到，1-2 东西基线与 2-3 南北基线的相时延拟合后的残差均方根值分别为 1.195mm(4.0ps) 与 0.523mm(1.7ps)，符合预期测量精度指标。根据郑州 CEI 对于 GEO 卫星的定轨结果可以预计，当基线距离约 10km 时，CEI 对于 GEO 卫星的定轨精度将可以达到 10m 级。

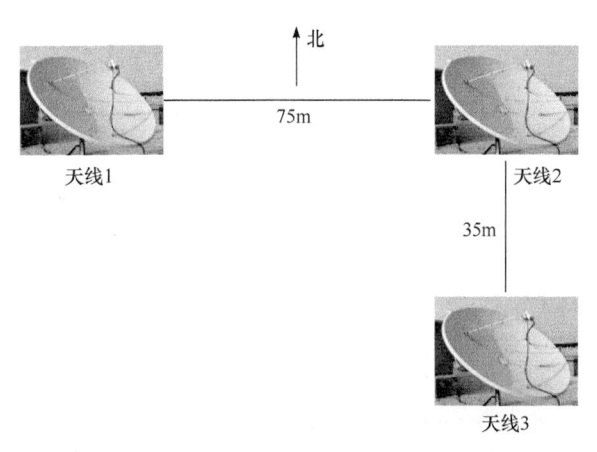

图 6.6.1 郑州 CEI 的 C 波段天线布局

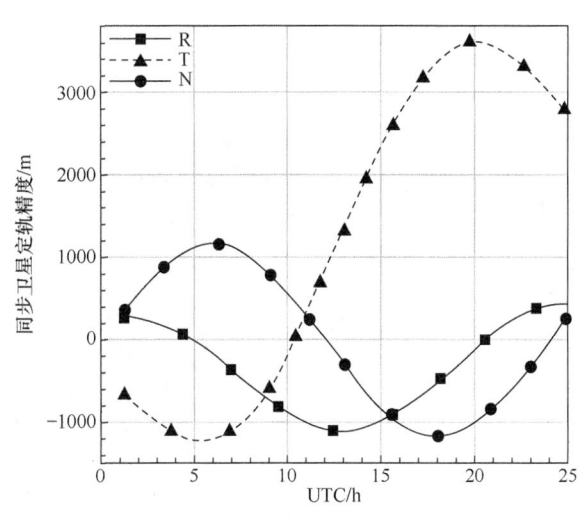

图 6.6.2 郑州 CEI 对于 GEO 卫星 24h 观测的定轨误差

注：以 10m 级高精度轨道作为参考

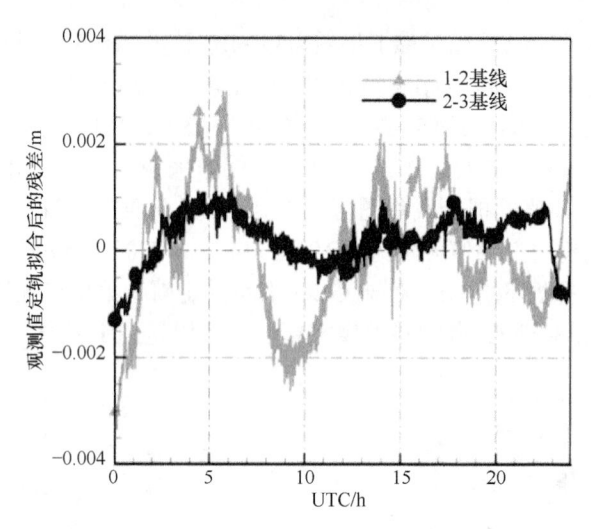

图 6.6.3　郑州 CEI 对于 GEO 卫星定轨后相时延观测值的拟合后残差图

近年，相时延观测用于本地多台 VLBI 天线的坐标连接，也取得了很好的结果。目前，VGOS 测站已经在全球多地建成或者正在建设，这些新建的 VGOS 测站大多位于原来的天测/测地 VLBI 测站附近。为了将 VGOS 的 TRF 测量结果与原来的 S/X 模式的 VLBI 测量结果连接起来，就需要将新老 VLBI 测站实现高精度连接，这里介绍瑞典 Onsala 空间天文台的新老 VLBI 测站本地连接的测量结果(Varenius et al., 2021)。图 6.6.4 显示了 Onsala 空间天文台的新老 VLBI 测站的分布图，图中右上角的天线罩内为一台 20m 毫米波天线，也用于 S/X 波段的天测/测地观测；左边为新建的两台 13m VGOS 天线，它们的间距为 75m，其中右边一台与 20m 天线的间距约 470m。

图 6.6.4　Onsala 空间天文台 VLBI 天线的分布
图中：右上角为有天线罩的为 20m 毫米波天线；左面为 2 台 13m VGOS 天线

考虑到基线最长仅为 500 多米,电离层时延的影响很小,所以仅观测 X 波段,在 8.2~9.0GHz 范围内选取 8 个频率通道,VGOS 站的通道带宽为 32MHz,20m 站的通道带宽为 16MHz(原有设备的限制),使用一台氢原子钟作为频率源。2019 年 4 月~2020 年 11 月,共进行 25 组观测,每组观测时间大多为 24h。通过观测数据的相关与相关后处理,生成了 25 组相时延与群时延两类数据文件,然后以 20m 天线坐标作为参考,解算两个 VGOS 天线的坐标,其精度达到亚毫米级,拟合后的相时延与群时延残差的标准差分别为 2~5ps 与 10~15ps。但是发现,用相时延解算的测站坐标与群时延解算的结果,两者在垂直方向存在+3mm 的系统差,其原因有待研究。

6.7 综合解算

单组观测一般持续时间为 24h,测站数目一般为 6~10 个,观测射电源 100 颗左右。这种观测模式可以测量射电位置、测站坐标及 EOP。但是,对于要建立 TRF 与 CRF,需要整体解算全球数十个 VLBI 测站坐标与几千颗射电源的位置,显然用单组解算方法不能满足要求,需要采用综合解算的方法。为建立高精度 TRF 与 CRF 目的的综合解算,要采用尽可能多的观测数据。自 20 世纪 70 年代末至今,全球共进行了 6000 多组 24h 模式的天测/测地 VLBI 观测,得到的时延观测量达到上千万个,需要解算的未知数达上百万个。如果采用常规的最小二乘法进行整体解算,组成的法方程式阶数将达到上百万,进行如此高阶方程的解算,对计算机性能的要求就非常高,一般研究单位不一定具备如此高性能的计算机,所以需要研发一种适应中等规模计算机进行数据处理的方法。

6.7.1 综合解算的原理

现在需要找到一种解算方法,它既能满足整体解算的要求,又可以降低对于计算性能的要求。这里先分析一下 VLBI 多组观测的待解参数的特点,它们可以分为两大类:一类为全局参数,如测站坐标与射电源位置,它们通常涉及多组观测;另一类为局部参数,如 EOP、钟差参数、大气湿成分时延及大气时延梯度等待解参数,为各组分别解算的,各组之间是独立的,所以称它们为局部参数。对于个别射电源仅只有一组观测过,则该射电源的待解参数(赤经、赤纬)也归入局部参数。

设:一组 24h 观测的法方程式为

$$N \cdot \Delta X = L \qquad (6.7.1)$$

(6.7.1)式中,N 为法方程式的系数矩阵;ΔX 为未知数矢量;L 为常数项矢量。

将(6.7.1)式按全局参数与局部参数分解为两部分来表示，如(6.7.2)式所示(Spicakova et al., 2010)：

$$\begin{pmatrix} N_{11} & N_{12} \\ N_{21} & N_{22} \end{pmatrix} \begin{pmatrix} \Delta X_1 \\ \Delta X_2 \end{pmatrix} = \begin{pmatrix} L_1 \\ L_2 \end{pmatrix} \tag{6.7.2}$$

(6.7.2)式中，$\Delta X_1, \Delta X_2$ 分别为待解的全局参数与局部参数。

如果在多组数据进行综合解算时，不解算局部的，这样就可以先消去局部参数，待综合解算得到了全局参数的整体解算结果后，再将全局参数回代入原来的法方程式中，解算局部参数。为了便于了解消去局部参数的过程，将(6.7.2)式改写为(6.7.3)式：

$$\left. \begin{array}{l} N_{11}\Delta X_1 + N_{12}\Delta X_2 = L_1 \\ N_{21}\Delta X_1 + N_{22}\Delta X_2 = L_2 \end{array} \right\} \tag{6.7.3}$$

为了消去 ΔX_2，将(6.7.3)式的第二式乘以 $N_{12}N_{22}^{-1}$，然后两式相减，可以得到(6.7.4)式：

$$\left(N_{11} - N_{12}N_{22}^{-1}N_{21}\right)\Delta X_1 = L_1 - N_{12}N_{22}^{-1}L_2 \tag{6.7.4}$$

令

$$\left. \begin{array}{l} N_{\text{reduc}} = N_{11} - N_{12}N_{22}^{-1}N_{21} \\ L_{\text{reduc}} = L_1 - N_{12}N_{22}^{-1}L_2 \end{array} \right\} \tag{6.7.5}$$

则(6.7.4)式可以简写为

$$N_{\text{reduc}}\Delta X_1 = L_{\text{reduc}} \tag{6.7.6}$$

(6.7.6)式是根据单组观测数据消去了局部参数后的法方程式。设：多组观测共有 n 组观测数据，则仅包括全局参数的法方程式如(6.7.7)式所示：

$$N_{\text{REDUC}}\Delta X_1 = L_{\text{REDUC}} \tag{6.7.7}$$

(6.7.7)式中，

$$\left. \begin{array}{l} N_{\text{REDUC}} = N_{\text{reduc}_1} + N_{\text{reduc}_2} + \cdots + N_{\text{reduc}_n} \\ L_{\text{REDUC}} = L_{\text{reduc}_1} + L_{\text{reduc}_2} + \cdots + L_{\text{reduc}_n} \end{array} \right\} \tag{6.7.8}$$

注意：当按(6.7.8)式计算 N_{REDUC} 时，对于所有 N_{reduc_i} 的系数的行与列要调整，使其能正确地将同一待解参数的有关数据累加起来。这样组成了新的、只包括全局参数的综合解法方程式系数矩阵。

根据(6.7.7)式就可以得到(6.7.9)式，从而解算得所有全局参数：

$$\Delta X_1 = N_{\text{REDUC}}^{-1} \cdot L_{\text{REDUC}} \tag{6.7.9}$$

如果使用了约束条件，设约束条件为

$$B(\Delta X) + w = 0 \tag{6.7.10}$$

则可得附有约束条件的综合解法方程式，如(6.7.11)式所示：

$$N_{\text{REDUC}}^{\text{C}} = \begin{bmatrix} N_{\text{REDUC}} & B^{\text{T}} \\ B & 0 \end{bmatrix}, \quad L_{\text{REDUC}}^{\text{C}} = L_{\text{REDUC}} + w \tag{6.7.11}$$

这样，综合解的全局参数即可按(6.7.12)式来解算：

$$\Delta X_1 = \left(N_{\text{REDUC}}^{\text{C}}\right)^{-1} \cdot L_{\text{REDUC}}^{\text{C}} \tag{6.7.12}$$

如果参数约束方程中 $w = 0$，则 $L_{\text{REDUC}}^{\text{C}} = L_{\text{REDUC}}$。

ΔX_1 全局参数解算后，就可以进行后向解算，以解算各组观测的局部参数 ΔX_2。根据(6.7.3)式可以得到下面的(6.7.13)式，从而解算得 ΔX_2：

$$\Delta X_2 = N_{22}^{-1} L_2 - N_{22}^{-1} N_{21} \Delta X_1 \tag{6.7.13}$$

关于精度估算，Q_{22} 的计算公式如(6.7.14)所示：

$$Q_{22} = N_{22}^{-1} + N_{22}^{-1} N_{21} Q_{11} N_{12} N_{22}^{-1} \tag{6.7.14}$$

从综合解可以得到 Q_{11}，从而可以解算得全局参数的方差与标准差。再根据(6.7.14)式，可以计算得到 Q_{22}，然后计算的局部参数的方差与标准差。

6.7.2 综合解算过程

1. 先验数据准备

综合解算需要输入射电源位置、测站坐标及其变化率，以及 EOP 等的先验值，所以要将最新的 ICRF、ITRF 及 EOP 序列的数据文件存入进行综合解的计算机内供使用。

2. 观测数据准备

现有的天测/测地观测，包括了 S/X、K、Ka 及 VGOS 等不同波段的观测数据，其中 S/X 波段观测数据时间跨度最长，自 20 世纪 70 年代末到现在，时间跨度 40 多年，共有数千组 24h 模式的观测数据；还进行了 K 与 Ka 波段的观测，但观测数据的时间跨度及观测量都低于 S/X 波段；近十多年，国际上已经建成部分 VGOS 测站，采用 2~14GHz 范围 4 频段观测，开始进行试观测。由于不同波段的射电源位置存在差异，观测设备的状态与性能也有所差别，用不同波段的观测数据混合进行综合解算比较复杂，所以现在一般采用同一波段的观测数据进行综合解算。

当选定了某波段观测数据后，还要对数据质量进行检查，一般依据单组解算的观测值拟合后残差的 WRMS 大小作为选择数据的标准，例如以 WRMS≤100ps 作为合格标准，则以此标准来选取观测数据。为了选取观测数据，需要对所选定时间段内的全部观测数据逐个进行单组解算。一般可以先固定射电源与测站位置以及 EOP 先验值，以初步确定钟差，然后删除观测数据中的野点以及消除模糊度，再计算观测值拟合的残差，以确定综合解算是否采用该组观测数据。当选定该组观测数据后，再进行单组的精细解算，固定射电源与测站位置(除个别位置误差大的射电源或测站)，解算 EOP、钟差参数及大气湿时延模型参数等。单组解算完成后，需要存储各组的法方程式系数矩阵、观测值残差标准差等数据，供综合解算时使用。

3. 控制参数设置

综合解算涉及的数据量很大，需要规定解算的策略与模型定义很多，控制参数设置一般采用两种方法：一是配置一个控制文件；二是用人机对话界面设置。主要控制参数举例如下。

- 数据的时间跨度。例如，JAN 1980 – OCT 2020。
- 使用数据类型。例如，群时延。
- 选取数据的标准。例如，该组观测数据拟合后的 WRMS 不大于某值。
- CRF 有关控制参数。
  ——射电源位置先验值。例如 ICRF3。
  ——待解参数。例如射电源赤经与赤纬。
  ——CRF 定向。例如，对于 ICRF3 的 303 颗定义源，符合无旋转约束条件(NNR)。
  ——不列入综合解的射电源。个别射电源仅在一组 24 小时观测过，或者它的位置很不稳定，在不同组观测的结果差别很大，这些射电源就作为局部参数，不作为全局参数列入综合解。
- TRF 有关控制参数。
  ——测站坐标先验值。VTRF2020，参考历元 2015。
  ——待解参数。测站坐标 X,Y,Z；测站坐标变化率 dX,dY,dZ。需说明哪些观测数据时间跨度较短的测站不解算测站坐标变化率。
  ——TRF 定向与原点。对于 VTRF2020 的若干个测站无移位(NNT)与无旋转(NNR)。通常选取全球分布、测站位置测量时间跨度长、精度高的测站作为参考站。例如如下 25 个测站：
  ALGOPARK，BR-VLBA，DSS45，FD-VLBA，FORTLEZA，HARTRAO，HOBART26，KASHIMA，KAUAI，KOKEE，LA-

VLBA，MATERA，MK-VLBA NL-VLBA，NOTO，NRAO20，NRAO85_3，NYALES20，ONSALA60，RICHMOND，SANTIA12，SC-VLBA，SESHAN25，WESTFORD，WETTZELL。

——测站运动速度非线性模型解算的测站。例如，GILCREEK，HRAS_085，PIETOWN。

- 消减参数。设定哪些局部参数需要消减，例如，EOP(x_p,y_p,dUT1,X-章动,Y-章动)、钟差参数、天顶湿大气时延、大气时延梯度等。
- 后向解算 EOP 及其他消减参数的有关设置。

——EOP 先验值。通常采用 IERS 发布的 EOP 参数值。

——EOP 待解参数。X-极移及变化率，Y-极移及变化率，UT1-TAI 及变化率，X-章动，Y-章动。

——解算钟差参数的 PWL 函数设置。例如，分段时间 1h，钟速限制 $5×10^{-14}$。

——解算天顶湿大气参数的 PWL 函数设置。例如，分段时间 1h，时延变化率限制 50ps/h。

——大气梯度待解参数限制值的设置。东向和北向的偏差值一般不大于 0.5mm，变化率不大于 2.0mm/d。

- 理论模型。关于地球物理理论模型，比如，地球固体潮、海潮、极潮、大气载荷及大气时延等，通常采用 IERS 协议 2010 的地球物理理论模型。关于天线结构重力形变与热形变等的理论模型见本书 6.4.2 节，详见参考文献 (Nothnagel，2009；Gipson，2019a)。

图 6.7.1 显示了 VieVS 软件的控制参数设置的一个人机对话界面，该软件由维也纳科技大学研发。界面中选择天线坐标与射电源坐标作为待解参数，固定天线速率，钟差参数、湿大气时延、中性大气梯度及 EOP 参数作为消减参数。另外，还规定了采用数据的标准，拟合后的单位方差不大于 2。

4. 解算全局参数

运行综合解的软件，一般需要多次迭代计算，不断优化设置参数，删除新发现的数据野点，以得到最佳综合结果。

5. 后向解算局部参数

将解算得的全局参数代入各单组的法方程式中，按各单组观测时间顺序重新解算局部参数，如 EOP 等。

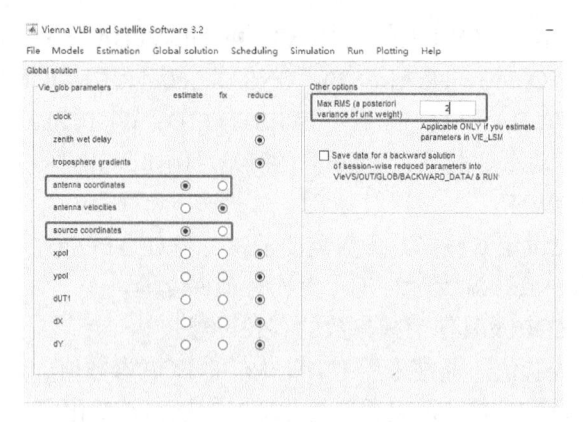

图 6.7.1 VieVS 软件的控制参数设置的人机对话界面一例

6. 测量精度检验

当完成了全部待解参数(全局参数和局部参数)的平差计算后,需要对测量精度进行检验。检验方法参见 6.5.2 节,即将全部待解参数的平差值代入误差方程式中,计算得到戏差值 V,然后计算得到时延观测值的方差和标准差,进而计算得到各个待解参数平差值的方差和标准差。

6.8 射电干涉测量观测值的相关性

6.8.1 概述

前面在阐述射电干涉测量的参数解算的原理与方法时,都是设定观测值是相互独立的,所以误差方程式的权矩阵都是对角矩阵,各个观测值的权分别列于对角线各个单元上,因为没有协方差,所以非对角线的单元均为零值。但是在有的情况下,观测值之间存在相关性,必须予以考虑。为了理解观测值的相关性问题,这里举一个用经纬仪测角的例子,它的角度观测值存在相关性。图 6.8.1 为经纬仪测角的示意图,图中 1、2、3 为经纬仪观测的 3 个目标,可以得到相应的水平度盘读数值为 r_1、r_2、r_3,它们是独立的方向观测值。如果要使用目标之间的角度值作为进一步数据处理用,就可以根据方向观测值计算其夹角,如图 6-11 中的 A 与 B 角。从图 6.8.1 可知,1 与 2 的夹角 $A = r_2 - r_1$;2 与 3 的夹角 $B = r_3 - r_2$。计算 A、B 的

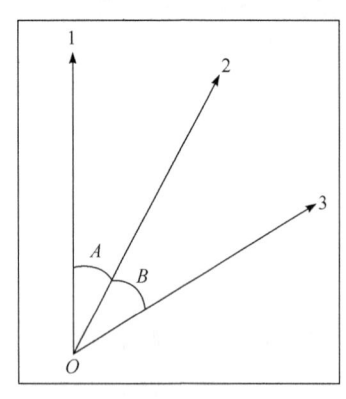

图 6.8.1 经纬仪测角示意图

角度值时，都用到了 r_2，如果 r_2 存在误差 ε，则 A 值就增加一个误差 ε，而 B 值减去误差 ε，所以 A 与 B 不是独立的，它们之间存在相关性。如果假设三个方向观测是等精度的，则 A 与 B 角的观测值的相关系数为−0.5。为了避免角度观测值的相关性问题，地面三角测量的平差计算中，常常使用方向观测值作为基本观测量。

当使用射电干涉测量时，也有类似情况。射电干涉测量的基本观测量为基线时延与时延率，即一条基线两个测站同时观测一个目标(天然或人造的射电源)，然后将两个测站接收到的数据进行互相关处理，获得时延与时延率观测值。如果两条基线有一个公共测站，则观测数据进行相关处理时，两条基线都使用了公共测站的观测数据，所以最后导出的两条基线时延与时延率都存在相关性。20 世纪 80 年代，国内外学者首次论述了射电干涉测量的 VLBI 观测值的相关性问题，见参考文献(Qian, 1986; Schuh, 1987)。人们在实际 VLBI 观测与数据处理工作中可以发现，当一个测站的观测数据质量差时，就会造成与该测站有关基线的干涉测量数据都变差了，并且这些基线的观测值存在相关性。

图 6.8.2 显示了 20 世纪 70 年代早期，美国的一个三测站(Haystack、NRL、NRAO)VLBI 测量对于一颗强射电源的相位观测值，1 秒钟 1 个数据点，连续跟踪观测 120s(Thompson et al., 2017)。当时，Haystack 与 NRL 均使用了氢原子钟，氢钟的频率稳定度高，该条基线的相位观测值误差很小，从图 6.8.2 上估计，相位波动值小于 10°；NRAO 测站使用一台铷原子钟作为频率源，它的频率稳定度比较氢钟要差很多，所以造成了与 NRAO 有关的两条基线的观测值的相位波动

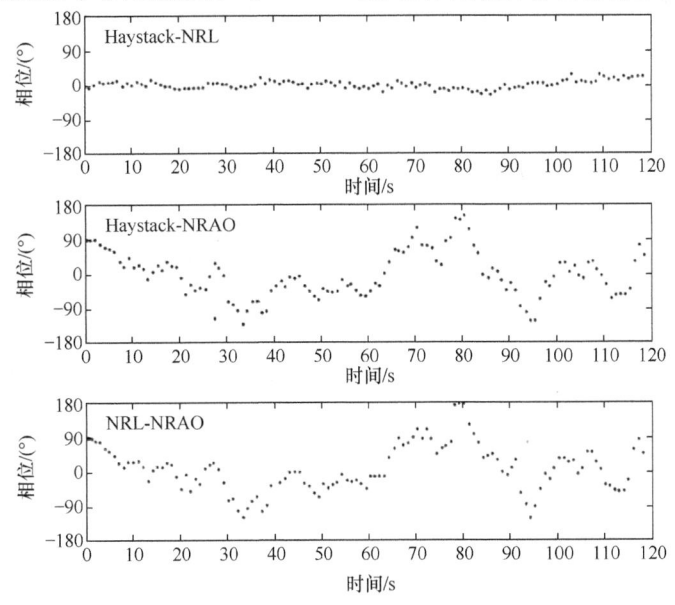

图 6.8.2　20 世纪 70 年代的一次 VLBI 观测的干涉条纹相位
Haystack 与 NRL 测站使用氢原子钟，NRAO 测站使用铷原子钟

很大，其变化范围为–120°～+180°，并且两条基线观测值相位随时间变化的谱形十分相似，存在很明显的相关性。这说明当一个测站由某种原因造成观测噪声增加时，它就会影响到与该测站相关的基线，使其观测值之间的相关性增大。

6.8.2 射电干涉测量观测数据相关性的检测方法

对于具有公共测站基线的时延与时延率观测值之间的相关性，可以以一组观测(24～48h 间)为单位，使用按协方差为零的常规方法进行参数解算后的观测值残差，来检测该两条基线观测值的相关性。计算公式如(6.8.1)式所示(Qian, 1986；Schuh, 1987)：

$$\rho_{1,2} = \frac{\left[\varepsilon_i^1 \cdot \varepsilon_i^2\right]}{\sqrt{\left[\left(\varepsilon_i^1\right)^2 \cdot \left(\varepsilon_i^2\right)^2\right]}} \tag{6.8.1}$$

(6.8.1)式中，$\rho_{1,2}$ 为基线 1,2 的相关系数；$\varepsilon_i^1, \varepsilon_i^2$ 为基线 1,2 的参数解算后各个观测值的残差值；下标为观测值的序号，$i = 1, 2, \cdots, n$，n 为各条基线观测值的数量。ε_i^1 与 ε_i^2 观测时间相同，且为观测同一颗射电源。

在参考文献(Schuh and Wilkin, 1989)中，给出了根据 1985～1987 年期间的 IRIS 与 CDP 计划的 19 组 VLBI 观测数据处理结果的观测值的残差值，计算所得具有公共测站的两条基线观测值的相关系数，如表 6.8.1 与表 6.8.2 所列，测站名称及所在地区如表 6.8.3 所列。从表 6.8.1 与表 6.8.2 可以看到，当两条基线的夹角近 90°时与近 0°时，其相关系数分别为 0.26～0.33 与 0.58～0.73，这说明两种夹角情况都存在相关性；但是，可以明显看到，夹角近 0°的两条基线的相关性较夹角近 90°基线的相关性要大很多，说明还存在与基线方向有关的误差源，如射电源结构或射电源位置误差。

表 6.8.1　两条基线夹角近 90°

基线		基线夹角/(°)	相关系数
Wes-Wet	Gil-Wes	86	0.30
Wes-Ric	Hra-Ric	92	0.27
Hra-Wet	Hra-Moj	99	0.26
Hra-Ons	Hra-Moj	94	0.28
Wes-Moj	Gil-Moj	86	0.29
Wet-Kas	Moj-Kas	86	0.32
Moj-Wet	Moj-Kas	85	0.32
Kas-Ons	Moj-Kas	81	0.33
Kas-Ons	Hra-Moj	85	0.29
Gil-Moj	Gil-Kwa	98	0.27
Gil-Kas	Kas-Kwa	99	0.26
Moj-Kas	Moj-Vnd	83	0.30

续表

基线		基线夹角/(°)	相关系数
Moj-Kwa	Kas-Kwa	95	0.28
Moj-Vnd	Kas-Vnd	90	0.28

表 6.8.2　两条基线夹角近 0°

基线		基线夹角/(°)	相关系数
Wes-Wet	Wes-Ons	9	0.68
Wes-Wet	Hra-Wet	11	0.64
Wes-Wet	Ric-Wet	8	0.68
Wes-Ons	Ric-Ons	5	0.68
Wes-Ons	Hra-Ons	15	0.62
Ons-Wet	Gil-Wet	4	0.62
Wes-Ric	Ric-Ons	14	0.58
Ric-Ons	Ric-Wet	8	0.70
Hra-Wet	Hra-Ons	6	0.70
Hra-Wet	Moj-Wet	12	0.67
Hra-Ons	Moj-Ons	12	0.67
Wes-Hra	Wes-Moj	18	0.61
Wes-Kas	Gil-Wes	8	0.61
Wes-Kas	Gil-Kas	8	0.62
Wet-Kas	Kas-Ons	6	0.70
Moj-Wet	Moj-Ons	4	0.72
Gil-Wet	Gil-Ons	1	0.73
Moj-Kwa	Kau-Moj	7	0.65

表 6.8.3　测站名称及所在地区

测站缩写	测站全称	所在地区
GIL	GILCREEK	美国，阿拉斯加州，Gilcreek
HRA	HRAO 085	美国，得克萨斯州，Fort Davis
KAS	KASHIMA	日本，鹿岛(Kashima)
KAU	KAUAI	美国，夏威夷州，Kauai
KWA	KWAJAL26	密克罗尼西亚群岛，Kwajalein
MOJ	MOJAVE12	美国，加利福尼亚州，Mojave

续表

测站缩写	测站全称	所在地区
ONS	ONSALA60	瑞典，Onsala
RIC	RICHMOND	美国，佛罗里达州，Richmond
VND	VNDNBERG	美国，加利福尼亚州，Vandenbergh
WES	WESTFORD	美国，马萨诸塞州，Westford
WET	WETTZELL	德国，巴伐利亚州，Wettzell

造成具有公共测站的基线观测值之间的相关性，其原因归纳起来有下列几方面：

(1) 测站设备或环境问题。比如，接收机噪声、频率源(原子钟)噪声与不稳定性、气候条件(突发性恶劣天气)等；

(2) 与测站有关的理论模型误差，比如，大气时延改正模型、测站位移的地球物理模型等；

(3) 射电源结构或位置误差。

6.8.3 相关观测值的参数解算方法

当观测数据存在明显相关性时，可以采用"相关最小二乘法"来进行参数解算，它与经典最小二乘法的不同点主要是需要首先测定相关系数，然后计算它的权阵，进而组成法方程式，最后解算出具有相关性的观测值的待解参数。下面用具有公共测站的两条 VLBI 基线观测为例，说明数据处理的方法。

(1) 利用基线 a 与基线 b 的拟合后观测值的残差值，按(6.8.1)式计算得，其相关系数为 ρ_{ab}，$0<|\rho_{ab}|<1$。由于是使用两条基线全部观测值计算得其相关系数，所以设定两条基线时间对应的每对观测值的相关系数都是相同的。这样可以得到相关系数阵 R：

$$R = \begin{bmatrix} 1 & 0 & 0 & 0 & \rho_{ab} & 0 & 0 & 0 \\ 0 & 1 & 0 & 0 & 0 & \rho_{ab} & 0 & 0 \\ 0 & 0 & \ddots & 0 & 0 & 0 & \ddots & 0 \\ 0 & 0 & 0 & 1 & 0 & 0 & 0 & \rho_{ab} \\ \rho_{ab} & 0 & 0 & 0 & 1 & 0 & 0 & 0 \\ 0 & \rho_{ab} & 0 & 0 & 0 & 1 & 0 & 0 \\ 0 & 0 & \ddots & 0 & 0 & 0 & \ddots & 0 \\ 0 & 0 & 0 & \rho_{ab} & 0 & 0 & 0 & 1 \end{bmatrix} \quad (6.8.2)$$

(2) 计算不考虑相关性的观测值的权。从相关处理中可以得到基线 a 与 b 的各个观测值的方差分别为 $\sigma_{a,i}^2$ 与 $\sigma_{b,i}^2$，$i=1,2,\cdots,n$，这里 n 为各条基线观测值的数量，设定两条基线观测值的数量是相等的。在 VLBI 实际数据处理时，为了使观测值的权更接近实际情况，常常加入一个人为设定的常数方差 σ_{add}^2，参见 6.5.1 节。这里假设两条基线的各个观测值的方差中均加入一个相同的常数方差，如 (6.8.3)所示：

$$\hat{\sigma}_{a,i}^2 = \sigma_{a,i}^2 + \sigma_{\text{add}}^2, \quad \hat{\sigma}_{b,i}^2 = \sigma_{b,i}^2 + \sigma_{\text{add}}^2 \tag{6.8.3}$$

设两条基线总的单位权方差为 σ_0^2，则观测值的权如(6.8.4)式所示：

$$p_{a,i} = \frac{\hat{\sigma}_0^2}{\hat{\sigma}_{a,i}^2}, \quad p_{b,i} = \frac{\hat{\sigma}_0^2}{\hat{\sigma}_{b,i}^2} \tag{6.8.4}$$

(3) 计算协因数阵与权阵。按(6.8.5)式(Schuh and Tesmer, 2000)计算协因数阵：

$$Q = P_{\text{diag}}^{-1/2} \cdot R \cdot P_{\text{diag}}^{-1/2} \tag{6.8.5}$$

(6.8.5)式中，

$$P_{\text{diag}}^{-1/2} = \text{diag}\left(\frac{1}{\sqrt{p_{a,1}}}, \frac{1}{\sqrt{p_{a,2}}}, \cdots, \frac{1}{\sqrt{p_{a,n}}}, \frac{1}{\sqrt{p_{b,1}}}, \frac{1}{\sqrt{p_{b,2}}}, \cdots, \frac{1}{\sqrt{p_{b,n}}}\right) \tag{6.8.6}$$

按(6.8.5)式计算得 Q 矩阵后，就可以计算得到考虑了观测值相关性的权矩阵 $P_C = Q^{-1}$。

(4) 利用 P_C 组成法方程式，进而解算得未知数。计算方法与经典最小二乘法是一样的，这里重新列出法方程式：

$$A^{\text{T}} P_C A \cdot \Delta X - A^{\text{T}} P_C L = 0 \tag{6.8.7}$$

$$\text{或 } N \cdot \Delta X - W = 0 \tag{6.8.8}$$

则最后解算得，未知数 $\Delta X = N^{-1} W$。

6.8.4 相关观测值参数解算实例

参考文献(Schuh and Tesmer, 2000) 给出了 1994～1998 年 4 年期间 IRIS-S 网的 36 组观测的数据处理结果，参加观测的测站有 Wettzell(德国)、Fortaleza(巴西)、Gilcreek(美国)、Hartrao(南非)，其中 Gilcreek 测站仅于 1997～1998 年参加观测。计算了测站球坐标 r(地心距)、经度、纬度的变化率，从表 6.8.4 中可以看到，考虑了相关性后，测站球坐标变化率测量精度(拟合后残差的 WRMS)明显好于未考虑相关性的数据处理结果，WRMS 降低约 30%。

表 6.8.4　IRIS-S 网 4 个测站的测站坐标变化率测量结果

(不考虑与考虑观测值相关性的数据处理结果比较)

测站球坐标变化率		不考虑观测值相关性/(厘米/年)	考虑观测值相关性/(厘米/年)
Wettzell	Δr	1.56 ± 0.70	1.47 ± 0.53
	$\Delta \lambda$	1.44 ± 0.69	1.41 ± 0.48
	$\Delta \delta$	−1.11 ± 0.29	−1.04 ± 0.19
Fortaleza	Δr	2.21 ± 0.49	2.52 ± 0.29
	$\Delta \lambda$	−0.53 ± 0.38	−0.49 ± 0.23
	$\Delta \delta$	0.96 ± 0.56	1.12 ± 0.32
Gilcreek	Δr	−1.89 ± 0.84	−1.89 ± 0.66
	$\Delta \lambda$	−2.18 ± 2.88	−2.10 ± 1.49
	$\Delta \delta$	−0.55 ± 0.45	−0.21 ± 0.43
Hartrao	Δr	2.23 ± 0.51	1.29 ± 0.46
	$\Delta \lambda$	−1.03 ± 0.64	−0.85 ± 0.53
	$\Delta \delta$	2.10 ± 0.53	2.11 ± 0.35

注：Fortaleza——该 VLBI 测站位于巴西东北部的福塔莱萨(Fortaleza)市；Hartrao——位于南非北部马格雷斯堡山(Magaliesberg hills)的山谷；其余测站所在地已经列于表 6.8.3 中。

对于 VLBI 观测值的相关性问题，于 2014 年 12 月 5 日发布的 IVS 关于 VLBI2010 第 3 工作组的"数据处理小组的工作报告"[①]的第 1.1.5 节"Improved variance-covariance modeling of VLBI observations"，提出了需要关注 VLBI 观测中的相关性问题与改进方差-协方差模型的建议。报告的大意为：以往对于 VLBI 观测的随机性问题没有引起足够的注意。现在，对 1984~2001 年大量数据的方差-协方差进行了估计，发现用于 VLBI 数据处理的方差-协方差矩阵，通常缺乏与测站和仰角有依赖关系的信息。这些缺陷可以用改进方差的方法来克服。同时，也可以清楚地看到，当今的 VLBI 参数解算，在多数情况下可以忽略观测值的相关性问题，最大的相关系数是源于相关处理过程(根据约 2200 组 VLBI 观测数据的分析，其相关系数的平均值为 0.2)。但是，有些观测存在很强的相关，可能是由于一些功能性模型的缺陷，例如，测站使用的大气时延误差改正的映射函数模型的缺陷。

综上所述，随着射电干涉测量网的测站观测设备的改进和各种理论模型精度的提高，测站观测数据质量逐步提高，与测站有关的误差小于与基线有关的误差（比如，相关处理过程产生的误差），所以射电干涉测量观测值之间的相关性明显降低。当今，在一般观测情况下，观测值的相关系数通常小于 0.2，可以不考虑观测值的相关性，而采用经典最小二乘法进行参数解算。但是，当与测站有关的误差较大，从而使得观测值之间的相关系数大于 0.2 时，建议采用本章 6.8.3 节阐述的相关观测值参数解算方法进行参数解算。

---

① ivscc.gsfc.nasa.gov/about/wg/wg3/6_data_analysis.pdf。

第 7 章 相对射电天体测量

7.1 相对射电天体测量的基本方法

射电天体测量可以分为两类,一类为绝对天体测量,就是直接测量射电天体(自然与人造)的天球坐标系中的位置(赤经、赤纬),本书第 5 章主要阐述了绝对天体测量的原理与方法;另一类为相对天体测量,就是测量两个邻近的射电天体的相对位置,通常是一个为参考源,已知其赤经、赤纬位置,通过测量参考源与目标源的相对位置,进而得到目标源的绝对位置。VLBI 相对天体测量的优点为:测量角距几度以内的邻近源的相对位置,可以利用相位(或相时延)观测值,从而获得相较于 VLBI 绝对天体测量更高的测量精度;它的缺点是限于两个小角距目标的测量,所以两者各有其优缺点。

VLBI 天体测量是通过对长基线干涉仪可见度相位的分析获得射电源的角位置信息,因而可靠的相位测量值是实现高精度天体测量的基础。对于一个偏离相位中心(射电源的先验位置方向矢量 S)角距为 θ 的点源,其在 t 时刻,观测频率 f,基线 (i,j) 上观测得到的可见度相位为(van Altena, 2013),

$$\begin{aligned}\phi_{i,j}^{\mathrm{o}}(t,f) = & \phi_{i,j}(t,f) + 2\pi f\left\{(ux+vy)\right.\\ & + \Delta(\boldsymbol{R}_i - \boldsymbol{R}_j)\cdot\boldsymbol{S}/c + \left[\tau_i^{\mathrm{cl}}(t) - \tau_j^{\mathrm{cl}}(t)\right] + \left[\tau_i^{\mathrm{tr}}(t,\theta) - \tau_j^{\mathrm{tr}}(t,\theta)\right]\right\} \quad (7.1.1)\\ & + \frac{1}{f}\left[\tau_i^{\mathrm{io}}(t,\theta) - \tau_j^{\mathrm{io}}(t,\theta)\right] + \left[\psi_i(t,f) - \psi_j(t,f)\right] + \eta_{i,j} + 2\pi N\end{aligned}$$

(7.1.1)式中:$\phi_{i,j}^{\mathrm{o}}(t,f)$ 为观测得到的可见度相位,即相关处理机输出的残余相位,i,j 代表组成基线的两个台站的编号;u 和 v 代表基线矢量的 UV 分量;x 和 y 为 θ 的两个分量;$\boldsymbol{R}_i$ 和 $\boldsymbol{R}_j$ 为测站位置矢量,$\Delta(\boldsymbol{R}_i-\boldsymbol{R}_j)\cdot\boldsymbol{S}/c$ 为源方向投影基线误差产生的时延,c 为光速。

(7.1.1)式的第一行中:第 1 项为描述源辐射特性的可见度相位,称为源结构相位,如果为点源,则该项等于零;第 2 项为反映源偏离相位中心而产生的相位误差。在精确估计源位置及它的结构时,必须首先确定其他所有与台站有关的误差项。

(7.1.1)式的第二行中:第 1 项为与台站位置误差相关的项。这一项非常复杂,因为测站望远镜固定在地面上，地球在空间的复杂运动、地球自转轴的变化及板块运动等各种地球物理因素会导致望远镜的位置发生位移。虽然可以用模型来描述，但模型的误差仍可导致望远镜基线产生数厘米的误差；第2、3项分别代表钟差 τ^{cl} 和对流层时延 τ^{tr} 模型的误差，这些项以及与位置偏差相关的项所对应的时延不依赖观测频率，因而相位误差与观测频率线性相关。其中 τ^{tr} 的大小还与源偏离相位中心的角度 θ 近似线性相关。

(7.1.1)式第三行中，有两项色散项，其中电离层时延 τ^{io} 造成的相位误差与 $1/f$ (其中 f 为观测频率)成正比；另外一项为仪器项 ψ，也与观测频率 f 有关，它没有包含在前述的任何相位误差项内。随机误差项为 η，其大小与信噪比(SNR)成反比。假设 SNR 为 100，则由此造成的相位误差为 0.01 弧度或约 0.5°。当 SNR 接近 1 时，相位误差非常大，则导致无法进行天体测量的数据分析。观测的可见度相位仅仅是一周(360°)内的数值，所以真实的相位还包括未知的相位模糊度。

若(7.1.1)式对观测频率 f 求偏导，则可求得相位对频率的斜率，即群时延，其表达式为(7.1.2)式。虽然相时延的观测精度要远高于群时延，但是在 VLBI 绝对天体测量的应用中仅使用群时延，其主要原因是相时延存在模糊度且通常难以求解。然而，上述两种 VLBI 观测量均可以用于相对天体测量。当两颗射电源角距相近时，其所受模糊度的影响，比如来自几何时延、仪器以及传播介质时延的影响也很相近，通过对 VLBI 观测量进行差分，可以削弱这些影响，从而获得较高的相对位置测量精度。这种差分 VLBI 相位观测技术得到的相对天体测量的精度可达微角秒量级。如此高的精度使得差分 VLBI 在天体物理研究以及深空探测方面具有广泛的应用前景。经过数十年的发展，差分 VLBI 天体测量技术已经发展出多种方法，然而其基本原理几乎一致。本章将以相位参考观测技术为例，主要讲述如何利用传统的快速切换观测模式进行高精度的相对天体测量。

$$D_{i,j}^0(t,f) = \frac{\mathrm{d}}{\mathrm{d}f}\phi_{i,j}(t,f) + 2\pi\left\{(ux+vy)\right.$$
$$\left. + \Delta(\boldsymbol{R}_i - \boldsymbol{R}_j)\cdot\boldsymbol{S}/c + \left[\tau_i^{\mathrm{cl}}(t) - \tau_j^{\mathrm{cl}}(t)\right] + \left[\tau_i^{\mathrm{tr}}(t,\theta) - \tau_j^{\mathrm{tr}}(t,\theta)\right]\right\} \quad (7.1.2)$$
$$-\frac{1}{f^2}\left[\tau_i^{\mathrm{io}}(t,\theta) - \tau_j^{\mathrm{io}}(t,\theta)\right] + \frac{\mathrm{d}}{\mathrm{d}f}\left[\psi_i(t,f) - \psi_j(t,f)\right]$$

(7.1.2)式中：$D_{i,j}^0(t,f)$ 为观测群时延；$\frac{\mathrm{d}}{\mathrm{d}f}\phi_{i,j}(t,f)$ 为源结构相位对于频率 f 的偏导数，当为点源时，该项等于零。

7.1.1 相时延拟合与相位参考

自 20 世纪 70 年代起，经过四十多年的发展，利用相位观测量的差分 VLBI

天体测量法已经日臻成熟,其基本原理可以通过式(7.1.3)来说明,即两颗射电源 A 和 B 的差分相位(上标 res 代表扣除了模型相位之后的残余相位)可以分解为以下几项:

$$\phi_{\text{A-B}}^{\text{res}} = \phi_{\text{A-B}}^{\text{res,str}} + \phi_{\text{A-B}}^{\text{res,pos}} + \phi_{\text{A-B}}^{\text{res,inst}} + \phi_{\text{A-B}}^{\text{res,prop}} \tag{7.1.3}$$

分别为源的结构项、位置项、仪器项(包括天线电子设备,钟)以及介质项(包括对流层和电离层),此外还包括未列入的模糊度。相对天体测量即通过式(7.1.3)来获取两个射电源的相对位置,根据数据处理方法的不同,一般可分为相时延拟合(Phase-Delay Fitting)和相位参考成图(Phase-Referencing Imaging)。

对于相时延拟合,相位时延差分时,若两颗射电源已知为点源,则可忽略结构项;若射电源不为点源,则可根据已知的射电源结构图加以改正。仪器项和介质项可预先提供先验模型,因此差分后,主要包括两颗源相对位置的改正信息,以及未被模型化的仪器项和介质项。通过时延率来逐步消除相位时延中的模糊度,即进行"相位连接",然后可以根据加权最小二乘法来拟合源的相对位置(包括仪器项和介质项先验模型的改正)。Shapiro 等(1979)采用该方法精确测定了 3C 345 与 NRAO 512 之间的相对位置,角距为 0.5°,精度达 0.3mas,首次成功实现了高精度差分 VLBI 天体测量。区别于相时延拟合,模糊度在相位参考时并不要求直接测定,其影响隐含在成图时目标源和参考源相对位置中。Marcaide 和 Shapiro (1984)首次成功实现了同波束观测模式的相位参考成图,两颗源的角距为 33as,精度达 0.1mas。Alef(1988)首次获得了交替观测模式的相位参考图,角距为 0.5°。Lestrade 等(1990)对相位参考用于探测弱源以及其相对位置测量进行了较详细的描述。由于相位参考并不像相时延拟合那样需要两颗源足够强而都能被探测到,因此具有更广阔的应用前景。本章将主要介绍相位参考的基本原理,其限制因素,以及差分 VLBI 观测的应用。

7.1.2 相位参考的基本原理

射电干涉仪得到的相位包含了波前在对流层、电离层和天线电子设备中的传播时延效应、钟差,以及由不精确的几何信息(比如源/台站位置,天线轴线偏差)造成的系统差。采用自校准技术(比如条纹拟合),这些误差可以被减弱到某种程度,然而,

(1) 丢失了绝对位置信息;

(2) 通常的自校准过程需要数据有足够高的信噪比(SNR > 7),来保证获得可靠的时延和时延率的解。

消除 VLBI 观测中这些限制的方法之一,称为相位参考,即通过规则地交替(或同时)观测目标源及其附近的强源——参考源(图 7.1.1),通常两者角距小于等

于 5°，以实现相位连接并用于目标源。此过程消除了钟差的效应，并降低了几何和大气效应的影响，该影响约与 θ（θ 为目标源和参考源角距，在相位参考站也称为转换角，单位为 rad）成正比。通过相位参考增加相干积分时间或是相位稳定度，可以获得更好的成图质量。

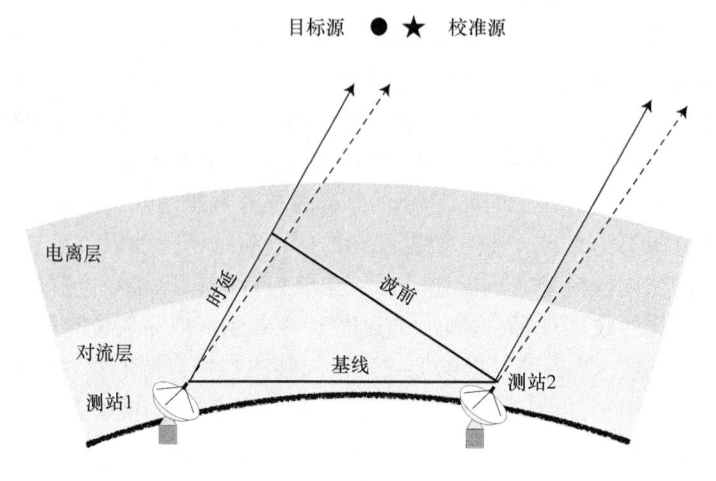

图 7.1.1　VLBI 相位参考观测示意图

目标源和参考源发出的信号到达两个测站时经过相近的传播路径，对时延差分后可以去除大部分传播介质的影响，由此可增加积分时间来探测弱源或测量两源的相对位置。

具体而言，相位参考就是利用离目标源很近的致密强源的可见度数据来校准目标源可见度数据的相位，即首先对参考源的观测数据做条纹拟合，求出残余的时延、时延率和在中频的相位误差($\Delta\phi$)，然后把这些解应用到目标源的可见度数据，以达到校准目标源数据的目的。但由于信号受对流层、电离层以及仪器等的时延影响，在 VLBI 观测中相位误差的变化非常大且迅速。这对参考源的选取和观测方法提出了要求：参考源和目标源角距尽可能近；参考源强且结构简单(近似点源)；交替观测目标源和参考源的转换时间 τ^s 尽量短。

参考源和目标源的观测相位通常可以表示为如下形式：

$$\phi_{obs} = \phi_{str} + \phi_{pos} + \phi_{ant} + \phi_{trop} + \phi_{iono} + \phi_{inst} \tag{7.1.4}$$

(7.1.4)式中，ϕ_{str} 为源真实的结构相位；ϕ_{pos} 和 ϕ_{ant} 分别为源和天线位置所造成的相位误差；ϕ_{trop} 和 ϕ_{iono} 分别为对流层和电离层所引起的误差；ϕ_{inst} 为仪器所造成的相位误差。由于两个源角距很近，天线位置所引起的误差近似相等；交替观测的摆动时间较短，信号到达天线的传播介质可以认为相同；仪器相位误差对目标源和参考源是相同的；若参考源很致密，可看作点源，则参考源结构相位 $\phi_{str}^c = 0$。通过内插,可得到目标源和参考源在某个相同时刻的观测相位,然后将它们相减。由于目标源与参考源的角距很小,交替观测的时间间隔也很短,所以目标源观测相位与参考源观测相位两者相减之后,天线位置相位误差、中性大气与电离层相位误差及仪器相位误差等消除了,这样可得

$$\phi_{\text{targ}} - \phi_{\text{cal}} \approx \phi_{\text{str}}^{t} + \left(\phi_{\text{pos}}^{t} - \phi_{\text{pos}}^{c}\right) \tag{7.1.5}$$

(7.1.5)式中,$\phi_{\text{targ}},\phi_{\text{cal}}$ 分别为目标和参考源的观测相位;ϕ_{str}^{t} 为目标源的结构相位;$\phi_{\text{pos}}^{t},\phi_{\text{pos}}^{c}$ 分别为目标源与参考源的位置相位。由此,得到了目标源的结构及其与参考源的相对位置信息。

根据范西泰特-策尼克(van Cittert-Zernike)定律,干涉仪观测到射电源可见度数据与源的亮度分布是二维的傅里叶变换对(Thompson et al., 2001)。对射电源可见度数据进行傅里叶变换和去卷积,就可得到目标源的亮度分布结构图。相位参考成图的过程,与自校准成图的过程是一致的。不同的地方是,相位参考成图时的相位除了包含源结构信息之外,还包括参考源与目标源的相对位置。需要指出的是,该相对位置是对两个源先验位置的改正。图 7.1.2 的左图为参考源 G043.17+0.01 脉泽源,它的亮度分布的峰值基本位于图像中心(相位中心)位置;中图与右图为目标源,均为河外致密射电源,它们的亮度分布位置中心偏离图像中心。通过对亮度分布进行二维的高斯拟合,可以获得位置偏离的精确值,偏离的大小可反映源的先验位置偏差。

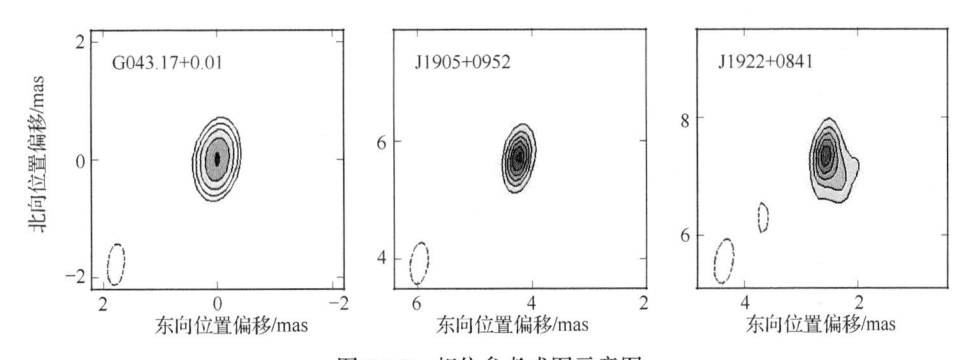

图 7.1.2　相位参考成图示意图

以大质量恒星形成区 W49N 中的一颗脉泽源 G043.17+0.01 作为参考源,进行相位参考后得到的两颗河外源 J1905+0952 以及 J1922+0841 的亮度分布图。脉泽源的强度等值线为 250(Jy/beam×2^n),河外源分别为 0.02 和 0.20(Jy/beam×2^n),其中 $n=0,\cdots,5$。该图取自 Zhang 等(2013)

7.1.3　差分相位的时间与空间相干性

相位参考成功的前提是参考源与目标源的相位误差近似相同。由于目标源与参考源在观测时间和方向上都不同,它们之间的相位也会有所不同,从而在成图

或是求解相对位置时引入误差。当目标源和参考源非常近时，它们可能落在同一望远镜的波束内，或是采用类似日本 VERA(VLBI Exploration for Radio Astrometry) 双波束天线观测时，也可以实现同时观测。在考虑由不同观测时间和观测方向引起的相位误差时，必须考虑两个量，即参考源和目标源在天空中的角距 θ，以及连续两次参考源观测时段的时间差 τ_s，关于相位随时间变化的量度，称为相位的时间相干性，随空间变化的量度称为相位的空间相干性。

相位的时间相干性主要与各台站上空的对流层(主要是湿分量)和电离层所造成的短时间尺度的扰动相关。这些扰动造成的时延在数秒到数分钟，且主要依赖于天气条件。当望远镜相距超过 100km 时，各台站上空的对流层时延差基本独立，在干旱且海拔高的地方可以小到 0.5mm，在湿润的沿海地区可以达到 100mm。电离层时延在 5GHz 以下时可以与对流层时延相比，在更低频率时则占主导。

时间相干性可以从 VLBA 在 23GHz 的观测实验中相位的稳定性来举例说明，如图 7.1.3 所示，对于 BR-LA 基线，在 15min 的时段内，相位基本近似为常数，相位的变化小于 20°，对应<1mm 的时延。在 SC-LA 或是 PT-LA 基线上，有多个时段相位在 1min 内变化较大。比如，对于 SC-LA 基线，在 18.3~19.5min 的相位内插。此处的"相干时间"是指在此期间内，两个相邻的观测时段内，相位的内插精度不低于 1rad。在许多观测实验中，特别是高频，由于相位的离散度较大，部分的实验数据必须进行编辑。这些相位变化较大的时段，与某些台站上已知的较差的天气状况有关，而且通常是在风大的时候。将时间相干性较差的那些数据包含在数据处理中时，通常会降低天体测量的精度。

类似地，目标源和参考源之间的角距也会造成与方向相关的相位误差项，即使是时间项的相位内插非常完美。当源的角距大到使得两个方向上的相位差为 1rad 时，该角称为相干角。这主要是由相关处理时台站的位置不准以及未被模型化的对流层和电离层时延所造成的。

时间和空间的相位差的统计特性是不同的。在比较差的条件下，时间项的相位离散度比较大但在数分钟的时段内是随机的。其主要影响是降低了数据的相干性，使得目标源可见度数据无法通过增加积分时间来提高信噪比。另一方面，由角度引起的相位差在数分钟甚至数小时的时间段内是常数。即使是小的相位误差，如果一直存在的，也会造成较大的成图以及天体测量的误差。因此，相位参考的相关模型必须尽量精确，而如何用某些特殊的观测方法来减少角度相关的相位误差，将在 7.1.4 节中讨论。对于 VLBI 观测，8GHz 的相干角是 5°，而在 43 GHz 时则为 1°，这也是加密参考源对于相位参考的成功至关重要的原因。

图 7.1.3 中显示了某次 VLBA 相位参考观测实验中的 16min 的相位稳定度，图中的圆点表示每个约 40s 的观测时段中的参考源的相位，相干时间的变化从 10s 到 1min 左右。该图改自 van Altena(2013)。其中 BR, LA, HN, MK, PT 和 SC

分别代表 VLBA 台站 Brewster, Los Alamos, Hancock North Liberty, Mauna Kea, Pie Town 以及 Saint Croix。

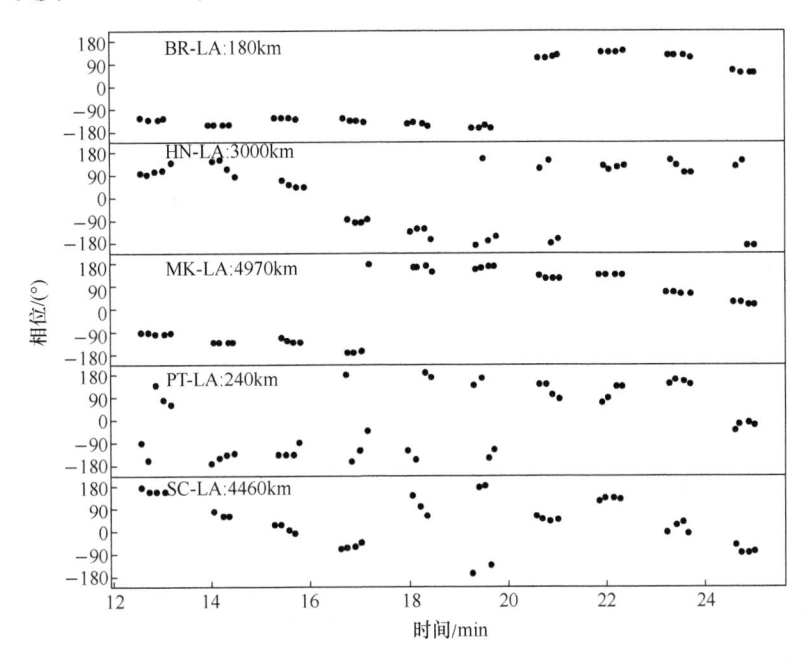

图 7.1.3　VLBI 相位参考后相位的相干性

7.1.4　相位参考误差的时间项与空间项

根据参考源的观测值内插得到的目标源的相位ϕ可以写为

$$\phi(t,\theta) = \phi(t) + 2\pi f(ux+vy) + \ddot{\Phi}^{\mathrm{cal}}\Delta t + \Delta\Phi^{\mathrm{cal}}(t)\theta \tag{7.1.6}$$

式(7.1.6)中，(u,v)为目标源的空间频率；x和y为目标源偏离相位中心的位置。目标源的结构相位$\phi(t)$与源结构有关，其偏离相位中心的相位部分由$2(ux+vy)$给出。若目标源的相位参考误差小于 0.2rad，则可说目标源的可见度数据已经足够好，而可以通过傅里叶变换以及去卷积进行成图。幅度校准(目前是忽略的)一般而言是比较直接的。对于那些结构比较简单的源，则可利用简单的模型对可见度数据进行拟合。比如，软件 DIFMAP(Shepherd et al., 1994)比较适合此类拟合。若相位误差大于 1rad(也可能包含多个整周数)，则需要按照绝对天体测量对群时延进行分析。

图的质量将取决于式(7.1.6)中后两项，即差分时间项和空间项的相位误差的大小。差分时间相位项的大小可近似为参考源相位的非线性项与切换时间的乘积，即$\ddot{\Phi}^{\mathrm{cal}}\Delta t$。根据前面的讨论，这项主要与$\tau^{\mathrm{cl}}$，$\tau^{\mathrm{tr}}$和$\tau^{\mathrm{io}}$中的短时间尺度的变化有关。若两相邻时段的参考源观测相位相差超过 60°，则可造成目标源上比较严重的相位误差。

差分空间相位项即角距对相干性的影响可以根据 $\Delta \Phi^{cal}(t) \cdot \theta$ 项来表示。该项误差包括各种依赖于观测方向的误差，以及各台站上空传播介质时延随观测方向变化的误差。在半径为 10° 的天区范围内，这种相位随观测方向的变化基本上是线性的，因而该项误差可以认为仅与角距成正比。显然，角距越近，空间相位误差就越小。此处将时间项归于短期项，将空间项归于长期项的做法是近似的。当然，在与角度相关的长时间尺度的相位项被确定之前，短时间尺度的时间相位项必须足够小。

上述误差大多表现为时间时延，由此导致相位变化是与频率相关的。对于带宽小于观测频率 10% 的，这种相位随频率的变化可以忽略，因而相位随时间的变化在整个频段上可认为相同，通过对整个频段上相位随时间变化的平均，从而获得精确相位随时间的变化。也可以根据(7.1.2)式来区分由电离层和对流层时延造成的相位变化，这种在相位参考中利用相位随观测频率变化来估计电离层时延的方法可参考 Brisken 等(2000)。

目标源的精确位置测量依赖于相关处理时所采用的两颗源的先验位置。首先，参考源的位置定义了此次观测实验成图时参考架的原点。假设参考源的位置偏离了某个方向，则目标源的位置也为偏移相同的一阶项，因此，为了维持源位置的统一性，不建议在不同的历元或是不同的频率改变参考源的位置。其次，假设参考源的位置是正确的，目标源在成图参考架中的位置则反映了其相对于真实位置的偏移。

7.2 影响相对天体测量精度的因素

相对天体测量无论是采用相时延拟合还是相位参考方式来实现，所受到的误差因素是一致的，因而本节以相位参考为例，描述影响天体测量精度的因素。VLBI 的观测数据是通过对组成基线的两个台站的原始观测数据进行互相关处理而得到的，在相关处理时通常已经采用了比较精确的先验模型，然而这些模型仍然有一定的误差。此外，还有未被模型化的误差没有在相关处理中考虑。因而相位参考必将受到相关处理和初始相位校正之后剩余模型误差的影响，这些影响与观测方向和时间有关(Walker and Chatterjee, 1999)。比如，源和天线的位置，对相位参考相位的影响可达其总误差乘以转换角(单位为 rad)。大气效应，包括对流层和电离层的影响，基本上与天顶距的正割成正比，而同一颗源对于不同的天线，其天顶距会有较大差异。静态大气时延模型误差所引起的相位误差主要是由参考源和目标源的天顶距不同而引起的，在低高度角时，即使转换角很小也可造成非常大的相位误差。大气效应还随时间和空间快速变化,这种动态变化也会降低相位参考的效果,比如转换时间(两次观测同一颗参考源的时间间隔)τ_s不能太长和转换角不能太大。

7.2.1 几何时延和钟

各天线上的大气不一,所用的独立频率标准或钟也各不相同。不考虑大气和钟的影响,目前 VLBI 相关处理机所用几何模型的最低精度亦可达厘米级,对应接收信号的数个相位反转。此外,相关处理中参考源的位置精度也将限制相位参考。对于观测频率 8.4GHz,转换角为 2°,参考源位置误差为 10mas 时,动态范围大约为 25。目前钟的影响不大,这是由于其不随指向位置而变化,变化的长期项可以通过观测参考源加以检测并改正,而短期项通常比大气效应要弱。

7.2.2 传播介质

各天线上空不同的传播介质,比如大气状况是相位参考误差的主要来源。为了评估在给定的参数下相位参考能否可行,必须对静态和动态的大气有所了解。关于传播介质时延的详细介绍可参考文献(Thompson et al., 1986; Beasley and Conway, 1995; Sovers et al., 1998)。

1. 对流层

地球大气层的最底层为对流层,它的高度随地理纬度而变化,低纬度高,高纬度低,平均高度约为 12km,它集中了约 75%大气质量和 90%以上的水汽质量。相对于真空,射电信号在对流层中传播将产生时延,称为对流层时延,它占了大气时延的绝大部分。相关处理机模型对静态对流层的传播时延采用模型进行先验估计,包括两个分量:①与台站纬度、大地高度以及季节相关的流体静力学分量;②仅与台站纬度有关的湿分量(Niell, 1996)。在天顶方向,干大气可造成约 2m 的时延,而湿分量可达 0.3m。对流层湿分量所引起的时延变化非常迅速,这与可降水气量的快速变化有关。目前,相关处理机对动态对流层时延并未采用任何模型进行先验估计。

相关处理机模型对参考源和目标源观测方向上静态对流层时延进行了先验估计。由于不同的天线可能以不同的天顶距观测这对源,因此静态对流层模型的误差主要与参考源和目标源的角距 θ 成正比,特别是在天顶距很大的时候,即使是很小的转换角,该项影响也会很大。由此,相位参考观测时必须注意两点:使得转换角最小,并避免大的天顶距。

动态对流层的影响对相位参考有很大限制,特别是当观测频率很高时,而这方面已经有很深入的研究(Carilli and Holdaway, 1999)。相位差可以表示为基线长度的函数,即所谓的相位结构函数,可以用于了解参考源与目标源视线上时延之间的差异。实际上，即便基线长度超出了对流层顶高度，两天线观测两源的视线仍然相当接近。比如天顶方向，若转换角 θ 为 5.7°，即 0.1rad 时，对流层高度为 1km，则视线在对流层高度处的差异为 100m。在动态对流层中，这个空间差异上的两视线所经受的时延扰动是一致的，因此没有必要寻求更小的转换角。但是必须注意，在低高度角时，动态对流层的空间差异将变得很大。

动态对流层对转换时间有很大的限制。分析扰动对流层时延的结构函数 (Treuhaft and Lanyi, 1987)可用于预测严格的转换时间(Beasley and Conway, 1995)。转换时间的设定要求参考源在不同观测方向上的路径时延变化的均方差（RMS）要小于观测波长，以保证在 95% 的情况下相邻两次观测的相位能够精确连接，而没有 2π 模糊度。通常情况下，由于动态对流层的限制，在天顶距 $Z \leqslant 60°\sim70°$ 的情况下，观测频率为 8.4GHz 时，转换时间 τ_s 为 160～440s，相位参考才能成功；而对于 43GHz，则需要 τ_s 为 25～30s(Ulvestad, 1999)。经验证明，相位参考真正获得成功，对于 8.4GHz，转换时间不超过 300s (Taylor et al., 1999; Beasley and Güdel, 2000; Wrobel et al., 2000)；而对于 43GHz，则需要不超过 30s (Reid et al., 1999)。

2. 电离层

地球大气的最上层为电离层，在离地表 80～1000km 高的范围内广泛分布，而在 350km 左右高度时，等离子体的密度最大。相对于真空，电离层所造成的射电信号的相位时延为负，而群时延则为正。电离层时延与观测频率的平方的倒数成正比，典型情况下在观测频率为 2GHz 时可造成约 2m 的时延，但是在白天和黑夜以及太阳活动周期，变动的幅度较大。类似于对流层时延，电离层时延亦可以分为两个部分，其一是随时间和角度平稳变化的静态分量，其二是在时间和空间尺度上都不规则变化的动态分量。

GPS 测地观测同样受到电离层的影响，目前已经有时间分辨率为 2h 的全球静态电离层模型，可用于对静态电离层的时延进行先验估计(Walker and Chatterjee, 1999)。此外，也可以在相位校准时采用基于 GPS 资料的模型进行电离层改正 (Ulvestad, 2000)。Treuhaft 和 Lanyi (1987)用静态模型估计动态对流层时延的影响，然而对于动态电离层，目前尚无对应的模型。相关处理机的模型对静态的和动态的电离层模型都未做任何先验估计。这表明当观测频率小于 5GHz 时，相关处理机模型的误差主要由电离层引起。

静态电离层效应与静态对流层类似，在天顶距小于 80°时，与天顶距的正割成正比。而在大天顶距时，该效应变化趋缓，这是由于地球表面的曲率，以及电离层效应主要发生在 300～500km 的高度。电离层时延在各方向上不同且难以模型化，因此天顶距的正割即便是很小的转换角也可能导致非常大的相位误差。为减小相位误差，要求尽可能小的转换角和避免很大的天顶距。电离层的影响在较低的观测频率(比如 0.33GHz 和 0.6GHz)时影响较大，在交替观测模式下相位参考难以成功。因而对于低频观测，首选方法是同波束模式，这主要得益于低频时较大的主波束，能找到更多同波束并且致密的背景源。

声重力波经过电离层时会使得总电子含量发生变化，由此影响传播时延。通常这主要与中尺度电离层的扰动有关。这种扰动一般发生在高度 400km 左右，其影响范围为 40~160km，传播速度为 100~200m/s(Perley and Erickson, 1984)。由于电离层扰动的影响，相位参考观测一般要求转换时间 $\tau_s \leqslant 200 \sim 400s$ 而转换角 $\theta \leqslant 5°$。早期 MERLIN 在观测频率为 1.7GHz 的实验观测表明，在大多数情况下，$\theta \leqslant 3°$，$\tau_s \leqslant 420s$ 时相位参考能够成功(Patnaik et al., 1992)。而 VLBA 在观测频率 1.4~1.7GHz 的经验表明，交替模式的相位参考观测要求 $\theta \leqslant 4° \sim 5°$，$\tau_s \leqslant 300s$，而同波束观测模式的相位参考可以更好地削弱相位误差(Chatterjee, 1999a,b; Fomalont et al., 1999)。对于足够强的源，电离层时延可以通过比较两个差别较大的观测频率上的群时延或相时延来测定。比如 Brisken 等(2000)采用双频 1.4~1.7GHz 观测强源消除电离层效应。此外，望远镜特殊光路设计允许同时以两个频率即 2.3GHz 和 8.4GHz 进行双频观测，消除电离层效应，比如，常规测地 VLBI 观测就是采用双频观测强射电源用以消除电离层影响。

7.3 提高相对天体测量精度的方法

7.2 节介绍了相位参考中的主要误差源，由于电离层时延与观测频率的平方成反比，因此在高频(大于 5GHz)时，对流层的时延是主要的误差源。而为了获得较高的天体测量精度，通常需要在高频实施相位参考观测，因此，改正对流层时延的影响是提升相位参考精度的关键之一。由于对流层时延占了中性大气时延绝大部分，所以它的理论模型与第 5 章中阐述的中性大气时延模型是一致的。

7.3.1 类测地 VLBI 观测方法

由对流层中湿大气分量造成的时延具有较快的时变性而难以建模，因此，为了获得精确的对流层时延就必须通过实测。传统的测地 VLBI 观测模式为了获得高精度的群时延观测值，采用了带宽综合技术，并利用 S/X 双频观测来削弱电离层时延的影响。然而，在相位参考观测时，比如在 K 波段观测时，大多数的 VLBI 网都很难迅速切换至 S/X 观测频段，而是采用类似测地观测的频率设置以及观测策略，在半小时左右的时间内观测全天分布的 15 颗左右的强度高、结构致密、位置精确已知的河外射电源，由此获得的群时延可认为主要包括钟差以及对流层时延，而对流层时延可以模型化为天顶时延与映射函数的乘积。映射函数与观测仰角有关(参见 5.6.1 节)，从而通过最小二乘方法求得各台站观测时段内平均的天顶时延。通常是在相位参考观测的前中后加入三段 (或更多) 这样的类测地观测，并由此内插计算出相位参考观测时段的对流层时延。该方法比较详细的描述可见 Brunthaler 等(2005)以及 Reid 等(2009a)的文章。

7.3.2 相位拟合法

1. 相位拟合

与上述方法通过额外的观测来求解剩余对流层时延不同，目标源以及参考源本身的可见度相位数据也可以用来估计残余对流层时延，该方法首次在测量银心 Sgr A*的自行时得到了成功的运用(Reid et al., 1999)。在经过参考源相位参考后，目标源可见度相位中主要包含了源的位置偏差，以及未被模型化的对流层时延所造成的相位误差。源位置偏差造成的相位为 24h 周期的余弦变化，而对流层天顶时延造成的相位误差随时间的变化则更为复杂，主要是依赖于观测高度角。两种误差源造成的相位具有不同的变化形式，因此可以通过同时拟合源位置偏差以及天顶时延来区分两种效应。如(7.3.1)式所示：

$$\phi_{i,j} = -(u\cos\delta\Delta\alpha + v\Delta\delta) + \left[M(Z_{i,t}) - M(Z_{i,c})\right]\left(\phi_i^{ztr} + 2\pi N_i\right) \\ -\left[M(Z_{j,t}) - M(Z_{j,c})\right]\left(\phi_j^{ztr} + 2\pi N_j\right) \tag{7.3.1}$$

其中，i,j 代表组成基线的两个台站的编号；u 和 v 代表基线的 uv 分量；α和δ分别代表参考源(由下标 c 表示)的赤经和赤纬；$\Delta\alpha$和$\Delta\delta$分别代表由目标源(由下标 t 表示)和参考源位置不准而造成的位置偏差；ϕ^{ztr} 代表天顶时延造成的残余相位；N_i 和 N_j 代表相位的整周模糊度；$Z_{i,t}$ 代表第 i 个台站观测目标源时的天顶距；M 为映射函数，近似为 sec(Z)。根据(7.3.1)式，可以求解$\Delta\alpha$和$\Delta\delta$ 以及各台站的ϕ^{ztr}。

图 7.3.1 显示了对河外星系 IC 10 中的水脉泽斑采用不同大气时延改正方法后成图的结果，分别为：没有经过对流层时延改正的成图、相位拟合方法对流层时延改正后的成图、类测地 VLBI 方法对流层时延改正后的成图，以及自校准对流层时延改正后的成图。可以发现经过对流层时延改正后的图，比未进行对流层时延改正的有明显改进。

2. 最佳图像法

上述方法的实质是求出对流层时延，然后对相关处理机中的对流层模型值进行改正。由于斜路径对流层时延可以模型化为天顶时延与映射函数的乘积，因此只要求出各台站上的剩余天顶时延即可。最佳图像法的主要原理是根据天顶时延的误差会导致可见度数据的误差，从而降低相位参考成图的质量，因而找到具有最大峰值亮度的图像可以用来估计各台站上的天顶时延。这种方法的实现需要对各个台站试用不同天顶时延值，然后重新计算各可见度数据的相位。由于需要进行大量的试算，因而比较耗时。该方法的详细描述可见 Honma 等(2008)的文章。

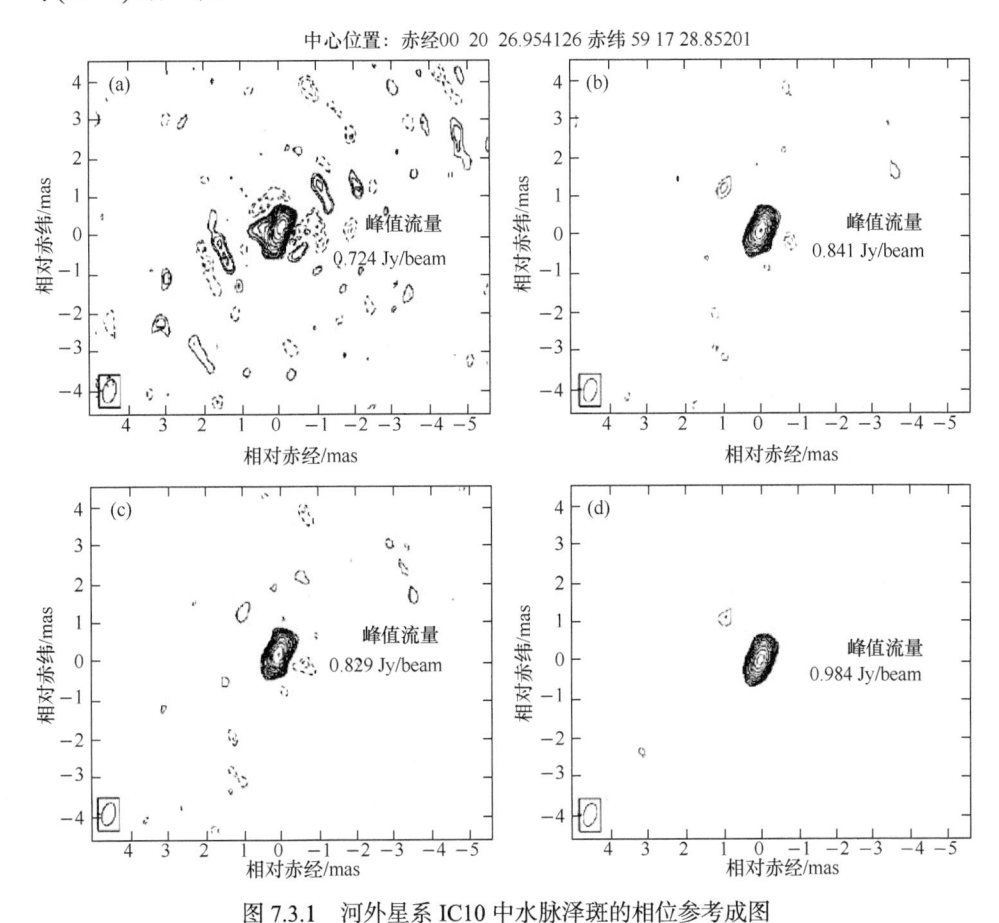

中心位置：赤经00 20 26.954126 赤纬59 17 28.85201

图 7.3.1　河外星系 IC10 中水脉泽斑的相位参考成图

(a) 没有进行对流层时延改正的成图；(b) 采用相位拟合方法改正对流层时延后的成图；(c) 采用类测地 VLBI 观测改正对流层时延后的成图；(d) 经过自校准改正对流层时延后的成图。对所有图，等值线从 25mJy 开始并以 $\sqrt{2}$ 的倍数递增。峰值噪声比分别为 77，101，100 以及 151。该图取自 Brunthaler 等(2005)

7.3.3　多参考源方法

在采用一颗参考源的情况下，尽管做了些改正来削弱两个方向上的相位差，然而由于两颗源毕竟存在一定的角距，各台站在两个方向上的相位差主要与角距线性相关(即相位梯度效应)，而这些相位差会降低相对位置测量的精度以及相位参考成图的质量。通过多颗参考源的相位参考，可估计这些相位梯度并加以改正。该方法不仅可以削弱对流层时延未模型化部分的影响，也可以消除诸如电离层时延、台站位置误差之类造成天空相位梯度的效应。该方法的详细描述可见文献(Fomalont, 2005)，与此类似的方法可以参考文献(Rioja et al., 2017; Reid et al., 2017)。

7.3.4 其他观测方法

1. 全球导航定位系统

类似于测地 VLBI 观测技术，其他的空间大地测量技术也会受到对流层时延的影响，与 VLBI 测量对流层天顶时延的原理相同，全球导航定位系统(GNSS)技术也用来测量台站上空对流层天顶时延。采用上述类测地 VLBI 技术来改正对流层时延的影响时，最大的缺点是占用相位参考的观测时间，且时间分辨率有限。而连续观测的 GPS 台站则可获得更高时间分辨率的对流层天顶时延，这对于某些并置有 GPS 连续观测站的 VLBI 台站而言，GPS 测量得到的对流层时延可以用于改正 VLBI 相位参考的对流层时延影响。关于该方面比较详细的讨论可以参考 Zhang 等(2008); Honma 等(2008)的文章。

2. 射线跟踪方法

某个观测路径上的对流层时延可以根据该路径上的气象资料(比如温度、气压以及湿度)通过理论公式计算得到，这些气象资料可以基于探空数据或是气象参数模型来获得，该方法称为射线追踪方法。由该方法获得的对流层时延精度主要取决于气象参数的误差。目前测定 VLBI 数据处理分析时主要采用了两种数值气象模型(NWM)，即美国 NASA 的戈达德(Goddard)航天飞行中心的地球观测系统(Eriksson et al., 2014)，以及欧洲中期天气预报中心(ECMWF)的 NWM(Hofmeister and Boehm, 2017)。

3. 水汽辐射计

上述的实测方法通常很难获得高时间分辨率的对流层时延，特别是对湿时延快速变化的测量比较困难。即上述方法主要对于削弱相位参考中相位误差的空间项有效，而对于时间项则比较困难。当相干时间很短，相位在参考源的观测时段内，比如数十秒内变化超过 1rad 时，即便是采用非常快的切换时间，也很难获得相位参考的成功。观测路径上的气态和液态的水分子会对射电波段的电磁辐射产生一定的影响，两者都会对射电辐射有吸收效应，然而前者还可以造成电磁波传播的时延。通过比较某观测方向上的频谱与理论计算的频谱，可以估计观测路径上的水汽的含量，从而得到湿大气时延。

7.4 相对天体测量的应用

差分 VLBI 观测可以获得两个射电源之间的精确相对位置，在一年中不同历元测定同一目标源与河外背景源的相对位置变化，可测定该射电源的视差。对具有多个分量的射电源进行不同历元的差分 VLBI 测定，则可研究射电源内部分量的运动和演化。因此，差分 VLBI 观测可用于天体物理和深空探测的许多研究领域。本节不可能面面俱到，因而仅列出一些例子，作为了解相对天体测量在各领域中应用的参考。关于这方面的综述可以参考 Reid 和 Honma (2014)的文章。

7.4.1 天体物理学

1. 河内天体

1) 河内脉泽天体的视差和自行测定

脉泽又称微波激射(Microwave Amplification by Stimulate Emission of Radiation, 简称 Maser)，是星际分子天体物理中一个非常奇特的物理现象。脉泽是一种受激辐射，具有非常强的射电辐射。此外，脉泽源也大多非常致密，因此很适合作为 VLBI 天体测量的目标。银河系内，脉泽主要分布在恒星形成区以及晚型星的星周包层，分别称为星际脉泽和恒星脉泽。天体距离是天体最基本的物理量，而天体的空间速度、光度、大小、质量等物理量的测定都与天体的距离有关。因此距离的测定对于研究恒星的结构和演化，以及大质量恒星形成区的运动学具有重要意义。由于大质量恒星形成区主要分布在银河系的旋臂上，因此大质量恒星形成区中的脉泽是研究银河系结构和运动学的最好的示踪天体。

由于星际尘埃的消光作用，光学手段能够探测到的距离很有限。与光波不同，射电波辐射很少被尘埃吸收，因此射电望远镜能够接收到那些在银河系银盘上被尘埃严重消光天体的信号。Xu 等(2006)利用 VLBA 精确测定了银河系英仙臂距离，在 2kpc 的尺度上相对精度达到 2%，证明了天文学有技术测量银河系的大小和银河系的旋臂结构，打开了该领域研究的大门。在该项示范性的测量成果之后，利用近 20 个大质量恒星形成区甲醇分子脉泽的距离测量，得到了银河系基本参数(太阳到银心的距离，太阳绕银心的旋转速度)、银河系旋臂数目、旋臂形状、银河系旋转曲线等有价值的重要结果(Reid et al., 2009b)，引起国际天文界同行的密切关注。2010 年命名为"BeSSeL"的研究计划已经正式启动，计划在 5 年内观测银河系内近 400 颗源的视差和自行，以得到银河系的完整结构及其运动学信息，从而揭开银河系结构的神秘面纱(图 7.4.1)。

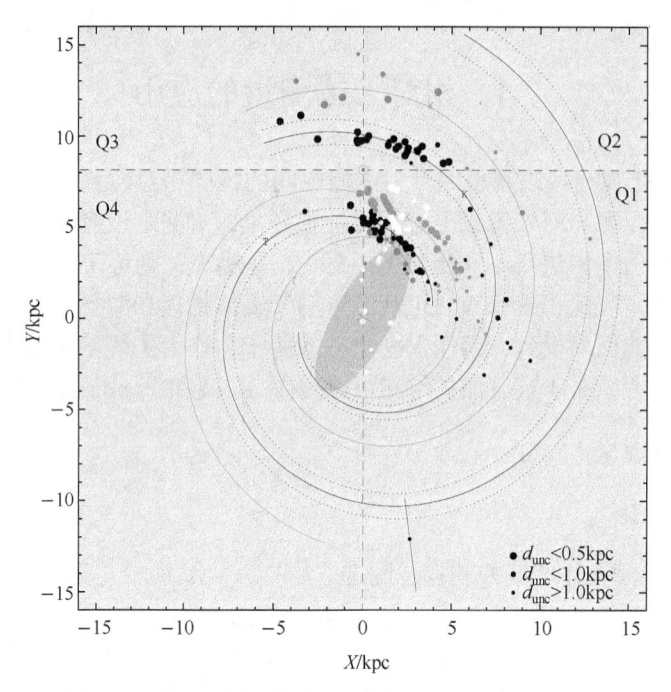

图 7.4.1 银河系大质量恒星形成区示踪的旋臂结构图
图中的圆点代表具有视差的脉泽数据，不同颜色代表不同的旋臂，圆点的大小与距离误差成反比，该图取自文献(Reid et al., 2019)

2) 脉冲星的视差和自行测定

脉冲星以其独特的极端物理性质成为天文研究的重要对象，脉冲星非常致密而成为 VLBI 观测的重要目标。高精度天体测量参数如位置、自行和距离，对于研究脉冲星的物理性质及其起源地，银河系电子密度和磁场分布，动力学和运动学天球参考架的连接，相对论预言的验证，以及未来可能的脉冲星深空自主导航等，均具有重要意义。尽管可以根据银河系电子密度分布的模型以及脉冲星的色散量来估计脉冲星的天体测量参数，但模型本身特别是小尺度区域的不精确会导致严重的距离估算误差。而其他距离估算方法，比如脉冲星计时观测，通常仅适用于毫秒脉冲星且依赖于太阳系的行星历表。而 VLBI 周年视差是测量脉冲星天体测量参数最可靠的方法。

早期对脉冲星周年视差和自行的测量主要是采用连线干涉仪(Anderson et al., 1975; Lyne et al., 1982; Backer and Sramek, 1982)，受制于角分辨率以及当时技术条件的限制，视差精度仅在 2～9mas，自行则为 3～40mas/yr。而后，Gwinn 等(1986)利用 Arecibo 305m，Green Bank 43m 以及 Owens Valley 40m 射电望远镜组成的 VLBI 网，对六颗脉冲星进行了快速切换模式的 VLBI 相位参考观测，获得的视差测量精度小于 1mas，自行精度小于 5mas/yr。随着 VLBI 终端记录速率的提高以及电离层效应修正方法的改进，Brisken 等(2000)利用 VLBA 对 PSR B0950+08 进行了观测，将视差精度提升至 0.3mas，自行精度提升至小于 0.5mas/yr。上述的观测均在 L(约 1.5GHz)波段，尽管脉冲星为陡谱源，强度随频率增高而减小，然而在 C(约 5GHz)波段，电离层的影响显著减小可提高测量精度，Chatterjee 等(2004)将视差测量精度进一步提高到小于 0.1mas。近年来，同波束 VLBI 相位参考获得的脉冲星视差精度可达 0.01~0.02mas(Chatterjee et al., 2009; Deller et al., 2019)。除了北半球的美国 VLBA 和欧洲 VLBI 网(EVN)之外，南半球澳大利亚的 LBA 也实施了脉冲星的 VLBI 天体测量(Deller et al., 2009)。为测量更多脉冲星的视差和自行，VLBA 在 2010 年启动了重点科学项目 PSRπ，完成前期的参考源搜寻工作之后，在 2011~2013 年对 60 颗脉冲星进行了多历元的 VLBI 观测，获得了 57 颗脉冲星的视差，典型精度约 0.04mas，将具有 VLBI 周年视差的脉冲星个数增加至约 100 颗(Deller et al., 2019)。

3) 射电星的视差和自行的测定

恒星的光学观测已经有很长的历史，相对而言，恒星的射电观测则非常有限。绝大多数的恒星(甚至包括那些天空中最明亮的星)都难以被射电望远镜探测到，这是因为射电望远镜仅能探测到那些亮温度很高的恒星。射电星是指具有较强射电辐射的恒星，其射电连续谱辐射分为热辐射和非热辐射。由于热辐射通常来自恒星电离的拱星包层的自由-自由辐射，亮温度较低且尺度较大，不宜被 VLBI 观测到；而恒星的非热辐射(比如同步辐射)具有远大于热辐射的亮温度(可达 10^9K)且辐射区较为致密，尺度为几个毫角秒，比较适合作为 VLBI 的观测目标。

目前关于射电星连续谱的 VLBI 观测主要集中在特定类型的恒星系统，除了脉冲星之外，主要包括耀星、Algols、RS CVn、X 射线双星，以及与超新星相关的恒星(Lestrade et al., 1999)。采用的观测模式是相位参考，即用与射电星角距离近且较强的河外射电源作为相位参考源，来探测较弱的射电星，并获得两者之间的相对位置。射电星的 VLBI 观测在天体物理以及天体测量两个方面都具有重要的意义(Lestrade, 1988)。在天体物理方面，利用 VLBI 直接测定射电源的大小和亮温度并同时对其成图，有助于了解它们的射电辐射机制。此外，VLBI 观测也可以测定射电星的一些重要的与模型无关的物理参数，比如磁场强度、电子数密度，由此揭示磁场结构，而这或许是晚型星获取能量的主要来源。在天体测量方面，一些射电星在射电以及光学波段都有较强的辐射，因此可以用来作为连接射电和光学天球参考架的共同星。这种方式的天球参考架连接的质量依赖于恒星射电和光学分量的重合程度，对这些恒星的物理模型有更深入的观测研究。

Lestrade 等早在 1982 年讨论了光学和射电参考架连接的基本原理，从 20 世纪 80 年代到 21 世纪初，已经开展了一系列 VLBI 观测计划(Lestrade et al., 1986, 1995, 1999; Boboltz et al., 2003; Fey et al., 2006)来连接依巴谷光学参考架

(Hipparcos-CRF)与ICRF。尽管目前可用于参考架连接的射电星(数十个)的数量比类星体(数千个)小两个数量级,然而相比于类星体,射电星大多位于星等的亮端,而具有更高的天体测量精度,且不容易受到喷流的影响,因而更适合在光学亮端与射电天球参考架连接。特别是射电星的精确自行,为估计两个参考架之间的旋转率(spin rate)提供了关键信息(Froeschle and Kovalevsky, 1982; Lindegren, 2020)。

Guirado 等(1997)综合依巴谷和 VLBI 的观测资料,获得亚毫角秒精度的天体测量数据,并由此获得了该星的精确的运动学信息,证实该运动为该星与其小质量伴星的引力相互作用所致。根据测得的视差结果和主星的质量($0.76M_\odot$)以及观测到的反应运动,得到伴星的质量为 $0.08\sim 0.11M_\odot$。该项工作表明利用 VLBI 相位参考技术探测数十个 pc 距离的褐矮星以及系外行星是可行的。

2. 河外天体

1) 活动星系核(AGN)研究

精确测量角距很近的 AGN 相对位置的变化,可以研究核的稳定性以及随频率的位置变化。Bartel 等(1986)表明 3C345 的核稳定在 20 个微角秒每年,通过同波束观测精确测定 QSO1038+528 A 和 B 的相对位置,证实核的位置与频率有关。核之间的相对自行上限为 10 微角秒每年(Rioja and Porcas, 2000)。Guirado 等(1995)测定了 4C39.25 相对于参考源 0920+390 的相对位置,得到其 B 分量的自行,证实这个分量为激波。这个结果随后被 Fey 等(1997)根据测地 VLBI 数据分析的结果得到验证。

Ros 等(1999)比较了 1928+837 相对于 2007+777 从 1985~1992 年的位置变化,观测到了核位置的变化,这说明这个类星体的动力学中心为核的北面。根据这些观测所积累的经验,以及可满足 15°角距的相位连接技术,Ros 等(2001)实施了一个 S5 Polar Cap 区域的 13 颗射电源运动学的研究计划,观测频率为 8.4GHz,15GHz 以及 43GHz。该项研究工作对相时延观测数据的分析采用了自助法(bootstrap),以及在北天极 30°范围内所有射电源位置的几何约束。

SN 1993J 是离我们最近的超新星遗迹,位于距离为 3.63Mpc 的河外星系 M81 中。M81 的核是离我们最近的 AGN 之一,两者相距约 170as。通过多个历元的相位参考观测,可精确测定 M81 的核相对于 SN1993J 的相对位置变化,可获得自行的估计,以研究 AGN 及其喷流的运动(Bietenholz et al., 2001)。

2) 广义相对论的检测

高精度天体测量技术,根据测量信号经过太阳系引力势的偏转效应,可以检测广义相对论的预言。Lebach 等(1995)根据测量 3C279 与 3C273B 在接近太阳方向上的相对视位置变化,对相对论后牛顿参数 γ 进行估计,获得 $\gamma=0.9996\pm0.0017$。Fomalont 和 Kopeikin(2003)在木星与类星体 J0832+1835 于 2002 年掩星时,测定

了参数 $\delta=(c/c_{grav})-1=-0.02\pm0.19$，得到 $c_{grav}=(1.06\pm0.21)c$。目前关于广义相对论检测的最大计划为 NASA/Stanford 的 "Gravity Probe B"，该计划将对射电星 HR 8703 进行差分 VLBI 以及空间陀螺仪望远镜观测，以测定广义相对论预言的测地岁差和参考架拖曳现象。

相对论预言的另外一个有趣现象是引力透镜，即遥远的类星体的射电辐射，受前景星系团的巨大引力场影响而发生偏折。从地面观测，将能发现它的相距不远的两个以上的像。引力透镜成的像通常相距不远，是差分 VLBI 观测的合适目标。双类星体 Q0957+561 A 和 B 被认为可能是一个类星体的两个像，它们相距 6 个角秒，两个源有相同的发射谱和吸收谱。通过 VLBI 观测得到它们的流量密度和亮度分布图的比较，进一步证实了它们是同一类星体的两个像，并试图探索第三个像的存在。另一个引力透镜系统是 2016+112 A 和 B。其他有可能的透镜系统是 0023+171 和 1042+178。

7.4.2 深空探测的应用

差分 VLBI 观测技术在深空探测器角位置定位中发挥了重要作用，根据不同的数据处理方法可分为不同的观测技术，关于这些技术的介绍以及比较，Lanyi 等(2007)给出了比较全面的介绍。本节主要介绍 VLBI 相对天体测量在深空探测应用中的一些实例。

1. 地球卫星以及月球探测器

高轨卫星比如地球静止轨道(Geostationary Earth Orbit, GEO)卫星的定轨比较困难，主要有如下几个原因：①轨道高约 36000 km，跟踪站的布设范围相对较小，观测站几何结构强度较差；②GEO 卫星与跟踪站位置相对静止，站星几何变化小，使得一些系统误差难以分离；③GEO 卫星要与地球同步，需要实施机动控制。因而对 GEO 卫星的定轨，采用传统的测距测速法具有一定的限制。通过差分 VLBI 技术观测同步卫星与位置已知的河外源，可获得两者的相对位置。Preston 等(1972)利用该方法获得卫星的位置的精度好于 5cm，表明了利用 VLBI 进行卫星精确定轨的可能性。在月球距离上，Counselman 等(1973)对月球上放置的实验装置(the Apollo Lunar Surface Experiments Package, ALSEP) 以及月球车的射电信号发射器的差分 VLBI 观测，获得两者相对位置精度约 1m。而后，Slade 等(1977)利用类似的方法获得 ALSEP 相对于月河外源的角位置精度约 1mas。近年来，VLBI 技术在我国月球以及深空探测计划中的应用也得到了快速的发展，对月球着陆器与巡视器的差分 VLBI 观测，利用相时延拟合以及相位参考都成功获得了两者的相对位置，精度好于 1m (Liu et al., 2014)。King 等(1976)结合 VLBI 对月球信号发射器以及测距的资料，对地月系统进行了更精确的估计。利用同波束 VLBI 观测技术测量精确的相对位置，还可以获得精确的月球重力场 (Goossens et al., 2011)。

2. 行星探测器

行星探测器的飞行距离相对于月球距离更远，传统测距技术更加困难，因而 VLBI 在飞行器定位方面能够发挥更大的作用。通过差分 VLBI 技术测量行星探测器相对于河外源的位置，除了有助于对行星探测器的精确定轨之外，还可以连接射电天球参考架与行星列表，比如，火星探测器 Viking "海盗"号和金星探测器 Pioneer "先锋"号也可以测量行星如金星大气中的风速 (Counselman et al., 1979) 以及土星卫星 Titan 大气中的风速 (Witasse et al., 2006)。利用 VLBI 相位参考技术对土星探测器"卡西尼号"的观测，可获得土星系统相对于天球参考架 0.3mas 的精度。Duev 等(2012)对如何利用 VLBI 相对天体测量技术提高深空探测器的定位精度进行了比较全面的综述。

7.5 展　　望

在以 Gaia 为代表的下一代光学高精度天体测量时代，高精度射电天体测量近年来也达到了新的高度。其中不断完善的 VLBI 观测模型扮演了重要的角色。在传播介质的模型方面也取得较大进展，比如借助水汽辐射计和 GPS 资料分析得到的传播介质改正，有助于进一步削弱传播介质时延效应对相对天体测量结果的影响。而实时 VLBI 技术的发展，对于快速获得地球自转参数等具有重要意义。未来空间 VLBI 技术的切换观测模式，则可以允许两颗源相距更远，并且具有比地球直径更长的基线，可获得更高的分辨率(假设卫星的轨道参数能够精确测定)。天线性能的不断改进以及新天线的加入，可进一步提高现有 VLBI 观测网的分辨率和灵敏度，从而有助于获取更高的相对天体测量精度。

附录 A7.1　VLBI 周年视差测量基本原理

A7.1.1　周年视差的定义

如图 A7.1.1 所示，其中 θ 为恒星和太阳相对于观测者的张角。所谓视差引起的恒星视位移，即恒星在有限距离时(有视差时)与无限距离时(无视差时)其方向的差异。具体而言，恒星无视差时，即从地球上看到恒星的方向与从太阳处看到恒星的方向一致，比如图中虚线的方向。实际上恒星是有视差的，此时两个方向之间的夹角为 p。

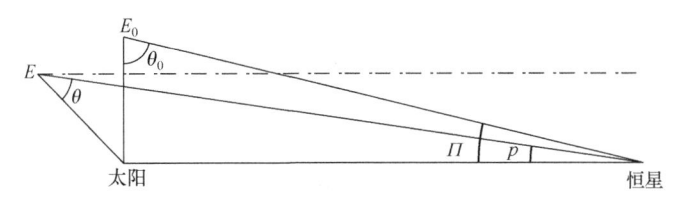

图 A7.1.1 视差测量示意图

当地球绕太阳公转时，比如从 E_0 移动到 E 时，恒星对于地球(观测者)与太阳之间的夹角在发生变化，这是由地球公转造成的，称为周年视差。地球绕太阳公转时，比如从 E_0 移动到 E，恒星的视位移发生变化，在 E_0 时，即当地球与太阳的连线与太阳到恒星视向方向垂直时，视位移最大，此时视位移就是视差。由于恒星比较遥远，因而有 θ_0 近似等于 90°。当地球移动到 E 时，太阳与恒星的夹角变为 θ，此时视位移为 p，通过三角函数正弦公式，可以导出：

$$\frac{\sin p}{\sin \theta} = \frac{\sin \Pi}{\sin \theta_0} \tag{A7.1.1}$$

而由于 p 与 Π 均为小量，因此有 $p=\Pi\sin\theta$，即视差位移 p 为视差 Π 与 θ 的函数，视差 Π 定义为 (Smart and Green, 1977)

$$\sin(\Pi) = a/d \tag{A7.1.2}$$

(A7.1.1)式中，a 为日地距离(Sun-E/E_0)，其平均值为一个天文单位；d 为天体到日心的距离(Sun-Star)。

除太阳外，离地球最近的恒星为位于半人马座的比邻星(Proxima Centauri)，视差为 0.76″。由于视差值很小，其 sin 值与其弧度值本身差异非常小(小于 1×10^{-17})，因此实际上，一般都采用 $\Pi = a/d$。

A7.1.2 视差的观测效应

对于某个特定的天体，其视差效应是通过观测与其周围背景天体(认为无穷远)的相对位置变化来求得。具体对射电天体测量而言，观测得到的源(银河系中射电源)与背景源(银河系外的类星体)之间的角距变化，实际上包含两种效应。

其一：目标源 (例如星周脉泽) 的自行为

$$\alpha(t) = \alpha(t_0) + \mu_\alpha \times (t - t_0) \tag{A7.1.3}$$

$$\delta(t) = \delta(t_0) + \mu_\delta \times (t - t_0) \tag{A7.1.4}$$

其中，t_0 为参考历元；t 为观测历元；α 和 δ 分别为射电源的赤经和赤纬；μ_α 和 μ_δ 分别为射电源在赤经和赤纬方向上的自行。目标源由于自行，赤经和赤纬的位置将随时间变化。

其二：地球轨道运动造成的视差效应为(Smart and Green, 1977)

$$\Delta\alpha\cos\delta = \Pi(Y\cos\alpha - X\sin\alpha) \quad (A7.1.5)$$

$$\Delta\delta = \Pi(Z\cos\alpha - X\cos\alpha\sin\delta - Y\sin\alpha\cos\delta) \quad (A7.1.6)$$

其中，$\Delta\alpha = \alpha_1 - \alpha$，这里 α 为从太阳看到的天体的赤经，α_1 为从地心看到的天体的赤经；类似地，$\Delta\delta = \delta_1 - \delta$；$X=\cos\odot$，$Y=\sin\odot\cos\varepsilon$，$Z=\sin\odot\sin\varepsilon$，这里 $\odot$ 和 ε 分别为观测时刻太阳的黄经和黄赤交角。

A7.1.3 视差拟合的思路

假设有两个天体目标源 A 和背景源 B，其中 A 的距离需要测定，而 B 的距离可认为是无限远。设 t 时刻，A 从地心观测的赤经为 $\alpha_1(t)$，赤纬为 $\delta_1(t)$；B 从地心/日心(由于 B 非常遥远，因而可忽略地心和日心的差异) 观测的赤经为 $\alpha_0(t)$、赤纬为 $\delta_0(t)$；α_0、δ_0 可认为不随时间变化。设：A 从日心观测的赤经为 $\alpha(t)$，赤纬为 $\delta(t)$，则赤经方向上的视差效应测量的是 A 和 B 的从地心看的赤经差

$$\Delta\alpha(t) = \alpha_1(t) - \alpha_0 = [\alpha_1(t) - \alpha(t)] + [\alpha(t) - \alpha_0] \quad (A7.1.7)$$

如此，(A7.1.7)式等号右边第一项 $[\alpha_1(t) - \alpha(t)]$ 为视差效应的赤经分量，第二项 $[\alpha(t) - \alpha_0]$ 为自行的赤经分量，展开有

$$\alpha_1(t) - \alpha(t) = \Pi[Y\cos\alpha(t) - X\sin\alpha(t)]/\cos\delta(t) \quad (A7.1.8)$$

$$\alpha(t) - \alpha_0 = \mu_1(t - t_0) + \alpha(t_0) - \alpha_0 \quad (A7.1.9)$$

整理得

$$\Delta\alpha(t) = \Pi[Y\cos\alpha(t) - X\sin\alpha(t)]/\cos\delta(t) + \mu_\alpha(t - t_0) + \alpha(t_0) - \alpha_0 \quad (A7.1.10)$$

类似地，

$$\begin{aligned}\Delta\delta(t) = &\Pi[Z\cos\delta(t) - X\cos\alpha(t)\sin\delta(t) - Y\sin\alpha(t)\sin\delta(t)] \\ &+ \mu_\delta(t - t_0) + \delta(t_0) - \delta_0\end{aligned} \quad (A7.1.11)$$

为方便运算，通常令

$$F(t) = [Y\cos\alpha(t) - X\sin\alpha(t)]/\cos\delta(t) \quad (A7.1.12)$$

$$G(t) = Z\cos\delta(t) - X\cos\alpha(t)\sin\delta(t) - Y\sin\alpha(t)\sin\delta(t) \quad (A7.1.13)$$

则有观测方程：

$$\Delta\alpha(t) = \Pi F(t) + \mu_\alpha(t - t_0) + [\alpha(t_0) - \alpha_0] \quad (A7.1.14)$$

$$\Delta\delta(t) = \Pi G(t) + \mu_\delta(t - t_0) + [\delta(t_0) - \delta_0] \quad (A7.1.15)$$

(A7.1.14)式和(A7.1.15)式中，$\Pi, \mu_\alpha, \mu_\delta$ 及等号右边最后一项为目标源和背景源相对先验位置的改正，可作为未知数求解；$\Delta\alpha(t)$ 和 $\Delta\delta(t)$ 为观测历元 t 的观测量。$F(t)$ 和 $G(t)$ 可以根据(A7.1.12)式和(A7.1.13)式求得。由此，通过多历元的观测可以获得多个观测值，可采用最小二乘方法求解五个未知参数 (Loinard et al., 2007)。

如图 A7.1.2 所示，左图为 RT Vir 星周水脉泽源相对于三颗河外类星体(分别用圆圈，方框以及三角形表示)近一年中 6 个历元的位置变化，上下子图分别为天球平面上东和北方向的位置分量，包含了视差和自行效应。右图则去除了自行的视差曲线。虚线为结合三颗河外类星体的数据，采用上述的最小二乘方法得到的最佳拟合模型。

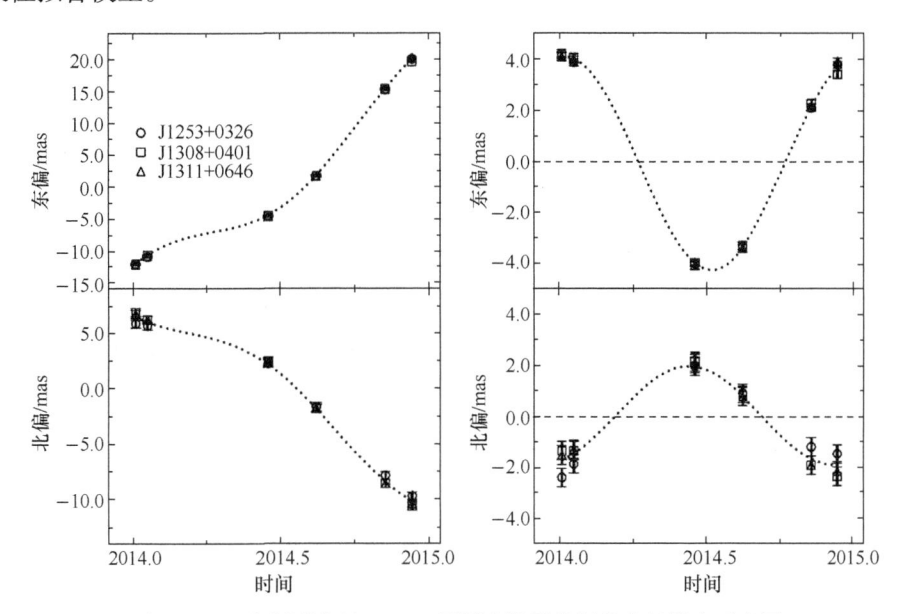

图 A7.1.2 半规则变星 RT Vir 星周水脉泽的视差自行拟合示意图

图 A7.1.2 中，圆圈、方框和三角形分别代表参考脉泽源相对于三颗类星体的位置变化；左图上下分别为赤经和赤纬分量的运动轨迹；右图与左图类似，只是去除了自行而只显示视差曲线；虚线代表运动轨迹

A7.1.4 最小二乘求解视差时的加权

最小二乘的最终目的是要残差的平方和最小。我们采用加权(主要取决于观测值的先验不确定度)最小二乘方法进行拟合时，评判拟合是否好的一个标准是要归一化的 $\overline{\chi^2} = \chi^2/(n-t)$ 接近于 1，其中 n 为观测数，t 为必要观测数。如果 $\overline{\chi^2}$ 不接近于 1，则说明先验的观测值的不确定度(或误差)不准确，此时需要对误差进行调整。

误差的重新调整将使得权阵发生改变，从而导致不同的求解结果，因此必须谨慎考虑。作为视差拟合输入数据的相对位置观测数据的误差,是射电源亮度分布中心的点位拟合误差,即主要与成图时的信噪比有关,可认为是随机误差,记为σ_{ran}。在大多数情况下,在相对位置测量的误差中并不占主导。事实上还存在一个未知的系统差,记为σ_{sys},而这个系统差包括众多因素,其中以大气效应为主。

由此将相对位置观测量的误差分解为两部分,即

$$\sigma^2 = \sigma_{ran}^2 + \sigma_{sys}^2 \tag{A7.1.16}$$

σ_{ran}在观测文件中已经给出,而σ_{sys}为未知。在最小二次拟合时可通过迭代调整其值,并使得$\overline{\chi^2}$接近于1即可。

第8章 射电天体测量应用于航天工程(一)

8.1 概 述

射电天体测量在航天工程中有重要应用,主要有下面几方面的应用:
(1) 射电天球参考架的建立与维持;
(2) 射电参考架与历表参考架的连接;
(3) 深空跟踪站位置测量;
(4) 地球定向参数(EOP)测量;
(5) 航天器的定位与定轨测量。

上述前四方面是航天工程的基础性工作,射电天体测量提供了高精度的时空基准,它们的原理与方法已经在前面有关章节中讲述,本章主要讲述射电干涉测量航天器跟踪测量的方法与航天器定位测量,关于航天器定轨方面的应用将在第9章阐述。

在航天工程中,航天器的位置与飞行轨道的精确测量,是一项重要保障性工作,直接关系航天工程的成败。航天器的轨道测量,传统方法是测量航天器的视向速度与距离,从而测定它的飞行轨道。该方法的优点是视向测量精度高,单测站就可以工作;缺点是横向位置测量精度低,需要长弧段的观测、利用航天器飞行的动力学模型,才能精确测定其轨道根数。射电天体测量主要采用射电干涉测量方法,它的优点是对于航天器的横向位置测量(即测角)精度高,但是它必须由两个或更多测站一起观测,组织观测与数据处理的工作量较大。射电干涉测量与测距测速结合起来进行航天器的定位与定轨,就可以发挥它们的各自长处、弥补短处,可以获得航天器的瞬时三维位置,快速精确定轨。由于深空探测器距离地球十分遥远,对于测角精度要求高,要求达到1.0mas,甚至更高的精度,所以时延测量精度要求好于1.0ns,并且需要数千千米的长基线,所以主要采用VLBI方法来测量。对于地球中低轨卫星,距离地球较近(几百千米至几千千米)、相对于测站的运动角速度大,不宜用很长基线的VLBI进行测量,采用CEI方法较为合适。

根据航天器的特点,当采用VLBI方法测轨时,通常采用差分VLBI(Differential VLBI 或ΔVLBI)方法,即利用航天器近旁的参考射电源来标校VLBI观测值。在20世纪60年代末与70年代初,美国NASA首先试验用VLBI技术进行航天器的测轨,那时主要使用航天器上现有的下行信号,例如遥测信号、测距测速信号及数传信号等作为 VLBI 观测的信标，把它们作为随机信号处理。但是，那些信号的带宽都比较窄，通常只有数兆赫兹，不利于高精度时延测量。为了提高时延测量精度，美国 NASA/JPL(喷气推进实验室)于 1977 年首先提出了采用"双差分单向测距"(Delta -Differential One-way Ranging, ΔDOR)(Melbourne and Curkendall, 1977)方法进行航天器 VLBI 跟踪测量，航天器上安装专用的 DOR 信标，在 X 波段其带宽达到近 40MHz，大大提高了时延测量精度。目前，ΔDOR 技术标准是由"空间数据系统咨询委员会"(Consultative Committee for Space Data Systems, CCSDS)(CCSDS, 2014, 2019)负责制订的，该委员会由全球 11 个国家的航天部门(包括中国国家航天局)组成，秘书处设在美国 NASA。ΔDOR 技术是当今国际上深空探测 VLBI 测轨的主流方法，将在下面 8.3 节详细阐述。

根据射电干涉测量方法的原理，如果由不在一条直线上的 3 个以上测站观测航天器，可以解算得航天器的瞬时三维位置，其横向位置的测量误差随测站至航天器的距离成正比增加，而其径向位置误差随至航天器的距离的平方成正比增加。所以，当航天器的离测站距离大大超过射电干涉测量的基线距离时，比如月球探测器至地球的平均距离 R 为 38 万 km，地球上 VLBI 测量最长基线 D 为 1 万 km，R/D 值达到近 40，径向位置误差比较横向位置误差大一百倍以上。对于深空探测器，R/D 值就更大了。所以对于地球高轨卫星、月球探测器及深空探测器进行射电干涉测量，主要用来对航天器的横向位置测量，即测角，这对于航天器的高精度定轨是十分重要的测量元素之一。如果需要得到航天器高精度的瞬时三维位置，则需要与测距数据联合解算。在 VLBI 定轨测量中，即使是一条基线的 VLBI 测量，如果有足够长弧段的观测数据，则采用统计定轨方法也能进行轨道根数的解算。当然，有二条或更多的 VLBI 基线观测，同时还有测距测速数据，这样可以获得更高的定轨精度。

目前，我国的月球和深空探测均采用测距测速和 VLBI 联合测轨模式，大大提高了航天器的测定轨精度，特别是短弧段的定轨精度。2007 年我国实施的"嫦娥一号"月球探测工程，是世界上首次将 VLBI 技术应用于月球探测器的实时工程测轨。

本章主要介绍使用射电干涉测量技术进行航天器位置和轨道测量的原理和方法，以实例介绍了 VLBI 技术在我国"嫦娥"探月工程中的应用。

8.2 航天器射电干涉测量的特点

8.2.1 实时性要求

航天器射电干涉测量的主要目的是定位和定轨，所以它不同于一般的天文观测，对于实时性要求很高，特别是对于地球卫星和探月卫星。比如，在我国的"嫦娥"探月工程中,对于射电干涉测量的时延、时延率及测角观测值,要求射电干涉测量数据中心自接收到各个干涉测量测站的海量观测数据后,10min 以内完成相关处理、相关后处理及系统误差改正等复杂的数据运算,最后向国家飞行控制中心提供干涉测量的观测值。对于某些关键弧段,甚至要求 1min 内提供干涉测量观测值数据。

8.2.2 有限距离

通常的射电天体测量的观测目标主要是太阳系外的致密射电源,由于它们离地球非常遥远,离地球的距离都是以光年计的,可以认为它们离地球"无限远",所以把接收到的射电波作为平面波来处理。但是,对于航天器来说,目前均在太阳系范围内,为有限距离(近场)目标,所以它就不能按平面波来处理,而要按球面波来处理。图 8.2.1 显示了平面波与球面波的差别。

图 8.2.1 中,A 和 B 表示两个地面测站,它们之间的距离为 d。若有一遥远的射电源正对着 A-B 基线,它发出的射电波到达测站时可以认为是平面波。为了推导公式相对简单,假设射电波的前进方向与 A-B 垂直,则射电波到达 A 和 B

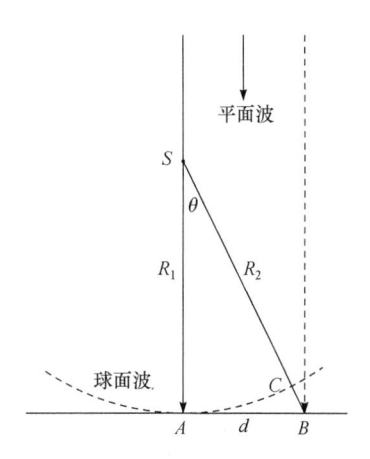

图 8.2.1 球面波与平面波的差别

的时间相同,即平面波时延值 $\tau_平=0$。如果有一个太阳系人造射电源(比如航天器)在 S 位置,它发出的射电波到达 A 点时为一个球面波,所以到达 B 点的时间有延迟,其时延值如图中的 C-B 所示。这也就是说,对于一个有限距离的目标,如果仍按平面波来计算时延,就会产生误差。

设航天器位置 S 点至 A、B 点的距离分别为 R_1、R_2,它对于基线的夹角为 θ。可以得到球面波的时延 $\tau_球=BC/c=(R_2-R_1)/c$,这里 c 为光速。如果遥远的平面波与有限距离的球面波的传播方向均与 AB 线垂直,$\tau_平=0$,则球面波时延与平面波时延的差值 $\delta\tau$ 的计算公式如下所示:

$$\delta\tau = \tau_球 - \tau_平 = (R_2-R_1)/c \tag{8.2.1}$$

从图 8.2.1 可知

$$R_1 = R_2 \times \cos\theta \tag{8.2.2}$$

把(8.2.2)式代入(8.2.1)式,可得

$$\delta\tau = (R_2 - R_2 \times \cos\theta)/c \tag{8.2.3}$$

由于 θ 角一般是很小的,$\cos\theta$ 可以按泰勒(Taylor)级数展开,所以(8.2.3)式可

以化为

$$\delta\tau = R_2 \times \left(\frac{\theta^2}{2!} - \frac{\theta^4}{4!} + \cdots\right)/c \qquad (8.2.4)$$

由于是粗略估计平面波时延与球面波时延的差值，所以对于(8.2.4)式仅取二次项，用航天器到测站的平均距离 R 代替 R_2，并且 $\theta \approx d/R$，则(8.2.4)式可以简化为

$$\delta\tau = \frac{d^2}{2cR} \qquad (8.2.5)$$

(8.2.5)式即平面波时延与球面时延的差值的估算公式，从(8.2.5)式可以看到，R 越大，$\delta\tau$ 就越小。

例 8.2.1 设基线距离 d=3000km，探月卫星离地球距离 R=38万 km，另有一深空探测器离地球 3 亿 km，分别计算在上述距离上，按平面波计算时延时产生的误差。

解 按(8.2.5)式可以计算得，时延误差值分别为 $\delta\tau$ = 39.5μs 与 50ns。所以对于上述两种情况，在数据处理时，均需要按球面波来计算理论时延值。关于有限目标理论时延的精确计算公式见本书第 5 章。

8.2.3 信号特点

航天器的下行信号不同于自然天体的射电辐射，它通常有下列几种下行信号。

1. 测控信号

测控信号包括遥测、遥控信号、测距和测速信号，通常带宽较窄，几兆赫兹(甚至更窄)。为了保证对航天器的可靠测控，所以测控信号比较强、一般不会间断；它的缺点是带宽较窄，所以时延测量的精度较低。图 8.2.2 为"嫦娥三号"月球探测器 X 波段的测控信号频谱图，可以用于 VLBI 观测的信号带宽约 1.0MHz，所以测量的精度一般限于纳秒级。

2. 数传信号

数传信号是指航天器上探测器观测数据的下传信号，它的带宽不等。对于地球轨道卫星，由于离开地球较近，可以高速下传数据，因此带宽较大，可以达到数十兆赫兹；对于探月卫星，数传信号的带宽就要窄一些，一般为几兆赫兹；对于深空探测器，由于离地球比较远，一般为几千万千米至几亿千米，下传信号速率低，一般带宽仅为若干千赫兹。图 8.2.3 为"嫦娥一号"(CE-1)探月卫星的数传信号互相频谱图。图 8.2.3 的上图为互相关幅度谱，下图为互相关相位谱，数

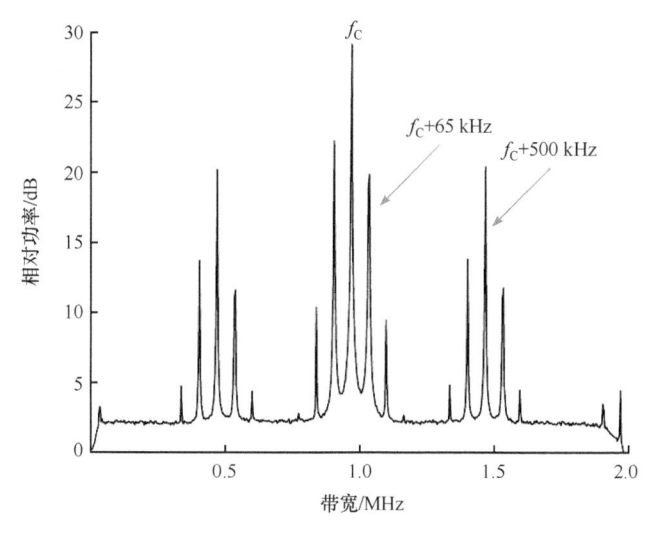

图 8.2.2 "嫦娥三号"X 波段测控信号频谱图

传信号带宽达到 6MHz，SNR 很高，所以相位噪声很小，VLBI 时延测量精度好于 1ns，所以探月卫星的数传信号可以用于 VLBI 测轨观测。但是，数传信号的下传时间不一定能满足 VLBI 测轨观测的要求，所以不能作为 VLBI 测轨观测的主信号。

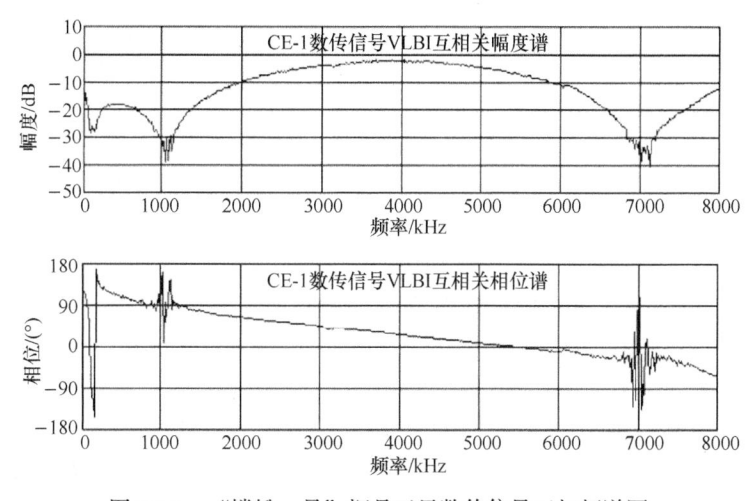

图 8.2.3 "嫦娥一号"探月卫星数传信号互相频谱图

3. X 波段伪随机码信号

在我国"嫦娥一号"、"嫦娥二号"工程中，曾采用了 X 波段的双频伪随机码信号，专用于 X 波段的测轨观测(钱志瀚和李金岭，2012)。信号的码长为 $2^{10}-1$，采样速率为 512kHz，所以信号展宽至约 1MHz(零 dB 带宽)。为实施带宽综合测量，所以采用双频模式，两个信号的中心频率分别为 8440MHz、8460MHz。该 VLBI 信标的频谱如图 8.2.4 所示，该信号的设计思想与国际上近年提出的伪码 DOR(PN-DOR)信号是一致，见本章 8.2.4 节。当时由于条件所限，所以采用的带宽较窄，为 1.0MHz。由于采用双频点观测，间距为 20MHz，所以时延测量精度较高，可以达到好于 0.5ns。

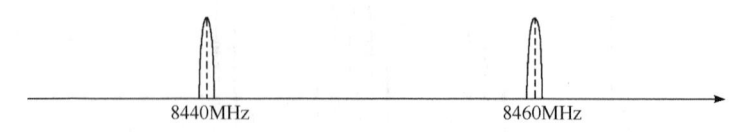

图 8.2.4　"嫦娥一号"和"嫦娥二号"卫星 VLBI 信标的频谱示意图

4. 差分单程测距信号(DOR)

CCSDS 提出的 DOR 的频谱图如图 8.2.5 所示(CCSDS，2019)。在 X 波段，DOR 信号由两对点频侧音信号组成，它们对于残余载波信号是对称的，对于残余载波的间距分别为 19.2MHz 和 3.8MHz，所以最大带宽可以达到 38MHz，时延测量精度可以达到好于 0.2ns。在观测时一般接收其 4~5 个频点的信号，然后使用带宽综合方法得到高精度的群时延观测值。

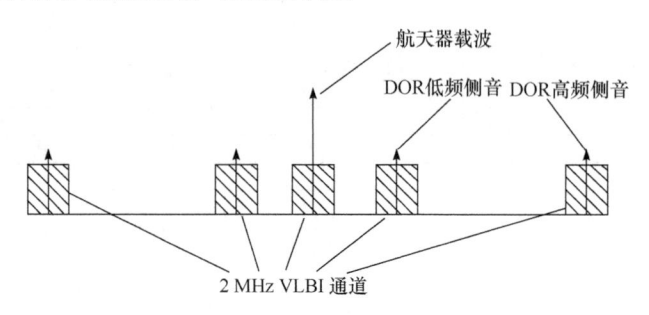

图 8.2.5　X 波段下行 DOR 信号频谱图

8.2.4　飞行轨道

太阳系外的天体由于非常遥远，所以其位置在短时间内可以认为是不变的，地球上观测到它们的视运动，是地球的周日运动。对于太阳系天体，它们的位置会发生明显的变化，但是其变化是比较缓慢的，并且已知其精确的轨道参数。对于航天器就不同了，根据任务不同，它们的飞行轨道也是不同的；对于同一个航天器，在不同阶段，它的飞行轨道也是不同的；并且，还需要不时地进行变轨，以保证飞行轨道与设计轨道的一致。比如，探月卫星从地球上发射后，首先进入地月转移轨道，到达月球后，就调整为环月轨道，这两个飞行轨道是不同的。

图 8.2.6 为"嫦娥一号"探月卫星的飞行轨道①,从图中可以看到"嫦娥一号"星的飞行轨道是很复杂的,有几种不同的轨道模式。由于人造天体飞行轨道的上述特点,所以在观测和数据处理方面也是不同的。

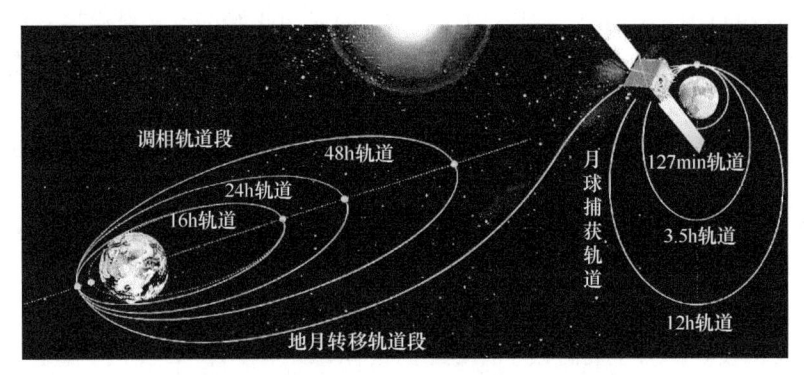

图 8.2.6 "嫦娥一号"探月卫星的飞行轨道

根据上面对 VLBI 应用于航天器测轨的特点分析可知,不宜采用常规的 VLBI 测量射电源绝对位置的观测模式进行航天器的测轨,而宜采用 ΔVLBI 方法,对航天器的每次观测,都可以通过对临近参考射电源的观测来修正系统误差,这样得到的航天器的时延与时延率观测值,就可以用来测定航天器的瞬时位置与轨道根数。

8.2.5 介质时延改正

由于航天器 VLBI 测轨观测的实时性要求高,要求实时/准实时提供测量数据,并且通常采用单频观测,所以介质时延的改正方法与天文 VLBI 观测有所不同。这里简介国内航天器 VLBI 测轨观测采用的传播介质时延改正的方法(周伟莉,2023)。

1. 中性大气时延改正

分为两种情况:实时与准实时(滞后 30min)。
1) 中性大气时延改正实时模式 TRO_P

TRO_P 模型是基于与 VLBI 测站并置的 GNSS 跟踪站的观测数据反演的天顶总时延(ZTD)序列(3 年以上)而构建成的,它包括了周年项、半年项及季节项。得到了 ZTD 后,即可利用映射函数,计算得到测站对目标视线方向的时延改正值。

2) 中性大气时延改正准实时模式(滞后 30min)TRO_G

TRO_P 模型不包括观测时间中性大气时延的变化。中性大气的干大气时延可

---

① https://blog.sciencenet.cn/blog-2966991-1049138.html。

以比较精确地建模，但是湿大气(水汽)时延随天气的变化而变化，特别是低海拔地区，不同天气的水汽含量差别很大。这些湿大气时延无法建模，所以需要实时测量。TRO_G 模型就是实时根据测站 GNSS 观测数据反演 ZTD 值，然后对 TRO_P 模型中的 ZTD 值进行修正，对于中性大气，时延改正精度有明显提高，特别是对于低海拔地区。这些运算工作需要 30min，所以说 TRO_G 是一种准实时模式，在测量精度要求比较高的情况下，宜于采用 TRO_G 模式。

图 8.2.7 显示了 TRO_P 与 TRO_G 的精度统计分析。对于北京密云站、上海佘山站、乌鲁木齐南山站、云南昆明站等 4 个 VLBI 测站的 TRO_P 与 TRO_G 测量结果，以 IGS 提供的 ZTD 为参考，分别统计计算它们的偏差值、均方根值(RMS)及标准差(STD)。从图 8.2.7 可以明显看到，TRO_G 比 TRO_P 的精度高，特别是低海拔地区，比如佘山站与密云站，海拔低，大气水汽含量高，TRO_G 对于水汽时延的改正较好；对于高海拔、比较干燥的南山站，TRO_G 优点不显著。

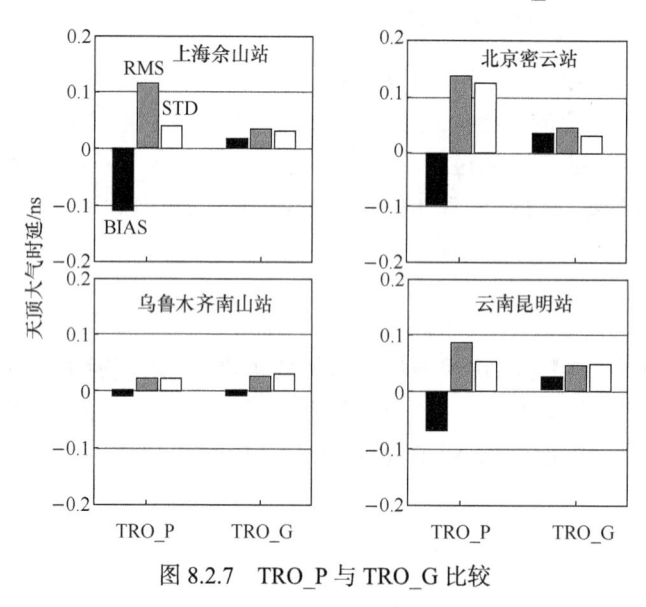

图 8.2.7 TRO_P 与 TRO_G 比较

2. 电离层时延改正

目前，航天器主用波段为 X，Ka 波段为发展方向；在 200 万 km 以内，也有采用 S 频段的。电离层时延误差是航天器 VLBI 测轨中一个重要误差来源，特别是低频段。航天器的下行信号以采用单频段为主，所以 VLBI 测轨观测的电离层时延实时改正，常依据全球电离层 TEC 天图，计算得到测站到观测目标视线方向的时延改正值，计算方法详见第 5 章 5.6.2 节。所以电离层时延改正精度与测站天顶 TEC 值的测量精度直接相关，比如，TEC 误差为 1TECU(1 个 TEC 单位，为 10^{16} 电子数/厘米^2)时，对于 S(2.2GHz)、X(8.4GHz)、Ka(32GHz)波段相应的电离层时延误差分别为 0.278ns、0.019ns、0.0013ns。

目前，国际上 IGS 是提供全球 TEC 天图网格数据的主要单位，它是根据全球 IGS 测站 GNSS 观测数据反演得到的，其 TEC 精度为 2~9TECU。IGS 测站大部分分布在欧洲与北美地区，我国国内的 IGS 测站数量较少，所以 IGS 提供的 TEC 图对于中国地区，其精度是相对较低的。为了弥补该缺陷，周伟莉(2023)推出了根据全球均匀分布的 112 个 IGS 测站与国内 123 个 GNSS 测站的观测数据，建立全球 TEC 模型，名为"上海天文台全球电离层时延改正模型"(ShAO-GIM)。根据国内航天器测轨 VLBI 网观测的时延定轨残差统计，按 ShAO-GIM 模型的定轨残差 RMS，与用欧洲空间局(ESA)定轨中心(CODE)(全球 TEC 模型主要提供者之一)全球 TEC 模型的定轨结果进行比较，在 S 波段有明显减小，在 X 波段略有减小。

8.3 差分 DOR 技术

8.3.1 观测模式

在实施 ΔDOR 观测前，首先要制订观测计划，根据航天器的预报轨道，确定该观测日可以观测的弧段。观测模式最基本的方法为采用航天器与参考射电源交替观测，以消除航天器时延观测值的系统误差。如图 8.3.1 所示(CCSDS, 2019)。

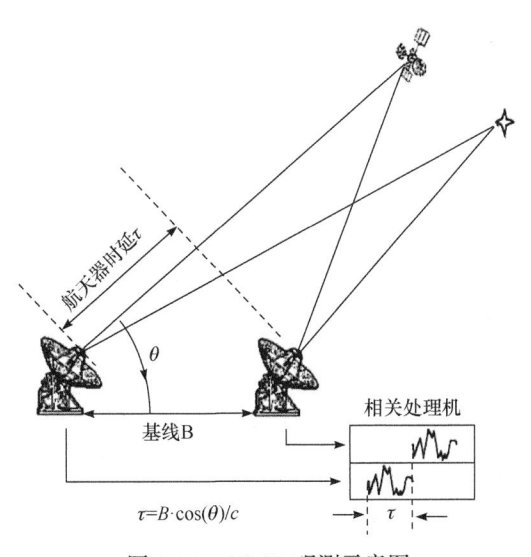

图 8.3.1 ΔDOR 观测示意图

关于观测计划的主要设置如下所述。

1. 交替观测时序

设 S 与 R 分别代表航天器与参考源，则它们的观测时序为

R—S—R⋯ 或 S—R—S⋯

如果采用前者时序，则根据参考源前后两次的时延观测值内插至航天器观测时刻，然后与航天器时延观测值相减；如果采用后者时序，则根据航天器前后两次时延观测值内插至参考源观测时刻，然后与参考源时延观测值相减。

也有采用双参考源观测方法，它可以获得更高的标校精度(Curkendall and Border, 2013)。设 2 个参考源为 R_1 与 R_2，它们要分布在航天器的两侧，观测时序如下：

R_1—S—R_2—S—R_1—S—R_2—S—R_1⋯

图 8.3.2 为美国 NASA 的火星探测器 MRO 用双参考源观测时，参考源与航天器的残余时延观测值的图示。图中上下两行分别显示了两个参考源的时延观测值，中间一行显示了航天器的残余时延观测值。两个参考源的平均位置可以认为是一个"虚拟源"，两个参考源的残余时延观测值的平均值为虚拟源的残余时延观测值，然后将前后两个虚拟源的残余时延观测值内插至航天器观测时间，最后与航天器残余时延相减。

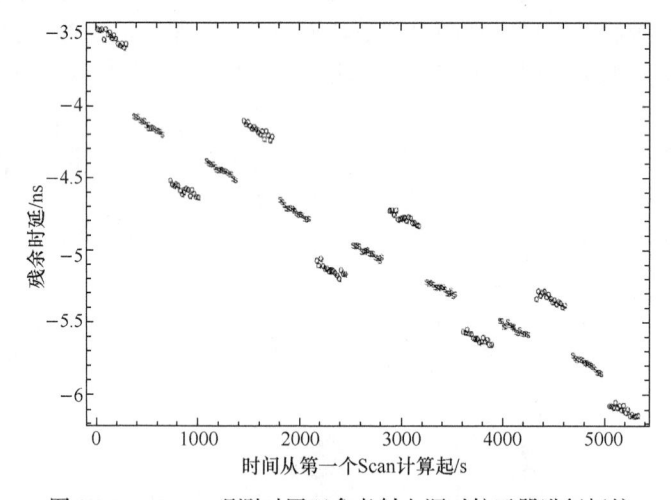

图 8.3.2 ΔDOR 观测时用双参考射电源对航天器进行标校

2. 参考源的选取

要求参考源与航天器角距小于 10°。对于相关流量密度的要求，根据测量精度要求、观测设备性能及观测频道带宽等因素而定，一般不低于 0.4Jy。

3. 观测频道

对于 X 波段，一般采用 4 个频道，其中残余载波 1 个频道，DOR 高频侧音 2 个频道，DOR 低频侧音 1 个频道。设：残余载波频率为 f_C，高频调制频率为 f_1，低频调制频率为 f_2，则观测的 4 个频道分别为：1 个残余载波频道 f_C，2 个 DOR 高频侧音频道 $f_{DOR-H}=f_C±f_1$，1 个 DOR 低频侧音频道 $f_{DOR-L}=f_C+f_2$。

4. 频道带宽

根据观测与数据处理设备的性能以及测量精度的要求来决定频道带宽。对于参考源观测，选用 2MHz、4MHz 或 8MHz，频道的中心频率与 DOR 侧音频率一致；对于航天器，DOR 侧音信号为点频，所以可以采用 100kMHz 或更窄带宽。如果设备限制，则也可以采用与参考源观测同样的带宽。

5. 一次观测的持续时间

根据对测量精度的要求以及观测设备的性能，来确定对航天器与参考源的一次观测的持续时间，一般为数秒钟至数分钟。

6. 观测截止仰角

在低仰角时，大气时延误差急剧增大，观测采用的截止仰角一般为 10°。有时，为了减小大气时延误差，也有采用截止仰角为 15°，但是跟踪观测弧度会缩短，这对于航天器的定轨不利，所以要平衡各种因素，选择最佳截止角。

8.3.2 DOR 信号结构

DOR 信号是使用正弦波或方波调制航天器的下行载波而产生的在载波两侧的点频信号，所以也称 DOR 侧音。由于用正弦波调制的效率比方波高，所以现在通常使用前者，参见参考文献(CCSDS, 2019; 2021)。对于 X 波段，通常使用两个正弦信号进行调制，其频率分别为 3.825MHz 与 19.125MHz，所以可以产生两对 DOR 侧音：低频侧音主要用来解模糊度，高频侧音主要用来测量时延观测值。调制用的正弦波最好与载波信号是相干的，这样有利于 DOR 信号的检测。

设：载波为 ω_c，两个调制正弦波的角频率分别为 ω_1、ω_2，其调制指数分别为 m_1、m_2，当这两个正弦波对载波进行了相位调制后，可以得到其表达式：

$$s(t)=\sqrt{2P_T}\cos\left[\omega_c t+m_1\sin(\omega_1 t)+m_2\sin(\omega_2 t)\right] \quad (8.3.1)$$

将(8.3.1)式扩展开后可以得到(8.3.2)式：

$$s(t) = \sqrt{2P_T} \left[J_0(m_1) J_0(m_2) \cos(\omega_c t) - 2J_1(m_1) J_0(m_2) \sin(\omega_c t) \sin(\omega_1 t) \right. \\ \left. - 2J_0(m_1) J_1(m_2) \sin(\omega_c t) \sin(\omega_2 t) + 高阶谐波 \right] \tag{8.3.2}$$

(8.3.2)式中，J_0 与 J_1 为第一类贝塞尔函数，它们的数值可以从贝塞尔函数表中查取。调制产生的 DOR 两对侧音的频率分别为 $\omega_c \pm \omega_1$ 与 $\omega_c \pm \omega_2$。一般地，DOR 的高频侧音的调制指数 m_1 值尽可能高一些，使它的功率较高，以获得高精度时延测量值；而低频侧音的调制指数可以低一些，只要能够确定模糊度就可以了。

从(8.3.2)式，可以得到载波与 DOR 侧音的功率计算式：

$$\begin{cases} P_c = P_T J_0^2(m_1) J_0^2(m_2) \\ P_1 = P_T J_1^2(m_1) J_0^2(m_2) \\ P_2 = P_T J_0^2(m_1) J_1^2(m_2) \end{cases} \tag{8.3.3}$$

则调制损失可以按(8.3.4)式计算：

$$\begin{cases} P_c / P_T = J_0^2(m_1) J_0^2(m_2) \\ P_1 / P_T = J_1^2(m_1) J_0^2(m_2) \\ P_2 / P_T = J_0^2(m_1) J_1^2(m_2) \end{cases} \tag{8.3.4}$$

例 8.3.1 设：m_1、m_2 分别为 0.64、0.32，计算调制损失。

解 按(8.3.4)式可以计算得，调制损失 $P_c / P_T = -1.14\text{dB}$，$P_1 / P_T = -10.57\text{dB}$，$P_2 / P_T = -16.94\text{dB}$。

8.3.3 ΔDOR 观测值的计算方法

设：ΔDOR 时延观测值为航天器残余时延观测值与参考射电源残余时延观测值的差值 $\tau_{\Delta\text{DOR}}$，则它可以用下式表示：

$$\tau_{\Delta\text{DOR}} = \delta\tau_{\text{SC}} - \delta\tau_{\text{RS}} \tag{8.3.5}$$

(8.3.5)式中，$\delta\tau_{\text{SC}}$ 为观测航天器 DOR 信号得到的残余时延值；$\delta\tau_{\text{RS}}$ 为观测参考源得到的残余时延值，它主要反映了钟差和介质改正等系统误差，$\delta\tau_{\text{SC}}$ 与它相减，就消除或大大减小了 $\delta\tau_{\text{SC}}$ 的系统误差。

定位与定轨所需的是航天器总的时延观测值 $\tau_{\text{SC}}^{\text{T}}$，则它的表达式为

$$\tau_{\text{SC}}^{\text{T}} = \tau_{\text{SC}}^{\text{C}} + \tau_{\Delta\text{DOR}} \tag{8.3.6}$$

(8.3.6)式中，$\tau_{\text{SC}}^{\text{C}}$ 为航天器的理论时延值，它根据航天器的预报轨道、测站坐标、

EOP 等先验值计算得到。

1. 射电源时延观测值的计算

射电源观测的时延定义为同一波前到达两个测站的时间差。相关处理时设置了时延的理论值,所以相关处理后给出的为观测各频道的残余相位值,然后采用带宽综合方法,导出残余群时延值,加上时延先验值,即得到总时延值。

群时延的测量精度主要取决于两个 DOR 高频侧音的相位值,所以也可以使用它们来计算参考源的残余时延,计算公式如下所示:

$$\delta\tau_{RS} = \frac{\delta\phi_{RS}^2 - \delta\phi_{RS}^1}{f_2 - f_1} \quad (s) \tag{8.3.7}$$

(8.3.7)式中,$\delta\phi_{RS}^1$、$\delta\phi_{RS}^2$ 分别为参考源观测频率 f_1、f_2 的残余相位(周);f_1、f_2 为参考源观测的两个频带的中心频率,分别对应于 DOR 两个高频侧音频率(Hz)。

2. DOR 时延观测值的计算

有两种观测与数据处理方法,如下所述。

(1) 第一种方法与参考源观测完全一样,观测也采用与射电源观测同样的带宽,同样进行互相关处理,得到各个 DOR 侧音的残余相位值,然后计算得到残余时延值。时延的定义也是同一波前到达两个测站的时间差。这种方法的优点是,组织观测、相关处理及时延观测值计算等都比较方便,目前国内实施的航天器 VLBI 观测大多采用这种模式。它的缺点是,用宽带进行窄带 DOR 信号观测,频率分辨率的限制,使得观测得到的 DOR 侧音信号的信噪比下降,该缺点可以通过提高相关处理的频率分辨率来弥补;另外,观测 DOR 信号的大部分数据是没有用的,浪费了数据资源。图 8.3.3(a)给出了天问一号火星探测器 DOR 信号的频谱图,它共有两对侧音,图中 DOR-H1 和 DOR-H2 表示一对高频侧音,调制频率为 19.2MHz,DOR-L1 和 DOR-L2 为一对低频侧音,调制频率为 3.8MHz,f_C 为载波信号,4 个 DOR 侧音的频率分别为 (f_C±19.2)MHz 和 (f_C±3.8)MHz(刘庆会等,2022);图 8.3.3(b)与(c)分别为载波信号和 DOR-L2 侧音的互相关幅度图与相位图(天马-昆明基线,2021 年 5 月 6 日,通道带宽 8 MHz)。

利用 DOR 和载波信号的互相关相位,按带宽综合方法,就可以计算得 VLBI 群时延观测值。比如,对于我国某航天器的 DOR 信号进行了 VLBI 的 4 通道观测,通道带宽 4MHz,第 1 通道包含 DOR-H2,第 2 通道包含 f_C,第 3 通道包含 DOR-L1,第 4 通道包含 DOR-H1,它们的频率和相位观测值为 (f_i, ϕ_i),i=1,2,3,4,如图 8.3.4 所示。一般首先利用频率间距最小的两个频点的相位差来确定群时延的初值,然后再来检查其他频率间距较大频点的相位值,如果存在 360°模糊度,则该观测值就要进行模糊度改正，然后对 4 个频点的相位进行线性拟合，计算得到精确的群时延。由于 DOR 时延测量的精度主要取决于间距最大的一对高频侧音，所以有时仅采用两个 DOR 高频侧音的相位来计算群时延。

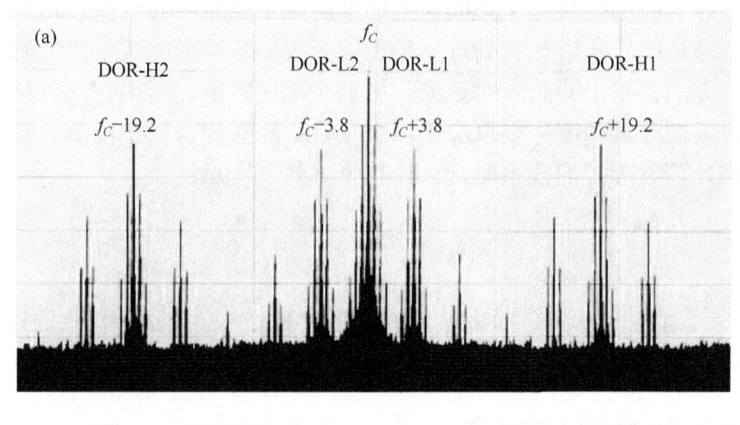

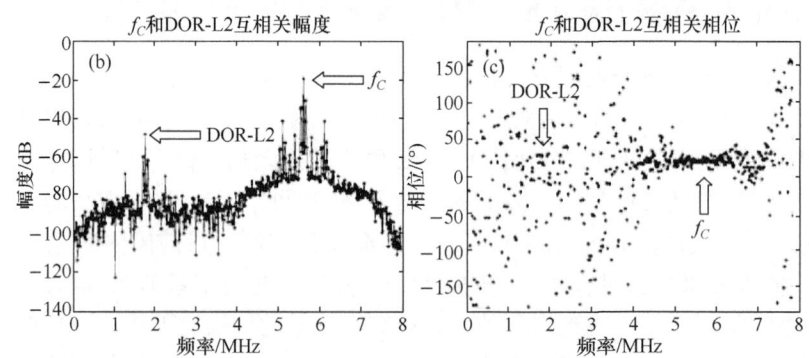

图 8.3.3　天问一号火星探测器 DOR 信号频谱图及互相关幅度图和相位图
(a) DOR 信号频谱图；(b) 载波信号 f_C 和 DOR-L2 互相关幅度图；(c) 载波信号 f_C 和 DOR-L2 互相关相位图

按图 8.3.4 所示的 4 个频点的相位值 f_1, f_2, f_3, f_4 进行线性拟合，得到拟合直线的斜率 b=9.680(°)/MHz，按（8.3.8）式计算得残余群时延 $\delta\tau_S$ = +26.888ns

$$\delta\tau_S = \left(\frac{b}{360}\right) \cdot 10^3 \quad (\text{ns}) \tag{8.3.8}$$

(2) 第二种方法是对 DOR 信号采用窄带观测，例如 100kHz，甚至更低。

设：根据在测站 1 与 2 同一时刻接收到的航天器 DOR 高频侧音信号数据，利用测站至航天器距离的理论值，各测站进行本地相关处理后，可以得到两个测站的残余相位分别为 $\delta\phi^1_{SC\text{-}1}$、$\delta\phi^2_{SC\text{-}1}$ 与 $\delta\phi^1_{SC\text{-}2}$、$\delta\phi^2_{SC\text{-}2}$，这里下标分别表示航天器至某测站，上标分别为观测高频侧音频率 f_1、f_2 的序号。

DOR侧音相位带宽综合测量群时延

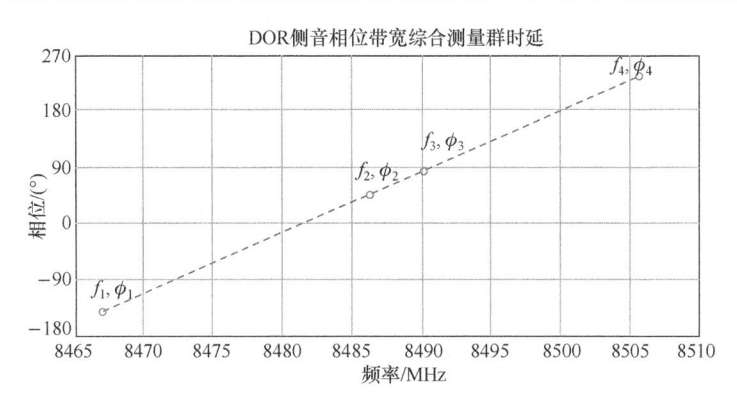

图 8.3.4 使用 DOR 侧音和载波相位进行带宽综合测量群时延

航天器至测站 1 与 2 的残余光程 $\delta\rho_{SC-1}$ 与 $\delta\rho_{SC-2}$ 的计算公式为

$$\begin{cases} \delta\rho_{SC-1} = \dfrac{\delta\phi_{SC-1}^2 - \delta\phi_{SC-1}^1}{f_2 - f_1} \\ \delta\rho_{SC-2} = \dfrac{\delta\phi_{SC-2}^2 - \delta\phi_{SC-2}^1}{f_2 - f_1} \end{cases} \tag{8.3.9}$$

进而可以按(8.3.10)式计算得航天器至两个测站的残余光程差，即残余时延：

$$\delta\tau_{SC} = \delta\rho_{SC-2} - \delta\rho_{SC-1} = \frac{\left(\delta\phi_{SC-2}^2 - \delta\phi_{SC-2}^1\right) - \left(\delta\phi_{SC-1}^2 - \delta\phi_{SC-1}^1\right)}{f_2 - f_1} \tag{8.3.10}$$

最后可得，总时延=理论时延+残余时延。

对 DOR 信号采用窄带观测、高比特采样及本地相关方法，可以获得更高信噪比的 DOR 侧音信号的相位观测值，从而提高时延测量精度。对 DOR 侧音信号采用本地相关方法来提取其相位观测值，是国外航天测轨部门目前采用的主要方法，国内学者也进行了深入研究，见参考文献(马茂莉，2017)。在参考文献(Ma et al., 2021)中提到，本地相关方法最低可以处理 1dB·Hz 的 DOR 侧音信号；而使用通常的互相关方法，如果频点分辨率达到约 60Hz(相当于通道带宽 2MHz、FX 型处理机进行相关处理时，采用 FFT=64k)，积分时间为 20s 时，检测 DOR 侧音的最低"阈"为 10dB·Hz。这说明对于同样的 DOR 信号，本地相关法可以获得更高的信噪比，从而获得更高的测量精度；同时，它还具有更强的抗干扰能力。图 8.3.5 显示了"嫦娥三号"月面着陆器发射的 DOR 信号与数传信号的互相关幅度谱与相位谱，图中 f_{R2} 为 DOR 的一个高频侧音，是一个点频信号，它与月面着陆器发出的 2MHz 带宽的数传信号混叠在一起，如果用通常的互相关处理的办法，很难将 DOR 侧音信号的相位从数传信号的相位中分离出来，用本地相关法就可以实现两种信号的分离，所以说本地相关法具有较强的抗干扰能力。

"嫦娥三号"着陆器DOR信号与数传信号

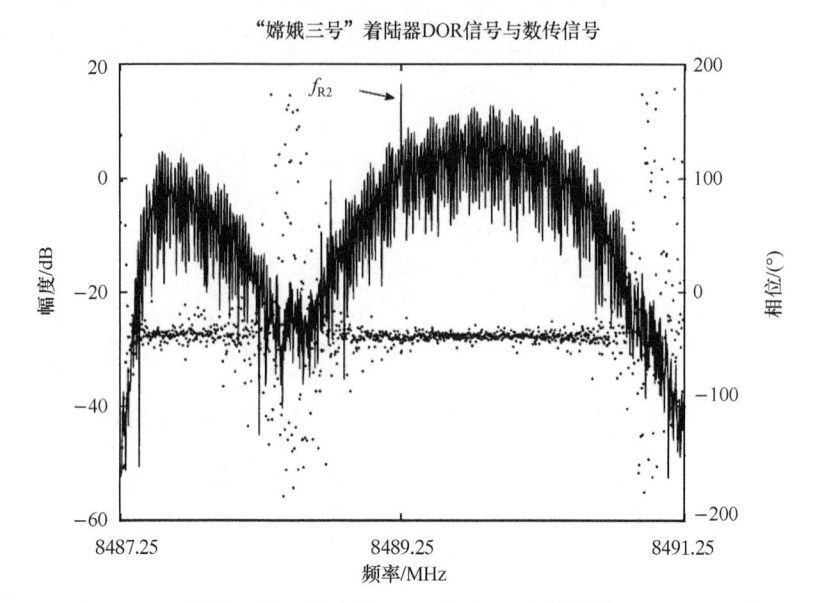

图 8.3.5 "嫦娥三号"着陆器 DOR 信号(f_{R2})与数传信号的互相关谱
注：图中黑点为 DOR 信号和数传信号的相位值

本地相关法得到的时延，其定义是两个测站在同一时刻接收到同一航天器信号的光程差；而使用互相关法得到的时延，为航天器信号同一波前到达两测站的时间差，所以两者是不同的，在使用这些时延观测值进行定轨时，要注意区分两者的差别。这两种时延是可以转换的，它的转换公式如(8.3.11)式(马茂莉，2017)所示：

$$\tau_{\text{cross}} = \tau_{\text{local}} + \frac{v_2}{c} \cdot \tau_{\text{cross}} \tag{8.3.11}$$

(8.3.11)式中，τ_{cross} 为互相关获得的时延；τ_{local} 为本地相关获得的时延；v_2 为测站 2 的多普勒速度；c 为光速。

从(8.3.11)式可知，本地相关时延与互相关时延的差别最大可以达到数十纳秒，所以在定轨计算时要注意两者的差别。

8.3.4 误差来源

ΔDOR 观测的时延误差主要由下列因素贡献(CCSDS,2019)。

1. 射电源观测热噪声(随机)

观测参考射电源时，由于观测设备的热噪声，会产生时延误差，它是随机误差。观测数据的信噪比 SNR$_{\text{RS}}$ 按下式计算：

$$\begin{cases}\mathrm{SNR}_{\mathrm{RS}}=K_{\mathrm{L}}\cdot\dfrac{10^{-26}}{2k}\cdot\dfrac{\lambda^2}{4\pi}\cdot S_{\mathrm{c}}\sqrt{(G/T)_1(G/T)_2}\cdot\sqrt{Dt_{\mathrm{RS}}}\\ \text{或}\mathrm{SNR}_{\mathrm{RS}}=K_{\mathrm{L}}\cdot S_{\mathrm{c}}\cdot\dfrac{\sqrt{Dt_{\mathrm{RS}}}}{\sqrt{\mathrm{SEFD}_1\mathrm{SEFD}_2}}\end{cases} \quad (8.3.12)$$

(8.3.12)式中，K_{L}为系统损失因子，2bit 采样时一般取K_{L}=0.8；k为玻尔兹曼常量，$k=1.38\times10^{-23}$J/K；λ为射频波长(m)；S_{c}为射电源相关流量(Jy)；$(G/T)_i$为第i台天线的G/T值(K^{-1})；SEFD_i为第i台天线的等效流量密度(Jy)；D为采样速率，$D=2B$(采样/s)，这里B为通道带宽(Hz)；t_{RS}为射电源跟踪观测时间(s)。

设：观测通道的最大频率间距为f_{BW}，按最大频率间距的两个通道来计算群时延，则系统热噪声贡献的时延误差(随机)$\sigma_{\tau_{\mathrm{RS}}}$的计算公式为

$$\sigma_{\tau_{\mathrm{RS}}}=\dfrac{\sqrt{2}}{2\pi f_{\mathrm{BW}}}\cdot\dfrac{1}{\mathrm{SNR}_{\mathrm{RS}}}\quad(\mathrm{s}) \quad (8.3.13)$$

(8.3.13)式中，f_{BW}为两个频率通道的间距(Hz)。

2. 航天器观测热噪声(随机)

按互相关与本地相关两种测量时延方法来阐述。
1) 互相关法
首先计算航天器 DOR 侧音的等效流量密度S_{eq}，未考虑大气与指向偏差等的衰减时，其计算公式如下所示(钱志瀚和李金岭，2012)：

$$S_{\mathrm{eq}}=\dfrac{P_{\mathrm{DOR}}\cdot 10^{26}}{4\pi \mathrm{d}fR^2}\quad(\mathrm{Jy}) \quad (8.3.14)$$

(8.3.14)式中，P_{DOR}为 DOR 侧音有效辐射功率(W)；df为数据相关处理时的频点分辨率，d$f=B/$(FFT/2)，这里B为信号接收通道带宽(Hz)，FFT 为相关处理时设置的 FFT 数值；R为航天器至测站的距离(m)。

按(8.3.12)式计算信噪比 $\mathrm{SNR}_{\mathrm{RS}}$，再按(8.3.13)式计算时延误差$\sigma_{\tau_{\mathrm{RS}}}$。

注意：用(8.3.12)式计算 $\mathrm{SNR}_{\mathrm{RS}}$ 时，其中采样速率D的计算，要用 df替代B。
2) 本地相关法
首先计算本地相关得到的单个侧音信号相位观测值的电压信噪比，其计算公式为(CCSDS，2019)

$$\mathrm{SNR}_{\mathrm{SC}}=\sqrt{2(P_{\mathrm{DOR}\text{-}G}/N_0)t_{\mathrm{SC}}} \quad (8.3.15)$$

(8.3.15)式中，t_{SC}为对航天器跟踪观测的时间；地面测站i接收到的 DOR 信号的功率谱密度信噪比为$P_{\mathrm{DOR}\text{-}G}/N_0$，它的计算公式为

$$(P_{\text{DOR-G}}/N_0)_i = P_{\text{DOR}} \left(\frac{\lambda}{4\pi R}\right)^2 \cdot \frac{1}{k}(G/T)_i \qquad (8.3.16)$$

从(8.3.9)式可知，利用一个测站的两个侧音信号的相位计算该测站至航天器的残余光程值为

$$\delta\rho_{\text{SC-}i} = \frac{\delta\phi_{\text{SC-}i}^2 - \delta\phi_{\text{SC-}i}^1}{f_2 - f_1} = \frac{\delta\phi_{\text{SC-}i}^2 - \delta\phi_{\text{SC-}i}^1}{f_{\text{BW}}} \qquad (8.3.17)$$

假设一个测站两个侧音信号的相位值的误差是相同的，其相位误差值 $\sigma_{\phi_{\text{SC-}i}} = \frac{1}{\text{SNR}_{\text{SC-}i}}$ (rad)，则测站 i 至航天器的残余光程值的误差估算公式为

$$\sigma_{\rho_{\text{SC-}i}} = \frac{\sqrt{2}}{2\pi f_{\text{BW}}} \cdot \frac{1}{\text{SNR}_{\text{SC-}i}} \qquad (8.3.18)$$

则两个测站至航天器的残余光程差误差，即残余时延误差的估算公式为

$$\sigma_{\tau_{\text{SC}}} = \left[\left(\frac{\sqrt{2}}{2\pi f_{\text{BW}}} \cdot \frac{1}{\text{SNR}_{\text{SC-1}}}\right)^2 + \left(\frac{\sqrt{2}}{2\pi f_{\text{BW}}} \cdot \frac{1}{\text{SNR}_{\text{SC-2}}}\right)^2\right]^{\frac{1}{2}} \text{ (s)} \qquad (8.3.19)$$

3. 测站钟不稳定(随机)

在 ΔDOR 进行航天器和参考射电源一个交替观测的时间间隔 $T_{\text{SC-RS}}$ 内，由于测站钟的不稳定 $\sigma_{\Delta f/f}$ (即非线性变化)，也将产生时延误差，其计算公式如下：

$$\sigma_{\Delta\tau} = T_{\text{SC-RS}} \sigma_{\Delta f/f} \text{ (s)} \qquad (8.3.20)$$

4. 测站接收设备相位波动(随机)

各个测站的接收设备在接收信号时，其相位会产生微小的跳动 σ_ϕ(°)，该相位跳动将会产生时延误差。可以认为各测站及各频点的相位跳动是随机的，即均为独立的，并假设其方差是相等的，则可以得到时延误差计算公式为

$$\sigma_{\Delta\tau} = \sqrt{2}\sqrt{2} \frac{\sigma_\phi}{360} \frac{1}{f_{\text{BW}}} \text{ (s)} \qquad (8.3.21)$$

如果不同测站的相位误差是不同的，分别为 $\sigma_{\phi 1}$ 和 $\sigma_{\phi 2}$，则(8.3.21)式须修改为

$$\sigma_{\text{D}\tau} = \sqrt{2}\sqrt{\sigma_{\phi 1}^2 + \sigma_{\phi 2}^2} \cdot \frac{1}{360} \frac{1}{f_{\text{BW}}} \text{ (s)} \qquad (8.3.22)$$

5. 测站位置误差(系统)

由测站位置误差引起的时延误差是系统误差。估算公式如下：

$$\sigma_{\Delta\tau} = \frac{1}{c}(\Delta\theta)\sigma_{\text{BL}} \quad (\text{s}) \tag{8.3.23}$$

(8.3.23)式中，c 为光速，299792458 (m)；$\Delta\theta$ 为参考源与航天器的角距(rad)；σ_{BL} 为基线矢量误差(m)。

注：严格地说，(8.3.23)式中的 σ_{BL}，应为基线矢量误差在投影基线上的分量。

6. 地球定向参数误差(系统)

由地球定向参数误差引起的时延误差也是系统误差。地球定向参数包括：UT1 和极移，在实时测轨时，常使用其预报值，其误差大一些；当进行事后的精密定轨处理时，可以使用精确测定的 UT1 和极移值，它们引起的时延误差就很小。由地球定向参数误差引起的时延误差的计算公式为

$$\sigma_{\Delta\tau} = \frac{1}{c}(\Delta\theta)\sigma_{\text{UTPM}} \quad (\text{s}) \tag{8.3.24}$$

(8.3.24)式中，σ_{UTPM} 为地球定向参数误差(m)。

注：与上面的解释一样，严格地说，(8.3.24)式中的 σ_{UTPM}，应为地球定向参数误差在投影基线上的分量。

7. 天顶对流层大气时延误差(系统)

在计算对流层大气时延改正值时，如果是实时模式，则采用天顶对流层大气时延(包括干成分和湿成分两部分)的模型值作为先验值，其误差要大一些；如果是事后模式，则可以根据 GNSS 或水汽辐射计实测得到，它们的测量值比较精确，但是仍存在误差，这样，就使得时延测量产生系统误差。设观测站 i 的天顶对流层的干和湿大气时延值的误差分别为 $\sigma_{Z_d}^i$ 和 $\sigma_{Z_w}^i$，观测航天器与参考源的仰角分别为 γ_{SC}^i 与 γ_{RS}^i，则它们引起的一条基线的两测站 1 和 2 的时延误差分别为

$$\sigma_{\Delta\tau_d}^1 = \frac{\sigma_{Z_d}^1}{c}\left|\frac{1}{\sin\gamma_{\text{SC}}^1 + 0.015} - \frac{1}{\sin\gamma_{\text{RS}}^1 + 0.015}\right| \quad (\text{s}) \tag{8.3.25a}$$

$$\sigma_{\Delta\tau_w}^1 = \frac{\sigma_{Z_w}^1}{c}\left|\frac{1}{\sin\gamma_{\text{SC}}^1 + 0.015} - \frac{1}{\sin\gamma_{\text{RS}}^1 + 0.015}\right| \quad (\text{s}) \tag{8.3.25b}$$

$$\sigma_{\Delta\tau_d}^2 = \frac{\sigma_{Z_d}^1}{c}\left|\frac{1}{\sin\gamma_{\text{SC}}^2 + 0.015} - \frac{1}{\sin\gamma_{\text{RS}}^2 + 0.015}\right| \quad (\text{s}) \tag{8.3.25c}$$

$$\sigma_{\Delta\tau_w}^2 = \frac{\sigma_{Z_w}^2}{c} \left| \frac{1}{\sin\gamma_{SC}^2 + 0.015} - \frac{1}{\sin\gamma_{RS}^2 + 0.015} \right| \quad (s) \tag{8.3.25d}$$

这样，天顶对流层大气时延误差所引起的总的ΔDOR 观测值误差为

$$\sigma_{\Delta\tau} = \sqrt{\left(\sigma_{\Delta\tau_d}^1\right)^2 + \left(\sigma_{\Delta\tau_w}^1\right)^2 + \left(\sigma_{\Delta\tau_d}^2\right)^2 + \left(\sigma_{\Delta\tau_w}^2\right)^2} \tag{8.3.26}$$

(8.3.25)式与(8.3.26)式中各项的上标为测站序号。

8. 对流大气时延波动(随机)

对流层时延随时间和空间是变化的，它是一种随机误差，它的大小与航天器和参考源的角距有关。计算时延误差采用下列经验公式：

$$\sigma_{\Delta\tau} = \frac{1}{c}\left(\frac{\Delta\theta}{0.1745}\right)\sigma_{\text{trop}_{\text{fluct}}} \quad (s) \tag{8.3.27}$$

(8.3.27)式中，$\sigma_{\text{trop}_{\text{fluct}}}$ 为航天器与参考源角距 10°时的对流层大气时延波动值，它的经验值可以从以往的观测数据分析中获得。

9. 电离层时延(系统)

电离层时延通常是指利用全球电离层 TEC 图，根据目标视线方向在电离层的穿刺点的 TEC 值，进而计算得电离层时延改正值，比如，使用 Klobuchar 电离层时延模型(Klobuchar, 1975)；或者采用本书第 6 章附录 A6.1 阐述的单频观测电离层时延改正的方法。所以，精确的 TEC 图，对于电离层时延改正是十分重要的。如果测站里或周围地区有 GNSS 双频观测数据，则可以获得更为精确的 TEC 图。作为概略的误差估计，也可以使用与(8.3.26)式同样的经验公式：

$$\sigma_{\Delta\tau} = \frac{1}{c}\left(\frac{\Delta\theta}{0.1745}\right)\sigma_{\text{iono}_{\text{sys}}} \quad (s) \tag{8.3.28}$$

(8.3.28)式中，$\sigma_{\text{iono}_{\text{sys}}}$ 为电离层时延系统误差。由于电离层时延误差在白天与夜间相差很大，所以使用要区别白天与夜间不同情况，其经验值可以从以往的观测数据分析中得到。

10. 电离层波动(随机)

对于电离层时延随机误差的估计，也可以使用与对流层随机误差同样的经验公式：

$$\sigma_{\Delta\tau} = \frac{1}{c}\left(\frac{\Delta\theta}{0.1745}\right)\sigma_{\text{iono}_{\text{fluct}}} \quad (s) \tag{8.3.29}$$

(8.3.29)式中，$\sigma_{\text{iono}_{\text{fluct}}}$ 为航天器与参考源角距 10°时的电离层时延随机误差，可以从以往的观测数据分析中获得。

注意：太阳不同的状态时，如太阳宁静时期与太阳峰年时期，电离层时延的变化很大，所以在电离层时延误差估计时，对于太阳不同状态，要采用不同的 $\sigma_{\text{iono}_{\text{fluct}}}$ 的数值。

11. 太阳等离子体(随机)

对于 X 波段观测，当"太阳-地球-目标源"的角距(SEP)大于 10°时，太阳等离子体对于ΔDOR 的观测值，其影响是比较小的。太阳等离子体时延的估计公式(Callahan,1978)为

$$\varepsilon_\tau = \frac{0.013}{f_{\text{RF}}^2}\left[\sin(\text{SEP})\right]^{-1.3}\left[\frac{B_s}{v_{\text{SW}}}\right]^{0.75}\cdot 10^{-9}\quad(\text{s}) \tag{8.3.30}$$

(8.3.30)式中，f_{RF} 为观测频率(GHz)；B_s 为测站至观测目标的视线离太阳最近的距离(m)；v_{SW} 为太阳风速度(m/s)。

如果航天器与参考源角间距很小，它们落在天线的同一波束内时，这项误差可以不考虑。

12. 射电源坐标误差(系统)

射电源坐标误差对时延测量的贡献为系统误差，其计算公式为

$$\sigma_{\tau_{\text{QU}}} = \frac{B_p}{c}\sigma_\vartheta\quad(\text{s}) \tag{8.3.31}$$

(8.3.31)式中，B_p 为投影基线长度(m)；σ_ϑ 为参考源坐标误差(rad)。

下面给出 X 波段ΔDOR 测量的时延误差来源分析的一个例子。误差估算的先验数据列于表 8.3.1，这些先验数据参考国内现在使用的观测设备与观测模式，以及采用了参考文献(CCSDS, 2019)中表 4.1 给出的部分先验数据。误差估算结果列于表 8.3.2，图 8.3.6 为误差估算值的直方图。

表 8.3.1　ΔDOR 测量时延误差估算的有关先验参数

项目	说明	数据值
t_{RS}	参考射电源跟踪观测时间	300s
t_{SC}	航天器跟踪观测时间	30s
$\Delta\theta$	参考源与航天器的角距	10°
$\Delta\theta_B$	参考源与航天器的角距在投影基线方向的分量	10°

续表

项目	说明	数据值
γ_{SC}^i	在 i 测站观测航天器的仰角	20°*
γ_{RS}^i	在 i 测站观测参考源的仰角	25°*
SEP	太阳至航天器或参考源的最小角距	20°
f_{BW}	DOR 侧音之间的最大间距	38.25×10^6 Hz
$(G/T)_i$	i 测站天线的 (G/T) 值（天线口径 40m，效率 60%，系统噪声 35K）	53.32dB/K
SEFD	等效流量密度	128Jy
B	通道带宽	8×10^6 Hz
D	每通道的采样速率（$D=2B$）	16×10^6 采样/s
S_c	参考源的相关流量密度	0.4Jy*
K_L	系统损失因子（2 比特采样）	0.8*
k	玻尔兹曼常量	1.38065×10^{-23} J/K
f_{RF}	观测中心频率	8430MHz
λ	观测波长	0.0356m
SNR_{RS}	跟踪观测参考射电源的电压信噪比（计算值）	173
P_{DOR}	DOR 侧音有效功率	35dBW
R	航天器至地面测站的距离	3×10^8 km
df	数据相关处理输出的频点分辨率（$df=2B/FFT$，FFT=8192)	1.953kHz
S_{eq}	DOR 侧音等效流量密度（计算值）	143Jy
SNR_{SC}	跟踪观测航天器 DOR 侧音的电压信噪比（计算值）	306
t_{SC-RS}	观测航天器与参考源的时间间隔	600 s*
$\sigma_{\Delta f/f}$	测站钟的频率稳定度（600s）	1×10^{-14}*
σ_ϕ	观测设备的相位波动	0.2°*
σ_{BL}	基线矢量误差（在投影基线上的分量）	0.02m*
σ_{UTPM}	地球定向参数误差（在投影基线上的分量）（一天预报值）	0.02m*
σ_{Z_d}	天顶干大气时延误差	0.002m*
σ_{Z_w}	天顶湿大气时延误差	0.005m*
$\sigma_{trop_{fluct}}$	航天器与参考源角距为 10° 时的对流层时延随机误差	0.01m*
$\sigma_{iono_{day}}$	X 波段白天电离层时延系统误差	0.04m*
$\sigma_{iono_{night}}$	X 波段夜间电离层时延系统误差	0.01m*

续表

项目	说明	数据值
$\sigma_{iono_{fluct}}$	航天器与参考源角距为10°时电离层时延随机误差（太阳峰年时，误差要增加一倍）	0.01m*
B_s	基线两测站至航天器方向的平面离太阳最近的距离	6×10^6m*
v_{SW}	太阳风速度	4×10^5m/s*
σ_ϑ	参考源位置误差	0.2mas(1.0nrad)
B_p	投影基线长度	3×10^6m(国内)

注：表内数据栏中的*号，表示该数据引用自参考文献（CCSDS, 2019）。

表 8.3.2　X 波段 ΔDOR 测量时延误差估算结果

误差分量	随机/系统	时延误差/ns
参考源热噪声	随机	0.034
航天器热噪声	随机	0.019
测站钟频率不稳定	随机	0.006
观测设备相位波动	随机	0.029
测站位置误差	系统	0.012
地球定向参数误差	系统	0.012
天顶大气时延系统误差	系统	0.013
大气时延随机误差	随机	0.033
电离层时延系统误差	系统	0.033
电离层时延随机误差(夜间)	随机	0.033
电离层时延随机误差(白天)	随机	0.132
太阳等离子(太阳风)时延	随机	0.006
参考源位置误差	系统	0.010
总误差(夜间)		0.079
总误差(白天)		0.150

从上述对 ΔDOR 的测量误差分析来看，传播介质时延误差是主要的误差来源，特别是白天的电离层随机误差；另外，观测设备的相位波动及参考源的热噪声等也是主要的误差来源。要减小上述误差，一个措施是尽可能减小参考源与航天器的角距 $\Delta\theta$，表 8.3.2 的计算结果是按 $\Delta\theta=10°$ 计算的，如果将 $\Delta\theta$ 减小至 5°，则介质误差影响可以减小 1/2。为了减小参考源热噪声的影响，可以采取提高观测设备的灵敏度、增加跟踪观测时间以及加大接收带宽等措施。

图 8.3.6　X 波段 ΔDOR 测量时延误差估算图示(1σ)
图中：黑色为随机误差，灰色为系统误差

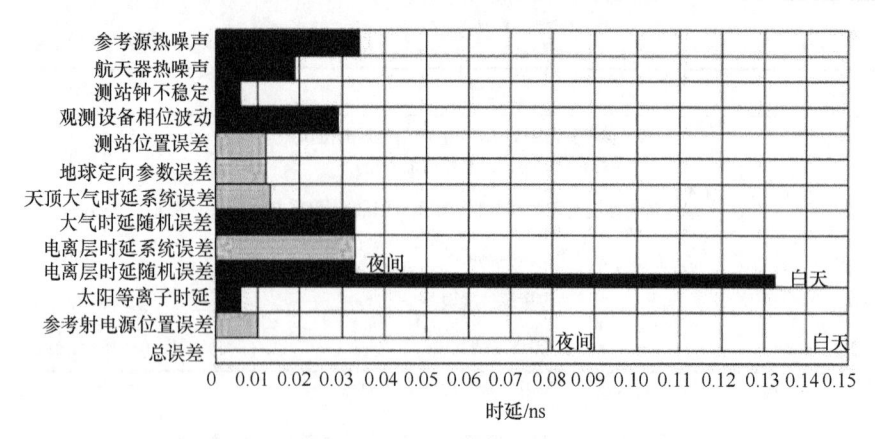

我国于 2020 年 7 月 23 日首次发射火星探测器"天问一号"(HX-1)，经过 6 个多月的星际飞行，于 2021 年 2 月 10 日进入火星轨道，随后于 5 月 15 日火星车成功降落在火星上，开始了火星表面的巡视观测，而 HX-1 的火星环绕器继续进行在轨的各项探测工作。我国 VLBI 测轨网自始至终参加 HX-1 的测轨工作，采用的为 ΔDOR 技术。图 8.3.7 显示了用 ΔDOR 测量数据与测距测速数据进行 HX-1 综合定轨后每天的时延观测值的残差值(RMS)，自 HX-1 进入奔火轨道后的 198 天(刘庆会等，2022)。除去发射初期及轨道机动外，其时延残差值的平均值约为 0.1ns，这与表 8.3.2 给出 ΔDOR 时延误差的理论估计是符合的。

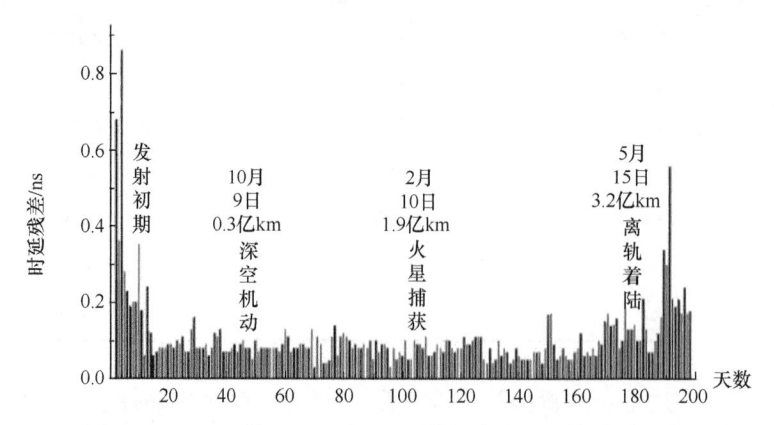

图 8.3.7　HX-1 号 ΔDOR 时延观测值拟合残差的统计(198 天)

8.4　伪码 ΔDOR 技术

自从使用了 ΔDOR 技术后，航天器的时延测量精度已经达到了 0.1ns，甚至更高，大大提高了航天器的测轨精度。但是，实际使用中也发现 DOR 信号存在一些缺点，需要改进。由于在 ΔDOR 观测中，观测射电源用宽带(2~8MHz)，而 DOR 侧音为点频信号，当使用不同带宽的观测数据进行相位差计算时，由于带通内存在相位起伏，对于同一个中心频率、不同带宽得到的相位是有误差的，这就引进了时延测量的误差，如图 8.4.1 所示(CCSDS, 2019)。

图 8.4.1 显示了由于通道内相位的非线性(也称相位色散)，参考源宽带范围内的全部相位的平均值与 DOR 侧音的相位不一致，这样，用参考源的相位对目标 DOR 信号进行标校时就会产生误差。为了克服现用 DOR 信号的上述缺点，近年提出了伪随机码 DOR 信号技术，即用伪随机码代替正弦信号来调制主载波，产生宽带的 DOR 侧音，如图 8.4.2 所示(Towfic et al., 2019)，伪码及滤波器的选择要使得 PN-DOR 信号与参考源的白噪声相似，其带宽要与参考源观测带宽一致。

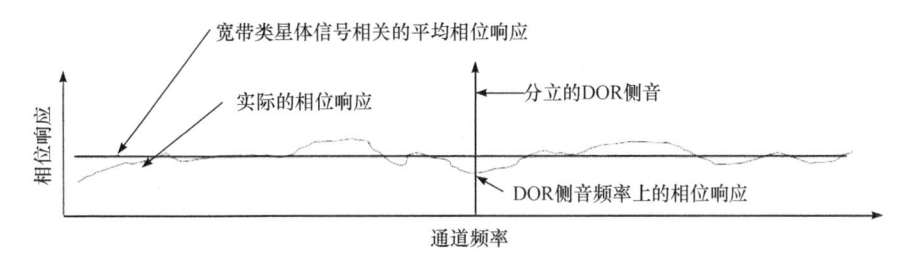

图 8.4.1 在数据记录通道内的相位色散

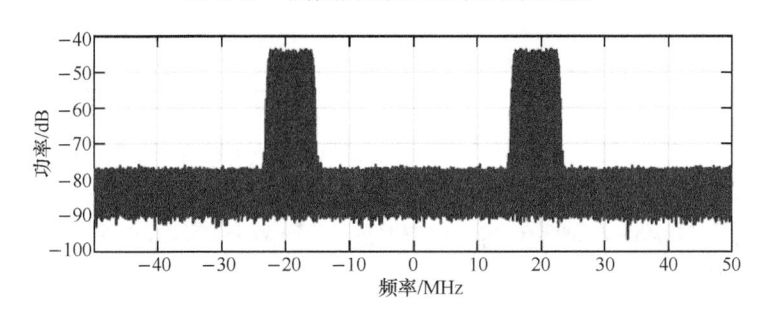

图 8.4.2 设计的 PN-DOR 信号，侧音的中心频率为±19MHz，带宽 8MHz

PN-ΔDOR 的优点如下所述。

(1) 由于 PN-DOR 信号与参考源白噪声相似，估计可以减小带通相位色散误差的 90%，提高时延测量精度。同时，航天器观测与参考源观测可以采用同样的模式，观测实施与数据处理都比较方便。

(2) PN-DOR 信号用于单程测距时，它的解模糊度能力远高于正弦波 DOR 信号。例如，1ms 周期 PN 码测距的解模糊度能力为 1ms(30km)，而 1MHz 正弦波 DOR 侧音测距解模糊度的能力为 1μs(30m)，前者解模糊度的能力比后者高了 1000 倍。因此，PN-DOR 信号测距可以用于预报轨道误差很大的航天器，这在某些特殊情况下是很重要的，比如，航天器飞行的动力学模型出现问题，或者航天器刚经过休眠期，还没有测定其精确轨道。

(3) PN-DOR 信号的抗干扰能力高于正弦波 DOR 信号。

8.5 Ka 波段 ΔDOR 技术

X 波段 ΔDOR 测量精度很难有大幅度的提高，其主要原因之一是 X 波段的频率范围受限，另外是电离层时延误差。对于深空探测，规定的 X 波段可使用的频率范围为 8400~8450MHz，仅 50MHz，这就限制了时延测量精度。Ka 波段深空探测可用的频率范围为 31800~32300MHz，具有 500MHz 带宽，时延测量的精度更高；同时，Ka 波段与 X 波段比较，它的频率高，所以电离层时延误差可以大大减小；还有，Ka 波段的射电源具有更致密的结构与更高精度的位置。由于上述原因，所以近年来开始研发 Ka-ΔDOR 技术。对于 Ka 波段的 PN-DOR，现在有不同的设计方案，一种方案的技术指标要求如表 8.5.1 所示(Towfic et al.,2020)。

表 8.5.1　X 波段与 Ka 波段对于 PN-DOR 的技术要求

参　数	X 波段	Ka 波段
PN-DOR 通道带宽	8MHz	32MHz
PN-DOR 侧音数目	2 个	2 个
PN-DOR 侧音中心频率至载波的最大间距	19MHz	160MHz

还有一种方案为不对称 PN-DOR 信号，如图 8.5.1 所示(Volk, 2019)。两个 PN-DOR 侧音信号的中心频率间距为 306MHz，它们与载波信号的频率间距分别为约 200MHz 与约 100MHz。通道带宽为 32MHz。由于两个 PN-DOR 相距了 306MHz，为了便于解模糊度，所以采用不对称设置，先用与载波间距小的 PN-DOR 来解模糊度，然后用两个 PN-DOR 信号来计算群时延。

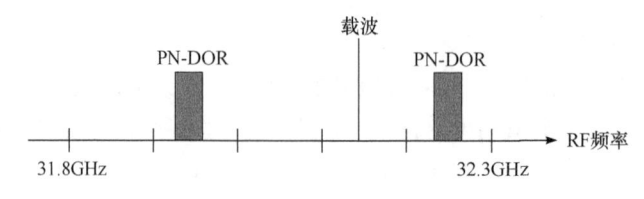

图 8.5.1　不对称 PN-DOR 信号

根据参考文献(CCSDS, 2019)，给出了 Ka 波段与 X 波段 ΔDOR 技术性能的比较，见表 8.5.2。采用 Ka 波段是利多弊少。表 8.5.3 列出了在天气晴好情况下，X

波段与 Ka 波段ΔDOR 测量的时延误差估计值的比较,从列出的数据可以看到,使用 Ka 波段,大大减小了电离层时延误差,而且白天与夜间观测差别不大;另外,射电源与航天器热噪声对时延测量的影响,估计也将降低 1/2;还有,由于 DOR 总的带宽增加 4 倍以上,大大减小了设备相位波动的影响。从表 8.5.3 中可以看到,Ka 波段对大气时延误差没有改善,需要采取改进措施,比如使用水汽辐射计测量大气水汽时延,或者用 GNSS 接收机的实时观测数据来计算大气时延。有一点要指出的,Ka 波段受大气中的水滴,如云、雾、雨及雪的衰减较 X 波段要大很多,所以新建 Ka 波段测站时,要选择比较干燥与降水少的站址。

表 8.5.2 Ka 波段与 X 波段ΔDOR 技术性能的比较

项目	X 波段	Ka 波段
可用的频率范围	8400~8450MHz	31800~32300MHz
通道带宽 B	8MHz	32 MHz(增加 4 倍)
通道采样速率	16×10^6 采样/s	64×10^6 采样/s(增加 4 倍)
DOR 最大带宽 f_{BW}	38.25MHz	160~320 MHz(增加 4 倍以上)
电离层时延误差 σ_{iono}	系统误差 0.01m 随机误差白天 0.04m 随机误差夜间 0.01m	电离层时延误差降低至 1/14.5
射电源相关流量密度 S_c	0.4Jy	相关流量密度减小至 1/2.5
射电源坐标误差 σ_0	0.2mas	射电源位置误差减小至 1/3
天线增益 G		增加 14.5 倍
系统噪声温度 T_s (包括大气噪声温度)	30K	增加 2 倍
气候影响(雨衰) /(雨量 5mm/h)	1%(信号衰减/km)	18%(信号衰减/km) Ka 波段雨衰比 X 波段增大 10 倍以上。

表 8.5.3 Ka 波段与 X 波段ΔDOR 测量的时延误差比较

误差分量	随机/系统	X 波段时延差/ns	Ka 波段时延差/ns
射电源热噪声	随机	0.034	0.017
航天器热噪声	随机	0.019	0.010
测站钟频率不稳定	随机	0.006	0.006
观测设备相位波动	随机	0.029	0.007

续表

误差分量	随机/系统	X 波段时延误差/ns	Ka 波段时延误差/ns
测站位置误差	系统	0.012	0.012
地球定向参数误差	系统	0.012	0.012
天顶大气时延系统误差	系统	0.013	0.013
大气时延随机误差	随机	0.033	0.033
电离层时延系统误差	系统	0.033	0.002
电离层时延随机误差(夜间)	随机	0.033	0.002
电离层时延随机误差(白天)	随机	0.132	0.009
太阳等离子(太阳风)时延	随机	0.006	0
参考源位置误差	系统	0.010	0.003
总误差(夜间)		0.079	0.045
总误差(白天)		0.150	0.046

8.6 航天器射电干涉测量定位技术

用射电干涉测量方法(通常联合测距测速)可以对航天器进行精确定轨，得到航天器的轨道根数，从而导出在观测弧段内航天器各个时刻的三维位置。但是，这样的航天器定位定轨方法，需要经过较长弧段(数小时至数十小时)的连续跟踪观测才可以完成。在航天工程上，有时需要快速测定航天器的瞬时位置，就需要利用射电干涉测量的时延与时延率观测量，联合测距测速观测数据，直接计算航天器的瞬时位置与速度(郭丽等，2020)。

本节主要阐述航天器定位的原理与方法。航天器定位分为两种类型，一类是绝对定位，即直接测定它在天球参考架中的三维坐标，或者它在天球上的投影位置(赤经和赤纬)；另一类是相对定位，即测量它对于临近目标的相对位置。

8.6.1 几何法绝对定位原理

从几何原理可知，在地面如有三条不互相平行的射电干涉基线，同时测量目标发出的射电波到达基线两测站的时间差及其变化率，即时延与时延率，就可解算得到目标的三维位置及速度。以时延观测量来说，一条基线得到一个时延观测值,它代表了一个旋转双曲面;两条基线得到两个双曲面,如果该两条基线是不平行的,则两个双曲面的交线为一条双曲线;三条基线的时延观测量,就得到三个双曲面,它们的交点是一个点,即观测目标的三维位置。根据上述原理,三条射电干涉仪基线就可以测定航天器的瞬时位置;但是,没有观测余量,为保证测量结果的可靠性,通常需要更多的干涉测量基线。射电干涉测量的长处是测角,即测量目标的横向位置,但是它不利于测量目标的视向距离。若射电干涉仪的基线距离 D 确定了,设射电干涉仪至航天器距离为 R,则横向位置测量误差的增大与 R/D 值成正比,而视向距离测量误差的增大与 $(R/D)^2$ 成正比。地面上的射电干涉仪基线距离一般不超过一万千米,所以对于数十万千米以远的月球探测器及更远的深空探测器,用射电干涉仪来测量它们的视向距离,其误差非常大,没有实用价值。当对航天器进行射电干涉测量,并且搜索到干涉条纹时,就获得了航天器位置的初值,包括航天器至测站的距离,在进一步对航天器进行精确定位时,就可以把它作为先验值输入,并作为一个约束条件。如果同时有测距测速观测数据,则利用这些视向测量的实测数据作为观测量,那就更好了。下面分别就不同工况,来讨论航天器的定位方法。

1. 当 R/D 小于 10 时

这种情况是指距地面比较近的中低轨航天器,高度为几百千米至几千千米,可以仅利用射电干涉测量的时延与时延率观测值,测量航天器的瞬时位置和速度。上面已经说到,为了保证测量结果的可靠性,需要四条或更多的干涉基线。

如图 8.6.1 所示(乔书波等,2007),设:航天器 S 于 t_0 时刻在地心天球坐标系中的坐标为 $x_s(t_0), y_s(t_0), z_s(t_0)$,航天器不断发射 DOR 信号;地面一个两单元射电干涉仪的两个测站为 E_1 和 E_2,它们接收到航天器于 t_0 时刻发射的 DOR 信号的时间分别为 t_1 和 t_2,其光程分别为 R_1 和 R_2,它们的光程差为

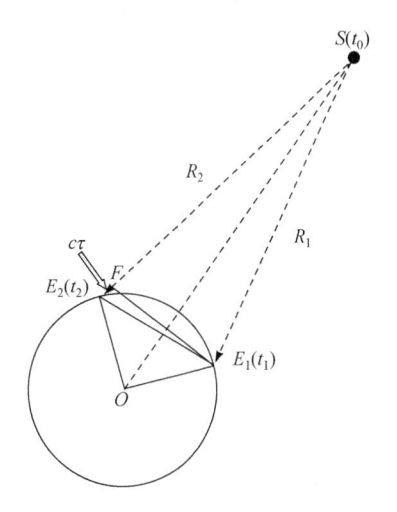

$$c\tau_g = R_2 - R_1 \qquad (8.6.1)$$

图 8.6.1 航天器与地面测站的几何关系图

(8.6.1)式中,c 为光速,等于 299792458m/s;τ_g 为几何时延。

设:两测站的地心天球坐标系中的坐标分别为 $x_1(t_1), y_1(t_1), z_1(t_1)$ 和

$x_2(t_2), y_2(t_2), z_2(t_2)$，它们可以根据测站的地固坐标转换为地心天球坐标系的坐标。图 8.6.1 中的 O 点表示地心。关于 R_1, R_2 可以用下式表示：

$$\begin{cases} R_1 = \left\{ \left[x_s(t_0) - x_1(t_1)\right]^2 + \left[y_s(t_0) - y_1(t_1)\right]^2 + \left[z_s(t_0) - z_1(t_1)\right]^2 \right\}^{\frac{1}{2}} \\ R_2 = \left\{ \left[x_s(t_0) - x_2(t_2)\right]^2 + \left[y_s(t_0) - y_2(t_2)\right]^2 + \left[z_s(t_0) - z_2(t_2)\right]^2 \right\}^{\frac{1}{2}} \end{cases} \quad (8.6.2)$$

则几何时延与航天器坐标和测站坐标的关系式为

$$\tau_g = \frac{1}{c}(R_2 - R_1) = \frac{1}{c}\Bigg(\left\{\left[x_s(t_0) - x_2(t_2)\right]^2 + \left[y_s(t_0) - y_2(t_2)\right]^2 + \left[z_s(t_0) - z_2(t_2)\right]^2\right\}^{1/2} \\ - \left\{\left[x_s(t_0) - x_1(t_1)\right]^2 + \left[y_s(t_0) - y_1(t_1)\right]^2 + \left[z_s(t_0) - z_1(t_1)\right]^2\right\}^{1/2}\Bigg)$$

(8.6.3)

(8.6.3)式可以简写为

$$\tau_g = \frac{1}{c}(R_2 - R_1) = \frac{1}{c}\left[\left(\Delta x_{s\text{-}2}^2 + \Delta y_{s\text{-}2}^2 + \Delta z_{s\text{-}2}^2\right)^{\frac{1}{2}} - \left(\Delta x_{s\text{-}1}^2 + \Delta y_{s\text{-}1}^2 + \Delta z_{s\text{-}1}^2\right)^{\frac{1}{2}}\right]$$

(8.6.4)

(8.6.4)式中，$\Delta x_{s\text{-}1}, \Delta y_{s\text{-}1}, \Delta z_{s\text{-}1}$ 为测站 1(t_1 时刻)与航天器 $S(t_0$ 时刻)的地心坐标差；$\Delta x_{s\text{-}2}, \Delta y_{s\text{-}2}, \Delta z_{s\text{-}2}$ 为测站 2(t_2 时刻)与航天器 $S(t_0$ 时刻)的地心坐标差；$R_1 = \left(\Delta x_{s\text{-}1}^2 + \Delta y_{s\text{-}1}^2 + \Delta z_{s\text{-}1}^2\right)^{\frac{1}{2}}$；$R_2 = \left(\Delta x_{s\text{-}2}^2 + \Delta y_{s\text{-}2}^2 + \Delta z_{s\text{-}2}^2\right)^{\frac{1}{2}}$。

设：航天器射电干涉测量的时延观测量为 τ_{obs}，它一般使用ΔDOR 测量方法，该观测值都经过各项系统误差与相对论时延的改正，另外要注意的是，对于航天器观测，理论时延的计算要使用有限距离(近场)几何时延计算公式，见第 5 章 5.3.2 节。

假设有四条或更多的基线同时对某一航天器进行射电干涉测量观测，就可以得到四个或更多的时延观测值 $\tau_{\text{obs}}^1, \tau_{\text{obs}}^2, \tau_{\text{obs}}^3, \cdots$ 与时延率观测值 $\dot{\tau}_{\text{obs}}^1, \dot{\tau}_{\text{obs}}^2, \dot{\tau}_{\text{obs}}^3, \cdots$ (其上标为基线序号)，来解算航天器三维位置与速度。下面讨论用时延观测量解算航天器三维位置的原理与方法。对于用时延率观测量来解算航天器的三维速度，可以用类似的方法，这里不再赘述。

按最小二乘法原理，首先要建立误差方程，可以对(8.6.3)式取导数，得到误差方程：

$$\begin{cases} v^1 = \dfrac{\partial \tau_g^1}{\partial x_s}\mathrm{d}x_s + \dfrac{\partial \tau_g^1}{\partial y_s}\mathrm{d}y_s + \dfrac{\partial \tau_g^1}{\partial z_s}\mathrm{d}z_s - \mathrm{d}\tau_{\mathrm{obs}}^1 \\ v^2 = \dfrac{\partial \tau_g^2}{\partial x_s}\mathrm{d}x_s + \dfrac{\partial \tau_g^2}{\partial y_s}\mathrm{d}y_s + \dfrac{\partial \tau_g^2}{\partial z_s}\mathrm{d}z_s - \mathrm{d}\tau_{\mathrm{obs}}^2 \\ v^3 = \dfrac{\partial \tau_g^3}{\partial x_s}\mathrm{d}x_s + \dfrac{\partial \tau_g^3}{\partial y_s}\mathrm{d}y_s + \dfrac{\partial \tau_g^3}{\partial y_s}\mathrm{d}y_s - \mathrm{d}\tau_{\mathrm{obs}}^3 \\ v^4 = \dfrac{\partial \tau_g^4}{\partial x_s}\mathrm{d}x_s + \dfrac{\partial \tau_g^4}{\partial y_s}\mathrm{d}y_s + \dfrac{\partial \tau_g^4}{\partial y_s}\mathrm{d}y_s - \mathrm{d}\tau_{\mathrm{obs}}^4 \\ \cdots \end{cases} \quad (8.6.5)$$

(8.6.5)式中，v^i 为时延观测值误差，它的上标 i 表示基线序号，$i=1,2,3,4,\cdots$；$\mathrm{d}x_s,\mathrm{d}y_s,\mathrm{d}z_s$ 为航天器坐标改正值，待解参数；$\dfrac{\partial \tau_g^i}{\partial x_s},\dfrac{\partial \tau_g^i}{\partial y_s},\dfrac{\partial \tau_g^i}{\partial z_s}$ 为对于待解参数的偏导数，其上标 i 为基线序号。对(8.6.4)式求导数以得到各项偏导数，计算公式为

$$\dfrac{\partial \tau_g^i}{\partial x_s} = \dfrac{1}{c}\left(\dfrac{\Delta x_{\mathrm{s-2}}^i}{\widetilde{R}_2^i} - \dfrac{\Delta x_{\mathrm{s-1}}^i}{\widetilde{R}_1^i}\right);\ \dfrac{\partial \tau_g^i}{\partial y_s} = \dfrac{1}{c}\left(\dfrac{\Delta y_{\mathrm{s-2}}^i}{\widetilde{R}_2^i} - \dfrac{\Delta y_{\mathrm{s-1}}^i}{\widetilde{R}_1^i}\right);\ \dfrac{\partial \tau_g^i}{\partial z_s} = \dfrac{1}{c}\left(\dfrac{\Delta z_{\mathrm{s-2}}^i}{\widetilde{R}_2^i} - \dfrac{\Delta z_{\mathrm{s-1}}^i}{\widetilde{R}_1^i}\right) \quad (8.6.6)$$

(8.6.6)式中，$\widetilde{R}_1^i,\widetilde{R}_2^i$ 为第 i 条基线的测站1、2至航天器的距离先验值。$\mathrm{d}\tau_{\mathrm{obs}}^i$ 为时延观测值($\hat{\tau}_{\mathrm{obs}}$)与时延先验值($\tilde{\tau}_{\mathrm{obs}}$)之差值，即 O-C。

(8.6.5)式以矩阵形式表示，即

$$V = A\Delta X - l \quad (8.6.7)$$

(8.6.7)式中各项为

$$V = \begin{bmatrix} v^1 \\ v^2 \\ v^3 \\ v^4 \\ \vdots \end{bmatrix},\quad A = \begin{bmatrix} \dfrac{\partial \tau_g^1}{\partial x_s} & \dfrac{\partial \tau_g^1}{\partial y_s} & \dfrac{\partial \tau_g^1}{\partial z_s} \\ \dfrac{\partial \tau_g^2}{\partial x_s} & \dfrac{\partial \tau_g^2}{\partial y_s} & \dfrac{\partial \tau_g^2}{\partial z_s} \\ \dfrac{\partial \tau_g^3}{\partial x_s} & \dfrac{\partial \tau_g^3}{\partial y_s} & \dfrac{\partial \tau_g^3}{\partial z_s} \\ \dfrac{\partial \tau_g^4}{\partial x_s} & \dfrac{\partial \tau_g^4}{\partial y_s} & \dfrac{\partial \tau_g^4}{\partial z_s} \\ \vdots & \vdots & \vdots \end{bmatrix},\quad \Delta X = \begin{bmatrix} \mathrm{d}x_s \\ \mathrm{d}y_s \\ \mathrm{d}z_s \end{bmatrix},\quad l = \begin{bmatrix} \mathrm{d}\tau_{\mathrm{obs}}^1 \\ \mathrm{d}\tau_{\mathrm{obs}}^2 \\ \mathrm{d}\tau_{\mathrm{obs}}^3 \\ \mathrm{d}\tau_{\mathrm{obs}}^4 \\ \vdots \end{bmatrix} \quad (8.6.8)$$

设：权矩阵为

$$P = \begin{bmatrix} p^1 & 0 & 0 & 0 & \cdots \\ 0 & p^2 & 0 & 0 & \cdots \\ 0 & 0 & p^3 & 0 & \cdots \\ 0 & 0 & 0 & p^4 & \cdots \\ \vdots & \vdots & \vdots & \vdots & \end{bmatrix} \quad (8.6.9)$$

观测值权根据不同情况来设定。如果各条基线的观测设备与数据质量相差不大，可以设置各个观测值是等权的；如果不同基线的观测数据质量相差很大，可以用它们的形式误差来设定其权值。

根据(8.6.7)式与(8.6.9)式，按最小二乘法原理，可以导出法方程式：

$$A^{\mathrm{T}} P A \Delta X - A^{\mathrm{T}} P l = 0 \quad (8.6.10)$$

设：$N = A^{\mathrm{T}} P A$，$W = A^{\mathrm{T}} P l$，则(8.6.10)式可以简化为

$$N \Delta X - W = 0 \quad (8.6.11)$$

则根据(8.6.11)式就可以解算得 ΔX 为

$$\Delta X = N^{-1} W \quad (8.6.12)$$

测量精度评定。包括：观测值残差、单位权中误差以及解算参数的方差与中误差的计算。

将(8.6.12)式解算得到的 ΔX 值代入(8.6.7)式，就可以计算得 V 值，然后根据(8.6.13)式计算单位权方差 σ_0^2 与中误差 σ_0：

$$\sigma_0^2 = \frac{V^{\mathrm{T}} P V}{n - t}, \quad \sigma_0 = \sqrt{\frac{V^{\mathrm{T}} P V}{n - t}} \quad (8.6.13)$$

(8.6.13)式中，n 为观测值数目；t 为待解参数数目。

根据最小二乘法原理可知，待解参数 ΔX 方差矩阵等于单位权方差与协因子矩阵的乘积，协因子矩阵 $Q_{\Delta X}$ 就是法方程式系数矩阵的逆矩阵 N^{-1}：

$$D_{\Delta X} = \sigma_0^2 N^{-1} = \sigma_0^2 Q_{\Delta X} \quad (8.6.14)$$

(8.6.14)式中，

$$Q_{\Delta X} = \begin{bmatrix} Q_{1,1} & Q_{1,2} & Q_{1,3} \\ Q_{2,1} & Q_{2,2} & Q_{2,3} \\ Q_{3,1} & Q_{3,2} & Q_{3,3} \end{bmatrix} \quad (8.6.15)$$

所以待解参数 $(\mathrm{d} x_s, \mathrm{d} y_s, \mathrm{d} z_s)$ 的中误差为

$$\sigma_{\mathrm{d}x_\mathrm{s}} = \sigma_0\sqrt{Q_{1,1}}, \quad \sigma_{\mathrm{d}y_\mathrm{s}} = \sigma_0\sqrt{Q_{2,2}}, \quad \sigma_{\mathrm{d}z_\mathrm{s}} = \sigma_0\sqrt{Q_{3,3}} \tag{8.6.16}$$

上述阐述的数据处理方法，只使用时延观测值来测量航天器的瞬时位置。如果要测量航天器的瞬时速度，可以利用射电干涉测量的时延率观测数据，用类似的方法进行参数解算。

2. 当 R/D 大于 10 时

地球上射电干涉测量的最长基线一般不超过 1 万 km，当航天器高度大于 10 万 km 时，如月球探测器就达到了近 40 万 km，深空探测器的 R/D 值就更大了。这种情况下，如果仅仅使用干涉测量的时延观测值来测量航天器的三维位置，则其径向距离的误差将非常大，这就需要采取一定的措施，来解决上述问题。

1) 一种方法是加入距离约束条件

射电干涉测量实施时，如果获得干涉条纹，就说明已经有了一定精度航天器的初始位置。设：航天器的先验三维地心坐标为 $(x_\mathrm{s}, y_\mathrm{s}, z_\mathrm{s})$，就可以计算得到航天器的地心距 r_0。以地心距 r_0 作为约束条件，则可以得到约束条件方程式(李金岭等，2009)：

$$\frac{x_\mathrm{s}}{r_0}\mathrm{d}x_\mathrm{s} + \frac{y_\mathrm{s}}{r_0}\mathrm{d}y_\mathrm{s} + \frac{z_\mathrm{s}}{r_0}\mathrm{d}z_\mathrm{s} = 0 \tag{8.6.17}$$

(8.6.17)式中，$\mathrm{d}x_\mathrm{s}, \mathrm{d}y_\mathrm{s}, \mathrm{d}z_\mathrm{s}$ 为按最小二乘法平差计算后的航天器的坐标改正数。

在第 6 章已经介绍了附有参数约束条件的最小二乘法原理，这里结合射电干涉测角定位问题，进一步阐述该方法的原理与实际计算步骤(武汉大学测绘学院测量平差学科组，2014)。

(8.6.17)式的矩阵表达式为

$$C\Delta X = 0 \tag{8.6.18}$$

(8.6.18)式中，$C = \begin{bmatrix} \dfrac{x_\mathrm{s}}{r_0} & \dfrac{y_\mathrm{s}}{r_0} & \dfrac{z_\mathrm{s}}{r_0} \end{bmatrix}$；$\Delta X = \begin{bmatrix} \mathrm{d}x_\mathrm{s} \\ \mathrm{d}y_\mathrm{s} \\ \mathrm{d}z_\mathrm{s} \end{bmatrix}$。

所以，可以列出附有条件约束的误差方程及权矩阵为

$$\begin{cases} V = A\Delta X - l \\ C\Delta X = 0 \end{cases} \tag{8.6.19}$$

根据(8.6.19)式可以组成法方程式：

$$\begin{cases} N\Delta X + C^T K - W = 0 \\ C\Delta X = 0 \end{cases} \quad (8.6.20)$$

(8.6.20)式中，K 是对应于约束条件方程的联系数向量。利用(8.6.20)式，可以导出 ΔX 的计算公式：

$$\Delta X = \left(N^{-1} - N^{-1}C^T N_{cc}^{-1} C N^{-1}\right) W \quad (8.6.21)$$

(8.6.21)式中，

$$N_{cc}^{-1} = C N^{-1} C^T \quad (8.6.22)$$

根据(8.6.21)式计算得到 ΔX 后，将它代入(8.6.19)式，就可以计算得到 V 值，进而进行测量精度评定。(8.6.23)式为参数 ΔX 的方差矩阵，以此可以计算单位权方差与中误差：

$$D_{\Delta X} = \sigma_0^2 \left(N^{-1} - N^{-1} C^T N_{cc}^{-1} C N^{-1}\right) \quad (8.6.23)$$

2) 另一种方法是加入测距数据

国内的探月与深空探测航天器测轨的常规工作模式，为射电干涉测量与测距测速联合实施，所以一般都有测距测速观测数据可以利用。

设：航天测控站对航天器在 t_0 时刻的测距数据为 $\hat{r}$，深空跟踪站的地心坐标为 (x_r, y_r, z_r)，航天器的先验地心坐标为 (x_s, y_s, z_s)，则可以得到深空跟踪站至航天器的距离先验值 $\tilde{r}$ 为

$$\begin{aligned}\tilde{r} &= \left[(x_s - x_r)^2 + (y_s - y_r)^2 + (z_s - z_r)^2\right]^{\frac{1}{2}} \\ &= \left[(\Delta x_{s\text{-}r})^2 + (\Delta y_{s\text{-}r})^2 + (\Delta z_{s\text{-}r})^2\right]^{\frac{1}{2}}\end{aligned} \quad (8.6.24)$$

则可以导出误差方程如(8.6.25)式，为了与时延观测的误差方程的单位取得一致，v_r 值也以时间为单位：

$$v_r = \frac{\partial r}{\partial x_s} \mathrm{d}x_s + \frac{\partial r}{\partial y_s} \mathrm{d}y_s + \frac{\partial r}{\partial z_s} \mathrm{d}z_s - \mathrm{d}r, \quad \mathrm{d}r = \frac{1}{c}(\hat{r} - \tilde{r}) \quad (8.6.25)$$

(8.6.25)式中，

$$\frac{\partial r}{\partial x_s} = \frac{1}{c}\frac{\Delta x_{s\text{-}r}}{\tilde{r}}; \quad \frac{\partial r}{\partial y_s} = \frac{1}{c}\frac{\Delta y_{s\text{-}r}}{\tilde{r}}, \quad \frac{\partial r}{\partial z_s} = \frac{1}{c}\frac{\Delta z_{s\text{-}r}}{\tilde{r}} \quad (8.6.26)$$

将测距数据的误差方程加入(8.6.5)式中，组成了时延观测与测距观测的联合解算

误差方程：

$$\begin{cases} v^1 = \dfrac{\partial \tau_g^1}{\partial x_s}\mathrm{d}x_s + \dfrac{\partial \tau_g^1}{\partial y_s}\mathrm{d}y_s + \dfrac{\partial \tau_g^1}{\partial z_s}\mathrm{d}z_s - \mathrm{d}\tau_{\mathrm{obs}}^1 \\ v^2 = \dfrac{\partial \tau_g^2}{\partial x_s}\mathrm{d}x_s + \dfrac{\partial \tau_g^2}{\partial y_s}\mathrm{d}y_s + \dfrac{\partial \tau_g^2}{\partial z_s}\mathrm{d}z_s - \mathrm{d}\tau_{\mathrm{obs}}^2 \\ v^3 = \dfrac{\partial \tau_g^3}{\partial x_s}\mathrm{d}x_s + \dfrac{\partial \tau_g^3}{\partial y_s}\mathrm{d}y_s + \dfrac{\partial \tau_g^3}{\partial y_s}\mathrm{d}y_s - \mathrm{d}\tau_{\mathrm{obs}}^3 \\ v^4 = \dfrac{\partial \tau_g^4}{\partial x_s}\mathrm{d}x_s + \dfrac{\partial \tau_g^4}{\partial y_s}\mathrm{d}y_s + \dfrac{\partial \tau_g^4}{\partial y_s}\mathrm{d}y_s - \mathrm{d}\tau_{\mathrm{obs}}^4 \\ \cdots \\ v_r = \dfrac{\partial r}{\partial x_s}\mathrm{d}x_s + \dfrac{\partial r}{\partial y_s}\mathrm{d}y_s + \dfrac{\partial r}{\partial z_s}\mathrm{d}z_s - \mathrm{d}r \end{cases} \quad (8.6.27)$$

(8.6.27)式中，$v_r = \dfrac{\partial r}{\partial x_s}\mathrm{d}x_s + \dfrac{\partial r}{\partial y_s}\mathrm{d}y_s + \dfrac{\partial r}{\partial z_s}\mathrm{d}z_s - \mathrm{d}r$ 为测距误差方程。

后续的数据处理过程，与前面 8.6.1 节 1. 讲述的不附有参数约束条件的数据处理是一致的，这里不再重复。

如果有多个航天测控站的测距数据，则只要将类似的误差方程加入(8.6.27)式中去，然后进行类似的后续各项计算即可。要注意的是：无论是射电干涉测量数据，或是测距测速数据，如果要进行综合解算，则该观测数据相应的航天器时刻应该一致。如果不一致，就需要对观测数据进行预处理，例如进行内插计算，以归算到同样时刻。

3. 地心直角坐标换算为地心赤经赤纬

如果需要定位测量提供航天器的瞬时地心赤经赤纬，则可以利用航天器的地心直角坐标转换为地心赤经赤纬，其转换公式为

$$\alpha_s = \arctan\left(\dfrac{y_s}{x_s}\right), \quad \delta_s = \arctan\left(\dfrac{z_s}{\sqrt{x_s^2 + y_s^2}}\right) \quad (8.6.28)$$

8.6.2 几何绝对定位应用举例

1. "嫦娥一号"探月卫星月球捕获段轨迹检测

我国"嫦娥一号"探月卫星于 2007 年 10 月 24 日成功发射，历经调相轨道、地月转移轨道共近 11 天的飞行，于 11 月 5 日到达离月球 200km 距离，然后进行

减速制动，卫星被月球捕获，首先进入了周期 12h 的环月轨道。再经过两次近月制动，于 11 月 7 日进入周期 127min 的环月极轨道，这是设计的"嫦娥一号"卫星的工作轨道。11 月 5 日的"嫦娥一号"卫星首次减速制动后卫星是否按设计要求进入月球轨道，这是当时急迫需要回答的问题。而使用 VLBI 与测距测速联合观测方法，在几分钟时间就可以迅速确定卫星是否正确入轨。表 8.6.1(李金岭等，2009)给出了卫星在变轨过程中，根据卫星的定位测量结果，计算得到的卫星运动偏心率的变化情况，从偏心率大于 1.0 的双曲线飞行轨道，逐步变化为小于 1.0，达到了设计的绕月椭圆轨道偏心率约 0.68，这说明"嫦娥一号"卫星成功地进入预定的绕月轨道。按动力学定轨方法，一般需要 30min 或更长时间才能测定变轨后的较精确轨道，然后判定其是否正确进入绕月轨道，而用几何定位方法可以在减速制动后约 5min 时间就可以判定卫星是否正确入轨。

表 8.6.1　2007 年 11 月 5 日"嫦娥一号"卫星月球捕获段轨道监测

时刻(UTC)	半长径/km	偏心率
双曲		
03:13:01	6618.708	1.29441
03:13:31	6641.511	1.29340
03:14:00	6664.319	1.29238
近抛物线		
03:17:07	3406.991	1.08194
成功捕获		
03:20:53	2990.028	0.84911
03:20:58	3016.474	0.84918
03:42:01	6205.055	0.68567
03:42:30	6154.900	0.68305
03:43:00	6155.691	0.68311

2. "嫦娥五号"探月卫星着陆上升组合体月固系位置测定

2020 年 12 月 1 日，"嫦娥五号"探测器的着陆器与上升器的组合体(简称"着上组合体")成功软着陆于月球正面风暴洋西北部的蒙斯·吕姆克(Mons Rümker)山脉附近地带。着上组合体着陆后即发射 X 波段的 DOR 信号，历时 55min；随后关闭 DOR 信号，发射数传信号(4MHz 带宽)，历时 38min。国内 VLBI 测轨网观测着上组合体的 DOR 或数传信号，获得时延观测值。在该时间段，始终有测控站的测距观测。由于着陆月球后，就固定在月面上，所以可以利用较长时间的观测数据来测定着上组合体的位置。由于需要测量着上组合体在月固坐标系中的位置，所以在数据处理中，首先是利用 VLBI 时延与测控站测距数据解算着上组合体在质心天球参考架(BCRF)中的三维坐标,然后再把它转换至月固坐标系(郭丽等,2022)。

关于月面高程,使用两种计算方法:①不加任何附加约束条件;②利用NASA的月球勘测轨道飞行器(Lunar Reconnaissance Orbiter, LRO)光学观测得到的月球地形球谐函数模型为约束条件。表8.6.2中分别列出了用"VLBI+测距"(约束高程)方法,以及NASA的LRO月球轨道器光学测量[①]获得的"嫦娥五号"卫星着上组合体落月点在月固系中的经纬度与高程,以及两者的差值。两者在经纬度两个方向的差异均小于百米;当"VLBI+测距"(不约束高程)时,高程解算结果与LRO高程的差异也小于百米,如果采用LRO月面地形模型作为约束条件,则两者的差异小于30m。两种完全不同的测量技术所得到的月面位置的差异,各个分量均小于百米,这说明"VLBI+测距"的绝对定位测量结果是可信的,实际测量精度符合预期精度。图8.6.2为LRO拍摄到的"嫦娥五号"卫星着上组合体在月面上的照片[①]。

表8.6.2　"嫦娥五号"卫星着陆上升组合体月面位置测量结果

	经度/(°)	纬度/(°)	高程/m
VLBI+测距	−51.9204	43.0599	−2475(不约束高程) −2544(约束高程)
NASA LRO 光学	−51.9161	43.0576	−2570
LRO−(VLBI+测距)	+0.0043 (+95.26m)	−0.0023 (−69.73m)	−95m(不约束高程) +26m(约束高程)

图8.6.2　"嫦娥五号"着陆上升组合体在月面上的照片
NASA的LRO月球探测器的光学相机拍摄

---

① https://www.lroc.asu.edu/posts/1172。

关于"嫦娥五号"月球探测器各个单体的定位测量("VLBI+测距测速")的内符精度，如图 8.6.3 所示(郭丽等，2023)，图中：自左至右，SQ——四器组合体、ZS——着上组合体、GF——轨返组合体、SS——上升器，显示了每个单体的赤经(左)与赤纬(右)测量的内符精度，平均约为 10 mas，相当于位置各个分量的精度约 20m。

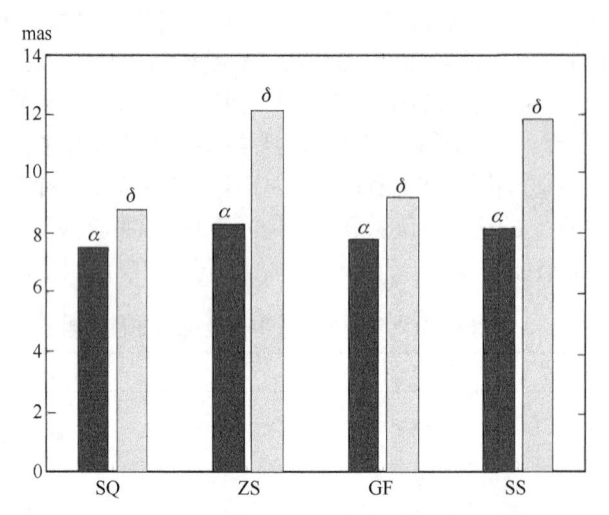

图 8.6.3 "嫦娥五号"月球探测器各个单体的定位测量的内符精度
注：对原图稍作修改；α——赤经，δ——赤纬

8.6.3 同波束月面相对定位举例

当空间两个目标落在 VLBI 测站天线的同一波束内时，就可以采用相时延差值来测量它们的相对位置，其测量精度比群时延法要提高上百倍。比如，65m 口径天线在 X 波段(波长 3.6cm)的半功率点波束宽度约为 0.04°，在月球距离上，相当于约 260km。也就是说，如果在月面上的两个目标的间距不超过 260km，则它们可以落在 65m 天线的同一波束内了。国内 VLBI 测轨网天线的口径为 26～65m，所以对于月球距离上，间距不大于 260km 的两个目标，就可以同波束法，获得它们的相时延差值，从而精确地测定它们的相对位置。图 8.6.4 为同波束 VLBI 观测月面目标的示意图。

下面举两个我国探月工程的同波束观测的实例。

1. 同波束法测量"嫦娥三号"探测器月面着陆器与月球车相对位置

"嫦娥三号"探测器于 2013 年 12 月 2 日发射升空，于 12 月 14 日成功软着陆，着陆点的月固系位置为经度 19.5124°、纬度 44.1206°。着陆后巡视器("玉兔号"月球车)随即与着陆器分离，行走至 A 点停泊，自 12 月 15 日至 23 日，巡视器逐次行走驻留的各点为 B、C、D、E、S1 及 S2，如图 8.6.5 所示(Liu et al., 2014)。其坐标系的原点为着陆器的中心，坐标系轴的方向与月固坐标系一致。着陆器上的天线可以转动，以保持与地面测控站的通信。着陆器的下行数传信号的中心频率为 8496MHz，带宽为 5MHz；月球车的下行信号为 8MHz 带宽的数传信号与 4kHz 带宽的遥测信号(分时发射)，它们的中心频率均为 8462MHz。

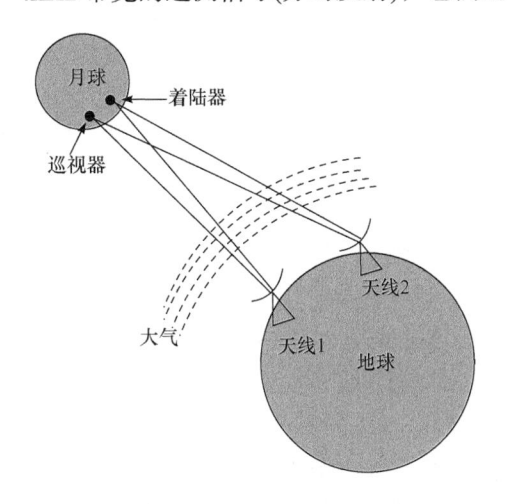

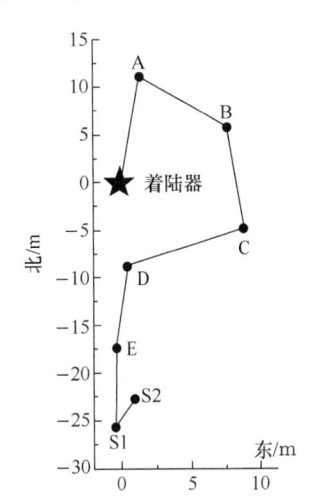

图 8.6.4　同波束 VLBI 观测月面着陆器与巡视器的示意图

图 8.6.5　"嫦娥三号"探测器着陆器与巡视器的相对位置

利用接收到的着陆器和月球车的数传信号或遥测信号，通过互相关处理，可以获得干涉条纹，进而导出相时延值。月球车在各点驻留期间，一般利用 VLBI 的 2～3h 的相时延观测数据来解算着陆器与月球车的相对位置，其测量结果列于表 8.6.3，可以看到，其形式误差最大为 18cm，平均为 8cm。着陆点的月面地形很平坦，月球车离开着陆器的最远距离仅二十几米，各驻留点之间的高差很小，所以仅解算两者在东西与南北方向位置差值。总的来说，对于月球车与着陆器的横向相对位置测量，其可信精度好于 1m。

表 8.6.3　"嫦娥三号"月球探测器的月球车与着陆器的相对位置测量结果及形式误差

	A	B	C	D	E	S1	S2
北/m	11.14	5.79	4.79	8.83	17.4	25.58	22.77
	±0.11	±0.11	±0.18	±0.09	±0.05	±0.05	±0.17
东/m	1.35	7.62	8.77	0.42	0.37	0.45	0.93
	±0.05	±0.08	±0.10	±0.02	±0.02	±0.01	±0.11

2. 同波束VLBI监测"嫦娥五号"月面上升器与轨道器返回器组合体交会对接

于2020年12月1日，"嫦娥五号"探测器的着陆上升组合体着陆月面，停留48h进行各种探测工作，包括月壤、月岩采样，于12月3日23时10分上升器升空，在12月4~5日期间绕月飞行，进行轨道调整，最后进入15×185km的绕月椭圆轨道。12月6日，轨道器返回器组合体(简称"轨返组合体")追逐上了上升器，进行交会对接。当轨返组合体距离上升器数十千米时，依据轨返组合体上的雷达测距自主控制交会对接，历时约3h，于12月6日5时40分对接完成，月面采集的样品从上升器转移至轨返组合体。在上升器与轨返组合体对接期间，国内的VLBI测轨网与测控网继续进行跟踪观测，实时进行VLBI与测距测速观测数据综合处理，测量了轨返组合体与上升器在地心惯性坐标中的位置差及各个坐标差(dr, dx, dy, dz)，如图8.6.6所示(郭丽等，2023)，图中显示了6日3时30分至5时40分对接成功期间轨返组合体与上升器位置差的变化，从3时45分时位置差5km逐渐缩小，直至最后位置差为零，精确成功对接。这是国内首次在月球尺度上，用地面观测的方法监测了航天器交会对接的过程。VLBI观测采用同波束方法，实时数据处理获得了双目标的群时延差，从而解算得两个目标的位置差。群时延差的测量精度约为0.5ns，所以在月球尺度上，用国内测量网观测，两个目标的位置差测量误差约为20m。同波束VLBI观测可以获得高精度相时延差观测值，但是需要较多的数据处理时间来解算整周模糊度。需要研究在实时观测模式情况下，如何快速解算相时延差观测值的模糊度，以利用高精度的相时延观测数据，这样，对于月球尺度的航天器的交会对接监测，其精度将可以提高到米级。

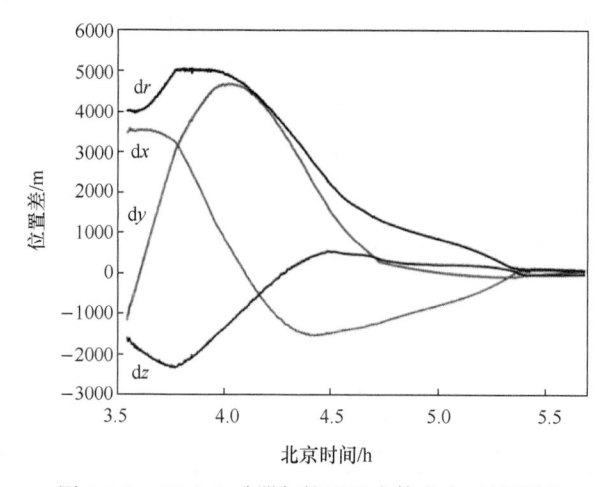

图8.6.6 CE-5上升器与轨返组合体交会对接监测

8.6.4 相位参考成图法相对定位

使用相位参考成图法测量两个小角距射电源的相对位置,是相对射电天体测量的一种常用方法,它的原理与方法,详见本书第 7 章。对于测量航天器与临近目标的相对位置,其原理和方法与测量射电源是基本一致的。它们的不同点为:遥远的自然射电源的位置在观测期间可以认为是不变的,所以可以用较长的观测时间进行积分,以期获得更高的灵敏度与信噪比,可以测量非常弱的射电源;但是航天器通常在太阳系内,对于地面测站来说,其角位置变化大,不宜长时间积分观测,除非该航天器有精确的预报轨道,才能长时间跟踪观测的数据进行积分。关于用相位参考成图法进行航天器的相对定位的原理与方法,可以参考文献(童锋贤等, 2014; Zheng et al., 2016)。

使用相位参考成图法测量航天器相对位置的优缺点如下所述。

优点:星上不需要专门的信标,任何形式的下行信号均可,只要有足够的发射功率;测量精度高,与同波束相时延差测量精度相当,但不限于同波束的要求,X 波段观测时,两个目标的角距一般不大于 4°即可,因此它比同波束法应用的范围更广。

缺点:为了取得良好的 UV 覆盖,一般需要 4 个或更多测站组网观测;数据处理较为复杂,要满足实时性要求,还需要改进数据处理方法,缩短运算时间至数分钟。

于 2014 年 12 月 23 日,国内 VLBI 测轨网 4 个测站跟踪观测绕月飞行的"嫦娥五号"试验星(CE5-T1),用相位参考成图法测量了该试验星对于参考射电源 1920-211 的赤经与赤纬差(Zheng et al., 2017),如图 8.6.7 所示。

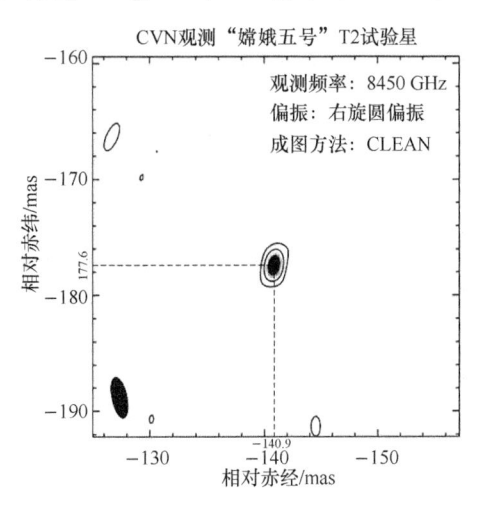

图 8.6.7 对于 CE5-T1 用相位参考成图法测量的结果图示
CE5-T1 与参考源的赤经差与赤纬差分别为–140.9 mas 与–177.6mas

对于月面双目标,用相位参考成图法测量它们相对位置的数据流程如图 8.6.8 所示(童锋贤等,2014)。2013 年 12 月 15~21 日期间,当"嫦娥三号"巡视器在驻留点(A、B、C、D 及 E)时,使用了国内 VLBI 测轨网进行 VLBI 观测,以着陆器为参考点进行相位参考成图处理,分别得到了在各个驻留点的"嫦娥三号"巡视器与着陆器的地心天球坐标系的赤经差、赤纬差,然后再将地心天球坐标系的赤经差与赤纬差转换为月固坐标系的经度差与纬度差。为阅读方便,将 5 个驻留点的测量结果合并绘制在一张图上,见图 8.6.9。

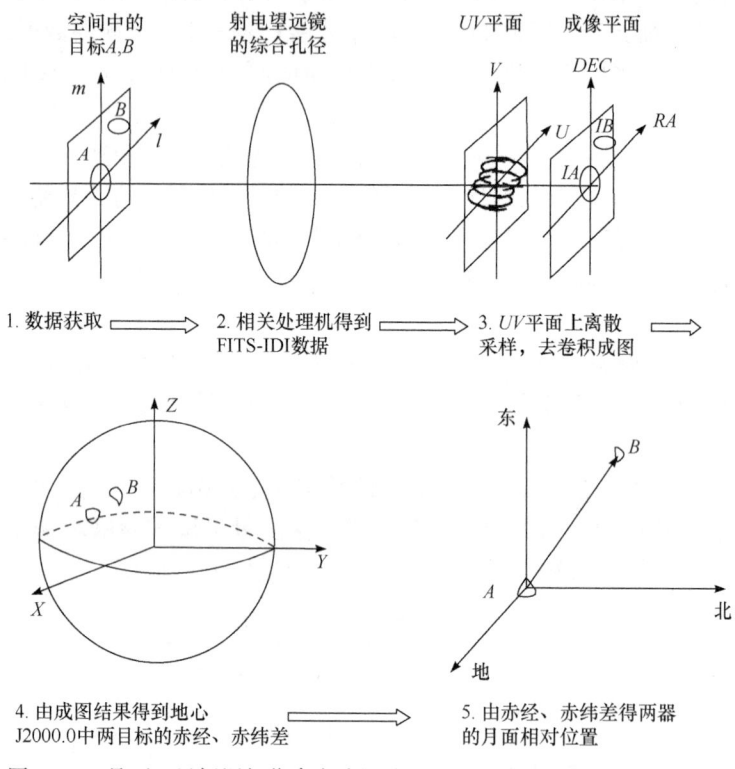

图 8.6.8　月面双目标用相位参考成图法测量相对位置的数据流程示意图

在"嫦娥三号"器巡视器上安装了视觉定位与惯性导航定位设备(王保丰等,2014),可以测量"玉兔号"巡视器与着陆器的相对位置,它对于巡视器 5 个驻留点的相位参考成图法的测量结果列于表 8.6.4 的第 3 栏。为了便于比较,将同波束相时延差测量与相位参考成图法的测量结果分别列于表 8.6.4 的第 4 与第 5 栏。第 6 栏为三种测量结果的平均值,第 7~9 栏分别列出了各种测量结果对于三种测量结果平均值的差值,并计算了它们的标准差,分别为 0.48m、0.77m、0.35m,列在第 7~9 栏的最后一行。该统计分析结果说明,这三种定位测量方法的精度均好于 1m。上述测量结果是在巡视器与着陆器的相对距离不大于 20m 的情况下获得的,对于两种无线电测量方法的精度,在同波束条件下,与两目标距离远近关系不大。但是对于视觉定位技术,它的测量误差与两目标间距成正比,对于应用于"嫦娥三号"巡视器的视觉定位测量设备,经检验其测量精度好于目标距离的4%,则在20m距离时,其误差可能达到0.8m,所以与上述统计分析计算结果是相符合的。

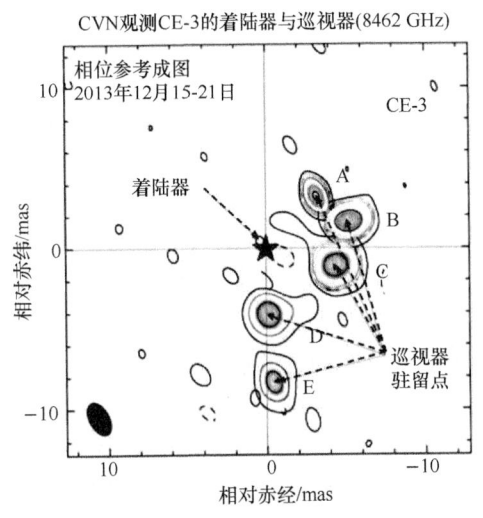

图 8.6.9 "玉兔号"各驻留点与着陆器的相对位置示意图

表 8.6.4 "玉兔号"巡视器与着陆器相对位置测量结果统计

驻留点(1)	坐标轴(2)	视觉定位(3)	同波束相时延(4)	相位参考成图(5)	平均值(6)	(3)-(6)(7)	(4)-(6)(8)	(5)-(6)(9)
A	北	9.03	11.25	9.47	9.92	-0.89	+1.33	-0.45
	东	1.50	1.28	1.15	1.31	+0.19	-0.03	-0.16
B	北	5.00	5.89	5.12	5.34	-0.34	+0.55	-0.22
	东	8.90	7.56	9.30	8.59	+0.31	-1.03	+0.71
C	北	-5.65	-4.92	-5.34	-5.30	-0.35	+0.38	-0.04
	东	8.36	8.02	8.86	8.41	-0.05	-0.39	+0.45
D	北	-9.75	-8.73	-9.51	-9.33	-0.42	+0.60	-0.18
	东	0.27	0.37	0.49	0.38	-0.11	-0.01	+0.11
E	北	-19.76	-17.35	-19.26	-18.79	-0.97	+1.44	-0.47
	东	-0.20	-0.42	-0.29	-0.30	+0.10	-0.12	+0.01
						RMS ±0.48	RMS ±0.77	RMS ±0.35

注:表 8.6.5 中(3),(4),(5)栏的数据取自文献(Zheng et al., 2014); (6),(7),(8),(9)栏的数据为计算得到的。表中所有数字的单位均为 m。

第 9 章　射电天体测量应用于航天工程(二)

本章的主要内容为阐述航天器射电干涉测量的轨道确定。射电干涉测量的本质是角度测量，其对与视线垂直方向上航天器的轨道和位置变化有很高灵敏度，是对测距测速技术的有益补充。射电干涉测量中 VLBI 技术的测角精度最高，所以航天器(主要是深空探测器)的轨道测量主要采用 VLBI 技术。VLBI 测轨时只需要接收航天器的下行信号，所以在缺乏上行信号时，仍能进行高精度的角度测量。目前，我国的月球和深空探测器均采用测距测速和 VLBI 联合测轨模式，大大提高了航天器的测定轨精度，特别是短弧段的定轨精度，"嫦娥一号"月球探测工程是世界上首次将 VLBI 技术应用于月球探测器的实时测轨。

目前精密定轨方法主要包括动力学法和几何法。动力学法就是利用含有误差的观测值与数学模型来得到卫星状态及有关参数的最佳估值，一般采用基于线性估计技术的统计方法，也称为统计定轨。动力学法影响定轨精度的主要因素包括测量误差、动力学模型误差和测站几何分布等。动力学定轨方法的优点是定轨精度较高，可以对轨道进行外推预报，不足之处是必须比较完整地考虑各种受力摄动模型，目前还很难分析出航天器所受的所有摄动，不同高度、不同形状等的航天器所受摄动情况不同，太阳光压、大气阻力等计算还比较复杂。几何法就是利用观测数据进行空中交会定位，给出相应航天器的位置。该方法得到的是一组离散的点，连续的轨道必须通过拟合方法给出。几何法的特点是不受力学模型误差的影响，影响定轨精度的主要因素是观测值的精度、测站几何构形，不足之处是不能保证轨道外推的精度。

在航天器 VLBI 定位测量中，至少需要 3 个台站组成 3 条基线，才能解算航天器位置 3 个分量。在定轨测量中，由于采用统计定轨方法，即使是一条基线的 VLBI 测量数据也能进行轨道解算。当然，基线越多，对航天器各个方向的约束越好，越有利于定位和定轨解算精度的提高。

9.1　航天器定轨理论概述

精密定轨的基本原理就是利用含有误差的观测值和数学模型来得到卫星状态及有关参数的最佳估值(包括卫星轨道量和有关物理、几何参数)。定轨计算一般采用基于线性估计技术的统计动力学法，因此，这种方法也称为统计定轨。如果待估状态量仅限于航天器轨道量，那么这就是通常所说的轨道改进。统计定轨理论经过几十年的发展，已经非常成熟，本书只给出该方法的基本思想和简要过程，更详细和完整的描述可参见相关文献。

9.1.1 运动方程

卫星在围绕地球和月球运动的过程中会受到多种作用力的影响。总的来说，这些作用力可以分为两大类：一类是保守力，另一类是耗散力。保守力包括：地球引力，日、月、行星对卫星的引力，以及地球的潮汐现象导致的引力场变化等，耗散力包括：大气阻力、地球红外辐射、太阳光压，以及航天器姿态控制的动力等。以地球卫星的精密定轨为例，在地心天球坐标系中，卫星的运动方程为

$$\ddot{r} = \frac{d\dot{r}}{dt} = f \tag{9.1.1}$$

(9.1.1)式中，$\dot{r}$ 为卫星在地心天球坐标系中的速度矢量，$\ddot{r}$ 为卫星在地心天球坐标系中的加速度矢量；方程右端 f 为作用在卫星单位质量上的力的总和。

如果能得到各摄动力的精确模型，则只要知道卫星在某初始时刻 t_0 的运动状态 r_0、$\dot{r}_0$，就可以得到任意 $t \geq t_0$ 时刻的卫星的运动状态 r 和 $\dot{r}$。但事实上各作用力的表达式很复杂，而且除二体之外，目前还不能得到各种摄动力的严格解析解。常用数值法得出方程(9.1.1)的解，其初始条件为

$$\begin{cases} r_0(t_0) = r_0 \\ \dot{r}_0(t_0) = \dot{r}_0 \end{cases} \tag{9.1.2}$$

一般情况下卫星的初始状态 r_0、$\dot{r}_0$ 是无法预先精确知道的，只能得到它们的参考值 r_0^* 和 $\dot{r}_0^*$，这就需要通过对卫星不断观测来精化 r_0^* 和 $\dot{r}_0^*$，以取得高精度的卫星初始状态 r_0、$\dot{r}_0$，这正是精密定轨的任务。实际上，在力学模型中很多参数的值也是无法预先精确已知的，如太阳辐射压系数 C_r、大气阻力系数 C_d 等。无疑这些参数的误差也会影响 $r(t)$ 和 $\dot{r}(t)$ 的精度。因而为了确定卫星在某时刻 $t \geq t_0$ 的位置，必须对卫星进行跟踪或观测，使用卫星跟踪观测数据确定卫星轨道更好的估值。此外，观测站坐标误差、测量设备的系统误差也都影响轨道计算的精度。所以，轨道确定中需要确定的量还有待估的动力学参数矢量 P_d，包括引力场系数、大气阻力系数、太阳光压系数、地球反照压系数等；待估的几何参数 P_g，包括台站坐标、地球自转参数、观测值的测距偏差等。

令

$$X = \begin{bmatrix} r \\ \dot{r} \\ P_d \\ P_g \end{bmatrix}, \quad F = \begin{bmatrix} \dot{r} \\ f \\ 0 \\ 0 \end{bmatrix}$$

因 $\dot{P}_d = 0$，$\dot{P}_g = 0$，则卫星的运动方程可以写为

$$\dot{X} = F \tag{9.1.3}$$

初始条件为

$$X(t_0) = X_0 \tag{9.1.4}$$

9.1.2 状态方程

在地心天球参考坐标系中，由(9.1.3)式和(9.1.4)式可得卫星运动的状态微分方程：

$$\begin{cases} \dot{X} = F \\ X(t_0) = X_0 \end{cases} \tag{9.1.5}$$

某一参考状态 $X^*(t)$ 满足

$$\begin{cases} \dot{X}^* = F \\ X^*(t_0) = X^*_0 \end{cases}$$

将(9.1.5)式在参考状态 $X^*(t)$ 展开，并令 $x(t) = X(t) - X^*(t)$，得

$$\dot{X} = F(X,t) = F(X^*,t) + \frac{\partial F}{\partial X}\Big|_{x^*} x + \cdots$$

略去二次以上的高阶项，则有

$$\dot{x}(t) = A(t)x(t) \tag{9.1.6}$$

其中，

$$A = \frac{\partial F}{\partial X}\Big|_{x^*}$$

(9.1.6)式是线性微分方程，其解可以表示为

$$x(t) = \Phi(t,t_0)x(t_0) = \Phi(t,t_0)x_0 \tag{9.1.7}$$

这里，$\Phi(t,t_0)$ 是状态转移矩阵，将(9.1.7)式代入(9.1.6)式，可以得到下述微分方程：

$$\begin{cases} \dot{\Phi}(t,t_0) = A(t)\Phi(t_0) \\ \Phi(t,t_0) = I \end{cases} \tag{9.1.8}$$

式中，I 为单位阵。(9.1.5)式称为状态方程；参考状态量由初始参考状态量通过数值积分(9.1.5)式得到；状态转移矩阵则通过数值求解(9.1.8)式给出，但是在某些情况下，如定轨弧段不长时，也可由解析表达式计算。

9.1.3 观测方程

t_i 时刻的观测量 Y_i 与状态量 X_i 之间存在着一定的函数关系，可以表示如下：

$$Y_i = G(X_i, t_i) + \varepsilon_i \tag{9.1.9}$$

其中，X_i、Y_i、ε_i 分别为 t_i 时刻的状态、观测量以及观测噪声。由于(9.1.9)式一般是非线性的，所以需要对其线性化。同样，将(9.1.9)式在参考状态 $X^*(t_i)$ 处展开，并令

$$\begin{cases} y_i = Y_i - G(X_i^*, t_i) \\ \tilde{H}_i = \dfrac{\partial G}{\partial X}\Big|_{X = X_i^*} \\ H_i = \tilde{H}_i \Phi(t_i, t_0) \end{cases}$$

略去二次以上的高阶项有

$$y_i = H_i x_0 + \varepsilon_i \tag{9.1.10}$$

(9.1.10)式即为线性化的观测方程。

如令

$$y = \begin{pmatrix} y_1 \\ \vdots \\ y_k \end{pmatrix}, \quad H = \begin{pmatrix} H_1 \\ \vdots \\ H_k \end{pmatrix}, \quad \varepsilon = \begin{pmatrix} \varepsilon_1 \\ \vdots \\ \varepsilon_k \end{pmatrix}$$

则总的观测方程可写为

$$y = H x_0 + \varepsilon \tag{9.1.11}$$

9.1.4 估值方法

轨道估值的基本问题就是，对一个其微分方程并不精确知道的动力学过程，使用带有误差的观测数据以及不够精确的初始状态 X_0^*，求解在某种意义之下卫星运动状态的"最佳"估值 $\hat{X}_0$。

假设已知待估历元 t_0 时刻的先验值 $\bar{x}_0$ 和先验协方差矩阵，并获得 $t_0, \cdots, t_k$ 时刻的观测值 Y，则(9.1.11)式改写为

$$\begin{cases} y = Hx_0 + \varepsilon \\ \overline{x}_0 = x_0 + \eta_0 \end{cases} \qquad (9.1.12)$$

其中，ε，η_0 满足

$$E[\varepsilon_i] = E[\eta_0] = 0$$

$$E[\varepsilon_i \varepsilon_i^{\mathrm{T}}] = R_i \delta_{ij}$$

$$E[\eta_0 \eta_0^{\mathrm{T}}] = \overline{P}_0$$

$$E[\eta_0 \varepsilon_i^{\mathrm{T}}] = 0$$

$$\delta_{ij} = \begin{cases} 0, & i \neq j \\ 1, & i = j \end{cases}$$

$$R = \begin{pmatrix} R_1 & & & 0 \\ & R_2 & & \\ & & \ddots & \\ 0 & & & R_k \end{pmatrix}$$

在上述条件下通常有两种估值方法：批处理和序贯处理。

1. 批处理算法

批处理算法即待观测结束后，用所有资料求某一历元时刻状态量的"最佳"估值，由于观测数据多，且具有统计特性，因此解算的精度较高，对卫星定轨而言，通常高精度的事后处理都采用批处理方法。

若取观测值的权矩阵元素满足

$$w_{ij} = \begin{cases} \dfrac{1}{R_i}, & i = j \\ 0, & i \neq j \end{cases}$$

根据线性无偏最小方差估计可得，批处理的估值 $\hat{x}_0$ 为

$$\hat{x}_0 = (H^{\mathrm{T}}WH + \overline{P}_0^{-1})^{-1}(H^{\mathrm{T}}Wy + \overline{P}_0^{-1}\overline{x}_0) \qquad (9.1.13)$$

相应协方差矩阵为

$$P_0 = (H^{\mathrm{T}}WH + \overline{P}_0^{-1})^{-1} \qquad (9.1.14)$$

待估历元的最优估值 $\hat{X}_0$ 为

$$\hat{X}_0 = X^*_0 + \hat{x}_0 \qquad (9.1.15)$$

本书轨道计算采用的算法即批处理算法。

2. 序贯处理算法

序贯处理是一种递推算法,它可以像卡尔曼滤波那样逐步递推,也可分段递推。二者的原理是一致的。假设已知$t_k(k=0,1,2,\cdots)$时刻的估值$\hat{x}_k$和协方差矩阵$\hat{p}_k$,则对t_{k+1}时刻有

$$\begin{cases} \hat{x}_{k+1} = \overline{x}_{k+1} + J_{k+1}\left(y_{k+1} - H_{k+1}\overline{x}_{k+1}\right) \\ \hat{P}_{k+1} = \left(I - J_{k+1}H_{k+1}\right)\overline{P}_{k+1} \end{cases} \tag{9.1.16}$$

其中,

$$J_{k+1} = \overline{P}_{k+1}H^{\mathrm{T}}_{k+1}(H_{k+1}\overline{P}_{k+1}H^{\mathrm{T}}_{k+1} + W^{-1}_{k+1})^{-1} \text{(增益矩阵)}$$
$$\overline{x}_{k+1} = \Phi_{k+1,k}\hat{x}_k \text{(预测值)} \tag{9.1.17}$$
$$\overline{P}_{k+1} = \Phi_{k+1,k}P_k\Phi^{\mathrm{T}}_{k+1,k} \text{(预测协方差阵)}$$

(9.1.16)式和(9.1.17)式构成了序贯递推的公式。由(9.1.17)式得出$\hat{x}_{k+1}$后,就可以对t_{k+1}时刻的参考轨道进行修正:

$$\hat{X}_{k+1} = X^*_{k+1} + \hat{x}_{k+1} \tag{9.1.18}$$

9.1.5 VLBI 测量模型建立

在 VLBI 技术的天文或大地测量应用中,观测对象是遥远的射电源,由于这些天体到观测站的距离相当遥远,同 VLBI 基线的尺度相比是一个无穷大量,因此可以假定被不同天线接收到的由射电源发出的电磁波为平面波。对有限距离人造天体的 VLBI 观测,此时观测对象是位于有限空间距离的人造信标,所发出的电磁波信号是以球面波形式传播,而非平行平面波。

VLBI 测量的是同一信号波前到达地面两个不同测站的时间差,见图 9.1.1。球面波 VLBI 时延模型的表达式见第 5 章(5.3.28)式,VLBI 时延和时延率模型的简化表达式为

VLBI 时延

$$\tau_t = \frac{1}{c}(\rho_2 - \rho_1) = \frac{1}{c}\left(\left|\boldsymbol{r}(t-\Delta t) - \boldsymbol{R}_2(t+\tau_t)\right| - \left|\boldsymbol{r}(t-\Delta t) - \boldsymbol{R}_1(t)\right|\right) \tag{9.1.19}$$

VLBI 时延率

$$\dot{\tau}_t = \frac{1}{c}(\dot{\rho}_2 - \dot{\rho}_1) = \frac{1}{c}\left(\frac{\left[\boldsymbol{r}(t-\Delta t) - \boldsymbol{R}_2(t+\tau_t)\right] \cdot \left[\dot{\boldsymbol{r}}(t-\Delta t) - \dot{\boldsymbol{R}}_2(t+\tau_t)\right]}{\rho_2} - \frac{\left[\boldsymbol{r}(t-\Delta t) - \boldsymbol{R}_1(t)\right] \cdot \left[\dot{\boldsymbol{r}}(t-\Delta t) - \dot{\boldsymbol{R}}_1(t)\right]}{\rho_1}\right) \tag{9.1.20}$$

(9.1.19)式与(9.1.20)式中，c 为光速，Δt 为信号到达测站 1 的光行时，可通过迭代进行解算；$r(t-\Delta t)$，$\dot{r}(t-\Delta t)$ 分别是信号发射时探测器的位置和速度矢量；$R_1(t), \dot{R}_1(t)$ 分别是信号到达测站 1 的测站位置和速度矢量；$R_2(t+\tau_t)$，$\dot{R}_2(t+\tau_t)$ 分别是信号到达测站 2 的测站位置和速度矢量。

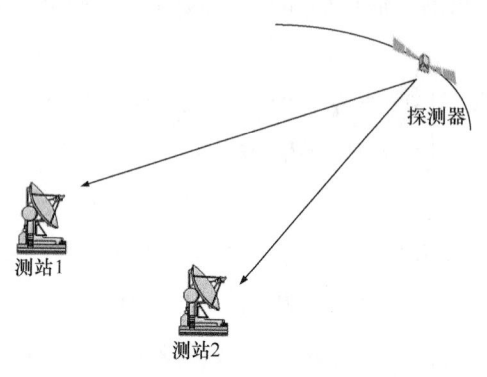

图 9.1.1　VLBI 测量系统示意图

对于月球探测器或者火星等深空探测器，高精度的测量模型必须建立在太阳系质心框架下，并且考虑广义相对论的影响，这是和地球卫星测量模型建立的主要区别。

VLBI 时延测量模型建立的步骤如下所述。

(1) 将台站 1(参考台站)的接收时刻 T1(UTC)转换为地球时 T1(TT)，同时计算台站 1 在地心天球坐标系的位置。

(2) 将接收时刻 T1(TT)转换太阳系质心力学时 T1(TDB)，进行洛伦兹(Lorentz)变换，将测站地心天球坐标系转换到太阳系质心天球坐标系，利用美国 NASA 喷气推进实验室的太阳系行星历表(Development Ephemerides, DE)插值得到 T1(TDB)时刻地心在太阳系质心坐标系下的位置。

(3) 由步骤(1)和(2)得到 T1(TDB)时刻台站 1 在太阳系质心坐标系下的位置。

(4) 在太阳系质心坐标系下建立台站 1 的光行时方程(下行)，迭代求解卫星发射时刻 T0(TDB)，迭代过程中卫星发射时刻的初值可以设为：T0(TDB) = T1(TDB)；卫星在太阳系质心坐标系下的位置由 T0(TDB)时刻的火星质心在太阳系质心坐标系下的位置加上 T0(TDB)时刻卫星在火星天球坐标系下的位置得到。光行时方程考虑太阳和大行星的引力时延。

(5) 根据 T0(TDB)，在太阳系质心坐标系下建立台站 2 的光行时方程(下行)，迭代求解台站 2 的接收时刻 T2(TDB)，初值可以设为：T2(TDB)=T0(TDB)，光行时方程考虑太阳和大行星的引力时延。台站 2 在太阳系质心坐标系的位置计算过程同台站 1。

(6) 将台站 2 的接收时刻 T2(TDB)转换为 T2(TT)。

(7) 时延理论值即为：T2(TT) – T1(TT)。

跟据 VLBI 的测量原理，射电信号干涉后得到的是同一信号到达两个天线的时间延迟以及时间延迟的时间变化率。选取典型特例，对 VLBI 测量误差和卫星轨道径向、横向误差之间的关系进行了定性分析。利用几何关系，对地球同步轨道(GEO)卫星或者更远的卫星，L 可以近似认为是卫星到测站距离，在 L 远大于基线长度 B 时，泰勒展开后仅保留一阶项，轨道横向误差 $\Delta\varepsilon$ 反映到 VLBI 时延测量上的误差 $\Delta\tau$ 关系为

$$\Delta\tau = \frac{\Delta\varepsilon}{c} \cdot \frac{B}{L} \tag{9.1.21}$$

其中，c 为光速，而轨道径向误差 ΔR 反映到 VLBI 时延测量上的误差 $\Delta\tau$ 关系为

$$\Delta\tau = \frac{\Delta R}{c} \cdot \frac{x^2}{2L^2} \tag{9.1.22}$$

由(9.1.21)式~(9.1.22)式可知，VLBI 测量对轨道横向误差敏感，而且基线 B 越长，卫星越低，对轨道的约束就越强。以 GEO 卫星为例，3000km 基线长度，1ns 的时延测量误差相当于约 4m 的轨道误差。

为了消除仪器延迟误差和测站钟差等系统误差，目前广为采用的是较差 VLBI 测量，其测量原理是，卫星观测的同时，交叉观测卫星附近的河外射电源，以此消除共同的仪器延迟误差和测站误差，电离层和对流层的大气传播误差也部分被消除。在 VLBI 卫星观测的实际工作中，首先选择探测器附近空间区域内的河外射电源进行观测，通过对观测数据进行相关处理，可以得到河外射电源发射的射电信号到达地面两个天线的时间差，这个时间差称为河外射电源观测时延 τ_{RSO}，河外射电源观测时延中含有很多系统误差项，包括介质传播误差、时间同步误差和设备时延等，河外射电源观测时延和几何时延 τ_{RS} 的关系如下：

$$\tau_{\text{RSO}} = \tau_{\text{RS}} + \Delta\tau_{\text{RS}} \tag{9.1.23}$$

射电源观测后进行卫星观测，同理可以得到卫星观测时延和几何时延的关系：

$$\tau_{\text{SCO}} = \tau_{\text{SC}} + \Delta\tau_{\text{SC}} \tag{9.1.24}$$

经过 30 多年的 VLBI 测量，ICRF2 的 295 颗定义射电源位置的测量精度已好于 0.3mas。由于河外射电源的位置已知，τ_{RS} 可以通过计算获得，这样其观测时延的误差项可以通过 $\Delta\tau_{\text{RS}} = \tau_{\text{RSO}} - \tau_{\text{RS}}$ 求得。由于探测器和河外射电源的角位置非常靠近，可假设认为 $\Delta\tau_{\text{SC}} \approx \Delta\tau_{\text{RS}}$，这样，由电离层、对流层等传输介质引起

的时延误差、时钟同步误差、测量设备时延误差可以被大部分扣除。

在"嫦娥一号"任务的实时工作模式中,在卫星观测开始前,观测约 1h 的射电源,解算各条基线的钟差和仪器时延差等系统误差,"嫦娥一号"任务实施时同时解算各条基线的时延率,用于实时任务中后续卫星观测数据的修正。在后续卫星观测时,每隔 1h 观测约 20min 的射电源,在卫星观测结束后,再进行一次加强射电源观测,事后工作模式则利用所有的射电源观测数据对卫星数据进行时延和时延率修正。

由于系统差变化率的校正精度将直接影响到实时卫星数据的精度,比如 1ps/s 的校正误差在 1h 后将会带来 3.6ns 的 VLBI 时延误差,在"嫦娥二号"卫星观测中,卫星观测前的射电源数据处理中不再解算各条基线的时延率,而是采用了氢原子钟频率准确度的标校方法,氢原子钟的长期稳定度可达 $10^{-15} \sim 10^{-14}$,精度很高,观测结果证明,这种校正方法有效可靠,提高了准实时数据的校正精度,特别是时延数据的系统误差测定精度;该方法的好处还有,可以使得测量数据没有中断,更加连续。

VLBI 的观测量一般有群时延和相位时延两种。群时延是通过相关相位除以电磁波的带宽得出的,由于航天器供电能力及可用频段等条件的限制,其发射电磁波的带宽一般小于 10MHz,所以群时延的测量精度一般限制到纳秒量级。如果星上能够发送多频点的信标,由于各个频点的频率间隔即相当于带宽,其间隔越大,求出的群迟延的精度就越高。相位时延是通过相关相位的绝对值除以载波信号的频率得出的,如在 S 频段观测,其分母约为 2200MHz,故其测量误差可以降到很小的 ps 量级。在日本 SELENE 月球卫星观测中,已经实现了皮秒量级的差分相时延观测及其卫星定轨工作。

9.2 定轨中涉及的时间和坐标系统

9.2.1 时间系统

时间系统由时间计量起点和单位时间间隔的长度(单位秒长)两个要素来描述。在轨道计算中,计算不同物理量时涉及不同的时间系统。例如,在读取 JPL 星历计算日、月等大天体坐标时,使用 TDB;输入各种观测量时,一般使用协调世界时(UTC);各种不同测量系统进行观测记录时使用不同的时间系统,GPS 系统使用 GPS 时,北斗系统采用北斗时等。在实际应用中,各种时间系统以及它们之间的转换非常重要。在物理和天文运用中,主要有以下几种时间系统。

1. 恒星时(Sidereal Time)

春分点时角即为恒星时。恒星时变化的速率就是春分点周日视运动的速率。由于春分点位移速率受岁差章动的影响,所以考虑岁差章动影响的恒星时为真恒星时。消除了章动影响后的恒星时为平恒星时。

2. 世界时(Universal Time)

世界时(UT)的时间尺度建立在平太阳时基础上。格林尼治的平太阳时称为世界时。它在地球自转变化下保持尺度均匀。

地球自转的不均匀性和极移引起地球子午线的变动,因此世界时的变化是不均匀的。根据对世界时采用的不同修正,又定义了三种不同的世界时。

(1) 通过天文观测直接测定的世界时称为 UT0,对应瞬时极的子午圈;

(2) 由于极移的影响,各地的子午线在变化,经过极移改正的 UT1 为对应于平均极的子午圈的世界时,即,$UT1 = UT0 + \Delta\lambda$,这里 $\Delta\lambda$ 为极移改正量;

(3) 由于地球自转的不均匀性,存在长期慢变化(每百年使日长增加 1.6ms)、周期变化(主要是季节变化,一年内日长约有 0.001s 的变化,以及一些影响较小的周期变化)和不规则变化,将周期性季节变化(ΔT_s)修正之后,得到 UT2,即 $UT2 = UT1 - \Delta T_s$。

3. 原子时(Atomic Time)

原子时以物质内部原子运动的特征为基础。1967 年,第十三届国际计量大会通过了新的国际单位制(SI)秒长——原子时秒长,即位于海平面的铯原子 ^{133}Cs 基态的两个超精细能级在零磁场中跃迁辐射振荡为 9192631770 周所持续的时间。

目前采用国际原子时(TAI)作为全球的统一原子时标准。关于 TAI 的定义、确定及维持,详见第 5 章 5.2.1 节 7.。

4. 力学时(Dynamical Time)

力学时是以太阳系内天体(地球、月球及其他行星等)公转为基准的时间系统。1976 年,IAU 决议从 1984 年起,在天体动力学理论研究以及天体历表的编算中采用力学时取代历书时(Ephemeris Time)。

TDT(TT)是在地心参考架中的动力学时,一般来说,卫星离地球很近,可以将地心参考架看作一个很好的惯性参考架,所以用 TDT 作为卫星运动方程中的时间变量。而在太阳系质心参考架中,TDB 被作为独立的时间变量,用来计算月球、太阳和行星的位置,以及岁差和章动。

TDT 与原子时的关系为 TDT=TAI+32.184s。

TDT 和 TDB 之间的差别很小，它们之间的差别是由相对论效应引起的，略去高阶项的转换公式为

$$\text{TDB} = \text{TDT} + 0^s.001658\sin g + 0^s.000014\sin 2g \qquad (9.2.1)$$

(9.2.1)式中，g 为地球绕日运动的平近点角。

5. 协调世界时(Coordinated Universal Time)

原子时尺度均匀，但其定义与地球自转无关。世界时可以很好地反映地球自转，但其变化是不均匀的。为了兼顾两者，国际上规定以协调世界时(UTC)作为标准时间和频率发布的基础。协调世界时秒长与原子时秒长一致，在时刻上则要求尽量与世界时接近，从1972年起规定两者的差值保持在±0.9s以内，为此可能在每年的年中或者年底对 UTC 的时刻做一整秒的调整。最近的一次跳秒时间为 2017 年 1 月 1 日，目前的跳秒为 leapsecond=37s。

UTC 与 TAI 的关系：TAI−UTC=leapsecond(目前为 37s)，跳秒文件可在 IERS 网站上下载。

UT1−UTC 的值则由观测决定，IERS 负责综合处理全球各种观测资料，并对地球自转参数(EOP)进行测定，IERS 每周发布一次 Bulletin A，每月发布一次 Bulletin B，Bulletin A 给出的是近似值和预报值，Bulletin B 给出事后处理的精确值。

9.2.2 坐标系统

空间坐标系由坐标原点、基本平面，以及基本平面中的主方向三个要素定义。在轨道计算中，观测站站址坐标及卫星星下点轨迹经常要用到大地坐标系；卫星高度角通常在测站坐标系中表示；JPL 行星历表由太阳系质心天球坐标系给出；月球重力场由月球固连坐标系描述；卫星运动方程根据卫星飞行段的不同而选取不同的中心天体坐标系，比如对于奔月段，使用地心天球坐标系；对于绕月卫星，使用月心天球坐标系；对于深空飞行段探测器，使用太阳系质心坐标系等。

在月球/火星探测器的定轨工作中，根据坐标原点的不同，主要涉及地心坐标系和月心/火心坐标系。在实际应用中，各种坐标系统以及它们之间的转换非常重要。

1. 地心坐标系

日、月和大行星对地球非球形部分的吸引，会产生两种效应：一是作为刚体平动的力效应，主要是由月球引起的地球扁率间接摄动；另一种是作为刚体定点转动的力矩效应，使得地球自转轴在空间摆动，这就是岁差章动。另外，由地球

内部和表面物质运动引起的地球自转轴在其内部的移动,即为极移。

对于地心坐标系,它们的坐标原点都是地心。但由于受到岁差章动和极移的影响,参考平面和其主方向的选择不一。几种常用的地心坐标系见表 9.2.1,它们之间的互相转换关系见图 9.2.1,其中涉及的几个转换矩阵可以参见相关参考文献,这里不详述。

表 9.2.1 几种常用地心坐标系

坐标系名称	原点	参考平面	x 轴方向
地心天球坐标系		地球平赤道面	地球 J2000 平春分点
地球瞬时平赤道坐标系		瞬时地球平赤道面	地球瞬时平春分点
地球瞬时真赤道坐标系	地球质心	瞬时地球真赤道面	地球瞬时真春分点
准地球固定坐标系		瞬时地球真赤道面	格林尼治子午圈
地球固定坐标系		与指向北极的国际协议原点(CIO)垂直	格林尼治子午圈

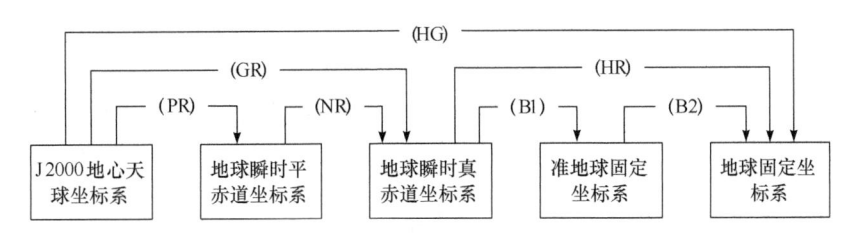

图 9.2.1 不同地心坐标系转换示意图

(PR) 为岁差矩阵, (NR) 为章动矩阵, (B1) 为自转矩阵, (B2) 为极移矩阵, (GR)为(PR)与(NR)相乘, (HR)为(B1)与(B2)相乘, (HG)为(GR)与(HR)相乘

2. 站心坐标系

观测站的站址(指测站的标准点,简称测站)坐标用 H, λ, φ 三个分量表示,它们的定义如下所述。

H:大地高。它是从站址点沿法线方向到参考椭球面(参考椭球体是地固坐标系建立的依据,极是 CIO,其中心即当作地心)的距离,而到大地水准面的高度称为正高,亦称海拔,它与大地高之差称为高程异常。

λ: 大地经度(亦称测地经度),简称站址经度。它是通过站址的大地子午面(与辅助天球相交截出的大圆)与过格林尼治的大地子午面(即本初子午面)之间的夹角,从本初子午面向东计量,由 0° 到 360°。

φ: 大地纬度(亦称测地纬度),简称站址纬度。它是通过站址的参考椭球面的法线与赤道面的夹角，从赤道面向北计量为正，由 0°到 90°，向南计量为负，由 0°到 –90°，大地纬度不同于天文纬度(它是站址点的铅垂线与赤道面的夹角)，即同一点的铅垂线与相应的参考椭球面的法线通常并不重合，此即垂线偏差。

上述站址坐标 H, λ, φ 亦称为大地坐标，对于一般精度要求，无须区分大地高与正高、大地纬度与天文纬度。

根据站址坐标的定义，在地固坐标系中，测站位置矢量 $\boldsymbol{R}_A$ 的三个分量 (X_A, Y_A, Z_A) 为

$$\begin{cases} X_A = (N+H)\cos\varphi\cos\lambda \\ Y_A = (N+H)\cos\varphi\sin\lambda \\ Z_A = \left[N(1-f)^2 + H\right]\sin\varphi \end{cases} \quad (9.2.2)$$

(9.2.2)式中，$N = a_e[\cos^2\varphi + (1-f)^2\sin^2\varphi]^{-1/2}$，其中 a_e 是参考椭球体的赤道半径，f 为参考椭球体的扁率。

3. 月球坐标系

月球存在自转和公转，对月球自转的最简单描述可由下列三个卡西尼经验定律来描述：

(1) 月球的旋转轴垂直于月球赤道，旋转周期等于月球绕地球转动的轨道周期，所以月球始终以一面对着地球；

(2) 月赤道与黄道的交角基本不变，这个角度大约为 1°32′；

(3) 月赤道、黄道和白道(月球公转轨道)在天球上交于一点，黄道在月赤道和白道之间，黄道和白道之间的夹角约为 5°08′。

上述由卡西尼定律描述的月球转动，是月球的平转动，月球对平转动的偏离，也叫天平动。JPL 的行星历表提供了描述月球转动的三个欧拉角，见图 9.2.2 的 $\varOmega'$、is 和 $\varLambda$。

航天器在月球附近时，其空固位置、速度和加速度矢量将相对于月球的质心，空固位置、速度和加速度矢量相对于行星历表定义的天球参考架(行星历表架，PEF)。对于一般的行星和行星的卫星，通常使用 IAU/IAG 给出的行星及其卫星的天体固连坐标系定义，这样可以对太阳系的行星和行星的卫星给出转换矩阵及其时间导数。对于月球，也可以直接使用 JPL 的行星/月球历表提供的月球天平动数据，实现与月心天球坐标系之间的转换，而目前最新的月球引力场研究工作均使用了 JPL 的行星历表 DE 系列。

DE 系列历表的月心天球坐标系平行于地心天球坐标系，一般不考虑相对论效应，二者的转换通过 DE/LE 历表获得的月球位置和速度矢量进行平移。

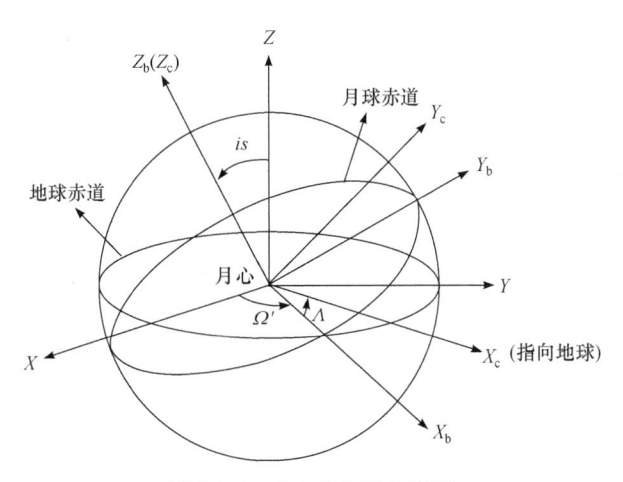

图 9.2.2　月心坐标系示意图

月心天球坐标系与月固坐标系的转换,可以使用 IAU2000 给出的月固坐标系与月心天球坐标系之间的转换关系计算,也可以直接引用 DE/LE 历表中地球、月球位置矢量和月球天平动。IAU 推荐的月固坐标系采用平轴(Mean-pole)坐标系,IAU2000 给出了其定义的月球固连坐标系与 J2000 天球坐标系之间的近似转换公式。利用 JPL 的 DE 历表提供的月球天平动数据,可以直接实现坐标转换,这里的月固坐标系定义是由月球三个主轴(Principal Axes)方向决定的坐标系统,X 轴指向地心附近。不同的研究工作采用了不同的月固系,对于 DE403,上述两种月固系之间的转换关系为(Carranza et al., 1999)

$$P = R_z(63.8986'')R_y(79.0768'')R_x(0.1462'')M \tag{9.2.3}$$

(9.2.3)式中,P 代表 DE403 定义的主轴坐标系;M 代表 IAU 的平轴坐标系;R_x, R_y, R_z 为坐标旋转矩阵。定轨计算中应用的月球重力场模型是建立在主轴坐标系下的。

常用的月心直角坐标系有:

(1) 月心 J2000.0 天球参考系 r,相当于 J2000.0 地心天球参考系从地心平移到月心;

(2) 月心真赤道坐标系 r_b (Ture-of-Date System),基本平面为月球真赤道面,X 轴指向天球上地球赤道和月球真赤道的交点。

上述两种月心天球参考系的转换涉及两个欧拉角 Ω' 和 is,它们可以从历表中获得。

月固系 r_c,基本平面为月球真赤道面,X 轴通过月面上的 Sinus Medii(中央湾),月心真赤道坐标系绕 Z 轴旋转一个角度 Λ 得到月固系。

上述三个月心坐标系之间的转换关系为

$$\begin{cases} \boldsymbol{r}_b = R_x(is)R_z(\Omega')\boldsymbol{r} \\ \boldsymbol{r}_c = R_z(\Lambda)\boldsymbol{r}_b = R_z(\Lambda)R_x(is)R_z(\Omega')\boldsymbol{r} \end{cases} \quad (9.2.4)$$

4. 火星坐标系

IAU2000 火星定向模型相对于 ICRF 给出，火星北极在 ICRF 中的坐标为

$$\begin{cases} \alpha_0 = 317.68143° - 0.1061°T \\ \delta_0 = 52.88650° - 0.0609°T \end{cases} \quad (9.2.5)$$

(9.2.5)式中，T 为自 J2000.0 起算的儒略世纪数。

如图 9.2.3 所示，主子午线由 W 确定：

$$W = 176.630° + 350.89198226°d \quad (9.2.6)$$

为自 Q 沿火星赤道向东计量至 B 的弧长，Q 为火星赤道在 J2000.0 天赤道上的升交点，赤径为 $90° + \alpha_0$，B 为火星主子午线与火星赤道的交点，d 为自 J2000.0 起算的天数。火固矢量 $\boldsymbol{r}_{mbf}$ 至火星质心天球参考架矢量 $\boldsymbol{r}_{mcrf}$ 的转换为

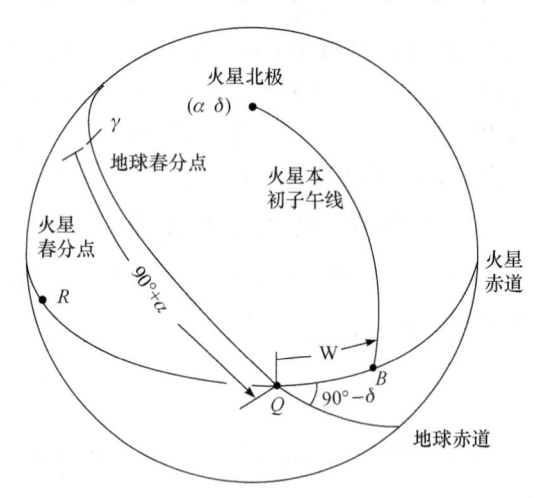

$$\boldsymbol{r}_{mcrf} = R_z(-\alpha_0 - 90°)R_x(\delta_0 - 90°)R_z(-W)\boldsymbol{r}_{mbf} \quad (9.2.7)$$

图 9.2.3 IAU2000 火星定向模型

在构建 MGS95J 火星重力场模型时，采用了"火星探路者"(Mars Pathfinder)火星定向模型，与(9.2.7)式对应的转换为

$$\boldsymbol{r}_{mcrf} = R_z(-N)R_x(-J)R_z(-\psi)R_x(-I)R_z(-\phi)\boldsymbol{r}_{mbf} \quad (9.2.8)$$

(9.2.8)式中，各量定义如图 9.2.4 所示，包含岁差的各量数值为

$$\begin{cases} N = 3.37919183° \\ J = 24.67682669° \\ \psi = 81.9683671267° - 0.000005756°d \\ I = 25.1893984585° + 0.000000005°d \\ \varphi = 133.38465° + 350.891985286°d \end{cases} \quad (9.2.9)$$

(9.2.9)式中，ψ、I、φ 的取值还应包含章动项；d 为从 J2000 起算的天数。

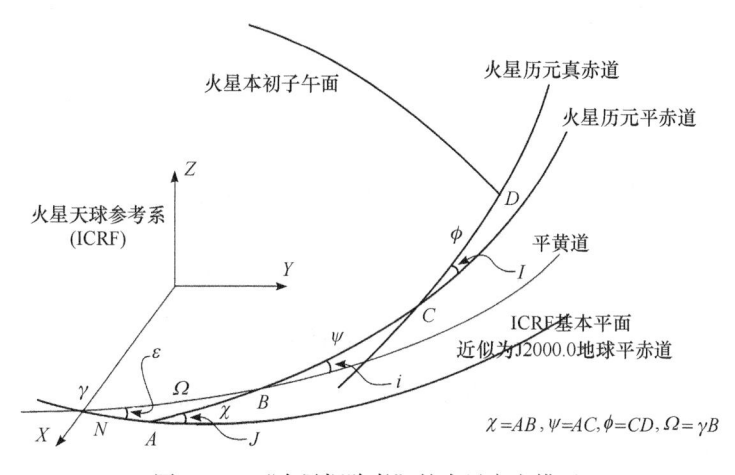

图 9.2.4 "火星探路者"的火星定向模型

(9.2.7)式、(9.2.8)式(不含章动)所实现的火固参考架之间的比较，相当于火星表面几十米的位置差异。由此可见两模型的差异是显著的，在应用重力场模型 MGS95J 时，建议使用"火星探路者"火星定向模型。

5. 行星历表

行星、月球的位置、速度和加速度都可以通过读取历表获得，其基本算法是通过计算切比雪夫(Chebyshev)多项式来确定的，而该多项式的系数是用 NASA 喷气推进实验室(JPL)的 DE 星历表数据体现的。切比雪夫多项式是对一段时间的坐标数据进行拟合求得的，能使行星和月球坐标的精度达到原始数值积分的精度。DE/LE405 对内行星精度可达到 1mas(等价于火星距离处的 1km)，而对外行星精度可达大约 0.1as。DE/LE405 历表覆盖 1600~2200 年的 600 年数据，包含太阳、大行星和月球的位置、速度、加速度，以及地球章动和月球天平动，DE/LE 历表的坐标时间尺度是质心力学时(TDB)，以每 32 天为一组提供太阳、地月系质心、行星相对于太阳系质心以及月球相对于地球质量中心的赤道直角坐标所需的切比雪夫逼近多项式系数。在每 32 天一组中，每一天体采用的逼近公式的子时段长度 I(天)和每个逼近公式中多项式项数(N+1)列于表 9.2.2。

表 9.2.2 DE 历表中天体拟合参数

	水星	金星	地月系质心	火星	木星	土星	天王星	海王星	冥王星	月球相对地心	太阳	章动	月球天平动
编号	1	2	3	4	5	6	7	8	9	10	11	12	13
I	8	16	16	32	32	32	32	32	32	4	16	8	8
$N+1$	14	10	13	11	8	7	6	6	6	13	11	10	10

从表 9.2.2 中可知，火星是在 32 天中采用一个公式逼近，x, y, z 每一分量均采用 10 项切比雪夫多项式系数。月球是每 4 天采用一个公式逼近，每一分量采用 12 项切比雪夫多项式系数。

历表文件记录各天体位置、速度、加速度的切比雪夫系数。这些信息全部由程序读入，然后进行切比雪夫多项式内插，求得所需时刻的行星、月球的位置速度，以及黄径章动$\Delta\psi$与黄赤交角章动$\Delta\varepsilon$，计算公式如下：

$$X_i^{(t)} = \sum_{j=1}^{N} T_j(t) \times a_{ij} \tag{9.2.10}$$

(9.2.10)式中，a_{ij} 为系数，由磁带读入；$T_j(t)$ 为 j 阶切比雪夫多项式($t \in [-1, +1]$)，其定义为

$$T_j(x) = \cos[(j-1)\arccos x]$$

根据上式切比雪夫多项式的定义可得 $T_1(t) = 1$，$T_2(t) = t$

$$T_i(t) = 2t \times T_{i-1}(t) - T_{i-2}(t), \quad i \geqslant 3 \tag{9.2.11}$$

而导数计算为

$$\dot{X}_i(t) = \sum_{j=2}^{N} T_j'(t) \times a_{ij}$$

其中，$T_j'(t) = \dfrac{\mathrm{d}T_j(t)}{\mathrm{d}t}$，它满足

$$T_i'(t) = 2t \times T_{i-1}'(t) + 2T_{i-1}(t) - T_{i-2}'(t), \quad i \geqslant 4; \quad T_2'(t) = 1; \quad T_3'(t) = 4t \tag{9.2.12}$$

切比雪夫多项式的优点：

(1) 切比雪夫展开式具有较好的收敛性，它比泰勒(Taylor)展开、傅里叶(Fourier)展开、勒让德(Legendre)展开收敛得快，因而对一定精度而言，切比雪夫多项式可用较少的项数达到规定的精度。而且在整个逼近区间里误差分布比较均匀。

(2) 有递推关系(9.2.11)式和(9.2.12)式计算 $T_j(t)$ 与 $T_j'(t)$，便于计算机编程序。DE405 是目前仍被广泛应用的历表，"嫦娥一号"的时间与坐标系规范中即

规定应用此历表。在火星探测中要求火星历表应尽量准确，并需要有系统一致的火固参考架及重力场模型。MGS95J 是 95 阶的火星重力场模型，59 阶以上系数应用了考拉(Kaula)规则。该模型拟合的射电跟踪资料包括 MGS("火星全球观测者"，1998-03-28 至 2004-12-05)、"火星奥德赛"探测器(Mars Odyssey)(2002-01-11 至 2004-12-06)、"火星探路者"探测器(1997-07-04 至 1997-10-07)和"海盗 1"(Viking 1)火星着陆器(1976-07-21 至 1982-11-13)。相比于以往模型的主要改进为，拟合与重新编辑了更多的探测器跟踪观测资料，采用了较 IAU 2000 模型更为完备地包含了火星章动的定向模型，确定了由极区冰冠与大气之间质量交换引起的部分重力场系数的季节性变化，得到了更为精确的火卫质量。对 MGS 重叠弧段的定轨差异在径向和横向上分别达到 10cm 和 1.5m，进而得到了米级精度的火星系统质心与地球之间的距离。更新后的 DE414 较 DE405 等显著减小了火星历表的误差。

9.3 VLBI 在"嫦娥三号"月球探测器定轨中的应用

我国于 2007 年和 2010 年分别发射了"嫦娥一号"(ChangE-1，简称 CE-1)和"嫦娥二号"(CE-2)月球探测器，实现了绕月飞行。"嫦娥三号"(CE-3)月球探测器于 2013 年 12 月 2 日凌晨在西昌卫星发射中心成功发射，经历了约 112 个小时的地月转移轨道飞行后，直接变轨进入月面高度 100×100km 环月轨道；在 100×100km 和 100×15km 的环月轨道分别飞行了约 4 天后，CE-3 于 2013 年 12 月 14 日 21 时 11 分(北京时间)在月球正面的虹湾以东地区软着陆成功，这是我国首次在地球以外的天体成功实施软着陆，成为世界上第三个自主实施月球软着陆和月面巡视探测的国家。

CE-3 是我国第一颗在月球着陆的探测器，高精度定轨定位工作是保证 CE-3 顺利着陆的前提条件，在 CE-3 工程中，继续沿用无线电测距测速测量和 VLBI 的联合测轨模式，一些新设备新技术的应用提高了 CE-3 的测量精度。中国新建设的佳木斯深空站和喀什深空站投入使用，其天线口径分别为 66m 和 35m。位于上海的天马 65m 射电望远镜替代了佘山 25m 射电望远镜，进一步增强了 VLBI 的测量能力，形成了天马(65m)、北京(50m)、昆明(40m)和乌鲁木齐(25m)组成的 VLBI 测轨网。CE-3 的 VLBI 观测利用的是 ΔDOR(Delta Differential One-way Ranging，双差单向测距)这种差分 VLBI 技术，通过高频交替观测探测器及其附近位置精确已知的河外射电源，可以消除一些公共误差，极大地提高了测量精度。在 CE-3 工程中，三向测量技术在地月转移阶段和环月阶段进行了数次技术试验，并应用于动力落月段和着陆后的测量。

测量精度的提高进一步提升了 CE-3 的定轨定位精度，和 CE-1/CE-2 相比，CE-3 新增了动力落月段和月面工作段的定轨定位工作。动力落月段是指 CE-3 从

15km 轨道高度下降到月球表面的阶段；月面工作段包括着陆器在月固系中的位置确定，以及巡视器("月兔号")和着陆器间的相对位置确定。对于动力落月段的定轨，可以采用单点定位方法，也可以采用运动学统计定轨方法，利用多项式或者样条函数表征探测器的运动方程，综合一个弧段的测量数据进行综合定轨。

为了实现对着陆器和巡视器的高精度相对定位，CE-3 工程中还在国内首次应用了同波束差分 VLBI 技术，同波束 VLBI 用射电望远镜的主波束同时接收两个(或多个)探测器发送的信号并进行差分处理，去掉电离层、大气及观测装置的绝大部分的影响，从而得到差分时延，最高精度可达 ps 量级。同波束差分 VLBI 测量是 CE-3 任务中巡视器相对定位的唯一地面测量手段。

9.3.1 CE-3 工程测轨概况

CE-3 工程中主要轨道机动时刻和参数如表 9.3.1 所示。

表 9.3.1 CE-3 任务重要的轨道机动后参数

	地月转移入轨	第 1 次中途修正	第 2 次中途修正	月球捕获	15km 降轨
历元/BJT	2013-12-02 01:49	2013-12-02 15:51	2013-12-03 16:25	2013-12-06 17:54	2013-12-10 21:21
a/km	191036.3	188585.8	185986.1	1835.1	1795.3
E	0.96551	0.96538	0.96324	0.01542	0.02315
i/(°)	28.49	28.58	28.05	67.62	68.32
Ω/(°)	334.88	334.59	335.62	209.50	208.68
ω/(°)	146.83	147.09	146.21	294.50	0.11
M/(°)	0.08	22.34	63.28	28.38	230.91
参考系	地心 J2000	地心 J2000	地心 J2000	月心 J2000	月心 J2000

参加 CE-3 测轨任务的地面观测站包括：佳木斯深空站(66m)，喀什深空站(35m)，三亚站(15m)，智利圣地亚哥站(12m)，欧洲空间局(European Space Agency, ESA)所属库鲁站(15m)，"远望" 3、5、6 号测量船，以及上海天马(65m)、北京(50m)、昆明(40m)和乌鲁木齐(25m)4 个 VLBI 测站，上海佘山 25m 射电天线也作为备份参与了观测，在轨道计算中使用的均为天马站数据。根据观测条件，VLBI 测站从星箭分离后 9h 距离地球约 10 万 km 处开始正式观测。三亚站只参加三向测量工作，智利圣地亚哥站由于不具备 X 频段工作能力(仅具备 S 频段工作能力)，仅跟踪到第 1 次中途修正前，从 12 月 4 日 22 时开始 ESA 库鲁站开始观测。CE-3 每天从东至西过境，之后由国外测站继续跟踪测轨。

针对月球以远深空探测任务中，远距离、长时延、弱信号的测控通信难点，有效手段之一就是提高射频频率，为此在 CE-2 工程中首次开展了 X 频段测控通信技术试验,并在 CE-3 工程中正式应用,第 1 次中途修正后测距测速数据均为 X 频段(UXB)。CE-3 工程中还首次使用了三向测量技术,在地月转移阶段和环月段,安排进行了数次三向测量技术试验,在动力落月段利用三向测量技术进行实时定位监视,三向测量是指利用主站发射上行信号,经应答机相干转发后,由另一个站(副站)进行信号接收的测量体制。CE-3 工程中喀什深空站、佳木斯深空站和三亚站组成 X 频段三向测量系统,三向测量技术可以实现同时多站测距测速测量,而在 CE-1/CE-2 工程中,同一时刻只能有一个站的双向测距测速数据。

影响 VLBI 测量精度的因素有三大类,一是测量噪声,主要受到探测器信标特性的影响;二是系统标校精度,这主要是通过河外射电源观测实现,主要受到河外射电源流量强度和观测带宽的影响;三是传播介质修正精度,即中性大气和电离层的影响,主要受到模型精度的影响。CE-3 相对于 CE-2、CE-1 在信号、设备和处理方法上都有很大提升,包括:①首次采用 X 波段实时 ΔDOR 技术,扩大了信号等效带宽至 40MHz,相对于 CE-1、CE-2 在 S 波段增加几十倍;②采用多信号综合技术,充分发挥多信号带宽优势,提升时延测量精度;③采用临近射电源修正,消除了传播介质误差和设备系统误差的一阶差分效应,降低了设备和传播介质误差影响;④X 波段观测的电离层误差影响比 S 波段要小 16 倍。CE-3 任务中观测设备的重大变化是 65m 射电望远镜(即天马站)的全程参与,在整个实时任务期间 65m 望远镜工作稳定可靠,完全发挥了其大口径的设备优势,其性能优势主要体现在射电源观测,提升了整个 VLBI 观测网的设备系统误差的修正精度。天马站参与观测带来的另一个巨大优势是,由于可以观测更弱的射电源,从而可以选取更靠近卫星的射电源,进一步降低传播介质误差的影响。表 9.3.2 给出了与 CE-1/CE-2 比较,CE-3 工程中 VLBI 测量精度提升的各种因素。

表 9.3.2 CE-3 任务中 VLBI 测量形式精度提升的因素

	CE-1	CE-2	CE-3
信标改进	S 波段单信号 等效带宽约 1MHz	S 波段单信号 事后 X 波段双信号综合,等效带宽 20MHz	X 波段 ΔDOR 信号 等效带宽约 40MHz
设备改进	模拟 BBC	数字 BBC	65m 望远镜
方法改进	单信号处理	双信号综合	多信号处理、临近射电源修正
噪声精度	约 5.5ns	约 3.5ns	小于 0.5ns

在日本 SELENE 月球探测计划中,同波束 VLBI 技术得到了成功应用,子卫星 Rstar 和 Vstar 之间则通过同波束 VLBI 测量实现高精度(皮秒量级)的同波束差分 VLBI 测量,与四程多普勒(Doppler)联合应用,促进了高精度的月球重力场模型解算。同波束 VLBI 数据加入后,与测距测速数据联合定轨,相比于测距测速

单独定轨，精度从约 100m 提高到 20m，进而提高了月球重力场的解算精度，特别是低阶次和边缘部分的月球重力场信息。在 CE-3 工程中,利用不同的差分 VLBI 技术分别得到了着陆器和巡视器的差分群时延和差分相时延，差分群时延噪声为数纳秒，差分相时延的噪声精度约为 1ps，但是存在纳秒量级的测量模糊度，在利用差分相时延进行相对定位时，同时解算了各条基线的差分相时延模糊度。

9.3.2 轨道计算基本策略

轨道计算软件采用了上海天文台自主研发的月球探测器定轨定位综合软件，在地月转移阶段，按照地球探测器处理，在环月之后，则按照月球探测器处理，两种情况下在软件实现上有显著不同，主要表现在，对于地球探测器，测量模型是在地心参考框架下建立，而对于月球探测器，必须在太阳系质心参考框架下考虑相对论效应建立相应的测量模型。因此对于月球探测器定轨，在建立测量模型时需要建立从地球参考框架到太阳系质心参考框架的转换关系，包括位置的洛伦兹变换以及坐标时之间的转换(TT 和 TDB)，月球质心的空间位置使用 JPL 行星历表 DE421。表 9.3.3 给出了轨道计算中使用的一些参数设置。

表 9.3.3 CE-3 轨道计算参数

项目	模型
测量模型基本参考系	地心 J2000 天球参考系(环月前) 质心天球参考系(环月后)
N 体摄动	太阳及大行星、月球、地球，采用 DE421 历表
太阳辐射压	固定面质比(理论 Cr=1.24) 探测器初始质量：3780kg 有效反射面积：15.5m^2
非球形引力摄动	地球重力场 JGM3(环月前)，截取到阶次 10 月球重力场 JGL165p(环月后)，截取到阶次 165
解算参数	位置速度+光压系数+测距系统差 RTN 方向常数经验加速度
数据使用及权重设置	测距：3m 时延：3ns 时延率：0.3ps/s
大气延迟修正(对测距数据)	Saastamoinen-NMF
积分器和积分步长	二阶定步长积分器 60s(环月前) 10s(环月后)
月球半径	1738.0km(落月前)，1737.4km(落月后)

定轨软件中采用的数值积分器是一个适用于二阶微分方程组的定阶、定步长线性多步法积分器，属于科威尔(Cowell)方法，即它也是用牛顿插值多项式代替右端函数来得到计算公式的。CE-3 工程中测速数据采用的是积分间隔为 1s 的积分多普勒，在 CE-3 环月球飞行阶段，计算表明，大于 10s 的积分步长均不能满足 1s 积分测速计算值的光滑性，因此在定轨软件中环月段积分步长选择为 10s，这主要是因为 CE-3 距离月面高度较低，月球非球形引力摄动影响较大。

CE-3 由于在飞行过程中搭载了着陆器，其姿态控制方法不同于 CE-1/CE-2 动量轮卸载调姿方式，在 CE-3 地月转移段和环月段，采用的是喷气推力调姿方法保持着陆器的三轴稳定系统，CE-3 的 6 个面共安装了 12 个(6 对)10N 发动机喷嘴控制飞行器的三轴姿态，对探测器姿态进行调控，每对发动机开关机时间最短间隔为 500s，每次喷气持续时间为 0.02s。发动机喷气采用力偶模式，理想情况下对探测器轨道没有影响，但是考虑到控制、安装等误差，除了产生力矩带来卫星旋转外，还会产生附加的加速度(或者速度增量)，虽然每次持续时间较短且产生的速度增量不大，可是由于喷气控制频繁，这将对探测器长时间的轨道计算和预报产生一定的影响。CE-3 定轨后残差分析表明，在地月转移阶段，喷气调姿对定轨的影响很小，因此在地月转移阶段定轨过程中并未采取特殊措施。但是在环月段定轨中，若按照正常方式定轨，则定轨后残差明显偏大，这也与仿真分析的结论一致：与奔月大偏心率直飞轨道不同，对于环月圆轨道 T 方向(切向)速度和位置变化会引起 R 方向(径向)位置和速度的变化，所以小喷气推力对环月轨道位置预报误差的影响更为严重。因此在环月阶段定轨中，我们采取在定轨中增加一组整弧段经验力解算的方法，吸收小喷气推力所产生的推力影响，采用该方法后定轨后残差明显变小。

CE-3 使用 7500N 发动机进行动力落月，动力落月段的轨道计算由于存在大推力发动机喷气过程，动力学模型不易建模，不适合采用传统的动力学统计定轨方法。国内有学者提出了运动学统计定轨方法，其核心是利用一定的数学函数(多项式或者样条函数)来表征探测器在空间的运动曲线，从而避开复杂的机动力建模，进而综合全弧段的测量数据进行统计定轨。多项式拟合方法的局限性在于无法拟合变化复杂的轨道，只能拟合运动轨迹较为平滑的轨道；样条函数逼近的方法不受轨道本身形状所限制，具有良好的二阶光滑度，拟合灵活性强，特别适宜拟合曲率变化大、拐曲严重的任意形状函数，并且具有很好的稳定性和收敛性。

9.3.3 数据分析和讨论

1. 地月转移轨道

CE-3 于北京时间 2014 年 12 月 2 日 1 时 30 分在西昌卫星发射中心顺利升

空，1 时 49 分星箭分离后，测量船、圣地亚哥站、佳木斯站进行了接力跟踪测量，获得了测距测速数据，而国内 VLBI 四站于 12 月 2 日 11 时 7 分开始跟踪测量，得到 VLBI 时延和时延率数据。按照计划，12 月 2 日 15 时 50 分进行第 1 次中途修正，因此在控前 6h 定轨中，只有测距测速数据而没有 VLBI 数据，而在控前 3h 定轨中，增加了约 2h 3 条基线(天马站，北京站，昆明站)的 VLBI 测量数据，计算结果表明，这 2 个小时的 VLBI 数据极大地提高了定轨预报精度(表 9.3.4)。

第 2 次中途修正安排在 12 月 3 日 16 时 25 分，为测试 CE-3 工程中首次使用的大推力 7500N 发动机的工作情况，此次轨道控制采用了 7500N 发动机，轨控结果表明，7500N 发动机工作状态良好。轨控后分别利用 30min 和 3h 的测量数据进行了控后轨道恢复，确认了轨道状态，利用控后的长弧定轨结果作为参考，分别利用测距数据单独定轨以及联合 VLBI 数据定轨，考察了 VLBI 数据在短弧定轨中的贡献，分析结果表明，控后 30min 联合定轨精度优于数小时仅用测距数据的定轨结果。

除了利用遥测参数判断 7500N 发动机的工作状态，还可以通过定轨的方法进行轨道控制情况评估，具体原理是综合变轨前后的测量数据进行定轨，根据轨控开始时间和结束时间，同时解算轨控期间由发动机喷力引起的加速度，从而得到轨控引起的速度增量。CE-3 第二次中途修正轨控计划给出的速度增量为 -20.3967m/s，通过定轨解加速度，R，T，N 三个方向的加速度分别为 $a_R = -1.6705269\text{m/s}^2$，$a_T = 1.0822638\text{m/s}^2$，$a_N = 0.46787187\text{m/s}^2$，7500N 发动机工作了 10.011437s，推算相应的速度增量为 -20.4705m/s，与轨控计划的差异为 0.0738m/s。计算结果表明，利用定轨的方法评估轨控速度增量是可行的。

CE-3 地月转移轨道是一条围绕地球的大椭圆轨道，轨道偏心率约为 0.96，误差协方差分析表明，相对于圆轨道，这种扁轨道的定轨精度低。轨道精度评估是轨道计算的一个重要环节，实际上由于不知道卫星在空间的准确位置，真正的轨道精度是很难，甚至不可能获得的，只能从不同的角度来对轨道的精度进行一个猜测和估计。目前常用的轨道精度评估方法有：观测资料的拟合程度、弧段重叠检验、弧段搭接点符合精度、独立轨道比较、外部测量数据符合精度等。地月转移轨道由于没有重复性，而且轨道机动多，较难利用重叠轨道方法评估精度，也缺乏更精确的外部测量数据检核。在 CE-3 工程中，上海天文台和北京航天飞行控制中心分别独立定轨，地月转移阶段的轨道互差小于 1km。在 CE-3 工程中，提前 3h/6h 给轨道控制部门提供轨控时刻的预报轨道作为轨控输入参数，高精度的轨道预报值才能保证控制精度，因此在工程中更为关心轨控点的轨道预报值。为了评估轨控点的轨道预报精度，将控前 3h/6h 定轨结果预报至轨控点，与事后利用全部数据计算得到的精密轨道比较，得到控前 3h/6h 弧段的预报轨道位置和速度精度，计算结果见表 9.3.4。计算结果表明，随着 CE-3 探测器越飞越远，地月转移阶段的轨道计算和预报精度逐步下降,这与协方差分析的结论一致。

表 9.3.4 第 1/2 次中途修正和近月制动控前 3h/6h 预报精度

预报点		位置/m		速度/(m/s)	
		max	RMS	max	RMS
第 1 次中途修正 地心距 14.5 万 km	控前 6h*	9032.4	7042.3	1.6706	0.2886
	控前 3h	58.0	38.1	0.0034	0.0013
第 2 次中途修正 地心距 25.8 万 km	控前 6h	467.9	255.1	0.0066	0.0062
	控前 3h	191.9	102.0	0.0027	0.0027
近月制动 地心距 36.3 万 km	控前 6h	2822.0	501.1	0.5576	0.0368
	控前 3h	792.2	209.2	0.1014	0.0156

*第一次中途修正前 6h 无 VLBI 数据。

表 9.3.5 给出了地月转移各阶段定轨后测量数据残差 RMS,VLBI 时延数据的定轨后残差约为 1ns,表 9.3.5 数据表明,CE-3 的 VLBI 时延数据精度较 CE-1/CE-2 有明显改善。

表 9.3.5 CE-3 地月转移轨道定轨后残差 RMS

弧段	双向测距/m	三向测距/m	时延/ns	时延率/(ps/s)	双向测速/(mm/s)	三向测速/(mm/s)
星箭分离——第 1 次中途修正	0.58	0.37	0.77	0.97	0.27	0.36
第 1 次中途修正——第 2 次中途修正	0.30	0.17	0.90	1.00	0.30	0.37
第 2 次中途修正——近月制动	0.43	0.81	1.19	0.87	0.41	0.54

2. 环月轨道

12 月 6 日 17 时 50 分,CE-3 利用 7500N 发动机实施了近月制动,发动机工作时间约 6min;17 时 54 分,近月制动结束,CE-3 进入一条距离月面 100km 高、偏心率为 0.015 的绕月球飞行轨道;4 天后,10 日 21 时 20 分,CE-3 又实施了降轨机动,将近月点轨道高度调整至 15km,远月点高度为 100km,为动力落月做准备。

采用重叠轨道方法评估了 100×100km 轨道和 100×15km 轨道的定轨精度,对 100×100km 轨道,每 24h 进行一次轨道确定,重叠弧段长度为 2h(约 1 个卫星轨道周期),使用的观测数据为 VLBI 数据联合测距数据,定轨后测距残差(RMS)约为 0.48m,VLBI 时延残差(RMS)约为 0.37ns,VLBI 时延率残差(RMS)约为 0.50ps/s。

对 100×100km 环月轨道进行重叠弧段分析，结果统计见表 9.3.6，根据轨道演化，CE-3 轨道面逐渐由通视状态(即卫星轨道面与视线方向垂直)转向非通视状态，一般情况下，通视状态的定轨精度要高于非通视状态，主要原因包括轨道特征，地面站和轨道面构形以及月球重力场误差影响等。

表 9.3.6　100×100km 重叠弧段精度

重叠弧段	位置/m				速度/(m/s)			
	R	T	N	合计	R	T	N	合计
7 日 16~18 时	2.592	7.953	6.560	10.630	0.0058	0.0025	0.0045	0.0077
8 日 14~16 时	2.861	17.813	8.015	19.741	0.0169	0.0024	0.0131	0.0215
9 日 12~14 时	2.879	19.478	14.985	24.744	0.0151	0.0027	0.0072	0.0169
10 日 10~12 时	3.525	25.896	16.652	30.989	0.0234	0.0039	0.0149	0.0280
平均	2.964	17.785	11.553	21.526	0.0153	0.0029	0.0099	0.0185

100×100km 重叠弧段精度分析表明，采用经验力解算策略有效消除了频繁喷气调姿给轨道确定带来的不利因素，CE-3 在 100km 轨道的定轨精度约为 20m，其中径向(R)精度优于 3m，相比较于 CE-2 在 100km 轨道的 30m 定轨精度(径向 5m)，精度提高了约 50%，远优于 CE-1(200km 轨道)的百米水平。SELENE 主卫星(100km 轨道)利用测距测速、VLBI 和激光测高数据的综合定轨精度优于 20m，美国 LP(Lunar Prospector，100km 轨道)的定轨精度约为 30m，美国 LRO(Lunar Reconnaissance Orbiter，50km 轨道)利用测距测速和激光测高数据的综合定轨精度约为 23m。

分析结果还表明，单独利用测距数据 100×100km 定轨精度约为 80m，VLBI 数据的加入对 T 和 N 方向精度的提高较为明显，当卫星轨道面与观测视向方向垂直(通视)时，VLBI 的贡献小，但在非通视状态下，VLBI 数据能够在量级上提高轨道精度，这也与 CE-2 和 SELENE 的结论一致。

对于 100×15km 轨道进行同样的重叠轨道计算，定轨弧长根据测量数据情况选择 14~18h，重叠弧段 2h，定轨后测距残差(RMS)约为 1.64m，VLBI 时延残差(RMS)约为 0.53ns，VLBI 时延率残差(RMS)约为 0.61ps/s，相比于 100×100km 轨道残差明显偏大，这表明由于轨道高度降低，月球重力场误差更加显著地影响轨道误差。重叠弧段精度结果统计见表 9.3.7，可以看出 CE-3 在 100×15km 轨道的定轨精度约为 30m，其中径向(R)精度优于 4m，相比较于 CE-2 在 100×15km 轨道的 46m 定轨精度(径向 12m)，精度有明显提高。

表 9.3.7 100×15km 重叠弧段精度

重叠弧段	位置/m				速度/(m/s)			
	R	T	N	合计	R	T	N	合计
11 日 13~15 时	2.142	16.329	36.951	40.455	0.0149	0.0024	0.0343	0.0375
12 日 02~04 时	2.398	4.034	9.453	10.554	0.0018	0.0024	0.0086	0.0091
12 日 13~15 时	6.530	7.952	23.770	25.901	0.0041	0.0067	0.0207	0.0221
13 日 02~04 时	6.216	6.035	50.326	51.066	0.0042	0.0051	0.0216	0.0226
13 日 14~16 时	2.975	8.640	38.075	39.156	0.0059	0.0028	0.0269	0.0277
14 日 06~08 时	1.986	6.703	21.704	22.802	0.0059	0.0021	0.0192	0.0202
平均	3.708	8.282	30.047	31.656	0.0061	0.0036	0.0219	0.0232

3. 动力落月轨道

CE-3 于 2013 年 12 月 14 日 21 时开始动力下降，持续时间约 12min。由于探测器姿态调整原因，动力下降开始 3min 后，VLBI 时延和时延率数据正常，动力下降开始 5min 后三向测距数据正常。

分别利用三阶 B 样条函数和四阶多项式，利用运动学统计方法确定了 CE-3 动力落月段的轨道。三向测距系统误差的解算策略是固定喀什站的系统误差 (222.0m)，该值是利用环月段进行三向测量试验时，通过长弧定轨标校出来的，而佳木斯和三亚站的测距系统差需要和轨道参数一起解算，这主要是考虑到喀什作为主站其测距系统误差较为稳定。多次试验数据分析表明，各站三向测距的系统差在每次测站设备关机再开机后会有 1~2m 的变化，但是该误差不会影响百米级别的定轨精度。

根据动力落月段定轨结果还可以判断出 CE-3 的着陆时刻，根据 1s 采样率的定轨计算结果，从 14 日 21 时 11 分 19 秒之后，探测器在月固系的经纬度和高程值基本不变，从而可以判断该时刻为降落在月球时刻。

计算结果表明，三阶 B 样条函数和四阶多项式方法的定轨结果位置互差小于 100m，另外也与单点定位结果做了比较，位置误差略大于 100m。另外为了判断动力落月轨道确定精度，还将该轨道在落月时刻的计算值与着陆器定位计算结果进行比对(着陆器定位精度优于 50m，见 9.4 节)，以此作为检验动力落月段轨道确定精度的参考标准。表 9.3.8 表明，与着陆器定位计算值相比，联合测距和 VLBI 数据确定的动力落月轨迹末点位置误差小于 100m。分析还表明，若利用三向测距数据单独对动力落月段定轨，则定轨精度约为 2km。

表 9.3.8　动力落月末点定轨结果和着陆器定位值的比较

	纬度/(°)	经度/(°)	高程/m
着陆器定位计算值	44.1206	−19.5124	−2632.0
动力落月轨道末点	44.1213	−19.5093	−2655.1
差异	−21.2m	−67.6m	23.1m

9.4　VLBI 在"嫦娥三号"月球着陆器/巡视器定位中的应用

月面目标的精密位置确定是实现探月工程落月返回的前提条件和关键技术之一。为满足探月工程落月探测的要求，本书针对着陆器在月面上固定不动的特点，提出了一种新的定位方法。即通过对着陆器的一个连续时间弧段的测量，结合月面目标位固定于月球表面这一运动条件，利用统计方法实现对着陆器的精密定位。基本方案是利用一段时间内的 VLBI 测量和测距测速数据，利用月球平动转动的相关信息，将测量数据进行综合平差处理，最后获得着陆器在月固系中的精密位置。

本书所谓统计定位方法与单点定位不同，对月面目标的精密定位所利用的观测资料不是单历元，而是某一段时间内的观测数据。因此本方法与通过多历元数据对噪声进行平滑的统计定轨类似，其精度远高于单点定位，只不过目标不再绕中心天体飞行而是固定在月球上随月球运动。该方法与常用的单点定位既有区别又有联系，当只有单历元的观测数据时，解算结果与单点定位结果一致。

由于月面目标距离地球遥远，利用地基测量的月面目标单点定位的几何构形较差，而运动学统计定位方法通过对一个弧段多种测量类型的综合处理，能够提高定位精度。单点定位方法解算时，需要将观测数据归算到相同的卫星发射时刻，因此需要对原始观测数据进行内插等处理；而运动学统计定位方法则直接利用原始观测量，建立观测量与待估参数的观测方程，通过平差方法得到待估参数的最优估计。该方法还可以解算除卫星位置外的其他参数如测距系统差等，计算适用面更广泛，比如当只有一个站的测距数据时，单点定位方法无法解算，而运动学统计定位方法仍可应用。

与卫星动力学统计定轨不同，该方法根据月球的平动和转动(物理天平动)模型建立着陆器在空间的运动，而不是根据卫星受力建立动力学模型，因此不存在由动力学模型误差导致的卫星状态精度随弧段增大而变差的问题，着陆器在惯性系的状态精度仅取决于月球平动和物理天平动参数的精度。

随着月球探测的发展,(月面)数字高程图(DEM)的精度也得到了很大的提高,ULCN2005(The Unified Lunar Control Network 2005)是由 USGS 得到的统一的月球控制网模型,该模型的建立利用了所有历史照相数据,如地基照相、"阿波罗"、"水手10"、"伽利略"和 Clementine 立体照相等。平劲松等利用 CE-1 第一次正飞阶段获取的 300 多万个有效激光测高数据点,得到了改进的 360 阶次球谐函数展开月球全球地形模型 CLTM-s01。李春来等利用 CE-1 全部激光测高数据制作了空间分辨率为 3km 的全月 DEM 格网模型,高程精度为 60m(1σ)。日本 SELENE 研究小组利用激光高度计测量数据制作了相应的 359 阶次 DEM 模型,高程精度为 77m(1σ)。而美国的 LRO 探测器携带的月球轨道器激光测高仪(Lunar Orbiter Laser Altimeter,LOLA)测量精度更高,预计其获得的月面数字高程模型精度将优于 10m。在 CE-1 和 CE-2 卫星任务期间,都专门针对虹湾落月区进行了降轨(虹湾上空时轨道高度降低到 15km)试验,进行了加强测量和照相,其局部分辨率应该高于目前公开的全球测量模型。

在月球着陆器定位中,可以充分利用月面数字高程模型提供的高程信息,既可以将这些高程信息作为一种约束,也可以在定位过程中直接应用月面数字高程模型,而着陆器的位置精确测定后,又可对现有的月面数字高程模型的精度进行检验。本书对月面数字高程模型在着陆器定位中的应用做了相关分析。

9.4.1 着陆器定位原理和方法

1. 着陆器运动方程和状态方程

在月固系中建立着陆器的运动方程,由于着陆器静止不动,因此其在月固系中的运动方程可以表示为 $\begin{cases} r(t) = r_0 \\ \dot{r}(t) = 0 \end{cases}$,这里 r 为着陆器的位置矢量,可以用直角坐标表示,也可以用地理坐标表示。

不出现在卫星运动方程中的待估参数,称为几何参数,记为 p_g,p_g 包括测距系统差等。定义状态矢量 $X = \begin{pmatrix} r \\ p_g \end{pmatrix}$,则状态方程为

$$\begin{cases} \dot{X} = 0 \\ X(t_0) = X_0 \end{cases} \tag{9.4.1}$$

2. 观测方程

观测方程与一般动力学统计定轨过程相同。t_i 时刻的观测量 Y_i 与状态量 X_i 之间存在着一定的函数关系,可以表示如下:

$$Y_i = G(X_i, t_i) + \varepsilon_i \tag{9.4.2}$$

(9.4.2)式中，X_i、Y_i、ε_i 分别为 t_i 时刻的状态、观测量以及观测噪声。

对于着陆器定位，涉及的时间系统包括：UTC(观测时间)、TAI、TDT、TDB。涉及的坐标系统如下所述：地球坐标系，包括：J2000.0 地心天球参考系，地球固定坐标系，这些坐标系之间的相互转换关系主要涉及岁差、章动、极移和地球自转。月球坐标系，包括：月心 J2000.0 天球参考系和月固系。在建立观测方程的时候，由于远离地球，需要在太阳系质心参考框架下建立相应的测量模型，相应的坐标时为 TDB，并且需要考虑引力时延等相对论影响。

在建立观测方程的时候，根据落月器在惯性系位置进行光行时解算，而最终的待估参数为月固系位置，因此这里的 H 包含了月固系到惯性系的转换矩阵，见 9.2 节。

9.4.2 "嫦娥三号"着陆器定位计算

CE-3 软着陆成功之后将进入月面工作段，在此阶段，星上信标与地面测控方式相较于奔月段和环月段有较大变化。月面工作段初期(落月后 1 h 内)，星上测距和 DOR 侧音信标仍然打开，提供着陆器高精度定位所需的三向测量以及 VLBI 观测数据。三向测量的测控方式在 CE-3 奔月段和环月段进行了多次试验，其测量模式可简单地描述为由主站发射上行，另外两个副站连同主站接收星上转发的下行，同一时刻可获得多站的测距测速数据，从而提高短弧定轨/定位精度。在月面工作初期，考虑到对着陆器落月后状态的实时监测和数据传输的要求，VLBI 不再使用交替观测卫星和射电源的 ΔDOR 观测模式，而是利用 DOR 侧音信标对探测器进行连续观测，以满足地面天线连续指向探测器以接收下传数据的需求。

探测器着陆 1h 后，测距和 DOR 信标关闭，着陆器上搭载的定向天线打开，并实时向地面传输两器分离过程以及采集的相关科学数据。巡视器被激活进入工作状态后，其用于遥测的全向天线将连续工作并发射单点频载波信号，其上搭载的定向天线根据指令，在巡视器处于导航停泊点时向地面进行数据传输。随着测距信标和 DOR 侧音信标的关闭，地面测站停止了对着陆器的测距和 DOR 观测，但是由于 VLBI 测量对微弱信号的较强接收能力和不需要发射上行信号的特点，地面 VLBI 测控网仍然可以利用巡视器和着陆器的星上数传或单点频载波信号进行同波束 VLBI 观测，此时同波束 VLBI 观测为地面对两器相对位置测量的唯一手段。表 9.4.1 为不同工作弧段探测器星上 VLBI 测量信标情况。

表 9.4.1 不同工作弧段 CE-3 探测器星上 VLBI 测量情况

工作弧段	信号来源	信标频段及类型	带宽	VLBI 数据类型
奔月段 环月段	探测器信标	X 波段 DOR 侧音信号	等效带宽 约 40MHz	交替观测射电源和探测器的 ΔDOR 数据
动力下降段 月面工作段初期				仅用观测前射电源标较设备误差的 DOR 数据
月面工作段	着陆器定向天线	X 波段数传信标	5MHz	两器同波束 VLBI 数据
	巡视器定向天线	X 波段数传信标	4MHz	
	巡视器全向天线	X 波段单载波点频信标	4KHZ	

CE-3 月面工作段，将涉及三向测距测量、VLBI 时延与时延率测量，同波束 VLBI 时延测量。三向测距测量包括喀什（KS）、佳木斯（JMS）和三亚（SY）三个测站。利用着陆器着陆后 1h 喀什站为主站的三向测距数据和 VLBI 时延数据，以及 2hVLBI 时延率数据进行着陆器定位，解算着陆器的经度、纬度以及高程。固定三向测距主站(KS-KS)系统差(包含 225 m 的星上零值)为 222m，分别使用以下 3 种策略进行定位，定位结果见表 9.4.2(高程值相对于半径为 1737.4 km 的月球月面)。

策略 1：三向测距数据单独定位，利用三向测量试验结果；固定系统误差 JMS-KS，207.0m；SY-KS，186.0m。

策略 2：三向测距数据单独定位，解算 JMS-KS、SY-KS 系统误差。

策略 3：三向测距联合 VLBI 数据进行定位，解算 JMS-KS、SY-KS 系统误差。

表 9.4.2 CE-3 不同策略着陆器定位结果

解算结果	纬度/(°)	经度/(°)	高程/m	三向测距系统差/m	
策略 1	44.0899	−19.4802	−3902	—	
策略 2	44.0148	−19.4940	−5713	JMS-KS：212.6	SY-KS：198.7
策略 3	44.1206	−19.5124	−2632	JMS-KS：209.7	SY-KS：181.2

考虑到 VLBI 数据精度高，且多基线观测对着陆器位置的约束加强，并且通过与落月轨迹最后一点的结果以及月面数字高程图结果的对比，可以确定，策略 3 的结果更为可靠。以策略 3 的定位结果为参照，策略 1 的定位精度在 1.7km，策略 2 的定位精度在 4.5km。策略 1 固定的系统差为奔月和环月段三向测距试验长弧解算的系统差值，试验中发现每次开关机后，三向测距系统差会有几米的变化，对于奔月以及环月段长弧段测距数据单独定轨，该系统差对定轨结果的影响在百米左右，而对着陆器短弧定位的影响在千米量级。策略 2 结果比策略 1 精度

更差，主要原因是仅利用三向测距数据定位，2 个测站的系统差参数存在强相关性，测距系统差解算结果不准确，解算值与策略 3 的解算结果分别存在 3.0m 和 17.5m 的差异，也进一步表明了三向测距系统差对短弧定位精度的影响严重。进一步的分析计算表明，当联合 VLBI 数据使用策略 3 进行着陆器定位时，米级的喀什测距系统差先验值误差对解算结果的影响为米级。

计算结果表明，VLBI 数据的加入可以精确标校三向测距系统误差，对提高 CE-3 着陆器定位精度的贡献是显著的。

使用策略 3 定位，各观测量残差见表 9.4.3，定位后时延数据 RMS 为 1.16 ns，时延率数据 RMS 为 1ps/s，由于采用非ΔDOR 观测模式，虽然时延数据噪声较小，但存在 1~2ns 的系统误差；时延率数据 KM 相关基线数据较差；三向测距数据残差小于 0.8 m，其中由于佳木斯站天线口径较大，其残差相对于其他两站精度较高。

表 9.4.3　着陆器定位各观测量残差统计

观测量	残差 RMS
时延	1.16ns
时延率	1.0ps/s
测距	喀什-喀什：0.75m 佳木斯-喀什：0.60m 三亚-喀什：0.78m

为了评价着陆器定位精度，首先利用月面数字地形图对定位结果进行高程精度评价。2009 年发射的月球勘测轨道飞行器(LRO)的主要任务是对月球进行全球的高精度测绘。LRO 的平均轨道高度为 50km，星上搭载了精度为 10cm 的月球轨道器激光测高计以及像素分辨率为 50cm 的高精度照相机。利用月面激光测月固定点对该地形模型精度进行评价，其高程精度在几十米量级。使用空间分辨率为 2.66km 的 2050 阶次 LRO 月球地形球谐函数模型，将定位所得的经纬度代入计算得到，月面数字高程模型的高程值为 2636m，与本书着陆器定位的高程值 2632m 的差异为 4m。

此外，CE-3 着陆器着陆时，在轨绕月飞行的有美国的月球大气与粉尘环境探测器(Lunar Atmosphere and Dust Environment Explorer，LADDE)以及 LRO。LRO 于 2010 年利用航拍结果确认了苏联丢失的 Lunokhod 1 月面激光反射器位置坐标，其精度可达 100m。2013 年 12 月 25 日，LRO 飞临 CE-3 登月点上方，NASA 通过航拍获取了着陆器的精确坐标：纬度 44.1214°，经度−19.5116°，高程 −2640m，此结果与本书定位结果差异为：纬度 24m，经度 17m，高程 8m，三维位置差异好于 50m，结合 LRO 航拍精度，可以得到，CE-3 着陆器的定位精度在百米以内。

9.5 VLBI在"天问一号"火星探测器定轨中的应用

我国于2020年7月23日在海南文昌发射了"天问一号"火星探测器,这是我国首次自主火星探测任务,飞行约7个月后抵达火星轨道,并于2021年2月10日实施近火捕获机动。"天问一号"是我国继"嫦娥"系列月球探测之后的首次行星际探测任务,计划一次探测实现火星环绕、着陆以及表面巡视。

"天问一号"火星探测任务于2016年正式立项,探测器由轨道器和着陆器-火星车组成,发射时总质量约5000kg,计划一次性实现对火星"绕、落、巡"的探测目标,火星车着陆成功后,我国也将成为首个第一次实施火星探测任务即完成环绕以及着陆巡视探测的国家。

"天问一号"探测器的科学目标主要有以下5个:①研究火星地形地貌和地质结构特征;②研究火星表面土壤特征以及水冰分布;③研究火星表面物质组成;④研究火星大气电离层、表面气候以及环境特征;⑤研究火星物理场(电磁场、引力场)以及内部结构。基于环绕探测和着陆巡视探测相结合的探测方式,"天问一号"探测器共搭载了13个载荷用于实现上述科学研究目标,其中,轨道器上搭载了高分辨率相机等7类设备,火星车则搭载了多光谱相机等6类设备。

图9.5.1显示了"天问一号"火星探测器外观设计构型,其中图(a)为地火转移段示意图,图(b)为着陆器-火星车组合体着陆火星表面示意图,图(c)为火星车示意图。在地火转移巡航飞行阶段,轨道器和装有着陆器-火星车的进入舱上下

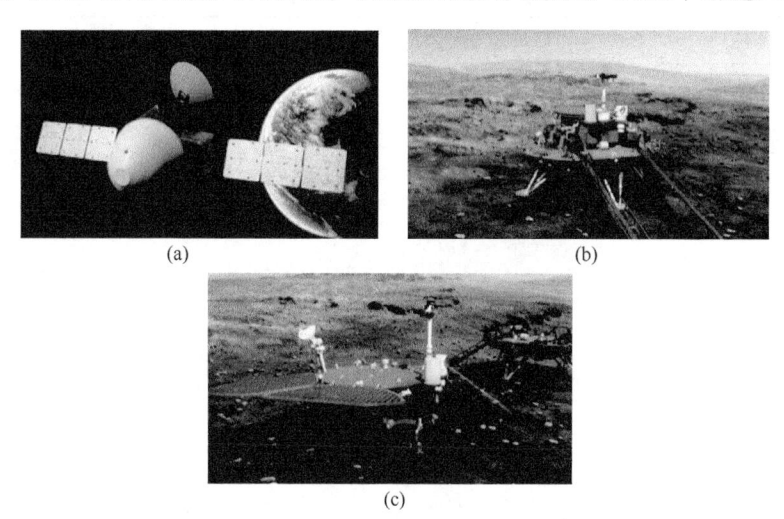

图9.5.1 "天问一号"火星探测器设计构型

(a) 巡航飞行;(b) 着陆器-火星车组合体;(c) 火星车

叠放，轨道器采用"外部六面柱体+中心承力锥筒"结构，质量约 3600kg(含燃料)，两侧对称展开两面太阳帆板，底部装有主发动机，进入舱为锥形结构，内含着陆平台和质量约 240kg 的火星车。巡航飞行时，"天问一号"姿态较为稳定，相对规则且对称的结构为太阳光压摄动建模带来简便，本书在精密定轨计算时采用固定面质比模型，发射后总质量为 5021.25kg，表面积为 25.12m^2。

"天问一号"于北京时间(BJT)2020 年 7 月 23 日 12 时 41 分 15 秒发射，发射约 10 天后成功实施第一次中途修正(Trajectory Correction Maneuver, TCM)。8 月 19 日，探测器上多项载荷完成自检。第二次中途修正于 2020 年 9 月 20 日完成。10 月 1 日，探测器携带的分离测量传感器与本体脱离，对"天问一号"进行了飞行成像并将数据传送给探测器，后转发至地面站。在轨飞行约 78 天后，"天问一号"于 2020 年 10 月 9 日实施了深空机动(Deep Space Maneuver, DSM)，此时探测器距离地球约 3000 万 km，深空机动后，"天问一号"将在新轨道上继续飞行约 4 个月后与火星交会。10 月 28 日进行了第三次中途修正，在轨标定了 8 台 25N 发动机的性能。为保证火星轨道捕获(Mars Orbit Insertion, MOI)精度，"天问一号"在火星接近段还实施了第四次中途修正，速度增量约 0.66m/s。基于较高的轨道计算和控制精度，原计划于近火捕获前一天实施的第五次中途修正取消，2021 年 2 月 10 日 UTC11 时 52 分，3000N 发动机点火工作约 15min，成功实施近火捕获，"天问一号"进入周期约 10 个地球日、倾角约 10° 的大椭圆环火轨道。具体中途修正信息见表 9.5.1。

表 9.5.1 "天问一号"地火转移段关键事件一览表

事件	时间/UTC	器地距离/km	备注
Launch	2020-07-23T04:41:15	—	发射入轨
TCM-1	2020-08-01T23:00:00	3×10^6	修正入轨误差，验证 3000 N 发动机性能
TCM-2	2020-09-20T15:00:00	1.9×10^7	修正轨道误差，验证 120 N 发动机性能
DSM	2020-10-09T15:00:00	2.94×10^7	进入新轨道，以便与火星交会
TCM-3	2020-10-28T14:00:00	4.40×10^7	修正深空机动后轨道误差，验证 25N 发动机性能
TCM-4	2021-02-05T12:00:00	1.84×10^8	修正近火捕获误差
TCM-5	2021-02-09T12:00:00	1.91×10^8	取消
MOI	2021-02-10T12:00:00	1.92×10^8	标称近火点高度 400km

发射入轨后 3 天左右,"天问一号"飞离地球约 80 万 km,脱离了地球影响球(Sphere of Infulence,SOI),轨道计算的中心天体从地球转变为太阳,随着与火星的距离接近到约 50 万 km 时,"天问一号"进入火星 SOI,中心天体从太阳转为火星。

"天问一号"探测器的地面测控系统包括我国深空网(Chinese Deep Space Network, CDSN)和 VLBI 测量网(Chinese VLBI Network, CVN),CDSN 主要包括佳木斯、喀什、阿根廷深空站,CVN 由北京密云、云南昆明、乌鲁木齐南山、上海天马四个 VLBI 台站以及位于上海佘山的 VLBI 数据处理中心组成。

在"天问一号"任务中,干涉测量采用基于ΔDOR 信号的 VLBI 技术。在"天问一号"火星探测任务开展前,CVN 站进行了软、硬件设备更新,例如,更换测站的致冷接收机、变频系统、电缆、前置型终端等,以及在测站安装新的氢钟和水汽辐射计,并且在数据处理时积分时间延长到 30s、射电源单通道带宽扩大至 8MHz、探测器信号快速傅里叶变换(fast Fourier transform,FFT)点数扩大到 8192 点,这些措施均极大地提高了干涉测量精度。

"天问一号"发射后约 1h,地面深空网通过测量获得了探测器的测距测速数据,VLBI 台站也在约 12h 后的观测中获得了时延、时延率测量数据。从发射入轨到第一次中途修正后 5 天,采取加密观测模式,三个深空网测站每日接力连续观测,VLBI 测站则每日观测约 10h。第一次中途修正后 5 天到 2020 年 11 月 23 日,采取监视观测模式,即三个深空站每天分别观测 4h、4h、2h,VLBI 测站每 2 天观测一次,每次观测 4h,在此期间,若存在轨道修正或深空机动等关键事件,则在其前 5 天回到加密观测模式(VLBI 每天观测时长仍为 4h)。2020 年 11 月 23 日,我国嫦娥五号任务开始实施,地面测控资源配置进行了调整,监视模式下,深空站仍然每天观测"天问一号",但 VLBI 站改为每 3 天观测一次。近火捕获是整个任务的关键阶段之一,为提高测定轨精度,VLBI 站也在此前 10 天提高了观测频次,每天跟踪观测约 10h 直到捕获成功。台站跟踪情况见表 9.5.2,在整个地火转移阶段,CVN 测站成功观测"天问一号"共 104 次(三站及以上共视)。

表 9.5.2 "天问一号"地面测控网跟踪弧段

台站	开始时间	结束时间	跟踪频次	备注
CDSN	2020-07-23	2020-08-05	每天连续观测	
	2020-08-05	2021-02-01	10h/天	
CVN	2020-07-23	2020-08-05	10h/天	关键事件(变轨)前 5 天加密观测
	2020-08-05	2020-11-23	4h/2 天	
	2020-11-23	2021-02-01	4h/3 天	
	2021-02-01	2021-02-10	10h/天	

"天问一号"的地基测控数据类型包括 X 波段的双程测距、双程测速,以及时延、时延率数据。测距数据是地面测站到探测器的距离测量值,通过测量从上行信号发射到下行信号接收所经过的光行时得到,测速数据是探测器相对于地面测站的视向速度测量值,通过测量下行信号相对于上行信号的频率变化得到,是多普勒测量值,积分时间为 1s。由 ΔDOR 测量得到的时延和时延率数据,则是"天问一号"上的 DOR 信号传播到地面两个 VLBI 测站的时间延迟和时间延迟变化率的测量值,反映了探测器在天球上的角距信息。每次 VLBI 观测结束后,在同一条轨道(无变轨)所在的弧段内,利用长弧段测距、测速,以及时延、时延率数据进行轨道计算,得到了对应数据的定轨后拟合残差 RMS 值,如图 9.5.2 所示,可知前 8 次观测(第一次中途修正之前)时延拟后残差的 RMS 值较大,有时甚至超过 1 ns,原因是这些观测每天持续时间较长,观测开始和结束时探测器的仰角较低,测量值受到大气延迟影响较为严重;另外随着探测器距离地球越来越远,信噪比减小,测距数据残差 RMS 有增大的趋势。在整个地火转移阶段,"天问一号"的测距、测速、时延和时延率数据的定轨后残差 RMS 分别约为 0.27m、0.10mm/s、0.15ns、0.34ps/s,时延测量值达到了预期的 0.1ns 量级测量精度,相比于我国的"嫦娥三号"、"嫦娥四号"任务提高了一个量级。

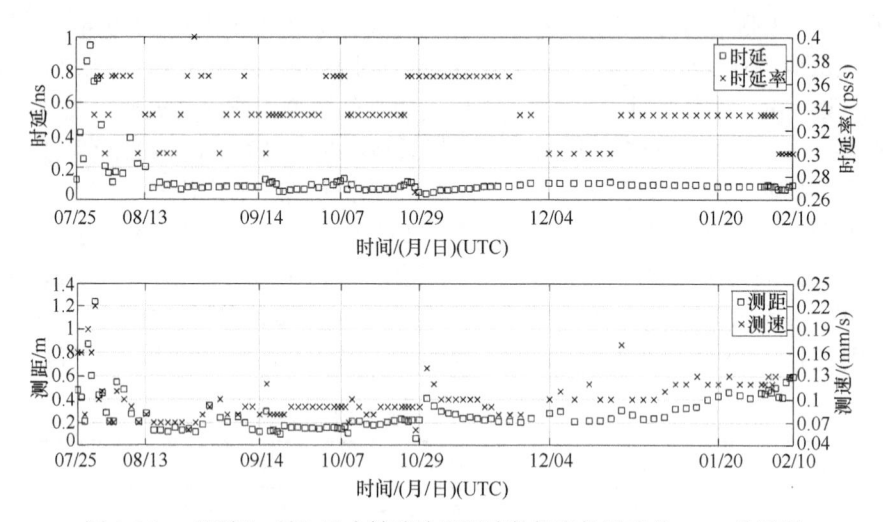

图 9.5.2 "天问一号"地火转移阶段跟踪数据定轨后残差 RMS 统计图

"天问一号"在地火转移飞行阶段,动力学模型和测量模型都建立在质心天球参考系下,火星等行星的空间位置使用 JPL 的 DE 系列行星历表 DE436,轨道计算中的参数设置见表 9.5.3。

表 9.5.3 "天问一号"轨道计算参数设置

项目	模型/值
参考系	地心 J2000/日心 J2000/火心 J2000(按地球、火星影响球划分)
中心天体	地球/太阳/火星
N 体摄动	太阳、大行星、地球以及月球，使用 DE436 历表
太阳辐射压	固定面质比模型：初始质量 5021.25kg；有效反射面积 25.12m^2 辐射压系数理论值 Cr = 1.24
非球形引力摄动	地球重力场模型 JGM3(截取到 50 阶次) 火星重力场模型 MRO120D(截取到 120 阶次)
相对论摄动	
大气延迟修正(测距)	Saastamoinen-NMF
解算参数	"天问一号"位置速度 太阳辐射压系数 测距系统差 经验加速度(R、T、N方向)
测量数据权重	测距：3m 测速：1mm/s 时延：0.3ns 时延率：0.3ps/s
积分器 积分步长	二阶定步长积分器 60s

轨道计算时，除了解算探测器的位置速度状态量之外，还解算了太阳辐射压系数和测距系统差，对于由探测器调姿等引起的小摄动，可以通过解算 R、T、N 方向的经验加速度进行模制，但"天问一号"在整个地火转移阶段姿态较为稳定，除第四次中途修正外无须解算经验加速度。由于 TCM-4 速度增量较小，考虑到近火捕获前弧段较短，可以联合 TCM-4 前后的数据进行定轨计算，同时解算轨控时段内的经验加速度。"天问一号"地火转移采用的是地球与火星间的霍曼转移轨道，轨道周期较长，一般使用 10 天以上的长弧段数据进行定轨计算，为更好地反映长弧段内太阳辐射压和测距系统差的变化，定轨软件可以实现辐射压系数和测距系统差的分时段解算。TCM-3 之后的计算结果表明，太阳辐射压系数解算值较为稳定，可适当延长每段的时间跨度，比如 10 天解算一个值。系统差的分段则按照各深空站观测是否连续来进行，因为一般情况下认为，测站中断观测后测距系统差会发生变化。

由于"天问一号"的真实运行轨道未知，则采用内符合检验法进行定轨精度评估，利用各轨道段的长弧段所有测轨数据进行定轨，作为事后精密轨道，并按一定的步长滑动定轨，采用重叠弧段比较法进行事后精密轨道精度评估。本节按照地火转移各阶段进行分析，由于发射后到第一次中途修正之前弧段较短，长弧定轨时不便于进行弧段重叠，所以从第一次中途修正之后开始进行长弧定轨计算。考虑到每次轨道修正之间的弧段长度不一，本书在每个阶段定轨弧长和重叠弧段长度的选取也不一样，但两者的比例保持为 5∶1，即 5 天定轨弧长时重叠弧段选取 1 天。具体结果如表 9.5.4 所示。

表 9.5.4 "天问一号"地火转移各阶段定轨弧段一览表

地火转移阶段	定轨弧段	开始时刻(UTC)	结束时刻(UTC)	定轨弧长/天
TCM-1~TCM-2	T2A1	2020-08-01T23:01:00	2020-08-22T00:00:00	20
	T2A2	2020-08-06T00:00:00	2020-08-26T00:00:00	
	T2A3	2020-08-10T00:00:00	2020-08-30T00:00:00	
	T2A4	2020-08-14T00:00:00	2020-09-03T00:00:00	
	T2A5	2020-08-18T00:00:00	2020-09-07T00:00:00	
	T2A6	2020-08-22T00:00:00	2020-09-11T00:00:00	
	T2A7	2020-08-26T00:00:00	2020-09-15T00:00:00	
	T2A8	2020-08-30T00:00:00	2020-09-19T00:00:00	
TCM-2~DSM	D1A1	2020-09-20T15:01:00	2020-10-01T00:00:00	10
	D1A2	2020-09-29T00:00:00	2020-10-09T00:00:00	
DSM~TCM-3	T3A1	2020-10-09T15:09:00	2020-10-20T00:00:00	10
	T3A2	2020-10-18T00:00:00	2020-10-28T00:00:00	
TCM-3~MOI	T4A1	2020-10-28T14:01:00	2020-11-28T00:00:00	30
	T4A2	2020-11-10T00:00:00	2020-12-10T00:00:00	
	T4A3	2020-11-16T00:00:00	2020-12-16T00:00:00	
	T4A4	2020-11-22T00:00:00	2020-12-22T00:00:00	
	T4A5	2020-11-28T00:00:00	2020-12-28T00:00:00	
	T4A6	2020-12-04T00:00:00	2021-01-03T00:00:00	
	T4A7	2020-12-10T00:00:00	2021-01-09T00:00:00	
	T4A8	2020-12-16T00:00:00	2021-01-15T00:00:00	
	T4A9	2020-12-22T00:00:00	2021-01-21T00:00:00	
	T4A10	2020-12-28T00:00:00	2021-01-27T00:00:00	
	T4A11	2021-01-03T00:00:00	2021-02-02T00:00:00	
	T4A12	2021-01-09T00:00:00	2021-02-08T00:00:00	

由表 9.5.4 可知，第一次中途修正后到第二次中途修正前，定轨弧长为 20 天，滑动步长 4 天(即每 4 天进行一次轨道计算)，可形成 4 段弧长为 4 天的重叠弧段，其他地火转移阶段重叠弧段以此类推，不再赘述。最终形成 14 段重叠弧段，按时间顺序标记为 a~n，各重叠弧段内轨道互差情况如图 9.5.3 所示，位置差异小

于 2km，速度差异小于 1cm/s。

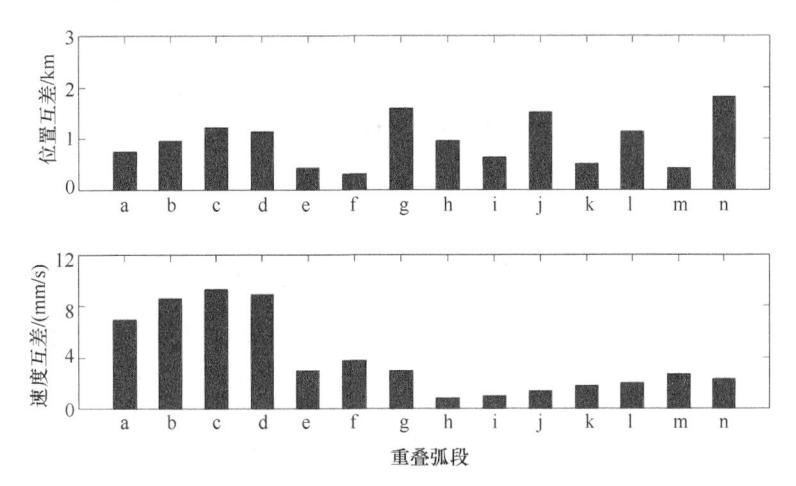

图 9.5.3　"天问一号"在地火转移阶段事后精密轨道重叠弧段比较

第 10 章 射电天体测量的发展前景

射电天体测量自 20 世纪 60 年代创建以来,在天球与地球参考架建立,地球定向参数测量、银河系结构研究,地球动力学研究,以及航天工程方面的应用等方面,都做出了巨大贡献。今后它的发展前景如何呢?

天文学、地球动力学及航天工程等的新发展,对射电天体测量的发展提出了新要求。近年,国内外在射电天文观测设备建设方面都有很大进展,比如,我国的 FAST 与南非 MeerKAT 综合孔径射电望远镜(Gibbon et al., 2013)等的建成;在今后的 10~20 年时间,射电天文观测设备建设将有更大发展,比如,国际合作的平方千米阵列射电望远镜,我国的 110m 口径射电望远镜与 120m 口径脉冲星专用射电望远镜,以及美国的 ngVLA(Selina et al., 2018)等已经开始建设或正在筹建中;另外,我国的月球轨道 VLBI 实验将在近年实施,也是全球首次空间 VLBI 天体测量的实验。所以,在今后的 10~20 年时间里,射电天文观测的灵敏度将提高到微央斯基,天体定位测量精度将提高到微角秒,使得测量目标的数量、距离及精度,都将有 1~2 个数量级的提高。

10.1 SKA 时代的射电天体测量

平方千米阵列射电望远镜(Square Kilometer Array, SKA)是我国参与的国际大型天文观测设施。SKA 是由大量小单元射电天线构成的接收面积达到平方公里的综合孔径望远镜阵列,具备大视场、宽频率范围、高灵敏度和空间分辨率等空前观测性能。SKA 的第一阶段(即 SKA1)将在澳大利亚和南非分别建成中频(SKA1-MID,观测频率 350MHz~15.3GHz)和低频(SKA1-LOW,观测频率 50~350MHz)两个望远镜阵列。SKA1-MID 由 133 台 15m 口径和 64 台 13.5m 口径的抛物面碟型射电望远镜组成,后者属于南非建设的 SKA 先驱阵列 MeerKAT。SKA1-MID 由三条对数螺线旋臂组成,其中的中心阵聚集了近一半数量的射电望远镜,最长的基线为 150km。SKA1-LOW 则由分布在澳大利亚 500 个台站的 131000 个对数周期天线组成,最长基线为 70km,一半的台站集中在 SKA1-LOW 区域的中央 1km 范围以内。如表 10.1.1 所示,SKA1-LOW 和 SKA1-MID 的总接收面积分别为 0.4km^2 与 0.04km^2,与 SKA 最终的第二阶段(SKA2)的总接收面积 1km^2 相比,分别为 40%和 4%。因而最终 SKA2-LOW 和 SKA2-MID 的灵敏度将分别提高约

2.5 倍和 25 倍。SKA2-MID 天线数扩展至 2000，台站扩展至非洲的其他国家，最长基线达 3000km，观测频率扩展至 24GHz。SKA2-LOW 天线数将扩展至百万。SKA 可以相控阵的形式作为一个单元加入 VLBI 网，显著提升 VLBI 网的灵敏度，SKA2 可达到数十个纳央斯基(nJy)的水平。图 10.1.1 为 SKA-MID 天线仿真图。

表 10.1.1 现有的和未来的部分大型 VLBI 站、网的主要性能(改自文献(Rioja and Dodson, 2020)的表 3)

射电望远镜(阵)		频率范围	接收面积	多波束	多频段
现有 VLBI 站、网	VLBA	0.3～86GHz	0.005km²	快速切换	快速切换
	EVN	0.3～43GHz	0.028km²	快速切换	无
	EAVN	22～43GHz	0.006km²	双波束/快速切换	有
	FAST	0.07～3GHz	0.1km²	多波束/快速切换	无
未来 VLBI 设备	SKA-LOW	50～350MHz	0.4km²(1 期)	有	有
	SKA-MID	0.35～15GHz	0.04km²(1 期)	有	快速切换
	ngVLA	1.2～120GHz	0.1km²	有	有

注：VLBA 为美国 10 台 25m 口径 VLBI 阵，EVN 为包括欧洲、南非以及我国的近 20 台射电望远镜组成的 VLBI 网，EAVN 主要由我国上海天马 65m，新疆乌鲁木齐 26m 和昆明 40m，加上韩国的 3 台 21m 以及日本 4 台 20m 射电望远镜组成，观测频率主要为 K 波段 22GHz 和 Q 波段 43GHz。ngVLA 为美国正在筹建的下一代 VLA(Very Large Array)。SKA-LOW 和 SKA-MID 的接收面积均为 SKA1 期的。

图 10.1.1 SKA-MID 天线仿真图[①]

---

① https://www.aeneas2020.eu/project/ska-observatory/。

由于天体测量精度与信噪比有关，而相对天体测量的精度与目标源和参考源的角距有关，因而更高的灵敏度意味着更高的信噪比，以及更容易找到更近的参考源。例如，SKA-MID 波束内可探测的射电噪类星体，其数量与其流量有近似 $N \propto s^{-0.9}$ 的关系，若灵敏度提高 1 个量级，则可探测源的数量近似有 1 个量级的提升。由此可知，灵敏度比现有 VLBI 网提高 1 个量级的 SKA+VLBI 可以获得更高的天体测量精度。SKA1 可以联合已有的 VLBI 网，而 SKA2-MID 本身亦可作为一个 VLBI 网，也可联合其他 VLBI 台站，采用专门的相位校准技术，天体测量精度可比现有水平提升至少一个量级，达微角秒水平。图 10.1.2 显示了 SKA 不同阶段与组合下可获得的最高理论天体测量精度(即假设采用专门的相位校准方法基本消除了系统差的影响，使得天体测量精度仅与分辨率和信噪比有关)。

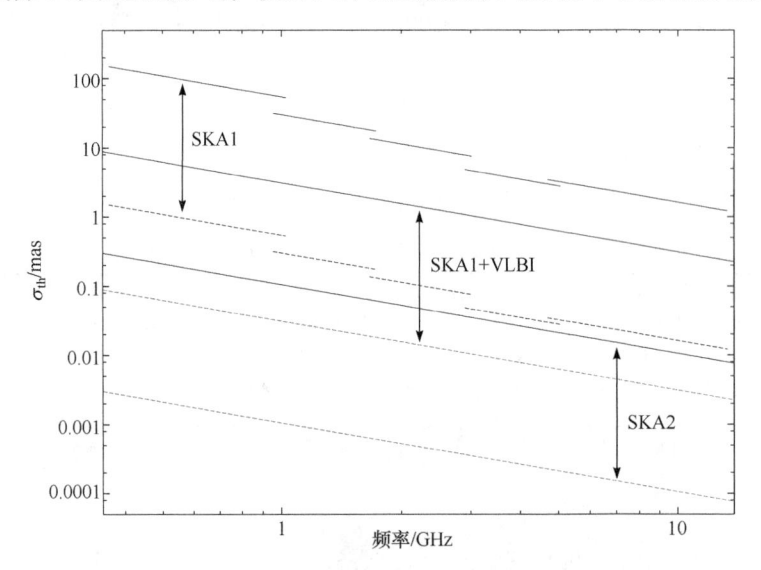

图 10.1.2　SKA 不同阶段与组合下可获得的理论天体测量精度

对于每个组合，目标源均分为流量 1mJy(虚线)和 0.01mJy(实线)两种情况；信噪比的计算是采用文献(Ros et al., 2015)里的灵敏度积分 1h 计算得到；SKA1+VLBI 为相控阵的 SKA1 联合现有 VLBI 台站的情况；该图取自文献(Guirado et al., 2015)

以 SKA-MID 和 SKA-LOW 联合周边相距数千千米的射电望远镜组成 VLBI 网为例，凭借位于南半球的独特位置优势以及极高的灵敏度(1min 的积分时间及 1GHz 频率带宽，灵敏度可达 μJy 量级)，通过多波束(或多参考源)观测可显著消除系统差的影响，有望使得天体测量精度达到 1μas 量级，进而在 VLBI 天体测量领域发挥重要作用。SKA-VLBI 可以开展的天体测量研究课题较多，本节难以面面俱到，因而仅按照观测对象简要介绍目前受关注较多的几个课题。

10.1.1 脉冲星

大多数脉冲星,特别是低频巡天中发现的多为陡谱源 (Bilous et al., 2016),即流量随频率降低,这些源比较适合在低频(小于 350MHz)即 SKA-LOW 观测。脉冲星的旋转测量相对容易,而在低频由于受电离层的影响严重,脉冲星的视差测量则比较困难。然而,利用 MultiView 等电离层效应校准方法 (Rioja et al., 2017),可以获得 0.001 个电子含量单位(TECU)的电离层测量精度,由此可大大削弱电离层的影响,使得视差测量精度好于 10%。结合旋转和距离可以获得星系介质的三维信息。

类似地,在 SKA-MID 的观测频段,以 Parkes 为代表的单天线望远镜已发现了南天的上千颗脉冲星,但仅少数具有高精度的周年视差和自行参数。VLBI 获得的高精度天体测量参数可以用于改进脉冲星的计时模型,从而提升利用脉冲星检测引力理论实验的灵敏度。此外,也有助于研究中子星的状态方程,以及研究银河系的电子密度分布 (Deller et al., 2019)。

10.1.2 系外行星

系外行星是当前天文研究的热点。SKA-VLBI 通过高精度的天体测量可以探测到除了视差自行之外,恒星受行星扰动而导致的位置变化。利用多波束/多参考源的观测技术 (Rioja and Dodson, 2020),SKA-VLBI 有望探测到从距离 50pc 左右、1 个太阳质量($M_\odot$)恒星周围的类木行星(位置变化幅度约为 100μas)到距离 15pc 左右、0.2$M_\odot$恒星周围的类地行星(位置变化幅度约为 1μas),从而为寻找宜居行星作出重要贡献。

10.1.3 银河系星际和星周脉泽

星际脉泽,如 SKA-MID 可以观测的 6.7GHz/12.2GHz 甲醇 (CH_3OH)脉泽,可用于测量大量年轻大质量恒星形成区的距离和运动,从而勾画银河系,特别是南半球的旋臂结构。结合视向速度和自行以及北半球的观测数据,可以获得银河系的三维运动全景,由此可以精确估算银河系基本参数,如银心距、旋转曲线等 (Green et al., 2015)。

星周脉泽是演化晚期恒星拱星包层里的脉泽(例如,SKA1-MID 可以观测 1.6GHz 羟基(OH)脉泽),通过测量演化晚期恒星 OH 脉泽的视差和自行而获得三维位置和速度信息,用以研究银河系中央核区的运动学,由此了解中央大质量恒星与核区的协同演化。OH 脉泽的分布可以用于估算星周包层的大小,而塞曼效应以及线偏振则可用于揭示星周磁场,以及作为恒星内部演化的探针来研究恒星质量的损失过程 (Etoka et al., 2015; Imai et al., 2016)。

10.1.4 快速射电暴

快速射电暴(Fast Radio Burst, FRB)由于瞬间爆发且难以预测, 其宿主天体的认证通常非常困难, 其中仅有少数重复爆发的 FRB 获得较高精度的定位(Chatterjee et al., 2017)。目前 CHIME 以及澳大利亚 SKA 探路者(ASKAP)等干涉仪发现的 FRB 已有数百颗, 而到 SKA1 的时代估计会有一个量级的增加, 藉由 FRB 研究宇宙学, 有望成为一个重要研究领域 (Macquart et al., 2020)。

利用 VLBI 对 FRB 的高精度定位具有无可比拟的优势, 除此之外, VLBI 也可以用于定位和监测暗弱但持久射电源(Persistent Radio Source, PRS), 从而研究 FRB 的起源。也可以通过 VLBI 观测与已知重复暴 PRS 的性质和环境相似的天体进行观测, 从中搜寻可能的 FRB。对于已知的重复暴, 对其进行观测可以获得毫角秒级的定位精度, 对于相对较近的 FRB, 可以获得其与对应宿主之间的相对位置, 从而确定 FRB 是否与恒星形成区有关。另一方面, 位于高红移星系中的 FRB, 特别是矮星系中的, 证认它们的宿主, 需要更高精度的定位。由 FRB 宿主的精细成图以及偏振信息, 可以了解其极端磁场的环境, 而 VLBI 观测为研究这些源的散射屏提供了重要信息。

10.1.5 恒星形成区中的连续谱源

恒星形成区包含数十乃至数百颗具有非热辐射的小质量的初期恒星体(Young Stellar Object, YSO), 这些 YSO 可以用于测量大质量恒星形成区的视差和自行, 由此获得太阳附近恒星形成区的三维分布与运动学。光学波段的天体测量卫星 GAIA 亦可测量 YSO, 然而对于那些深埋于尘埃中或是视向方向上有大量尘埃的 YSO, 受尘埃消光的影响, GAIA 难以获得高精度的天体测量参数, 而射电波段则不受尘埃的影响。SKA-MID 视场里比较容易找到 0.5mJy 的参考源, 采取同波束的 VLBI 相位参考观测, 以 1h 的积分时间可获得 10μas 的天体测量精度(Loinard et al., 2015)。

10.1.6 大小麦哲伦云

大麦哲伦云 (Large Magellanic Cloud, LMC; 简称大麦云)和小麦哲伦云(Small Magellanic Cloud, SMC; 简称小麦云)是位于南半球两个富含气体并相互作用的矮星系, 是研究矮星系中恒星形成历史、星际介质以及化学演化的极佳实验室。它们相对于银河系的精确三维运动对于了解其与银河系之间的关系至关重要。以往不同观测手段所得到的 LMC/SMC 相对于银河系运动的速度存在较大的差异(Kallivayalil et al., 2006), 而SKA-VLBI 天体测量精度可以到达 1μas 量级, 可以直接测量 LMC/SMC 中脉泽的视差, 精度好于 10%, 由此可以确定 SMC/LMC 矮星系精确的内部旋转，以及它们相对于银河系的运动，回答 SMC/LMC 是否受到银河系引力束缚的问题(Imai et al., 2016)。

10.2 空间射电天体测量

目前，射电天体测量都是在地面进行的，从本书第 2 章关于射电干涉测量的几何原理可知，它的测角精度与干涉仪的基线长度成比例，就是说，当测量元素(比如时延或相位)具有同样测量精度时，基线越长，则测角精度就越高。在地球上，基线最长限于一万千米左右，为突破该限制，必然会考虑到将射电干涉仪的部分测站设置在空间，则基线长度就大大增加了。从近 10~20 年科技发展的实际情况看，将射电干涉测量的测站设置在地球卫星、月球卫星或月面上是完全有可能的。

另外，地面射电观测受到地球大气影响(包括中性大气与电离层)，也限制了测量精度的提高，所以向空间发展是必然的选择。

迄今为止，共实施了两个空间 VLBI 项目，为日本的 VSOP(又名 HALCA)(Hirabayashi et al., 2000)与俄罗斯的 RadioAstron(Alexandrov et al., 2012)。图 10.2.1 为 VSOP(左)和 RadioAstron(右)的示意图，VSOP 的天线口径等效 8m，远地点 21400km，运行时间为 1997~2003 年；RadioAstron 的天线口径为 10m，远地点 35 万 km，2011 年发射升空，运行时间 7.5 年。该两个空间 VLBI 项目都是以天体物理研究为主要科学目的。

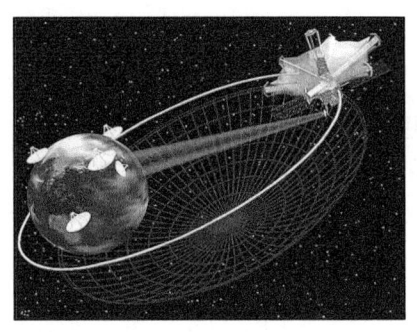

图 10.2.1　日本 VSOP(左)[①]与俄罗斯 RadioAstron(右)[②]示意图

20 世纪 80、90 年代，美国学者提出了空间射电天体测量的几种不同方案；近年，俄罗斯和我国学者开展了空间天体测量的方案研究。归纳起来，可以分 3

[①] http://www.kepu.net.cn/gb/beyond/astronomy/develop/develop_2_4.html。

[②] https://newatlas.com/russian-radioastron-largest-telescope-launched/19294/。

类，分别在 10.2.1 节～10.2.3 节阐述。

10.2.1 地月 VLBI

美国学者伯恩斯(J.O.Burns)于 1985 年和 1988 年发表了文章，提出了关于"月-地射电干涉仪"(Moon-Earth Radio Interferometer, MERI)的建议(Burns, 1985, 1988)。提出在月面建设一个 VLBI 测站或多个 VLBI 测站，与地面 VLBI 测站组成 MERI。MERI 的天体测量科学目标为：

(1) 提高天球坐标系的精度，进而提高航天导航与天文守时精度；
(2) 精确测量地月距离，精度达到毫米级；
(3) 搜寻暗伴星(黑洞与中子星)和系外行星；
(4) 提高宇宙尺度与哈勃常数的测量精度，这对于基本宇宙学研究有重要意义。

近年，俄罗斯学者库杜波夫(S.L.Kurdubov)等对于地月 VLBI 预期的天体测量科学产出，比如，月球轨道运动、物理天平动、ICRF 及相对论参数等的测量精度，进行了仿真分析计算，并提出月面 VLBI 测站位置宜于在月面可见区的西边缘、近月球赤道的地区的建议(Kurdubov et al., 2019)。

我国近年正在实施"月球轨道器 VLBI 实验"(Lunar Orbiter VLBI Experiment, LOVEX)计划，利用未来探月工程的一颗绕月中继星，搭载 VLBI 设备，成为一个月球轨道 VLBI 观测站，与地面 VLBI 测站组成地-月尺度的 VLBI 系统，进行天体测量与天体物理多项课题的实验，天体测量的实验内容主要包括：致密射电源的精确定位、深空探测器的精确定位及广义相对论检验等。

10.2.2 月基射电干涉仪

美国学者林菲尔德(R.P.Linfield)于 1992 年，提出在月面上建设 3 台天线的干涉阵的建议，技术方案为：天线之间的间距 100～1000km(最佳间距待研究)，天线口径为 15m，在月球赤道附近呈等边三角形布设，采用微波连接 CEI 方案，观测值为相时延，预计射电源定位测量的精度为 5～10μas，相较于当时地面 VLBI 对于致密射电源的定位精度，提高 50～100 倍(Linfield, 1992)。

10.2.3 地球轨道 VLBI

美国学者阿尔图宁(V.I.Altunin)等于 1996 年，提出空间 VLBI 天体测量(Astrometry VLBI in Space, AVS)建议，即在地球轨道上运行两台射电望远镜，组成了空间射电干涉仪；同时，该空间射电干涉仪也可以与地面 VLBI 测站(或阵列)联合观测(Altunin et al., 1996)。两台空间射电望远镜相互之间是通视的，用微波或激光连接起来，以直接测量两者的距离以及进行频率和时间的同步。在空间射电观测站上还设置光学天体测量数码照相机，用来测量空间射电望远镜相对于光学参考星的相对位置，图 10.2.2 是 AVS 的示意图。这样配置的优点如下所述。

(1) 避免了地面射电天体测量受到大气扰动和折射，以及地球运动的影响，克服不能用一台射电干涉仪来测量全部天空的缺点；

(2) 空间射电干涉仪的基线长度不受到地球直径的限制，所以相较于地面观测，具有更高分辨率与定位测量精度；

(3) 空间射电干涉仪上的光学天体测量设备测量了对于光学参考架的方向，这样就直接测量了射电源在光学参考架中的坐标；

(4) 使用微波连接方法实现了干涉仪两台射电望远镜的时频同步，因此成为了一台连接单元射电干涉仪(CEI)，可以测量干涉条纹的相位(相时延)，大大提高了测量精度。

根据初步估算，如果使用两台 4m 孔径的射电望远镜，它们的间距为 5 万 km，同时与地面大口径射电望远镜联合观测，则测量射电源位置的精度将好于 10～100μas。

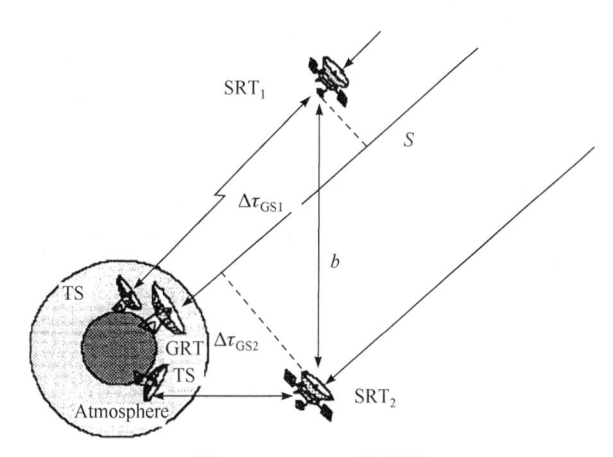

图 10.2.2　AVS 示意图

SRT——空间射电望远镜；GRT——地面射电望远镜；TS——地面测控与数据接收站；
S——来自射电源的射电波；b——两台空间望远镜之间的距离；
$\Delta\tau_{GS}$——射电波到达地面射电望远镜与空间射电望远镜的时间延迟

10.2.4　空间射电天体测量的关键技术

1. 空间射电观测站的总体技术方案设计

空间射电观测站的建设相较于地面射电观测站的建设，难度要高得多。空间站的技术方案包括：飞行轨道(或站址)、射电干涉测量模式(空-空、空-地、混合)、天线口径及机动性能、射电干涉测量设备技术性能，等等。

首先，要确定是建设在星体上，还是自由飞行的轨道器。如果从测站稳定性高的要求出发，则建设在星体上(比如月面上)更好，稳定性好，并且易于精确定位；但从建设易难比较，则建设在地球或月球轨道上相对容易些。从目前的科技发展水平看，起步于轨道空间站也许比较现实可行，可以作为空间天体测量的先导项目。在规划未来的月球天文观测基地建设时，可以建议在月面建设一台或多台射电望远镜(天体测量专用或天体测量、月球测地及天体物理研究通用)。

  关于观测模式，为了提高灵敏度与测量精度，采用空-地与空-空混合模式最有利。如果只有一台空间射电望远镜，则只有空-地模式。

  关于天线口径大小，需要根据科学目标、技术可行、经费支持等多种因素进行综合考虑。为了提高射电干涉测量的灵敏度与定位测量精度，需要采用相位参考技术，这就要求天线可以对邻近的两颗射电源快速地交替观测，这就要求天线的机动性能好，能够快速改变指向，这也限制了天线的口径。对于轨道空间站天线，可以考虑 5～10m 天线；对于月面天线，在月面安装时可以采用拼装方法，不限于整机一次运送至月面；另外，在月面固定的天线，较快地改变指向相对容易实现，所以可以采用更大口径的天线。为了解决空间快速更换目标问题，空间天线可以考虑采用相位阵馈源(Phased Array Feed, PAF)，它的波束是可以电调快速改变方向的，也可以生成多个波束。图 10.2.3 为 PAF 原理图[①]，它由多个天线单元(振子天线或微带天线)组成，加上每个天线都连接有移相器，通过对于每个天线单元的不同移相值，从而改变合成的主波束的方向。PAF 现在在通信、飞机、船只及射电望远镜上得到广泛应用，但是，它比经典的固定波束天线要复杂，所以要用于空间射电望远镜，在设计与研制时要适应空间环境。

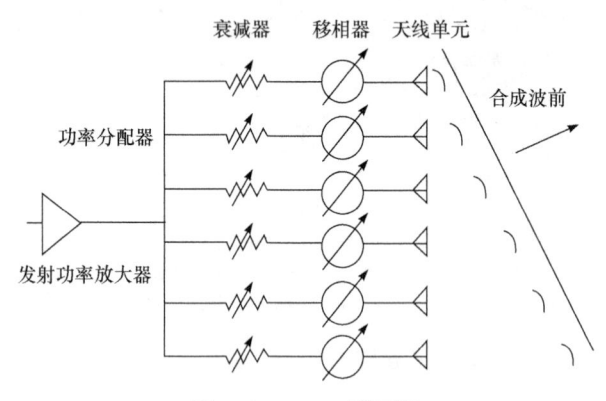

图 10.2.3   PAF 原理图

  关于空间站上射电干涉测量设备，为了进行空-地联合观测，所以设备要与地面站的设备兼容。兼容性主要包括：频率、带宽、采样速率与格式等的一致。另外，为了保证干涉测量的信号相干，空间站需要有高稳定度的时频系统，其核

---

① https://www.nutsvolts.com/magazine/article/how-phased-array-antennas-work。

心设备是氢原子钟。

2. 空间站位置的测量

射电干涉天体测量的精度与测站位置的精度密切相关,地面测站的位置精度可以达到毫米级。当空间射电干涉测量采用空-地观测模式时,其基线长度一般达到数万千米,甚至数十万千米,所以空间站的位置相较于地面站可以降低至厘米级。对于月面射电观测站来说,厘米级精度是可以达到的;但是,对于自由飞行的轨道空间站来说,这样的轨道测量精度是极具挑战性的,需要采取多种措施来实现如此高精度的轨道测量,比如,在空间站上安装北斗导航接收机、加速度测量仪及激光角反射器等。

3. 基线增长后射电源相关流量密度的下降问题

随着基线的增长、分辨率的提高,射电源的相关流量密度就会下降。图 10.2.3 为 RadioAstron 在 C 波段(频率 4.8GHz,波长 6.25cm)观测射电源 B0529+483 的相关流量密度的结果。图中横坐标为基线长度(10^9 波长),纵坐标为可见度幅度(Jy)。从图 10.2.4(Pilipenko et al., 2018)可以看到,当基线长度达到 2Gλ 及更长基线时,相关流量密度降到 50 mJy 以下。图 10.2.5 为 RadioAstron 检测射电源活动星系核(AGN)的情况,共检测了地面 VLBI 观测比较强的 147 颗 AGN 射电源,检测到了 95 颗,在不同投影基线长度上检测到的源的数目随基线长度的增加而减少,在 10~12 个地球直径的基线长度上,仅检测到 95 颗源的约 1/3(Kovalev et

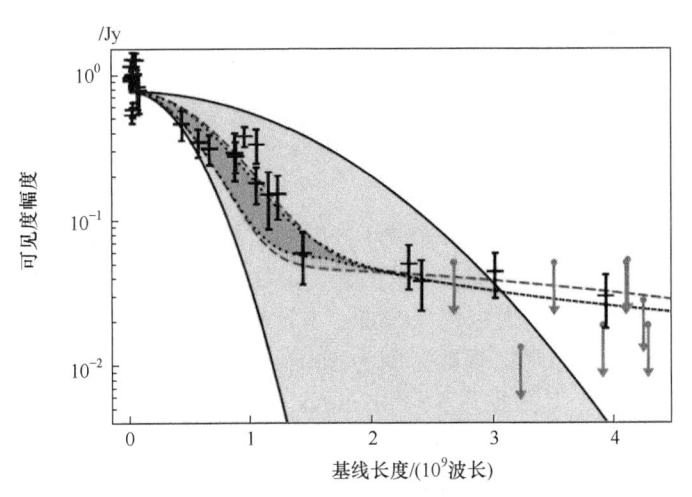

图 10.2.4 RadioAstron 在 6.25cm 波长(4.8 GHz)不同基线长度上观测射电源 B0529+483 的可见度幅度,以相关流量表示

竖短线条为 RadioAstron 的观测值,两实线之间的灰色区域为单椭圆高斯模型,
短线虚线范围为双高斯模型,点虚线范围为具有折射子结构的模型

al., 2020)。因此，空间射电天体测量能够观测到的射电源的数量将大大少于地面观测，在技术方案设计、观测与数据处理的实施中，这是需要考虑的重要因素。空间天线的口径不可能很大，所以要提高灵敏度，增加数据采集的带宽是一个途径；另外，随着 SKA 的建成，地面测站的灵敏度大大提高，使得空-地基线的灵敏度也相应提高了，所以空间观测可检测到的射电源减少问题，可以得到缓解。

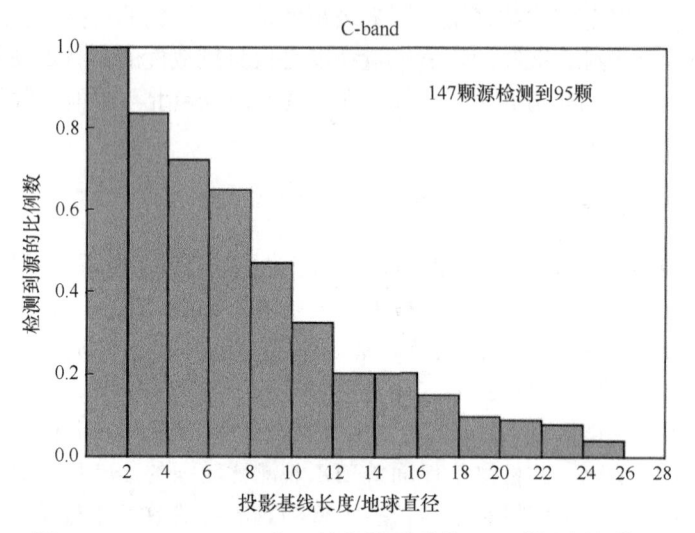

图 10.2.5　RadioAstron 在 C 波段检测到的 AGN 射电源的数目

我国学者还进行了空间 VLBI 信号增强的研究(吕钢等，2021)，即利用多条空-地基线获得的互功率谱进行合成，可以获得等效的更高信噪比的一条基线的互功率谱，得到更高的 VLBI 观测值(相位、时延、时延率及幅度)。

4. 观测数据传输

为了弥补空间射电望远镜口径较小的问题，通常采用加宽接收信号的带宽、提高采样速率及增加跟踪观测时间的方法，这就大大增加了观测数据量。如果以双偏振观测，每个偏振信道带宽 1.0GHz，2 比特采样，则采样速率 1.0(GHz)×2×2=4.0Gbit/s；如果目标跟踪观测时间为 300s，双偏振观测，则对于一颗射电源的一次双偏振观测，其数据量为 4.0Gbit/s×300×2=2.4Tbit。如果一天有 1/2 时间在观测接收数据，则一天的数据量为 2.4×144=345.6Tbit=43.2TB。而星上一般只能存储几个 TB 的数据，所以需要经常下传到地面数据接收站，星地数据传输速率需要达到几个 Gbit/s，才能满足要求，因此对数据传输也提出了更高的要求。

10.3 VGOS 的现状与发展前景

VGOS 是全球 VLBI 天体测量/大地测量界的一件大事，是 VLBI 测量系统的升级换代。总的来说，VGOS 在测量精度方面要提高到 1mm，相较于原来的 S/X 系统的亚厘米测量精度，提高一个数量级。在本书的第 3 章已经介绍了 VGOS 提出的原因，它的设计思想与技术方案，以及早期试观测情况。本节再来介绍全球 VGOS 建设的现状与近年观测结果、IVS 对于 VGOS 在 2025 年内要达到的要求，以及探讨需要改进的措施。

10.3.1 VGOS 测站建设的现状

自 2009 年 IVS 提出建设 VGOS 系统起，截止到 2022 年末，全球已经建成的(包括已经投入常规运行或在进行试运行的)VGOS 站共 16 个(包括 Onsala 的双站)，在建的 15 个，计划中的 1 个，它们的地理分布如图 10.3.1 所示，有关信息如表 10.3.1 所列(Behrend et al., 2022；Thoonsaengngam et al., 2022；Ivanov et al., 2022)。

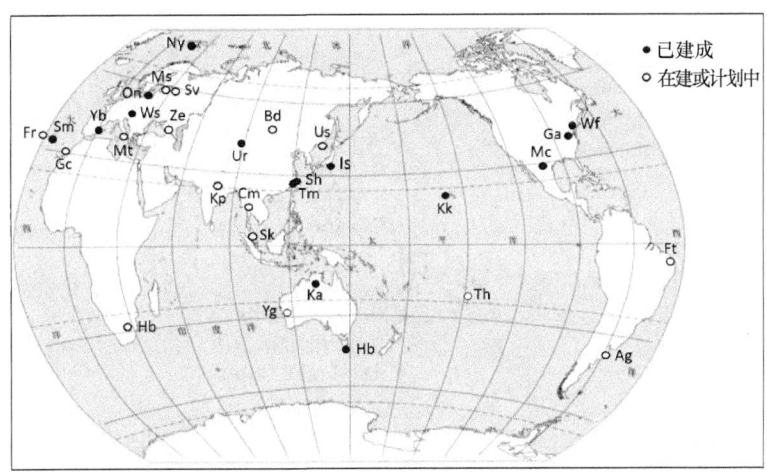

图 10.3.1 全球已建成的以及在建的及计划中的 VGOS 站的分布图

表 10.3.1 全球已建成的以及在建的及计划中的 VGOS 站的有关信息

类别	测站 IVS 名 所在地	图 10.3.1 测站代码	运行管理单位/项目	天线口径 /m	概略经纬度 经度 /(°), (′)	纬度 /(°), (′)
已建成	GGAO12M 美国马里兰州 绿带(Greenbelt)	Ga	美国国家航空航天局/戈达德航天飞行中心 (GSFC/NASA)	12	−76 −50	39 03

续表

类别	测站 IVS 名 所在地	图 10.3.1 测站代码	运行管理单位/项目	天线口径 /m	概略经纬度 经度 /(°), (′)	概略经纬度 纬度 /(°), (′)
已建成	HOBART12 澳大利亚 塔斯马尼亚岛霍巴特(Hobart)	Hb	澳大利亚塔斯马尼亚大学	12	147 26	−42 −48
	ISHIOKA 日本 石冈	Is	日本国土地理院(GSI)	13.2	140 05	36 06
	KATH12M 澳大利亚(北澳) 凯瑟琳 (Katherine)	Ka	澳大利亚塔斯马尼亚大学	12	132 09	−14 −22
	KOKEE12M 美国 夏威夷考艾岛 (Kauai Island)	Kk	美国国家地球定向服务机构(NEOS)	12	−159 −40	22 08
	MACGO12M 美国 麦克唐纳地球物理台 (Mcdonald Geophy.Obs.)	Mc	美国 GSFC/NASA 与得克萨斯州立大学	12	−104 −01	30 41
	NYALE13N 挪威 新奥勒松 (Ny-Alesund)	Ny	挪威测绘局	13.2	12 53	49 09
	ONSA13NE,SW 瑞典 昂萨拉(Onsala)	On	瑞典查尔姆斯理工大学	13.2	11 55	57 24
	RAEGSMAR 葡萄牙亚速尔群岛圣马利亚岛 (Santa Maria)	Sm	西班牙/葡萄牙"地球动力学与空间探测大西洋观测网"合作计划(RAEGE)	13.2	−25 −08	36 59
	RAEGYEB 西班牙 马德里耶韦斯(Yebes)	Yb	西班牙/葡萄牙"地球动力学与空间探测大西洋观测网"合作计划(RAEGE)	13.2	−03 −05	40 31
	SESHAN13 中国 上海松江佘山	Sh	中国科学院 上海天文台	13.2	121 12	31 06
	TIANMA13 中国 上海松江天马山	Tm	中国科学院 上海天文台	13.2	121 8	31 06
	URUMQI13 中国 新疆乌鲁木齐南山	Ur	中国科学院 上海天文台与中国科学院新疆天文台	13.2	87 11	43 28
	WESTFORD 美国马萨诸塞州韦斯特福德	Wf	美国麻省理工学院 海斯台克天文台	18.3	−71 −30	42 37

续表

类别	测站 IVS 名 所在地	图 10.3.1 测站代码	运行管理单位/项目	天线口径 /m	概略经纬度 经度 /(°), (′)	概略经纬度 纬度 /(°), (′)
已建成	WETTZ13S 德国 巴伐利亚州 克茨廷(Kotzting)	Ws	德国联邦制图与大地测量局和慕尼黑工业大学卫星大地测量研究机构	13.2	12 53	49 9
在建	(站名待定) 阿根廷 布宜诺斯艾利斯省 (Buenos Aires)	Ag	阿根廷-德国大地测量观测台(AGGO)	待定	−58 −31	−34 −52
在建	(站名待定) 俄罗斯 东西伯利亚 巴达瑞(Badary)	Bd	俄罗斯科学院 应用天文研究所(IAA)	13.2	102 14	51 46
在建	(站名待定) 泰国 清迈(Chiang Mai)	Cm	泰国国家天文研究所(NARIT)	13.2	99 13	18 52
在建	(站名待定) 葡萄牙 亚速尔群岛 弗洛雷斯岛(Flores)	Fr	西班牙/葡萄牙"地球动力学与空间探测大西洋观测网"合作计划(RAEGE)	13.2	−31 −14	39 28
在建	(站名待定) 巴西 塞阿拉州 福塔雷萨(Fortaleza)	Ft	福塔雷萨 VLBI 观测站 巴西东北射电天文台(NOEN)	待定	−03 −53	−38 26
在建	(站名待定) 西班牙 格兰卡纳利亚岛 (Gran Canaria)	Gc	西班牙/葡萄牙"地球动力学与空间探测大西洋观测网"合作计划(RAEGE)	13.2	−15 −40	28 02
在建	(站名待定) 南非 哈特比斯多克 (Hartbeesthoek)	Hb	南非射电天文台(SARAO)	13,2	27 41	−25 −53
在建	(站名待定) 意大利 马泰拉 (Matera)	Mt	意大利航天局(ASI) 空间大地测量中心(CGS)	待定	16 42	40 39
在建	(站名待定) 芬兰 基尔科努米 (Kirkkonoummi)	Ms	芬兰阿尔托大学 梅察霍维(Metsahovi) 射电天文台	13.2	24 24	60 13
在建	(站名待定) 泰国宋卡(Songkhia)	Sk	泰国国家天文研究所(NARIT)	13.2	100 37	07 09
在建	(站名待定) 俄罗斯 斯维特洛伊(Svetloe)	Sv	俄罗斯科学院 应用天文研究所(IAA)	13.2	29 47	60 32

续表

类别	测站 IVS 名 所在地	图 10.3.1 测站代码	运行管理单位/项目	天线口径 /m	概略经纬度 经度 /(°), (')	概略经纬度 纬度 /(°), (')
在建	(站名待定) 法属波利尼西亚 塔希提岛(Tahiti)	Th	法属玻利尼西亚大学 塔希提大地测量观测站 (美-法合建)	12.0	−149 −26	−17 −31
在建	(站名待定) 俄罗斯 乌苏里斯克 (双城子)(Ussuriysk)	Us	俄罗斯科学院 应用天文研究所(IAA)	13.2	132 10	43 42
在建	(站名待定) 澳大利亚(西澳)亚拉 加迪(Yarragadee)	Yg	澳大利亚塔斯马尼亚大学	12.0	115 21	−29 −03
在建	(站名待定) 俄罗斯 北高加索 泽列钦克斯卡亚 (Zelenchuskaya)	Ze	俄罗斯科学院 应用天文研究所(IAA)	13.2	41 34	43 47
计划中	(站名待定) 印度 北方邦 坎普尔(Kanpur)	Kp	印度北方邦 坎普尔技术研究所	待定	80 20	26 27

10.3.2 IVS 提出的 VGOS 测量精度指标

于 2016 年, 在两年一次的 IVS 学术会议上, 时任 IVS 主席 Axel Nothnagel 代表 IVS 指导委员会作了会议的专题报告, 题目为 "IVS 的 2016~2025 年的战略计划"(Strategic Plan of the IVS for the Period 2016—2025)(Nothnagel et al., 2016)。报告中按提交 VGOS 测量 EOP、测站坐标和射电源位置等产品的不同滞后时间分为四档——超快速、快速、中期、最后产品, 提出了不同的技术指标, 如表 10.3.2 所示。

表 10.3.2 IVS VGOS 产品技术指标(2016~2025)

产品名称	产品发布时间	滞后时间 (对于最后的数据点)	子产品名称	预期精度 (WRMS)
超快速	每 30min	30min	UT1-UTC	7 μs
快速 (准实时相关处理)	每 3h 在 UT 0, 3, 6,…,21 时	3h	UT1-UTC 极移 章动偏差	5 μs 75 μas 75 μas

续表

产品名称	产品发布时间	滞后时间 (对于最后的数据点)	子产品名称	预期精度 (WRMS)
快速 (事后相关处理)	每次相关处理完成后	3~6 天	UTI-UTC 极移 章动偏差	5 μs 75 μas 75 μas
中期 (准实时相关处理)	每 24h 在 UT 12 时	12h	UTI-UTC 极移 章动偏差	3 μs 45 μas 45 μas
中期 (事后相关处理)	每 24h 在 UT 12 时	3~6 天	UTI-UTC 极移 章动偏差	3 μs 45 μas 45 μas
最后产品	每 7 天 在第 3 天的 UT 12 时	7 天	UTI-UTC 极移 章动改正 测站坐标 射电源位置	1 μs 15 μas 15 μas 3 mm 15 μas

根据有限数量的 VGOS 测站观测结果,对于取得的成绩与存在问题归纳如下(Behrend et al., 2020):

(1) VGOS 观测值误差的标准差约为 1mm,比 S/X 模式的观测精度好 10 倍;

(2) 在参数解算后,观测数据拟合后的 WRMS 约为 4mm,比预期的仪器误差大数倍;

(3) 根据 2~4 年的基线长度测量,它们的 WRMS(重复性)为 1~8mm,主要误差来源是基线的垂直分量误差;

(4) 试观测基线(Westford-GGAO,基线长约 600km)超过 4 年的观测,其基线长度 WRMS 达到了毫米水平,与 GPS 测量精度相当。

下面再给出一些 VGOS 测量 dUT1 与测站坐标的具体数据。

10.3.3 国际 VGOS dUT1 测量

1. Ishioka-Onsala 基线

哈斯(R.Haas)等给出了首次 VGOS 系列测量 dUT1(UT1-UTC)的结果(Haas et al., 2021)。该 VGOS 系列观测使用东西向基线观测,参加观测的测站为:日本国土地理院的 Ishioka VGOS 测站(Is)和瑞典 Onsala 空间天文台的双 VGOS 测站(Oe,Ow),天线口径均为 13m,Is-Ow 的基线距离约为 7936km,系列观测的时间段为 2019 年 12 月至 2020 年 2 月,3 个月时间共进行了 12 组观测,平均 7 天观测 1 组,每组观测历时 1h,采用 VGOS 观测模式(4 频段、双极化),每组观测次数为 50～60 次。

关于上述观测的数据处理结果列在表 10.3.3。为了比较，表中还列出了同时进行的 IVS 的 S/X 模式常规 dUT1 加密观测(Intensives，INT)的数据处理结果。参加 INT 观测的主要测站为：Kokee(20m)(Kk)、Wettzell(20m)(Wz)，参加部分观测的为 MK-VLBA(25m)(Mk)及 Svetloe(32m)(Sv)。每组观测历时 1h，次数通常为约 20 次。

表 10.3.3　国际首次 VGOS 系列测量 dUT1 的数据处理结果

观测序列名称	形式误差平均值	形式误差中位数	均方根值(RMS)	系统偏差(Bias)	标准差(STD)
VGOS (Is-Oe,Ow)	4.5	4.2	23.2	−3.8 ± 7.2	22.9
INT (Kk,Wz,Mk,Sv)	16.0	14.2	28.4	−0.8 ± 9.0	28.3

注：表中给出的均为 Onsala 空间天文台的数据处理结果；表中数字的单位均为μs；系统偏差为对于 IERS Bulletin B 系列的偏差解算得；标准差计算时已经消除了系统偏差。

从表 10.3.3 给出的数据处理结果可以看到，VGOS 观测与 S/X 模式观测比较，VGOS 测量 dUT1 的形式误差（平均值）为 S/X 模式观测 dUT1 的形式误差（平均值）的 1/3.6，系统偏差与标准差小于 S/X 观测结果约 20%，与 IERS Bulletin B 系列数据也符合得较好。VGOS 观测结果的形式误差减小很多，说明 VGOS 每次观测值的随机误差大大减小了；但是，VGOS 测量 dUT1 的时间序列的 RMS 与 STD 减小不多，说明 VGOS 的数据处理中，仍存在某些系统误差。

2. Kokee-Wettzell 基线

于 2022 年，吉普森(J.Gipson)等给出了美国夏威夷 Kokee VGOS 测站(K2)与德国 Wettzell VGOS 测站(Ws)进行 dUT1 测量的数据处理结果(Gipson et al., 2022)。K2-Ws 的基线距离为 10358km，观测的第 1 时间段为 2021-01-01～2022-01-25，使用老 VGOS 观测计划，每组观测平均 40 次，共 127 组观测数据；第 2 时间段为 2022-01-31～2022-03-25，使用新 VGOS 观测计划，缩短每次跟踪观测时间，增加每组的观测次数，增加到每组平均 60 多次，共 25 组观测数据。在此期间，同时还有 IVS 的 S/X 模式的 1h 观测(INT)，观测使用的为 Wettzell 的 20m 天线和 Kokee 的 20m 天线，平均每组观测约 20 次。

于此同一时期，还有 IVS 的 24h 观测(R1/R4，每周各观测一组)。R1/R4 的 24h 观测一般有 10 个左右测站参加，解算得的 dUT1 精度很高，所以以它为标准进行比较。比较结果分别显示在图 10.3.2 与表 10.3.4。

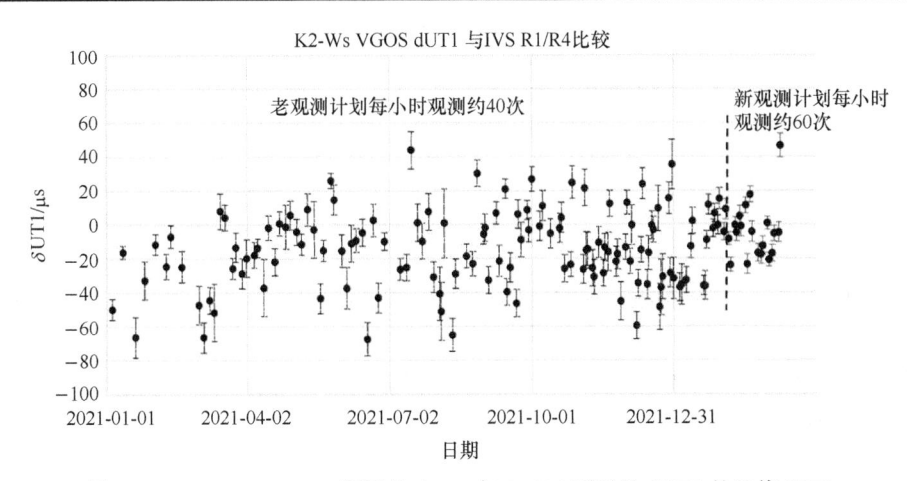

第 10 章 射电天体测量的发展前景

K2-Ws VGOS dUT1 与 IVS R1/R4 比较

图 10.3.2 K2-Ws VGOS 测量的 dUT1 与 R1/R4 测量的 dUT1 的差值 δUT1

表 10.3.4 Kokee-Wettzell(Kk-Wz)的 S/X 和 K2-Ws VGOS 的 dUT1 与 R1/R4 的 dUT1 比较

观测模式	观测组数 (N)	ΔUT1 平均值 ($M_{\Delta UT1}$)	ΔUT1 标准差 (STD)	预期误差 (EXP)	未建模误差 (UNM)
Kk-Wz S/X	178	−5.7	25.5	18.3	17.7
VGOS K2-Ws (老观测计划)	127	−15.2	22.5	9.4	20.5
VGOS K2-Ws (新观测计划)	25	−4.3	14.2	5.1	13.3

注：表中的 ΔUT1 为 1h 加密观测的 dUT1 与 24h 观测（R1/R4）的 dUT1 的差值。

表 10.3.4 中的各栏数值的计算公式为

$$M_{\Delta UT1} = \frac{1}{N}\sum \Delta UT1_i, \quad i=1,2,\cdots,N \qquad (10.3.1)$$

$$STD = \sqrt{\frac{1}{N}\sum \Delta UT1_i^2 - \left[\frac{1}{N}\sum \Delta UT1_i\right]^2} \qquad (10.3.2)$$

$$EXP = \sqrt{\frac{1}{N}\sum \sigma_{FE,i}^2}, \quad \sigma_{FE,i} \text{为各个} \Delta UT1_i \text{的形式误差} \qquad (10.3.3)$$

$$UNM = \sqrt{STD^2 - EXP^2} \qquad (10.3.4)$$

根据表 10.3.4 所列的 STD 值可以看到，老观测计划的 VGOS 测量的 STD 相较于 S/X 的 STD，仅小约 10%，而新观测计划 VGOS 的 STD 相较于 S/X 的 STD 小约 40%。所以说，新 VGOS 观测计划的测量结果要明显好于老 VGOS 观测计划，这从图 10.3.1 也可以看到。其结论有待进一步观测来验证。另外，可以看到，未建模误差 UNM 还是很大的，比如，K2-Ws(新)测量 dUT1 的预期误差为 5.1μs，但是未建模误差为 13.3μs。至于未建模误差较大的原因，还有待于进一步研究解决。有的学者认为，对于射电源结构时延未加以改正是重要原因之一，该问题将在 10.3.4 节进行阐述。

3. VGOS 测量 EOP 与 S/X 测量精度的统计分析比较(2019～2021)

格鲁姆斯达(M.Glomsda)等给出了(2019～2021)期间 VGOS 与 S/X 同时观测，测量 EOP 精度的统计分析(Glomsda et al., 2022)。参加观测的 VGOS 站为：ISHIOKA、GGAO12M、KOKEE12M、MACGO12M、ONSA13NE、ONSA13SW、RAEGYEB、WESTFORD 及 WETTZ13S。

在表 10.3.5 中列出了 VGOS 和 S/X 的 EOP 测量结果与 IERS 14 C04 序列的比较统计分析结果。IERS 提供的 EOP 数据是由全球多种技术——VLBI、SLR、GNSS 等的测量的综合结果，它的精度最高，所以以它为标准进行比较。从表 10.3.4 中可以看到，VGOS 测量极移及天极 Y 分量对于 IERS 的 C04，偏差较大，其主要原因可能是 VGOS 测站的地理分布不好，都位于北半球，测站最大纬度差仅 35°，没有南半球测站；而 S/X 测站分布好，南北均有测站参加，南半球有南非、澳大利亚及南美测站参加。另外，VGOS 测量 EOP 一般为 6 或 7 个站，而 S/X 观测通常为 10 个，甚至更多测站参加。随着全球 VGOS 测站建设的发展，测站的地理分布将改善，南半球 VGOS 测站会增加，所以预期 VGOS 测量极移和天极的偏差大的情况将得到很大改善。

表 10.3.5 VGOS 与 S/X 测量 EOP 与 IERS 14 C04 序列的比较

EOP	单位	S/X 权平均值	VGOS 权平均值	S/X WRMS	VGOS WRMS
x_p	μas	−3.2	−192.9	107.4	266.1
x-pol rate	μas/d	18.3	9.0	215.1	297.8
y_p	μas	−36.8	−112.4	115.5	255.7
y-pol rate	μas/d	−14.7	116.3	222.7	285.0
UT1-UTC	μs	9.0	5.1	10.9	13.8
LOD	μs/d	2.1	6.4	16.2	14.6
DXCIP	μas	−8.7	−1.7	109.7	454.1
DYCIP	μas	−9.1	104.2	109.6	443.9

10.3.4 国际 VGOS 测站坐标测量

1. 2017 年 12 月～2018 年 12 月测量结果

首先介绍密克茨(M. Mikschi)等给出的 2017.12～2018.12 期间 VGOS 测站坐标的测量结果(Mikschi et al., 2021)。参加观测的共 8 个 VGOS 测站(除了 MACGO12M)，各个测站的观测日期如图 10.3.3 所示，各个测站观测的组数不同，最多观测 28 组，最少观测 7 组，观测采用综合解算(Global Solution)方法。

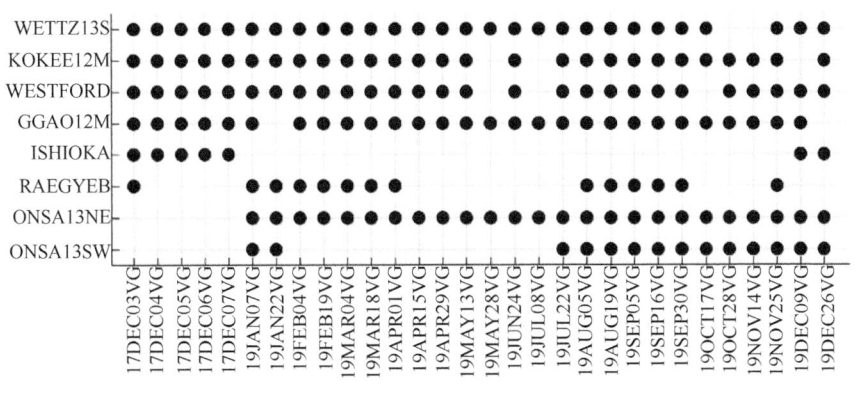

图 10.3.3 各测站参加观测的日期

观测为 24h 模式，4 频道设置，每频道 8 个 32 通道，双线极化，2bit 采样，所以每个测站的总数据速率为 8Gbit/s，采用综合解算方法解算测站坐标。由于只有 Westford 测站有 ITRF14 的坐标，所以以 Westford 作为测站坐标参考点，EOP 采用 IERS 04 C04 时间序列，射电源采用 ICRF3 的赤经、赤纬值。由于观测数据的时间跨度较短，所以不解算测站速度，而采用了 VGOS 测站附近的 S/X VLBI 测站的 ITRF14 中的速度值。由于日本于 2011 年发生一次大地震，使得 Tsukuba 测站(距离 Ishioka 站 17km)产生了数十厘米的位移，所以不能采用该测站的速度值作为 Ishioka 站的速度，而采用 IVS 近年综合解算的 Tsukaba 测站的速度值。VGOS 测站坐标测量综合解算的结果列于表 10.3.6。从表中可以看到，VGOS 测站坐标的多组观测综合解算结果的形式误差基本上都好于 1.0mm。

表 10.3.6 VGOS 测站坐标测量综合解算结果

台站	X/m σ_x/mm	Y/m σ_y/mm	Z/m σ_z/mm	V_x/(mm/y)	V_y/(mm/y)	V_z/(mm/y)	观测时间
GGAO12M	1130729.8901 0.13	−4831245.9513 0.30	3994228.2858 0.30	−15.0 —	−1.1 —	2.3 —	2019.0
ISHIOKA	−3959636.1631 0.79	3296825.4794 0.63	3747042.5982 1.03	−21.6 —	−4.1 —	−7.2 —	2019.0

续表

台站	X/m σ_x/mm	Y/m σ_y/mm	Z/m σ_z/mm	V_x/(mm/y)	V_y/(mm/y)	V_z/(mm/y)	观测时间
KOKEE12M	−5543831.7452 0.76	−2054585.6766 0.57	2387828.9132 0.65	−9.3 —	62.9 —	32.3 —	2019.0
ONSA13NE	3370889.1679 0.29	711571.3337 0.28	5349692.1367 0.51	−14.4 —	14.5 —	10.4 —	2019.0
ONSA13SW	3370946.6476 0.32	711534.6414 0.29	5349661.0136 0.57	−14.4 —	14.5 —	10.4 —	2019.0
RAEGYEB	4848831.0431 0.44	−261629.4098 0.30	41222976.5478 0.53	−4.9 —	19.0 —	16.5 —	2019.0
WETTZ13S	4075658.8769 0.30	931824.8827 0.27	4801516.2891 0.48	−16.1 —	17.0 —	10.0 —	2019.0
WESTFORD	1492206.3859	−4458130.5272	4296015.5872	−15.6	−1.3	4.1	2010.0

2. VGOS 测站坐标测量精度的统计分析(2019～2021)

尼尔松(T. Nilsson)等给出了(2019～2021)期间 VGOS 测站坐标的精度统计分析(Nilsson et al., 2022)。参加观测的 VGOS 测站共 9 个，如图 10.3.4 所示。精度统计分析给出了仿真计算结果和实际观测结果。仿真计算使用实际观测的观测计划，测站的大气折射结构常数 C_n^2 采用 GNSS 的测量值，测站钟的阿伦方差为 10^{-14}@50min，噪声贡献时延误差为 5ps。测站位置测量精度仿真计算与实际观测的重复性，分别如图 10.3.4 的左图和右图所示；另外，图 10.3.4 还给出了 S/X 模式测量的重复性。仿真计算测站位置的水平分量重复性平均为 1mm，垂直分量平均为 3mm；实际测量结果的水平分量重复性为 1.5～2.0mm，垂直分量重复

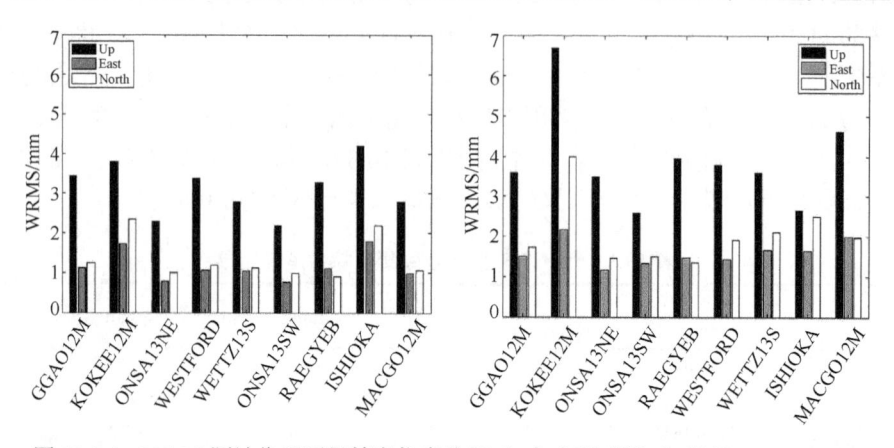

图 10.3.4 VGOS 测站位置测量精度仿真分析(左)与实际观测(右)结果(2019～2021)

性为 3~4mm。总的来说，实际测量重复性比仿真计算略差些，Kokee 站测量结果的重复性比其他测站差，其基线长度测量的 WRMS 大一倍左右，该原因可能是该测站远离其他测站，所以观测计划对于该测站来说，观测目标在天球上的分布不好，偏于西面，造成解算坐标的误差较大。

选用同一测站的 VGOS 和 S/X 两种观测模式测量结果的比较，如图 10.3.5 和表 10.3.7 所示。按表 10.3.7 的统计计算结果，目前 VGOS 测量测站位置的重复性比 S/X 测量好约一倍。全球 21 个 S/X 测站的测站位置重复性列于表 10.3.5。

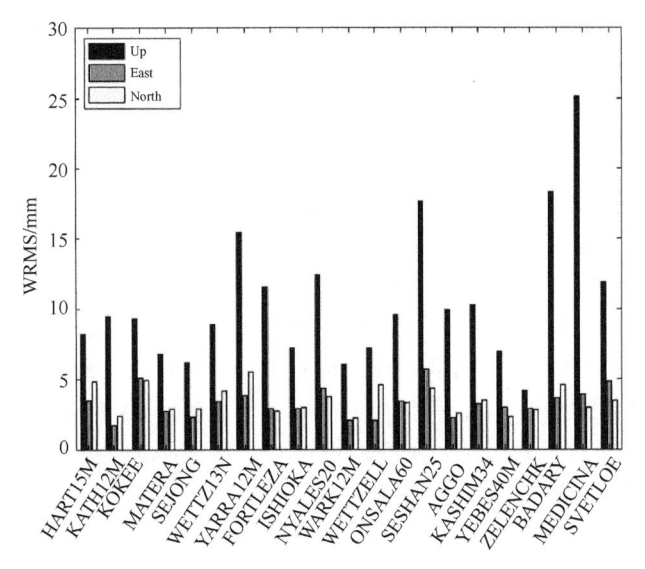

图 10.3.5　S/X 模式测量测站位置的重复性

表 10.3.7　VGOS 与 S/X 两种观测模式测量测站位置的重复性比较

测站 SX:VGOS	U 分量 WRMS /mm	E 分量 WRMS /mm	N 分量 WRMS /mm
Kokee(20):Kokee(12)	9.5/6.8	5.0/2.2	5.0/4.0
Ishioka(13):Ishioka(13)	7.0/2.7	3.0/1.8	3.0/2.5
Wettzell(13): Wettzell(13)	7.0/3.6	3.5/1.8	4.0/2.1
Onsala(20):Onsala(13)	9.5/3.6	4.0/1.1	4.0/1.3
Yebes(40):RAEGYEB(13)	7.0/4.0	3.0/1.6	2.5/1.5
S/X 与 VGOS 的 WRMS 比值 平均值	2.06	2.28	1.82

注：表中第 1 栏中的括弧中的数字为测站天线口径，单位米。

10.3.5 我国 VGOS 观测结果

我国 VGOS 站上海佘山 13m 和乌鲁木齐南山 13m 在 2021～2022 年期间，进行测站坐标测量。首先，佘山 13m 通过国际联测，测量了它在 ITRF2020 系统中的坐标；进而佘山 13m-南山 13m 基线进行了 14 次 24h 观测，以测量南山 13m 的坐标；在 2022 年 5～7 月期间，还进行了 30 多次 1h 模式的 dUT1 测量。

1. 南山 VGOS 站坐标测量

于 2021 年 5～6 月期间，VGOS 佘山 13m-南山 13m 基线进行了 7 次 24h 观测，观测采用国际 VGOS 观测的频率设置，双极化观测。在参数解算时，用佘山 13m 参加国际联测确定的坐标作为参考，来解算南山 13m 的坐标及基线长度。利用 ITRF2020 给出的南山 26m 站的运动速率（V_x=−32.18,V_y=−1.71,V_z=4.53，单位：mm/年），将南山 13m 各次观测的站坐标值均归一化至历元 2015.0，最后计算得到南山 13m 的坐标值。

关于观测的有关情况与计算结果如表 10.3.8 所示。表中前 2～8 行的第 1 栏为基线名称与观测历元，第 2 栏为 24h 观测期间得到的有效观测数，第 3 栏为测站坐标解算拟合后的时延残差值的 RMS(ps)，第 4～6 栏为解算的南山 13 站的坐标(X,Y,Z)及它们的形式误差，单位均为 mm。第 9 行列出了 X,Y,Z 的形式误差的平均值，第 10 行为 X,Y,Z 测量的重复性(WRMS)，第 11 行将 X,Y,Z 的 WRMS 化算为测站东(E)、北(N)、上(U)三个方向的 WRMS，第 12 行为佘山 13-南山 13 的基线长度的权平均值及形式误差，最后 1 行为基线长度测量的重复性(WRMS)。

表 10.3.8 南山 VGOS 站测站坐标测量结果

基线 (观测历元)	有效观测数	时延残差 RMS/ps	南山 X, σ_x /mm	南山 Y, σ_y /mm	南山 Z, σ_z /mm
佘山-南山 (2021-05-13)	560	23.51	228671519.70 ± 1.57	4631855936.28 ± 2.99	4367130430.57 ± 2.33
佘山-南山 (2021-05-17)	649	28.28	228671514.27 ± 1.44	4631855950.90 ± 2.88	4367130430.22 ± 2.20
佘山-南山 (2021-05-27)	730	29.22	228671508.98 ± 1.30	4631855961.75 ± 2.94	4367130457.15 ± 2.20
佘山-南山 (2021-05-31)	737	25.00	228671509.71 ± 1.22	4631855942.23 ± 2.59	4367130439.53 ± 2.07
佘山-南山 (2021-06-10)	613	32.71	228671513.33 ± 1.74	4631855938.48 ± 2.80	4367130429.91 ± 2.26
佘山-南山 (2021-06-14)	786	26.15	228671510.81 ± 1.08	4631855941.34 ± 2.43	4367130435.36 ± 1.85

续表

基线 (观测历元)	有效观测数	时延残差 RMS/ps	南山 X, σx /mm	南山 Y, σy /mm	南山 Z, σz /mm
佘山-南山 (2021-06-21)	723	22.66	228671508.50 ± 1.09	4631855954.08 ± 2.35	4367130446.57 ± 1.78
形式误差平均值 $\bar{\sigma}_x, \bar{\sigma}_y, \bar{\sigma}_z$/mm			1.301	2.711	2.079
(x,y,z)WRMS/mm			2.785	3.336	4.759
(E,N,U) WRMS/mm			2.617	1.087	5.788
(x,y,z)权平均值(历元 2021.0)/mm			228671721.02	4631855957.56	4367130409.76
(x,y,z)权平均值中误差/mm			1.335	3.378	3.721
基线长度权平均值/mm				3249527078.50 ± 0.66	
基线长度测量重复性(长度的 WRMS)/mm				1.611	

与图 10.3.4(右图)给出的国际 VGOS 测站坐标测量精度的统计分析进行比较，可以看到，南山 13 测站坐标的测量重复性略好于 Kokee 站，但是比其他 8 个 VGOS 站都要稍差一些，所以从总体上来说，南山 13 测站坐标测量的重复性略低于国际水平。上述南山站的观测还是在试观测期间，24h 观测次数均在 800 次以下，所以还有潜力，可以把 24h 的观测次数提高到 1000 次以上，从而可以提高测站坐标的 24h 的测量精度，达到国际 VGOS 同样的测量精度。

2. 佘山-南山 VGOS 测量 dUT1

2022 年 5～7 月期间，使用 VGOS 上海佘山-乌鲁木齐南山基线进行 UT1 试观测。基线长度约 3250km，采用目前的国际 VGOS 观测模式，用了 3GHz、5GHz、6GHz、10GHz 四个频段，双极化，每极化每频段均采用 8 个 32MHz 通道，采用 2bit 数据采集，所以每测站的总数据速率为 8Gbit/s，每组观测 1h，平均观测 60 次，共观测了 30 多组，其 UT1 的测量结果与 IERS C04 的比较如图 10.3.6 所示。图中右上角的 Bias 为所有差值的平均值，WRMS 为差值的加权均方根值，等于 59.8μs。从表 10.3.2 和表 10.3.3 可知，国际 VGOS 测量 UT1 的精度约为 20μs，VGOS 佘山-南山基线长度约为国际 VGOS 测量 UT1 的基线长度的 1/3，UT1 测量精度与基线长度成正比，所以佘山-南山测量 UT1 误差为国际基线测量误差的 3 倍，说明观测数据质量与国际 VGOS 观测是相当的。

佘山-南山UT1测量结果(2022)-IERS C04

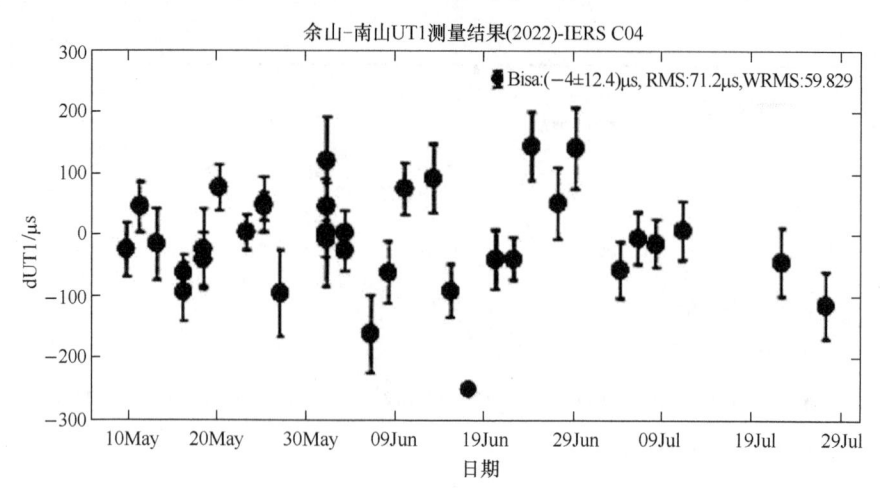

图 10.3.6 佘山-南山 VGOS 基线 dUT1 测量结果与 IERS C04 EOP 数据比较

10.3.6 VGOS 的改进与完善

根据 10.3.2 节和 10.3.3 节，对于国际 VGOS 测量 EOP 和测站坐标的进展和问题，可以归纳为下面几点。

(1) 单基线(1h 观测)测量 dUT1。

VGOS 相较于 S/X，在测量精度上提高约 40%，但是尚未达到 IVS 的预期指标要求(表 10.3.1)。在数据分析中发现还存在较大的未建模误差。

(2) 多测站(24h 观测)测量 EOP。

现有国际 VGOS 网测量 EOP，在极移和天极 Y 分量的测量误差明显大于 IVS 的 R1 和 R4 测量结果。其原因主要是，现有国际 VGOS 网进行 EOP 测量的测站仅 6~7 个，并且都分布在北半球，其最大纬度差仅 35°，很不利于极移与天极测量；而 IVS 的 R1 和 R4 一般有 10 个左右测站参加观测，并且分布好，有南半球测站参加。随着 VGOS 测站建设的发展，上述 VGOS 测站地理分布不好的问题可以得到解决。

(3) 多测站(24h 观测)测量测站坐标。

实测结果的精度比仿真计算的精度约低 50%，经过改进与提高，是可以达到 IVS 的测站 3D 位置 3mm 精度(24h)的指标要求的。从仿真与实测的结果来看，测站位置垂直分量误差较大，所以减小垂直分量误差是需要着重研究解决的问题。

VGOS 设备上还有潜力。目前，VGOS 常规观测采用的测站总数据速率为 8Gbit/s，还可以提高到 16Gbit/s 或 32Gbit/s，以提高灵敏度和信噪比，这样可以提高时延观测值的精度；提高灵敏度后，还可以缩短跟踪射电源采集数据的时间，以增加观测次数。例如，如果一次观测时间为 30s(包括跟踪射电源时间和天线转动换源时间)，则 24h 最多可以观测 2880 次；如果提高了灵敏度，将一次观测时间缩小至 20s，则 24h 将最多可以观测到 4320 次。提高观测值的数量，也可以进一步提高解算参数的精度。

前面提到，从观测数据分析中发现还存在未建模的系统误差。测站位置垂直方向误差大，可能与介质时延误差未精确改正有关。天线结构形变也主要影响垂直分量。

近年，众多学者研究了射电源结构误差对 VGOS 观测的影响。S/X 观测的观测值误差一般为数十皮秒，所以射电源结构误差的影响还不很突出。VGOS 观测的随机误差已经减小到了几个皮秒，所以射电源结构误差的影响就显得比较明显与突出了。比如，文献(Bolotin et al., 2019)给出了 GGAO、Kokee12m 和 Ishioka 三个 VGOS 测站于 2017 年 12 月 5 日的 24h 模式的观测结果。三条基线共有 3765 个时延观测值用于参数解算，得到的时延残差值的 WRMS 为 2.1ps。图 10.3.7 左图中的黑色圆点所示为射电源 0552+398 的残差，呈现明显的系统误差，它们的 WRMS 为 12ps。图中灰色圆点显示了其他射电源的时延残差值；图 10.3.7 右图显示了对射电源 0552+398 结构时延误差进行改正后的情况，该射电源的残差已经没有明显的系统误差了。

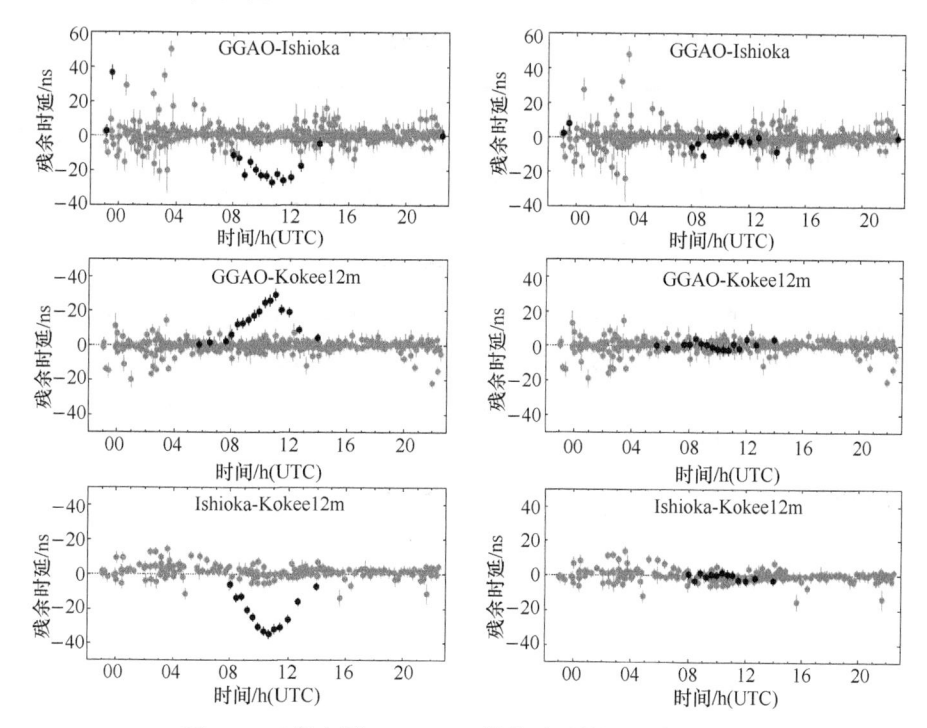

图 10.3.7 射电源 0552+0398 结构时延误差(图中黑圆点)
图中显示射电源结构误差改正前(左图)与改正后(右图)的残余时延

综上所述，要进一步提高 VGOS 的测量精度，则减小射电源结构误差是一个重要方向，具体来说，有下列几种措施。

(1) 更严格地选用供 VGOS 观测的射电源。

文献(Petrachenko et al., 2016)提出了选源的几个标准。首先是源结构指数(Structure Index，SI)，它是根据观测得到的源的结构，按 S 与 X 波段的可见度函数的平均值，按地球上 VLBI 观测可能的基线长度与方向计算其引起的时延误差，然后取其平均值，作为源结构指数分类的依据。射电源结构指数的概念是 A.L. Fey 与 P. Charlot 首先提出的(Fey and Charlot, 1997)，源结构指数定义如表 10.3.9 所示。要尽可能选用源结构指数为 1 的射电源，其次为指数 2，在万不得已时才选用指数 3，但是在数据处理时要设法对源结构误差加以改正。

表 10.3.9 射电源结构指数分类定义

射电源结构指数	结构时延(中位数)/ps
1	0～3
2	3～10
3	10～30
4	>30

射电源的选用还要考虑其他因素，比如，射电源的相关流量密度、数量以及在天球上的分布。根据 VGOS 测站的灵敏度设计标准，其观测的射电源的流量密度不小于 250mJy，数量 200 颗以上，在天空尽可能均匀分布。

(2) 源结构时延误差的改正。

射电源结构时延误差的原理与方法，可以参见本书第 5 章 5.8 节和参考文献(Niell, 2006a,b)。关于所需的射电源结构资料，可以从波尔多 VLBI 图像数据库(Bordeaux VLBI Image Database, BVID)获得(Collioud and Charlot, 2019)。VGOS 观测的致密射电源主要为类星体与射电星系核，它们的射电结构与流量密度是随时间与频率变化的，所以 VGOS 宽带观测的射电源结构误差的改正是比较复杂的，并且工作量是比较大的，所以尽可能选取射电源结构指数为 1，2 的射电源。这样，仅少数射电源需要加以结构误差改正。

(3) 提高 VGOS 观测频率。

VLBI 观测频率越高，则其分辨率也越高，也就是说，观测的是射电源的更致密部分。从图 10.3.8(García-Miró et al., 2014)可以看到，射电干涉观测的频率越高(波长越短)，则观测到的射电源越致密，射电源角径大小大致与波长成比例。ICRF3 已经把 K 与 Ka(波长 0.9cm)波段的射电源定位测量的结果纳入其中，作为 ICRF3 的一部分。如果用 VGOS 模式进行 K、Ka 或其他高频段观测，来测量测站坐标和 EOP 等，将大大减小射电源结构误差，同时还大大减小了电离层时延误差。当然，高频观测对观测设备性能的要求高，所以设备造价高；另外，大气水汽对高频观测的影响也要大一些，从而增加系统噪声，所以高频测站的站址要选在比较干燥的地区。

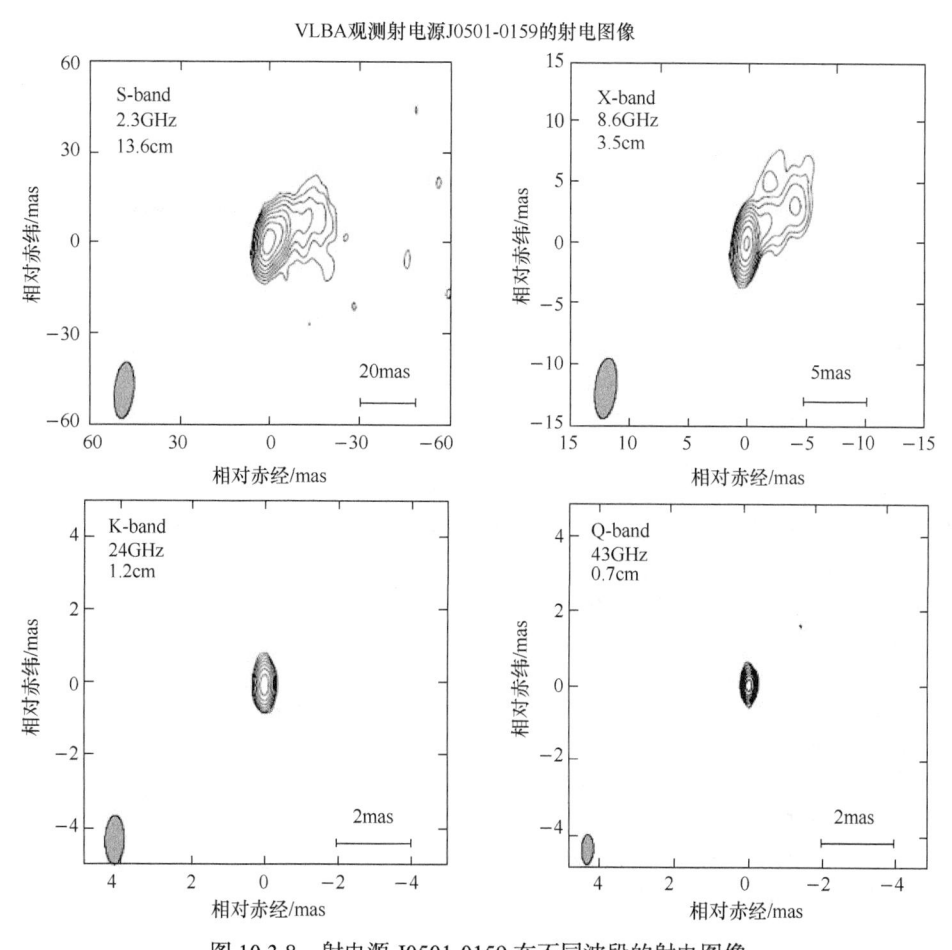

图 10.3.8 射电源 J0501-0159 在不同波段的射电图像

观测日期：2002-03-06(S/X)，2002-05-15(K/Q)；波长 13.6cm(左上图)；波长 3.5cm(右上图)；波长 1.2cm(左下图)；波长 0.7cm(右下图)

参 考 文 献

陈中, 郑为民. 2015. VLBI 软件相关处理机现状和发展趋势. 天文学进展, 33(4): 489-505.

董光亮, 李海涛, 郝万宏, 等. 2018. 中国深空测控系统建设与技术发展. 深空探测学报, 5(2): 99-114.

郭丽, 李金岭, 王广利, 等. 2023. 嫦娥五号探测器月面定位与精度分析. 武汉大学学报, 信息科学版, 48(12): 2033-2039.

郭丽, 黄逸丹, 李金岭, 等. 2023. 基于同波束 VLBI 技术对嫦娥五号卫星交汇对接的相对实时定位. 测绘学报, 3: 375-382.

郭丽, 张宇, 李金岭, 等. 2020. 基于 VLBI 的高精度定位. 深空探测学报(中英文), 7(6): 605-611.

郭俊义. 2001. 地球物理学基础. 北京: 测绘出版社.

洪晓瑜, 张秀忠, 郑为民, 等. 2020. VLBI 技术研究进展及在中国探月工程的应用. 深空探测学报(中英文), 7(4): 321-331.

黄珹, 刘林. 2015. 参考坐标系及航天应用. 北京: 电子工业出版社.

黄勇. 2006. "嫦娥一号" 探月飞行器的轨道计算研究. 上海: 中国科学院上海天文台.

李金岭, 郭丽, 钱志瀚, 等. 2009. 瞬时状态归算用于嫦娥一号卫星关键轨道段监测. 中国科学 G 辑: 物理学 力学 天文学, 39(10): 1393-1399.

李征航, 黄劲松. 2005. GPS 测量与数据处理. 武汉: 武汉大学出版社.

刘佳成, 朱紫. 2012. 2000 年以来国际天文学联合会 (IAU) 关于基本天文学的决议及其应用. 天文学进展, 30(4): 411-437.

刘磊, 郑为民, 张娟, 等. 2017. 中国 VLBI 网软件相关处理机测地应用精度分析. 测绘学报, 46(7): 805-814.

刘庆会, 黄勇, 舒逢春, 等. 2022. 天问一号 VLBI 测定轨技术, 中国科学: 物理学 力学 天文学, 52(3): 239507.

克劳福德 F S. 1981. 波动学, 伯克利物理学教程(第三卷). 卢鹤绂, 等译. 北京: 科学出版社.

克劳福德 F S. 1981. 波动学《伯克利物理学教程》第三卷. 卢鹤绂等译. 科学出版社.

吕钢, 刘磊, 张娟, 等. 2021. 用于地月空间 VLBI 的望远镜信号合成增强技术. 中国科学: 物理学 力学 天文学, 51(9): 107-116.

马茂莉. 2017. VLBI 本地相关技术研究及应用. 上海: 中国科学院上海天文台.

钱志瀚, 李金岭. 2012. 甚长基线干涉测量技术在深空探测中的应用. 北京: 中国科学技术出版社.

乔书波, 李金岭, 孙付平. 2007. VLBI 在探月卫星定位中的应用分析. 测绘学报, 36: 262-268.

童锋贤, 郑为民, 舒逢春. 2014. VLBI 相位参考成像方法用于玉兔巡视器精确定位, 科学通报, 59(34): 3362-3369.

童锋贤. 2016. 深空探测器 VLBI 相位参考测量关键技术研究, 北京: 中国科学院大学.

汪敏, 徐永华, 王建成, 等. 2020. 景东 120 米口径全可动脉冲星射电望远镜. 中国科学: 物理学 力学 天文学, 50(1): 1-15.

参考文献

王保丰, 周建亮, 唐歌实, 等, 2014. 嫦娥三号巡视器视觉定位方法. 中国科学: 信息科学, 44(4): 452-460.

王娜. 2014. 新疆奇台 110 米射电望远镜, 中国科学: 物理学 力学 天文学, 44(8): 783-794.

吴德, 舒逢春, 甘江英, 等. 2023.87 颗南天区射电源的高灵敏度天体测量, 中国科学: 物理学 力学 天文学, 53(4): 249511.

吴守贤, 漆贯荣, 边玉敬. 1983. 时间测量. 北京: 科学出版社.

武汉大学测绘学院测量平差学科组. 2014. 误差理论与测量平差基础. 3 版. 武汉: 武汉大学出版社.

许厚泽, 等. 2010. 固体地球潮汐. 武汉: 湖北科学技术出版社.

张捍卫, 郑勇, 赵方权. 2003. 固体潮对测站位移影响的理论研究. 大地测量与地球动力学, 23(3): 98-103.

张浩, 张娟, 刘磊, 等. 2020. 空间 VLBI 数据记录格式 RDF 解析与数据解码. 天文研究与技术, 17(2): 163-170.

张娟, 郑为民, 刘磊, 等. 2021. 动态双目标 VLBI 软件相关处理技术研究. 中国科学: 物理学 力学 天文学, 51(11): 119505.

郑为民, 张娟, 徐志骏, 等. 2020. 实时 VLBI 处理机技术. 深空探测学报, 7(4): 354-361.

周伟莉. 2023. 深空探测 VLBI 测站传播介质误差修正方法研究. 北京: 中国科学院大学.

Abbondanza C, Sarti P, 2010. Effects of illumination functions on the computation of gravity-dependent signal path variation models in primary focus and Cassegrainian VLBI telescopes. J. Geod., 84: 515-525.

Adgie R L, Crowther J H, Gent H. 1972. Precise positions of radio sources measured at 2695 MHz. MNRAS, 159: 233-251.

Alef W. 1988. Test of phase-reference mapping for switched observations// Reid M J, Moran J M. IAU Symposium, Vol. 129, The Impact of VLBI on Astrophysics and Geophysics, 523.

Alexandrov Y A, Andreyanov V V, Babakin N G, et al. 2012. Radioastron (Spectr-R project)—A radio telescope much larger than the earth: ground segment and key science areas. Solar System Research, 46(7): 466-475.

Altamimi Z, Métivier L, Collilieux X. 2012. ITRF2008 plate motion model. Journal of Geophysical Research, 117: B07402.

Altamimi Z, Metivier L, Rebischung P, et al. 2017. ITRF2014 plate motion model. Geophys. J. Int., 209: 1906-1912.

Altamimi Z, Rebischung P, Collilieux X, et al. 2022. TRF2020 and the IVS contribution// IVS 2022 General Meeting Proceedings: 235-236.

Altunin V I, Alekseev V A, Akim E L, et al. 1996. Astrometry VLBI in space (AVS). Proceedings of the International Astronomical Union, 172: 497.

Anderson B, Lyne A, Peckham R. 1975. Proper motions of six pulsars. Nature, 258: 215-217.

Argo M K. 2015. The e-MERLIN data reduction pipeline. Journal of Open Research Software, 3: e2.

Argus D F, Gordon R G. 1991. No-net-rotation model of current plate velocities incorporating plate motion model NUVEL-1. Geophysical Research Letters, 18(11): 2039-2042.

Artz T, Springer A, Nothnagel A. 2014. A complete VLBI delay model for deforming radio telescopes:

the Effelsberg case. J. Geod., 88: 1145-1161.

Bachmann S, Thaller D, Roggenbuck O. et al. 2016. IVS contribution to ITRF2014. Journal of Geodesy, 90: 631-654.

Backer D, Sramek R. 1999. Proper motion of the compact, nonthermal radio source in the galactic center, Sagittarius A. ApJ, 524: 805.

Backer D, Sramek R. 1982. Apparent proper motions of the galactic center compact radio source and PSR 1929+10. ApJ, 260: 512-519.

Beasley A J, Conway J E. 1995. VLBI phase-referencing//Zensus J A, Diamond P J, Napier P J. Astronomical Society of the Pacific. Conference Series, Vol. 82, Very Long Baseline Interferometry and the VLBA, 327.

Beasley A J, Güdel M, 2000. VLBA imaging of quiescent radio emission from UX arietis. ApJ, 529: 961.

Behrend D, Nothnagel A, Schuh H. 2019. IVS, GGOS Days 2019, Rio de Janeiro, Brazil November 12.

Behrend D, Nothnagel A, Boehm J, et al. 2020. IVS infrastructure developments. EGU2020: Sharing Geoscience Online.

Behrend D, Ruszczyk C, Elosegui P, et al. 2022.Status of the VGOS infrastructure rollout//IVS 2022 GM Proc.: 29-32.

Bennett A S. 1962. The preparation of the revised 3C catalogue of radio sources. MNRAS, 125: 75.

Bertarini A. 2013. DiFX correlation & post-correlation analysis//EGU and IVS Training School on VLBI for Geodesy and Astrometry, Espoo, Finland.

Bietenholz M F, Bartel N, Rupen M P. 2001. SN 1993J VLBI. I. The center of the explosion and a limit on anisotropic expansion. ApJ, 557: 770.

Bilous A V, Kondratiev V I, Kramer M, et al. 2016. A LOFAR census of non-recycled pulsars: average profiles, dispersion measures, flux densities and spectra. A&A, 591: A134.

Bird P. 2003. An updated digital model of plate boundaries. Geochem Geophys Geosyst., 4(3): 1027.

Boboltz D, Fey A, Johnston K, et al. 2003. Astrometric positions and proper motions of 19 radio stars. AJ, 126: 484-493.

Boboltz D A, Fey A L, Puatua W K, et al. 2007. Very large array plus pie town astrometry of 46 stars. AJ, 133: 906.

Boehm J, Schuh H. 2003. Vienna mapping functions//16th Working Meeting th on European VLBI for Geodesy and Astrometry.

Boehm J, Werl B, Schuh H. 2006a.Troposphere mapping functions for GPS and VLBI from ECMWF operational analysis data. Journal of Geophysical Research-Solid Earth, 33(7): L07304.

Boehm J, Niell A, Tregoning P, et al. 2006b. Global mapping function (GMF): a new empirical mapping function based on numerical weather model data. Geophysical Research Letters. doi:10.1029/2005GL02554.

Boehm J, Wresnik J, Pany A, et al. 2007. IVS Memorandum 2006-013v03, Simulation of Wet Zenith Delays and Clocks.

Boehm J. 2017. Very long baseline interferometry for geodesy and astrometry// VieVS User-Workshop.

Bolotin S, Baver K, Gipson J, et al. 2015. Implementation of the vgosDb Format. The 22nd Working Meeting of the European VLBI Group for Geodesy and Astrometry. Ponta Delgada, Azores, Portugal.

Bolotin S, Baver K, Bolotina O, et al. 2019. The source structure effect in broadband observations// Proceedings of 24th EVGA Meeting: 224-228.

Bolston J G. 1982. History of Australian astornomy. Proc. ASA, 4(4): 349.

Bourda G, Collioud A, Charlot P, 2016. EVN and global VLBI observations of candidate radio sources for alignment between the ICRF and the future Gaia frame//11th European VLBI Network Symposium & Users Meeting, Bordeaux, France.

Bower G C, Bolatto A, Ford E B, et al. 2009. Radio interferometric planet search. I. First constraints of planetary companions for nearby, low-mass stars from radio astrometry. ApJ, 701: 1922.

Brisken W F, Benson J M, Beasley A J, et al. 2000. Measurement of the parallax of PSR B0950+08 using the VLBA. ApJ, 541: 959.

Brisken W F, Benson J M, Goss W M, et al. 2002. Very long baseline array measurement of nine pulsar parallaxes. ApJ, 571: 906.

Brisken W F, Fruchter A S, Goss W M, et al. 2003. Proper-motion measurements with the VLA. II. Observations of 28 pulsars. AJ, 126: 3090.

Brisken W. 2004.Cross correlators// Ninth Synthesis Imaging Summer School, Socorro.

Brosche P, Wade C M, Hjellming R M, 1973. Precise positions of radio sources. IV. Improved solutions and error analysis for 59 sources. ApJ, 183: 805.

Brunthaler A, Reid M J, Falcke H, 2005. Atmosphere-corrected phase-referencing//Romney J, Reid M. Astronomical Society of the Pacific Conference Series, Vol. 340, Future Directions in High Resolution Astronomy, 455.

Brunthaler A, Reid M J, Menten K M, et al. 2010. The bar and spiral structure legacy (BeSSeL) surveys: mapping the Mike Way with VLBI astrometry. Astron. Nachr. / AN., 999, 88: 789 -794.

Burke B F, Graham-Smith F. 2002. An Introduction to Radio Astronomy. 2nd ed. Cambridge: Cambridge University Press.

Burns J O. 1985. A moon-earth radio interferometer, lunar bases and space activities of the 21st century (A86-30113 13-14). Houston, TX: Lunar and Planetary Institute: 293-300.

Burns J O. 1988. MERI: an ultra-long-baseline moon-earth radio interferometer, future astronomical observatories on the moon// NASA Conference Publication 2489: 97-104.

Bartel N, Herring T, Ratner M, et al. 1986. VLBI limits on the proper motion of the 'core' of the superluminal quasar 3C345. Nature, 319: 733-738.

Callahan P S. 1978. An analysis of Viking S-X Doppler measurements of solar wind columnar content fluctuations//DSN Progress Report 42-44: 75-81.

Campbell R M, Bartel N, Shapiro I I, et al. 1996. VLBI-derived trigonometric parallax and proper motion of PSR B2021+51. ApJ, 461: L95.

Capitaine N, Guinot B, McCarthy D D. 2000. Definition of the celestial ephemeris origin and of UT1 in the international celestial reference frame. Astron. Astrophys., 355(1): 398-405.

Capitaine N, MaCarthy D. 2004. The IAU recommendations on reference systems and their applications//AAS 204th Meeting, Special Session, The Reference System Resolutions of the IAU, 31 May 2004.

Capitaine N, Wallace P T, Chapront J, et al. 2003. Expressions for IAU 2000 precession quantities. A&A, 412: 567-586.

Capitaine N, Wallace P T. 2006. High precision methods for locating the celestial intermediate pole and origin. Astron. Astrophys., 450: 855-872.

Cappallo R. 2014. Correlating and fringe-fitting broardband VGOS data// IVS 2014 General Meeting Proceedings: 91-96.

Cappallo R. 2016 c. Post-correlation analysis & fringe-fitting// 2nd IVS VLBI School – Hartebeesthoek, SA, 2016.3.11.

Cappallo R. 2016b.Delay and phase calibration in VGOS post-processing//IVS 2016 General Meeting Proceedings: 61-64.

Cappallo R. 2017. Fourfit user's manual version 1.0. MIT Haystack Observatory.

Carilli C L, Holdaway M A, 1999. Tropospheric phase calibration in millimeter interferometry. Radio Science, 34: 817.

Carranza E, Konopliv A, Ryne M, et al. 1999. Lunar prospector orbit determination uncertainties using the high resolution lunar gravity models// AAWAIAA Astrodynamics Specialists Conference, Paper AAS: 99-325.

CCSDS. 2014. Organization and processes for the consultative committee for space data systems. CCSDS A02.1-Y-4, April 2014.

CCSDS. 2019. Report concerning space data system standards, delta-DOR-technical characteristics and performance. CCSDS 500.1-G-2, November, 2019.

CCSDS. 2021. Radio frequency and modulation systems—part 1 earth stations and spacecraft recommended standard. CCSDS 401.0-B-32, October, 2021.

Charlot P, Jacobs C S, Gordon D, et al. 2020. The third realization of the international celestial reference frame by very long baseline interferometry. A&A 644: A159.

Charlot P. 1990. Radio-source structure in astrometric and geodetic very long baseline interferometry. The Astronomical Journal, 99: 4.

Charlot P. 2000. Models for source structure corrections//International Astronomical Union Colloquium 180: 12.

Charlot P. 2018.The third realization of the international celestial reference frame//Presentation, xxx iau general assembly, vienna, 27 august 2018.

Chatterjee S, Brisken W, Vlemmings W, et al. 2009. Precision astrometry with the very long baseline array: parallaxes and proper motions for 14 pulsars. ApJ, 698: 250-265.

Chatterjee S, Cordes J, Vlemmings W, et al. 2004. Pulsar parallaxes at 5 GHz with the very long baseline array. ApJ, 604: 339-345.

Chatterjee S, Law C J, Wharton R S, et al. 2017. A direct localization of a fast radio burst and its host. Nature, 541: 58.

Chatterjee S. 1999a. VLBA Scientific Memorandum 18.

Chatterjee S. 1999b. VLBA Scientific Memorandum 22.

Chatterjee S. Cordes J M, Lazio T J W, et al. 2001. Parallax and kinematics of PSR B0919+06 from VLBA astrometry and interstellar scintillometry. ApJ, 550: 287.

Clark T A, Hutton L K, Marandino G E, et al. 1976. Radio source positions from very-long-baseline interferometry observations. AJ, 81: 8.

Clark T A, Thomsen P. 1988. Deformations in VLBI antennas. NASA Technical Memorandum 100696.

Clivati C, Aiello R, Bianco G, et al. 2020. Common-clock very long baseline interferometry using a coherent optical fiber link. Optica, 7(8): 1031.

Coates R J.1988.The crustal dynamics project. IAUS, 129: 337C.

Cohen M H, Shaffer D B. 1971. Positions of radio sources from long-baseline interferometry. AJ, 76: 91.

Collaboration V, Hirota T, Nagayama T, et al. 2020.The first VERA astrometry catalog. Publ. Astron. Soc. Japan, 72(4): 50.

Collioud A, Charlot P. 2008. The Bordeaux VLBI image database. SF2A 2008 C. Charbonnel C, Combes F, Samadi R.

Collioud A, Charlot P. 2009. The Bordeaux VLBI image data base//Bourda G, Charlot P, Collioud A. 19th EVGA Working Meeting Proceedings: 19-22.

Collioud A, Charlot P. 2019.The second version of the Bordeaux VLBI image database (BVID)//Proceedings of 24th EVGA Meeting: 219-223.

Counselman C C III, Gourevitch S A, King R W, et al. 1979. Venus winds are zonal and retrograde below the clouds. Science, 205: 85.

Counselman C C III, Hinteregger H F, King R W, et al. 1973. Precision selenodesy via differential interferometry. Science, 181: 772.

Counselman C C III. 1976. Radio astrometry. ARA&A, 14: 197.

Curkendall D W, Border J S. 2013. Delta-DOR: the one-nanoradian navigation measurement system of the deep space network — history, architecture, and componentry. IPN Progress Report 42-193.

Davis J L, Herring T A, Shapiro I I, et al. 1985. Geodesy by radio interferometry: effects of atmospheric modeling errors on estimates of baseline length. Radio. Sci.,20(6): 1593-1607.

Deller A T, Tingay S J, Bailes M, et al. 2007. DiFX: a software correlator for very long baseline interferometry using multiprocessor computing environments. PASP, 119(318).

Deller A T, Tingay S J, Brisken W F. 2009. Precision southern hemisphere pulsar VLBI astrometry: techniques and results for PSR J1559-4438. The Astrophysical Journal, 690: 198-209.

Deller A T, Brisken W F , Chatterjee S, et al. 2011. PSRπ: a large VLBA pulsar astrometry program. arXiv: 1110.1979v2.

Deller AT, Goss W M, Brisken W F, et al. 2019. Microarcsecond VLBI pulsar astrometry with PSRπ II. Parallax distances for 57 pulsars.ApJ, 2 875: 100.

DeMets C, Gordon R G, Argus D F, et al. 1990. Current plate motions. Geophys. J. Int., 101: 425-478.

DeMets C, Gordon R G, Argus D F , et al. 1994. Effect of recent revisions to the geomagnetic reversal time-scale on estimates of current plate motions. Geophysical Research Letters, 21(20): 2191-2194.

Desai S D. 2002. Observing the pole tide with satellite altimetry. Journal of Geophysical Research,

107(C11): 3186-3198.

Duev D A, Molera Calvés G, Pogrebenko S V, et al. 2012. Spacecraft VLBI and Doppler tracking: algorithms and implementation. A&A, 541(A43): 1-9.

Duffett-Smith P. 1988. Practical Astronomy with your Calculator.3rd ed.Cambridge: Cambridge University Press. ISBN-10: 0-521-35699-7.

Edge D O, Scheuer P A G , Shakeshaft J R. 1959. A survey of radio sources at a frequency 159 Mc/s.MNRAS, 68: 37-60.

Elsmore B, Kenderdine S , Ryle M. 1966.The operation of the Cambridge one-mile diameter radio telescope.MNRAS, 134: 87-95.

Elsmore B. 1974. Radio astrometry using connected-element interferometers. IAUS, 61: 111.

Eriksson D, MacMillan D S, Gipson J M. 2014. Tropospheric delay ray tracing applied in VLBI analysis. Journal of Geophysical Research (Solid Earth), 119: 9156.

Etoka S, Engels D, Imai H, et al. 2015. OH masers in the Milky Way and Local Group galaxies in the SKA era// Advancing Astrophysics with the Square Kilometre Array (AASKA14), 125.

Eubank T M, Steppe J A, Spieth M A. 1984. The accuracy of radio interferometric measurements of earth rotation. TDA Progress Report: 42-80.

Fallet C. 2011. Angle resolved Mueller polarimetry, applications to periodic structures. PhD. Thesis, Directeur de thèse: Antonello De Martino Date de soutenance: Mardi 18 Octobre 2011.

Fanselow J L, Sovers O J, Thomas J B, et al. 1984. Radio interferometric determination of source positions utilizing deep space network antennas—1971 to 1980. AJ, 89: 7.

Fey A, Charlot P. 1997. VLBA observations of radio reference frame sources. II. Astrometric suitability based on observed structure. Astrophysical Journal Supplement Series, 111: 95-142. Doi 10.1086/313017.

Fey A L, Eubanks M, Kingham K A. 1997. The proper motion of 4C 39. 25. AJ, 114: 2284.

Fey A L, Boboltz D A, Gaume R A, et al. 2006. MERLIN astrometry of 11 radio stars. AJ, 131: 1084-1089.

Finkelstein A, Ipatov A, Smolentsev S, et al. 2008. The Russian VLBI network quasar: form 2006 to 2011// The EVN Symp. on the role of VLBI in Golden Age for Radio Astronomy and EVN User Meeting, Bologna, Italy.

Fomalont E B, Goss W M, Lyne A G, et al. 1984.Astrometry of 59 pulsars: a comparison of interferometric and timing positions. MNRAS, 210: 113.

Fomalont E B, Goss W M, Beasley A J, et al. 1999. Sub-milliarcsecond precision of pulsar motions: using in-beam calibrators with the VLBA. AJ, 117: 3025.

Fomalont E B, Kopeikin S M.2003.The measurement of the light deflection from Jupiter: experimental results. ApJ, 598: 704.

Fomalont E B. 2005. Phase referencing using more than one calibrator// Romney J, Reid M. Astronomical Society of the Pacific Conference Series, Vol. 340, Future Directions in High Resolution Astronomy, 460.

Fricke W, Schwan H, Lederle T. 1988. Fifth fundamental catalogue, Part I. Veröff. Astron. Rechen Inst., Heidelberg.

Froeschle M, Kovalevsky J. 1982. The connection of a catalogue of stars with an extragalactic reference frame. A&A, 116: 89-94.

García-Carreño P, González-García J, Patino-Esteban M, et al. 2022. New cable delay measurement system for VGOS stations. Sensors, 22(6): 2308.

García-Miró C, Sotuela I, Jacobs C S, et al. 2014. The X/Ka celestial reference frame: towards a GAIA frame tie, PoS(EVN 2014)033//12th European VLBI Network Symposium and Users Meeting, 7-10 October 2014 Cagliari, Italy.

Ghigo F. 1990. Azimuth and parallactic angle tracking near the zenith. GBT Memo No. 52, May 24, 1990.

Gibbon T B, Rotich E K, Kourouma H Y S, et al. 2013. Fibre-to-the-telescope: MeerKAT, the South African precursor to square kilometre telescope array (SKA).Conference Paper in Journal of Astronomical Telescopes Instruments and Systems, 1(2):90080P.DOI: 10.1117/12.2049434.

Gipson J. 2006. Correlation due to station noise in VLBI// IVS 2006 General Meeting Proceedings: 286-290.

Gipson J. 2019a. Impact of gravitational deformation of VLBI antennas on reference frame//24th EVGA Meeting, Los Palmas, Gran Canaria, Spain.

Gipson J. 2019b. Geodetic VLBI: science, IVS, etc.// 2019 Workshop on Regional VLBI, Mexico City, Mexico.

Gipson J. 2020. IVS Contribution to ITRF2020. IVS Newsletter Issue 58.

Gipson J. 2021. vgosDB manual. IVS Working Group IV on Data Structures.

Gipson J, Baver K, Bolotin S, et al. 2022. First results K2-Ws VGOS intensives//Presentation, IVS GM 2022-March-30.

Glomsda M , Seitz M, Angermann D, 2022.Comparison of Simultaneous VGOS and legacy VLBI sessions// IVS 2022 General Meeting Proceedings: 187-191.

Gomez L, Rodrıguez L F, Loinard L, et al. 2008. Monitoring the large proper motions of radio sources in the orion BN/KL region. ApJ, 685: 333.

Goossens S, Matsumoto K, Liu Q, et al. 2011. Lunar gravity field determination using Selene same-beam differential VLBI tracking data. Journal of Geodesy, 85: 205.

Gower J F R, Scott P F, Wills D, et al. 1967. A survey of radio sources in the declination ranges -07 to 20 and 40 to 80. MNRAS, 71: 49.

Green J, van Langevelde H J, Brunthaler A, et al. 2015. Maser astrometry with VLBI and the SKA. Advancing Astrophysics with the Square Kilometre Array (AASKA14), 119.

Guirado J C, Marcaide J M, Elosegui P, et al. 1995. VLBI differential astrometry of the radio sources 1928+738 and 2007+777 at 5 GHz. A&A, 293: 613.

Guirado J C, Reynolds J E, Lestrade J F, et al. 1997. Astrometric detection of a low-mass companion orbiting the star AB Doradus.ApJ, 490: 835.

Guirado J C, Agudom I, Alberdi A, et al. 2015. SKA astrometry//Spanish SKA White Book, 264.

Gulyaev S, Natusch T. 2008. New Zealand 12-m VLBI station for geodesy and astronomy. IVS 2008 Annual Report: 68-73.

Gurvits L I. 2008. Planet and space science as a subject of radio astronomy// ASTRONET

Infrastructure Roadmap Symposium, Livepool, UK.

Gwinn C R, Taylor J H, Weisberg J M, et al. 1986. Measurement of pulsar parallaxes by VLBI. AJ, 91: 338.

Haas R, Varenius E, Matsumoto S, et al. 2021. Observing UT1-UTC with VGOS. Earth, Planets and Space, 73: 78.

Hamaker J P, Bregman J D, Sault R J. 1996. Understanding radio polarimetry. I. Mathematical foundations. Astronomy and Astrophysics Supplement Series, 117: 137-147.

Herring T A, Davis J L, Shapiro I I. 1990. Geodesy by radio interferometry: the application of Kalman filtering to the analysis of very long baseline interferometry data. J. Geophys. Res., 95(B8):12561-12581. 90JB00683

Herring T A. 1992. Modeling atmospheric delays in the analysis of space geodetic data//Proceedings of Refraction of Transatmospheric Signals in Geodesy, Netherlands Geodetic Commission Series, 36, The Hague, Netherlands, 157-164.

Herring T A, Mathews P M, 2002. Modeling of nutation-precession: very long baseline interferometry results. Journal of Geophysical Research, 107(B4): 2069.

Hirabayashi H, Hirosawa H, Kobayashi H, et al. 2000. The VLBI space observatory programme and the radio-astronomical satellite HALCA. PASJ: Publ. Astron. Soc. Japan ,52: 955-965.

Hirota T, Nagayama T, Honma M, et al. 2020. The first VERA astrometry catalog. Publ. Astron. Soc. Japan, 72(4): 50(1-19).

Hoak D, Barrett J, Crew G, et al. 2022. Progress on the Haystack Observatory postprocessing system. Galaxies, 10: 119. https://doi.org/10.3390/galaxies10060119.

Hobiger T. 2016. Geophysical modelling (in geodetic VLBI)// Lecture, IVS 2th VLBI School.

Hobiger T, Kondo T. 2005. An FX software correlator based on Matlab. Proceedings of the 17th Working Meeting on EuropeanVLBI for Geodesy and Astrometry.

Hofmeister A, Boehm J. 2017. Application of ray-traced tropospheric slant delays to geodetic VLBI analysis . Journal of Geodesy, 91: 945.

Hogg D E, MacDonald G H, Conway R G, et al. 1969.Synthesis of brightness distribution in radio sources. AJ, 74: 1206.

Honma M, Tamura Y, Reid M J. 2008. Tropospheric delay calibrations for VERA. PASJ, 60: 951.

Honma M, Nagayama T, Hirota T , et al. 2018. Maser astrometry and galactic structure study with VLBI. Cambridge: Cambridge University Press.

Huang Y, Chang S Q, Li P J, et al. 2014. Orbit determination of Chang'E-3 and positioning of the lander and the rover. Chinese Sci. Bull., 59: 3858-3867.

Imai H, Burns R A, Yamada Y, et al. 2016. Radio astrometry towards the nearby universe with the square kilometre array//URSI Asia-Pacific Radio Science Conference August 21-25, 2016, Japan SKA Consortium Science Book, 217-219.

Ipatov A, Gayazov I, Smolentsev S. 2012. "Quasar" VLBI network observatories as co-location sites//WPLTN-2012, Saint Petersburg.

Ivanov D, Ipatov A, Marshalov D, et al. 2022. Russian New Generation VLBI Network//IVS 2022 General Meeting Proceedings: 37-41.

Kallivayalil N, van der Marel R P, Alcock C, 2006. Is the SMC bound to the LMC? The Hubble Space Telescope Proper Motion of the SMC. ApJ, 652: 1213.

Kawaguchi N, Amagai J, Kuroiwa H, et al. 1987. The first Japan-China VLBI experiment. Journal of the Radio Research Laboratory, 34(141): 15-29.

Kellermann K I, Cohen M H. 1988. The origin and evolution of the N.R.A.O.-Cornell VLBI System. JRASC, 82: 248.

Klioner S A. 1991. General relativistic model of VLBI observables. Geodetic VLBI: Monitoring Global Change: 188-202.

King R W, Counselman III C C, Shapiro I I. 1976. Lunar dynamics and selenodesy - results from analysis of VLBI and laser data. Journal of Geophysics Research, 81: 6251.

Klepczynski W J, Kaplan G H, Mccarthy D D, et al. 1980. Progress report of the USNO/NRL Green Bank interferometer program. NASA Goddard Space Flight Center Radio Interferometry, 19800020303.

Klobuchar J A. 1975. A first-order, worldwide, ionospheric, time-delay algorithm. Air Force Surveys in Geophysics, No.324.

Kobayashi H. 2004. The VERA project (VLBI exploration of radio astrometry)// Proceedings IAU Colloquium No. 196. Doi: 10.1017/S1743921305001883.

Kovalev Y Y, Kardashev N S, Sokolovsky K V, et al. 2020. Detection statistics of the RadioAstron AGN survey.Advances in Space Research 65: 705-711.

Krásná H. 2014. Vie_GLOB Version 2.2, Presentation. VieVS User Workshop, Vienna Austria.

Kurdubov S L, Pavlov D A, Mironova S M, et al. 2019. Earth-moon very-long-baseline interferometry project: modelling of the scientific outcome. MNRAS 486: 815-822.

Kutkov O.2020. Reworking Linear Polarization Satellite LNB into a Circular Polarized. Oleg Kutkov Personal Blog.

Kutterer H. 2003. The role of parameter constraints in VLBI data analysis // Kutterer H. 16th Working Meeting on European VLBI for Geodesy and Astrometry.

Landskron D, Boehm J, 2018. VMF3/GPT3: refined discrete and empirical troposphere mapping functions. J. Geod., 92:349-360.

Lanyi G, Bagri D S, Border J. 2007. Angular position determination of spacecraft by radio interferometry. IEEE Proceedings, 95: 2193.

Lebach D E, Corey B E, Shapiro I I, et al. 1995. Measurement of the solar gravitational deflection of radio waves using very-long-baseline interferometry. Physical Review Letters, 75: 1439.

Lestrade J, Preston R, Niell A, et al. 1986. Results of VLBI observations of radio stars and their potential for linking the HIPPARCOS and extragalactic reference frames// Eichhorn H K, Leacock R J, ed. IAU Symposium, Vol. 109, Astrometric Techniques, 779.

Lestrade J F.1988. VLBI observations of radio stars// Reid M J, Moran J M, ed. IAU Symposium, Vol. 129, The Impact of VLBI on Astrophysics and Geophysics, 265.

Lestrade J F, Rogers A E E, Whitney A R, et al. 1990.Phase-referenced VLBI observations of weak radio sources - milliarcsecond position of Algol. AJ, 99: 1663.

Lestrade J F, Jones D L, Preston R A, et al. 1995. Preliminary link of the Hipparcos and VLBI reference frames. A&A, 304: 182.

Lestrade J F, Preston R A, Jones D L, et al. 1999. High-precision VLBI astrometry of radio-emitting stars. A&A, 344: 1014.

Letellier T. 2004. Etude des ondes de marée sur les plateaux continentaux. Toulouse: Thése doctorale, Université de Toulouse III: 237.

Levine J. 2016. Coordinated universal time and the leap second. The Radio Science Bulletin No 359, December 2016.

Lian P, Wang C, Xu Q, et al. 2020. Real-time temperature estimation method for electromagnetic performance improvement of a large axisymmetric radio telescope under solar radiation. IET Microw. Antennas Propag., 14 (13): 1635-1642.

Lindegren L. 2020. The Gaia reference frame for bright sources examined using VLBI observations of radio stars. A&A, 633: A1.

Linfield R P.1988. Lunar radio astrometry//Burns J O. Future Astronomical Observatories on the Moon, NASA Conference Publication 2489, Conference Paper: 93-96.

Linfield R P. 1992. Radio astrometry from the moon// Mendell W W,ed. 2nd Conference on Lunar Bases and Space Activities of the 21th Century, NASA Conference Publication 3166, 1: 321-322.

Liu Q, Zheng X, Huang Y, et al.2014. Monitoring motion and measuring relative position of the Chang'E-3 rover. Radio Sci., 49: 1080-1086.

Liu J. 2016. Results from the AUSTRAL geodetic VLBI network. MSc thesis.Presented at the Auckland University of Technology School of Engineering, Computer and Mathematical Sciences.

Liu J, Zhu Z, Liu N, et al. 2018. Link between the VLBI and GAIA reference frames. The Astronomical Journal, 156: 13.

Liu, Z., Du L, Zhu Y, et al. 2019. Investigation on GEO satellite orbit determination based on CEI measurements of short baselines. The Journal of Navigation, 72(6): 1585-1601.

Loinard L, Torres R M, Mioduszewski A J, et al. 2007. VLBA determination of the distances to nearby star-forming regions. I. The Distance to T Tauri with 0.4% accuracy. ApJ, 671: 546.

Loinard L, Thompson M, Hoare M, et al. 2015. SKA tomography of galactic star-forming regions and spiral arms//Advancing Astrophysics with the Square Kilometre Array (AASKA14): 166.

Lovell J E J, McCallum J N, Reid P B, et al. 2013. The AuScope geodetic VLBI array. Journal of Geodesy, 87(6): 527-538.

Luo J T, Gao Y P, Yang T G, et al. 2020. Pulsar timing observations with Haoping radio telescope. RAA, 20(7): 111.

Lyne A, Anderson B, Salter M, 1982. The proper motions of 26 PSR. MNRAS, 201: 503-520.

Ma C, Ryan J W. 1994. Crustal space geodesy program---GSFC data analysis—1993, Geodetic Results 1979-92. NASA Technical Memorandum 104605.

MacMillan D S. 1995. Atmospheric gradients from very long baseline interferometry observations. Geophys. Res. Letr., 22:1041-1044.

MacMillan D S. 2019. Geophysical modeling in geodetic VLBI analysis// 3rd IVS VLBI School, Las Palmas, Gran Canaria, Spain.

Macquart J P, Prochaska J X, McQuinn M, et al. 2020. A census of baryons in the universe from localized fast radio bursts. Nature, 581: 391.

Ma M, Li P, Tong F, et al.2021. Local correlation of delta-DOR signals with low signal-to-noise ratio and severe radio frequency interference. Meas. Sci. Technol. 32:105022.

Marcaide J M, Shapiro I I. 1984. VLBI study of 1038 + 528 A and B - discovery of wavelength dependence of peak brightness location. ApJ, 276: 56.

Mathews P M, Buffett B A, Shapiro I I. 1995. Love numbers for a rotating spheroidal earth: new definitions and numerical values. Geophysical Research Letters, 22(5): 579-582.

Mathews P M, Herring T A, Buffett B A, 2002. Modeling of nutation and precession: new nutation series for nonrigid earth and insights into the earth's interior. Journal of Geophysical Research: Solid Earth, 107(4):3-1. https://syrte.obspm.fr/IAU_resolutions/Resol-UAI.htm.

Matveenko L I, Kardashev N S, Sholomitskii G B, et al. 1965. Large base-line radio interferometers. Izvestiya VUZ. Radiofizika, 8: 461-463.

Melbourne W G, Curkendall D W. 1977. Radiometric direction finding: a new approach to deep space navigation// presented at the AAS/AIAA Astrodynamics Specialist Conference, Jackson Hole, Wyoming.

McCarthy D D. 1992. IERS Conventions (1992). IERS Technical Note No.13

McCarthy D D. 1996. IERS Conventions (1996). IERS Technical Note No.21.

McCarthy D D, Petit G. 2003. IERS Conventions (2003). IERS Technical Note No.32.

McGary R S , Brisken W F , Fruchter A S, et al. 2001. Proper-motion measurements with the VLA. I. wide-field imaging and pulse-gating techniques. AJ, 121: 1192.

Meeus J. 1991. Astronomical Algorithms. Willmann-Bell, SBN 0-943396-35-2.

Mikschi M, Boehm J, Schartner M,et al. 2021. Unconstrained estimation of VLBI global observing system station coordinates. Adv. Geosci., 55: 23-31.

Mills B Y.1959.　A survey of radio sources at 3.5-m wavelength. IAUS. 9, 498M.

Minster J B, Jordan T H, Molnar P. 1974. Numerical modelling of instantaneous plate tectonics*. Geophys. J. R. astr. SOC., 36: 541-576.

Minster B, Jordan T, 1978. Present day plate motions. Journal of Geophysical Research: Solid Earch, 83(B11): 5331-5354.

Miyahara B, Sanchez L, Sehnal M. 2020. Global geodetic observing system (GGOS), in The Geodesist's Handbook 2020. Journal of Geodesy, 94(11): 197-202.

Moran J M. 1998. Thirty years of VLBI: early day, successes, and future// ASP Conference Series, Vol. 144.1.

Moyer T D. 2003. Formulation for Observed and Computed Values of Deep Space Network Data Types for Navigation (Wiley-Interscience).

Napier P. 1999. The primary antenna elements, synthesis images in radio astronomy II// ASP Conference Series, Vol. 180.

Niell A E. 1996. Global mapping functions for the atmosphere delay at radio wavelengths. Journal of Geophysical Research: Solid Earth, 101(B2): 3227-3246.

Niell A E. 2001. Preliminary evaluation of atmospheric mapping functions based on numerical weather models. Phys. Chem. Earth, 26(6-8): 476-480.

Niell A, Whitney A, Petrachenko B, et al. 2004. VLBI2010: current and future requirements for geodetic VLBI systems. IVS Working Group 3 Final Report.

Niell A E. 2006a. Source structure simulation. IVS memo 2006-017v01.

Niell A E. 2006b. Source structure examples. IVS memo 2006-018v01.

Niell A, et al. 2018.Demonstration of a broadband very long baseline interferometer system: a new instrument for high-precision space geodesy. Radio Science, 53: 1269-1291.

Niell A E, Barrett J P, Cappallo R J, et al. 2021. VLBI measurement of the vector baseline between geodetic antennas at Kokee Park Geophysical Observatory, Hawaii. Journal of Geodesy, 95: 65.

Nikolic B, Richer J, Bolton R, et al. 2011. Tests of radiometric phase correction with ALMA. The Messenger, 143: 11.

Nilsson T, Haas R, Elgered G, et al. 2007. Simulations of atmospheric path delays using turbulence models// Proceedings of 18th EVGA.

Nilsson T, Haas R, Varenius E. 2022. The current and future performance of VGOS// IVS 2022 General Meeting Proceedings: 192-196.

Kawaguchi N, Amagai J, Kuroiwa H, et al. 1987. The first Japan-China VLBI experiment. Journal of the Radio Research Laboratory,34: 15-29.

Norris R P. 2017. Extragalactic radio continuum surveys and the transformation of radio astronomy. Nature Astronomy, 18.

Nothnagel A.2009. Conventions on thermal expansion modelling of radio telescopes for geodetic and astrometric VLBI. J. Geod., 83(8): 782-792.

Nothnagel A, Behrend D. 2015. International VLBI service for geodesy and astrometry (IVS). Report of the IAG – Tavaus de I'AIG 211.

Nothnagel A, Behrend D, Bertarini A, et al. 2016. Strategic plan of the IVS for the period 2016–2025//IVS 2016 General Meeting Proceedings: 3-11.

Nothnagel A.2019.Very long baseline interferometry// Freeden W, Rummel R. Handbuch der Geodäsie, 1-58, Springer Reference Naturwissenschaften Book Series. Springer Spektrum, Berlin, Heidelberg. DOI: 10.1007/978-3-662-46900-2_110-1.

Oliveau S H, Freedman A P. 1997. Accuracy of earth orientation parameter estimates and short-term predictions generated by the Kalman earth orientation filter. TDA Progress Report 42-129.

Omodaka T. 2009. VERA project: measuring our Milky Way Galaxy. AAPPS Bulletin, 19(3): 19-24.

Patnaik A R, Browne I W A, Wilkinson P N, et al. 1992. Interferometer phase calibration sources. I - The region $35°\sim75°$. MNRAS, 254:655.

Pavlis N K, Holmes S A, Kenyon S C, et al. 2012. The development and evaluation of the Earth Gravitational Model 2008 (EGM2008). Journal of Geophysical Reseach, 117, B04406.

Pearlman M. 2017. The global geodetic observing system (GGOS) - its role and its activities// Presentation, JpGU-AGU Joint Assembly May 24.

Perley R A, Erickson W C. 1984.VLA Scientific Memorandum 146.

Perley R. 2015.Radio interferometry -- II// GB Interferometry Workshop, 12–14 July, NRAO/Socorro.

Perley R. 2018. Fundamentals of Radio Interferometry. Sixteenth Synthesis Imaging Workshop,

NRAO/Socorro, 16-23 May 2018.

Perryman M A C. 2005. Overview of the GAIA Mission. 2005ESASP, 576, 15P.

Petit G, Luzum B. 2010. IERS Conventions (2010). IERS Technical Note No.36.

Petrachenko B, Niell A, Behrend D, et al. 2009. Design aspects of the VLBI2010 system. Progress Report of the IVS VLBI2010 Committee.

Petrachenko B, Charlot P, Collioud A, et al. 2016. VGOS source selection criteria// IVS 2016 General Meeting Proceedings: 82-86.

Pilipenko S V, Kovalev Y Y, Andrianov A S, et al. 2018. The high brightness temperature of B0529+483 revealed by RadioAstron and implications for interstellar scattering. MNRAS 474:3523–3534. doi:10.1093/mnras/stx2991.

Pilkington J D H, Scott P F, 1965. A survey of radio sources between declinations 20 and 40. MNRAS, 69: 183.

Plank L, Lovell J, Gulyaev S, et al. 2017. The AUSTRAL VLBI observing program. J. Geod., 91: 803-817.

Pogrebenko S V, Gurvits L I, Avruch I M, et al. 2009. Huygens VLBI trajectory-evidence for Meridional Wind in Tatan's upper atmosphere. EPSC Abstracts, Vol. 4, EPSC2009-199-1, European Planetary Science Congress.

Preston R A, Ergas R, Hinteregger H F, et al. 1972. Interferometric observations of an artificial satellite. Science, 178: 407.

Qian Z H. 1986. The correlations on VLBI observables and its effects for the determination of ERP// International Conference on Earth Rotation and the Terrestrial Reference Frame, Columbus, OH, July 31-Aug. 2, 1985, Proceedings. 1: 360-365.

Qian Z H, Ping J S. 2006. The orbit determination of the CHANG'E-1 lunar orbiter by VLBI//2006 SICE-ICASE International Joint Conference Proceedings, Busan, Korea (South).

Ray R D, Ponte R M. 2003. Barometric tides from ECMWF operational analyses. Annales Geophysicae, 21(8): 1897-1910.

Reid M J, Readhead A C S, Vermeulen R C, et al. 1999. The proper motion of Sagittarius A*. I. First VLBA results. ApJ, 524: 816.

Reid M J, Menten K M, Brunthaler A, et al. 2009a. Trigonometric parallaxes of massive star-forming regions. I. S 252 & G232.6+1.0. ApJ, 693: 397.

Reid M J, Menten K M, Zheng X W, et al. 2009b. Trigonometric parallaxes of massive star-forming regions. VI. galactic structure, fundamental parameters, and noncircular motions. ApJ, 700: 137.

Reid M J, Honma M.2014. Microarcsecond radio astrometry. ARA&A, 52:339.

Reid M J, Brunthaler A, Menten K M, et al. 2017. Techniques for accurate parallax measurements for 6.7 GHz methanol masers. AJ, 154: 63.

Reid M J, Menten K, Brunthaler A, et al. 2019. Trigonometric parallaxes of high-mass star-forming regions: our view of the Milky Way. ApJ, 885: 131.

Rioja M J, Porcas R W.2000. A phase-reference study of the quasar pair 1038+528A,B. A&A, 355: 552.

Rioja M J, Dodson R, Orosz G, et al. 2017. MultiView high precision VLBI astrometry at low frequencies. AJ, 153: 105.

Rioja M J, Dodson R. 2020. Precise radio astrometry and new developments for the next-generation of instruments. A&ARv, 28: 6.

Robishaw T: 2021. The measurement of polarization in radio astronomy, 2018// Wolszczan A. The WSPC Handbook of Astronomical Instrumentation, Volume 1: Radio Astronomical Instrumentation . World Scientific: 127-158.

Rogers A E E. 1970.Very long baseline interferometry with large effective bandwidth for phase delay measurements . Radio Science, 5: 1239.

Rogers A E E, Moran J M. 1981. Coherence limits for very-long-baseline interferometry. IEEE Trans. Instrum. Meas., IM-30(4): 283-286

Rohlfs K, Wilson T. 2008. 射电天文工具.姜碧沩, 译. 北京: 北京师范大学出版社.

Romney J D. 1999.Cross correlators // Tayor G B, Carilli C L, Perley R A. Synthesis Imaging in Radio Astronomy II, ASP Conference Series, 180.

Ros E, Marcaide J M, Guirado J C, et al. 1999. High precision difference astrometry applied to the triplet of S5 radio sources B1803+784/Q1928+738/B2007+777. A&A, 348: 381.

Ros E, Marcaide J M, Guirado J C, et al. 2001. Absolute kinematics of radio source components in the complete S5 polar cap sample. I. First and second epoch maps at 8.4 GHz. A&A, 376: 1090.

Ros E, Alberdi A, Agudo I, et al. 2015. SKA and VLBI synergies//Spanish SKA White Book, 254.

Roy A. 2008.The art and technique of VLBI//Early-Stage Training Site for European Long-Wavelength Astronomy 3rd Workshop, MPIFR, Bonn.

Ruze J. 1966. Antenna tolerance theory – a review. Proceedings of the IEEE, 54(4): 633-640.

Ryle M, Hewish A. 1955. The Cambridge radio telescope. MNRAS, 67: 97H

Ryle M. 1972. The 5-km radio telescope at Cambridge. Nature , 239: 435.

Ryle M, Elsmore B.1973. Astrometry with the 5-km radio telescope. MNRAS, 164: 223

Rohlfs K, Wilson T I. 2008. 射电天文工具. 姜碧沩译. 北京: 师范大学出版社.

Saastamoinen J. 1972. Atmospheric correction for the troposphere and stratosphere in radio ranging of satellites// Henriksen S W, Mancini A, Chovitz B H. The Use of Artificial Satellites for Geodesy, Geophysical Monograph Series, 15: 247-251.

Sarti P, Abbondanza C, Negusini M. 2008. VLBI telescopes' gravitational deformations investigated with terrestrial surveying methods// The 9th European VLBI Network Symposium on the Role of VLBI in the Golden Age for Radio Astronomy and EVN Users Meeting, Bologna, Italy.

Sarti P. 2012. VLBI observation biases induced by antenna gravitational flexures// AGU Fall Meeting.

Scherneck H G. 1999. in Explanatory supplement to the section "Local site displacement due to ocean loading" of the IERS Conventions (1996) Chapters 6 and 7, Schuh H. DGFI Report 71: 19-23.

Schlüter W, Behrend D. 2007. The international VLBI service for geodesy and astrometry (IVS): current capabilities and future prospects. J. Geod., 81: 379-387.

Schuh H. 1987. Die Radiointerferometrie auf langen Basen zur Bestimmung von Punktverschiebungen und Erdrotationsparametern, Dtsch. Geod. Komm. Bayer. Akad. Wiss., Reihe C, Heft Nr. 328: 124

Schuh H, Wilkin A. 1989. Determination of correlation coefficients between VLBI observables//Proceedings 7th Working Meeting on European VLBI: 79-91.

Schuh H, Tesmer V. 2000. Considering a priori correlations in VLBI data analysis//IVS 2000 General Meeting Proceedings: 237-242.

Schuh H, Charlot P, Hase H, et al. 2002. IVS Working Group 2 for product specification and observing programs, Final Report.

Schuh H, et al. 2004. Report of the subgroup on data analysis. IVS Working Group 3 VLBI2010.

Schuh H, Behrend D. 2012. VLBI: a fascinating technique for geodesy and astrometry. Journal of Geodynamics, 61: 68–80

Selina R J, Murphy E. 2017. ngVLA reference design development & performance estimates. ngVLA Memo # 17.

Selina R J, Murphy E J, McKinnon M, et al. 2018. The ngVLA Reference design, science with a next-generation very large array//Murphy E J. ASP Conference Series, Monograph 7: 15-36.

Shapiro I I, Wittels J J, Counselman C C III, et al. 1979. Submilliarcsecond astrometry via VLBI. I-Relative position of the radio sources 3C 345 and NRAO 512. AJ, 84: 1459.

Shepherd M C. 1994. DIFMAP: an interactive program for synthesis imaging. Bulletin of the Astronomical Society, 26(2): 987-989.

Shen Z Q. 2014. Tian Ma 65-m radio telescope, presentation// The 3rd China-U.S. Workshop on Radio Astronomy Science and Technology: Emerging Opportunities, May 19-21, 2014, Green Bank, West Virginia, USA.

Shu F C, Petrov L, Jiang W, et al. 2017.VLBI ecliptic plane survey: VEPS-1. The Astrophysical Journal Supplement Series, 230: 13.

Shuygina N, Ivanov D, Ipatov A, et al. 2019. Russian VLBI network "quasar": current status and outlook. Geodesy and Geodynamics, 10: 150-156.

Slade M A, Preston R A, Harris A W, et al. 1977. ALSEP-quasar differential VLBI. The Moon, 17: 133.

Smart W M, Green R M. 1977. Textbook on spherical astronomy, 446.

Song S, Zhang Z, Wang G, et al. 2022. Investigations of thermal deformation based on the monitoring system of Tianma 13.2m VGOS telescope. Research in Astronomy and Astrophysics, 22: 095003.

Sovers O J, Fanselow J L, Jacobs C S. 1998. Astrometry and geodesy with radio interferometry: experiments, models, results. Reviews of Modern Physics, 70(4):1393-1454.

Spicakova H, Boehm J, Boehm S, et al. 2010. Estimation of geodetic and geodynamical parameters with VieVS//IVS 2010 General Meeting Proceedings: 202-206.

Takahashi F, Kondo T, Takahashi Y, et al. 2000.Very Long Baseline Interferometry. Kyoto: Ohmsha Press.

Taylor G B, Beasley A J, Frail D A, et al. 1999. VLBI observations of GRB afterglows. A&AS, 138, 445.

Teke K, Boehm J, Schuh H, et al. 2008. Modelling stochastic processes in geodetic VLBI analysis. https://www.researchgate.net/publication/282336786.

Teke K,Boehm J, Krasna H, et al. 2009.Piecewise linear offsets for VLBI parameter estimation//19th

EVGA Working Meeting & 10th IVS Analysis Workshop, IVS 10th Anniversary Celebration.

Tesmer V, Kutterer H. 2004. An advanced stochastic model for VLBI observations and its application to VLBI data analysis// IVS 2004 General Meeting Proceedings: 296-300.

Thompson A R, Clark B G, Wade C M, et al. 1980.The very large array. ApJS, 44:151.

Thompson A R, Moran J M, Swenson G W.1986. Interferometry and Synthesis in Radio Astronomy.

Thompson A R, Moran J M, Swenson Jr G W. 2001. Interferometry and Synthesis in Radio Astronomy. 2nd ed.

Thompson A R, Moran J M, Swenson G W. 2017.Inteferometry and Synthesis in Radio Astronomy,3rd ed. Spring Open.

Thoonsaengngam N, Jareonjittichai P, Leckngam A, et al. 2022. VGOS station in the south of Thailand// IVS 2022 GM Proc.: 52-55.

Towfic Z, Voss T, Shihabi M,et al. 2019. PN Delta-DOR signal format implementation. Interplanetary Network Progress Report 42-216.

Towfic Z, Volk C P, Border G S,et al. 2020. Improved signals for differential one-way range. IEEE Aerospace and Electronic Systems Magazine, 35(3): 70-79.

Treuhaft R N, Lanyi G E. 1987.The effect of the dynamic wet troposphere on radio interferometric measurements. Radio Science, 22:251.

Trippe S. 2014. Polarization and polarimetry: a review. Journal of the Korean Astronomical Society, 1: 25.

Thomas A M. 2005. Modern Antenna Design.2nd ed.IEEE Press, Wiley-Interscience.

Titov O, Tesmer V, Boehm J. 2004. OCCAM Software for VLBI Data Analysis. IVS 2004 General Meeting Proceedings, 287-271.

Ulvestad J S. 1989.A statistical study of radio-source structure effects on astrometric very long baseline interferometry observations. TDA Progress Report.

Ulvestad J S. 1999. Phase-referencing Cycle Times. VLBA Scientific Memorandum 20.

Ulvestad J S.2000. A Step-by-Step Recipe for VLBA Data Calibration in AIPS, Version 1.3. VLBA Scientific Memorandum 25.

van Altena W F. 2013. Astrometry for Astrophysics.Cambridge: Cambridge University Press.

van Vleck J H, Middleton D.1966. The spectrum of clipped noise. Proceedings of the IEEE, 54: 2-19.

Varenius E, Haas R, Nilsson T.2021.Short-baseline interferometry local-tie experiments at the Onsala Space Observatory. Journal of Geodesy, 95: 54.

Volk C. 2019.Proposed recommendation for DDOR PN spread spectrum systems. SLS-RFM_19-12-1 October 2019.

Vondrak J. 2007. Astronomical reference systems and frames, astrometric techniques and catalog// Lecture, Summer School in Astronomy and Geophysics, Belgrade.

Wade C M. 1970. Precise positions of radio sources. I. Radio measurements. ApJ, 162: 381.

Wade C M, Johnston K J. 1977. Precise positions of radio sources. V. Positions of 36 sources measured on a baseline of 35 km. AJ, 82: 791.

Wahr J. 1996. Geodesy and Gravity, Class Notes. Department of Physics University of Colorado Boulder: Samizdat.

Walker C, Chatterjee S. 1999. VLBA Scientific Memorandum 23.

Walter H G, Sovers O J. 2000. Astrometry of Fundamental Catalogues. Springer.

Wan T S, Wu H W, Qian Z H, et al. 1987. The first joint Sino-Japanese experiment of very-long-baseline interferometry (VLBI). Scientia Sinica, Ser. A, 30(3): 307-316.

Wan T S, Qian Z H. 1988. Chinese VLBI network project// Reid M J, Moran J M. The Impact of VLBI on Astrophysics and Geophysics: 475-476.

Wan T S, Qian Z H, Wu L D, et al. 1983. Summary results of the Shanghai-effelsberg VLBI experiment. Chinese Astronomy and Astrophysics, 7: 145-150.

Whitney A R. 1974. Precision geodesy and astrometry via very long baseline interferometry.Boston, USA: PhD. Thesis, MIT.

Whitney A, Cappallo R, Ruszczyk C, et al. 2013. Mark 6 VLBI data system//VLBI Technical Operation Workshop MIT Haystack Observatory.

Witasse O, Lebreton J P, Bird M K, et al. 2006. Overview of the coordinated ground-based observations of titan during the Huygens mission. Journal of Geophysical Research (Planets), 111, 7.

Wrobel J M, Walker R C, Benson J M, et al. 2000. VLBA Scientific Memorandum 24.

Xu Y, Reid M J, Zheng X W, et al. 2006. The distance to the Perseus spiral arm in the Milky Way. Science, 311: 54.

Yang P, Huang Y, Li P, et al. 2022. Orbit determination of China's first Mars probe Tianwen-1 during interplanetary cruise.Advances in Space Research, 69:1060-1071.

Yao D, Wu Y W, Zhang B, et al. 2020, The NTSC VLBI system and its application in UT1 measurement. RAA, 20(6): 93.

Yoshino T, Takahashi Y, Kawaguchi N, et al. 1989. Intercomparison of the Earth rotation parameters determined by two independent VLBI networks. A&A 224: 316-320.

Zhang B, Reid M J, Menten K M, et al. 2013. Parallaxes for W49N and G048.60+0.02: distant star forming regions in the Perseus spiral arm. ApJ, 775: 79.

Zhang B, Zheng X , Reid M J, et al. 2017.VLBA trigonometric parallax measurement of the semi-regular variable RT vir. ApJ, 849: 99.

Zhang B, Zheng X W, Li J L, et al. 2008. An approach of tropospheric correction for VLBI phase-referencing using GPS data. ChJAA, 8: 127.

Zheng W M, Huang Y, Chen Z, et al. 2014. Real-time and high-accuracy VLBI in the CE-3 Mission// IVS 2014 General Meeting Proceedings: 466-472.

Zheng W M, Tong F X, Shu F C, 2016. Accurate spacecraft positioning by VLBI imaging// IVS 2016 General Meeting Proceedings, 378-381.

Zheng W M, Tong F X, Zhang J, et al. 2017. Interferometry imaging technique for accurate deep-space probe positioning. Advances in Space Research, 60(12): 2847-2854.

缩略语中英文对照表

缩略语	英文全称	中文全称
AALTO	Aalto University, Metsähovi Radio Observatory	阿尔托大学，梅察霍维射电天文台(芬兰)
AGGO	Argentina-German Geodetic Observatory	阿根廷–德国大地测量观测台
AOV	Asia-Oceania VLBI Group	亚太 VLBI 工作组
APSG	Asia-Pacific Space Geodynamics Program	亚太空间地球动力学计划
ASKAP	Australia Square Kilometre Array Pathfinder	澳大利亚 SKA 探路者
AuScope	AuScope Geodetic VLBI Array	澳大利亚大地测量 VLBI 阵
AVS	Astrometry VLBI in Space	空间 VLBI 天体测量
BCRF	Barycentric Celestial Reference Frame	质心天球参考架
BCRS	Barycentric Celestial Reference System	质心天球参考系
BF	Base Frequency	基频
BIH	International Time Bureau	国际时间局
BIPM	International Bureau of Weights and Measures	国际计量局
BJT	Beijing Time	北京时间
BKG	Bundesamt für Kartographie und Geodäsie	制图与大地测量局(德)
BVID	Bordeaux VLBI Image Database	波尔多 VLBI 图像数据库(法)
BWFN	Beam Width between First Nulls	第一零点的波束宽度
CCSDS	Consultative Committee for Space Data Systems	空间数据系统咨询委员会(国际组织)
CDAS	Chinese Data Acquirement System	中国数据采集系统
CDMS	Cable Delay Measurement System	电缆时延测量系统
CDP	Crustal Dynamics Project	地壳动力学计划（美）
CDSN	Chinese Deep Space Network	中国深空网
CEI	Connected-Element Interferometry	连接单元射电干涉测量或连线射电干涉测量
CEI	Connected-Element Interferometer	连接单元射电干涉仪或连线射电干涉仪
CEO	Celestial Ephemeris Origin	天球历书零点
CGPM	General Conference on Weights and Measures	计量大会

续表

缩略语	英文全称	中文全称
CIO	Celestial Intermediate Origin	天球中间零点
CIP	Celestial Intermediate Pole	天球中间极
CPWLF	Continuous Piece-wise Linear Function	连续分段线性函数
CPWLOF	Continuous Piece-wise Linear Offsets Function	连续分段线性偏差函数
CRF	Celestial Reference Frame	天球参考架
CSIRO	Commonwealth Scientific and Industrial Research Organization	澳大利亚联邦科学与工业研究组织
CVN	Chinese VLBI Network	中国 VLBI 网
CVNScorr	Chinese VLBI Network Software Correlator	中国 VLBI 网软件相关处理机
DBE	Digital Back End	数字化后端
DSM	Deep Space Maneuver	深空机动
ΔDOR	Delta - Differential One-way Ranging	双差分单向测距
DEM	Digital Elevation Map	(月面)数字高程图
DORIS	Doppler Orbitography and Radiopositioning Integrated System by Satellite	星基多普勒轨道和无线电定位组合系统
DSN	Deep Space Network	深空网(美)
dTEC	Delta TEC	差分电离层总电子含量
DPFU	Degree Per Flux Unit	单位流量天线噪声温度
EAVN	East Asian VLBI Network	东亚 VLBI 网
ECMWF	European Centre for Medium-Range Weather Forecasts	欧洲中期天气预报中心
EOP	Earth Orientation Parameters	地球定向参数
ESA	European Space Agency	欧洲空间局
ERA	Earth Rotation Angle	地球自转角
EVN	European VLBI Network	欧洲 VLBI 网
FES	Finite Element Solution	有限单元计算法
FFT	Fast Fourier Transform	快速傅里叶变换
FITS	Flexible Image Transport System	灵活的图像传输系统
FRB	Fast Radio Burst	快速射电暴
GAIA	Global Astrometric Interferometer for Astrophysics	用于天体物理的环球天体测量干涉仪(欧空局空间天体测量卫星"盖亚")
GAST	Greenwich Apparent Sidereal Time	格林尼治视恒星时

续表

缩略语	英文全称	中文全称
GCRF	Geocentric Celestial Reference Frame	地心天球参考架
GCRS	Geocentric Celestial Reference System	地心天球参考系
GEO	Geostationary Earth Orbit	地球静止轨道
GGAO	Goddard Geophysical and Astronomical Observatory	戈达德地球物理与天文观测台(美)
GGOS	Global Geodetic Observing System	全球大地测量观测系统
GLONASS	Global Navigation Satellite System	全球导航卫星系统(俄)
GMST	Greenwich Mean Sidereal Time	格林尼治平恒星时
GMT	Greenwich Mean Time	格林尼治平时
GNSS	Global Navigation Satellite Systems	全球导航卫星系统
GPS	Global Positioning System	全球定位系统(美)
GPU	Graphics Processing Unit	图形处理器
GSFC	Goddard Space Flight Center	戈达德航天飞行中心
GSI	Geospatial Information Authority of Japan	日本国土地理院
GST	Greenwich Sidereal Time	格林尼治恒星时
HALCA	Highly Advanced Laboratory for Communication and Astronomy	高度先进的通信与天文实验室(日本空间VLBI卫星名称)
HOPS	Haystack Observatory Postprocessing System	海斯台克天文台相关后数据处理系统
HPBW	Half Power Beam Width	半功率点波束宽度
IAA	Institute of Applied Astronomy	应用天文研究所(俄)
IAG	International Association of Geodesy	国际大地测量协会
IAU	International Astronomical Union	国际天文学联合会
ICRF	International Celestial Reference Frame	国际天球参考架
ICRS	International Celestial Reference System	国际天球参考系
IDI	Interferometry Data Interchange	干涉数据交换
IDS	International DORIS Service	国际星基多普勒轨道确定和无线电定位组合系统服务
IERS	International Earth Rotation and Reference Systems Service	国际地球自转和参考系服务
IF	Intermediate Frequency	中频
IGN	Instituto Geográfico Nacional	国家地理研究所(西班牙)

续表

缩略语	英文全称	中文全称
IGS	International GNSS Service	国际全球导航卫星系统服务
IMF	Isobaric Mapping Function	等压线映射函数
INAF	National Institute for Astrophysics	国立天体物理研究所(意)
ILRS	International Laser Ranging Service	国际激光测距服务
IPP	Ionospheric Pierce Point	电离层穿刺点
IRIS	International Radio Interferometry Survey	国际射电干涉测量
ITRF	International Terrestrial Reference Frame	国际地球参考架
ITRS	International Terrestrial Reference System	国际地球参考系
ITU	International Telecommunication Union	国际电信联盟
IUGG	International Geodesy and Geophysics Union	国际大地测量与地球物理联合会
IVS	International VLBI Service for Geodesy and Astrometry	国际VLBI大地测量与天体测量服务
JIVE	Joint Institute for VLBI ERIC (ERIC——European Research Infrastructure Consortium)	VLBI欧洲基础研究联盟联合研究所(荷)
JLRA	Joint Laboratory for Radio Astronomy	射电天文联合实验室(中)
JPL	Jet Propulsion Laboratory	喷气推进实验室(美)
KASI	Korea Astronomy and Space Science Institute	韩国天文与空间科学研究所
KPGO	Kokee Park Geophysical Observatory	科克公园地球物理观测台(美)
LADDE	Lunar Atmosphere and Dust Environment Explorer	月球大气与粉尘环境探测器(美)
LLR	Lunar Laser Ranging	月球激光测距
LMC	Large Magellanic Cloud	大麦哲伦云
LMT	Local Mean Time	地方平时
LNA	Low Noise Amplifier	低噪声放大器
LOLA	Lunar Orbiter Laser Altimeter	月球轨道器激光测高仪
LOVEX	Lunar Orbiter VLBI Experiment	月球轨道器VLBI实验
LRO	Lunar Reconnaissance Orbiter	月球勘测轨道飞行器(美)
LSB	Lower Side Band	下边带
LST	Local Sidereal Time	地方恒星时
MBD	Multi-band Delay	多频带时延值

续表

缩略语	英文全称	中文全称
MERI	Moon-Earth Radio Interferometer	月-地射电干涉仪
MERLIN	the Multi Elements Radio Link Interferometer Network	多单元微波连接射电干涉测量网
MF	Mapping function	映射函数
MIT	Massachusetts Institute of Technology	麻省理工学院(美)
MJD	Modified Julian Data	简化儒略日期
MOI	Mars Orbit Insertion	火星轨道捕获
MPIfR	Max-Planck Institute for Radio Astronomy	马普射电天文研究所(德)
MPI	Message Passing Interface	信息传递接口
MRAO	Mullard Radio Astronomy Observatory	穆拉德射电天文台(英)
NAIC	National Astronomy and Ionosphere Center	国立天文与电离层中心(美)
NAOJ	National Astronomical Observatory of Japan	日本国立天文台
NCU	Nicolaus Copernicus University	尼古拉·哥白尼大学(波兰)
NEOS	National Earth Orientation Service	美国国家地球定向服务机构
NGS/NOAA	National Geodetic Survey/National Oceanic and Atmospheric Administration	美国国家海洋和大气管理局大地测量服务
ngVLA	Next Generation VLA	美国新一代甚大阵
NICT	National Institute of Information and Communications Technology	国立信息与通信技术研究所(日)
NMF	Niell Mapping Function	尼尔映射函数
NNR	No Net Rotation	无净旋转
NNT	No Net Translation	无净平移
NRAO	National Radio Astronomy Observatory	国家射电天文台(美)
NRL	Naval Research Laboratory	海军研究实验室(美)
NTSC	National Time Service Center	国家授时中心(中)
O–C	Observed–Computed	计算观测值与理论值的差值
OSO	Onsala Space Observatory	昂萨拉空间天文台(瑞典)
PAF	Phased Array Feed	相位阵馈源
P-cal	Phase Calculator	相位标校单元
PMM	Plate Motion Model	板块运动模型
PN	Pseudo Random Noise	伪随机噪声

续表

缩略语	英文全称	中文全称
POLARIS	Project POLar-motion Analysis by Radio Interferometric Surveying	射电干涉测量极移运动分析计划(美)
PPARC	Particle Physics & Astronomy Research Council	粒子物理和天文学研究委员会(英)
PPP	Precise Point Positioning	精确点定位
PRS	Persistent Radio Source	持久射电源
RDF	RadioAstron Data Recording Format	俄空间 VLBI(RadioAstron)数据记录格式
RF	Radio Frequency	射频
RFI	Radio Frequency Interference	无线电干扰
RMS	Root Mean Square	均方根
SARAO	South Africa Radio Astronomy Observatory	南非射电天文台
SEFD	System Equivalent Flux Density	系统等效流量密度
SHAO	Shanghai Astronomical Observatory	上海天文台(中)
SKA	Square Kilometer Array	平方千米阵列射电望远镜
SNR	Signal Noise Ratio	信号与噪声比(信噪比)
SLR	Satellite Laser Ranging	卫星激光测距
SMC	Small Magellanic Cloud	小麦哲伦云
SOI	Sphere of Influence	影响球
STD	Standard Deviation	标准差
STEC	Slant TEC	斜距电离层总电子含量
TAI	International Atomic Time	国际原子时
TCB	Barycentric Coordinate Time	质心坐标时
TCG	Geocentric Coordinate Time	地心坐标时
TCM	Trajectory Correction Maneuver	中途修正
TDB	Barycentric Dynamical Time	质心力学时
TDT	Terrestrial Dynamical Time	地球力学时
TEC	Total Electron Content	电离层总电子含量
TECU	TEC Unit	单位电离层总电子含量(10^{16}电子/平方米)
TEO	Terrestrial Ephemeris Origin	地球历书零点
TEMPO	Time and Earth Motion Precision Observation	时间与地球运动精密观测
TIO	Terrestrial Intermediate Origin	地球中间零点

续表

缩略语	英文全称	中文全称
TIRS	Terrestrial Intermediate Reference System	地球中间参考系
TMVGOS	Tianma VGOS	天马 VGOS
TT	Terrestrial Time	地球时
UDC	Up Down Converter	上下变频器
UMAN	The University of Manchester	曼彻斯特大学(英)
ULCN	The Unified Lunar Control Network	月球统一控制网
USB	Upper Side Band	上边带
USGS	US Geological Survey	美国地质调查局
USNO	US Naval Observatory	美国海军天文台
UT	Universal Time	世界时
V2C	VLBI2010 Committee	VLBI2010 委员会(IVS)
VERA	VLBI Exploration of Radio Astrometry	射电天体测量 VLBI 观测研究(日)
VGOS	VLBI Global Observing System	VLBI 全球观测系统
VIRAC	Ventspils International Radio Astronomy Centre	文茨皮尔斯国际射电天文中心(拉脱维亚)
VLA	Very Large Array	甚大阵(美)
VLBA	Very Long Baseline Array	甚长基线干涉阵(美)
VLBI	Very Long Baseline Interferometry	甚长基线干涉测量
VLBI	Very Long Baseline Interferometer	甚长基线干涉仪
VMF	Vienna Mapping Function	维也纳映射函数
VSOP	VLBI Space Observatory Program	VLBI 空间天文台计划(日)
VTEC	Vertical TEC	垂直 TEC
WRMS	Weighted Root Mean Square	加权均方根
XAO	Xinjiang Astronomical Observatory	新疆天文台(中)
YNAO	Yunnan Observatories	云南天文台(中)
YSO	Young Stellar Object	初期恒星体
ZTD	Zenith Total Delay	天顶总时延